电子信息科学与工程类专业规划教材

MSP430单片机原理与应用

——MSP430F5xx/6xx系列单片机入门、提高与开发

（第2版）

任保宏　徐科军　编著

電子工業出版社

Publishing House of Electronics Industry

北京 · BEIJING

内容简介

本书以 TI 公司的 MSP430F5xx/6xx 系列单片机为例，全面介绍 MSP430 单片机的原理及应用。全书分为 10 章。第 1 章为 MSP430 单片机概述；第 2 章介绍 MSP430 单片机软件工程开发基础；第 3 章介绍 MSP430F5xx/6xx 系列单片机的 CPU 与存储器；第 4 章介绍 MSP430 单片机的中断系统；第 5 章介绍 MSP430 单片机的时钟系统与低功耗结构；第 6～8 章介绍 MSP430 单片机的输入/输出模块、片内通信模块和片内控制模块，并给出各个模块的应用例程；第 9 章为 MSP430 单片机应用系统设计实例；第 10 章为 MSP-EXP430F5529 实验板简介。

本书可作为高等院校计算机、通信、电子、自动化、电气工程、机械工程、仪器科学与技术等专业 MSP430 单片机课程的教材，也可供应用 MSP430 单片机的技术人员学习和参考。

图书在版编目（CIP）数据

MSP430 单片机原理与应用：MSP430F5xx/6xx 系列单片机入门、提高与开发/任保宏，徐科军编著. —2 版.
—北京：电子工业出版社，2018.6
电子信息科学与工程类专业规划教材
ISBN 978-7-121-34498-5

Ⅰ.①M… Ⅱ.①任… ②徐… Ⅲ.①单片微型计算机-高等学校-教材 Ⅳ.①TP368.1

中国版本图书馆 CIP 数据核字（2018）第 129221 号

策划编辑：凌　毅
责任编辑：凌　毅
印　　刷：北京盛通商印快线网络科技有限公司
装　　订：北京盛通商印快线网络科技有限公司
出版发行：电子工业出版社
　　　　　北京市海淀区万寿路 173 信箱　邮编 100036
开　　本：787×1 092　1/16　印张：25.25　字数：680 千字
版　　次：2014 年 1 月第 1 版
　　　　　2018 年 6 月第 2 版
印　　次：2023 年 2 月第 9 次印刷
定　　价：59.00 元

凡所购买电子工业出版社图书有缺损问题，请向购买书店调换。若书店售缺，请与本社发行部联系。联系及邮购电话：(010)88254888，88258888。

质量投诉请发邮件至 zlts@phei.com.cn，盗版侵权举报请发邮件至 dbqq@phei.com.cn。

本书咨询联系方式：(010)88254528，lingyi@phei.com.cn。

第 2 版前言

本书第 1 版于 2014 年出版，历经 4 次印刷和改进及完善。为了适应 MSP430 单片机技术的发展及读者学习的需要，在总结近年使用经验的基础上，编者对第 1 版进行了修订。

与第 1 版相比，本书在保持整体架构不变的基础上，对内容做了部分修订。具体修订说明如下：

（1）在第 1 章 MSP430 单片机概述中，增加了 MSP430 最新产品说明，更新了应用领域，增加了“本书导读”一节，更有利于读者了解最新 MSP430 单片机的发展，以及对本书框架的把握和理解。

（2）在第 2 章 MSP430 单片机软件工程开发基础中，对 2.2 节“MSP430 单片机软件工程基础”重新编写，以更贴近实际软件工程需要。

（3）在第 6 章 MSP430 单片机的输入/输出模块中，更新了 GPIO 模块寄存器说明和定时器 A/B 部分原理说明，以求描述更准确。

（4）在第 7 章 MSP430 单片机片内通信模块中，对 USCI 模块的异步模式重新编写，修改了第 1 版中描述不清楚的部分；更新了 SPI 模式和 I^2C 模式的原理介绍，以利于读者理解；增加了 USB 通信软件工程解析，希望读者能够对 USB 通信软件工程有深入理解并学习如何使用。

（5）其余章节进行了简要的修订。

德州仪器（TI）公司大学计划王沁工程师对本书第 1 章部分内容进行了修订，在此表示衷心感谢。

作者于合肥工业大学

2018 年 5 月

前 言

MSP430 单片机是业内最低工作功耗的超低功耗单片机，性能优良，在过程控制、便携仪表、无线通信、能量收集、消费类电子产品和公共事业计量等方面有着广泛的应用。MSP430F5xx/6xx 系列是 MSP430 单片机中最新的系列，本书以此系列为代表，全面介绍 MSP430 单片机的原理及应用。全书共有 10 章，具体内容包括：

第 1 章介绍 MSP430 单片机的发展历史及应用、MSP430 单片机的特点和 MSP430 单片机的应用选型。

第 2 章介绍 MSP430 单片机软件工程的开发基础，主要讲解 MSP430 单片机 C 语言编程基础、MSP430 单片机的软件编程方法及软件开发集成环境的基本操作。

第 3 章以 MSP430F5xx/6xx 系列单片机为例，简单介绍 MSP430 单片机的结构和特性，重点介绍 MSP430 单片机的 CPU 和存储器。

第 4 章介绍中断的一些基本概念，介绍 MSP430 单片机的中断源及中断处理过程，叙述 MSP430 单片机中断嵌套，最后以两个例程简单介绍 MSP430 单片机中断的应用。

第 5 章重点介绍 MSP430 单片机的时钟系统及其低功耗结构。

第 6 章重点介绍 MSP430 单片机各种典型输入/输出模块的结构、原理及功能，并针对各个模块给出了简单的应用例程。

第 7 章详细介绍 USCI 通信模块和 USB 通信模块的结构、原理及功能，并给出了简单的数据通信例程。

第 8 章重点介绍 Flash 控制器、RAM 控制器、DMA 控制器及硬件乘法控制器的结构、原理及功能，并针对各个控制器给出简单的控制例程。

第 9 章介绍 MSP430 单片机应用系统设计实例，即合肥工业大学 DSP 及 MSP430 实验室自行研制的基于 MSP430F5529 单片机的学生创新套件。该套件由 MSP430F5529 LaunchPad（最小系统）、频率与相位跟踪模块、程控放大与衰减模块、LED 串点亮模块、液晶与键盘模块和一个母板组成。

第 10 章简要介绍 TI 公司大力推广的 MSP-EXP430F5529 实验板。

本书由任保宏、徐科军编著。其中，任保宏编写第 1～8 章和第 10 章，徐科军编写第 9 章并审阅全书。陶波波、蒋荣慰、刘铮、许伟、朱文姣、叶国阳研制了基于 MSP430F5529 单片机的学生创新套件，并编写了实验指导书，为本书第 9 章的写作提供了素材。美国德州仪器（TI）公司大学计划的黄争经理和王沁工程师对本书的编写给予了极大的支持，就本书框架的确定和目录的编写提出了许多宝贵的意见。在此，表示衷心的感谢。

本书提供免费的电子课件和所有实例源程序代码，读者可登录华信教育资源网：www.hxedu.com.cn，注册后免费下载。同时，可提供合肥工业大学 DSP 及 MSP430 实验室自行研制的基于 MSP430F5529 单片机的学生创新套件。

由于作者水平有限，书中肯定存在不妥之处，敬请广大读者批评指正。

作者于合肥工业大学

2013 年 9 月

目　　录

第 1 章　MSP430 单片机概述

在种类和数量繁多的单片机中，MSP430 单片机颇具特色，并具有优良的性能。MPS430 单片机是美国德州仪器公司（以下简称 TI 公司）于 1996 年开始推向市场的一种 16 位超低功耗的混合信号处理器。它将模拟电路、数字电路和微处理器集成在芯片的内部，只要配置少量的外围器件，就可满足一般应用的要求。为了使读者对 MSP430 单片机有一个初步的认识和了解，本章首先介绍 MSP430 单片机的发展历史及应用，然后叙述 MSP430 单片机具有的特点及优势，最后简要介绍 MSP430 单片机的应用选型。

1.1　MSP430 单片机发展及应用

1.1.1　MSP430 单片机的发展

MSP430 单片机是一个 16 位、具有精简指令集、超低功耗的混合信号处理器。在 1996 年问世时，由于它具有极低的功耗、丰富的片内外设和方便灵活的开发手段，成为众多单片机系列中一颗耀眼的新星。回顾 MSP430 单片机的发展过程，大致可以分为 3 个阶段。

1. 开始阶段

从 1996 年推出 MSP430 单片机开始到 2000 年初。在这个阶段，TI 公司首先推出了 33x、32x、31x 等几个系列，而后于 2000 年初又推出了 11x、11x1 系列。

MSP430 单片机的 33x、32x、31x 等系列具有 LCD（液晶显示器）控制器，有利于提高系统的集成度。每一系列有 ROM 型（C）、OTP 型（P）和 EPROM 型（E）等芯片。EPROM 型的价格昂贵，运行环境温度范围窄，主要用于样机开发。这也反映了 TI 公司的开发模式：用 EPROM 型开发样机；用 OTP 型进行小批量生产；用 ROM 型进行大批量生产。2000 年 TI 公司推出了 11x/11x1 系列。这个系列采用 20 脚封装，内存容量、片上功能和 I/O 引脚数都比较少。但是，价格比较低廉。

这个阶段的 MSP430 单片机已经显露出其超低功耗等一系列技术特点。但是，也有不尽如人意之处。它的许多重要特性，如：片内串行通信接口、硬件乘法器、足够的 I/O 引脚等，只有 33x 系列才具备。33x 系列价格较高，比较适合用于较为复杂的应用系统。当用户设计时需要更多地考虑成本时，33x 系列并不一定是最适合的。而片内高精度 A/D 转换器又只有 32x 系列才有。

2. 寻找突破，引入 Flash 技术

随着 Flash 技术的迅速发展，TI 公司也将这一技术引入 MSP430 单片机中。在 2000 年 7 月推出 F13x/F14x 系列，在 2001 年 7 月到 2002 年又相继推出 F41x、F43x、F44x，这些全部是 Flash 型单片机。

F41x 系列单片机具有 48 个 I/O 口和 96 段 LCD 驱动。F43x、F44x 系列在 13x、14x 的基础上，增加了 LCD 控制器，将驱动 LCD 的段数由 3xx 系列的最多 120 段增加到 160 段。并且相应地调整了显示存储器在存储区内的地址，为以后的发展拓展了空间。

MSP430 单片机由于具有 Flash 存储器，在系统设计、开发调试及实际应用上都表现出较明显的优点。这时 TI 公司推出了具有 Flash 型存储器及 JTAG（片内扫描仿真接口）的廉价开发工具 MSP-FET430x110，将国际上先进的 JTAG 技术和 Flash 在线编程技术引入 MSP430 单片机。这种以 Flash 技术与 FET 开发工具组合的开发方式，具有方便、廉价和实用的特点，给用户提供了一个较为理想的样机开发方式。

另外，2001 年 TI 公司又公布了 BootStrap Loader（BSL）技术。利用它在烧断熔丝以后，通过口令密码，就可更改并运行内部的程序，这为系统软件的升级提供了又一方便的手段。BSL 技术具有很高的保密性，口令可达到 32 字节的长度。

3. 蓬勃发展阶段

TI 公司在 2003 年底和 2004 年期间推出了 F15x 和 F16x 系列产品，一方面将 RAM 容量大大增加，如 F1611 的 RAM 容量增加到 10KB，这样一来，就可以引入实时操作系统（RTOS）或简单文件系统等。另一方面，增加了 I^2C、DMA、DAC12 和 SVS 等外设模块。

TI 公司在 2004 年下半年推出了 MSP430x2xx 系列。该系列是对 MSP430x1xx 片内外设的进一步精简，使得单片机的价格低廉、小型、快速和灵活，可以用于开发超低功耗医疗、工业与消费类嵌入式系统。与 MSP430x1xx 系列相比，MSP430x2xx 的 CPU 时钟提高到 16MHz（MSP430x1xx 系列是 8Hz），待机电流从 2μA 降到 1μA，具有最小 14 引脚的封装产品。

2003 年以来，TI 公司针对热门的应用领域，利用 MSP430 的超低功耗特性，还推出了一系列专用单片机，如专门用于电能计量的 MSP430FE42x、用于水表的 MSP430FW42x 和用于医疗仪器的 MSP430FG4xx 等。

2007 年 TI 公司推出了具有 120KB Flash(闪存)、8KB RAM（随机存取存储器）的 MSP430FG461x 系列超低功耗单片机。该系列产品可满足设计大型系统时的内存要求，还为便携医疗设备与无线射频等嵌入式系统的高级应用带来了高集成度与超低功耗的特性。

2008 年 TI 公司推出了具有革命性的超低功耗 MSP430F5xx 系列产品，该系列单片机能够针对主频高达 25MHz 的产品实现最低的功耗，并拥有更大的 Flash 与 RAM 存储容量，以及诸如比较器、USB 通信模块和 LCD 控制器等集成外设。与 1xx、2xx 及 4xx 等前代产品相比，F5xx 器件的处理性能提升了 50%以上、Flash 与 RAM 存储容量也实现了双倍增长，从而使系统在以极小功耗运行的同时，还可执行复杂度极高的任务。

2011 年底 TI 公司推出了具有 LCD 控制器的 MSP430F6xx 系列产品，该系列产品支持高达 25MHz 的 CPU 时钟，且能够提供更多的内存选项，如 256KB Flash 和 18KB RAM，可在电能计量和能源监测应用中为开发人员提供更大的发挥空间。

2012 年后 TI 公司推出 FRAM 系列的具有更低功耗的 MSP430FRxx 系列产品，该系列产品使用 FRAM 替代了传统单片机的 Flash，实现了 MCU 超低功耗性能。2014 年 TI 再次重磅推出两款产品 MSP430FR4x/FR2x FRAM MCU，以完善 FR 家族产品，满足细分市场需求。

1.1.2 MSP430 单片机的应用领域

在实际应用中，MSP430 单片机凭借其超低功耗的特性和丰富多样化的外设，受到了越来越多设计者的青睐，具有广阔的应用领域。

1. 能量收集

MSP430 单片机的超低功耗与功能强大的模拟和数字接口能从周围环境中采集被浪费掉的能量，从而可实现无须更换电池的自供电系统。这种应用开启了使用传统电池供电系统无法实现的全新大门，从使用水果原电池为时钟供电，到利用车辆振动为桥梁上的传感器供电，或利用太阳能为整个系统供电，MSP430 单片机使开发人员的设计不再停留在想象中，而是可以创造一个无电池的世界。MSP430 单片机适合用于微弱能量的收集，例如，太阳能、热能、振动能、人体运动的动能等。

2. 计量仪表

MSP430 单片机可用于包括温度、湿度、流量、功率、电流、电压等各类计量仪表中，使计量仪表更加数字化、智能化、微型化，且可采用电池供电，功耗更低。并且 MSP430 单片机内部集成 LCD 段式液晶驱动器，为计量仪表的数字显示提供了最低功耗的最优解决方案。MSP430 单片机在计量仪表行业典型的应用有水表、电表、气表、流量表等。

3. 消费类电子产品

MSP430 单片机内部集成了各种性能优异的片上外设，例如 GPIO、12 位 ADC、比较器、定时器等，开发人员可利用这些片上外设开发出非常多的符合消费者需求的电子产品。特别是采用 MSP430 单片机实现电容式触控是目前触摸式电子产品理想的设计选择，这种方式无须外部传感器，利用 MSP430 单片机内部 GPIO、比较器和定时器组成张弛振荡器，即可构成一个电容式触摸传感器，响应速度更快、灵敏度更高、功耗更低。

4. 安全与安防

随着节能问题越来越突出，包括安全与安防市场在内的所有应用都在寻找省电的方式。低功耗和电池供电的安全与安防系统（如烟雾探测器、温控器和破损玻璃检测系统等）是目前该市场的发展需要，MSP430 单片机中采用超低功耗和集成高性能外设的独特组合是其理想的选择。

5. 便携式医疗

目前，在医疗产品中，便携性成为一种日益增长的趋势，制造商正在寻求技术以减少设计的复杂度和开发产品的周期。在大多数医疗设备中，实际的生理信号是模拟的，并需要信号调理技术，例如放大和滤波，才可以进行测量、监视和显示。MSP430 单片机超低功耗的处理器及对模拟和数字外设的高度集成化为便携式医疗产品的开发提供了一个良好的平台，使其在便携式医疗市场取得了广泛的应用，例如，血糖计、个人血压监控器、心率检测计、可植入装置等。

6. 无线通信

CC430 是一款外形小巧、性能优异的低功耗低成本单片机，其在 MSP430 单片机中集成了 RF（射频）功能。这款低功耗无线处理器适用于那些可用空间与成本受到限制的应用领域，如远程传感应用等。

7. 电机控制

MSP430 单片机集成了通信外设和高性能模拟外设，使它成为控制打印机、风扇、天线及玩具等众多应用中的步进电机、直流无刷电机及直流电机的理想选择。

8. USB 通信应用

目前在大多数 MSP430F5xx/6xx 系列单片机中集成了全速 USB2.0 模块，这种结构为包括数据记录器、模拟和数字传感器系统以及其他需要连接各种 USB 设备的应用提供了一个理想的解决方案。TI 公司还为设计者提供 USB 开发工具、技术文档、参考设计等相关支持，简化了设计，并加速了产品上市。

9. 物联网应用

如今热门的是智能家居或物联网，最终用户关心的是人机界面。现在物联网的趋势是洗衣机、空调这些白色家电都可以通过 ZigBee 或 WiFi 联网。用户可以通过远程来控制家电，同时能衡量家电的能耗。通过基于 MSP430 的数据采集和控制就会达到一个很好的能量分配，能进一步节省能源，同时可以通过远程控制或信息采集自动地把过去几个月的冰箱使用习惯、洗衣机的使用习惯等搜集起来，反馈给家电并进行智能的控制。

随着 MSP430 单片机技术的不断发展，MSP430 单片机将会被应用于更多的领域。

1.2 MSP430 单片机的特点

MSP430 单片机具有以下主要特点。

1．超低功耗

MSP430 单片机主要通过以下几个方面来保持其超低功耗的特性：① 电源电压采用 1.8～3.6V 低工作电压，在 RAM 数据不丢失情况下耗电仅为 0.18μA，活动模式耗电 290μA/MIPS，I/O 输入端口的最大漏电流仅为 50nA。② MSP430 单片机具有灵活的时钟系统，在该时钟系统下，不仅可以通过软件设置时钟分频和倍频系数，为不同速度的设备提供不同速度的时钟，而且可以随时将某些暂时不工作模块的时钟关闭。这种灵活独特的时钟系统还可以实现系统不同深度的休眠，让整个系统以间歇方式工作，最大限度地降低功耗。③ MSP430 单片机采用向量中断，支持十多个中断源，并可以任意嵌套。利用中断将 CPU 从休眠模式下唤醒只需 3.5μs，平时让单片机处于低功耗状态，需要运行时通过中断唤醒 CPU，这样既能降低系统功耗，又可以对外部中断请求做出快速反应。

2．强大的处理能力

MSP430 单片机内核是 16 位 RISC 处理器，一个时钟周期可以执行一条指令。目前 MSP430 单片机指令速度可高达 25MIPS。某些内部带有硬件乘法器的 MSP430 单片机，结合 DMA 控制器甚至能够完成某些 DSP（数字信号处理器）的功能，大大增强了 MSP430 单片机的数据处理和运算能力，可以有效地实现一些数字信号处理的算法（如 FFT、DTMF 等）。

3．高性能模拟技术及丰富的片上外设

MSP430 单片机结合 TI 公司的高性能模拟技术，具有非常丰富的片上外设，主要包含以下功能模块：时钟模块（UCS）、Flash 控制器、RAM 控制器、DMA 控制器、通用 I/O 端口（GPIO）、CRC 校验模块、定时器（Timer）、实时时钟模块（RTC）、32 位硬件乘法控制器（MPY32）、LCD 段式液晶驱动模块、10 位/12 位模数转换器（ADC10/ADC12）、12 位数模转换器（DAC12）、比较器（COMP）、UART、SPI、I^2C、USB 模块等。不同型号的单片机，实际上即为不同片上外设的组合，丰富的片上外设不仅给系统设计带来了极大的方便，同时也降低了系统成本。

4．系统工作稳定

MSP430 单片机内部集成了数字控制振荡器（DCO）。系统上电复位后，首先由 DCO 的时钟（DCO_CLK）启动 CPU，以保证程序从正确的位置开始执行，保证晶体振荡器有足够的起振及稳定时间。然后可通过设置适当的寄存器控制位来确定最终的系统运行时钟频率。如果晶体振荡器在用作 CPU 时钟 MCLK 时发生故障，DCO 会自动启动，以保证系统正常工作。另外，MSP430 单片机还集成了看门狗定时器，可以配置为看门狗模式，让单片机在出现死机时能够自动重启。

5．高效灵活的开发环境

MSP430 单片机有 OTP 型、Flash 型、ROM 型和 FRAM 型 4 种类型的器件，现在大部分使用的是 Flash 型，可以多次编程。Flash 型 MSP430 单片机具有十分方便的开发调试环境，这是由于其内部集成了 JTAG 调试接口和 Flash 存储器，可以在线实现程序的下载和调试。开发人员只需一台计算机、一个具有 JTAG 接口的调试器和一个软件开发集成环境即可完成系统的软件开发。目前针对 MSP430 单片机，推荐使用 CCSv5 软件开发集成环境。CCSv5 为 CCS 软件的较新版本，功能更强大、性能更稳定、可用性更高，是 MSP430 软件开发的理想工具。

1.3 MSP430 单片机应用选型

1.3.1 MSP430 单片机型号解码

MSP430 单片机拥有 400 多种超低功耗微处理器器件。在介绍产品选型之前，首先需要了解 MSP430 单片机的型号命名规则，如图 1.3.1 所示。

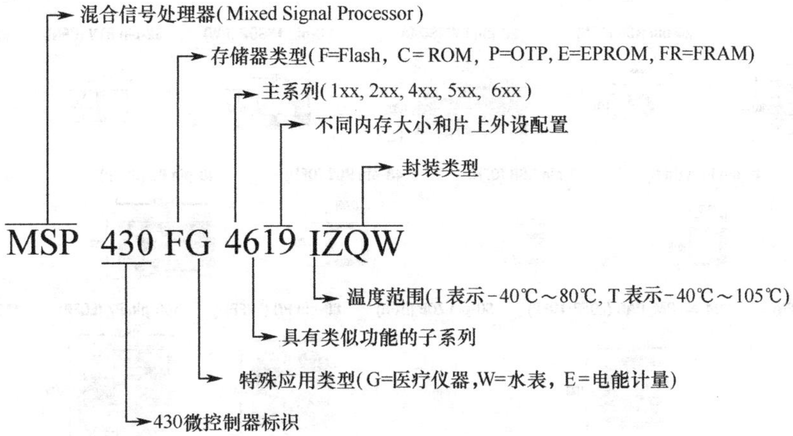

图 1.3.1 MSP430 单片机型号解码图

其中，各种类型存储器特性见表 1.3.1。

表 1.3.1 各种存储器特性列表

存储器类型	名称	特性
F	Flash	闪存，具有 ROM 的非易失性和 EEPROM 的可擦除性
C	ROM	只读存储器，适合大批量生产
P	OTP	单次可编程存储器，适合小批量生产
E	EPROM	可擦除只读存储器，适合开发样机
FR	FRAM	铁电随机存储器，将 SRAM 的速度、超低功耗、耐用性、灵活性与 Flash 的可靠性和稳定性结合在一起

MSP430 单片机中还有一些针对特殊应用而设计的专用单片机，如 MSP430FG4xx 系列单片机为医疗仪器专用单片机、MSP430FW4xx 系列单片机为水表专用单片机、MSP430FE4xx 系列单片机为电能计量专用单片机等。这些专用单片机都是在同系列通用单片机上增加专用模块而形成的。例如，MSP430FG4xx 系列在 F4xx 系列上增加了 OPAMP 可编程放大器；MSP430FW4xx 系列在 F4xx 系列上增加了 SCAN-IF 无磁流量检测模块；MSP430FE4xx 系列在 F4xx 系列上增加了 E-Meter 电能计量模块。

在 MSP430 单片机型号中，除"430"以外的数字，其含义如下。第一位数字表示主系列，目前有以下几个主系列：MCLK 为 8MHz 的 MSP430F1xx 系列、MCLK 为 16MHz 的 MSP430F2xx 系列、MCLK 为 16MHz 并具有 LCD 控制器的 MSP430F4xx 系列、MCLK 高达 25MHz 的 MSP430F5xx 系列、MCLK 高达 25MHz 并具有 LCD 控制器的 MSP430F6xx 系列。在每个主系列中，又可分为若干个子系列，所以，第二位数字表示子系列。每个子系列含有的功能模块类似，即具有相似的功能。最后的两位数字表示不同的内存容量及片上外设的配置。

MSP430 单片机是面向于工业应用的，具有较宽的工作温度范围。其中，标志 I 表示该 MSP430 单片机可在–40℃～85℃的温度范围内正常工作；标志 T 表示该 MSP430 单片机具有更宽的工作温度范围，为–40℃～105℃，能够在更加恶劣的温度环境下正常工作。

最后，介绍 MSP430 单片机的封装类型，如图 1.3.2 所示。

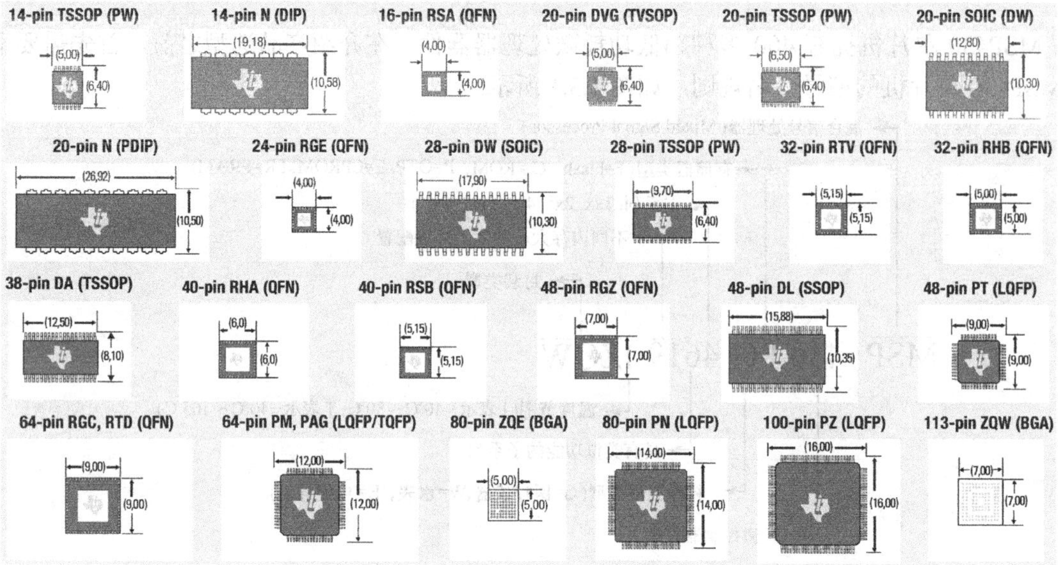

图 1.3.2　MSP430 单片机的部分封装类型示例图

1.3.2　MSP430 单片机选型

MSP430 单片机具有非常多的种类，在构建应用系统之前，需慎重考虑单片机选型的问题。一般来说，在进行 MSP430 单片机选型时，可以考虑以下几个原则：①选择内部功能模块最接近系统需求的型号；②若系统开发任务重，且时间比较紧迫，可以首先考虑比较熟悉的型号；③考虑所选型号的存储器和 RAM 存储空间是否能够满足系统设计的要求；④最后还要考虑单片机的价格，尽量在满足系统设计要求的前提下，选用价格最低的 MSP430 单片机型号。

MSP430 单片机 Flash 型产品的选型可以参考表 1.3.2（最新产品选型的信息，可以访问 http://www.ti.com.cn/msp430）。

表 1.3.2　MSP430 单片机部分选型表

子系列	代表单片机型号	Flash (KB)	SRAM	I/O	定时器			USAR	USCI		USI	LCD 驱动	DMA	MPY	比较器	ADC	增加功能	每片价格
					总数	A	B		ChA	ChB								
F11X1	MSP430F1121A	4	128B	14	1	1	—	—	—	—	—	—	—	—	●	Slope	—	$1.00
F11X2	MSP430F1132	8	256B	14	1	1	—	—	—	—	—	—	—	—	—	ADC10	—	$2.25
F12X	MSP430F123	8	256B	22	1	1	—	1	—	—	—	—	—	—	●	Slope	—	$2.30
F12X2	MSP430F1232	8	256B	22	1	1	—	1	—	—	—	—	—	—	—	ADC10	—	$2.50
F13X	MSP430F135	16	512B	48	2	1	1	1	—	—	—	—	—	—	●	ADC12	—	$3.60
F13X1	MSP430F1351	16	512B	48	2	1	1	1	—	—	—	—	—	—	●	Slope	—	$2.30
F14X	MSP430F1491	60	2048B	48	2	1	1	1	—	—	—	—	—	16*16	●	Slope	—	$5.60
F15X	MSP430F157	32	1024B	48	2	1	1	1	—	—	—	—	●	—	●	ADC12	DAC12	$5.85
F16X	MSP430F1612	55	5120B	48	2	1	1	2	—	—	—	—	●	16*16	●	ADC12	DAC12	$8.95

续表

子系列	代表单片机型号	Flash (KB)	SRAM	I/O	定时器			USAR	USCI		USI	LCD驱动	DMA	MPY	比较器	ADC	增加功能	每片价格
					总数	A	B		ChA	ChB								
F20XX	MSP430F2013	2	128B	10	1	1	—	—	—	—	●	—	—	—	●	Slope	—	$0.55
F21XX	MSP430F2132	8	512B	22	2	2	—	—	1	1	—	—	—	—	●	ADC10	—	$1.75
F22X2	MSP430F2272	32	1024B	32	2	1	1	—	1	1	—	—	—	—	●	ADC10	—	$2.50
F22X4	MSP430F2274	32	1024B	32	2	1	1	—	1	1	—	—	—	—	●	ADC10	OPAMP	$2.70
F23X0	MSP430F2370	32	2048B	32	2	1	1	—	1	1	—	—	—	16*16	●	Slope	—	$2.55
F23X	MSP430F235	16	2048B	48	2	1	1	—	2	3	—	—	—	16*16	●	ADC12	—	$2.90
F24X	MSP430F2410	56	4096B	48	2	1	1	—	2	3	—	—	—	16*16	●	ADC12	—	$4.85
F24X1	MSP430F2491	60	2048B	48	2	1	1	—	2	3	—	—	—	16*16	●	Slope	—	$4.40
F241X	MSP430F2419	120	4096B	48	2	1	1	—	2	3	—	—	—	16*16	●	ADC12	—	$6.10
F261X	MSP430F2619	120	4096B	48	2	1	1	—	2	3	—	—	●	16*16	●	ADC12	DAC12	$7.60
F41X	MSP430F417	32	1024B	48	2	2	—	—	—	—	—	96	—	—	●	Slope	—	$3.90
F41X2	MSP430F4152	16	512B	56	2	2	—	—	1	1	—	144	—	—	●	ADC10	—	$1.90
F42X	MSP430F427A	32	1024B	14	1	1	—	—	—	—	—	128	—	16*16	—	SD16	—	$4.45
FW42X	MSP430FW429	60	2048B	48	2	2	—	—	—	—	—	96	—	—	●	Slope	SCAN_IF	$3.55
FE42X	MSP430FE4272	32	1024B	14	1	1	—	—	—	—	—	128	—	16*16	—	SD16	ESP430	$4.30
F42X0	MSP430F4270	32	256B	32	1	1	—	—	—	—	—	56	—	—	—	SD16	DAC12	$3.80
FG42X0	MSP430FG4270	32	256B	32	1	1	—	—	—	—	—	56	—	—	—	SD16	OPAMP	$4.05
F43X	MSP430F437	32	1024B	48	2	1	1	1	—	—	—	160	—	—	●	ADC12	—	$4.90
F43X1	MSP430F4371	32	1024B	48	2	1	1	1	—	—	—	160	—	—	●	Slope	—	$4.50
FG43X	MSP430FG439	60	2048B	48	2	1	1	1	—	—	—	128	●	—	●	ADC12	OPAMP	$7.95
F44X	MSP430F449	60	2048B	48	2	1	1	2	—	—	—	160	—	16*16	●	ADC12	—	$7.05
FG461X	MSP430FG4619	120	4096B	80	2	1	1	1	1	1	—	160	●	16*16	●	ADC12	OPAMP	$9.95
F461X	MSP430F4619	120	4096B	80	2	1	1	1	1	1	—	160	●	16*16	●	ADC12	—	$6.70
F47XX	MSP430F4794	60	2560B	72	2	1	1	—	2	2	—	160	—	32*32	●	SD16	—	$5.00
F471XX	MSP430F47197	120	4096B	68	2	1	1	—	2	2	—	160	●	32*32	●	SD16	RTC	$7.95
FG47X	MSP430FG479	60	2048B	48	2	1	1	—	1	1	—	128	—	—	●	SD16	OPAMP	$6.25
F47X	MSP430F479	60	2048B	48	2	1	1	—	1	1	—	128	—	—	●	SD16	DAC12	$5.75
F51XX	MSP430F5172	32	2KB	29	3	3	—	—	1	1	—	—	●	32*32	●	ADC10	5V I/0'S	$1.70
F53X	MSP430F5310	32	6KB	47	4	3	1	—	2	2	—	—	●	32*32	●	ADC10	—	$1.85
F532X	MSP430F5338	256	18KB	74	4	3	1	—	2	2	—	—	●	32*32	●	ADC12	—	$6.26
F534X	MSP430F5342	128	10KB	38	4	3	1	—	2	2	—	—	●	32*32	●	ADC12	—	$2.60
F54XX	MSP430F5438A	256	16KB	87	3	2	1	—	4	4	—	—	●	32*32	●	ADC12	—	$4.85
F55XX	MSP430F5529	128	8+2^KB	63	4	3	1	—	2	2	—	—	●	32*32	●	ADC12	USB	$4.00
F563X	MSP430F5638	256	16+2^KB	74	4	3	1	—	2	2	—	—	●	32*32	●	ADC12	USB	$6.85
F663X	MSP430F6638	256	16+2^KB	74	4	3	1	—	2	2	—	160	●	32*32	●	ADC12	USB	$6.95
F643X	MSP430F6438	256	18KB	74	4	3	1	—	2	2	—	160	●	32*32	●	ADC12	LCD	$6.40
F673X	MSP430F6736	128	8KB	72	4	4	—	—	3	1	—	160	●	32*32	—	ADC10/SD24	辅助电源	$3.25

注：① “^ ”：表示如果禁用 USB 模块，单片机将获得额外的 2KB SRAM；

② “—”：表示产品中不含有相应器件；

③ “●”：表示产品中含有相应器件；

④ 表中每片价格为 TI 公司 2012 年建议零售价。

1.4 本书导读

本书的内容结构如图 1.4.1 所示。在此，可分为概述篇、基础篇、应用篇及扩展篇。

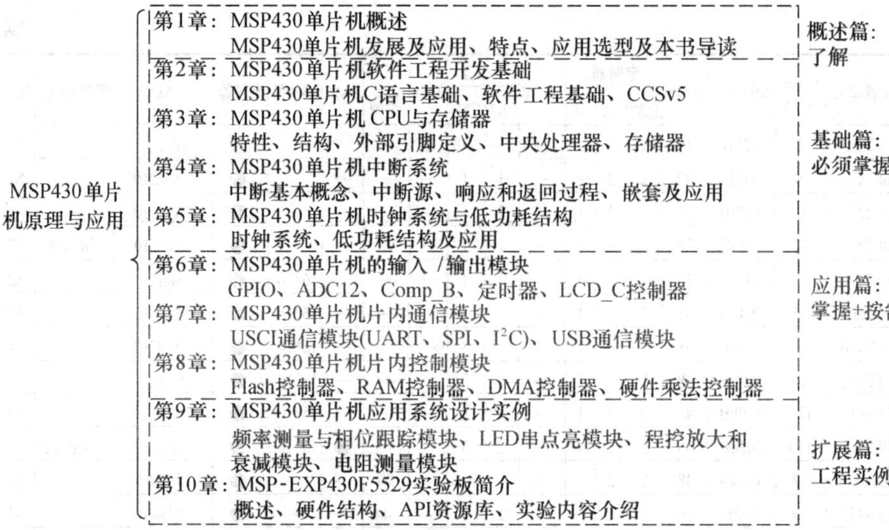

图 1.4.1　MSP430 单片机原理与应用内容架构示意图

对于概述篇，读者需要了解；基础篇为 MSP430 单片机软件工程开发基础、CPU 与存储器、中断系统、时钟系统与低功耗结构，读者需要完全掌握，后继应用篇中的各个模块均是在该基础上进行扩展的；应用篇为 MSP430 单片机的片上外设模块，编者采用由简单到复杂的顺序进行介绍，符合读者认知和学习规律，读者可先初步掌握各片上外设的工作原理及操作方法，在用到该模块时，再进行专攻；扩展篇以基于 MSP430F5529 单片机的学生创新套件为例，介绍频率测量与相位跟踪、LED 串点亮、程控放大和衰减以及电阻测量的应用系统设计实例，最后对 MSP-EXP430F5529 实验板软/硬件资源进行介绍，对于使用该开发板进行 MSP430 单片机学习的读者可供参考。

本 章 小 结

1996 年，TI 公司推出了一种基于 RISC 的 16 位混合信号处理器（Mixed Signal Processor），即 MSP430 单片机。这款单片机专为满足超低功耗需求而精心设计。经过了 20 多年的发展，TI 公司已拥有超过 530 种的 MSP430 单片机的芯片，这些芯片在很多领域取得了广泛的应用。本章讲述了 MSP430 单片机的发展历程、应用领域、特点及应用选型。通过本章的学习，读者对 MSP430 单片机具有了初步的了解和认识，从而为以后章节的学习打下良好的基础。

思考题与习题 1

1.1　简述 MSP430 单片机的发展历史。

1.2　举例说明 MSP430 单片机的应用领域。

1.3　MSP430 单片机具有哪些特点？为什么其具有超低功耗的特性？

1.4　请列举 MSP430 单片机所具有的片上外设。

1.5　了解 MSP430 单片机的命名规则。

1.6　在对 MSP430 单片机进行选型时，应考虑哪些原则？

1.7　请比较 MSP430 单片机的 MSP430F1xx 系列、MSP430F2xx 系列、MSP430F4xx 系列和 MSP430F5xx/6xx 系列单片机的区别和联系。

第 2 章　MSP430 单片机软件工程开发基础

MSP430 单片机的 CPU 属于 RISC（精简指令集）处理器，RISC 处理器基本上是为高级语言所设计的，因为精简指令系统很大程度上降低了编译器的设计难度，有利于产生高效紧凑的代码。初学者完全可以在不深入了解汇编指令系统的情况下，直接开始 C 语言的学习。本章介绍 MSP430 单片机软件工程的开发基础，主要讲解 MSP430 单片机 C 语言编程基础、MSP430 单片机的软件编程方法及软件集成开发环境的基本操作。通过本章的讲解，旨在使读者对 MSP430 单片机的编程思想有一定的了解。

2.1　MSP430 单片机 C 语言基础

知识点： 程序设计语言的发展经历了从机器语言、汇编语言到高级语言的历程。C 语言是一门高级语言，具有以下特征：语句简洁紧凑、运算符灵活、数据类型丰富、控制语句结构化、代码可移植性好。使用 C 语言进行程序设计是当前单片机系统开发和应用的必然趋势，这主要有两个方面的因素：一方面，随着芯片工业的快速发展，单片机能够以较低的成本提供较快的运算速度和更大的存储空间，所以，在单片机系统开发过程中，单片机计算能力和存储空间已经不是考虑的主要因素；另一方面，现在单片机系统处理的任务越来越复杂，产品更新的周期也越来越短，这对开发的进度提出了更高的要求。

现在使用汇编语言进行程序设计已经不能满足要求，并且目前 MSP430 单片机的 C 编译器的性能非常优秀。因此，初学者完全可以在不深入了解汇编指令系统的情况下，直接学习 C 语言的编程。**本书的代码均是用 C 语言编写的。**

MSP430 单片机使用的 C 语言集成开发环境（CCSv5）是由 TI 公司提供的。为了叙述方便，以下将 MSP430 的 C 语言简称为 C430。为了让读者更好地理解后面章节中的例程，本节重点介绍 MSP430 单片机的 C 语言基础。C430 语法与标准 C 是基本一致的。但是，也有一些很重要的差异。本节在介绍标准 C 语法的基础上，穿插地介绍其与 C430 的不同之处。

2.1.1　标识符与关键字

1．标识符

标识符用来标识程序中某个对象的名字，这些对象可以是语句、数据类型、函数、变量、常量、数组等。标识符的第一个字符必须是字母或下划线，随后的字符必须是字母、数字或下划线。例如，count_data、text2 是正确形式，而 2count 是错误形式。

C 语言对大小写字符敏感，所以在编写程序时要注意大小写字符的区别。例如，对于 sec 和 SEC 这两个标识符来说，C 语言会认为它们是两个完全不同的标识符。

注意： 在 C430 中，标识符的命名应该做到简洁明了、含义清晰，这样便于程序的阅读和维护。例如，在比较最大值时，最好使用 max 来定义该标识符；在片内外设初始化函数部分，函数命名后面尽量加上_init，如 ADC12_init()表示 ADC12 模块初始化函数。

2．关键字

关键字是一种具有特定含义的标识符，由于系统已对这些标识符进行了定义，程序就不能再次定义，需要加以保留。用户不能将关键字用作自己定义的标识符。

C 语言中，关键字主要有以下 3 类。

① 数据类型关键字：auto，char，const，double，enum，extern，float，int，long，register，sizeof，short，static，typedef，union，unsigned，void，volitile。

② 程序控制关键字：break，case，continue，default，do，else，for，goto，if，return，switch，whlie。

③ 预处理功能关键字：define，endif，elif，ifdef，ifndef，include，line，undef。

2.1.2 变量

变量用于存储数据，程序运行中其值可以被改变，每个变量都必须有一个名字，即变量名。程序定义了一个变量，即表示在内存中拥有了一个可供使用的存储单元，用来存放数据，即变量的值。而变量名则是编程者给该存储单元所起的名称。程序运行过程中，变量的值存储在内存中。从变量中取值，实际上是根据变量名找到相应的内存地址，从该存储单元中读取数据。在定义变量时，变量的类型必须与其被存储的数据类型相匹配，以保证程序中变量能够被正确地使用。当指定了变量的数据类型时，系统将为它分配若干相应字节的内存空间。C430 中变量类型及描述如表 2.1.1 所示。

表 2.1.1　C430 中变量类型

变量类型	所占字节数	值域
char	1	−128～127
unsigned char		0～255
int	2	−32768～32767
unsigned int		0～65535
long	4	$-2^{31}\sim2^{31}-1$
unsigned long		$0\sim2^{32}-1$
long long	8	$-2^{63}\sim2^{63}-1$
unsigned long long		$0\sim2^{64}-1$
float	4	$-3.40282e^{38}\sim3.40282e^{38}$
double	8	$-1.79769e^{308}\sim1.79769e^{308}$

知识点：在定义变量表达式中，增加某些关键字可以给变量赋予某些特殊性质，例如：

① const：定义常量。在 C430 语言中，const 关键字定义的常量实际上被放在了 Flash 中，可以用 const 关键字定义常量数组。

② static：相当于本地全局变量，只能在函数内使用，可以避免全局变量混乱。

③ volatile：定义“挥发性”变量。编译器将认定该变量的值会随时改变，每次对该变量进行操作，编译器均会从内存中重新读取该变量的值，而不是使用保存在寄存器中的备份。因此，对该变量的任何操作都不会被优化过程删除。编者在实际编程的过程中发现，若打开编译器优化，利用变量 i 递减或递加产生的软件延时函数，会被编译器优化而不会执行，因此若读者遇到这种情况且希望延时函数工作，只需在变量 i 前加 volatile 关键字即可。

2.1.3 C 语言运算符

C 语言内部运算符很丰富，运算符用来将常量、变量、函数连接成 C 语言表达式，因此掌握好运算符的使用对编写程序非常重要。

1. 算术运算符

C 语言中有 5 种基本的算术运算符：+、–、*、/和%，具体描述如表 2.1.2 所示。

表 2.1.2　5 种基本的算术运算符描述列表

运算符	含义	说明
+	加法或正值运算符	例如，3+5、+3
–	减法或负值运算符	例如，5–3、–3
*	乘法运算符	例如，5*3
/	除法运算符	当两个整数相除时，结果为整数，小数部分舍去，例如，–5/3 的运算结果为–1
%	模运算符或求余运算符	参加运算的均应是整数，例如，5%3 结果为 2

C 语言中表示加 1 与减 1 时可以采用自增(++)和自减运算符(--)。运算符“++”使操作数加 1，而“--”使操作数减 1，操作数可以在前，也可以在后，它们的作用和差异如表 2.1.3 所示。

表 2.1.3　自增与自减运算符列表

类型	含义	举例（设 i 的初值为 5）
i++	自加 1 在执行语句之后	j=i++; 执行语句后 i 为 6，j 为 5
++i	自加 1 在执行语句之前	j=++i; 执行语句后 i 为 6，j 为 6
i--	自减 1 在执行语句之后	j=i--; 执行语句后 i 为 4，j 为 5
--i	自减 1 在执行语句之前	j=--i; 执行语句后 i 为 4，j 为 4

2. 关系运算符与表达式

当两个表达式用关系运算符连接起来就成为关系表达式，通常关系运算符用来判断某个条件是否成立。当条件成立，运算的结果为真；当条件不成立，运算的结果为假。用关系运算符的结果只有“0”和“1”两种，关系运算符描述列表如表 2.1.4 所示。

表 2.1.4　关系运算符列表

符号	含义	设：a=4,b=5
>	大于	a>b　返回值 0
>=	大于等于	a>=b　返回值 0
==	等于	a==b　返回值 0
<	小于	a<b　返回值 1
<=	小于等于	a<=b　返回值 1
!=	不等于	a!=b　返回值 1

3. 逻辑运算符与表达式

C 语言中有 3 种逻辑表达式：与、或、非，具体描述列表如表 2.1.5 所示。

表 2.1.5　逻辑运算符描述列表

符号	含义	设：a=4,b=5
&&	逻辑与，若二者均为非零数，则结果为真，否则为假	a&&b　返回值 1
||	逻辑或，只要有一个非零数，则结果为真，否则为假	a||b　返回值 1
!	逻辑非，非真即假，非假即真	! a　返回值 0

4. 位操作运算符与表达式

位操作运算符主要有6种，具体描述列表如表2.1.6所示。

表2.1.6 位操作运算符描述列表

<table>
<tr><th>位操作运算符</th><th>说明</th><th>举例</th></tr>
<tr><td>&</td><td>按位相与，均为1时，结果为1</td><td>若P1端口输出寄存器P1OUT=00001111，则执行P1OUT=P1OUT&11111110;语句后，P1OUT=00001110，即把最后一位输出拉低，其余位不变</td></tr>
<tr><td>|</td><td>按位相或，有1则结果为1，均为0时结果为0</td><td>若P1OUT=00001111，则执行P1OUT=P1OUT|10000000;语句后，P1OUT=10001111，即把第一位输出拉高其余位不变</td></tr>
<tr><td>^</td><td>按位异或，两个变量相同时，结果为0；两个变量不同时，结果为1</td><td>若P1OUT=00001111，则执行P1OUT=P1OUT^00111100;语句后，P1OUT=00110011</td></tr>
<tr><td>~</td><td>按位取反，1取反后为0；0取反后为1</td><td>若P1OUT=00001111，则执行P1OUT=~P1OUT;语句后，P1OUT=11110000</td></tr>
<tr><td><<</td><td>左移，把第一个变量的二进制位左移第二个变量指定的位数，其左移出的数据丢弃，变量右侧补“0”</td><td>若a=00100010，则执行a<<2;语句后，a=10001000</td></tr>
<tr><td>>></td><td>右移，把第一个变量的二进制位右移第二个变量指定的位数，其右移出的数据丢弃，变量左侧补“0”</td><td>若a=00100010，则执行a>>2;语句后，a=00001000</td></tr>
</table>

注意：MSP430单片机片上外设寄存器的配置中运用了大量的位操作运算，所以，掌握位操作运算对C430编程很有帮助。

5. 赋值运算符与表达式

通常把“=”称为赋值运算符，赋值运算符主要有11种，具体描述列表如表2.1.7所示。

表2.1.7 赋值运算符描述列表

<table>
<tr><th>运算符</th><th>描述</th><th>运算符</th><th>描述</th></tr>
<tr><td>=</td><td>简单赋值</td><td>&=</td><td>按位与赋值，x&=a;等价于x=x&a;</td></tr>
<tr><td>+=</td><td>加法赋值，x+=a;等价于x=x+a;</td><td>|=</td><td>按位或赋值，x|=a;等价于x=x|a;</td></tr>
<tr><td>-=</td><td>减法赋值，x-=a;等价于x=x-a;</td><td>^=</td><td>异或赋值，x^=a;等价于x=x^a;</td></tr>
<tr><td>*=</td><td>乘法赋值，x*=a;等价于x=x*a;</td><td>>>=</td><td>右移赋值，x>>=a;等价与x=x>>a;</td></tr>
<tr><td>/=</td><td>除法赋值，x/=a;等价于x=x/a;</td><td><<=</td><td>左移赋值，x<<=a;等价于x=x<<a;</td></tr>
<tr><td>%=</td><td>求余赋值，x%=a;等价于x=x%a;</td><td></td><td></td></tr>
</table>

6. 特殊运算符与表达式

特殊运算符包括条件运算符、逗号运算符和强制类型转换运算符，在此仅做简要介绍。

条件运算符主要用于条件求值运算，其表达式一般形式为“表达式1?表达式2:表达式3”，运算符“?”的作用是在计算表达式1之后，如果表达式1为真，则执行表达式2，并将结果作为整个表达式的数值；如果表达式1的值为假，则执行表达式3，并以其结果作为整个表达式的值。例如，y='a'>'b'?3:5;执行完该语句后，y的值为5。

逗号运算符的作用是把几个表达式串在一起，成为逗号表达式，其格式为“表达式1，表达式2，……，表达式n”，运算顺序为从左到右，整个逗号表达式的值是最右边表达式的值。

强制类型转换运算符的作用是将一个表达式或变量转换成所需类型，符号为“()”。例如，

(int)a 是将 a 转换为整型；(float)(a+b)是将 a+b 的结果转换为浮点数。

7．各运算符优先级列表

标准 C 语言中各运算符优先级列表如表 2.1.8 所示。记忆运算符优先级列表非常重要，读者可根据以下口诀进行记忆："括点箭、单算易比较、胃饥三等点"（优先级由高到低），记忆方法为："给我点钱，单算容易比较，下午三点胃就感到饥饿了"。口诀中的含义如下："括"——括号，包含数组下标和圆括号；"点"——一个点，成员选择（对象）；"箭"——箭头，成员选择（指针）；"单"——单目运算；"算"——算术运算；"易"——移位运算；"比较"——比较运算；"胃"——位运算；"饥"——逻辑运算；"三"——三目运算；"等"——赋值运算；"点"——逗号运算。

表 2.1.8 运算符优先级列表

优先级	运算符	名称或含义	结合方向	说明
1	[]	数组下标	从左到右	
	()	圆括号		
	.	成员选择(对象)		
	->	成员选择(指针)		
2	–	负号运算符	从右到左	单目运算符
	(类型)	强制类型转换		
	++	自增运算符		
	--	自减运算符		
	*	取值运算符(指针)		
	&	取地址运算符		
	!	逻辑非运算符		
	sizeof	长度运算符		
3	*	乘法运算符	从左到右	双目运算符
	/	除法运算符		
	%	求余运算符		
4	+	加法运算符	从左到右	双目运算符
	–	减法运算符		
5	<<	左移运算符	从左到右	双目运算符
	>>	右移运算符		
6	>、>=、<、<=	关系运算符	从左到右	双目运算符
7	==	等于运算符	从左到右	双目运算符
	!=	不等于运算符		
8	&	按位与运算符	从左到右	双目运算符
9	^	按位异或运算符	从左到右	双目运算符
10	|	按位或运算符	从左到右	双目运算符
11	&&	逻辑与运算符	从左到右	双目运算符
12	||	逻辑或运算符	从左到右	双目运算符
13	？：	条件运算符	从右到左	三目运算符
14	=、/=、*=、%=、+=、-=、<<=、>>=、&=、^=、|=	赋值运算符	从右到左	双目运算符
15	，	逗号运算符	从左到右	

2.1.4 程序设计的基本结构

初学者在编程时，往往不知道如何下手，这是因为在他们的大脑中对整个程序缺乏一个清晰的轮廓。在学习和工作的过程中，每个人在做一件事情之前，要对所做的处理过程进行一个构思，例如，你要做的事情需要具备什么条件？采用什么手段？达到什么目的？编程也是一样，在编写程序之前要对整个程序有宏观上的认识，明确整个程序实现的功能及每一部分的结构。再复杂的程序都是由 3 种基本结构组合而成的：顺序结构、选择结构和循环结构。有人提出了结构化程序设计的理论，为程序设计提出了一般的规范。结构化程序设计方法提出了一些大家都要遵循的原则，这些原则归纳为 32 个字：**自顶向下，逐步细化；基本结构，组合而成；清晰第一，效率第二；书写规范，缩进格式**。

1．顺序结构

顺序结构是指从前往后依次执行语句。整体看所有的程序，顺序结构是基本结构，只不过中间某个过程是选择结构或是循环结构，执行完选择结构或循环结构后，程序又按顺序执行。

2．选择结构

选择结构又称为选取结构或分支结构，其基本特点是程序的流程由多路分支组成。在程序的一次执行过程中，根据不同的条件，只有一条分支被选中执行，而其他分支上的语句被直接跳过。C 语言提供的选择结构语句有两种：条件语句和开关语句。

（1）条件语句

条件语句(if 语句)用来判定条件是否满足，根据判定的结果决定后续的操作，主要有以下 3 种基本形式：

```
● if(表达式)语句
● if(表达式)语句 1;
     else  语句 2
● if(表达式 1)语句 1;
     else if(表达式 2)语句 2;
            else if(表达式 3)语句 3;
                   else 语句 4
```

（2）开关语句

开关语句(switch 语句)用来实现多方向条件分支的选择。虽然可用条件语句嵌套实现，但是使用开关语句可使程序条理分明，提高可靠性，其格式如下：

```
switch(表达式)
{
    case  常量表达式 1：语句 1;break;
    case  常量表达式 2：语句 2;break;
    case  常量表达式 3：语句 3;break;
    ……
    case  常量表达式 n：语句 n;break;
    default：语句 n+1;
}
```

3．循环语句

循环语句主要用来进行反复多次操作，主要有 3 种语句，其格式如下：

```
● for(表达式 1;表达式 2;表达式 3)语句
● while(条件表达式)语句
● do 循环体语句  while(条件表达式)
```

另外，还需介绍在循环语句控制中用到的两个重要关键字：break 和 continue。在循环语句中，break 的作用是在循环体中测试到应立即结束循环条件时，控制程序立即跳出循环结构，转而执行循环语句后的语句；continue 的作用是结束本次循环，一旦执行了 continue 语句，程序就跳过循环体中位于该语句后的所有语句，提前结束本次循环周期，并开始新一轮循环。

2.1.5 函数

一个 C 语言程序可以由一个主函数和若干个子函数构成，主函数是程序执行的开始点，由主函数调用子函数，子函数还可以再调用其他子函数。

1. 函数的定义

（1）函数定义的语法形式

```
类型标识符　函数名(形式参数表)
{
    语句序列;
}
```

（2）函数的类型和返回值

类型标识符规定了函数的类型，也就是函数的返回值类型。函数的返回值是需要返回给主调函数的处理结果，由 return 语句给出，例如：return 0。

无返回值的函数其类型标识符为 void，不必写 return 语句。

（3）形式参数与实际参数

函数定义时填入的参数称为形式参数，简称形参。它们同函数内部的局部变量作用相同。形参的定义是在函数名后的括号中。调用时替换的参数，是实际参数，简称实参。定义的形参与调用函数的实参类型应该一致，书写顺序应该相同。

2. 函数的声明

调用函数之前首先要在所有函数外声明函数原型，声明形式如下：

类型说明符　被调函数名(含类型说明的形参表)；

一旦函数原型声明之后，该函数原型在本程序文件中任何地方都有效，也就是说在本程序文件中任何地方都可以依照该原型调用相应的函数。

3. 函数的调用

在一个函数中调用另外一个函数称为函数的调用，调用函数的方式有以下 4 种。

（1）作为语句调用

把函数作为一个语句，函数无返回值，只是完成一定的操作。例如：ADC12_init();

（2）作为表达式调用

函数出现在一个表达式中。例如：sum=c+add(a,b);

（3）作为参数调用

函数调用作为一个函数的实参。例如：sum=add(c,add(a,b));

（4）递归调用

函数可以自我调用。如果一个函数内部的一个语句调用了函数本身，则称为递归调用。一个比较经典的递归调用举例为计算 n!，程序代码如下：

```
int  factorial(int);                    // 函数声明
int  factorial(n)                       // 函数定义
{
```

```
    int product;
    if(n==1)
    {
      return(1);
    }
   product=factorial(n-1)*n;    // 函数调用
   return (product);
}
```

4. 函数中变量的类别

根据变量的作用区间及在函数的内部还是外部等，将函数中变量的类别分为局部变量和全局变量。

（1）局部变量

我们把函数中定义的变量称为局部变量，由于形参相当于函数中定义的变量，所以形参也是一种局部变量。局部变量仅由被定义的模块内部的函数所访问。模块以“{”开始，以“}”结束，也就是说局部定义的变量只在“{}”内有效。局部变量在每次函数调用时分配内存空间，建议读者在定义局部变量时对局部变量赋初值，避免由于编译器赋随机值导致软件 Bug。

（2）全局变量

全局变量也称为外部变量，它是在所有函数外部定义的变量，它不属于哪一个函数，它属于一个源程序文件，其作用域是整个源程序。定义全局变量最好在程序的顶部，全局变量在程序开始运行时分配存储空间，在程序结束时释放存储空间，在任何函数中都可以被访问。

局部变量可以和全局变量重名，但是，局部变量会屏蔽全局变量，在函数内部引用这个变量时，会用到同名的局部变量，而不会用到全局变量。

注意：*正因为全局变量在任何函数中都可以访问，所以，在程序运行过程中全局变量被读/写的顺序从源代码中是看不出来的。源代码的书写顺序并不能反映函数的调用顺序。程序出现了 Bug 往往就是因为在某个不起眼的地方对全局变量的读/写顺序不正确，如果代码规模很大，这种错误是很难找到的。而对局部变量的访问不仅局限在一个函数内部，而且局限在一次函数调用之中，从函数的源代码中很容易看出访问的先后顺序是怎样的，所以比较容易找到 Bug。因此，虽然全局变量用起来很方便，但是一定要慎用，能用局部变量代替的就不要用全局变量。*

5. 内部函数和外部函数

一个 C 语言程序可以由多个函数组成，这些函数可以在一个程序文件中，也可以分布在多个不同的程序文件中，根据这些函数的使用范围，又可以把它们分为内部函数和外部函数。

（1）内部函数

如果一个函数只能被本文件内的其他函数所调用，则称为内部函数。在定义内部函数时，在函数名和函数类型的前面加 static。内部函数的定义一般格式为：

static 类型标识符 函数名（形参表）

（2）外部函数

在声明函数时，如果在函数首部的最左端冠以关键字 extern，则表示此函数是外部函数，可供其他文件调用，其定义格式为：

extern 类型标志符 函数名（形参表）

2.1.6 数组

知识点：数组是一个由同种类型变量组成的集合，引入数组就不需要在程序中定义大量的变量，大大减少程序中变量的数量，使程序简练。另外，数组含义清楚，使用方便，明确地反映了数据之间的联系。许多好的算法都与数组有关。熟练地利用数组，可以大大地提高编程的效率。

本节主要介绍一维数组、二维数组和字符数组。

1．一维数组

（1）定义一维数组

在C语言中使用数组必须先进行定义。一维数组的定义形式如下：

类型说明符 数组名 [常量表达式];

例如：int a[20];　说明整型数组 a，有 20 个元素。

（2）引用一维数组

引用一维数组元素的一般形式如下：数组名[下标]，其中下标只能是整型常量或整型表达式。例如：int list[7];该语句定义了一个有 7 个元素的数组 list，数组元素分别是 list[0]，list[1]，…，list[6]。

（3）初始化一维数组

数组初始化赋值是指在数组定义时给数组元素赋予初值。数组初始化是在编译阶段进行的，这样将减少运行时间，提高效率。初始化赋值的一般形式如下：

类型说明符 数组名[常量表达式]={值，值，……，值};

其中，在“{}”中的各数据值即为各元素的初值，各值之间用逗号间隔。例如：int a[10]={0,1,2,3,4,5,6,7,8,9}，相当于 a[0]=0；a[1]=1；…；a[9]=9。

注意：当“{}”中值的个数少于元素个数时，只给前面部分元素赋值，之后的元素自动赋 0 值；如果给全部元素赋值，则在数组说明中，可以不给出数组元素的个数。

2．二维数组

如果说一维数组在逻辑上可以想象成一列长表或向量，那么二维数组在逻辑上可以想象成是由若干行、若干列组成的表格或矩阵。

（1）定义二维数组

二维数组定义的一般形式如下：

类型说明符 数组名[常量表达式 1][常量表达式 2];

其中，“类型说明符”是指数组的数据类型，也就是每个数组元素的类型。“常量表达式 1”指出数组的行数，“常量表达式 2”指出数组的列数，它们必须都是正整数。例如：int score[5][3]; 定义了一个 5 行 3 列的二维数组 score。

（2）引用二维数组

二维数组的元素也称为双下标变量，其表示的形式如下：

数组名[下标 1][下标 2]

其中，下标 1 和下标 2 为整型常量或整型表达式。例如之前定义的 score 数组，其中 score[3][2]表示 score 数组中第 4 行第 3 列的元素。

（3）初始化二维数组

二维数组初始化也是在类型说明时给各下标变量赋以初值。二维数组可以按行分段赋值，也可按行连续赋值。

① 按行分段赋值可写为 int a[3][4]={{1,2,3,4},{5,6,7,8},{9,10,11,12}};

② 按行连续赋值可写为 int a[3][4]={1,2,3,4,5,6,7,8,9,10,11,12};

3．字符数组

字符数组是用来存放字符串的数组。

（1）定义字符数组

形式与前面定义的数值数组相同。例如：char c[5];

（2）初始化字符数组

字符数组也允许在定义时作初始化赋值。例如：char c[5]={'c', 'h', 'i', 'n', 'a'};把 5 个字符分别赋给了 c[0]～c[4]5 个元素。

如果“{}”中提供的初值个数大于数组长度，则在编译时系统会提示语法错误。如果初值个数小于数组长度，则只将这些字符赋给数组中前面那些元素，其余元素由系统自动定义为空字符'\0'。

（3）引用字符数组

字符数组的逐个字符引用，与引用数组元素类似。

2.1.7 指针

指针是 C 语言中的一个重要概念，也是一个比较难掌握的概念。正确灵活地运用指针，可以编写出精炼而高效的程序。

1．指针和指针变量概念

C 程序中每一个实体，如变量、数组都要在内存中占有一个可标识的存储区域，每一个存储区域由若干字节组成，在内存中每个字节都有一个“地址”。一个存储区域的“地址”指的是该存储区域中第一字节的地址（或称首地址）。在 C 语言中，将地址形象化地称为“指针”，一个变量的地址称为该变量的“指针”。如果有一个变量专门用来存放另一个变量的地址（即“指针”），则它称为“指针变量”。使用指针访问能使目标程序占用内存少、运行速度快。

2．指针变量的定义

指针变量的定义格式为：类型说明符 *指针变量名。其中，“*”表示这里定义的是一个指针类型的变量。“类型说明符”可以是任意类型，指的是指针所指向的对象的类型，这说明了指针所指的内存单元可以用于存放什么类型的数据，称之为指针的类型。例如：int *pointer;说明 pointer 是指向整型的指针变量，也就是说，在程序中用它可以间接访问整型变量。

3．与地址相关的运算——*和&

C 语言提供了两个与地址相关的运算符：*和&。“*”称为指针运算符，表示获取指针所指向的变量的值。例如：*i_pointer 表示指针 i_pointer 所指向的数据的值。“&”称为取地址运算符，用来得到一个对象的地址，例如：使用&i 就可以得到变量 i 的存储单元地址。

4．指针的运算

指针是一种数据类型，与其他数据类型一样，指针变量也可以参与部分运算，包括算术运算、关系运算和赋值运算。以下对这 3 种运算进行简单介绍。

（1）算术运算

指针可以和整数进行加减运算，但是，运算规则是比较特殊的。之前介绍过指针定义时必须指出它所指的对象是什么类型，这里我们将看到指针进行加减运算的结果与指针的类型密切相关。比如有指针 p1 和整数 n1，p1+n1 表示指针 p1 当前所指位置后第 n1 个数的地址，p1−n1 表示指针 p1 当前所指位置前第 n1 个数的地址。“指针++”或“指针--”表示指针当前所指位置下一个或前一个数据的地址。

一般来说，指针的算术运算是和数据的使用相联系的，因为只有在使用数据时，我们才会得到连续分布的可操作内存空间。对于一个独立变量的地址，如果进行算术运算，然后对其结果所指向的地址进行操作，有可能会意外破坏该地址中的数据或代码。因为对指针进行算术运算时，一定要确保运算结果所指向的地址是程序中分配使用的地址。

（2）关系运算

指针变量的关系运算指的是指向相同类型数据的指针之间进行的关系运算。如果两个相同类型的指针相等，就表示这两个指针指向同一个地址。不同类型的指针之间或指针与非零整数之间的关系运算是毫无意义的。

（3）赋值运算

声明了一个指针，只是得到了一个用于存储地址的指针变量。但是，变量中并没有确定的值，其中的地址值是一个随机的数。因此，定义指针之后必须先赋值，然后才可以引用。与其他类型的变量一样，对指针赋初值也有两种方法。

① 在声明指针的同时进行初始化赋值，语法形式为：

类型说明符 *指针变量名 = 初始地址;

数据的起始地址就是数组的名称，例如下面的语句：

```
int a[10];                      //声明 int 型数组
int *i_pointer = a;             //声明并初始化 int 型指针
```

② 在声明之后，单独使用赋值语句，赋值语句的语法形式为：

指针变量名 = 地址;

举例如下：

```
int *i_pointer;                 //声明 int 型指针 i_pointer
int i;                          //声明 int 型数据 i
i_pointer = &i;                 //取 i 的地址赋给 i_pointer
```

希望：*指针的运用是非常灵活的，在此仅对指针的概念及运算进行简单的介绍，希望读者在以后的学习中对指针有更加深入的了解。*

2.1.8 预处理命令

预处理是 C 语言具有的一种对源程序的处理功能。所谓预处理，指的是在正常编译之前对源程序的预先处理。这就是说，源程序在正常编译之前先进行预处理，即执行源程序中的预处理命令，预处理后，源程序再被正常编译。预处理命令包括宏定义、文件包含和条件编译 3 个主要部分。

预处理指令是以“#”开头的代码行。“#”必须是该行除任何空白字符外的第一个字符。“#”后是指令关键字，在关键字和“#”之间允许存在任意个数的空白字符。预处理指令后面不加“;”。整行语句构成一条预处理指令，该指令将在编译器进行编译之前对源代码做某些转换。部分预处理指令及说明如表 2.1.9 所示。

表 2.1.9 部分预处理指令及说明

预处理指令	说 明
#空指令	无任何效果
#include	包含一个源文件代码
#define	定义宏

续表

预处理指令	说明
#undef	取消已定义的宏
#if	如果给定条件为真，则编译下面代码
#ifdef	如果宏已经定义，则编译下面代码
#ifndef	如果宏没有定义，则编译下面代码
#elif	如果前面的#if 给定条件不为真，则编译下面代码
#endif	结束一个#if…#else 条件编译块
#error	停止编译并显示错误信息

1. 宏定义预处理命令

宏定义了一个代表特定内容的标识符。预处理过程会把源代码中出现的宏标识符替换成宏定义时的值。宏最常见的用法是定义代表某个值的全局符号。宏的第二种用法是定义带参数的宏，这样的宏可以像函数一样被调用。但是，它是在调用语句处展开宏，并用调用时的实际参数来代替定义中的形式参数。

（1）#define 指令

#define 预处理指令是用来定义宏的。该指令最简单的格式是：

#define 标识符 常量表达式

标识符最好采用大写字母，宏定义行不要加分号。例如：#define MAX_NUM 10

宏定义后，如果需要改变程序中 MAX_NUM 的值，只需更改宏定义即可，程序中的引用会自动进行更改。

（2）带参数的#define 指令

带参数的宏和函数调用看起来有些相似，其一般格式如下：

#define 宏符号名（参数表） 宏体

例如：#define Cube(x) (x)*(x)*(x)

该宏的作用是求 x 的立方，在程序中如有需要，任何数字表达式甚至函数调用都可用来代替参数 x。这里再次提醒大家注意括号的使用，宏展开后完全包含在一对括号中，而且参数也包含在括号中，这样就保证了宏和参数的完整性。

2. 文件包含预处理命令

文件包含的含义是在一个程序文件中可以包含其他文件的内容。这样，这个文件将由多个文件组成。用文件包含命令实现这一功能，格式如下：

#include<文件名> 或 #include"文件名"

其中，include 是关键字，文件名是被包含的文件名。应该使用文件全名，包括文件的路径和扩展名。文件包含预处理命令一般写在文件的开头。举例如下：

```
#include "USB_API/USB_Common/device.h"
```

3. 条件编译预处理指令

条件编译指令将决定哪些代码被编译，而哪些是不被编译的。可以根据表达式的值或者某个特定的宏是否被定义来确定编译条件。条件编译有以下 3 种形式，下面分别加以说明。

（1）常量表达式条件预处理指令

```
#ifdef 常量表达式 1
  程序段 1
```

```
#elif 常量表达式 2
  程序段 2
  ……
#elif 常量表达式(n-1)
  程序段(n-1)
#else
  程序段 n
#endif
```

它的作用是：检查常量表达式，如为真，编译后续程序段，并结束本次条件编译；若所有常量表达式均为假，则编译程序段 n，然后结束。

（2）标识符定义条件预处理指令

```
#ifdef 标识符
  程序段 1
#else
  程序段 2
#endif
```

它的作用是：标识符已被#define 定义过，编译程序段 1，否则编译程序段 2。

（3）标识符未定义条件预处理指令

```
#ifndef 标识符
  程序段 1
#else
  程序段 2
#endif
```

它的作用是：标识符未被#define 定义过，编译程序段 1，否则编译程序段 2。

2.2 MSP430 单片机软件工程基础

2.2.1 MSP430 单片机软件编程方法

最简单、最常用的 MSP430 单片机软件流程如图 2.2.1 所示。主监控程序首先进行系统初始化，包括初始化 I/O 端口、片上外设和变量等，之后进入 while(1)主循环，在主循环中可将任务分为 3 类：循环任务、查询任务和判断是否进入低功耗任务。循环任务主要放置每次循环必须调用且对实时性要求不高的任务；查询任务主要用于查询 Flag 变化，决定是否执行相关查询任务；判断是否进入低功耗任务，主要用于判断是否满足主循环进入低功耗条件，若满足则进入低功耗模式，等待下次唤醒，否则继续下次循环。用户可以选择从中断唤醒 MSP430 单片机后在主循环中通过查询标志位处理任务，也可以选择在中断服务程序中处理任务。可以将对定时要求不严格或实时性要求不高的任务放在主循环中，通过查询标志位来完成，例如，20ms 一次的液晶显示任务等。将对定时要求严格或实时性要求较高的任务放在中断服务程序中完成，例如，ADC 采样任务、按键处理任务等。

图 2.2.1 所示的流程图需处理 4 个任务：Task1、Task2、Task3 和 Task4。Task1 任务是在循环任务中完成的，每次主循环均会执行一次；Task2 和 Task3 任务是在查询任务中通过查询标志

位来完成的；Task4 任务是在中断服务程序中直接完成的。当发生 Task2 或 Task3 任务时，MSP430 单片机停止执行当前主循环程序，转而执行中断服务程序 1 或中断服务程序 2。中断服务程序 1 或中断服务程序 2 首先置位相应标志位，之后退出低功耗休眠模式并唤醒 MSP430 单片机，最后从中断服务程序返回主循环程序。主循环程序再通过查询标志位来判断是否需要执行相应的任务。这种编程方式的问题是，当程序正在执行 Task2 任务时，发生了 Task3 请求，中断服务程序 2 置位标志位 Task3_Flag，若 Task2 任务执行时间较长，程序将不能很快执行 Task3 任务，这样软件的实时性就受到影响。若想保证软件的实时性，任务可放在中断服务程序中直接执行，如图 2.2.1 中 Task4 任务。此时中断服务程序 3 没必要设置标志位或改变 MSP430 单片机运行状态。当中断服务程序 3 完成后，MSP430 单片机仍然返回到中断服务程序前的运行状态。

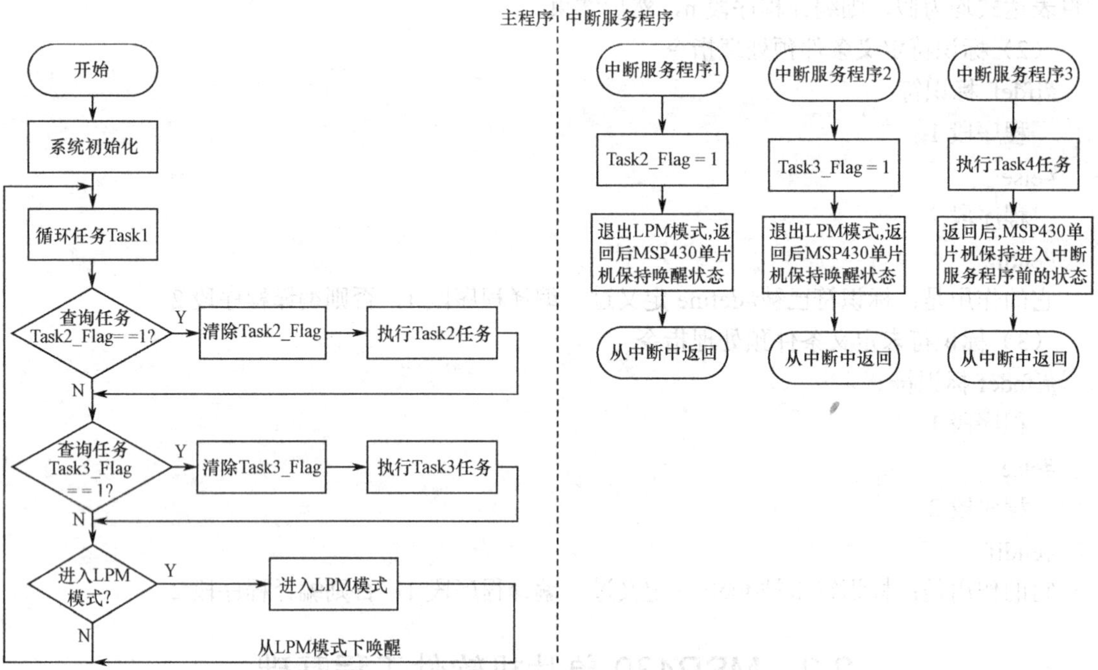

图 2.2.1　MSP430 单片机软件流程示意图

2.2.2　模块化编程介绍

引子：当你在一个项目小组做一个相对较复杂的工程时，意味着你不再独自工作。你需要与小组中的其他成员分工合作，一起完成项目，这就要求小组成员各自负责一部分工程。例如你可能只是负责通信或者显示这一块。这个时候，你就应该将自己的这一块程序写成一个模块，单独调试，留出接口供其他模块调用。当小组成员都将自己负责的模块写完并调试通过后，最后由项目组长进行组合调试，这就要求程序必须模块化。模块化的好处不仅仅在于方便分工，还有助于程序的调试，有利于程序结构的划分，还能增加程序的可读性和可移植性。初学者往往搞不懂如何模块化编程，其实它是简单易学的。

模块化程序设计需理解以下概念：

（1）模块是一个.c 文件和一个.h 文件的结合，头文件(.h)中是对于该模块接口的声明

这一条概括了模块化的实现方法和实质：将一个功能模块的代码单独编写成一个.c 文件，然后把该模块的接口函数放在.h 文件中。例如，当你用到液晶显示时，那么你可以写一个液晶

驱动模块，以实现字符、汉字和图像的显示，命名为：lcd_driver.c 和 lcd_driver.h。

（2）某模块提供给其他模块调用的外部函数及变量需在.h 文件中冠以 extern 关键字声明

① 首先介绍外部函数的使用。假设之前创建的 lcd_driver.c 提供了最基本的 LCD 驱动函数：

```
void Lcd_PutChar(char NewValue);                    //在当前位置输出一个字符
```

若想在另外一个文件中调用此函数，就需要将此函数设为外部函数。设置的方法是在.h 文件中声明该函数前加 extern 关键字，并在另外一个文件内包含该.h 头文件。

② 再讲述外部变量的使用。进行模块化编程的一个难点就是外部变量的设定。初学者往往很难想通模块与模块之间变量的公用是如何实现的，常规的方法就是在.h 头文件中声明该变量前加 extern 关键字，并在另外一个模块中包含该.h 头文件，就可以在同一片内存空间对相同的变量进行操作。

（3）模块内的函数和全局变量需在.c 文件开头冠以 static 关键字声明

这句话讲述了关键字 static 的作用。在模块内（但在函数体外），一个被声明为静态的变量可以被模块内所有函数访问，但不能被模块外其他函数访问。它是一个本地的全局变量。在模块内，一个被声明为静态的函数只可被这一模块内的其他函数调用，不能被模块外的函数调用。

（4）永远不要在.h 文件中定义变量

请读者注意，一个变量只可定义一次，但是，可以声明多次。一个.h 文件可以被其他任何一个文件所包含，如果在这个.h 文件中定义了一个变量，那么在包含该.h 文件的文件内将再次开辟空间定义这个变量，而它们对应于不同的存储空间。例如：

```
/*module1.h*/
int a = 5;                               // 在模块 1 的.h 文件中定义 int a
/*module1.c*/
#include "module1.h"                     // 在模块 1 中包含模块 1 的.h 文件
/*module2.c*/
#include "module1.h"                     // 在模块 2 中包含模块 1 的.h 文件
```

以上程序在模块 1、2 中都定义了整型变量 a；a 在不同的模块中对应不同的地址单元。这样的编程不合理。正确的做法是：

```
/*module1.h*/
extern int a;                            // 在模块 1 的.h 文件中声明 int a
/*module1.c*/
#include "module1.h"                     // 在模块 1 中包含模块 1 的.h 文件
int a = 5;                               // 在模块 1 的.c 文件中定义 int a
/*module2.c*/
#include "module1.h"                     // 在模块 2 中包含模块 1 的.h 文件
```

这样，如果模块 1、2 操作 a 的话，对应的是同一个内存单元。

2.2.3 高质量的程序软件应具备的条件

程序软件质量是一个非常重要的概念，一个高质量的程序软件不仅能使系统无错误且正常运行，而且程序本身结构清晰，可读性强。高质量的程序软件应具备以下条件：

① 结果必须正确、功能必须实现，且在精度和其他各方面均满足要求；

② 便于检查、修正、移植和维护；

③ 具有良好的结构、书写规范、逻辑清晰、可读性强；

④ 运行时间尽可能短，同时尽可能合理地使用内存。

2.3 MSP430 单片机软件开发集成环境 CCSv5

CCS（Code Composer Studio）是 TI 公司研发的一款具有环境配置、源文件编辑、程序调试、跟踪和分析等功能的集成开发环境。它能够帮助用户在一个软件环境下完成编辑、编译、链接、调试和数据分析等工作。CCSv5 为 CCS 软件的最新版本，功能更强大、性能更稳定、可用性更高，是 MSP430 单片机软件开发的理想工具。以往人们采用 IAR 软件开发 MSP430 单片机的软件，现在 CCSv5 对 MSP430 单片机的支持达到了全新的高度，其中的许多功能是 IAR 所无法比拟的，例如集成了 MSP430Ware 插件和 Grace 图形编程插件等。因此，建议使用 CCSv5 进行 MSP430 单片机软件的开发。

2.3.1 CCSv5 的下载及安装

1. CCSv5 的下载途径

TI 公司的 CCSv5 开发集成环境为收费软件，但是，可以下载评估版本使用，下载网址为：http://processors.wiki.ti.com/index.php/GSG:CCSv5_Download。

2. CCSv5 的安装步骤

（1）运行下载的 CCSv5 安装程序，当显示如图 2.3.1 所示页面时，选择“Custom”选项，进入自定义安装通道。

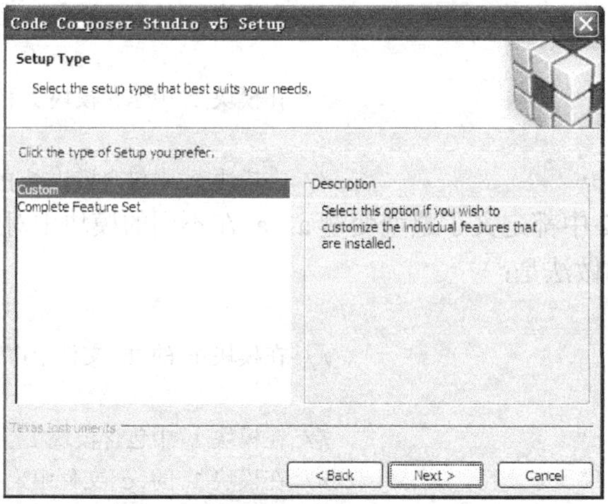

图 2.3.1 安装过程 1

（2）单击“Next”按钮，弹出如图 2.3.2 所示窗口。为了安装快捷，在此只选择支持“MSP430 Low Power MCUs”选项。单击“Next”按钮，保持默认配置，继续安装，安装完成后，弹出如图 2.3.3 所示窗口。

（3）单击“Finish”按钮，将运行 CCS，弹出如图 2.3.4 所示窗口，打开“我的电脑”图标，在 F 磁盘下创建工作区间文件夹路径：F:\MSP-EXP430F5529\Workspace（注意，任意名称的文件夹均可，就是不能使用中文名），单击“Browse” 按钮，将工作区间链接到所建文件夹，不勾选“Use this as the default and do not ask again”选项。

（4）单击“OK”按钮，第一次运行 CCSv5 需进行软件许可的选择，如图 2.3.5 所示。

在此，选择“CODE SIZE LIMITED(MSP430)”选项，在该选项下，对于 MSP430 单片机，CCS 免费开放 16KB 的程序空间。若读者有软件许可，可以选择第一个选项（ACTIVATE）进行软件许可的认证。单击“Finish”按钮即可进入 CCSv5 软件开发集成环境，如图 2.3.6 所示。

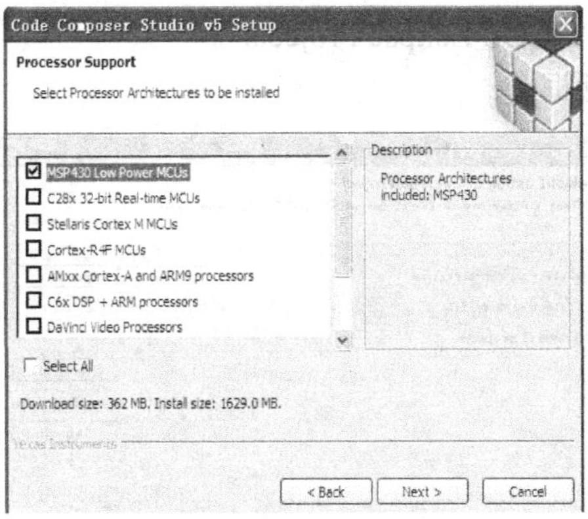

图 2.3.2　安装过程 2

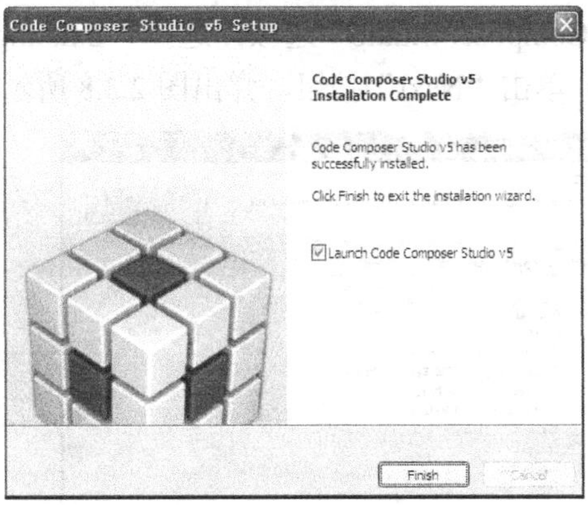

图 2.3.3　软件安装完成

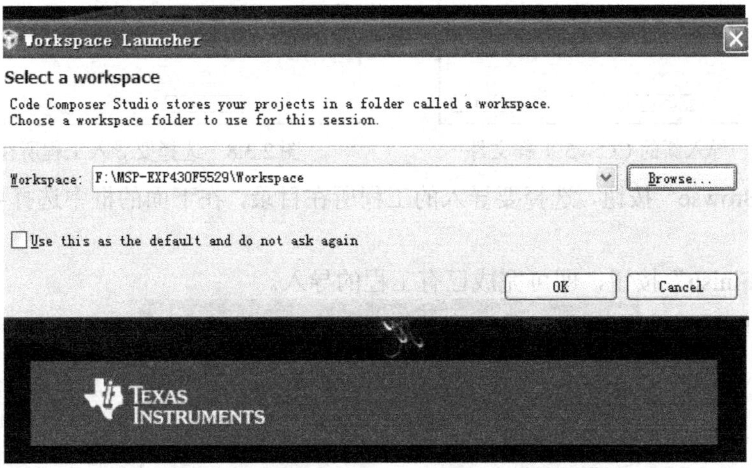

图 2.3.4　Workspace 选择窗口

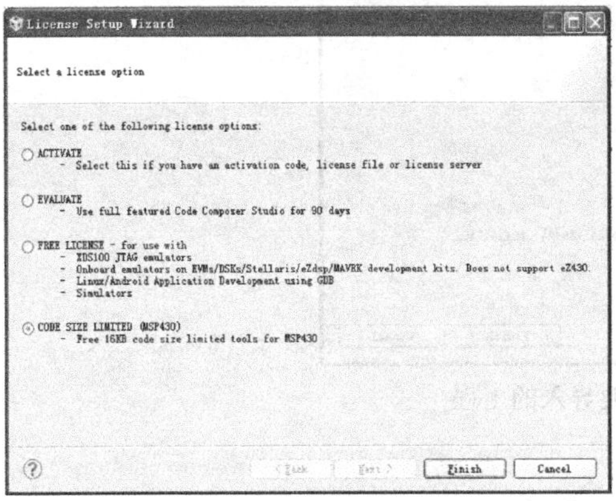

图 2.3.5　软件许可选择窗口

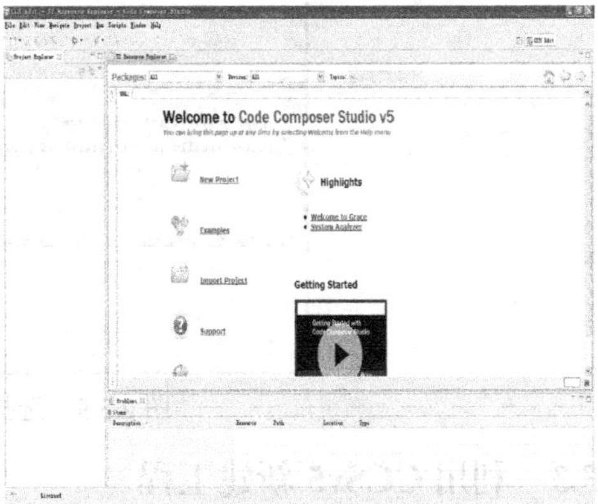

图 2.3.6　CCSv5 软件开发集成环境界面

注意：①CCSv5 的安装路径名一定不能使用中文；②读者的计算机用户名也不能为中文；③CCSv5 支持 TI 公司所有的处理器，但是，应该用什么装什么，不要贪多，否则，安装会很慢。

2.3.2　利用 CCSv5 导入已有工程

（1）首先打开 CCSv5，选择"File→Import"命令，弹出如图 2.3.7 所示对话框，单击展开

“Code Composer Studio”选项，选择“Existing CCS/CCE Eclipse Projects”。

（2）单击“Next”按钮，弹出图 2.3.8 所示对话框。

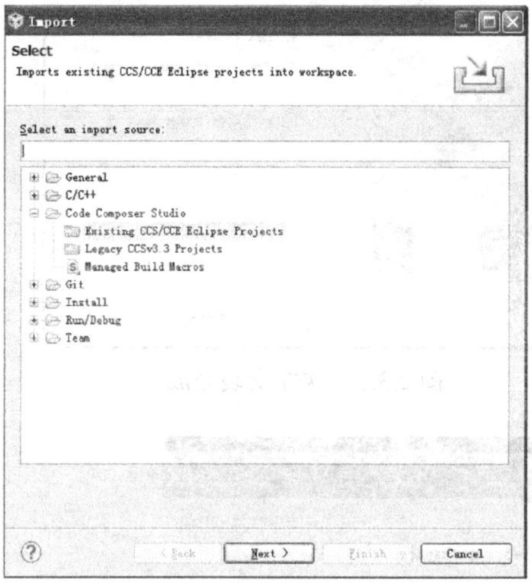

图 2.3.7　导入新的 CCSv5 工程文件

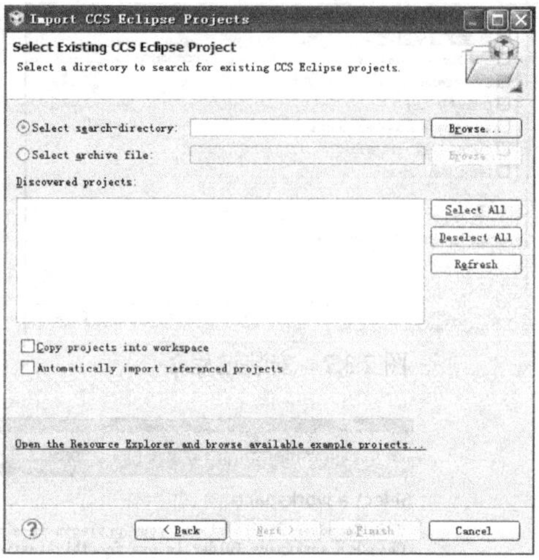

图 2.3.8　选择要导入工程所在目录

（3）单击“Browse”按钮，选择要导入的工程所在目录，在下面的框中选择要导入的工程，如图 2.3.9 所示。

（4）单击“Finish”按钮，即可完成已有工程的导入。

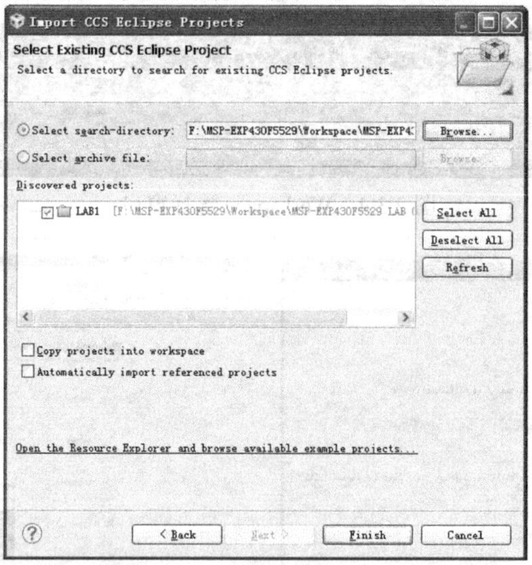

图 2.3.9　选择要导入的工程

2.3.3　利用 CCSv5 新建工程

（1）首先打开 CCSv5 并确定工作区间，然后选择“File→New→CCS Project”命令，弹出如图 2.3.10 所示的对话框。

（2）在“Project name”中输入新建工程的名称，在此输入 myccs1。

（3）在“Output type”中有两个选项：Executable 和 Static library。前者为构建一个完整的可执行程序，后者为静态库。在此保留 Executable。

（4）在“Device”部分选择器件的型号：在“Family”中选择 MSP430；“Variant”中选择 MSP430x5xx Family，芯片选择 MSP430F5529；“Connection”保持默认选项。

（5）选择空工程，然后单击“Finish”按钮完成新工程的创建。

（6）创建的工程将显示在“Project Explorer”对话框中，如图 2.3.11 所示。

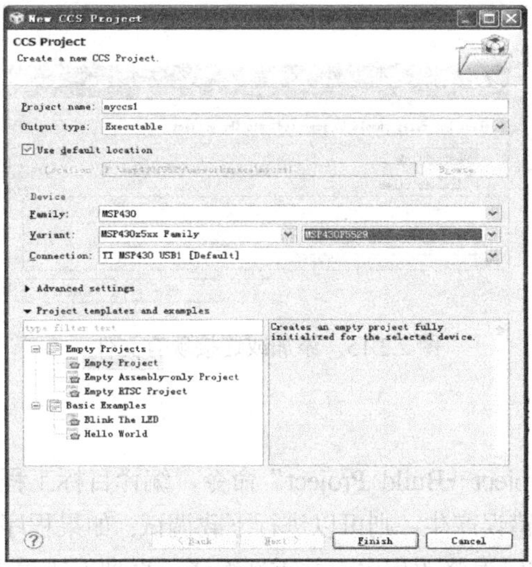

图 2.3.10　新建 CCS 工程对话框

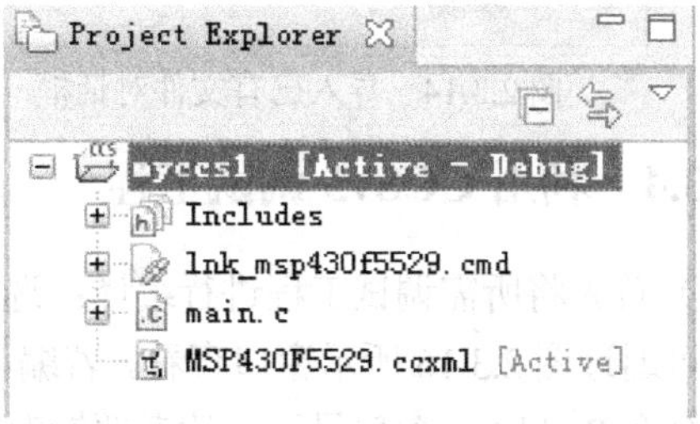

图 2.3.11　初步创建的新工程

特别提示：若要新建或导入已有.h 或.c 文件，步骤如下：

（7）新建.h 文件：在工程名上右击，选择“New→Header File”命令，弹出如图 2.3.12 所示对话框。

在“Header file”中输入头文件的名称，注意必须以.h 结尾，在此输入 my01.h。

（8）新建.c 文件：在工程名上右击，选择“New→Source File”命令，得到如图 2.3.13 所示对话框。

在“Source file”中输入 c 文件的名称，注意必须以.c 结尾，在此输入 my01.c。

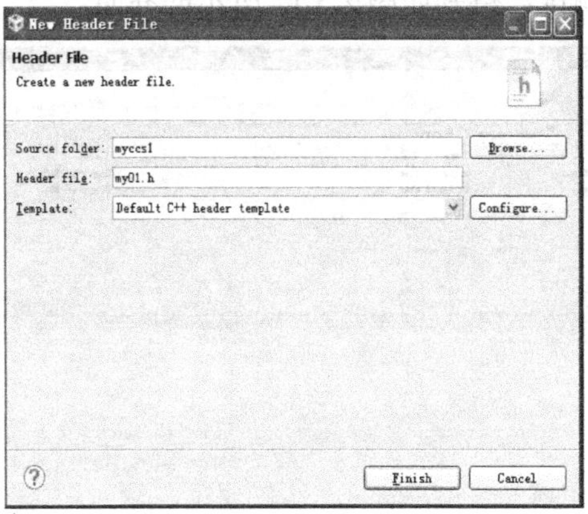

图 2.3.12　新建.h 文件对话框

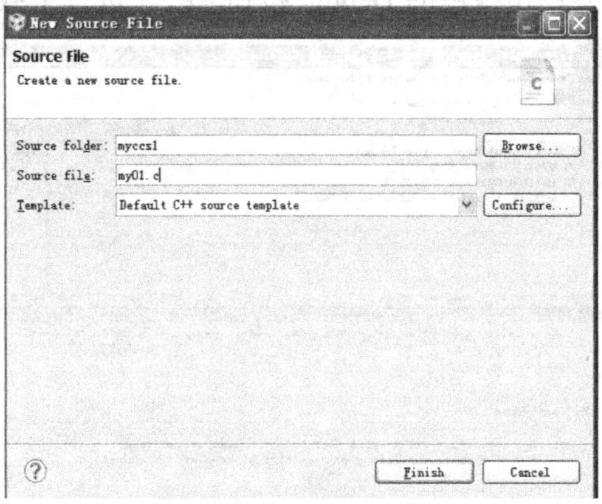

图 2.3.13　新建.c 文件对话框

（9）导入已有.h 或.c 文件：在工程名上右击，选择“Add Files”命令，弹出如图 2.3.14 所示对话框。

找到所需导入的文件位置并单击，弹出如图 2.3.15 所示对话框。选中“Copy files”，单击“OK”按钮，即可将已有文件导入工程中。

工程移植步骤：若已用其他编程软件（例如 IAR）完成了整个工程的开发，该工程无法直接移植入 CCSv5，但是，可以通过在 CCSv5 中新建工程，并根据步骤（7）、（8）和（9）新建或导入已有.h 和.c 文件，从而完成整个工程的移植。

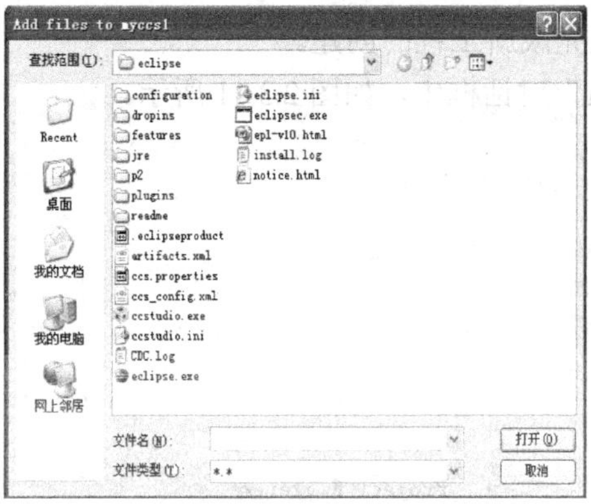

图 2.3.14　导入已有文件对话框

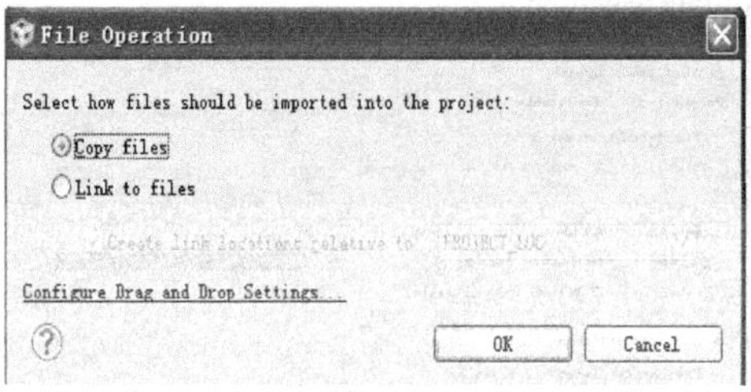

图 2.3.15　添加或连接现有文件

2.3.4　利用 CCSv5 调试工程

（1）首先将所需调试工程进行编译：选择“Project→Build Project”命令，编译目标工程。编译结果可通过图 2.3.16 所示窗口查看。若编译没有错误产生，则可以进行下载调试；如果程序有错误，将会在 Problems 窗口显示。读者要针对显示的错误修改程序，并重新编译，直到无错误提示。

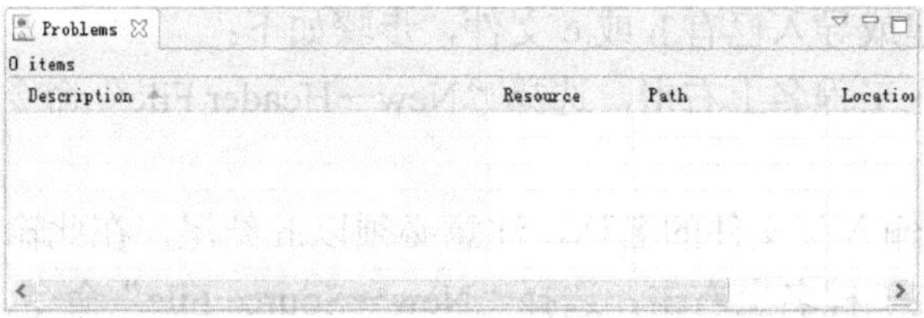

图 2.3.16　工程调试结果 Problems 窗口

（2）单击绿色的 Debug 按钮 进行下载调试，得到如图 2.3.17 所示的界面。

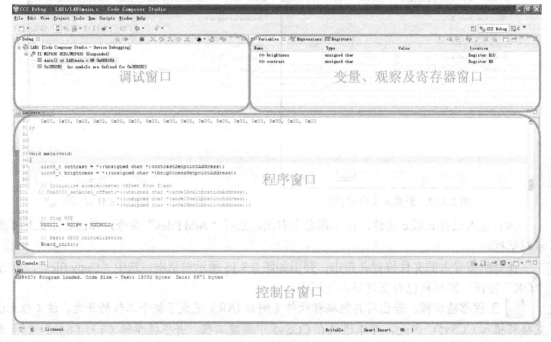

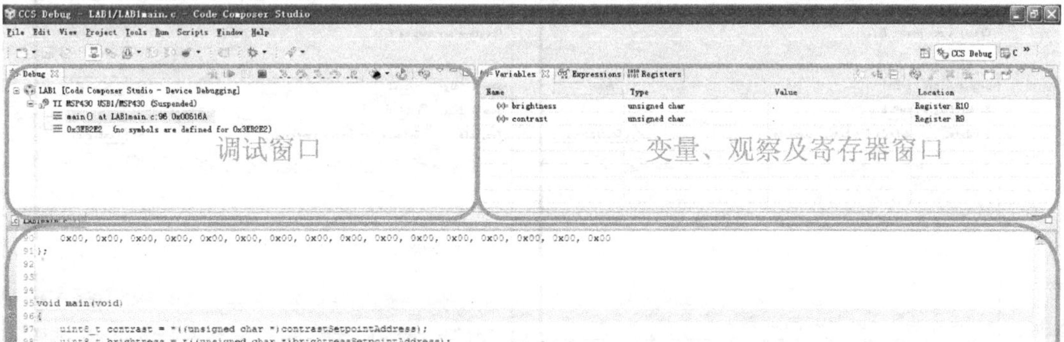

图 2.3.17　调试窗口界面

（3）单击运行图标 运行程序，观察显示的结果。在程序调试过程中，可通过设置断点来调试程序：选择需要设置断点的位置并右击，选择“Breakpoints→Breakpoint”命令，断点设置成功后将显示图标 。可以通过双击该图标来取消该断点。程序运行的过程中可以通过单步调试按钮 配合断点单步的调试程序，单击重新开始图标 定位到 main()函数，单击复位按钮 复位，可通过中止按钮 返回编辑界面。

（4）在程序调试过程中，可以通过 CCSv5 查看变量、寄存器、汇编程序或 Memory 等的信息，观察程序运行的结果，与预期的结果进行比较，以便顺利地调试程序。例如，单击“View→Variables”命令，可以查看变量的值，如图 2.3.18 所示。

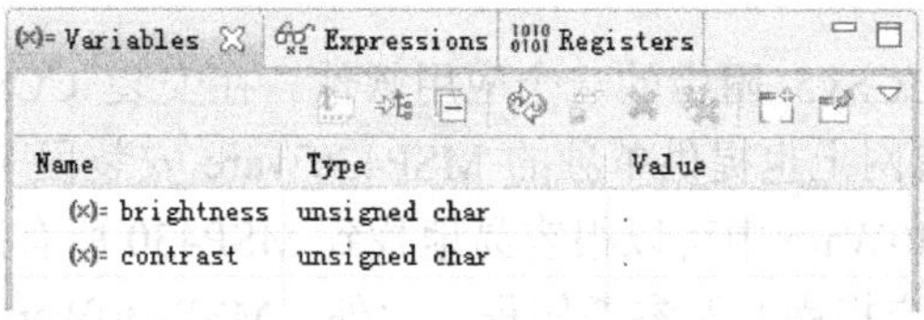

图 2.3.18　变量查看窗口

（5）单击“View→Registers”命令，可以查看寄存器的值，如图 2.3.19 所示。

（6）单击“View→Expressions”命令，可以得到观察窗口，如图 2.3.20 所示。可以通过“Add new”添加观察变量，或者在所需观察的变量上右击，选择“Add Watch Expression”命令将此变量添加到观察窗口中。

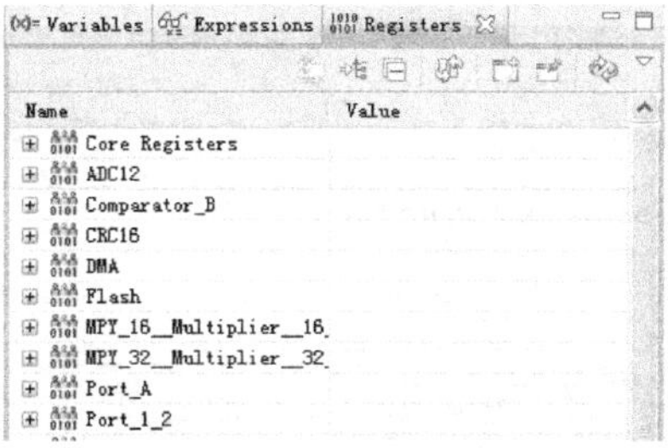

图 2.3.19　寄存器查看窗口

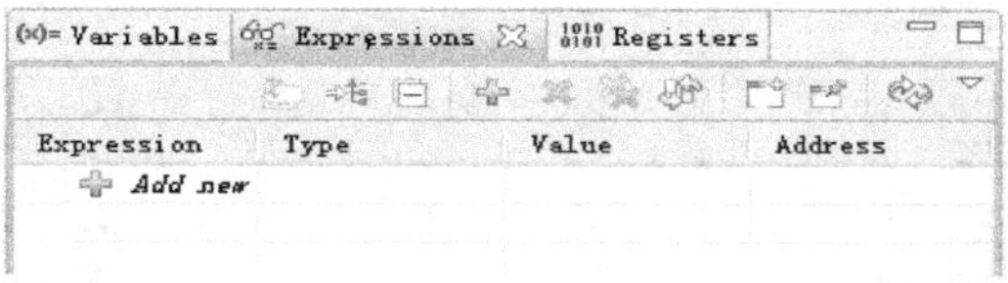

图 2.3.20　观察窗口

（7）单击“View→Disassembly”命令，可以得到汇编程序观察窗口，如图 2.3.21 所示。

（8）单击“View→Memory Browser”命令，可以得到内存查看窗口，如图 2.3.22 所示。

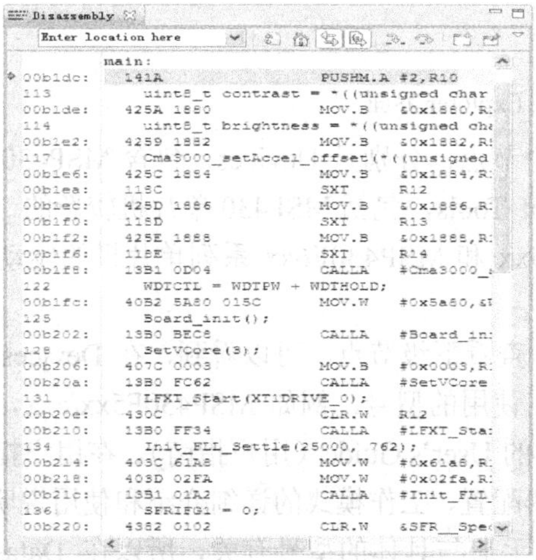

图 2.3.21　汇编程序观察窗口

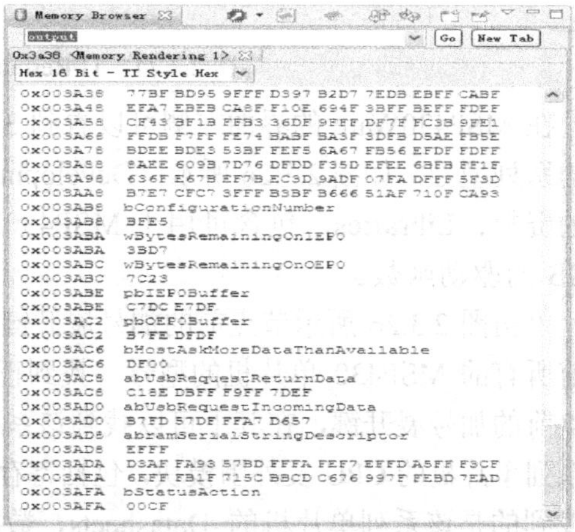

图 2.3.22　内存查看窗口

（9）单击“View→Breakpoints”命令，可以得到断点查看窗口，如图 2.3.23 所示。

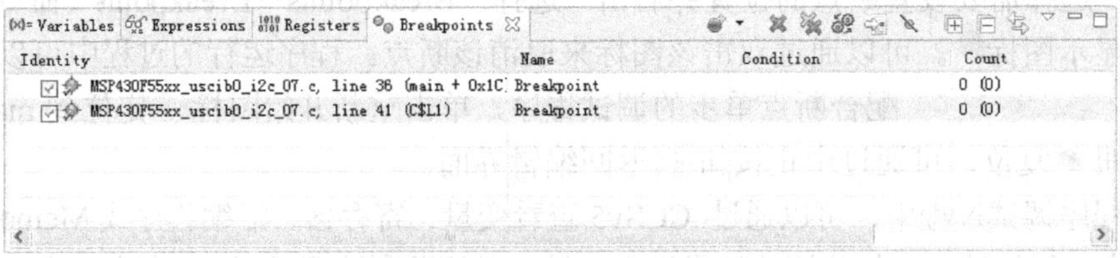

图 2.3.23　断点查看窗口

2.3.5　MSP430Ware 使用指南

（1）MSP430Ware 是 CCSv5 附带的一个应用软件。在安装 CCSv5 时，可选择同时安装 MSP430Ware。在 TI 公司官网上也提供单独的 MSP430Ware 安装程序下载：http://www.ti.com/tool/msp430ware。在 MSP430Ware 中可以很容易地找到 MSP430 所有系列型号的 Datasheet（数据手册），User's guide（用户指南）及参考例程。此外，MSP430Ware 还提供了大多数 TI 开发板的用户指南、硬件设计文档及参考例程。针对 MSP430F5xx 和 MSP430F6xx 系列还提供了驱动库文件，以方便用户进行上层软件开发。

（2）在 CCSv5 中，单击“View→TI Resource Explorer”命令，在主窗口中会显示如图 2.3.24 所示界面。其中，在 Packages 下拉列表中可以观察目前 CCSv5 中安装的所有附件软件。在 Packages 下拉列表中选择 MSP430Ware，进入 MSP430Ware 的界面，如图 2.3.25 所示。

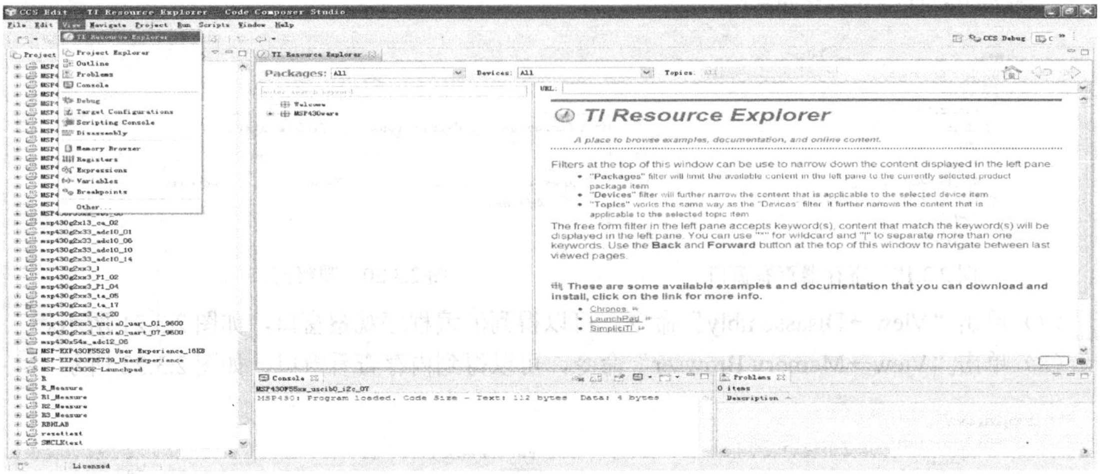

图 2.3.24　TI Resource Explorer 界面

（3）在 MSP430Ware 的界面左侧可以看到 3 个节点，分别是 Devices，包含 MSP430 单片机所有的系列型号，如图 2.3.26 所示；Development Tools，包括 MSP430 单片机较新的一些开发套件的资料；Libraries，包含可用于 MSP430F5xx 和 MSP430F6xx 系列单片机的驱动库函数及 USB 的驱动函数。

（4）单击图 2.3.26 所示节点前的加号展开键，查看下级节点，可以看到，在 Devices 节点下有目前所有的 MSP430 单片机的型号，找到正在使用的型号，例如 MSP430F5xx/6xx，同样单击节点前的加号展开键，在其下可以找到该系列的 User's Guide（用户指南）。在用户指南中有对该系列单片机的 CPU 及外围模块，包括寄存器配置、工作模式的详细介绍和使用说明；同时可以找到的是该系列单片机的 Datasheets，数据手册与具体的型号有关，所以在 Datasheets

的子目录中会看到不同型号单片机的数据手册；在这里还可以找到参考例程。

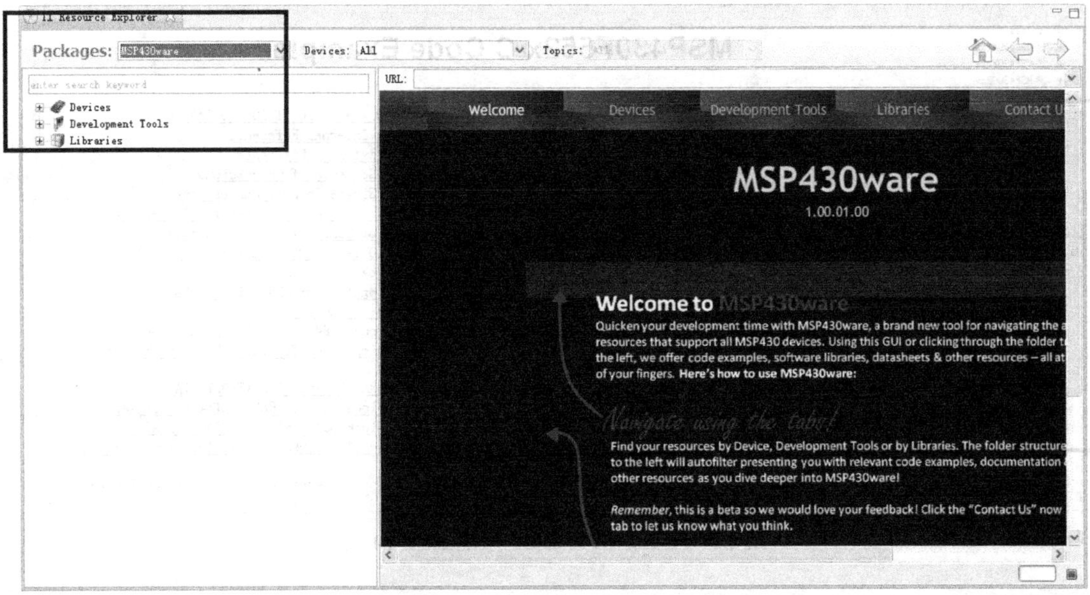

图 2.3.25　MSP430Ware 界面

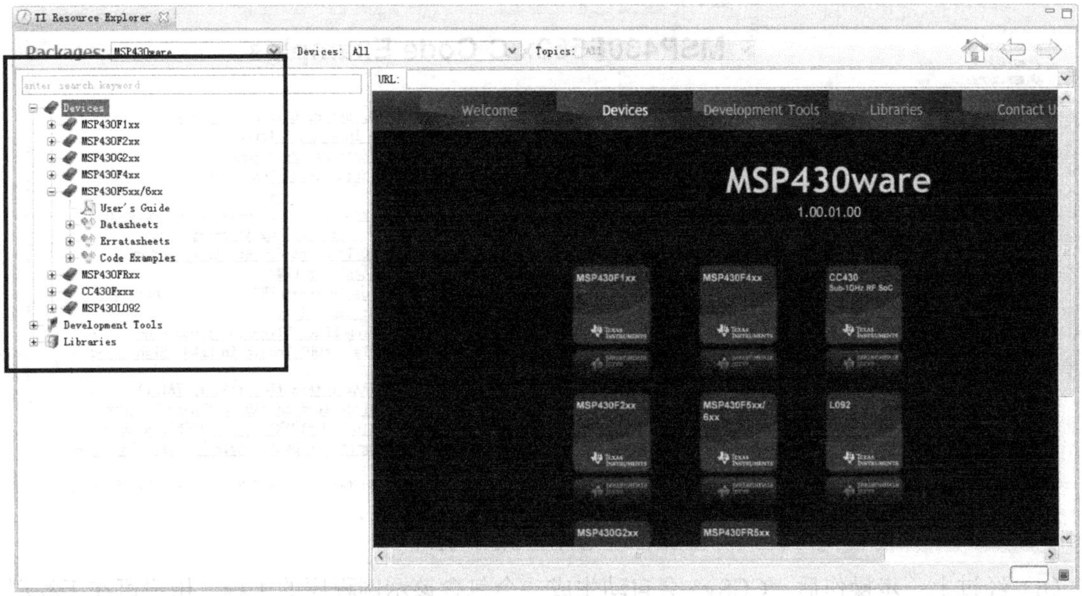

图 2.3.26　Devices 界面

（5）在 MSP430Ware 中提供不同型号单片机的 CCS 示例程序，如图 2.3.27 所示，在选择具体型号后，在右侧窗口中将显示参考示例程序。为了更好地帮助用户了解 MSP430 单片机的外设，MSP430Ware 提供了基于所有外设的参考例程，从示例程序的名字就可以看出示例程序所涉及的外设，同时该窗口还给出示例程序的简单描述，帮助用户更快地找到最合适的参考例程。如图 2.3.28 所示，单击选中的参考例程，在弹出的对话框中选择连接的目标芯片型号。

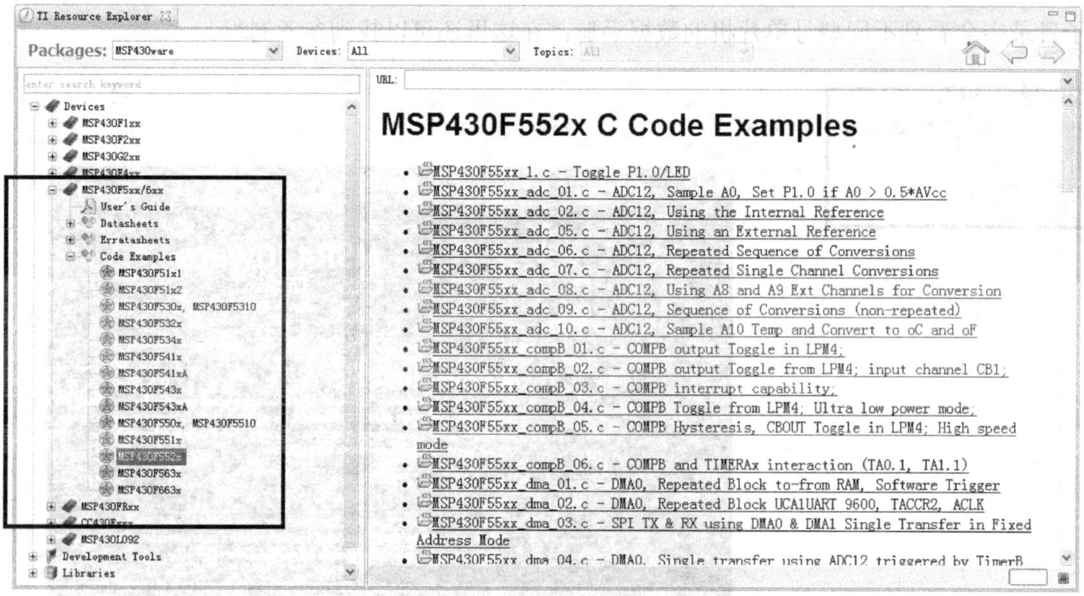

图 2.3.27　MSP430F552x 示例程序界面

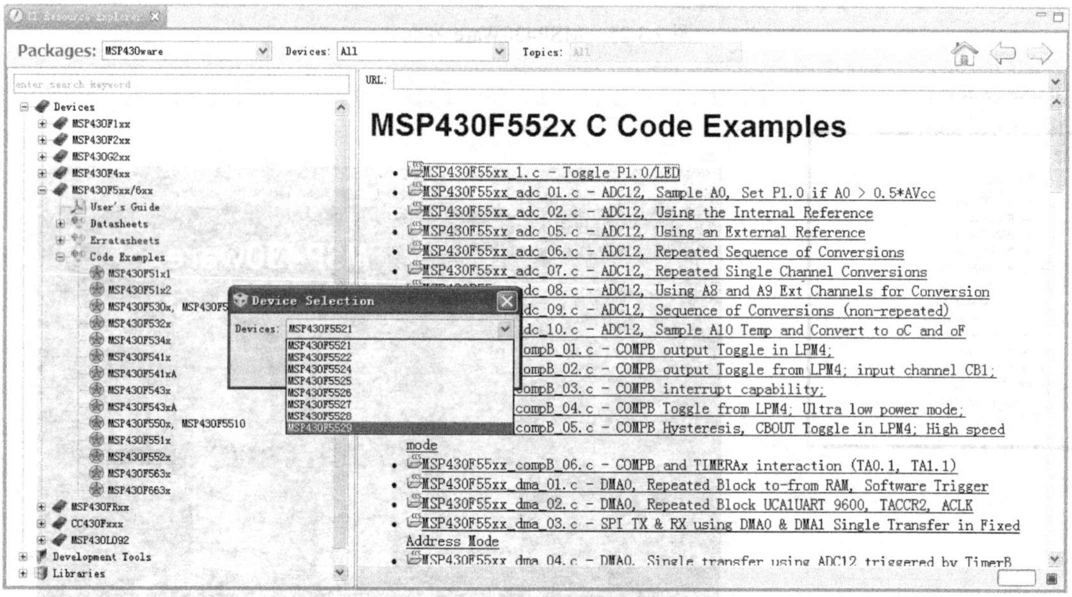

图 2.3.28　芯片型号选择窗口

（6）经过上一步操作后，CCSv5 会自动生成一个包含该示例程序的工程，用户可在工程浏览器（Project Explorer）中查看，可以直接进行编译、下载和调试。如图 2.3.29 所示，在“Development Tools”子目录中可以找到 TI 公司基于 MSP430 的开发板，其部分资源已经整合在软件中。另外，还有部分型号在 MSP430Ware 中也给出了链接，以方便用户查找和使用。在该目录下可以方便地找到相应型号的开发板的用户指南、硬件电路图及参考例程。

（7）如图 2.3.30 所示，为简化用户上层软件开发，TI 公司给出了 MSP430 外围模块的驱动库函数，这样用户可以不用过多地去考虑底层寄存器的配置。这些驱动库函数可以在 MSP430Ware 的 Libraries 子目录中方便地找到。目前对驱动库函数的支持仅限于 MSP430F5xx 和 MSP430F6xx 系列单片机。

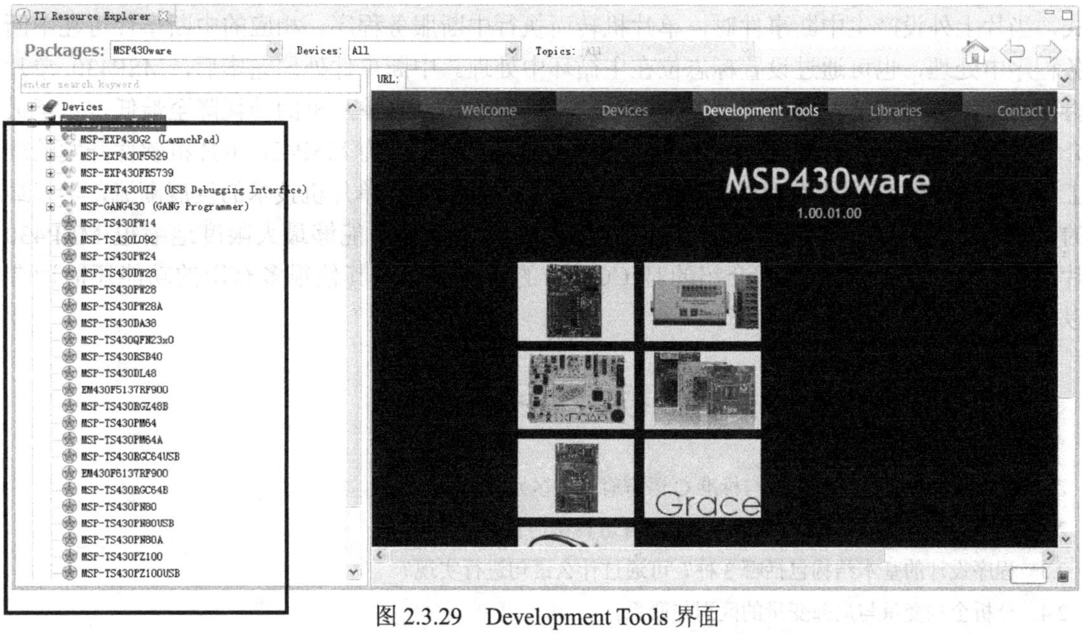

图 2.3.29　Development Tools 界面

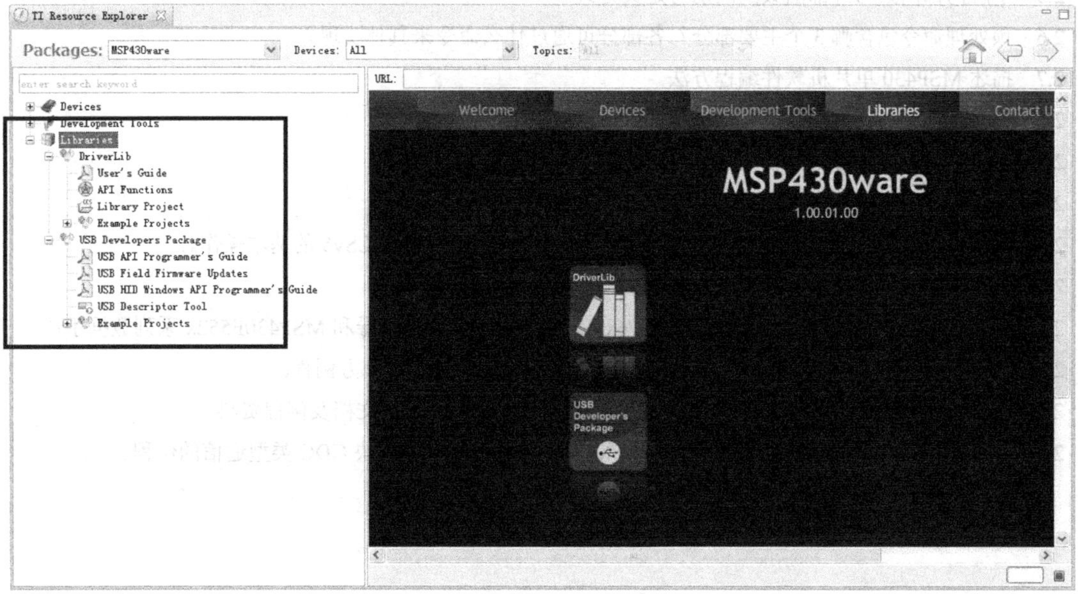

图 2.3.30　Libraries 界面

总结：MSP430Ware 是一个非常有用的工具。利用 MSP430Ware 可以很方便地找到进行 MSP430 单片机开发所需要的一些帮助，包括用户指南、数据手册和参考例程等。

本 章 小 结

本章详细介绍了 MSP430 单片机软件工程开发基础。软件是一个单片机系统的灵魂，一个高质量的软件工程可以使整个系统运行更稳定、维护更方便。针对初学者，更适宜采用 C 语言进行 MSP430 单片机软件的开发，因此，本章首先介绍 MSP430 单片机 C 语言基础，使读者不仅熟悉标准 C 语言的语法，还可以了解 C430 与标准 C 语言的区别。其次，针对 MSP430 单片机，介绍了一种简单清晰的编程方法，即在正常情况下，MSP430 单片机处于主循环或低功耗模式，当片上外设产生中断事件时，单片机转而执行中断服务程序。相应的中断事件可在中断服务程序中处理，也可通过设置标志位在主循环中处理。中断事件处理完毕后，MSP430 单片机再次进入主循环或低功耗模式。这种编程结构可将 MSP430 单片机的功耗降至最低。本章最后介绍了 MSP430 单片机的软件开发集成环境 CCSv5。CCSv5 为 MSP430 单片机软件开发的理想工具，比之前的 IAR 软件功能更强大。读者应紧跟 MSP430 单片机技术的发展潮流，学习最新的 MSP430 单片机开发软件，其中有很多非常有用的功能，能够最大限度地缩短 MSP430 单片机系统开发的周期。本章介绍的是 CCSv5 的基本操作，其他很多有用的功能还需读者在以后的学习和实践中不断掌握。

思考题与习题 2

2.1 MSP430 单片机的 C 语言与标准 C 语言有哪些区别和联系？

2.2 列举 C 语言所具有的运算符，并了解各运算符的优先级。

2.3 程序设计的基本结构包括哪 3 种？可通过什么语句进行实现？

2.4 分析全局变量与局部变量的区别与联系。

2.5 了解内部函数与外部函数的区别与定义方式。

2.6 预处理命令包含哪 3 个主要部分？各部分可通过什么命令来具体实现？

2.7 描述 MSP430 单片机软件编程方法。

2.8 如何进行模块化编程？

2.9 高质量的程序软件应具备哪些条件？

2.10 按照 2.3.1 节中的步骤，下载并安装 CCSv5 软件。

2.11 按照 2.3.2 节、2.3.3 节和 2.3.4 节中的步骤，学习并熟练掌握 CCSv5 的基本操作。

2.12 MSP430Ware 可提供哪些资源？

2.13 利用 MSP430Ware 下载 MSP430F5xx/6xx 系列单片机的用户指导和 MSP430F552x 系列数据手册。

2.14 利用 MSP430Ware 导入任何一个支持 MSP430F5529 单片机的官方例程。

2.15 利用 MSP430Ware 下载所有有关 MSP-EXP430F5529 实验板的文档及例程资料。

2.16 利用 MSP430Ware 的 USB 开发包，导入任何一个支持 USB 模块 CDC 类型通信的例程。

第3章 MSP430单片机CPU与存储器

中央处理器（CPU）是单片机的核心部件，其性能直接关系到单片机的处理能力。MSP430单片机的CPU采用16位精简指令系统，集成了多个20位的寄存器（除状态寄存器为16位外，其余寄存器均为20位）和常数发生器，能够发挥代码的最高效率。MSP430单片机的存储空间采用冯·诺依曼结构，物理上完全分离的存储区域被安排在同一地址空间。这种存储器组织方式和CPU采用的精简指令系统相互配合，使得对片上外设的访问不需要单独的指令，为软件的开发和调试提供了便利。本章以MSP430F5xx/6xx系列单片机为例，首先简单介绍MSP430单片机的结构和特性，然后重点介绍MSP430单片机的CPU和存储器。

3.1 MSP430F5xx/6xx系列单片机结构概述

MSP430单片机采用的是冯·诺依曼结构。冯·诺依曼结构是一种将程序存储器和数据存储器合并在一起且指令和数据共享同一总线的存储器结构。MSP430单片机的结构主要包含16位精简指令集CPU、存储器、片上外设、时钟系统、仿真系统以及连接它们的数据总线和地址总线，如图3.1.1所示。

思考：冯·诺依曼结构与哈佛结构的区别？

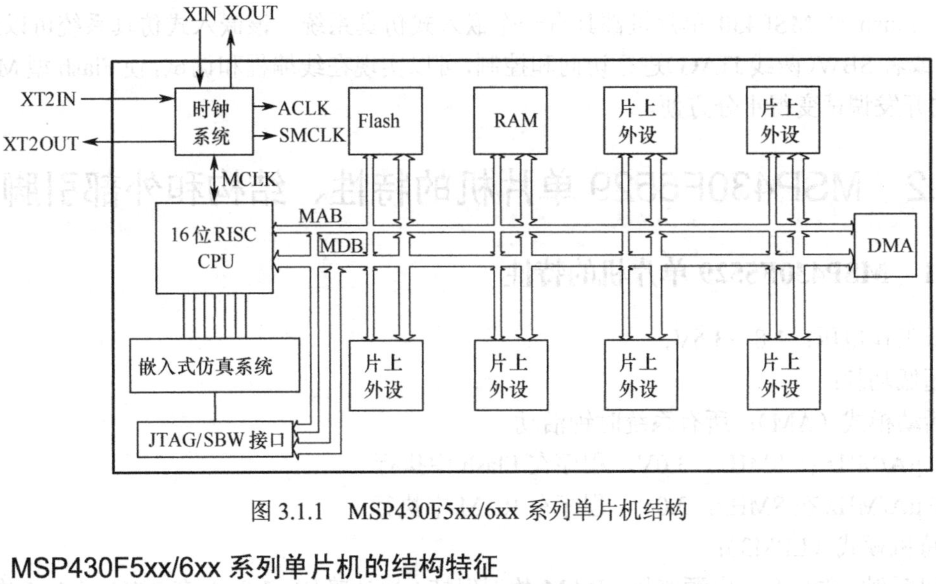

图3.1.1 MSP430F5xx/6xx系列单片机结构

1. MSP430F5xx/6xx系列单片机的结构特征

① 16位精简指令集CPU通过地址总线和数据总线直接与存储器和片上外设相连；

② 单片机内部包含嵌入式仿真系统，具有JTAG/SBW接口；

③ 智能时钟系统可产生多种时钟信号，能够最大限度地降低功耗；

④ DMA控制器可显著地提高程序执行效率。

2．MSP430F5xx/6xx 系列单片机的主要功能部件

（1）CPU

MSP430 单片机的 CPU 与通用微处理器基本相同，只是在设计上采用了面向控制的结构和指令系统。MSP430 单片机的内核 CPU 结构是按照精简指令集和高透明度的宗旨来设计的，使用的指令有硬件执行的内核指令和基于现有硬件结构的仿真指令。这样可以提高指令执行速度和效率，增强 MSP430 单片机的实时处理能力。CPU 的具体结构介绍请参见本章 3.3 节。

（2）总线

MSP430 单片机内部具有数据总线和地址总线。数据总线用于传送数据信息，是双向总线。它既可以把 CPU 的数据传送给存储器或片上外设等其他部件，也可以将其他部件的数据传送给 CPU。地址总线用于传送地址信息，是单向总线，即只能由 CPU 向外传送地址信息，以便选择需要访问的存储单元或片上外设。

（3）存储器

存储器用于存储程序、数据及片上外设的运行控制信息，分为程序存储器和数据存储器。对程序存储器访问总是以字的形式取得代码，而对数据存储器可以用字或字节方式访问。本书介绍的 MSP430F5529 芯片的程序存储器为 128KB 的 Flash 存储器。

（4）片上外设

MSP430 单片机的片上外设经过数据总线和地址总线与 CPU 相连。MSP430 单片机所包含的片上外设有：时钟系统、看门狗、定时器、比较器、硬件乘法控制器、液晶驱动模块、12 位模数转换器（ADC）、DMA 控制器和 GPIO 端口等。

（5）嵌入式仿真系统

每个 Flash 型 MSP430 单片机都具有一个嵌入式仿真系统。该嵌入式仿真系统可以通过 4 线 JTAG 或者 SBW（两线 JTAG）进行访问和控制，可以实现在线编程和调试，使 Flash 型 MSP430 单片机的开发调试变得十分方便。

3.2 MSP430F5529 单片机的特性、结构和外部引脚

3.2.1 MSP430F5529 单片机的特性

- 低工作电压：1.8～3.6V；
- 超低功耗：

—活动模式（AM）：所有系统时钟活动

290 μA/MHz 在 8MHz，3.0V，程序在 Flash 中执行

150 μA/MHz 在 8MHz，3.0V，程序在 RAM 中执行

—待机模式（LPM3）：

实时时钟、看门狗、电源监控、RAM 数据保持、快速唤醒：1.9μA 在 2.2V，2.1μA 在 3.0V（典型）

低功耗振荡器、通用计数器、看门狗、电源监控、RAM 数据保持、快速唤醒：1.4 μA 在 3.0V（典型）

—关闭模式（LPM4）：

RAM 数据保持，电源监控，快速唤醒：1.1μA 在 3.0V（典型）

—关断模式（LPM4.5）：0.18μA 在 3.0V（典型）

- 从待机模式下唤醒时间在 3.5μs 内（典型）；
- 16 位 RISC 结构，可扩展内存，高达 25MHz 的系统时钟；
- 灵活的电源管理系统：

—核心供电电压可编程调节的内置 LDO

—电源电压监控、监测及掉电检测

- UCS 统一时钟系统：

—频率稳定的 FLL 控制回路

—内部超低功耗低频振荡器（VLO）

—内部调整低频参考振荡器（REFO）

—低频晶振（XT1）

—高频晶振（XT2）

- 具有 5 个捕获/比较寄存器的 16 位定时器 TA0，Timer_A；
- 具有 3 个捕获/比较寄存器的 16 位定时器 TA1，Timer_A；
- 具有 3 个捕获/比较寄存器的 16 位定时器 TA2，Timer_A；
- 具有 7 个捕获/比较映射寄存器的 16 位定时器 TB0，Timer_B；
- 两个通用串行通信接口：

—USCI_A0 和 USCI_A1，每个支持增强 UART、IrDA、同步 SPI

—USCI_B0 和 USCI_B1，每个支持 I^2C、同步 SPI

- 全速 USB：

—集成 USB 收发器（PHY）

—集成 3.3V/1.8V USB 电源系统

—集成 USB 锁相环时钟发生器（PLL）

—8 输入、8 输出端点

- 具有内部基准电压，采样和保持及 4 种转换模式的 12 位 ADC；
- 比较器（Comp_B）；
- 支持 32 位运算的硬件乘法器（MPY32）；
- 串行系统编程，无须添加外部编程电压；
- 三通道内部 DMA；
- 具有实时时钟功能的基本定时器（RTC）。

3.2.2　MSP430F5529 单片机结构

MSP430F5529 单片机的结构如图 3.2.1 所示。

3.2.3　MSP430F5529 单片机外部引脚介绍

MSP430F5529 单片机具有 80 个引脚，采用 LQFP 封装，其引脚分布如图 3.2.2 所示。

由于 MSP430 单片机片内资源丰富，需要众多引脚，受芯片引脚数限制，因此很多引脚具有复用功能。MSP430F5529 引脚说明如表 3.2.1 所示。

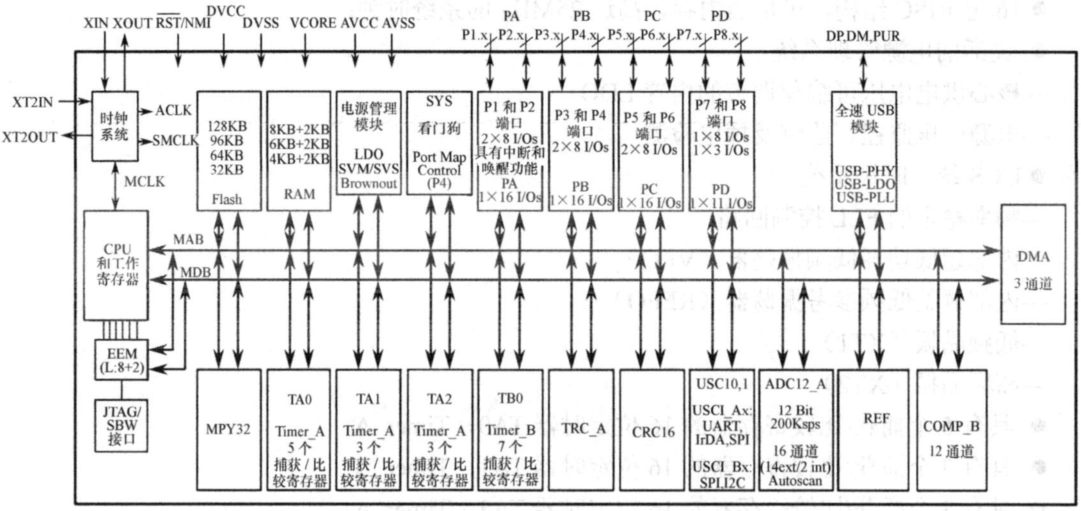

图 3.2.1 MSP430F5529 单片机结构框图

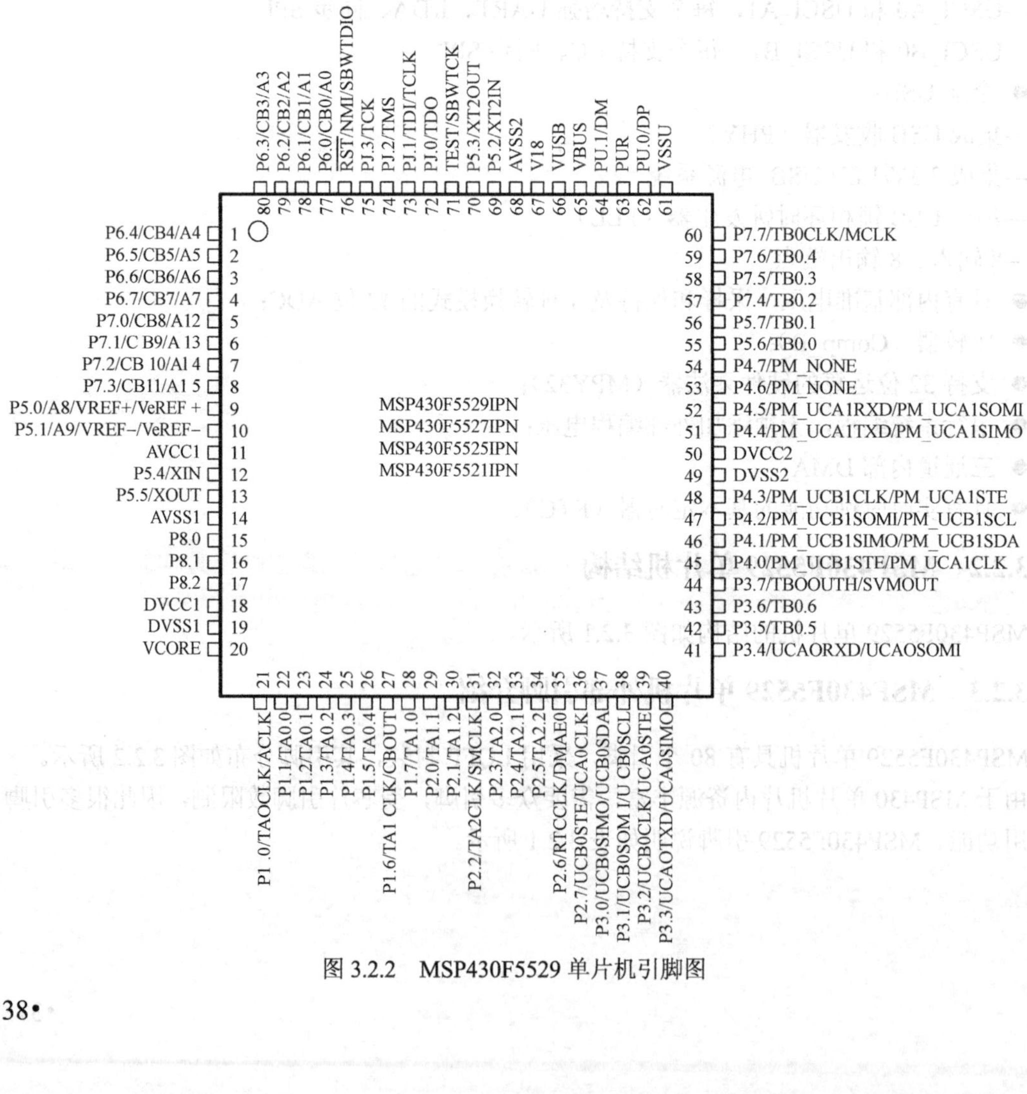

图 3.2.2 MSP430F5529 单片机引脚图

表 3.2.1　MSP430F5529 单片机引脚说明

引脚		I/O	描述
名称	序号		
P6.4/CB4/A4	1	I/O	通用数字 I/O 口/比较器 B 输入通道 CB4/ADC 输入通道 A4
P6.5/CB5/A5	2	I/O	通用数字 I/O 口/比较器 B 输入通道 CB5/ADC 输入通道 A5
P6.6/CB6/A6	3	I/O	通用数字 I/O 口/比较器 B 输入通道 CB6/ADC 输入通道 A6
P6.7/CB7/A7	4	I/O	通用数字 I/O 口/比较器 B 输入通道 CB7/ADC 输入通道 A7
P7.0/CB8/A12	5	I/O	通用数字 I/O 口/比较器 B 输入通道 CB8/ADC 输入通道 A12
P7.1/CB9/A13	6	I/O	通用数字 I/O 口/比较器 B 输入通道 CB9/ADC 输入通道 A13
P7.2/CB10/A14	7	I/O	通用数字 I/O 口/比较器 B 输入通道 CB10/ADC 输入通道 A14
P7.3/CB11/A15	8	I/O	通用数字 I/O 口/比较器 B 输入通道 CB11/ADC 输入通道 A15
P5.0/A8/VREF+/VeREF+	9	I/O	通用数字 I/O 口/ADC 输入通道 A8/ADC 内部正参考电压输出引脚，ADC 外部正参考电压输入引脚
P5.1/A9/VREF−/VeREF−	10	I/O	通用数字 I/O 口/ADC 输入通道 A9/ADC 内部负参考电压输出引脚、ADC 外部负参考电压输入引脚
AVCC1	11		模拟电源正输入端
P5.4/XIN	12	I/O	通用数字 I/O 口/晶体振荡器 XT1 的输入口
P5.5/XOUT	13	I/O	通用数字 I/O 口/晶体振荡器 XT1 的输出口
AVSS1	14		模拟电源负输入端
P8.0	15	I/O	通用数字 I/O 口
P8.1	16	I/O	通用数字 I/O 口
P8.2	17	I/O	通用数字 I/O 口
DVCC1	18		数字电源
DVSS1	19		数字电源地
VCORE	20		核心电压输出
P1.0/TA0CLK/ACLK	21	I/O	具有端口中断的通用数字 I/O 口/TA0 时钟信号输入/ACLK 时钟输出
P1.1/TA0.0	22	I/O	具有端口中断的通用数字 I/O 口/TA0 CCR0，捕获：CCI0A 输入，比较：OUT0 输出/BSL 发送输出
P1.2/TA0.1	23	I/O	具有端口中断的通用数字 I/O 口/TA0 CCR1，捕获：CCI1A 输入，比较：OUT1 输出/BSL 接收输入
P1.3/TA0.2	24	I/O	具有端口中断的通用数字 I/O 口/TA0 CCR2，捕获：CCI2A 输入，比较：OUT2 输出
P1.4/TA0.3	25	I/O	具有端口中断的通用数字 I/O 口/TA0 CCR3，捕获：CCI3A 输入，比较：OUT3 输出
P1.5/TA0.4	26	I/O	具有端口中断的通用数字 I/O 口/TA0 CCR4，捕获：CCI4A 输入，比较：OUT4 输出
P1.6/TA1CLK/CBOUT	27	I/O	具有端口中断的通用数字 I/O 口/TA1 时钟信号输入 TA1CLK/比较器 B 输出 CBOUT
P1.7/TA1.0	28	I/O	具有端口中断的通用数字 I/O 口/TA1 CCR0，捕获：CCI0A 输入，比较：OUT0 输出
P2.0/TA1.1	29	I/O	具有端口中断的通用数字 I/O 口/TA1 CCR1，捕获：CCI1A 输入，比较：OUT1 输出

续表

引脚		I/O	描述
名称	序号		
P2.1/TA1.2	30	I/O	具有端口中断的通用数字 I/O 口/TA1 CCR2，捕获：CCI2A 输入，比较：OUT2 输出
P2.2/TA2CLK/SMCLK	31	I/O	具有端口中断的通用数字 I/O 口/TA2 时钟信号输入/SMCLK 时钟输出
P2.3/TA2.0	32	I/O	具有端口中断的通用数字 I/O 口/TA2 CCR0，捕获：CCI0A 输入，比较：OUT0 输出
P2.4/TA2.1	33	I/O	具有端口中断的通用数字 I/O 口/TA2 CCR1，捕获：CCI1A 输入，比较：OUT1 输出
P2.5/TA2.2	34	I/O	具有端口中断的通用数字 I/O 口/TA2 CCR2，捕获：CCI2A 输入，比较：OUT2 输出
P2.6/RTCCLK/DMAE0	35	I/O	具有端口中断的通用数字 I/O 口/RTC 输出时钟/DMA 外部触发输入
P2.7/UCB0STE/UCA0CLK	36	I/O	具有端口中断的通用数字 I/O 口/从机传输使能-USCI_B0 SPI 模式/时钟信号输入-USCI_A0 SPI 从机模式/时钟信号输出-USCI_A0 SPI 主机模式
P3.0/UCB0SIMO/UCB0SDA	37	I/O	通用数字 I/O 口/从入主出-USCI_B0 SPI 模式/I^2C 数据-USCI_B0 I^2C 模式
P3.1/UCB0SOMI/UCB0SCL	38	I/O	通用数字 I/O 口/从出主入-USCI_B0 SPI 模式/I^2C 时钟-USCI_B0 I^2C 模式
P3.2/UCB0CLK/UCA0STE	39	I/O	通用数字 I/O 口/时钟信号输入-USCI_B0 SPI 从机模式/时钟信号输出-USCI_B0 SPI 主机模式/从机传输使能-USCI_A0 SPI 模式
P3.3/UCA0TXD/UCA0SIMO	40	I/O	通用数字 I/O 口/USCI_A0 在 UART 模式下的传输数据输出/USCI_A0 在 SPI 模式下的从机输入、主机输出
P3.4/UCA0RXD/UCA0SOMI	41	I/O	通用数字 I/O 口/USCI_A0 在 UART 模式下的接收数据输入/USCI_A0 在 SPI 模式下的从机输出、主机输入
P3.5/TB0.5	42	I/O	通用数字 I/O 口/TB0 CCR5 捕获：CCI5A 输入，比较：OUT5 输出
P3.6/TB0.6	43	I/O	通用数字 I/O 口/TB0 CCR6 捕获：CCI6A 输入，比较：OUT6 输出
P3.7/TB0OUTH/SVMOUT	44	I/O	通用数字 I/O 口/转换所有 PWM 数字输出端到高阻抗-Timer_B TB0 到 TB6/SVS 比较器输出
P4.0/PM_UCB1STE/PM_UCA1CLK	45	I/O	具有可重置端口映射辅助功能的通用数字 I/O 口/默认映射：USCI_B1 在 SPI 模式下的从机发送使能/默认映射：USCI_A1 在 SPI 从机模式下的时钟信号输入/默认映射：USCI_A1 在 SPI 主机模式下的时钟信号输出
P4.1/PM_UCB1SIMO/PM_UCB1SDA	46	I/O	具有可重置端口映射辅助功能的通用数字 I/O 口/默认映射：从入主出-USCI_B1 SPI 模式/默认映射：I^2C 数据-USCI_B1 I^2C 模式
P4.2/PM_UCB1SOMI/PM_UCB1SCL	47	I/O	具有可重置端口映射辅助功能的通用数字 I/O 口/默认映射：从出主入-USCIB_1 SPI 模式/默认映射：I^2C 时钟-USCI_B1 I^2C 模式
P4.3/PM_UCB1CLK/PM_UCA1STE	48	I/O	具有可重置端口映射辅助功能的通用数字 I/O 口/默认映射：时钟信号输入-USCI_B1 SPI 从机模式/默认映射：时钟信号输出-USCI_B1 SPI 主机模式/默认映射：从机传输使能-USCI_A1 SPI 模式
DVSS2	49		数字电源地
DVCC2	50		数字电源
P4.4/PM_UCA1TXD/PM_UCA1SIMO	51	I/O	具有可重置端口映射辅助功能的通用数字 I/O 口/默认映射：发送数据输出-USCI_A1 UART 模式/默认映射：从入主出-USCIA1 SPI 模式
P4.5/PM_UCA1RXD/PM_UCA1SOMI	52	I/O	具有可重置端口映射辅助功能的通用数字 I/O 口/默认映射：接收数据输入-USCI_A1 UART 模式/默认映射：从出主入-USCI_A1 SPI 模式
P4.6/PM_NONE	53	I/O	具有可重置端口映射辅助功能的通用数字 I/O 口/默认映射：不具有辅助功能

引脚		I/O	描述
名称	序号		
P4.7/PM_NONE	54	I/O	具有可重置端口映射辅助功能的通用数字 I/O 口/默认映射：不具有辅助功能
P5.6/TB0.0	55	I/O	通用 I/O 口/ TB0 CCR0 捕获：CCI0A 输入，比较：OUT0 输出
P5.7/TB0.1	56	I/O	通用 I/O 口/ TB0 CCR1 捕获：CCI1A 输入，比较：OUT1 输出
P7.4/TB0.2	57	I/O	通用 I/O 口/ TB0 CCR2 捕获：CCI2A 输入，比较：OUT2 输出
P7.5/TB0.3	58	I/O	通用 I/O 口/ TB0 CCR3 捕获：CCI3A 输入，比较：OUT3 输出
P7.6/TB0.4	59	I/O	通用 I/O 口/ TB0 CCR4 捕获：CCI4A 输入，比较：OUT4 输出
P7.7/TB0CLK/MCLK	60	I/O	通用 I/O 口/TB0 时钟信号输入/MCLK 输出
VSSU	61		USB 模块 PHY（收发器）电源地
PU.0/DP	62	I/O	由 USB 模块控制寄存器控制的通用 I/O 口/USB 差分数据传输线 DP
PUR	63	I/O	USB 模块上拉电阻引脚
PU.1/DM	64	I/O	由 USB 模块控制寄存器控制的通用 I/O 口/USB 差分数据传输线 DM
VBUS	65		USB 模块 LDO（低压差线性稳压器）输入
VUSB	66		USB 模块 LDO（低压差线性稳压器）输出
V18	67		USB 模块稳压电源（仅限内部使用）
AVSS2	68		模拟电源地
P5.2/XT2IN	69	I/O	通用数字 I/O 口/晶体振荡器 XT2 的输入口
P5.3/XT2OUT	70	I/O	通用数字 I/O 口/晶体振荡器 XT2 的输出口
TEST/SBWTCK	71	I	在四线 JTAG 操作下的测试引脚/SBW 操作时钟信号输入
PJ.0/TDO	72	I/O	通用数字 I/O 口/JTAG 测试数据输出端口
PJ.1/TDI/TCLK	73	I/O	通用数字 I/O 口/JTAG 测试数据输入/JTAG 测试时钟输入
PJ.2/TMS	74	I/O	通用数字 I/O 口/JTAG 测试模式选择
PJ.3/TCK	75	I/O	通用数字 I/O 口/JTAG 测试时钟
$\overline{RST}$/NMI/SBWTDIO	76	I/O	复位信号（低电平有效）/非屏蔽中断输入/SBW 操作数据传输
P6.0/CB0/A0	77	I/O	通用数字 I/O 口/比较器输入通道 CB0/ ADC 输入通道 A0
P6.1/CB1/A1	78	I/O	通用数字 I/O 口/比较器输入通道 CB1/ ADC 输入通道 A1
P6.2/CB2/A2	79	I/O	通用数字 I/O 口/比较器输入通道 CB2/ ADC 输入通道 A2
P6.3/CB3/A3	80	I/O	通用数字 I/O 口/比较器输入通道 CB3/ ADC 输入通道 A3

3.3 MSP430F5xx/6xx 系列单片机的中央处理器

3.3.1 CPU 的结构及其主要特性

CPU 是单片机的核心部件，其性能直接关系到单片机的处理能力。MSP430F5xx/6xx 系列单片机的 CPU 采用 16 位精简指令系统 RISC，集成了多个 20 位的寄存器（除状态寄存器为 16 位外，其余寄存器均为 20 位）和常数发生器。RISC（精简指令集）是和 CISC（复杂指令集）

相对的一种 CPU 架构，它把较长的指令分拆成若干条长度相同的单一指令，可使 CPU 速度更快、效率更高，设计和开发也更简单。外围模块通过数据、地址和控制总线与 CPU 相连，CPU 可以很方便地通过采用对存储器的指令对片上外设进行控制。

与以往系列的 MSP430 单片机不同，MSP430F5xx/6xx 系列单片机采用了 MSP430 扩展型的 CPU（CPUX），寻址总线从 16 位扩展到 20 位，最大寻址可达 1MB。其中，小于 64KB 的空间可以用 16 位地址去访问，大于 64KB 的空间则需要用 20 位地址去访问。这与传统的 16 位地址总线的单片机在使用中存在一定的差别。

MSP430F5xx/6xx 系列单片机 CPU 的主要特征如下：

- 精简指令集 RISC 正交架构；
- 具有丰富的寄存器资源，包括 PC（程序计数器）、SR（状态寄存器）、SP（堆栈指针）、CG2（常数发生器）和通用寄存器；
- 单周期寄存器操作；
- 20 位地址总线；
- 16 位数据总线；
- 直接的存储器到存储器访问；
- 字节、字和 20 位操作方式。

MSP430 单片机内部由一个支持 16 位或者 20 位算术逻辑运算的 ALU（算术逻辑单元）、16 个寄存器和一个指令控制单元构成，如图 3.3.1 所示。算术逻辑单元是计算机对数据进行加工处理的部件。它的主要功能是对二进制数码进行加、减、乘、除等算术运算和与、或、非等基本逻辑运算，实现逻辑判断。16 个寄存器中有 4 个为特殊用途寄存器：PC（程序计数器）、SR（状态寄存器）、SP（堆栈指针）和 CG2（常数发生器），其中状态寄存器为 16 位，其他的寄存器为 20 位。通过程序计数器进行控制程序流程，而由程序状态寄存器反映程序执行的现场状态。

知识点：精简指令集（RISC）和复杂指令集（CISC）的区别：RISC 和 CISC 是当前 CPU 的两种架构，它们的区别在于不同的 CPU 设计理念和方法。RISC 架构的设计目的是利用最简洁的机器语言完成所需的计算任务，数据处理指令往往很少，复杂指令利用子函数完成；而 CISC 架构的设计目的是利用最少的机器语言完成所需的计算任务，每个任务可能都有一条单独的指令与之对应，指令系统庞大，指令功能复杂。在此我们以生活中泡茶为例进行说明，如果我们想泡 50 杯茶，采用复杂指令集架构完成，需要以下指令：去泡茶、茶泡好了……去泡茶、茶泡好了，如此循环 50 次。如果采用精简指令集架构完成，则应需要以下指令：去泡茶、拿 50 个杯子、放 50 份茶叶、倒 50 次开水、茶泡好了。可见，精简指令集架构的数据并行处理能力更强。

3.3.2 CPU 的寄存器资源

寄存器是 CPU 的重要组成部分，是有限存储容量的高速存储部件，它们可用来暂存指令、数据和地址。寄存器位于内存空间中的最顶端。寄存器操作是系统操作最快速的途径，可以减短指令执行的时间，能够在一个周期之内完成寄存器与寄存器之间的操作。

在 MSP430F5xx/6xx 系列单片机的 CPU 中，R4～R15 为具有通用功能的寄存器，用来保存参加运算的数据及运算的中间结果，也可用来存放地址。R0～R3 为具有特殊功能的寄存器，MSP430F5xx/6xx 系列单片机的寄存器资源简要说明如表 3.3.1 所示。

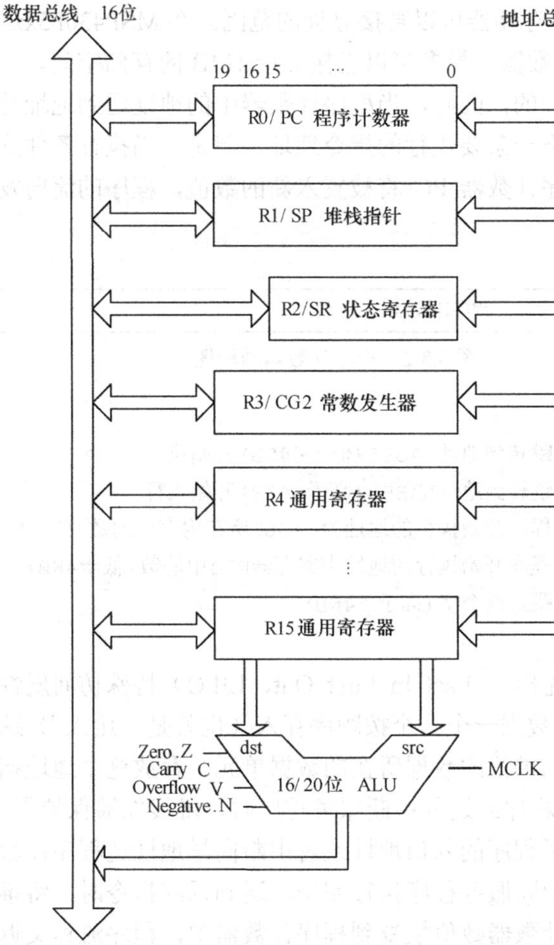

图 3.3.1 MSP430F5xx/6xx 系列单片机 CPU 结构图

表 3.3.1 MSP430F5xx/6xx 系列单片机 CPU 的寄存器资源说明

寄存器简写	功能
R0（20 位）	程序计数器 PC，指示下一条将要执行的指令地址
R1（20 位）	堆栈指针 SP，指向堆栈栈顶
R2（16 位）	状态寄存器 SR
R3（20 位）	常数发生器 CG2
R4（20 位）	通用寄存器
…	…
R15（20 位）	通用寄存器

1. 程序计数器 PC

程序计数器是 MSP430 单片机 CPU 中最核心的寄存器，其作用是存放下一条要执行指令的地址。程序中的所有指令都存放在存储器的某一区域，每一条指令都有自己的存放地址，需要执行那条指令时，就将那条指令的地址送到地址总线。MSP430 单片机的指令根据其操作数的多少，其指令长度分别为 2、4、6 和 8 字节，程序计数器的内容总是偶数，指向偶字节地址。可以像访问其他寄存器一样，用所有指令和所有的寻址方式去访问程序计数器，但是，必须以字为单位去访问，否则，会清除高位字节。程序计数器 PC 变化的轨迹决定程序的流程，程序计数器 PC 的宽度决定了程序存储器可以直接寻址的范围。在 MSP430F5xx/6xx 系列单片机中，程序计数器是一个 20 位的计数器，最多可以直接寻址 1MB 的存储空间。

由于程序一般是顺序执行的，因此，当程序计数器中的地址送到地址总线后，程序计数器的内容自动加 1，从而指向下一条要执行的指令地址。但是，当执行条件或无条件转移指令、调用指令或相应中断时，程序计数器 PC 将被置入新的数值，程序的流向发生变化。程序计数器的结构如图 3.3.2 所示。

19 ～ 1	0
程序计数器 1～19 位	0

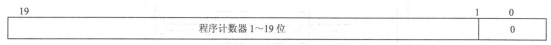

图 3.3.2　程序计数器结构图

举例如下：

```
MOV.W   #LABEL,PC      ;跳转到地址LABEL(低于64KB)开始执行
MOVA    #LABEL,PC      ;跳转到地址LABEL(高于64KB)开始执行
MOV.W   LABEL,PC       ;程序开始执行的地址为LABLE所在内存中的数(低于64KB)
MOV.W   @R14,PC        ;程序开始执行的地址为寄存器R14中的数(低于4KB)
ADDA    #4,PC          ;跳过两个字(高于 64KB)
```

2．堆栈指针 SP

堆栈是一种具有“后进先出”(Last In First Out，LIFO）特殊访问属性的存储结构。它在 RAM 中开辟一个存储区域，数据一个一个按顺序存入（也就是“压入”）这个区域中。有一个地址指针总指向最后一个压入堆栈的数据所在的数据单元，存放这个地址指针的寄存器就称为堆栈指针 SP。在系统调用子程序或进入中断服务程序时，堆栈能够保护程序计数器 PC。首先将 PC 压入堆栈，然后，将子程序的入口地址或者中断向量地址送程序计数器，执行子程序或中断服务程序。子程序或者中断服务程序执行完毕，遇到返回指令时，将堆栈保存的执行子程序或中断服务程序前的程序计数器数值恢复到程序计数器中，程序流程又返回到原来的地方继续执行。此外，堆栈可以在函数调用期间保存寄存器变量、局部变量和参数等。堆栈指针的结构如图 3.3.3 所示。

19 ～ 1	0
堆栈指针 1～19 位	0

图 3.3.3　堆栈指针结构图

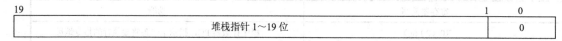

堆栈指针 SP 总是指向堆栈的顶部。系统在将数据压入堆栈时，总是先将堆栈指针 SP 的值减 2，然后，再将数据送到 SP 所指的 RAM 单元。将数据从堆栈中弹出的过程正好与压入过程相反，先将数据从 SP 所指示的内存单元取出，再将 SP 的值加 2。堆栈操作示意图如图 3.3.4 所示。

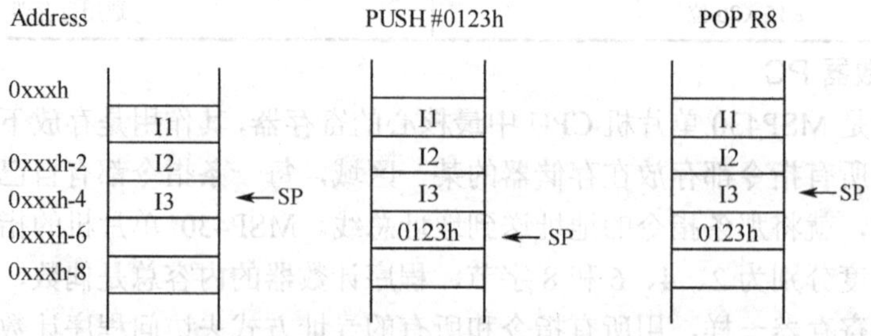

图 3.3.4　堆栈操作示意图

举例如下：

```
MOV.W    2(SP),R6        ;将RAM单元I2中的数据放到R6寄存器中
MOV.W    R7,0(SP)        ;将R7寄存器中的数据放到栈顶所在的单元(I3)中
PUSH     #0123h          ;将SP的值加2，再将#0123h放到SP所指向的RAM单元中
POP      R8              ;将 SP 所指向单元中的数(#0123h)放到 R8 寄存器中，再将 SP 的值减 2
```

3. 状态寄存器 SR

状态寄存器记录程序执行过程中的现场情况，在程序设计中有着相当重要的作用。MSP430单片机的状态寄存器为 16 位，其中只用到前 9 位，其结构如图 3.3.5 所示。

15~9	8	7	6	5	4	3	2	1	0
保留	V	SCG1	SCG0	OscOff	CPUOff	GIE	N	Z	C

图 3.3.5　状态寄存器结构图

状态寄存器中各位的含义，如表 3.3.2 所示。

表 3.3.2　状态寄存器说明

位置	名称	描述
0	C	进位标志位。当运算结果产生进位时，C 置位，否则 C 复位
1	Z	零标志位。当运算结果为零时，Z 置位，否则 Z 复位
2	N	负标志位。当运算结果为负时，N 置位，否则 N 复位
3	GIE	中断使能控制位： GIE 置位，CPU 可响应可屏蔽中断 GIE 复位，CPU 不响应可屏蔽中断
4	CPUOff	CPU 控制标志位。置位 CPUOff 可使 CPU 进入关闭模式，可用所有允许的中断将 CPU 唤醒
5	OscOff	晶振控制标志位。置位 OscOff 位可使晶体振荡器处于停止状态，同时，CPUOff 也需置位。可用外部中断或不可屏蔽中断唤醒 CPU
6	SCG0	SCG0 时钟控制标志位： SCG0 置位，关闭 FLL 倍频环 SCG0 复位，开启 FLL 倍频环
7	SCG1	SCG1 时钟控制标志位： SCG1 置位，关闭 DCO 数字时钟发生器 SCG1 复位，开启 DCO 数字时钟发生器
8	V	溢出标志位。当运算结果超出有符号数范围时，V 置位。 溢出情况如下： 正数+正数=负数　　正数-负数=负数 负数+负数=正数　　负数-正数=正数
9~15		保留未用

状态寄存器只能用寄存器方式进行访问，每个状态可以单独也可以与其他位一起被置位或复位，该特点可用于子程序中的状态转移。

4. 常数发生器 CG2

6 个常用的常数可以用常数发生器产生，而不必占用一个 16 位的程序代码空间。利用 CPU 的 27 条内核指令配合常数发生器可以生成一些简单高效的模拟指令，这样可提高代码执行效率。常数发生器所用常数的数值由寻址模式标志位 As 来定义，由硬件自动地产生数字：–1、0、1、2、4、8，如表 3.3.3 所示。

表 3.3.3　常数发生器 CG2 的值

寄存器	As	常数	描述
R2	00	—	寄存器模式
R2	01	(0)	绝对寻址模式
R2	10	00004h	+4 位处理
R2	11	00008h	+8 位处理
R3	00	00000h	0 字处理
R3	01	00001h	+1
R3	10	00002h	+2 位处理
R3	11	FFh,FFFFh,FFFFFh	–1 字处理

使用常数发生器有以下优点：

- 不需要特殊的指令；
- 对 6 个常用的常数不需要额外的代码字；
- 不用访问数据存储器，缩短指令周期。

例如，单操作数指令：

```
CLR dst   ;将 dst 单元清零
```

这不是内核指令，而是一条模拟指令，汇编器将 As=00，R3=0 用 MOV　R3,dst 来模拟。

5．通用寄存器 R4～R15

MSP430 具有 12 个通用寄存器 R4～R15，通用寄存器能够处理 8 位、16 位和 20 位的数据。任何一个 8 位字节的数据写到通用寄存器中，都会清除第 9 位到第 20 位的数据。任何一个 16 位字的数据写到通用寄存器中，都会清除第 17 位到第 20 位的数据。其中，唯一例外的是 SXT 指令，SXT 指令需用到完整的 20 位通用寄存器。

通用寄存器可以进行算术逻辑运算，保存参加运算的数据以及运算的中间结果，也可用来存放地址。

举例如下：

```
MOV      #1234H,R15          ;执行后 R15 的内容为 1234H
MOV.B    #23H,R15            ;执行后 R15 的内容为 0023H
ADD.B    #34H,R15            ;执行后 R15 的内容为 0057H
```

3.4　MSP430 单片机的存储器

说到存储器，就不得不说目前比较流行的两种存储结构：即冯·诺依曼结构和哈佛结构。

1945 年，冯·诺依曼首先提出了“存储程序”的概念，即冯·诺依曼结构（Von Neumann）的处理器使用同一个存储器，经由同一个总线传输。冯·诺依曼结构（也称普林斯顿结构）是一种将程序（指令）存储器和数据存储器合在一起的存储器结构。冯·诺依曼结构的微处理器，其程序和数据公用一个存储空间，程序（指令）存储地址和数据存储地址指向同一个存储器的不同物理位置，采用单一的地址及数据总线，程序指令和数据的宽度相同，处理器执行指令时，先从储存器中取出指令进行解码，再取操作数执行运算，即使单条指令也要耗费几个甚至几十个周期。在高速运算时，在传输通道上会出现瓶颈效应。存储器结构示意图如图 3.4.1 所示。

哈佛（Harvard）结构是一种将程序（指令）存储和数据存储分开的存储器结构。哈佛结构是一种并行体系结构，它的主要特点是将程序和数据存储在不同的存储空间中，即程序存储器和数据存储器是两个相互独立的存储器，每个存储器独立编址、独立访问。与两个存储器相对应的是系统中的 4 套总线：程序的数据总线与地址总线，数据的数据总线与地址总线。这种分离的程序总线和数据总线可允许在一个机器周期内同时获取指令字（来自程序存储器）和操作数（来自数据存储器），从而提高了执行速度，使数据的吞吐率提高了 1 倍。又由于程序和数据存储器在两个分开的物理空间中，因此，取指和执行能完全重叠，其存储结构示意图如图 3.4.2 所示。

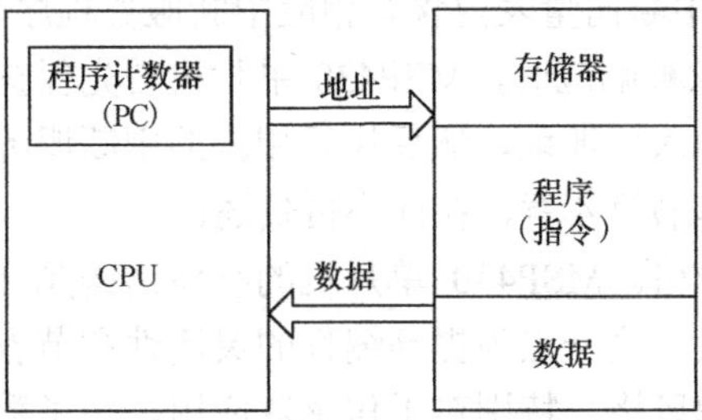

图 3.4.1　冯·诺依曼存储器结构示意图

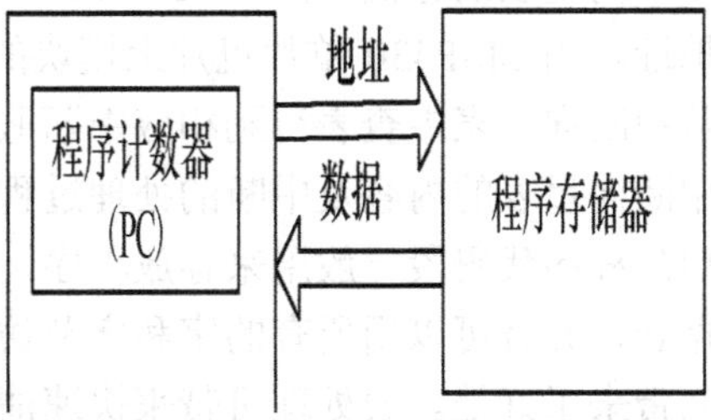

图 3.4.2　哈佛存储器结构示意图

MSP430 的单片机的存储空间采用冯·诺依曼结构，物理上完全分离的存储区域，如 Flash、RAM、外围模块、特殊功能存储器 SFR 等，被安排在同一个存储器内，这样就可以使用同一组地址、数据总线、相同的指令对它们进行字节或字形式访问。冯·诺依曼结构和 MSP430 单片机 CPU 采用精简指令集的形式相互协调，对外围模块的访问不需要单独的指令，为软件的开发和调试提供便利。

3.4.1　MSP430 单片机存储空间结构

本节以 MSP430F5529 单片机为例介绍 MSP430 单片机的存储空间结构。MSP430F5529 单片机具有 128KB 程序存储器、(8+2)KB RAM 存储器(当 USB 模块禁止时，获得额外的 2KB RAM）及相应的外围模块寄存器，其存储空间分配情况如图 3.4.3 所示。

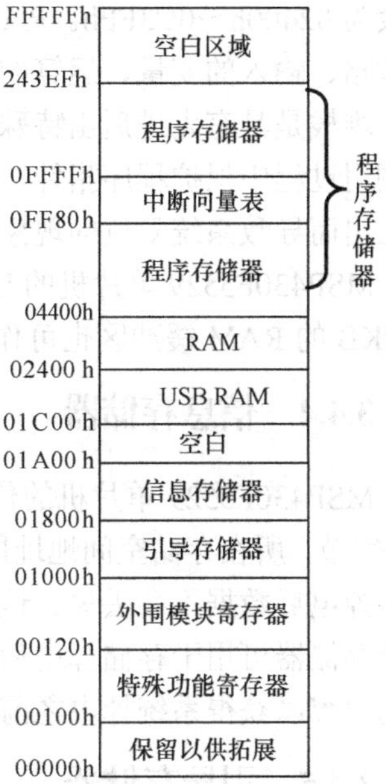

图 3.4.3　MSP430F5529 单片机存储空间分配情况

MSP430 不同系列单片机的存储空间的分布有很多相同之处：

① 存储空间结构顺序相同，MSP430 不同系列单片机存储空间结构相同，其内部各个模块顺序也相同；

② 中断向量表具有相同的存储空间地址上限，为 0FFFFh；

③ 当两段存储器存储地址不能相连时，中间为空白区域；

④ 特殊功能寄存器永远在存储空间的底部。

由于器件所属型号不同，存储空间的分布也存在一些差异：

① 不同型号器件的程序存储器、RAM、信息存储器等大小不同；

② 中断向量的具体内容因器件不同而不同；

③ 不同型号器件的外围模块地址范围内的具体内容不同；

④ 较低型号的 MSP430 单片机特殊功能寄存器地址从 00000h 开始，较高型号的 MSP430 单片机存储器底层开辟出一段保留区，以供存储器拓展。

注意：若读者用到了其他型号的 MSP430 单片机，可根据本节所讲述的 MSP430F5529 单片机的存储结构并结合相关手册进行理解。

3.4.2 程序存储器

MSP430F5529 单片机的程序存储器具有 4 个存储体，每个 32KB，共 128KB，所在存储区间地址段为 04400h～243FFh。程序存储器可分为两种情况：中断向量表和用户程序代码段。

中断向量表的存储空间为 0FF80h～0FFFFh，中断向量表内含有相应中断服务程序的 16 位入口地址。当 MSP430 单片机片上模块的中断请求被响应时，MSP430 单片机首先保护断点，之后从中断向量表中查表得到相应中断服务程序的入口地址，然后执行相应的中断服务程序。具体中断向量表的内容及中断的处理过程可参考本书第 4 章，在此不再赘述。

用户程序代码段一般用来存放程序、常数或表格。MSP430 单片机的存储结构允许存放大的数据表，并且可以用所有的字和字节访问这些表。这一点为提高编程的灵活性和节省程序存储空间带来了好处。表处理可带来快速清晰的编程风格，特别对于传感器应用，为了数据线性化和补偿，将传感器数据存入表中做表处理，是一种很好的方法。

3.4.3 RAM 存储器

MSP430F5529 单片机的 RAM 存储器具有 4 个扇区，每个 2KB，共 8KB，所在存储空间地址段为 02400h～0C3FFh。RAM 存储器一般用于堆栈和变量，如存放经常变化的数据：采集到的数据、输入的变量、运算的中间结果等。

堆栈是具有先进后出特殊操作的一段数据存储单元，可以在子程序调用、中断处理或者函数调用过程中保护程序指针、参数、寄存器等，但在程序执行的过程中，要防止产生由于堆栈的溢出而导致系统复位的现象，例如中断的不断嵌套而导致堆栈溢出等。

MSP430F5529 单片机的 USB 通信模块具有 2KB 的 RAM 缓冲区。当 USB 通信模块禁用时，这 2KB 的 RAM 缓冲区也可作为系统的 RAM 存储器使用。

3.4.4 信息存储器

MSP430F5529 单片机的信息存储器（Information Memory）具有 4 段，每段 128 字节，共 512 字节，所在存储空间地址段为 01800h～019FFh。信息存储器类型为 Flash 类型，非 RAM 类型，掉电后数据不会丢失。该段区域内数据可通过 Flash 控制器进行擦除、写入或读取操作。信息存储器可用于存储掉电后需要保存的重要数据，等系统再次上电时，可通过读取信息存储器的内容以获得系统掉电之前保存的重要数据，使系统按照之前的状态继续运行。

3.4.5 引导存储器

MSP430F5529 单片机的引导存储器（Bootstrap Loader Memory）具有 4 段，每段 512 字节，共 2KB，所在存储空间地址段为 01000～017FFh。引导存储器类型也为 Flash 类型，BSL 允许用户利用所定义的密码通过各种通信接口（USB 或 UART）访问内存空间，可以实现程序代码的读/写操作，利用引导存储器只需几根线就可以修改、运行内部的程序，为系统软件的升级提供了又一种方便的手段。

3.4.6 外围模块寄存器

MSP430F5529 单片机的外围模块寄存器所在存储空间地址段为 00120h～00FFFh，都可以通过软件进行访问和控制。MSP430 单片机可以像访问普通 RAM 单元一样对这些寄存器进行操作。这些寄存器也分为字节结构和字结构。不同系列 MSP430 单片机的外围模块寄存器数量不同，具体请参考具体芯片的数据手册。MSP430F5529 的外围模块寄存器地址分配如表 3.4.1 所示，各外围模块寄存器内容请参考后面介绍片上外设各章节内容。

表 3.4.1　MSP430F5529 外围模块寄存器地址分配列表

地址	说明	地址	说明
0120h～013Fh	电源管理模块	03C0h～03FFh	TB0
0140h～014Fh	Flash 控制器	0400h～049Fh	TA2
0150h～0157h	CRC 16 模块	04A0h～04BFh	实时时钟模块
0158h～015Bh	RAM 控制器	04C0h～04FFh	32 位硬件乘法器
015Ch～015Fh	看门狗模块	0500h～050Fh	DMA 控制寄存器
0160h～017Fh	UCS 统一时钟模块	0510h～051Fh	DMA 通道 0
0180h～01AFh	SYS 系统模块	0520h～052Fh	DMA 通道 1
01B0h～01BFh	参考模块	0530h～05BFh	DMA 通道 2
01C0h～01DFh	端口映射控制寄存器	05C0h～05DFh	USCI_A0 模块
01E0h～01FFh	P4 映射端口	05E0h～05FFh	USCI_B0 模块
0200h～021Fh	端口 P1/P2	0600h～061Fh	USCI_A1 模块
0220h～023Fh	端口 P3/P4	0620h～06FFh	USCI_B1 模块
0240h～025Fh	端口 P5/P6	0700h～08BFh	ADC12 模块
0260h～031Fh	端口 P7/P8	08C0h～08FFh	比较器 B 模块
0320h～033Fh	端口 PJ	0900h～091Fh	USB 配置寄存器
0340h～037Fh	TA0	0920h～093Fh	USB 控制寄存器
0380h～03BFh	TA1		

3.4.7　特殊功能寄存器

MSP430F5529 单片机的特殊功能寄存器所在的存储空间地址段为 00100h～00120h。不同系列的 MSP430 单片机特殊功能寄存器数量不同，MSP430F5529 单片机特殊功能寄存器如表 3.4.2 所示。

表 3.4.2　MSP430F5529 特殊功能寄存器列表（基址为 00100h）

寄存器	缩写	读/写类型	访问方式	偏移地址	初始状态
中断使能寄存器	SFRIE1	读/写	字访问	00h	0000h
	SFRIE1_L(IE1)	读/写	字节访问	00h	00h
	SFRIE1_H(IE2)	读/写	字节访问	01h	00h
中断标志寄存器	SFRIFG1	读/写	字访问	02h	0082h
	SFRIFG1_L	读/写	字节访问	02h	82h
	SFRIFG1_H	读/写	字节访问	03h	00h
复位引脚控制寄存器	SFRRPCR	读/写	字访问	04h	0000h
	SFRRPCR_L	读/写	字节访问	04h	00h
	SFRRPCR_H	读/写	字节访问	05h	00h

下面对各特殊功能寄存器的内容进行介绍，具有下划线的配置为初始状态或复位后的默认配置。

1. 中断使能寄存器(SFRIE1)

15	14	13	12	11	10	9	8
保留							

7	6	5	4	3	2	1	0
JMBOUTIE	JMBIEIE	ACCVIE	NMIIE	VMAIE	保留	OFIE	WDTIE

- JMBOUTIE：第 7 位，JTAG 控制输出中断使能控制位。
- JMBIEIE：第 6 位，JTAG 控制输入中断使能控制位。
- ACCVIE：第 5 位，Flash 控制器非法访问中断使能控制位。
- NMIIE：第 4 位，NMI 引脚中断使能控制位。
- VMAIE：第 3 位，空白内存访问中断使能控制位。
- OFIE：第 1 位，晶振失效中断使能控制位。
- WDTIE：第 0 位，看门狗中断使能控制位。

以上控制位置位表示使能中断，清零表示禁止中断。

2. 中断标志寄存器(SFRIFG1)

15	14	13	12	11	10	9	8
保留							

7	6	5	4	3	2	1	0
JMBOUTIFG	JMBINIFG	保留	NMIIFG	VMAIFG	保留	OFIFG	WDTIFG

- JMBOUTIFG：第 7 位，JTAG 控制输出中断标志位。
- JMBINIFG：第 6 位，JTAG 控制输入中断标志位。
- NMIIFG：第 4 位，NMI（不可屏蔽中断）引脚中断标志位。
- VMAIFG：第 3 位，空白内存访问中断标志位。
- OFIFG：第 1 位，晶振失效中断标志位。
- WDTIFG：第 0 位，看门狗中断标志位。

以上标志位置位表示有中断被挂起，清零表示没有中断产生。

3. 复位引脚控制寄存器(SFRRPCR)

15	14	13	12	11	10	9	8
保留							

7	6	5	4	3	2	1	0
保留				SYSRSTRE	SYSRSTUP	SYSNMIIES	SYSNMI

- SYSRSTRE：第 3 位，复位引脚内部电阻使能控制位。

0：禁止 RST/NMI 引脚的上拉/下拉电阻；

1：允许 RST/NMI 引脚的上拉/下拉电阻。

- SYSRSTUP：第 2 位，复位引脚内部电阻上拉/下拉控制位

0：选择下拉；　　1：选择上拉。

- SYSNMIIES：第 1 位，NMI 边沿触发选择控制位。当 SYSNMI=1 时，通过该位选择不可屏蔽中断触发边沿，修改该位值会触发不可屏蔽中断。但是，在 SYSNMI=0 时，修改该位值不会触发不可屏蔽中断。

0：在上升沿触发不可屏蔽中断；　　1：在下降沿触发不可屏蔽中断。

● SYSNMI：第 0 位，RST/NMI 引脚功能选择控制位。

0：该引脚选择复位 RST 功能；　　1：该引脚选择不可屏蔽中断 NMI 功能。

本章小结

本章以 MSP430F5xx/6xx 系列单片机为例，简单介绍 MSP430 单片机的结构和特性，重点介绍 MSP430 单片机的 CPU 和存储器。

MSP430 单片机的结构主要包含 CPU、存储器、片上外设、时钟系统、仿真系统及连接它们的数据总线和地址总线。

MSP430 单片机的 CPU 采用 16 位精简指令系统 RISC，内部集成有程序计数器、堆栈指针、状态寄存器、常数发生器和通用寄存器等。与以往的 MSP430 系列单片机不同，MSP430F5xx/6xx 系列单片机采用了 MSP430 扩展型的 CPU（CPUX），寻址总线从 16 位扩展到 20 位，最大寻址可达 1MB。这与传统的 16 位地址总线的 MCU 在使用中存在一定的差别，请读者注意区分。

MSP430 单片机的存储器采用冯·诺依曼结构，物理上完全分离的存储区域，如 Flash、RAM、外围模块、特殊功能存储器 SFR 等，被安排在同一个存储器的不同区间内，这样就可以使用同一组地址、数据总线、相同的指令对它们进行字节或字形式访问。

思考题与习题 3

3.1 MSP430 单片机的结构主要包含哪些部件？

3.2 列举冯·诺依曼结构和哈佛结构的联系及区别。

3.3 MSP430F5529 单片机具有哪些特性？

3.4 根据 MSP430F5529 单片机的结构框图，详细列出它所具有的片上外设。

3.5 了解 MSP430F5529 单片机各引脚功能，并注意其引脚的命名规则。

3.6 MSP430F5xx/6xx 系列单片机采用了扩展型的 CPU（CPUX），其与之前系列单片机的 CPU 有哪些区别？

3.7 MSP430 单片机的中央处理器由哪些单元组成？各单元又具有什么功能？

3.8 精简指令集和复杂指令集具有哪些区别？为什么 MSP430 单片机采用精简指令集系统？

3.9 MSP430F5xx/6xx 系列单片机 CPU 具有哪些寄存器资源？各寄存器又具有什么功能？

3.10 简述 MSP430F5529 单片机存储空间分布情况，并思考不同系列 MSP430 单片机存储空间分布的相同和不同之处。

第4章　MSP430单片机中断系统

中断是 MSP430 单片机的一大特点，有效地利用中断可以简化程序并提高执行效率。在 MSP430 单片机中，几乎每个片上外设都能够产生中断，为 MSP430 单片机针对中断事件进行编程打下基础。MSP430 单片机在没有中断事件发生时进入低功耗模式，中断事件发生时通过中断唤醒 CPU，中断事件处理完毕后，CPU 再次进入低功耗状态。由于 CPU 的运行速度和退出低功耗的速度很快，所以，在实际应用中，CPU 大部分时间都处于低功耗的状态。本章首先介绍中断的一些基本概念，接着介绍 MSP430 单片机具有的中断源及中断处理过程，再介绍 MSP430 单片机的中断嵌套，最后以两个例程简单介绍 MSP430 单片机中断的应用。

4.1　中断的基本概念

1．中断定义

中断是暂停 CPU 正在运行的程序，转去执行相应的中断服务程序，完毕后返回被中断的程序继续运行的现象和技术。

知识点：单片机的中断越丰富，CPU 处理突发事件的能力就越强，因此，把中断视为单片机性能的一项重要指标。

2．中断源

把引起中断的原因或者能够发出中断请求的信号源统称为中断源。中断首先需要由中断源发出中断请求，并征得系统允许后才会发生。在转去执行中断服务程序前，程序需保护中断现场；在执行完中断服务程序后，应恢复中断现场。

中断源一般分成两类：外部硬件中断源和内部软件中断源。外部硬件中断源包括可屏蔽中断和不可屏蔽中断。内部软件中断源产生于单片机内部，主要有以下 3 种：①由 CPU 运行结果产生；②执行中断指令 INT3；③使用 DEBUG 中单步或断点设置引起。

3．中断向量表

中断向量是指中断服务程序的入口地址，每个中断向量被分配给 4 个连续的字节单元，两个高字节单元存放入口的段地址 CS，两个低字节单元存放入口的偏移量 IP。为了让 CPU 方便地查找到对应的中断向量，就需要在内存中建立一张查询表，即中断向量表。

知识点：中断向量的地址是中断服务程序的入口地址的地址。

4．中断优先级

凡事都有轻重缓急之分，不同的中断请求表示不同的中断事件，因此，CPU 对不同中断请求相应地也有轻重缓急之分。在单片机中，给每个中断源指定一个优先级，称为中断优先级。

5．断点和中断现场

断点是指 CPU 执行现行程序被中断时的下一条指令的地址，又称断点地址。

中断现场是指 CPU 在转去执行中断服务程序前的运行状态，包括 CPU 状态寄存器和断点地址等。

4.2 MSP430 单片机中断源

MSP430 单片机的中断源结构如图 4.2.1 所示。MSP430 单片机的中断优先级是固定的，由硬件确定，用户不能更改。当多个中断同时发生中断请求时，CPU 按照中断优先级的高低顺序依次响应。MSP430 单片机包含 3 类中断源：系统复位中断源、不可屏蔽中断源和可屏蔽中断源。

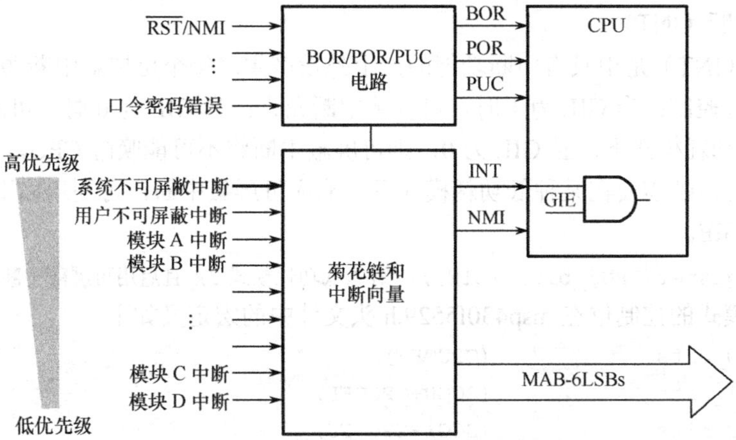

图 4.2.1 MSP430 单片机的中断源结构

1. 系统复位中断源

系统复位中断源包括 3 类：断电复位信号（BOR）、上电复位信号（POR）和上电清除信号（PUC）。

（1）BOR 信号

BOR 信号由以下 4 个事件产生：

- 系统上电；
- 在复位模式下，$\overline{\text{RST}}$/NMI 引脚产生低电平信号；
- 从 LPMx.5（LPM3.5 或者 LPM4.5）模式下唤醒；
- 一个软件 BOR 事件。

（2）POR 信号

BOR 信号能产生 POR 信号，但是，POR 信号不能产生 BOR 信号。POR 信号由以下 4 个事件产生：

- 一个 BOR 信号；
- 当电源电压或外部电压高于最高检测值时，产生 POR 信号；
- 当电源电压或外部电压低于最低检测值时，产生 POR 信号；
- 一个软件 POR 事件。

（3）PUC 信号

POR 信号能产生 PUC 信号，但是，PUC 信号不能产生 POR 信号。PUC 信号由以下 6 个事件产生：

- 一个 BOR 信号；
- 看门狗模式下，看门狗定时器溢出；
- 看门狗定时器的操作口令密码错误；
- Flash 模块操作口令密码错误；

- 电源管理模块操作口令密码错误；
- CPU 从地址范围 00H～01FFH 取指令。

系统复位信号产生之后，MSP430 单片机会进入一系列初始状态。在后续系统设计应用中，读者应根据设计要求加以利用或避免。例如，在 BOR 之后，看门狗自动工作于看门狗模式，此时系统如果不使用看门狗模式，应将看门狗关闭；否则，看门狗定时器定时时间到之后，会再次引发 PUC 信号，影响到系统的正常执行。

2．可屏蔽中断（INT）

可屏蔽中断（INT）是由具有中断功能的片上外设产生。每个可屏蔽中断源都可由 GIE 中断允许控制位进行控制：当 GIE 为 1 时，可屏蔽中断允许；当 GIE 为 0 时，可屏蔽中断禁止。若 CPU 在某种低功耗模式下，且 GIE 为 0，则可屏蔽中断将不可能唤醒 CPU，程序将有可能停在此处不再执行。若需要在某种低功耗模式下，响应可屏蔽中断，可利用以下语句进入低功耗模式，且置位 GIE。

```
__bis_SR_register(LPM3_bits +GIE);//进入低功耗模式 3，且启用可屏蔽中断
```

相应低功耗模式的控制位在 msp430f5529.h 头文件中的宏定义如下：

```
#define LPM0_bits            (CPUOFF)
#define LPM1_bits            (SCG0+CPUOFF)
#define LPM2_bits            (SCG1+CPUOFF)
#define LPM3_bits            (SCG1+SCG0+CPUOFF)
#define LPM4_bits            (SCG1+SCG0+OSCOFF+CPUOFF)
```

3．不可屏蔽中断源（NMI）

不可屏蔽中断源（NMI）不可由中断允许控制位 GIE 进行控制。有两种类型的不可屏蔽中断：系统不可屏蔽中断（SNMI）和用户不可屏蔽中断（UNMI）。不可屏蔽中断源具有一个独特的中断控制系统，当产生一个不可屏蔽中断，其他同等级的不可屏蔽中断将会被禁止，以防止同等不可屏蔽中断的连续嵌套。

用户不可屏蔽中断可由以下事件产生：

- 当配置成 NMI 模式时，由复位引脚 RST/NMI 触发；
- 振荡器失效；
- 非法操作 Flash 存储器。

系统不可屏蔽中断可由以下事件产生：

- 电源管理模块（PMM）电压超出最低或最高限制（SVML/SVMH）；
- 电源管理模块（PMM）上升沿/下降沿延时期满；
- 空闲的存储器操作；
- JTAG 信息事件。

MSP430 单片机的中断向量表被安排在 0FFFFH～0FF80H 空间，具有最大 64 个中断源。表 4.2.1 为 MSP430 单片机的中断向量表。

表 4.2.1　MSP430 中断向量表

中断源	中断标志位	中断类型	中断向量地址	优先级
系统复位	WDTIFG, KEYV (SYSRSTIV)	系统复位中断	0FFFEh	63(最高)
系统不可屏蔽中断	SVMLIFG, SVMHIFG, DLYLIFG, DLYHIFG, VLRLIFG, VLRHIFG, VMAIFG, JMBNIFG, JMBOUTIFG (SYSSNIV)	不可屏蔽中断	0FFFCh	62

续表

中断源	中断标志位	中断类型	中断向量地址	优先级
用户不可屏蔽中断	NMIIFG, OFIFG, ACCVIFG, BUSIFG(SYSUNIV)	不可屏蔽中断	0FFFAh	61
比较器 B	CBIV	可屏蔽中断	0FFF8h	60
TB0	TB0CCR0 CCIFG0	可屏蔽中断	0FFF6h	59
TB0	TB0CCR1 CCIFG1 to TB0CCR6 CCIFG6, TB0IFG (TB0IV)	可屏蔽中断	0FFF4h	58
看门狗定时器	WDTIFG	可屏蔽中断	0FFF2h	57
USCI A0 接收/发送	UCA0RXIFG, UCA0TXIFG (UCA0IV)	可屏蔽中断	0FFF0h	56
USCI B0 接收/发送	UCB0RXIFG, UCB0TXIFG (UCB0IV)	可屏蔽中断	0FFEEh	55
ADC12_A	ADC12IFG0 to ADC12IFG15 (ADC12IV)	可屏蔽中断	0FFECh	54
TA0	TA0CCR0 CCIFG0	可屏蔽中断	0FFEAh	53
TA0	TA0CCR1 CCIFG1 to TA0CCR4 CCIFG4, TA0IFG (TA0IV)	可屏蔽中断	0FFE8h	52
USB_UBM	USBIV	可屏蔽中断	0FFE6h	51
DMA	DMA0IFG, DMA1IFG, DMA2IFG (DMAIV)	可屏蔽中断	0FFE4h	50
TA1	TA1CCR0 CCIFG0	可屏蔽中断	0FFE2h	49
TA1	TA1CCR1 CCIFG1 to TA1CCR2 CCIFG2, TA1IFG (TA1IV)	可屏蔽中断	0FFE0h	48
P1 端口	P1IFG.0 to P1IFG.7 (P1IV)	可屏蔽中断	0FFDEh	47
USCI_A1 接收/发送	UCA1RXIFG, UCA1TXIFG (UCA1IV)	可屏蔽中断	0FFDCh	46
USCI_B1 接收/发送	UCB1RXIFG, UCB1TXIFG (UCB1IV)	可屏蔽中断	0FFDAh	45
TA2	TA2CCR0 CCIFG0	可屏蔽中断	0FFD8h	44
TA2	TA2CCR1 CCIFG1 to TA2CCR2 CCIFG2, TA2IFG (TA2IV)	可屏蔽中断	0FFD6h	43
P2 端口	P2IFG.0 to P2IFG.7 (P2IV)	可屏蔽中断	0FFD4h	42
RTC_A	RTCRDYIFG, RTCTEVIFG, RTCAIFG, RT0PSIFG, RT1PSIFG (RTCIV)	可屏蔽中断	0FFD2h	41
保留	保留		0FFD0h	40
			…	…
			0FF80h	0(最低)

编程中，定义中断服务程序的方法也非常简单，如下所示：

```
#pragma vector=PORT1_VECTOR          // P1口中断向量
_ _interrupt void Port_1(void)       // 声明中断服务程序，名为Port_1()
{
...                                  // 中断服务程序
}
```

在中断服务程序前加__interrupt 关键字（注意前面有两个短下划线），告诉编译器这个函数为中断服务程序，编译器会自动查询中断向量表、保护现场、压栈出栈等，然后，在中断服务程序的前一行写“**#pragma** vector=PORT1_VECTOR”指明中断源，决定该函数是为哪个中断服务的。因此，编程者只需集中精力编写中断服务程序即可，当中断请求发生且被允许时，程序会自动执行中断服务程序。

MSP430 单片机的中断源数量很多，比如 P1、P2 口每个 I/O 口都能产生中断，16 个 ADC 采样通道采样结束及遇到的错误也能产生中断。为了便于管理，MSP430 单片机的中断管理机制把同类的中断合并成一个总中断源，具体的中断需要由软件查询中断标志位进行确定。例如，12 位 ADC 的任何一个采样通道采样结束，程序都会执行 ADC12 的中断服务程序，在 ADC12 中断服务程序中，再查询相应标志位具体判断是哪一个通道采样结束发生了中断。程序实例如下：

```
#pragma vector = ADC12_VECTOR
_ _interrupt void ADC12_ISR(void)
{
   switch (_ _even_in_range(ADC12IV, ADC12IV_ADC12IFG15))
   {
      case  ADC12IV_NONE:
         break;
      case  ADC12IV_ADC12OVIFG:
         break;
      case  ADC12IV_ADC12TOVIFG:
         break;
      case  ADC12IV_ADC12IFG0:
         …
         break;
      case  ADC12IV_ADC12IFG1:
         …
         break;
      …
      case ADC12IV_ADC12IFG15:
         …
         break;
      default:
         break;
   }
}
```

4.3 中断响应过程

中断响应过程为从 CPU 接收一个中断请求开始至执行第一条中断服务程序指令结束，共需要 6 个时钟周期。中断响应过程如下：

① 执行完当前正在执行的指令；

② 将程序计数器（PC）压入堆栈，程序计数器指向下一条指令；

③ 将状态寄存器（SR）压入堆栈，状态寄存器保存了当前程序执行的状态；

④ 如果有多个中断源请求中断，选择最高优先级，并挂起当前的程序；

⑤ 清除中断标志位，如果有多个中断请求源，则予以保留等待下一步处理；

⑥ 清除状态寄存器 SR，保留 SCG0，因而 CPU 可从任何低功耗模式下唤醒；

⑦ 将中断服务程序入口地址加载给程序计数器（PC），转向执行中断服务子程序。

中断响应过程示例图如图 4.3.1 所示。

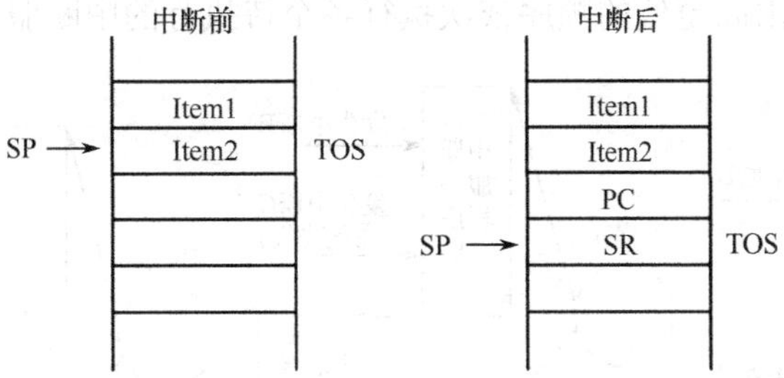

图 4.3.1　中断响应过程示例图

4.4　中断返回过程

通过执行中断服务程序终止指令（RETI）开始中断的返回，中断返回过程需要 5 个时钟周期，主要包含以下过程：

① 从堆栈中弹出之前保存的状态寄存器给 SR；

② 从堆栈中弹出之前保存的程序计数器给 PC；

③ 继续执行中断时的下一条指令。

中断返回过程示意图如图 4.4.1 所示。

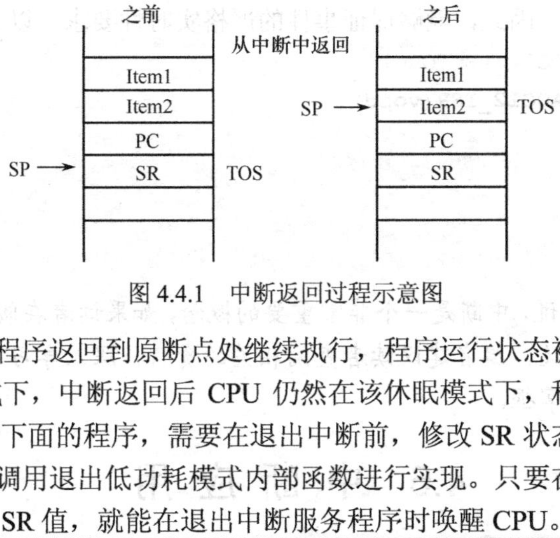

图 4.4.1　中断返回过程示意图

执行中断返回后，程序返回到原断点处继续执行，程序运行状态被恢复。假设中断发生前 CPU 处于某种休眠模式下，中断返回后 CPU 仍然在该休眠模式下，程序执行将暂停；如果希望唤醒 CPU，继续执行下面的程序，需要在退出中断前，修改 SR 状态寄存器的值，清除休眠标志。此步骤可以通过调用退出低功耗模式内部函数进行实现。只要在退出中断之前调用此函数，修改被压入堆栈的 SR 值，就能在退出中断服务程序时唤醒 CPU。

```
__bic_SR_register_on_exit(LPM3_bits);    // 退出低功耗模式 3
```

4.5　中 断 嵌 套

由中断响应过程可知，当进入中断入口后，MSP430 单片机会自动清除总中断允许标志位 GIE，也就是说，MSP430 单片机的中断默认是不能发生嵌套的，即使高级中断也不能打断低级中断的执行，这就避免了当前中断未完成时进入另一个中断的可能。

如图 4.5.1（a）所示，如果在执行中断服务程序 A 时，发生了中断请求 B，B 的中断标志位置

1，但不会立即响应 B 的中断，需自动等待 A 执行完成返回后（GIE 自动恢复），才进入 B 的中断服务程序。

如图 4.5.1（b）所示，如果在执行中断服务程序 A 时，有多个中断发生，会在 A 中断执行完毕后，依照中断优先级由高至低的顺序依次执行各个待执行的中断服务程序。

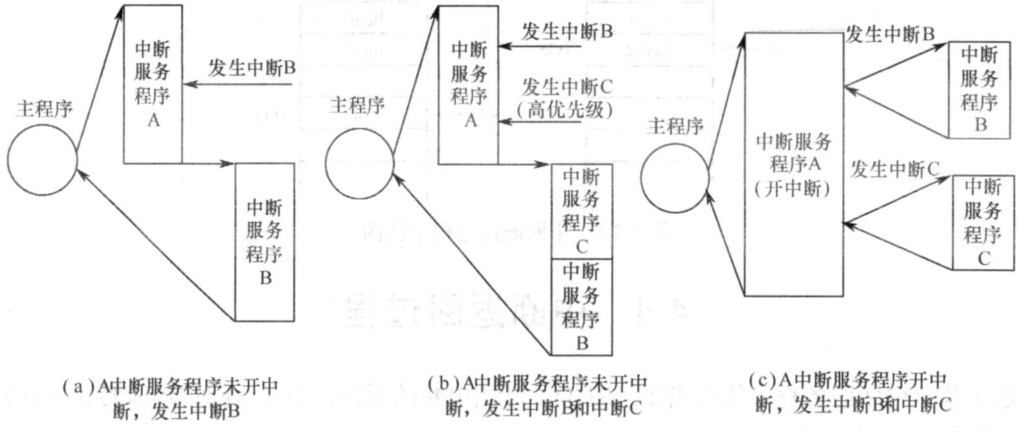

图 4.5.1　多种中断发生情况示意图

由以上两种情况可知，先发生的中断将会导致后发生的中断处理延迟。为了避免这种情况，要求所有的中断都尽快执行完毕，则需允许中断的嵌套，如图 4.5.1（c）所示。这种情况需要在所有的中断入口处都加一句开中断的语句：_EINT()，恢复总的中断允许。中断嵌套被允许后，所有中断能够立即被执行，因此，能够保证事件的严格实时性要求。以 ADC 中断为例：

```
#pragma vector = ADC12_VECTOR
__interrupt void ADC12_ISR(void)
{
    _EINT();
    ......
}
```

提示：对单片机来说，中断是一个非常重要的概念，如果读者在阅读本书学习的过程中，没有很好地理解中断的含义，编者建议读者查阅相关的资料，深入学习，这将有利于后续章节的学习和对单片机技术的掌握。

4.6 中断应用

MSP430 单片机的中断系统较为复杂，若能够巧妙地应用中断，将能够使编写的程序结构更加合理，执行效率更加高，系统功耗更加低。下面仅以两个简单的例子来介绍如何使用 MSP430 单片机的中断。

【例 4.6.1】 利用 P1.7 口外部中断，在低功耗模式下，实现对 LED 灯亮灭的控制。

分析：在本例中 P1.7 引脚连接一个按键，该按键按下将触发 P1.7 引脚中断，P1.0 引脚连接一个 LED 灯。按下按键，LED 灯亮灭的状态将会反转。实例程序如下：

```
#include <msp430f5529.h>
void main(void)
```

```
{
  WDTCTL = WDTPW + WDTHOLD;                    // 关闭看门狗定时器
  P1DIR |= BIT0;                               // 设置P1.0为输出
  P1REN |= BIT7;
  P1OUT |= BIT7;                               // 以上两句启用P1.7口上拉电阻
  P1IES |= BIT7;                               // P1.7口下降沿触发中断
  P1IFG &= ~BIT7;                              // 清除P1.7口中断标志位
  P1IE |= BIT7;                                // P1.7口中断使能
  _ _bis_SR_register(LPM4_bits +GIE);          // 进入低功耗模式4且启用可屏蔽中断
}
// P1口中断服务程序
#pragma vector=PORT1_VECTOR
_ _interrupt void Port_1(void)
{
  P1OUT ^= BIT0;                               // 反转P1.0口状态
  P1IFG &= ~BIT7;                              // 清除P1.7口中断标志位
}
```

【例 4.6.2】 利用定时器中断，在低功耗模式 0 下，实现对 LED 亮灭的控制。

分析：本例采用定时器模块的定时功能，实现 LED 的闪烁。在实验现象中，读者将发现 LED 亮和灭的时间相同。

```
#include <msp430f5529.h>
void main(void)
{
  WDTCTL = WDTPW + WDTHOLD;
  P1DIR |= 0x01;
  TA0CCTL0 = CCIE;                             // CCR0中断使能
  TA0CCR0 = 50000;
  TA0CTL = TASSEL_2 + MC_1 + TACLR;            // SMCLK，增计数模式，清除TAR
  _ _bis_SR_register(LPM0_bits + GIE);         // 进入低功耗模式0，使能中断
}
// 定时器A中断服务程序
#pragma vector=TIMER0_A0_VECTOR
_ _interrupt void TIMER0_A0_ISR(void)
{
  P1OUT ^= 0x01;                               // 反转P1.0口状态
}
```

本 章 小 结

本章详细讲解了 MSP430 单片机的中断系统。MSP430 单片机的几乎所有片上外设都可产生中断，也都可利用中断请求将 CPU 从低功耗模式下唤醒。为了让读者更清楚地明白 MSP430 单片机中断的工作原理，首先简单介绍了中断的一些基本概念，例如中断的定义、中断向量表、中断优先级等。在此基础上，详细介绍了 MSP430 单片机所具有的中断源，主要包含系统复位中断源、不可屏蔽中断源和可屏蔽中断源。接着介绍了中断的处理过程，包括中断响应过程和

中断返回过程。然后，介绍了 MSP430 单片机的中断嵌套，在默认情况下，当进入中断入口后，MSP430 单片机会自动清除 GIE 总中断允许标志位，即 MSP430 单片机的中断默认是不能发生嵌套的，若读者希望产生中断嵌套，则需要在中断服务程序的首句打开总中断允许，在这种情况下，MSP430 单片机中断可任意嵌套。最后以两个简单的例程介绍 MSP430 单片机中断的编程方法及应用。

思考题与习题 4

4.1 了解中断的基本概念，包括中断定义、中断源、中断向量表、中断优先级、断点及中断现场。

4.2 MSP430 单片机具有哪些中断源？GIE 中断允许控制位可控制哪一类中断？

4.3 MSP430 单片机很多片上外设都具有多源中断，如何通过程序判断是哪一个中断标志位产生了中断请求？以 P1 端口和 ADC12 模块为例进行说明。

4.4 简述 MSP430 单片机中断响应过程。

4.5 简述 MSP430 单片机中断返回过程。

4.6 MSP430 单片机如何实现中断嵌套？

第 5 章　MSP430 单片机时钟系统与低功耗结构

在 MSP430 单片机中，时钟系统不仅可以为 CPU 提供时序，还可以为不同的片上外设提供不同频率的时钟。MSP430 单片机通过软件控制时钟系统可以使其工作在多种模式下，包括 1 种活动模式和 7 种低功耗模式。通过这些工作模式，可合理地利用系统资源，实现整个应用系统的低功耗。时钟系统是 MSP430 单片机中非常关键的部件，通过时钟系统的配置可以在功耗和性能之间寻求最佳的平衡点，为单芯片系统与超低功耗系统设计提供了灵活的实现手段。本章重点讲述 MSP430 单片机的时钟系统及其低功耗结构。

5.1　时 钟 系 统

5.1.1　时钟系统结构与原理

时钟系统可为 MSP430 单片机提供时钟，是 MSP430 单片机中最为关键的部件之一。

知识点：时钟系统可以通过软件配置成不需要外部晶振、需要一个或两个外部晶振、外部时钟输入等方式。在 MSP430 单片机最小系统中，无须外接任何部件，单片机内部具有自身的振荡器，可以为 CPU 及片上外设提供系统时钟。

1．时钟系统结构

（1）5 个时钟来源

时钟系统模块具有 5 个时钟来源。

① XT1CLK：低频/高频振荡器，可以使用 32768Hz 的手表晶振、标准晶体、谐振器或 4～32MHz 的外部时钟源；

② VLOCLK：内部超低功耗低频振荡器，典型频率 12kHz；

③ REFOCLK：内部调整低频参考振荡器，典型值为 32768Hz；

④ DCOCLK：内部数字时钟振荡器，可由 FLL 稳定后得到；

⑤ XT2CLK：高频振荡器，可以是标准晶振、谐振器或 4～32MHz 的外部时钟源。

（2）3 个时钟信号

时钟系统模块可以产生 3 个时钟信号供 CPU 和外设使用。

① ACLK：辅助时钟（Auxiliary Clock）。可以通过软件选择XT1CLK、REFOCLK、VLOCLK、DCOCLK、DCOCLKDIV或XT2CLK（当XT2CLK可用时）。DCOCLKDIV是FLL模块内DCOCLK经过1/2/4/8/16/32分频后获得的。ACLK主要用于低速外设。ACLK可以再进行1/2/4/8/16/32分频，ACLK/n 就是ACLK 经过1/2/4/8/16/32分频后得到的，也可以通过外部引脚进行输出。

② MCLK：主时钟（Master Clock）。MCLK的时钟来源与ACLK相同，MCLK专门供CPU使用，MCLK配置得越高，CPU的执行速度就越快，功耗就越高。一旦关闭MCLK，CPU也将停止工作，因此在超低功耗系统中可以通过间歇启用MCLK的方法降低系统功耗。MCLK也可经1/2/4/8/16/32分频后供CPU使用。

③ SMCLK：子系统时钟（Subsystem Master Clock）。SMCLK的时钟来源与ACLK相同，

SMCLK主要用于高速外设，SMCLK也可以再进行1/2/4/8/16/32分频。

以上3个时钟相互独立，关闭任何一种时钟，并不影响其余时钟的工作。时钟系统对3个时钟不同程度的关闭，实际上就是进入了不同的休眠模式，关闭的时钟越多，休眠就越深，功耗就越低，如在LPM4（低功耗模式4）下，所有时钟都将被关闭，单片机功耗也仅为1.1μA。

（3）MSP430F5xx/6xx系列单片机的时钟系统结构图

MSP430F5xx/6xx系列单片机的时钟系统结构框图如图5.1.1所示。

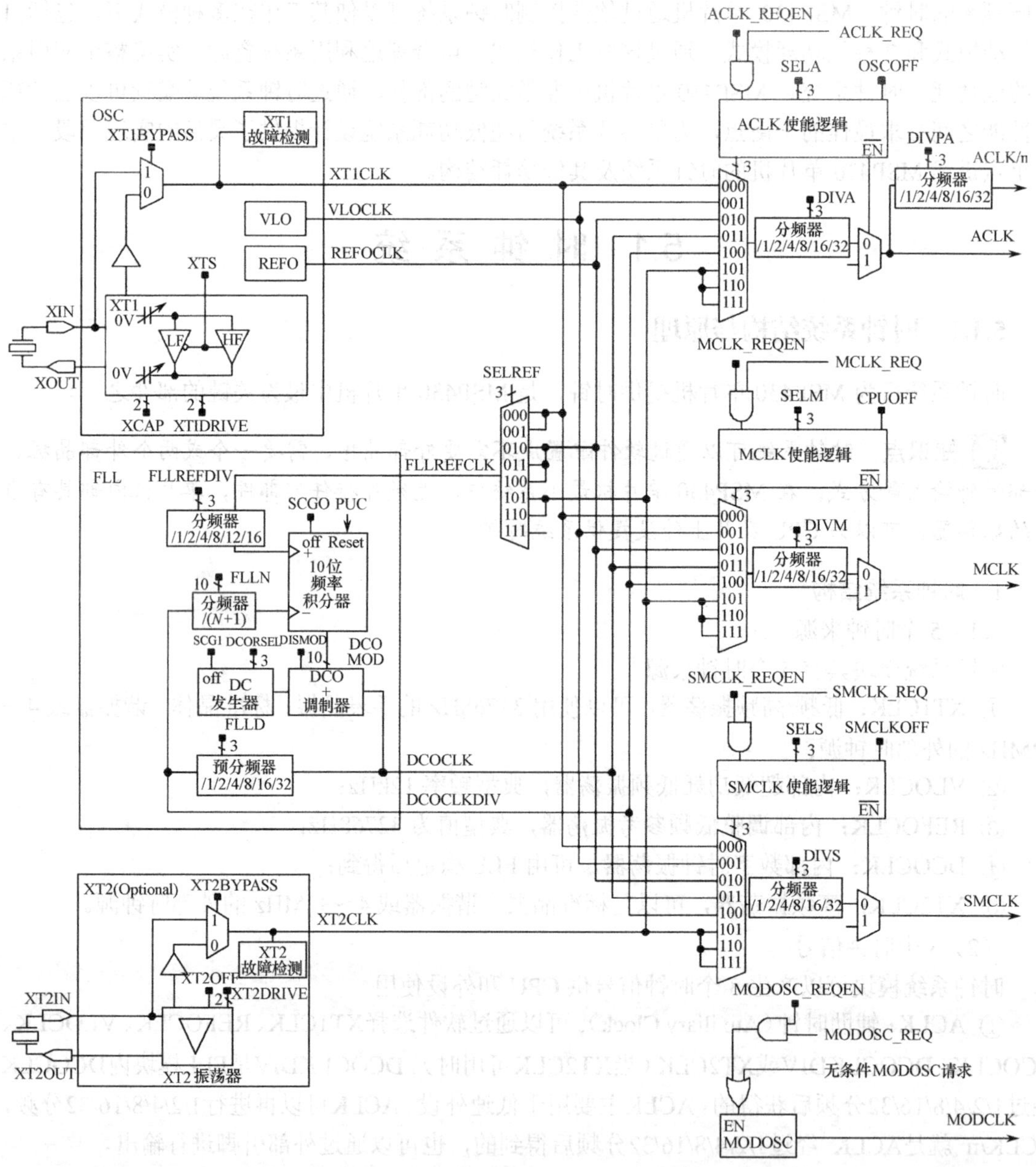

图 5.1.1　MSP430F5xx/6xx 系列单片机时钟系统结构框图

从图5.1.1可以看出：只要通过软件配置各控制位，就可以改变硬件电路的连接关系、开启或关闭某些部件、控制某些信号的路径和通断等。这种情况在其他外部模块中也大量存在，甚至在某些模块中能通过软件直接设置模拟电路的参数。这些灵活的硬件配置功能，使得MSP430

单片机具有极强的适应能力。

为便于读者理解和学习结构框图，在此对MSP430F5xx/6xx系列单片机时钟系统结构框图的表示规则进行简单介绍。

① 图中每个框表示一个部件，每个正方形黑点表示一个控制位。若黑点的引出线直接和某部件相连，说明该控制位“1”有效；若黑点直线末端带圆圈与某部件连接，说明该控制位“0”有效。

② 对于紧靠在一起的多个同名控制位，以总线的形式表示这些控制位的组合。例如，结构框图中右上角的DIVPA控制位，虽然只有一个黑点，但其下面的连线上标着“\3”，说明这是3位总线，共有8种组合（000,001,010,011,100,101,110,111）。前6种组合分别代表对ACLK进行1/2/4/8/16/32分频后输出，后面两种组合保留，以待将来开发使用（具体请参考本节后面时钟系统寄存器介绍）。

③ 梯形图表示多路选择器，它负责从多个输入通道中选择一个作为输出，具体由与其连接的控制位决定，例如SELREF控制位所连接的梯形图，其主要功能为选择一个时钟源作为FLL模块的参考时钟，具体控制位配置和参考时钟对应关系如图5.1.1所示。

提示：读懂结构框图和对结构框图进行配置是进行 MSP430 单片机系统开发设计的基本功。MSP430 单片机的所有片上外设都可用结构框图进行表示，了解结构框图的表示规则，将有利于对 MSP430 单片机片上外设工作原理的学习和掌握。

2．时钟系统的原理

（1）内部超低功耗低频振荡器（VLO）

内部超低功耗低频振荡器在无须外部晶振的情况下，可提供约 12kHz 的典型频率。VLO 为不需要精确时钟基准的系统提供了一个低成本、超低功耗的时钟源。当 VLO 被用作 ACLK、MCLK 或 SMCLK 时(SELA={1}、SELM={1}或 SELS={1}，其中，SELA={1}表示将 UCSCTL4 寄存器中 SELA 控制位配置为 1，后续均采用该表示，请读者查阅对应章节寄存器描述部分，将不再赘述)，VLO 被启用。

（2）内部调整低频参考时钟振荡器（REFO）

在不要求或不允许使用外部晶振的应用中，REFO 可以用作内部高精度时钟。经过内部调整，REFO 的典型频率为 32768Hz，并且可以为 FLL 模块提供一个稳定的参考时钟源。REFOCLK 与 FLL 的组合，可以在无须外部晶振的情况下，提供了灵活的大范围系统时钟。当不使用 REFO 时，REFO 不消耗电能。

REFO 在以下任何一种情况下都可被启用：

① REFO 为 ACLK 的参考时钟源(SELA={2})，且系统工作在活动模式(AM)、低功耗模式 0(LPM0)、低功耗模式 1(LPM1)、低功耗模式 2(LPM2)或低功耗模式 3(LPM3)下；

② REFO 为 MCLK 的参考时钟源(SELM={2})，且系统工作在 AM 下；

③ REFO 为 SMCLK 的参考时钟源(SELS={2})，且系统工作在 AM、LPM0 或 LPM1 下；

④ REFO 为 FLLREFCLK 的参考时钟源(SELREF={2})，DCO 为 ACLK 的时钟源(SELA={3,4})，且系统工作在 AM、LPM0、LPM1、LPM2 或 LPM3 下；

⑤ REFO 为 FLLREFCLK 的参考时钟源(SELREF={2})，DCO 为 MCLK 的时钟源(SELM={3,4})，且系统工作在 AM 下；

⑥ REFO 为 FLLREFCLK 的参考时钟源(SELREF={2})，DCO 为 SMCLK 的时钟源(SELS={3,4})，且系统工作在 AM、LPM0 或 LPM1 下。

（3）XT1 振荡器（XT1）

如图 5.1.2 所示。MSP430 单片机的每种器件都支持 XT1 振荡器，MSP430F5xx/6xx 系列单片机的 XT1 振荡器支持两种模式：LF（低频模式）和 HF（高频模式）。

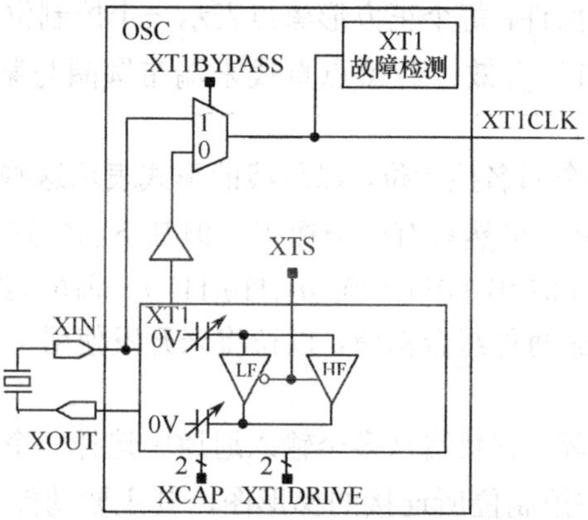

图 5.1.2　OSC 振荡器结构框图

在 LF 模式下（XTS={0}），XT1 振荡器支持超低功耗的 32768Hz 的手表晶振，且手表晶振无须任何外部元件可直接连接在 XIN 和 XOUT 的引脚上。晶振的正常工作需有相应的负载电容与之匹配。在 MSP430 单片机内部，通过软件配置 XCAP 寄存器，可为在 LF 工作下的振荡器提供负载电容，内部可提供的负载电容有以下 4 种：2pF（XCAP={00}）、5.5pF（XCAP={01}）、8.5pF（XCAP={10}）和 12pF（XCAP={11}）。若在 LF 工作下的 XT1 振荡器为 32768Hz 的低频晶振，与之相匹配的负载电容为 12pF（典型）。当片内负载电容不能够满足需要时，也可外加负载电容。

在 HF 模式下（XTS=1），XT1 振荡器也支持高速晶振或高频谐振器。高速晶振或高频谐振器可以连接到 XIN 和 XOUT 的引脚上，此时两个引脚上都要外接负载电容，负载电容的大小需要根据晶体或谐振器的特性来选择。

通过配置 XT1DRIVE 控制位，可以控制 XT1 在 LF 模式下的驱动能力。上电复位时，为了使 XT1 快速可靠地启动，驱动能力应设置为最高，之后，如果需要，可以降低驱动能力，以降低系统功耗。在 HF 模式下，不同的 XT1DRIVE 控制位配置对应不同的晶振或谐振器的频率范围，具体对应关系见表 5.1.1。

表 5.1.1　在 HF 模式下，XT1DRIVE 控制位配置值与晶振或谐振器频率范围的对应关系

XT1DRIVE 控制位	高速晶振或高频谐振器频率范围
00	4～8MHz
01	8～16MHz
10	16～24MHz
11	24～32MHz

通过配置 XT1BYPASS 控制位，可以选择 XT1CLK 的时钟来源。当 XT1BYPASS 配置为 0 时，XT1CLK 的时钟来源来自 XT1 内部；当 XT1BYPASS 配置为 1 时，XT1CLK 选择外部时钟输入，其频率取值范围为 10～50kHz，且 XT1 掉电工作在旁路模式。

XT1 与通用 I/O 端口公用引脚。上电复位时，XT1 默认为 LF 模式，然而此时 XT1 仍被保持禁止，需要将相应端口配置为 XT1 功能。可以通过设置 PSEL 和 XT1BYPASS 控制位完成对引脚功能的配置，以 MSP430F5529 单片机为例，具体配置方法如表 5.1.2 所示。

由表 5.1.2 可知，如果 P5SEL.4 被清除，XIN 和 XOUT 都将被配置为通用 I/O 功能，XT1 功能将会被禁止。若 XT1BYPASS 配置为 1，XT1 工作在旁路模式下，XIN 可以连接外部时钟信号输入，XOUT 被配置为通用 I/O 口。

表 5.1.2　P5.4 和 P5.5 引脚功能配置

引脚名称	引脚功能	控制位配置			
		P5DIR.x	P5SEL.4	P5SEL.5	XT1BYPASS
P5.4/XIN	P5.4(I/O)	输入：0；输出：1	0	×	×
	晶振模式下 XIN	×	1	×	0
	旁路模式下 XIN	×	1	×	1
P5.5/XOUT	P5.5(I/O)	输入：0；输出：1	0	×	×
	晶振模式下 XOUT	×	1	×	0
	P5.5(I/O)	×	1	×	1

XT1 在以下任何一种情况下都将被启用：

① XT1 为 ACLK 的参考时钟源(SELA={0})，且系统工作在 AM、LPM0、LPM1、LPM2 或 LPM3 下；

② XT1 为 MCLK 的参考时钟源(SELM={0})，且系统工作在 AM 下；

③ XT1 为 SMCLK 的参考时钟源(SELS={0})，且系统工作在 AM、LPM0 或 LPM1 下；

④ XT1 为 FLLREFCLK 的参考时钟源(SELREF={0})，DCO 为 ACLK 的参考时钟源(SELA={3,4})，且系统工作在 AM、LPM0、LPM1、LPM2 或 LPM3 下；

⑤ XT1 为 FLLREFCLK 的参考时钟源(SELREF={2})，DCO 为 MCLK 的时钟源(SELM={3,4})，且系统工作在 AM 下；

⑥ XT1 为 FLLREFCLK 的参考时钟源(SELREF={2})，DCO 为 SMCLK 的时钟源(SELS={3,4})，且系统工作在 AM、LPM0 或 LPM1 下；

⑦ 若希望 XT1 无论在何种模式下都可用(甚至在 LPM4 下)，只需软件将 XT1OFF 清零即可。

（4）XT2 振荡器（XT2）

如图 5.1.3 所示，XT2 振荡器用来产生高频的时钟信号 XT2CLK，其工作特性与 XT1 振荡器工作在高频模式相似，晶振的选择范围为 4～32MHz，具体范围由 XT2DRIVE 控制位进行设置。高频时钟信号 XT2CLK 可以分别作为辅助时钟 ACLK、主时钟 MCLK 和子系统时钟 SMCLK 的基准时钟信号，也可提供给锁频环模块(FLL)，可以利用 XT2OFF 控制位实现对 XT2 模块的启用(0)和关闭(1)。

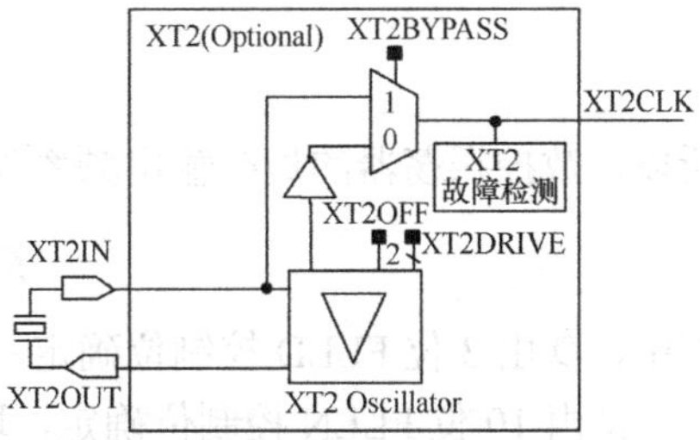

图 5.1.3　XT2 振荡器结构框图

XT2 在以下任何一种情况下都将被启用：

① XT2 为 ACLK 的参考时钟源(SELA={5,6,7})，且系统工作在 AM、LPM0、LPM1、LPM2 或 LPM3 下；

② XT2 为 MCLK 的参考时钟源(SELM={5,6,7})，且系统工作在 AM 下；

③ XT2 为 SMCLK 的参考时钟源(SELS={5,6,7})，且系统工作在 AM、LPM0 或 LPM1 下；

④ XT2 为 FLLREFCLK 的参考时钟源(SELREF={5,6})，DCO 为 ACLK 的参考时钟源(SELA={3,4})，且系统工作在 AM、LPM0、LPM1、LPM2 或 LPM3 下；

⑤ XT2 为 FLLREFCLK 的参考时钟源(SELREF={5,6})，DCO 为 MCLK 的参考时钟源(SELM={3,4})，且系统工作在 AM 下；

⑥ XT2 为 FLLREFCLK 的参考时钟源(SELREF={5,6})，DCO 为 SMCLK 的参考时钟源(SELS={3,4})，且系统工作在 AM、LPM0 或 LPM1 下；

⑦ 若希望 XT2 无论在何种模式下都可用（甚至在 LPM4 下），只需软件将 XT2OFF 清零即可。

（5）锁频环（FLL）

如图 5.1.4 所示，FLL 的参考时钟 FLLREFCLK 可以来自 XT1CLK、REFOCLK 或 XT2CLK 中的任何一个时钟源，通过 SELREF 控制位进行选择。由于这 3 种时钟的精确度都很高，倍频后仍然能够得到准确的频率。FLL 能够产生两种时钟信号：DCOCLK 和 DCOCLKDIV，其中 DCOCLKDIV 信号为 DCOCLK 时钟经 1/2/4/8/16/32 分频后得到（分频系数为 D）。

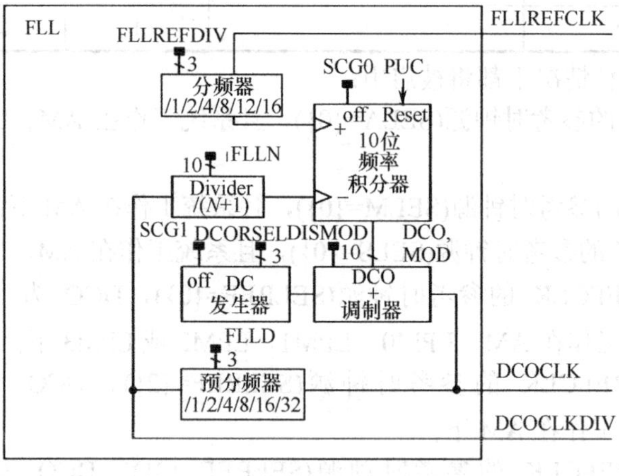

图 5.1.4 锁频环模块结构框图

锁频环是一种非常巧妙的电路，它的核心部件是数控振荡器和一个频率积分器。数控振荡器能够产生 DCOCLK 时钟，频率积分器实际上是一个加减计数器，“+”输入端上的每个脉冲将使计数值加 1，“−”输入端上的每个脉冲将使计数值减 1。FLLREFCLK 经过 1/2/4/8/12/16 分频后输入频率积分器的“+”输入端（分频系数为 n），DCOCLKDIV 经过$(N+1)$分频后输入频率积分器的“−”输入端，频率积分器的运算结果又输出给数控振荡器，改变数控振荡器的输出频率 DCOCLK，构成反馈环。经过反馈调整，最终的结果使频率积分器的“+”输入端的频率与“−”输入端的频率相同，即

$$\frac{f_{\mathrm{DCOCLK}}}{D\times(N+1)}=\frac{f_{\mathrm{FLLREFCLK}}}{n}$$

所以，数控振荡器的最终输出频率为

$$f_{\mathrm{DCOCLK}}=D\times(N+1)\times f_{\mathrm{FLLREFCLK}}/n$$

其中，D 由 3 位 FLLD 控制位确定，取值为 1,2,4,8,16,32；

N 由 10 位 FLLN 控制位确定，取值范围为 1～1023；

n 由 3 位 FLLREFDIV 控制位确定，取值为 1,2,4,8,12,16。

DCORSEL 为 DCO 频率范围选择控制位，与 DCO 和 MOD 控制位配合，可完成对 DCOCLK 频率范围的选择。具体设置如表 5.1.3 所示。

表 5.1.3　DCO 频率范围设置表

参数	设置条件	最小值[1]	最大值[2]
$f_{DCOCLK(0,0)}$	DCORSELx = 0, DCOx = 0, MODx = 0	0.07MHz	0.20MHz
$f_{DCOCLK(0,31)}$	DCORSELx = 0, DCOx = 31, MODx = 0	0.70MHz	1.70MHz
$f_{DCOCLK(1,0)}$	DCORSELx = 1, DCOx = 0, MODx = 0	0.15MHz	0.36MHz
$f_{DCOCLK(1,31)}$	DCORSELx = 1, DCOx = 31, MODx = 0	1.14MHz	3.45MHz
$f_{DCOCLK(2,0)}$	DCORSELx = 2, DCOx = 0, MODx = 0	0.32MHz	0.75MHz
$f_{DCOCLK(2,31)}$	DCORSELx = 2, DCOx = 31, MODx = 0	3.17MHz	7.38MHz
$f_{DCOCLK(3,0)}$	DCORSELx = 3, DCOx = 0, MODx = 0	0.64MHz	1.51MHz
$f_{DCOCLK(3,31)}$	DCORSELx = 3, DCOx = 31, MODx = 0	6.07MHz	14.0MHz
$f_{DCOCLK(4,0)}$	DCORSELx = 4, DCOx = 0, MODx = 0	1.3MHz	3.2MHz
$f_{DCOCLK(4,31)}$	DCORSELx = 4, DCOx = 31, MODx = 0	12.3MHz	28.2MHz
$f_{DCOCLK(5,0)}$	DCORSELx = 5, DCOx = 0, MODx = 0	2.5MHz	6.0MHz
$f_{DCOCLK(5,31)}$	DCORSELx = 5, DCOx = 31, MODx = 0	23.7MHz	54.1MHz
$f_{DCOCLK(6,0)}$	DCORSELx = 6, DCOx = 0, MODx = 0	4.6MHz	10.7MHz
$f_{DCOCLK(6,31)}$	DCORSELx = 6, DCOx = 31, MODx = 0	39.0MHz	88.0MHz
$f_{DCOCLK(7,0)}$	DCORSELx = 7, DCOx = 0, MODx = 0	8.5MHz	19.6MHz
$f_{DCOCLK(7,31)}$	DCORSELx = 7, DCOx = 31, MODx = 0	60MHz	135MHz

注：[1]最小值为 DCOCLK 在核心电压为 1.8V 情况下的频率；[2]最大值为 DCOCLK 在核心电压为 3.6V 情况下的频率。

典型情况下的 DCO 频率如图 5.1.5 所示，测试条件为：核心电压 V_{CC}=3.0V，环境温度 T_A=25℃。

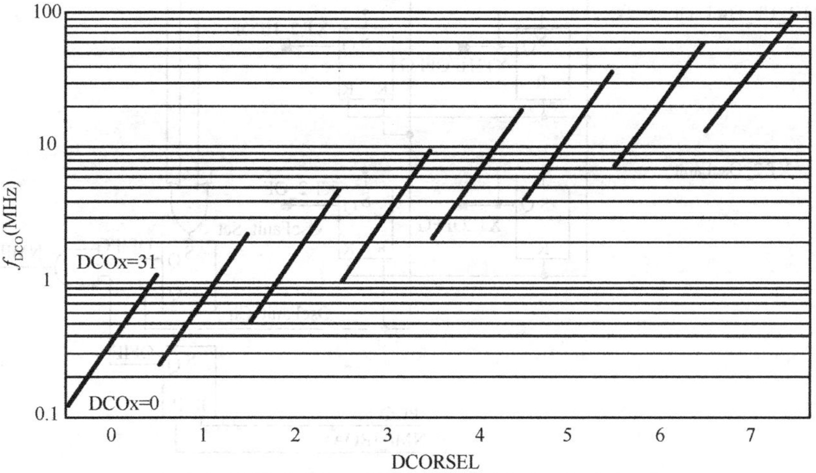

图 5.1.5　典型 DCO 频率

SCG0 和 SCG1 为 SR 寄存器中的 FLL 模块控制位。SCG0 为 FLL 禁止控制位，当 SCG0 为 0 时，FLL 开启；当 SCG0 为 1 时，FLL 禁止。当 SCG0 置 1 后，将禁止频率积分器，之后 FLL 的输出频率将不再被自动调整。SCG1 为数字时钟发生器禁止标志位。当 SCG1 为 0 时数字时钟发生器开启；当 SCG1 为 1 时，数字时钟发生器禁止。

（6）内部模块振荡器（MODOSC）

如图 5.1.6 所示，UCS 时钟模块还包含一个内部模块振荡器 MODOSC，能够产生约 4.8MHz

的 MODCLK 时钟。Flash 控制器模块、ADC_12 模块等片上外设都可使用 MODCLK 作为内部参考时钟。

为了降低功耗，当不需要使用 MODOSC 时，可将其关闭。当产生有条件或无条件启用请求时，MODOSC 可自动开启。设置 MODOSCREQEN 控制位，将允许有条件启用请求使用 MODOSC 模块。对于利用无条件启用请求的模块无须置位 MODOSCREQEN 控制位，例如 Flash 控制器、ADC_12 等。

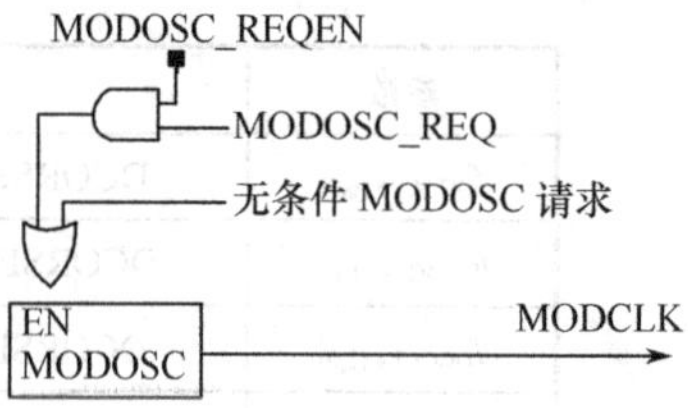

图 5.1.6　MODOSC 结构框图

Flash 控制器模块只有在执行写或擦除操作时，才会发出无条件启用请求，开启 MODOSC。

ADC_12 模块可随时使用 MODCLK 作为其转换时钟，在转换的过程中，ADC_12 模块将发出一个无条件启用请求，开启 MODOSC。

（7）时钟模块失效及安全操作

MSP430 单片机的时钟模块包含检测 XT1、XT2 和 DCO 振荡器故障失效的功能。振荡器故障失效检测逻辑如图 5.1.7 所示。

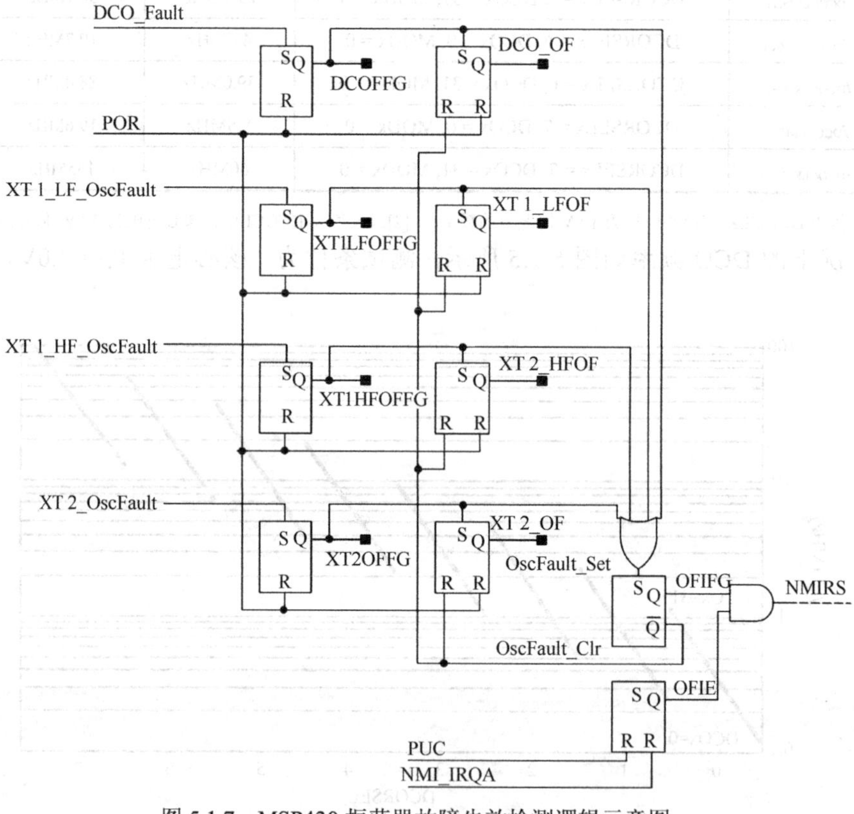

图 5.1.7　MSP430 振荡器故障失效检测逻辑示意图

晶振故障失效条件有以下 4 种。

① XT1LFOFFG：XT1 振荡器在低频模式（LF）下失效；

② XT1HFOFFG：XT1 振荡器在高频模式（HF）下失效；

③ XT2OFFG：XT2 振荡器失效；

④ DCOFFG：DCO 振荡器失效。

当时钟刚打开或没有正常工作时，晶振故障失效标志位 XT1LFOFFG，XT1HFOFFG 或

XT2OFFG 将置位，一旦被置位，即使晶振恢复到正常状态也将一直保持置位，直到手动用软件将故障失效标志位清零。清零之后，若晶振故障失效情况仍然存在，晶振故障失效标志位将自动再次被置位。

如果使用 XT1 在低频模式下的时钟作为 FLL 的参考时钟（SELREF={0}），且 XT1 振荡器失效，FLL 将自动选择 REFO 作为其参考时钟源，并且置位 XT1LFOFFG 晶振故障失效标志位。如果使用 XT1 在高频模式下的时钟作为 FLL 的参考时钟，且 XT2 振荡器失效，FLL 将不产生参考时钟源 FLLREFCLK，并且置位 XT1HFOFFG 和 DCOFFG 晶振故障失效标志位。如果倍频系数 *N* 选择太高，使 DCO 频拍移动到最高位置，也将置位 DCOFFG 晶振故障失效标志位。DCOFFG 晶振失效标志位一旦置位，将一直保持，需要用户手动软件消除。清零之后，若 DCO 晶振故障情况仍然存在，DCOFFG 将自动再次被置位。XT2 晶振失效情况与 XT1 在高频模式下类似。

上电复位（POR）或晶振发生故障失效时（XT1LFOFFG、XT1HFOFFG、XT2OFFG 或 DCOFFG），晶振故障失效中断标志位 OFIFG 置位并锁存。当 OFIFG 置位且 OFIE（晶振故障失效允许位）置位时，OFIFG 将引起不可屏蔽中断（NMI）。当 NMI 中断请求被接受后，中断允许位 OFIE 将自动复位以阻止继续到来的中断请求，在中断执行过程中，OFIFG 中断标志位将一直置位，需要手动用软件消除。OFIFG 中断标志位清零且振荡器工作正常后，可将 OFIE 中断允许位重新置位，以接收新的晶振故障失效请求。注意，振荡器故障失效事件不受中断允许控制位（GIE）的控制。

5.1.2 时钟模块控制寄存器

UCS 时钟模块控制寄存器列表如表 5.1.4 所示。

表 5.1.4 MSP430F5xx/6xx 系列单片机时钟模块寄存器汇总（基址：0160h）

寄存器	简写	类型	偏移地址	初始状态
时钟模块控制寄存器 0	UCSCTL0	读/写	00h	0000h
时钟模块控制寄存器 1	UCSCTL1	读/写	02h	0020h
时钟模块控制寄存器 2	UCSCTL2	读/写	04h	101Fh
时钟模块控制寄存器 3	UCSCTL3	读/写	06h	0000h
时钟模块控制寄存器 4	UCSCTL4	读/写	08h	0044h
时钟模块控制寄存器 5	UCSCTL5	读/写	0Ah	0000h
时钟模块控制寄存器 6	UCSCTL6	读/写	0Ch	C1CDh
时钟模块控制寄存器 7	UCSCTL7	读/写	0Eh	0703h
时钟模块控制寄存器 8	UCSCTL8	读/写	10h	0707h
时钟模块控制寄存器 9	UCSCTL9	读/写	12h	0000h

注意：以下具有下划线的配置为时钟模块控制寄存器初始状态或复位后的默认配置。

1．时钟模块控制寄存器 0（UCSCTL0）

15	14	13	12	11	10	9	8
保留			DCO				

7	6	5	4	3	2	1	0
MOD					保留		

● DCO：第 8～12 位，DCO 频拍选择。选择 DCO 频拍并在 FLL 运行期间自动调整。

● MOD：第 3～7 位，调制位计数器。选择调制类型，所有的 MOD 位在 FLL 运行期间自动调整，无须用户干预。当调制位计数器从 31 减到 0 时，DCOx 的值自动增加。当调制位计数器从 0 增加到 31 时，DCOx 的值自动减少。

注意：为了编程方便，在 msp430f5529.h 头文件中，将 UCSCTL0 控制寄存器分成两个部分：UCSCTL0_H 和 UCSCTL0_L，UCSCTL0_H 代表 8～15 高 8 位控制位，UCSCTL0_L 代表 0～7 低 8 位控制位。在其他控制寄存器中的命名规则类似。

2．时钟模块控制寄存器 1（UCSCTL1）

15	14	13	12	11	10	9	8
保留							

7	6	5	4	3	2	1	0
保留	DCORSEL			保留		保留	DISMOD

● DCORSEL：第 4～6 位，DCO 频率范围选择，频率范围请参考表 5.1.1 和图 5.1.5。

● DISMOD：第 0 位，调制器禁止使能控制位。

0：使能调制器；　　1：禁止调制器。

3．时钟模块控制寄存器 2（UCSCTL2）

15	14	13	12	11	10	9	8
保留	FLLD			保留		FLLN	

7	6	5	4	3	2	1	0
FLLN							

● FLLD：第 12～14 位，FLL 预分频器。这些位设置 DCOCLK 的分频系数 *D*，即 DCOCLK 经过 *D* 次分频后得到 DCOCLKDIV 时钟。

000：$f_{DCOCLK}/1$；　001：$f_{DCOCLK}/2$；　010：$f_{DCOCLK}/4$；　011：$f_{DCOCLK}/8$；

100：$f_{DCOCLK}/16$；　101：$f_{DCOCLK}/32$；

110：保留为以后使用，默认值 $f_{DCOCLK}/32$；

111：保留为以后使用，默认值 $f_{DCOCLK}/32$。

● FLLN：第 0～9 位，倍频系数。设置倍频值 *N*，*N* 必须大于 0，如果 FLLN=0，则 *N* 被自动设置为 1。

4．时钟模块控制寄存器 3（UCSCTL3）

15	14	13	12	11	10	9	8
保留							

7	6	5	4	3	2	1	0
保留	SELREF			保留	FLLREFDIV		

● SELREF：第 4～6 位，FLL 参考时钟源选择控制位。这些控制位选择 FLL 的参考时钟源 FLLREFCLK。

000：XT1CLK；　001：保留为以后使用，默认参考时钟源 XT1CLK；

010：REFOCLK；　011：保留为以后使用，默认参考时钟源 REFOCLK；

100：保留为以后使用，默认参考时钟源 REFOCLK；

101：当 XT2 有效时，选择 XT2CLK，否则，选择 REFOCLK；

110：保留为以后使用，默认与 101 配置情况相同；
111：保留为以后使用，默认与 101 配置情况相同。

● FLLREFDIV：第 0～2 位，FLL 参考时钟分频器。

000：$f_{FLLREFCLK}/1$； 001：$f_{FLLREFCLK}/2$； 010：$f_{FLLREFCLK}/4$； 011：$f_{FLLREFCLK}/8$；
100：$f_{FLLREFCLK}/12$； 101：$f_{FLLREFCLK}/16$；
110：保留为以后使用，默认值 $f_{FLLREFCLK}/16$；
111：保留为以后使用，默认值 $f_{FLLREFCLK}/16$。

5. 时钟模块控制寄存器 4（UCSCTL4）

15	14	13	12	11	10	9	8
保留					SELA		

7	6	5	4	3	2	1	0
保留	SELS			保留	SELM		

● SELA：第 8～10 位，ACLK 参考时钟源选择控制位。

000：XT1CLK； 001：VLOCLK； 010：REFOCLK； 011：DCOCLK；
100：DCOCLKDIV；
101：当 XT2 有效时，选择 XT2CLK，否则，选择 DCOCLKDIV；
110：保留为以后使用，默认与 101 配置情况相同；
111：保留为以后使用，默认与 101 配置情况相同。

● SELS：第 4～6 位，SMCLK 参考时钟源选择控制位。

000：XT1CLK； 001：VLOCLK； 010：REFOCLK； 011：DCOCLK；
100：DCOCLKDIV；
101：当 XT2 有效时，选择 XT2CLK，否则，选择 DCOCLKDIV；
110：保留为以后使用，默认与 101 配置情况相同；
111：保留为以后使用，默认与 101 配置情况相同。

● SELM：第 0～2 位，MCLK 参考时钟源选择控制位。

000：XT1CLK； 001：VLOCLK； 010：REFOCLK； 011：DCOCLK；
100：DCOCLKDIV；
101：当 XT2 有效时，选择 XT2CLK，否则，选择 DCOCLKDIV；
110：保留为以后使用，默认与 101 配置情况相同；
111：保留为以后使用，默认与 101 配置情况相同。

6. 时钟模块控制寄存器 5（UCSCTL5）

15	14	13	12	11	10	9	8
保留	DIVPA			保留	DIVA		

7	6	5	4	3	2	1	0
保留	DIVS			保留	DIVM		

● DIVPA：第 12～14 位，ACLK/n 时钟输出分频器。

000：$f_{ACLK}/1$； 001：$f_{ACLK}/2$； 010：$f_{ACLK}/4$； 011：$f_{ACLK}/8$；
100：$f_{ACLK}/16$ 101：$f_{ACLK}/32$；
110：保留为以后使用，默认值 $f_{ACLK}/32$；
111：保留为以后使用，默认值 $f_{ACLK}/32$。

- DIVA：第 8～10 位，ACLK 时钟源分频器，分频后作为 ACLK 时钟。

  000：$f_{ACLK}/1$；　001：$f_{ACLK}/2$；　010：$f_{ACLK}/4$；　011：$f_{ACLK}/8$；

  100：$f_{ACLK}/16$　101：$f_{ACLK}/32$；

  110：保留为以后使用，默认值$f_{ACLK}/32$；

  111：保留为以后使用，默认值$f_{ACLK}/32$。

- DIVS：第 4～6 位，SMCLK 时钟源分频器，分频后作为 SMCLK 时钟。

  000：$f_{SMCLK}/1$；　001：$f_{SMCLK}/2$；　010：$f_{SMCLK}/4$；　011：$f_{SMCLK}/8$；

  100：$f_{SMCLK}/16$　101：$f_{SMCLK}/32$；

  110：保留为以后使用，默认值$f_{SMCLK}/32$；

  111：保留为以后使用，默认值$f_{SMCLK}/32$。

- DIVM：第 0～2 位，MCLK 时钟源分频器，分频后作为 MCLK 时钟。

  000：$f_{MCLK}/1$；　001：$f_{MCLK}/2$；　010：$f_{MCLK}/4$；　011：$f_{MCLK}/8$；

  100：$f_{MCLK}/16$　101：$f_{MCLK}/32$；

  110：保留为以后使用，默认值$f_{MCLK}/32$；

  111：保留为以后使用，默认值$f_{MCLK}/32$。

7．时钟模块控制寄存器 6（UCSCTL6）

15	14	13	12	11	10	9	8
XT2DRIVE		保留	XT2BYPASS	保留			XT2OFF
7	6	5	4	3	2	1	0
XT1DRIVE		XTS	XT1BYPASS	XCAP		SMCLKOFF	XT1OFF

- XT2DRIVE：第 14～15 位，XT2 振荡器驱动调节控制位。系统上电时，XT2 振荡器以最大电流启动，以实现快速可靠启动。如有必要，用户可手动软件调节振荡器的驱动能力。

  00：最低电流消耗，XT2 振荡器工作在 4～8MHz；

  01：增强 XT2 振荡器的驱动强度，XT2 振荡器工作在 8～16MHz；

  10：增强 XT2 振荡器的驱动能力，XT2 振荡器工作在 16～24MHz；

  11：XT2 振荡器最大驱动能力、最大电流消耗，XT2 振荡器工作在 24～32MHz。

- XT2BYPASS：第 12 位，XT2 旁路选择控制位。

  0：XT2 来源于内部时钟（使用外部晶振）；

  1：XT2 来源于外部引脚输入（旁路模式）。

- XT2OFF：第 8 位，XT2 振荡器关闭控制位。

  0：当 XT2 引脚被设置为 XT2 功能且没有被设置为旁路模式时，XT2 被打开；

  1：当 XT2 没有被作用 ACLK、SMCLK 或 MCLK 的时钟源，且没有作为 FLL 的参考时钟时，XT2 被关闭。

- XT1DRIVE：第 6～7 位，XT1 振荡器驱动调节控制位。系统上电时，XT1 振荡器以最大电流启动，以实现快速可靠启动。如有必要，用户可手动软件调节振荡器的驱动能力。

  00：XT1 在低频模式下最低电流消耗，XT1 在高频模式下工作在 4～8MHz；

  01：增强 XT1 在低频模式下的驱动强度，XT1 在高频模式下工作在 8～16MHz；

  10：增强 XT1 在低频模式下的驱动能力，XT1 在高频模式下工作在 16～24MHz；

  11：XT1 在低频模式下最大驱动能力、最大电流消耗，XT1 在高频模式下工作在 24～32MHz。

- XTS：第 5 位，XT1 模式选择控制位。

0：低频模式，XCAP 定义 XIN 和 XOUT 引脚间的电容；

1：高频模式，XCAP 位没有使用。

● XT1BYPASS：第 4 位，XT1 旁路选择控制位。

0：XT1 来源于内部时钟（使用外部晶振）；

1：XT1 来源于外部引脚输入（旁路模式）。

● XCAP：第 2～3 位，振荡器负载电容选择控制位。这些位选择振荡器在低频模式时(XTS=0)的负载电容。

00：2pF；　　01：5.5pF；　　10：8.5pF；　　11：12pF。

● SMCLKOFF：第 1 位，SMCLK 开关控制位。

0：SMCLK 打开；　　1：SMCLK 关闭。

● XT1OFF：第 0 位，XT1 开关控制位；

0：当 XT1 引脚被设置为 XT1 功能且没有被设置为旁路模式时，XT1 被打开；

1：当 XT1 没有被作用 ACLK、SMCLK 或 MCLK 的时钟源，且没有作为 FLL 的参考时钟时，XT1 被关闭。

8. 时钟模块控制寄存器 7（UCSCTL7）

15	14	13	12	11	10	9	8
保留							

7	6	5	4	3	2	1	0
保留				XT2OFFG	XT1HFOFFG	XT1LFOFFG	DCOFFG

● XT2OFFG：第 3 位，XT2 晶振故障失效标志位。如果 XT2 晶振产生故障失效，XT2OFFG 置位，之后晶振故障失效中断标志位 OFIFG 置位，请求中断。XT2OFFG 可以手动软件清除，若清除后，XT2 故障失效情况仍然存在，XT2OFFG 将自动置位。

0：上次复位后，没有故障失效产生；　　1：上次复位后，XT2 产生故障失效。

● XT1HFOFFG：第 2 位，XT1 在高频模式下晶振故障失效标志位。其置位及清除情况与 XT2OFFG 类似。

0：上次复位后，没有故障失效产生；

1：上次复位后，XT1（高频模式）产生故障失效。

● XT1LFOFFG：第 1 位，XT1 在低频模式下晶振故障失效标志位。其置位及清除情况与 XT2OFFG 类似。

0：上次复位后，没有故障失效产生；

1：上次复位后，XT1（低频模式）产生故障失效。

● DCOFFG：第 0 位，DCO 振荡器故障失效标志位。当 DCO={0}或{31}时，DCOFFG 置位。DCOFFG 可以手动软件清除，若清除后，DCO 故障失效情况仍然存在，DCOFFG 将自动置位。

0：上次复位后，没有故障失效产生；　　1：上次复位后，DCO 产生故障失效。

9. 时钟模块控制寄存器 8（UCSCTL8）

15	14	13	12	11	10	9	8
保留							

7	6	5	4	3	2	1	0
保留				MODOSCREQEN	SMCLKREQEN	MCLKREQEN	ACLKREQEN

- MODOSCREQEN：第 3 位，MODOSC 时钟条件请求控制位。
  0：MODOSC 条件请求禁止；　　1：MODOSC 条件请求允许。
- SMCLKREQEN：第 2 位，SMCLK 时钟条件请求控制位。
  0：SMCLK 条件请求禁止；　　1：SMCLK 条件请求允许。
- MCLKREQEN：第 1 位，MCLK 时钟条件请求控制位。
  0：MCLK 条件请求禁止；　　1：MCLK 条件请求允许。
- ACLKREQEN：第 0 位，ACLK 时钟条件请求控制位。
  0：ACLK 条件请求禁止；　　1：ACLK 条件请求允许。

10．时钟模块控制寄存器 9（UCSCTL9）

15	14	13	12	11	10	9	8
保留							

7	6	5	4	3	2	1	0
保留						XT2BYPASSLV	XT1BYPASSLV

- XT2BYPASSLV：第 1 位，XT2 旁路输入振荡范围选择控制位。
  0：输入范围从 0 到 DV_{CC}；　　1：输入范围从 0 到 DV_{IO}。
- XT1BYPASSLV：第 0 位，XT1 旁路输入振荡范围选择控制位。
  0：输入范围从 0 到 DV_{CC}；　　1：输入范围从 0 到 DV_{IO}。

注意： UCSCTL9 控制寄存器并不存在于所有 MSP430F5xx/6xx 系列单片机中，具体请参考芯片数据手册。

5.1.3 时钟系统应用举例

MSP430F5xx/6xx 系列单片机具有多种时钟来源，可外接低频或高频晶振，也可使用内部振荡器。用户可通过软件配置控制寄存器，选择相应的时钟源作为系统参考时钟，使用灵活方便。下面以几个简单实用的实例介绍时钟系统的应用。

注意： 例程中的宏定义包含在 msp430f5529.h 头文件中，请读者查找 msp430f5529.h 头文件。

【例 5.1.1】 使用内部振荡器时钟源 VLO，配置 ACLK 为 VLOCLLK（约 12kHz），且将 ACLK 通过 P1.0 口输出（MSP430F5529 单片机中引脚 P1.0 和 ACLK 复用）。

```
#include <msp430f5529.h>
void main(void)
{
  WDTCTL = WDTPW + WDTHOLD;             // 关闭看门狗
  UCSCTL4 |= SELA_1;                    // 将ACLK的时钟源配置为VLO
  P1DIR |= BIT0;                        // 设置ACLK通过P1.0口输出
  P1SEL |= BIT0;
  _ _bis_SR_register(LPM3_bits);        // 进入LPM3，SMCLK和MCLK停止，ACLK活动
}
```

【例 5.1.2】 XIN 和 XOUT 引脚接 32768Hz 低频手表晶振，将 ACLK 配置为 32768Hz，且将 ACLK 通过 P1.0 口输出。

```
#include <msp430f5529.h>
```

```
void main(void)
{
  WDTCTL = WDTPW + WDTHOLD;                    // 关闭看门狗
  P1DIR |= BIT0;                               // 设置ACLK通过P1.0口输出
  P1SEL |= BIT0;
  P5SEL |= BIT4+BIT5;                          // P5.4和P5.5选择XT1晶振功能
  UCSCTL6 &= ~(XT1OFF);                        // 使能XT1
  UCSCTL6 |= XCAP_3;                           // 选择内部负载电容12pF
  UCSCTL3 = 0;                                 // FLL的参考时钟为XT1
  // 测试晶振是否产生故障失效，并清除故障失效标志位
  do
  {
    UCSCTL7 &= ~(XT2OFFG + XT1LFOFFG + DCOFFG);
                                               // 清除XT2,XT1,DCO故障失效标志位
    SFRIFG1 &= ~OFIFG;                         // 清除晶振故障失效中断标志位
  }while (SFRIFG1&OFIFG);                      // 测试晶振故障失效中断标志位
  UCSCTL6 &= ~(XT1DRIVE_3);                    // 减少XT1驱动能力，降低功耗
  UCSCTL4 |= SELA_0;                           // ACLK时钟来源XT1晶振
  _ _bis_SR_register(LPM3_bits);               // 进入LPM3
}
```

【例 5.1.3】 XT2IN 和 XT2OUT 引脚接高频晶振，晶振频率范围为 455kHz～16MHz，将 SMCLK 和 MCLK 配置为 XT2CLK，且将 MCLK 通过 P7.7 口输出，将 SMCLK 通过 P2.2 口输出。

```
#include <msp430f5529.h>
void main(void)
{
  WDTCTL = WDTPW + WDTHOLD;                    // 关闭看门狗
  P2DIR |= BIT2;                               // 设置SMCLK通过P2.2口输出
  P2SEL |= BIT2;
  P7DIR |= BIT7;                               // 设置MCLK通过P7.7口输出
  P7SEL |= BIT7;
  P5SEL |= BIT2+BIT3;                          // P5.2和P5.3选择XT2晶振功能
  UCSCTL6 &= ~XT2OFF;                          // 使能XT2
  UCSCTL3 |= SELREF_2;                         // FLL模块的参考时钟源选择REFO
  UCSCTL4 |= SELA_2;                           // ACLK=REFO,SMCLK=DCO,MCLK=DCO
  // 测试晶振是否产生故障失效，并清除故障失效标志位
  do
  {
    UCSCTL7 &= ~(XT2OFFG + XT1LFOFFG + DCOFFG);
                                               // 清除XT2,XT1,DCO故障失效标志位
   SFRIFG1 &= ~OFIFG;                          // 清除晶振故障失效中断标志位
  }while (SFRIFG1&OFIFG);                      // 测试晶振故障失效中断标志位

  UCSCTL6 &= ~XT2DRIVE0;                       // 减少XT1驱动能力，降低功耗
```

```
  UCSCTL4 |= SELS_5 + SELM_5;                // SMCLK=MCLK=XT2
  while(1);                                  // 死循环
}
```

【例 5.1.4】 使用内部振荡器时钟源 REFO，配置 ACLK 为 32kHz，SMCLK 和 MCLK 为 8MHz。利用软件延迟反转 P1.1 口状态，并将 ACLK、SMCLK 和 MCLK 通过相应端口输出。

技巧：MSP430 单片机时钟系统是单片机得以运行的基础。时钟系统产生时钟的准确性将影响单片机系统的性能，例如准确的定时、流畅的通信、固定的采样等。读者应清楚单片机所产生的具体系统时钟，因此建议在开发系统功能前，将单片机运行的 3 种时钟：MCLK、SMCLK 和 ACLK，通过相应引脚输出，然后通过示波器观察。

```
#include <msp430f5529.h>
void main(void)
{
  WDTCTL = WDTPW+WDTHOLD;                  // 关闭看门狗
  P1DIR |= BIT1;                           // P1.1口输出
  P1DIR |= BIT0;                           // 设置ACLK通过P1.0口输出
  P1SEL |= BIT0;
  P2DIR |= BIT2;                           // 设置SMCLK通过P2.2口输出
  P2SEL |= BIT2;
  P7DIR |= BIT7;                           // 设置MCLK通过P7.7口输出
  P7SEL |= BIT7;
  UCSCTL3 = SELREF_2;                      // 设置FLL的参考时钟源为REFO
  UCSCTL4 |= SELA_2;                       // 设置ACLK为REFO
  UCSCTL0 = 0x0000;                        // 将DCOx和MODx设为最低
  // 测试晶振是否产生故障失效，并清除故障失效标志位
  do
  {
   UCSCTL7 &= ~(XT2OFFG + XT1LFOFFG + DCOFFG);
                                           // 清除XT2,XT1,DCO故障失效标志位
   SFRIFG1 &= ~OFIFG;                      // 清除晶振故障失效中断标志位
  }while (SFRIFG1&OFIFG);                  // 测试晶振故障失效中断标志位
  _ _bis_SR_register(SCG0);                // 禁止FLL
  UCSCTL1 = DCORSEL_5;                     // 选择DCO频率范围
  UCSCTL2 |= 249;                          // 设置DCP频率为8MHz
                                           // 计算公式：(249 + 1) * 32768 = 8MHz
  _ _bic_SR_register(SCG0);                // 启用FLL
  _ _delay_cycles(250000);                 // 延时，待DCO工作稳定
  while(1)
  {
   P1OUT ^= BIT1;                          // 反转P1.1状态
   _ _delay_cycles(600000);                // 软件延迟
  }
}
```

5.2 低功耗结构及应用

5.2.1 低功耗模式

MSP430 单片机具有 7 种低功耗模式（LPM0～4、LPM3.5 和 LPM4.5），在空闲时，通过不同程度的休眠，降低系统功耗。在任何一种低功耗模式下，CPU 都被关闭，将停止程序的执行，直到被中断唤醒或单片机被复位。因此在进入任何一个低功耗模式之前，都必须设置好唤醒 CPU 的中断条件、打开中断允许位、等待被唤醒，否则程序有可能永远停止运行。

MSP430 单片机具有 3 种时钟信号：辅助时钟 ACLK、子系统时钟 SMCLK、主系统时钟 MCLK。MSP430 单片机能够实现低功耗的根本原因是在不同的低功耗模式下关闭不同的系统时钟，关闭的系统时钟越多，休眠模式越深。通过 CPU 状态寄存器 SR 中的 SCG1、SCG2、OSCOFF 和 CPUOFF 这 4 个控制位的配置来关闭系统时钟。通过配置这些控制位，可使 MSP430 单片机从活动模式进入相应的低功耗模式，再通过中断方式从各种低功耗模式回到活动模式。各模式之间的转换关系如图 5.2.1 所示。

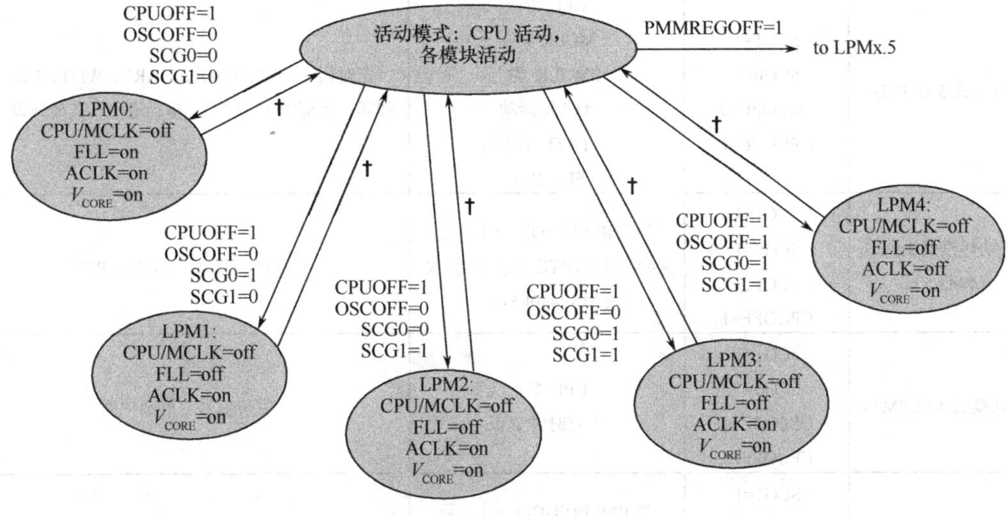

图 5.2.1 MSP430 工作模式状态图

知识点： 超低功耗是 MSP430 单片机的一大特点，非常适合手持设备的应用。MSP430 单片机超低功耗功能得以实现，是由于其各个模块的运行是完全独立的。定时器、输入/输出模块、ADC、看门狗等都可以在主 CPU 休眠的状态下独立运行。当需要主 CPU 工作时，任何一个模块都可以通过中断去唤醒 CPU，从而使系统以最低功耗运行。

各工作模式、控制位、CPU、时钟活动状态及中断源之间的相互关系如表 5.2.1 所示。

表 5.2.1 MSP430 工作模式列表

工作模式	控制位	CPU 和时钟状态	唤醒中断源
活动模式（AM）	SCG1=0 SCG0=0 OSCOFF=0 CPUOFF=0	CPU 活动 MCLK 活动 SMCLK 活动 ACLK 活动 DCO 可用 FLL 可用	定时器、ADC、DMA、UART、WDT、I/O、比较器、外部中断、RTC、串行通信、其他外设

续表

工作模式	控制位	CPU 和时钟状态	唤醒中断源
低功耗模式 0（LPM0）	SCG1=0 SCG0=0 OSCOFF=0 CPUOFF=1	CPU 禁止 MCLK 禁止 SMCLK 活动 ACLK 活动 DCO 可用 FLL 可用	定时器、ADC、DMA、UART、WDT、I/O、比较器、外部中断、RTC、串行通信、其他外设
低功耗模式 1（LPM1）	SCG1=0 SCG0=1 OSCOFF=0 CPUOFF=1	CPU 禁止 MCLK 禁止 SMCLK 活动 ACLK 活动 DCO 可用 FLL 禁止	定时器、ADC、DMA、UART、WDT、I/O、比较器、外部中断、RTC、串行通信、其他外设
低功耗模式 2（LPM2）	SCG1=1 SCG0=0 OSCOFF=0 CPUOFF=1	CPU 禁止 MCLK 禁止 SMCLK 禁止 ACLK 活动 DCO 可用 FLL 禁止	定时器、ADC、DMA、UART、WDT、I/O、比较器、外部中断、RTC、串行通信、其他外设
低功耗模式 3（LPM3）	SCG1=1 SCG0=1 OSCOFF=0 CPUOFF=1	CPU 禁止 MCLK 禁止 SMCLK 禁止 ACLK 活动 DCO 可用 FLL 禁止	定时器、ADC、DMA、UART、WDT、I/O、比较器、外部中断、RTC、串行通信、其他外设
低功耗模式 3.5（LPM3.5）	SCG1=1 SCG0=1 OSCOFF=1 CPUOFF=1	当 PMMREGOFF = 1，无 RAM 保持，RTC 可以启用（仅限 MSP430F5xx）	复位信号、外部中断、RTC
低功耗模式 4（LPM4）	SCG1=1 SCG0=1 OSCOFF=1 CPUOFF=1	CPU 禁止 所有时钟禁止	复位信号、外部中断
低功耗模式 4.5（LPM4.5）	SCG1=1 SCG0=1 OSCOFF=1 CPUOFF=1	当 PMMREGOFF = 1，无 RAM 保持，RTC 禁止（仅限 MSP430F5xx）	复位信号、外部中断

注：MSP430F5529 不具有 LPM3.5 工作模式。

重点：利用低功耗模式关闭片上模块实际上是通过关闭系统时钟来实现的。例如在 LPM3 下，MCLK 和 SMCLK 都被停止，只保留 ACLK 活动，所以，只有选择 ACLK 作为参考时钟源的片上模块才能继续工作。若在进入 LPM3 之前，定时器 A 的参考时钟选择 SMCLK，且在正常工作，ADC12 模块的采样参考时钟选择 ACLK，也在正常工作；在进入 LPM3 之后，定时器 A 将停止工作，ADC12 模块可继续正常工作。

5.2.2 MSP430 单片机各工作模式下的电流消耗

在活动模式下，MSP430 单片机的程序可在 Flash 中执行，也可在 RAM 中执行，具体电流消耗如表 5.2.2 所示，具体请参考 MSP430F552x 数据手册。

表 5.2.2 活动模式下流入 V_{CC} 引脚的电流（不包含外部电流）

参数	V_{CC}	V_{CORE}	频率（$f_{DCO}=f_{MCLK}=f_{SMCLK}$）										单位
			1MHz		8MHz		12MHz		20MHz		25MHz		
			典型	最大	典型	最大	典型	最大	典型	最大	典型	最大	
I_{AM}, Flash	3.0V	0	0.36	0.47	2.32	2.60							mA
		1	0.40		2.65		4.0	4.4					mA
		2	0.44		2.90		4.3		7.1	7.7			mA
		3	0.46		3.10		4.6		7.6		10.1	11.0	mA
I_{AM}, RAM	3.0V	0	0.20	0.24	1.20	1.30							mA
		1	0.22		1.35		2.0	2.2					mA
		2	0.24		1.50		2.2		3.7	4.2			mA
		3	0.26		1.60		2.4		3.9		5.3	6.2	mA

各低功耗模式下的 MSP430 电流消耗如表 5.2.3 所示，具体请参考 MSP430F552x 数据手册。

表 5.2.3 低功耗模式下流入 V_{CC} 的电流（不包含外部电流）

参数	V_{CC}	V_{CORE}	-40℃[1]		25℃[1]		60℃[1]		85℃[1]		单位
			典型	最大	典型	最大	典型	最大	典型	最大	
I_{LPM0}, 1MHz	2.2V	0	73		77	85	80		85	97	μA
	3.0V	3	79		83	92	88		95	105	
I_{LPM2}	2.2V	0	6.5		6.5	12	10		11	17	μA
	3.0V	3	7.0		7.0	13	11		12	18	
I_{LPM3}, LFXT1 [2]	2.2V	0	1.60		1.90		2.6		5.6		μA
		1	1.65		2.00		2.7		5.9		
		2	1.75		2.15		2.9		6.1		
	3.0V	0	1.8		2.1	2.9	2.8		5.8	8.3	
		1	1.9		2.3		2.9		6.1		
		2	2.0		2.4		3.0		6.3		
		3	2.0		2.5	3.9	3.1		6.4	9.3	
I_{LPM3}, VLO [3]	3.0V	0	1.1		1.4	2.7	1.9		4.9	7.4	μA
		1	1.1		1.4		2.0		5.2		
		2	1.2		1.5		2.1		5.3		
		3	1.3		1.6	3.0	2.2		5.4	8.5	
I_{LPM4}	3.0V	0	0.9		1.1	1.5	1.8		4.8	7.3	μA
		1	1.1		1.2		2.0		5.1		
		2	1.2		1.2		2.1		5.2		
		3	1.3		1.3	1.6	2.2		5.3	8.1	
$I_{LPM4.5}$	3.0V		0.15		0.18	0.35	0.26		0.5	1.0	μA

注：[1] 单片机运行时所处的典型环境温度；[2] 在低功耗模式 3 下，选择 LFXT1 为 ACLK 时钟源时的 MSP430 消耗电流；[3] 在低功耗模式 3 下，选择 VLO 为 ACLK 时钟源时的 MSP430 消耗电流。

5.2.3 低功耗模式应用举例

【例 5.2.1】 列举与低功耗模式相关的内部函数。

分析：MSP430 的软件开发环境（CCSv5）为低功耗模式的设置与控制提供了以下内部函数。

```
__bis_SR_register(LPM0_bits); 或 LPM0;          //进入低功耗模式 0
__bis_SR_register(LPM1_bits); 或 LPM1;          //进入低功耗模式 1
__bis_SR_register(LPM2_bits); 或 LPM2;          //进入低功耗模式 2
__bis_SR_register(LPM3_bits); 或 LPM3;          //进入低功耗模式 3
```

```
_ _bis_SR_register(LPM4_bits); 或 LPM4;                   //进入低功耗模式 4
_ _bic_SR_register_on_exit(LPM0_bits);或 LPM0_EXIT    //退出低功耗模式 0
_ _bic_SR_register_on_exit(LPM1_bits);或 LPM1_EXIT    //退出低功耗模式 1
_ _bic_SR_register_on_exit(LPM2_bits);或 LPM2_EXIT    //退出低功耗模式 2
_ _bic_SR_register_on_exit(LPM3_bits);或 LPM3_EXIT    //退出低功耗模式 3
_ _bic_SR_register_on_exit(LPM4_bits);或 LPM4_EXIT    //退出低功耗模式 4
_ _bis_SR_register(LPMx_bits + GIE);//常用,进低功耗模式 x,启用中断(x=0～4)
```

【例 5.2.2】 分别利用软件延迟和定时器实现 LED 闪烁。

分析：MSP430F5529 单片机的 P1.0 引脚外接一个红色的小 LED，本实例分别利用软件延迟和定时器的方法实现 LED 的闪烁，并通过对比对低功耗模式的应用进行解释。

（1）利用软件延时的方法实现 LED 闪烁

利用软件延时的方法实现 LED 闪烁的实例程序代码如下所示：

```
#include <msp430f5529.h>
void main(void)
{
  volatile unsigned int i;
  WDTCTL = WDTPW+WDTHOLD;                  // 关闭看门狗
  P1DIR |= BIT0;                           // 将P1.0设置为输出
  while(1)                                 // 主循环
  {
    P1OUT ^= BIT0;                         // 反转P1.0引脚输出状态
    for(i=50000;i>0;i--);                  // 延时一段时间
  }
}
```

（2）利用定时器延时实现 LED 闪烁

利用定时器延时实现 LED 闪烁的实例程序代码如下所示：

```
#include <msp430f5529.h>
void main(void)
{
  WDTCTL = WDTPW + WDTHOLD;                // 关闭看门狗
  P1DIR |= 0x01;                           // 将P1.0设为输出
  TA0CCTL0 = CCIE;                         // CCR0中断允许
  TA0CCR0 = 50000;
  TA0CTL = TASSEL_2 + MC_1 + TACLR; // 参考时钟选择SMCLK，增计数模式，清除TAR计数器
  _ _bis_SR_register(LPM0_bits + GIE);  // 进入LPM0并使能全局中断
}
//TA0中断服务程序
#pragma vector=TIMER0_A0_VECTOR
_ _interrupt void TIMER0_A0_ISR(void)
{
  P1OUT ^= 0x01;                           // 反转P1.0端口状态
}
```

对以上两个程序分析可知，在利用软件延时的方法实现 LED 闪烁的程序中，CPU 从 50000 开始一直在减计数，直到 i 等于 0，反转一次 P1.0 端口状态，之后继续计数，从不停止。而在利用定时器延时的方法实现 LED 闪烁的程序中，当程序将定时器 TA0 配置完成之后，MSP430 单片机就进入 LPM0 模式，CPU 立刻被停止。只有当定时时间到（50000 个 SMCLK 时钟周期），

CPU 才被唤醒执行 TA0 中断服务程序，进而反转 P1.0 端口输出状态，之后再次进入 LPM0，等待定时时间到再反转 P1.0 端口输出状态。利用软件延时的方法就好像一个人一直从 50000 开始递减数数，当数到 0 后，按下电灯开关，之后再从 50000 开始递减数数，如此循环往复，从不休息。利用定时器延迟的方法就好像一个人手中有一个闹钟，他首先将闹钟定时一段时间，当定时时间到，他就按下电灯开关，在定时时间未到的时间内，他可以打扫房间、做饭甚至睡觉。从这个生活中的例子可以很清楚地明白 MSP430 低功耗模式的工作原理。

【例 5.2.3】 利用低功耗模式替代程序流程中的等待过程。

分析：在 MSP430 单片机中，几乎所有的设备都能产生中断，目的在于让 CPU 无须查询就能响应设备。具体的实现方法是利用休眠模式代替查询等待，设备在发生状态变化时将会主动唤醒 CPU 进行后续的处理，在此以简单的串口通信为例进行说明。

从串口发送 1 字节数据，先将数据写入发送寄存器，等待发送完毕，然后再发送下 1 字节。程序代码如下：

```
void USCI_A0_PutChar(char Chr);
/*****************************************************************
 * 名    称：USCI_A0_PutChar()
 * 功    能：从串口发送1字节数据
 * 入口参数：Chr:待发送的1字节数据
 * 出口参数：无
 * 说    明：该函数在发送数据的过程中会阻塞CPU运行
*****************************************************************/
void USCI_A0_PutChar(char Chr)
{
  UCA0TXBUF = Chr;
  while (!(UCA0IFG & UCTXIFG)); // 等待该字节发送完毕
}
```

这种方法发送速度较慢且会阻塞 CPU 的运行，同时 CPU 也将耗去大部分的电能。若将等待过程替换成休眠模式，则可节省大量的 CPU 耗电。假设使用 ACLK 作为串口模块的时钟，进入 LPM3 后串口仍然工作，而 CPU 及大部分系统时钟已经停止工作，由串口发送完毕中断唤醒 CPU 继续执行。程序代码如下：

```
void USCI_A0_PutChar(char Chr);
/*****************************************************************
 * 名    称：USCI_A0_PutChar()
 * 功    能：从串口发送1字节数据
 * 入口参数：Chr:待发送的1字节数据
 * 出口参数：无
 * 说    明：利用低功耗模式发送1字节数据，不会阻塞CPU运行
*****************************************************************/
void USCI_A0_PutChar(char Chr)
{
  UCA0TXBUF = Chr;
  _ _bis_SR_register(LPM3_bits + GIE);
}
// USCI_A0中断服务程序
#pragma vector=USCI_A0_VECTOR
_ _interrupt void USCI_A0_ISR(void)
{
```

```
    switch(_ _even_in_range(UCA0IV,4))
    {
    case 0:break;                                    // 中断向量 0—无中断
    case 2:break;                                    // 中断向量 2—接收中断
    case 4:                                          // 中断向量 4—发送中断
     _ _bic_SR_register_on_exit(LPM3_bits);
       break;
    default: break;
    }
  }
```

MSP430 低功耗模式还有很多其他的应用，需要读者在以后的学习和应用中不断摸索地学习和掌握。

本 章 小 结

本章详细介绍了MSP430单片机时钟系统与低功耗结构的工作原理。时钟系统可为MSP430单片机提供系统时钟，是MSP430单片机中最为关键的部件之一。MSP430单片机可外接低频或高频晶振，也可使用内部振荡器而无须外部晶振，通过配置相应控制寄存器产生多种时钟信号。MSP430 单片机低功耗模式与时钟系统息息相关，从本质上来说，不同的低功耗模式是通过关闭不同的系统时钟来实现的。关闭的系统时钟越多，MSP430 单片机所处的低功耗模式越深，功耗越低。读者可充分利用 MSP430 单片机时钟系统和低功耗结构编出高效稳定的程序代码，且使单片机功耗降至最低。

思考题与习题 5

5.1 简述 MSP430 单片机时钟系统的作用。

5.2 MSP430 单片机时钟系统模块的时钟来源有哪些？时钟系统能产生哪 3 类时钟？各时钟具有哪些特点？

5.3 简述 MSP430 单片机片内模块结构框图的表示规则。

5.4 内部超低功耗低频振荡器和内部调整低频参考时钟振荡器的典型时钟频率分别为多少？

5.5 若 XT1 振荡器采用超低功耗的 32768Hz 手表晶振，与之匹配的负载电容为多大？

5.6 XT1 振荡器有哪些工作模式？在各工作模式下，XT1 所支持的晶振类型是什么？

5.7 简述锁频环（FLL）的工作原理。

5.8 晶振故障失效标志有哪些？各晶振故障失效标志所代表的含义是什么？

5.9 编程实现：锁频环参考频率 FLLREFCLK 选择内部调整低频参考时钟振荡器 VERO，不使用外置振荡器，得到 4MHz、8MHz 和 25MHz 系统主频 MCLK，且使 ACLK 为 32768Hz。

5.10 请列举 MSP430 单片机所具有的低功耗模式，并比较各低功耗模式下 CPU 和系统时钟的活动状态。

5.11 简述时钟系统与低功耗模式之间的联系。

5.12 请列举与低功耗模式相关的内部函数。

第 6 章　MSP430 单片机的输入/输出模块

单片机中的输入/输出模块是供信号输入、输出所用的模块化单元。MSP430 单片机的片内输入/输出模块非常丰富，典型的输入/输出模块有：通用 I/O 端口、模数转换模块、比较器、定时器与段式液晶驱动模块。本章重点讲述各典型输入/输出模块的结构、原理及功能，并针对各个模块给出简单的应用例程。

6.1　通用 I/O 端口（GPIO）

6.1.1　MSP430 单片机端口概述

通用 I/O 端口是 MSP430 单片机最重要也是最常用的外设模块。通用 I/O 端口不仅可以直接用于输入/输出，而且可以为 MSP430 单片机应用系统提供必要的逻辑控制信号。

MSP430F5xx/6xx 系列单片机最多可以提供 12 个通用 I/O 端口（P1～P11 和 PJ），大部分端口有 8 个引脚，少数端口引脚数少于 8 个。每个 I/O 引脚都可以被独立地设置为输入或者输出引脚，并且每个 I/O 引脚都可以被独立地读取或者写入，所有的端口寄存器都可以被独立地置位或者清零。

P1 和 P2 引脚具有中断能力。从 P1 和 P2 端口的各个 I/O 引脚引入的中断可以独立地被使能，并且被设置为上升沿或下降沿触发中断。所有 P1 端口的 I/O 引脚的中断都来源于同一个中断向量 P1IV。同理，P2 端口的中断源都来源于另一个中断向量 P2IV。

可以对每个独立的端口进行字节访问，或者将两个结合起来进行字访问。端口配对 P1/P2、P3/P4、P5/P6、P7/P8 可结合起来分别称为 PA、PB、PC、PD 等。当进行字操作写入 PA 口时，所有的 16 位数据都被写入这个端口；利用字节操作写入 PA 端口低字节时，高字节保持不变；相似地利用字节指令写入 PA 端口高字节时，低字节保持不变。其他端口也是一样。当写入的数据长度小于端口的最大长度时，那些没有用到的位保持不变。应用这个规则来访问所有端口，除了中断向量寄存器 P1IV 和 P2IV，它们只能进行字节操作。

6.1.2　通用 I/O 端口的输出特性

基础知识：*在介绍 MSP430 单片机端口输出特性之前，首先介绍两个基本概念：什么是灌电流和拉电流。简而言之，灌电流是外部电源输入单片机引脚的电流，外部是源，形象地称为灌入；拉电流是单片机引脚输出的电流，单片机内部是源，形象地称为拉出。*

MSP430 单片机在默认输出驱动（PxDS.y=0，即欠驱动强度）且单片机供电电压 V_{CC} 为 3V 条件下，端口低电平和高电平的输出特性分别如图 6.1.1 和图 6.1.2 所示，其中电流输入为正，输出为负。

低电平的测试条件示意图如图 6.1.3 所示。在低电平输出特性测试时，内部接地，外接可变电源，电流灌入单片机引脚，即 I_{OL} 为灌电流，通过更改外部可变电源，测得 MSP430 单片机的低电平输出特性。由图 6.1.1 可知，在常温下，MSP430 单引脚最大输入电流约为 19mA。注意，MSP430 单片机外部所有器件总体输入电流不得超过 100mA。另外，在输出低电平时，单引脚输入电流越大，内部分压将越大，因此会相应抬高低电平时的输出电压。例如，当 I_{OL} 为 2mA 时，单片机输出低电平从 GND 最多被抬高至 GND+0.25V；当 I_{OL}=6mA 时，单片机输出低电平从 GND 最多被抬高至 GND+0.6V。

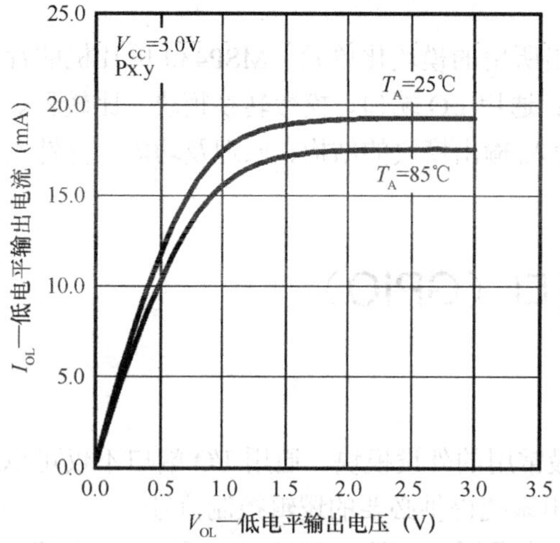

图 6.1.1　低电平输出特性(PxDS.y=0)

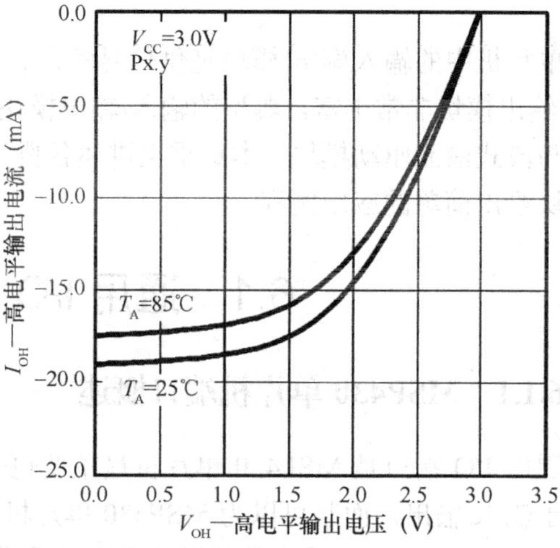

图 6.1.2　高电平输出特性(PxDS.y=0)

高电平的测试条件示意图如图 6.1.4 所示。在高电平输出特性测试时，内部接 V_{CC}，外接可变电源，电流流出单片机引脚，即 I_{OL} 为拉电流，通过更改外部可变电源，测得 MSP430 单片机的高电平输出特性。由图 6.1.2 可知，在常温下，MSP430 单引脚最大输出电流约为 19mA。注意，MSP430 单片机总体输出电流不得超过 100mA。另外，在输出高电平时，单引脚输出电流越大，内部分压将越大，因此会相应降低低电平的输出电压。例如，当 I_{OH} 为−2mA 时，单片机输出高电平从 V_{CC} 最多被降低 V_{CC}−0.25V；当 I_{OH} 为−6mA 时，单片机输出高电平从 V_{CC} 最多被降低至 V_{CC}−0.6V。

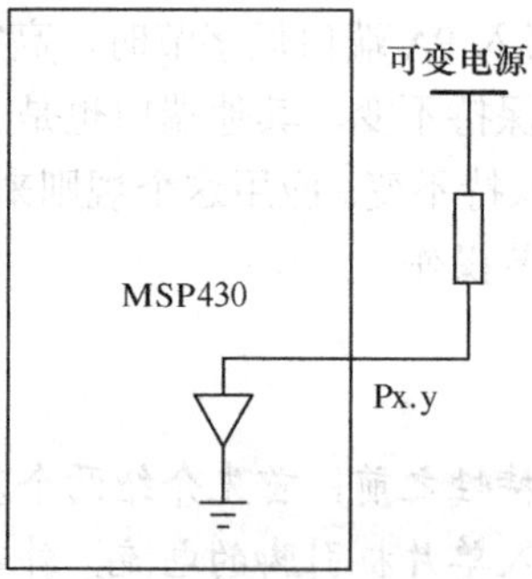

图 6.1.3　低电平测试条件示意图

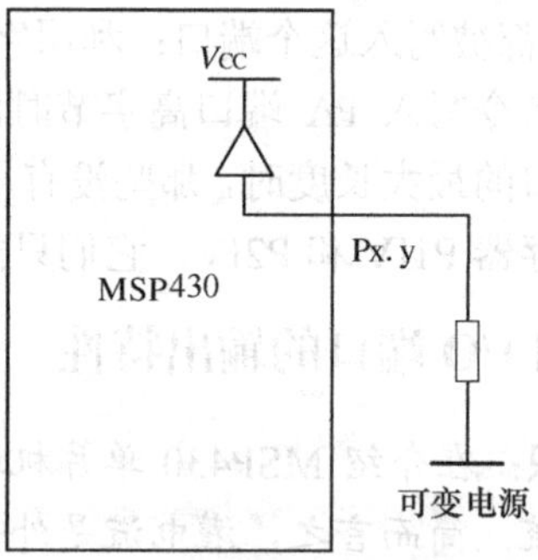

图 6.1.4　高电平测试条件示意图

当 PxDS.y 控制位被配置为 1 时，即单片机端口被配置为强驱动模式。在强驱动模式下，端口的低电平和高电平输出特性分别如图 6.1.5 和图 6.1.6 所示。

由图 6.1.5 和图 6.1.6 所示，在常温和强驱动模式下，MSP430 单片机的单引脚低电平和高电平的最大输出为 ± 55mA。但是，MSP430 单片机的总体输入或输出电流仍然不能超过 100mA。在 1.8V 条件下的低电平和高电平输出特性，请参考相关芯片数据手册，在此不再赘述。

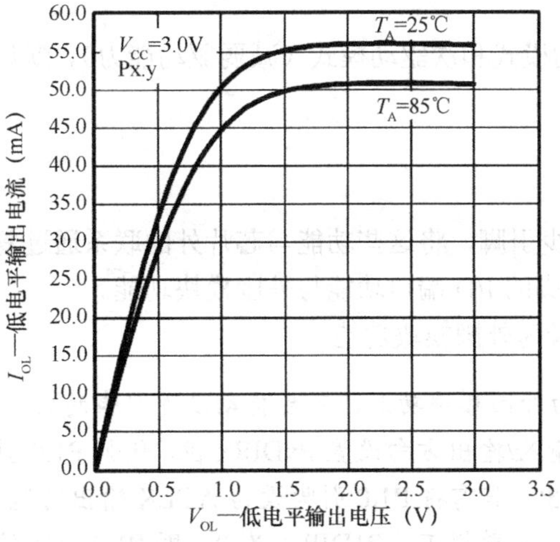

图 6.1.5　低电平输出特性(PxDS.y=1)

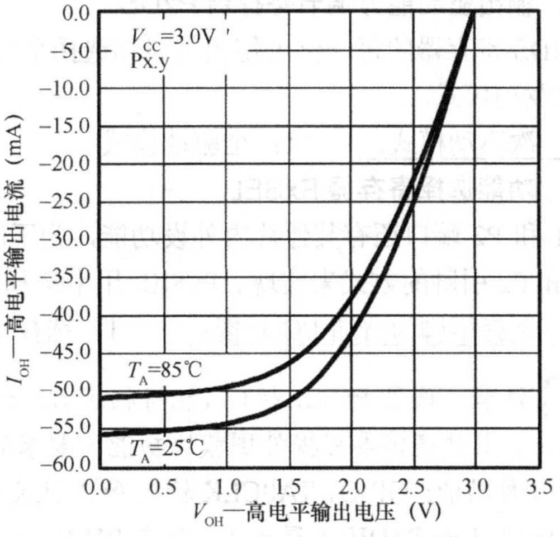

图 6.1.6　高电平输出特性(PxDS.y=1)

6.1.3　端口 P1 和 P2

端口 P1 和 P2 具有输入/输出、中断和外部模块功能，可以通过设置它们各自的 9 个控制寄存器来实现这些功能。下面对 P1 和 P2 端口寄存器进行详细介绍，注意 Px 代表 P1 和 P2，具有下划线的配置为初始状态或复位后的默认配置。

1．输入寄存器 PxIN

输入寄存器是 CPU 扫描 I/O 引脚信号的只读寄存器，用户不能对其写入，只能通过读取该寄存器的内容获取 I/O 端口的输入信号，此时引脚的方向必须选定为输入。输入寄存器中某一位为 0，表明该位输入为低；某一位为 1，表明该位输入为高。

2．输出寄存器 PxOUT

该寄存器为 I/O 端口的输出缓冲寄存器。其内容可以像操作内存数据一样写入，以达到改变 I/O 口输出状态的目的。在读取时，输出缓存的内容与引脚方向定义无关。改变方向寄存器的内容，输出缓存的内容不受影响。该寄存器默认状态未定义。

0：输出为低；　　　1：输出为高。

3．方向寄存器 PxDIR

相互独立的 8 位分别定义了 8 个引脚的输入/输出方向。8 位在 PUC 之后都被复位。使用输入或输出功能时，应先定义端口的方向，输入/输出才能满足设计者的要求。作为输入时，只能读；作为输出时，可读可写。

0：输入模式；　　　1：输出模式。

4．上拉/下拉电阻使能寄存器 PxREN

该寄存器的每一位可以使能相应 I/O 引脚的上拉/下拉电阻。该寄存器需和输出寄存器配合使用，才能完成上拉/下拉电阻的配置。

0：上拉/下拉电阻禁止；　　　1：上拉/下拉电阻使能。

上拉电阻和下拉电阻的使用方法： 若需要将 MSP430 单片机的某一引脚配置为内部电阻上拉，应首先将 PxREN 寄存器中的该位配置为 1，再将 PxOUT 寄存器中的该位也配置为 1，则实现内部电阻上拉；若需要将 MSP430 单片机的某一引脚配置为内部电阻下拉，应首先将 PxREN 寄存器中的该位配置为 1，再将 PxOUT 寄存器中的该位配置为 0，则实现内部电阻下拉。

5. 输出驱动能力调节寄存器 PxDS

PxDS 寄存器的每一位可使相关引脚选择全驱动模式和次驱动模式（减弱驱动能力）。默认的是次驱动模式。

0：次驱动模式；　　1：全驱动模式。

6. 功能选择寄存器 PxSEL

P1 和 P2 端口还有其他片内外设功能，为了减少引脚，将这些功能与芯片外的联系通过复用 P1 和 P2 引脚的方式来实现。PxSEL 用来选择引脚的 I/O 端口功能与外围模块功能。

0：选择引脚为普通 I/O 功能；　　1：选择引脚为外围模块功能。

注意：设置 PxSELx=1 只能将相应引脚设为外围模块功能，不会自动设置引脚的输入/输出方式，具体还需要根据外围模块功能所要求的输入/输出方向设置 PxDIRx 位，例如 P1.0 引脚复用 3 种功能：GPIO、TA0CLK 输入和 ACLK 输出。若需将 P1.0 引脚设为 ACLK 输出功能，应将 P1SEL.1 和 P1DIR.1 置为 1。若在 P1SEL.1 为 1 的前提下，P1DIR.1 为 0，则 P1.0 引脚的功能为 TA0CLK 输入。具体每个引脚的功能设置请参考相关芯片的数据手册。

7. 中断使能寄存器 PxIE

该寄存器的 8 位与该端口的 8 个引脚一一对应，其中每一位用以控制相应引脚的中断允许。

7	6	5	4	3	2	1	0
PxIE.7	PxIE.6	PxIE.5	PxIE.4	PxIE.3	PxIE.2	PxIE.1	PxIE.0

0：该位禁止中断；　　1：该位允许中断。

8. 中断触发边沿选择寄存器 PxIES

如果允许 Px 口的某个引脚中断，还需定义该引脚的中断触发沿。该寄存器的 8 位分别定义了 Px 口的 8 个引脚的中断触发沿。该寄存器默认状态未定义。

7	6	5	4	3	2	1	0
PxIES.7	PxIES.6	PxIES.5	PxIES.4	PxIES.3	PxIES.2	PxIES.1	PxIES.0

0：上升沿使相应标志位置位；　　1：下降沿使相应标志位置位。

9. 中断标志寄存器 PxIFG

该寄存器有 8 个标志位，它们含有相应引脚是否有待处理中断的信息，即相应引脚是否有中断请求。如果 Px 的某个引脚允许中断，同时选择上升沿，则当该引脚发生由低电平向高电平跳变时，PxIFG 的相应位就会置位，表明该引脚上有中断事件发生。8 个中断标志位分别对应 Px 的 8 个引脚，如下所示。

7	6	5	4	3	2	1	0
PxIFG.7	PxIFG.6	PxIFG.5	PxIFG.4	PxIFG.3	PxIFG.2	PxIFG.1	PxIFG.0

0：没有中断请求；　　1：有中断请求。

6.1.4 端口 P3 ~ P11

这些端口没有中断能力，其余功能与 P1、P2 端口一样，能实现输入/输出功能和外围模块功能。每个端口有 6 个寄存器供用户使用，用户可通过这 6 个寄存器对它们进行访问和控制。每个端口的 6 个寄存器分别为：输入寄存器（PxIN）、输出寄存器（PxOUT）、方向选择寄存器（PxDIR）、输出驱动能力调节寄存器（PxDS）、上拉/下拉电阻使能寄存器（PxREN）和功能选择寄存器（PxSEL）。具体用法同 P1 和 P2 端口。

6.1.5 端口的应用

端口是单片机中最经常使用的外设资源，一般在程序的初始化阶段对端口进行配置。配置时，先配置功能选择寄存器 PxSEL，若为 I/O 端口功能，则继续配置方向寄存器 PxDIR；若为输入，则继续配置中断使能寄存器 PxIE；若允许中断，则继续配置中断触发沿选择寄存器 PxIES。

需要注意的是，P1 和 P2 端口的中断为多源中断，即 P1 端口的 8 位公用一个中断向量 P1IV，P2 端口的 8 位也公用一个中断向量 P2IV。当 Px 端口上的 8 个引脚中的任何一个引脚有中断触发时，都会进入同一个中断服务程序。在中断服务程序中，首先应该通过 PxIFG 判断是哪一个引脚触发的中断，再执行相应的程序，最后还要用软件清除相应的 PxIFG 标志位。

【例 6.1.1】 在 MSP430 单片机系统中，P1.5、P1.6、P1.7 发生中断后执行不同的代码。

```
#pragma vector=PORT1_VECTOR            // P1口中断源
_ _interrupt void Port_1(void)         // 声明一个中断服务程序，名为Port_1()
{
  if(P1IFG&BIT5)                       // 判断P1中断标志第5位
  {
    ……                                 // 在这里写P1.5中断服务程序
  }
  if(P1IFG&BIT6)                       // 判断P1中断标志第6位
  {
    ……                                 // 在这里写P1.6中断服务程序
  }
  if(P1IFG&BIT7)                       // 判断P1中断标志第7位
  {
    ……                                 // 在这里写P1.7中断服务程序
  }
  P1IFG=0;                             // 清除P1所有中断标志位
}
```

【例 6.1.2】 利用软件循环查询 P1.4 引脚的输入状态，若 P1.4 输入为高电平，则使 P1.0 输出高电平；若 P1.4 输入为低电平，则使 P1.0 输出低电平。该程序采用查询的方式检测按键是否被按下。为调试方便，P1.0 引脚可接 LED。

```
#include <msp430f5529.h>
void main(void)
{
 WDTCTL = WDTPW + WDTHOLD;             // 关闭看门狗
 P1DIR |= BIT0;                        // 设P1.0为输出方向
 while (1)                             // 循环查询P1.4引脚输入状态
 {
  if (P1IN & BIT4)
    P1OUT |= BIT0;                     // 如果P1.4输入为高，则使P1.0输出高
  else
    P1OUT &= ~BIT0;                    // 否则，使P1.0输出低电平
 }
}
```

【例 6.1.3】 利用按键外部中断方式，实现反转 P1.0 引脚输出状态。P1.4 选择 GPIO 功能，

内部上拉电阻使能，且使能中断。当 P1.4 引脚上产生下降沿时，触发 P1 端口外部中断，在中断服务程序中，反转 P1.0 端口输出状态。按键外部中断实时性较高，用途非常广泛，可以处理对响应时间要求比较苛刻的事件，在【例 6.1.2】程序中，若主循环一次的时间比较长，P1.4 引脚置位时间比较短，则有可能在一个主循环周期内漏掉一次或多次 P1.4 引脚置位事件。因此在这种情况下，若采用【例 6.1.2】端口查询的方式，可能就无法满足设计的要求，应该采用按键外部中断的方式实现。

```
#include <msp430f5529.h>
void main(void)
{
  WDTCTL = WDTPW + WDTHOLD;          // 关闭看门狗
  P1DIR |= BIT0;                     // 设置P1.0引脚为输出
  P1REN |= BIT4;
  P1OUT |= BIT4;                     // 以上两句组合功能为使能P1.4引脚上拉电阻
  P1IES |= BIT4;                     // P1.4中断下降沿触发
  P1IFG &= ~BIT4;                    // 清除P1.4中断标志位
  P1IE |= BIT4;                      // P1.4中断使能
  _ _bis_SR_register(LPM4_bits + GIE); // 进入LPM4，并使能全局中断
}
#pragma vector=PORT1_VECTOR
_ _interrupt void Port_1(void)
{
  P1OUT ^= BIT0;                     // 反转P1.0端口输出状态
  P1IFG &= ~BIT4;                    // 清除P1.4中断标志位
}
```

6.2 MSP430 模数转换模块（ADC12）

6.2.1 模数转换概述

在 MSP430 单片机的实时控制和智能仪表等实际应用系统中，常常会遇到连续变化的物理量，如温度、流量、压力和速度等。利用传感器把这些物理量检测出来，转换为模拟电压信号，再经过模数转换器（ADC）转换成数字量，模拟电压信号才能够被 MSP430 单片机处理和控制。

对于很多刚刚接触单片机控制的读者，可能对模数转换的基础知识还不是很了解，在此进行简单的介绍。若对模数转换原理比较熟悉，这部分基础知识可以略去不读。

1．模数转换基本过程

首先连续时间输入信号 $x(t)$输入 ADC 的采样保持器中，ADC 每隔 T_s（采样周期）读出一次 $x(t)$的采样值，对此采样值进行量化。量化的过程是将此信号转换成离散时间、离散幅度的多电平信号。从数学角度理解，量化是把一个连续幅度值的无限数集合映射到一个离散幅度值的有限数集合。在进行 ADC 转换时，必须把采样电压表示为某个规定的最小数量单位的整数倍，所取的最小数量单位称为量化单位，用 Δ 表示。显然，数字信号最低有效位（LSB）的 1 所代表的数量大小就等于 Δ。把量化的结果用代码表示出来，这个过程称为编码。这些代码就是 ADC 转换的输出结果。

2. ADC 的位数

ADC 的位数为 ADC 模块采样转换后输出代码的位数。例如，一个 12 位的 ADC 模块，采样转换后的代码即为 12 位，表示数值的取值范围为 0～4095。

3. 分辨率

分辨率表示输出数字量变化的一个相邻数码所需输入模拟电压的变化量。它定义为转换器的满刻度电压与 2^n 的比值，其中 n 为 ADC 的位数。因此，分辨率与 ADC 的位数有关。例如，一个 8 位 ADC 模块的分辨率为满刻度电压的 1/256。如果满刻度输入电压为 5V，该 ADC 模块的分辨率即为 5V/256=20mV。分辨率代表了 ADC 模块对输入信号的分辨能力，一般来说，ADC 模块位数越高，数据采集的精度就越高。

4. 量化误差

量化误差是由于用有限数字对模拟数值进行离散取值（量化）而引起的误差。因此，量化误差理论上为一个单位分辨率，即 ± 1/2LSB。量化误差是无法消除的，但通过提高分辨率可以减少量化误差。

5. 采样周期

采样周期是每两次采样之间的时间间隔。采样周期包括采样保持时间和转换时间。采样保持时间是指 ADC 模块完成一次采样和保持的时间，转换时间是指 ADC 模块完成一次模数转换所需要的时间。在 MSP430 单片机的 ADC12 模块中，采样保持时间可通过控制寄存器进行设置，而转换时间可根据转换结果的位数来进行设置，若转换结果的位数为 12 位，转换时间一般需要 13 个 ADCCLK 的时间。

6. 采样频率

采样频率，也称为采样速率或者采样率，定义为每秒从连续信号中提取并组成离散信号的采样个数，单位为赫兹（Hz）。采样频率的倒数是采样周期。为了确定对一个模拟信号的采样频率，在此简单介绍采样定理。采样定理又称香农采样定理或者奈奎斯特采样定理，即在进行模数信号的转换过程中，当采样频率 f_s 大于信号中最高频率分量 f_{max} 的 2 倍时（$f_s \geqslant 2f_{max}$），采样之后的数字信号能保留原始信号中的信息。在一般应用中，采样频率应为被采样信号中最高频率的 5～10 倍。

7. 采样保持电路

采样保持电路（S/H 或 SH）是模数转换系统中的一种重要电路，其作用是采集模拟输入电压在某一时刻的瞬时值，并在模数转换器进行转换期间保持输出电压不变，以供模数转换。该电路存在的原因在于模数转换需要一定时间，在转换过程中，如果送给 ADC 的模拟量发生变化，就不能保证采样的精度。为了简单起见，在此只分析单端输入 ADC 的采样保持电路，如图 6.2.1 所示。

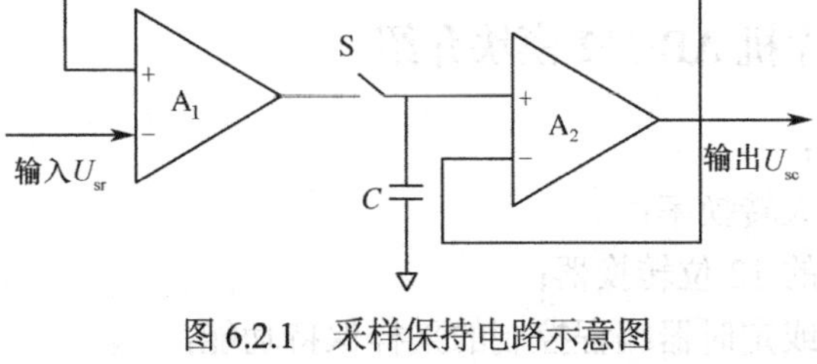

图 6.2.1　采样保持电路示意图

采样保持电路有两种工作状态：采样状态和保持状态。当控制开关 S 闭合时，输出跟随输入变化，称为采样状态；当控制开关 S 断开时，由保持电容 C 维持该电路的输出不变，称为保持状态。

8. 多通道分时复用和同步采样

大多数单片机都集成了 8 个以上的 ADC 通道，这些单片机内部的 ADC 模块大多都是多通道分时复用的结构，其内部其实只有一个 ADC 内核，依靠增加模拟开关的方法轮流使用 ADC 内核，所以可以有多个 ADC 的输入通道。MSP430 单片机也采用这种结构，如图 6.2.2 所示。

在何种情况下适合使用多通道分时复用的 ADC 呢？最重要的一点就是各通道的信号没有时间关联性。比如测量温度、压力等，就可以分时复用 ADC。

同步采样 ADC 实际就是多个完整独立的 ADC。如图 6.2.3 所示为三通道同步采样 ADC 的示意图。每一组通道都有各自独立的采样保持电路和 ADC 内核，3 个 ADC 模块公用控制电路和输入/输出接口。

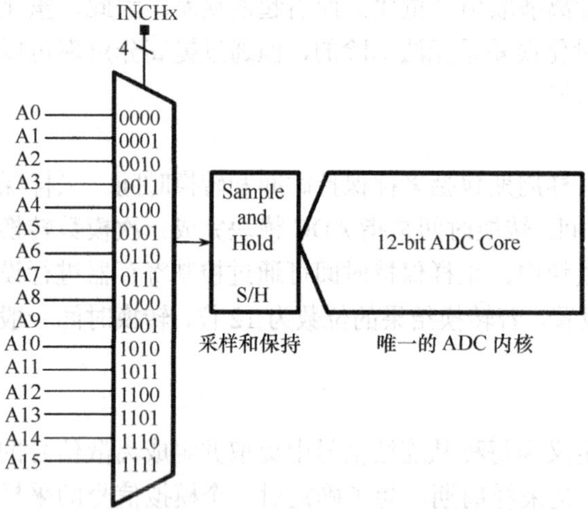

图 6.2.2　MSP430 集成的 ADC12 模块局部

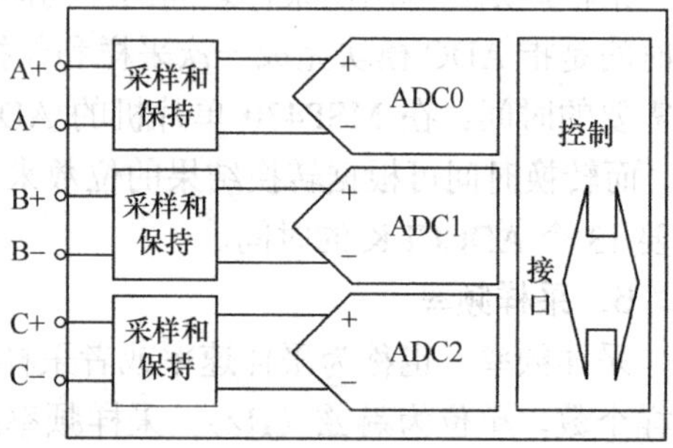

图 6.2.3　三通道同步采样 ADC 示意图

同步采样可以完成以下两项特殊工作。

① 同时采集具有时间关联性的多组信号。例如，在交流电能计量中，需要同时对电流和电压进行采样，才能正确得出电流、电压波形的相位差，进而算出功率因数。

② 将 N 路独立 ADC 均匀错相位地对同一信号进行采样，可以提高 N 倍采样率（这与等效时间采样不同）。在实际应用中，当由于多种原因难以获取高采样率 ADC 时，就可以使用多个 ADC 同步采样的方法来提高总的采样率。相比分立的多个 ADC，集成在一个芯片上的同步 ADC 在均匀错相位控制方面更简单。

MSP430 单片机很多系列都具有模数转换模块，其中，MSP430F5xx/6xx 系列单片机内有高速 12 位 ADC 模块。因此，本节主要以 ADC12 模块为例，介绍 MSP430 单片机的模数转换模块。

6.2.2　MSP430 单片机 ADC12 模块介绍

ADC12 模块的特性有：

- 高达 200Ksps 的最大转换率；
- 无数据丢失的单调的 12 位转换器；
- 采样周期可由软件或定时器编程控制的采样保持功能；
- 软件或定时器启动转换；
- 可通过软件选择片内参考电压（MSP430F54xx：1.5V 或 2.5V，其他芯片：1.5V、2.0V

或 2.5V，注意此处只限 MSP430F5xx/6xx 系列单片机）；

- 可通过软件选择内部或外部参考电压；
- 高达 12 路可单独配置的外部输入通道；
- 可为内部温度传感器、AV_{CC} 和外部参考电压分配转换通道；
- 正或负参考电压通道可独立选择；
- 转换时钟源可选；
- 具有单通道单次、单通道多次、序列通道单次和序列通道多次的转换模式；
- ADC 内核和参考电压都可独立关闭；
- 具有 18 路快速响应的 ADC 中断；
- 具有 16 个转换结果存储寄存器。

ADC12 模块的结构框图如图 6.2.4 所示。ADC12 模块支持快速的 12 位模数转换。该模块具有一个 12 位的逐次逼近（SAR）内核、模拟输入多路复用器、参考电压发生器、采样及转换所需的时序控制电路和 16 个转换结果缓冲及控制寄存器。转换结果缓冲及控制寄存器允许在没有 CPU 干预的情况下，进行多达 16 路 ADC 采样、转换和保存。下面对 ADC12 内部各模块进行介绍。

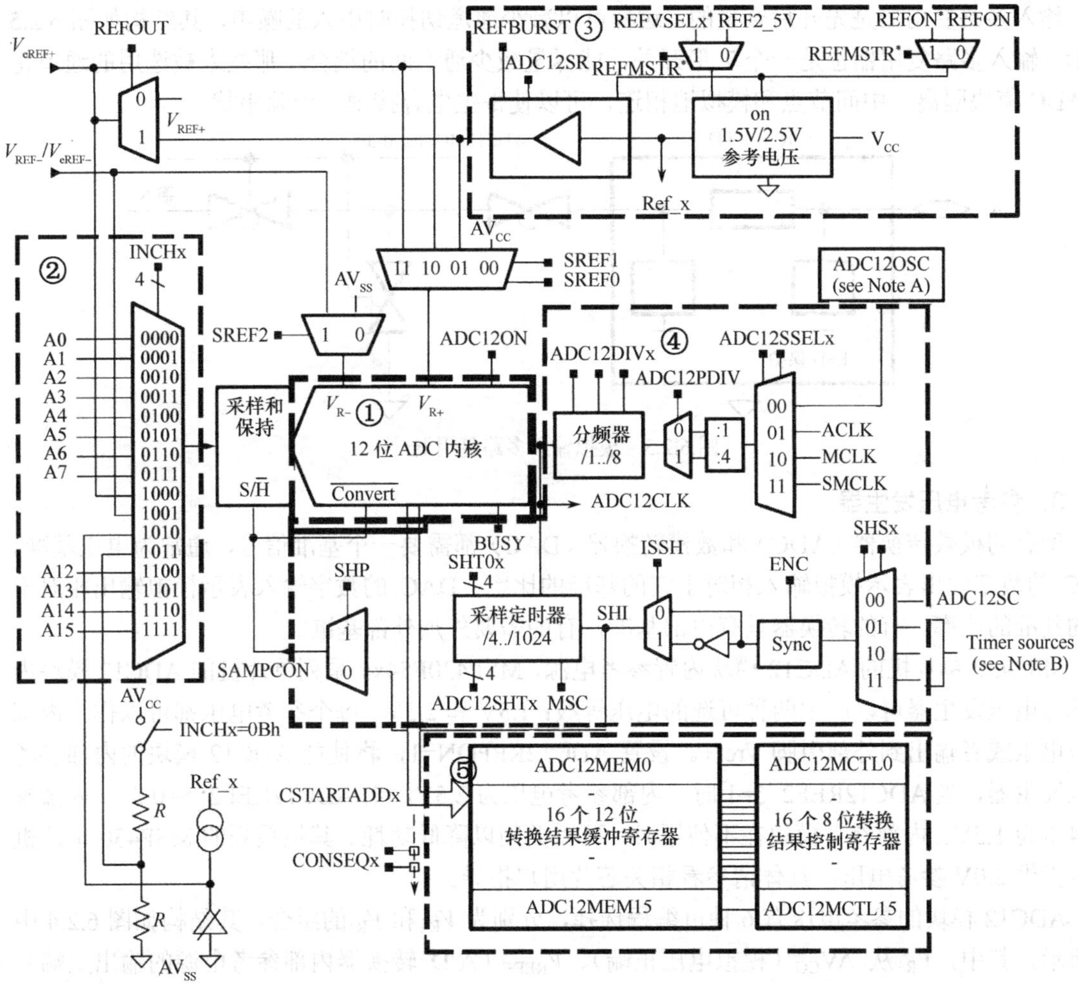

图 6.2.4　ADC12 模块结构框图

1．12 位 ADC 内核

ADC 内核是一个 12 位的模数转换器，并能够将结果存储在转换存储器中，其结构如图 6.2.4 中①所示。该内核采用两个可编程/选择的参考电压（V_{R+}和 V_{R-}）作为转换的上限和下限。当输入模拟信号大于或等于 V_{R+}时，ADC12 输出满量程值 0FFFh，而当输入信号小于或等于 V_{R-}时，ADC12 输出 0。输入模拟电压的最终转换结果满足

$$N_{ADC} = 4095 \times (V_{in} - V_{R-})/(V_{R+} - V_{R-})$$

ADC12 内核由两个控制寄存器 ADC12CTL0 和 ADC12CTL1 配置，并可由 ADC12ON 使能。当 ADC12 没有被使用时，为了节省电流消耗可关闭 ADC12 模块，ADC12 的控制位只能在 ENC=0 时被修改。任何转换发生前必须将 ENC 置为 1。

2．模拟输入多路复用器

MSP430 单片机的 ADC12 模块配置有 12 路外部输入通道和 4 路内部输入通道，其结构如图 6.2.4 中②所示。16 路输入通道公用一个转换器内核，当需要对多个模拟信号进行采样转换时，模拟输入多路复用器分时地将多个模拟信号接通，即每次接通一个信号采样并转换，通过这种方式实现对 16 路模拟输入信号进行测量和控制。

输入多路复用器是先开后合型的，这样可以减少通道切换时引入的噪声，其结构如图 6.2.5 所示。输入多路复用器也是一个 T 形开关，能尽量减少通道间的耦合，那些未被选用的通道将被 ADC 模块隔离，中间节点和模拟地相连，可以使寄生电容接地，消除串扰。

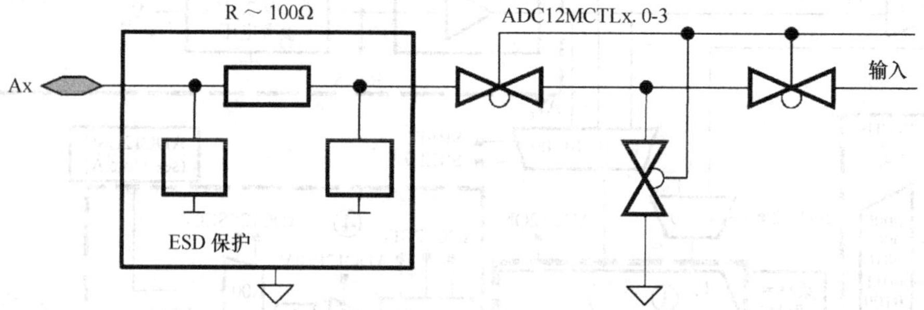

图 6.2.5　模拟输入多路复用器

3．参考电压发生器

所有的模数转换器（ADC）和数模转换器（DAC）都需要一个基准信号，通常为电压基准。ADC 的数字输出表示模拟输入相对于它的基准的比率；DAC 的数字输入表示模拟输出相对于它的基准的比率。有的转换器具有内部基准，有的需要外加外部基准。

MSP430 单片机的 ADC12 模块内置参考电源，MSP430F54xx 系列单片机的 ADC12 模块内部参考电压发生器可以产生两种可选的电压等级：1.5V 和 2.5V。每个参考电压都可以作为内部参考电压或者输出到外部引脚 Vref+。设置 ADC12REFON=1，将使能 ADC12 模块的内部参考电压发生器，当 ADC12REF2_5=1 时，内部参考电压为 2.5V，当 ADC12REF2_5=0 时，内部参考电压为 1.5V。内部参考模块在不使用时，可以关闭以降低功耗。其他系列的 MSP430 单片机还可提供 2.0V 参考电压，具体请参看相关芯片用户指导。

ADC12 模块的参考电压有 6 种可编程选择，分别为 V_{R+}和 V_{R-}的组合，其结构如图 6.2.4 中③所示。其中，V_{R+}从 AV_{CC}（模拟电压正端）、V_{REF+}（A/D 转换器内部参考电源的输出正端）和 V_{eREF+}（外部参考源的正输入端）3 种参考电源中选择。V_{R-}可以从 AV_{SS}（模拟电压负端）和 V_{REF-}/V_{eREF-}（A/D 转换器参考电压负端，内部或外部）两种参考电源中选择。

4．采样和转换所需的时序控制电路

这部分提供采样及转换所需要的各种时钟信号，包括 ADC12CLK 转换时钟、SAMPCON 采样及转换触发信号、SHTx 控制的采样周期、SHSx 控制的采样触发源选择、ADC12SSELx 选择的 ADC12 参考时钟信号源、ADC12DIVx 选择的分频系数等，其结构如图 6.2.4 中④所示。详细情况请参考相关寄存器说明。在时序控制电路的指挥下，ADC12 的各部件能够协调工作。

5．转换结果缓冲及控制寄存器

ADC12 模块包含 16 个转换结果缓冲及控制寄存器，包含 16 个 16 位转换结果缓冲寄存器 ADC12MEMx 和 16 个 8 位转换结果控制寄存器 ADC12MCTLx，其结构如图 6.2.4 中⑤所示。16 位转换结果缓冲寄存器用于暂存转换结果，8 位转换结果控制寄存器用于控制选择与各缓冲寄存器相连的输入通道和参考电压，合理设置时，ADC12 模块硬件会自动将转换结果控制寄存器所配置的输入通道的转换结果暂存在缓冲寄存器中。具体请参考 ADC12MEMx 和 ADC12MCTLx 寄存器说明。

6.2.3　MSP430 单片机 ADC12 模块操作

1．ADC12 的转换模式

ADC12 模块有 4 种转换模式，可以通过 ADC12CONSEQx 控制位进行选择，具体转换模式说明如表 6.2.1 所示。

表 6.2.1　各种转换模式说明列表

ADC12CONSEQx	转换模式	操 作 说 明
00	单通道单次转换	一个单通道转换一次
01	序列通道单次转换	一个序列多个通道转换一次
10	单通道多次转换	一个单通道重复转换
11	序列通道多次转换	一个序列多个通道重复转换

（1）单通道单次转换模式

该模式对单一通道实现单次转换。模数转换结果被写入由 CSTARTADDx 位定义的存储寄存器 ADC12MEMx 中。单通道单次转换的流程图如图 6.2.6 所示。当用户利用软件使 ADC12SC 启动转换时，下一次转换可以通过简单地置位 ADC12SC 位来启动。当有其他任何触发源用于转换时，ADC12ENC 位必须在等待触发信号之前（上升沿）置位。其他的采样输入信号将在 ADC12ENC 复位并置位之前被忽略。

在此模式下，复位 ADC12ENC 位可以立即停止当前转换，但是，结果是不可预料的。为了得到正确的结果，可以测试 ADC12BUSY 位，当 ADC12BUSY 位为 0 时，再清除 ENC 位。同时设置 ADC12CONSEQx=0 和 ADC12ENC=0，也可以立即停止当前转换，但是，转换结果是不可靠的。

【例 6.2.1】 单通道单次转换举例。

分析：本实例采用单通道单次转换模式，参考电压选择：V_{R+}=AV_{CC}、V_{R-}=AV_{SS}，ADC12 采样参考时钟源选择内部默认参考时钟 ADC12OSC。在主函数中，ADC12 在采样转换的过程中，MSP430 单片机进入低功耗模式以降低功耗，当采样转换完成，会自动进入 ADC12 中断服务程序，唤醒 CPU 并读取采样转换结果。最终实现当输入模拟电压信号大于 0.5 倍 AV_{CC}时，使 P1.0 引脚输出高电平；否则，使 P1.0 引脚输出低电平。下面给出实例程序：

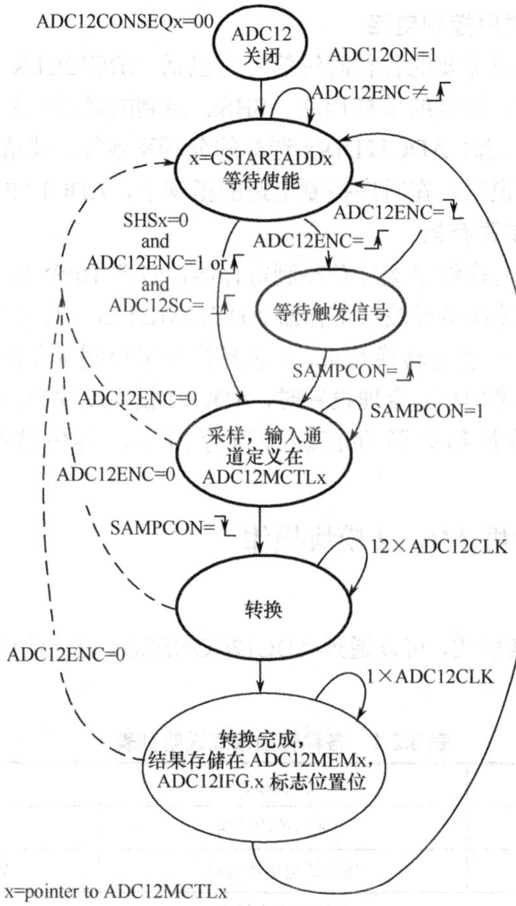

图 6.2.6　单通道单次转换流程图

```
#include <msp430f5529.h>
void main(void)
{
  WDTCTL = WDTPW + WDTHOLD;                  // 关闭看门狗
  ADC12CTL0 = ADC12SHT02 + ADC12ON;          // 选择采样周期,打开ADC12模块
  ADC12CTL1 = ADC12SHP;                      // 使用采样定时器作为采样触发信号
  ADC12IE = 0x01;                            // 使能ADC采样中断
  ADC12CTL0 |= ADC12ENC;                     // 置位ADC12ENC控制位
  P6SEL |= 0x01;                             // 将P6.0引脚设为ADC输入功能
  P1DIR |= 0x01;                             // 将P1.0引脚设为输出功能
  while (1)
  {
    ADC12CTL0 |= ADC12SC;                    // 启动采样转换
    __bis_SR_register(LPM0_bits + GIE);// 进入LPM0并启用全局中断
  }
}
#pragma vector = ADC12_VECTOR
__interrupt void ADC12_ISR(void)
{
  switch(__even_in_range(ADC12IV,34))
```

```
    {
    case  0: break;                         // Vector  0:  无中断
    case  2: break;                         // Vector  2:  ADC溢出中断
    case  4: break;                         // Vector  4:  ADC转换时间溢出中断
    case  6:                                // Vector  6:  ADC12IFG0
      if (ADC12MEM0 >= 0x7ff)               // ADC12MEM = A0>0.5AVcc?
        P1OUT |= BIT0;                      // P1.0 = 1
      else
        P1OUT &= ~BIT0;                     // P1.0 = 0
      __bic_SR_register_on_exit(LPM0_bits);  // 退出低功耗模式0
    case  8: break;                         // Vector  8:  ADC12IFG1
    ......
    case 34: break;                         // Vector 34:  ADC12IFG14
    default: break;
    }
}
```

（2）序列通道单次转换模式

该模式对序列通道做单次转换。ADC12 转换结果将顺序写入由 CSTARTADDx 位定义的以 ADCMEMx 开始的转换存储器中。当由 ADC12MCTLx 寄存器中 ADC12EOS 控制位置位的最后一个通道转换完成之后，整个序列通道转换完成。序列通道单次转换的流程图如图 6.2.7 所示。

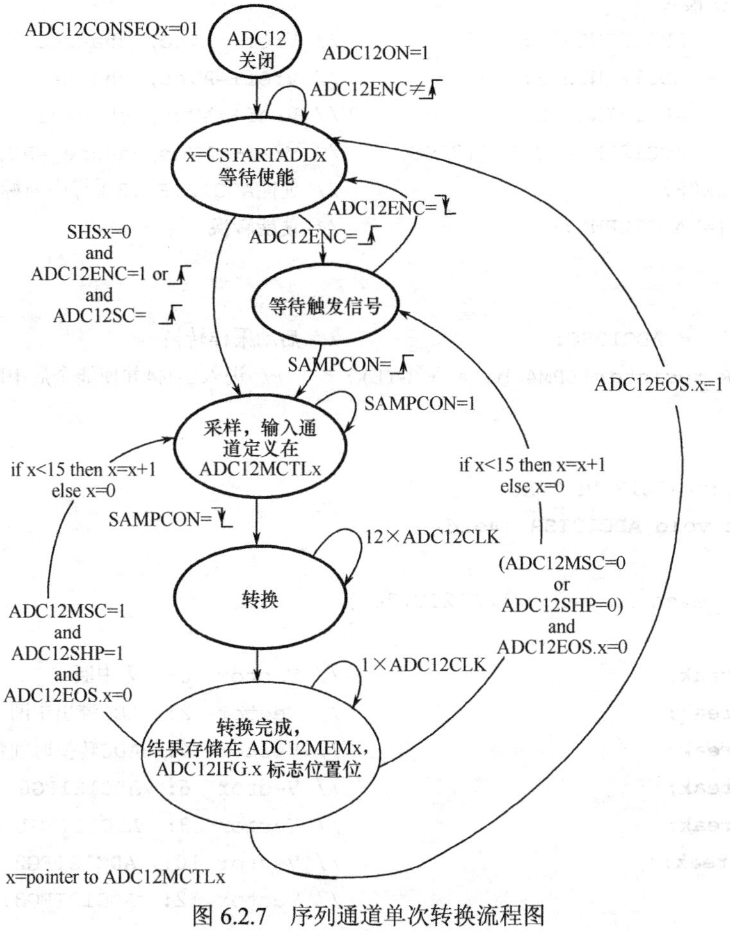

图 6.2.7　序列通道单次转换流程图

当使用 ADC12SC 位启动转换时，下一次转换可以通过简单地置位 ADC12SC 位来启动。当有其他任何触发源用于开始转换，ADC12ENC 位必须在等待触发信号前（上升沿）置位。其他的采样输入信号将在 ADC12ENC 复位并置位之前被忽略。

在此模式下，如果 ADC12EOS 位置 1，则在序列中的最后一次转换完成之后，转换立即停止。同时设置 ADC12CONSEQx=0 和 ADC12ENC=0，也可以立即停止当前转换，但是，转换结果是不可靠的。

【例 6.2.2】 序列通道单次转换举例。

分析：本实例采用序列通道单次转换模式，选择的采样序列通道为 A0、A1、A2 和 A3。每个通道都选择 AV_{CC} 和 AV_{SS} 作为参考电压，采样结果被顺序存储在 ADC12MEM0、ADC12MEM1、ADC12MEM2 和 ADC12MEM3 中，本实例程序最终将采样结果存储在 results[] 数组中。下面给出实例程序代码：

```
#include <msp430f5529.h>
volatile unsigned int results[4];          // 用于存储转换结果
void main(void)
{
  WDTCTL = WDTPW+WDTHOLD;                  // 关闭看门狗
  P6SEL = 0x0F;                            // 使能采样转换通道
  ADC12CTL0 = ADC12ON+ADC12MSC+ADC12SHT0_2; // 打开ADC12,设置采样时间间隔
  ADC12CTL1 = ADC12SHP+ADC12CONSEQ_1;      // 选择采样定时器作为采样触发信号,采样模式
选择序列通道单次转换模式
  ADC12MCTL0 = ADC12INCH_0;                // Vref+=AVcc, channel = A0
  ADC12MCTL1 = ADC12INCH_1;                // Vref+=AVcc, channel = A1
  ADC12MCTL2 = ADC12INCH_2;                // Vref+=AVcc, channel = A2
  ADC12MCTL3 = ADC12INCH_3+ADC12EOS;       // Vref+=AVcc,channel=A3,停止采样
  ADC12IE = 0x08;                          // 使能ADC12IFG.3采样中断标志位
  ADC12CTL0 |= ADC12ENC;                   // 使能转换
  while(1)
  {
    ADC12CTL0 |= ADC12SC;                  // 启动采样转换
    _ _bis_SR_register(LPM4_bits + GIE);     // 进入LPM4并使能全局中断
  }
}
#pragma vector=ADC12_VECTOR
_ _interrupt void ADC12ISR (void)
{
   switch(_ _even_in_range(ADC12IV,34))
  {
  case  0: break;                          // Vector  0:  无中断
  case  2: break;                          // Vector  2:  ADC溢出中断
  case  4: break;                          // Vector  4:  ADC转换时间溢出中断
  case  6: break;                          // Vector  6:  ADC12IFG0
  case  8: break;                          // Vector  8:  ADC12IFG1
  case 10: break;                          // Vector 10:  ADC12IFG2
  case 12:                                 // Vector 12:  ADC12IFG3
```

```
        results[0] = ADC12MEM0;                     // 读取转换结果，自动清除中断标志位
        results[1] = ADC12MEM1;                     // 读取转换结果，自动清除中断标志位
        results[2] = ADC12MEM2;                     // 读取转换结果，自动清除中断标志位
        results[3] = ADC12MEM3;                     // 读取转换结果，自动清除中断标志位
        __bic_SR_register_on_exit(LPM4_bits);       // 退出LPM4
    case 14: break;                                 // Vector 14:  ADC12IFG4
    ......
    default: break;
    }
}
```

（3）单通道多次转换模式

单通道多次转换模式是在选定的通道上进行多次转换。ADC 转换的结果被存入由 CSTARTADDx 位定义的 ADC12MEMx 寄存器中。在这种转换模式下，当每次转换完成后，CPU 必须读取 ADC12MEMx 寄存器的值，否则在下一次转换中，ADC12MEMx 寄存器的值会被覆盖。单通道多次转换模式的流程图如图 6.2.8 所示。在此模式下，若复位 ADC12ENC 位，则在当前转换完成之后，转换将立即停止。同时设置 ADC12CONSEQx=0 和 ADC12ENC=0，也可以立即停止当前的转换，但是，转换结果是不可靠的。

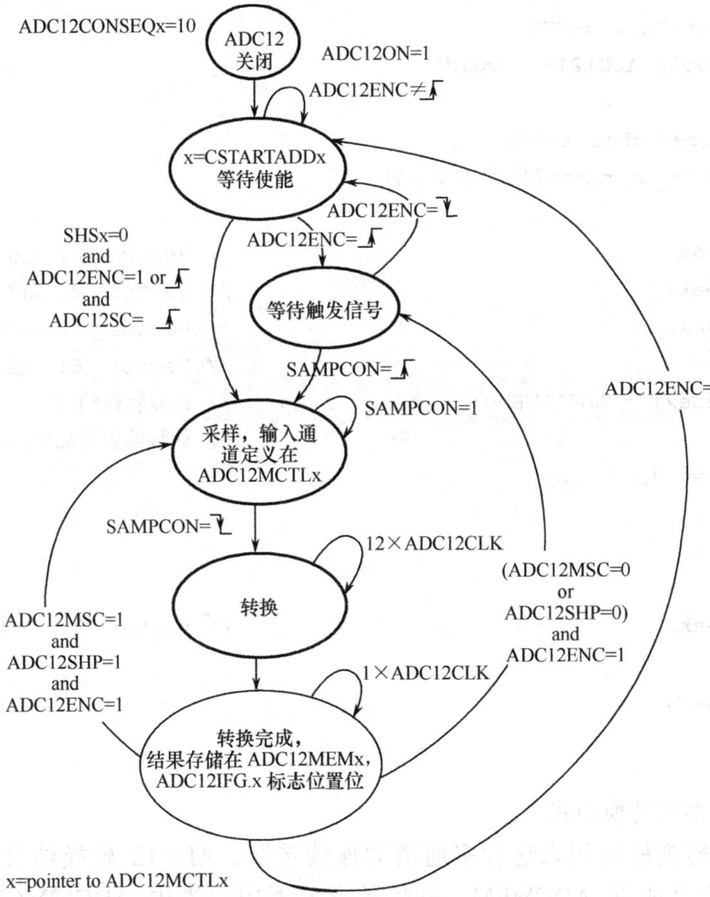

图 6.2.8　单通道多次转换模式流程图

【例 6.2.3】 单通道多次转换举例。

分析：本实例采用单通道多次转换模式，选择的采样通道为 A0，参考电压选择 AV_{CC} 和 AV_{SS}。

在内存中开辟出 8 个 16 位内存空间 results[]，将多次采样转换结果循环存储在 results[]数组中。实例程序代码如下：

```
#include <msp430f5529.h>
#define  Num_of_Results  8
volatile unsigned int results[Num_of_Results]; // 开辟8个16位内存空间
void main(void)
{
  WDTCTL = WDTPW+WDTHOLD;                            // 关闭看门狗
  P6SEL |= 0x01;                                     // 使能A0采样通道
  ADC12CTL0 = ADC12ON+ADC12SHT0_8+ADC12MSC;          // 打开ADC12,设置采样间隔
                                                     // 设置多次采样转换
  ADC12CTL1 = ADC12SHP+ADC12CONSEQ_2;                // 选择采样定时器作为采样触发信号,
                                                     // 采样模式选择单通道多次转换模式
  ADC12IE = 0x01;                                    // 使能ADC12IFG.0中断
  ADC12CTL0 |= ADC12ENC;                             // 使能转换
  ADC12CTL0 |= ADC12SC;                              // 启动转换
  _ _bis_SR_register(LPM4_bits + GIE);               // 进入LPM4并使能全局中断
}
#pragma vector=ADC12_VECTOR
_ _interrupt void ADC12ISR (void)
{
  static unsigned char index = 0;
  switch(_ _even_in_range(ADC12IV,34))
  {
  case  0: break;                                    // Vector  0: 无中断
  case  2: break;                                    // Vector  2: ADC溢出中断
  case  4: break;                                    // Vector  4: ADC转换时间溢出中断
  case  6:                                           // Vector  6:  ADC12IFG0
    results[index] = ADC12MEM0;                      // 读取转换结果
    index++;                                         // 计数器自动加1
    if (index == 8)
    {
      index = 0;
    }
  case  8: break;                                    // Vector  8:  ADC12IFG1
  ......
  default: break;
  }
}
```

（4）序列通道多次转换模式

序列通道多次转换模式用来进行多通道的连续转换。ADC12 转换结果将顺序写入由 CSTARTADDx 位定义的以 ADCMEMx 开始的存储器中。当由 ADC12MCTLx 寄存器中 ADC12EOS 控制位置位的最后一个通道转换完成之后，一次序列通道转换完成，触发信号会触发下一次序列通道转换。序列通道多次转换模式的流程图如图 6.2.9 所示。

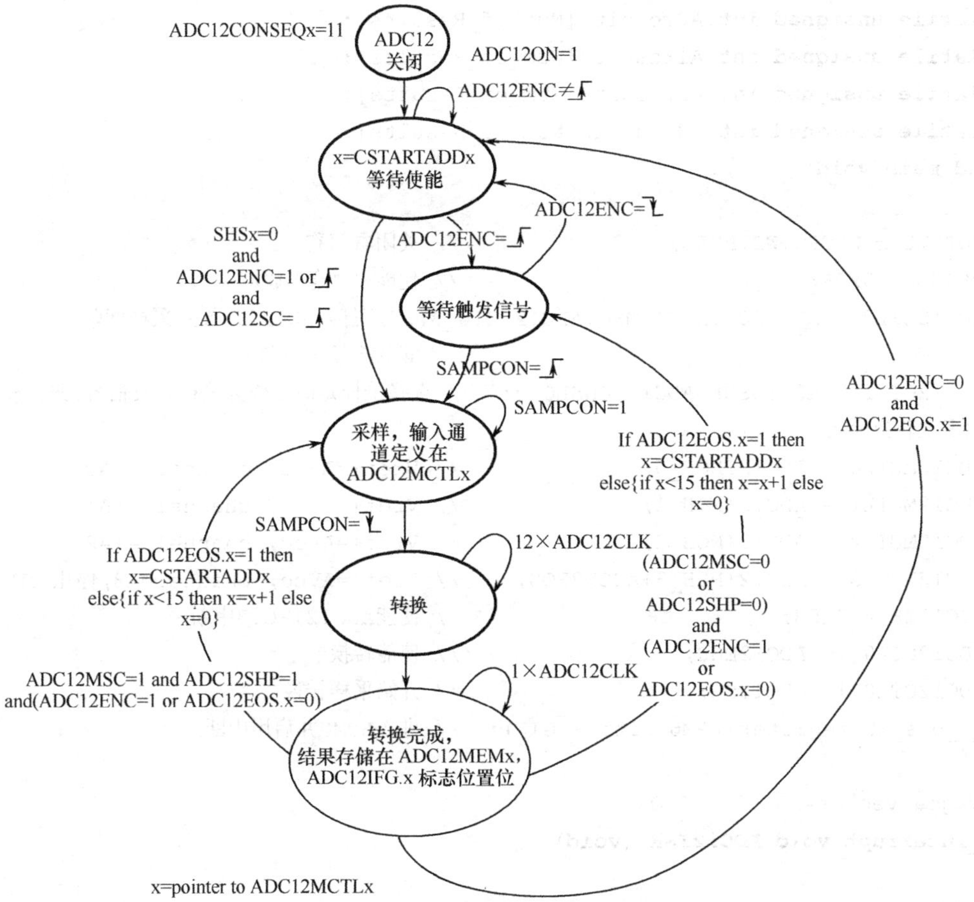

图 6.2.9　序列通道多次转换流程图

在此模式下，如果 ADC12EOS 位为 1，则复位 ADC12ENC 位，会在序列最后一次转换完成之后，立即停止转换。但是，如果 ADC12EOS 位为 0，则 ADC12ENC 复位并不能停止序列转换。同时设置 CONSEQx=0 和 ADC12ENC=0，也可以立即停止当前的转换，但是转换结果是不可靠的。

MSP430 单片机 ADC12 模块使用多次采样/转换控制位（MSC）来控制实现尽可能快的连续转换。当 MSC=1 时，CONSEQx>0 时，采样定时器被激活，首次转换由 SHI（采样触发信号）的第一个上升沿触发。后续的转换会在每次转换完成之后立即自动触发启动。在序列通道单次转换模式下，在所有的转换完成之前 SHI 的其他上升沿将被忽略；在单通道多次转换模式和序列通道多次转换模式下，ADC12ENC 位被改变之前 SHI 的其他上升沿都将被忽略；使用 MSC 位不改变 ADC12ENC 控制位的原有功能。

【例 6.2.4】 序列通道多次转换举例。

分析：本实例采用序列通道多次转换模式，选择的采样序列通道为 A0、A1、A2 和 A3。每个通道都选择 AV_{CC} 和 AV_{SS} 作为参考电压，采样结果被自动顺序存储在 ADC12MEM0、ADC12MEM1、ADC12MEM2 和 ADC12MEM3 中。在本实例中，最终将 A0、A1、A2 和 A3 通道的采样结果分别存储在 A0results[]、A1results[]、A2results[]、A3results[]数组中。下面给出实例程序代码：

```
#include <msp430f5529.h>
#define   Num_of_Results   8
```

```
volatile unsigned int A0results[Num_of_Results];
volatile unsigned int A1results[Num_of_Results];
volatile unsigned int A2results[Num_of_Results];
volatile unsigned int A3results[Num_of_Results];
void main(void)
{
  WDTCTL = WDTPW+WDTHOLD;                        // 关闭看门狗
  P6SEL = 0x0F;                                  // 使能ADC输入通道
  ADC12CTL0 = ADC12ON+ADC12MSC+ADC12SHT0_8; // 打开ADC12，设置采样间隔
                                                 // 设置多次采样转换
  ADC12CTL1 = ADC12SHP+ADC12CONSEQ_3;     //选择采样定时器作为采样触发信号,采样模式选
择单通道多次转换模式
  ADC12MCTL0 = ADC12INCH_0;                      // Vref+=AVcc, channel = A0
  ADC12MCTL1 = ADC12INCH_1;                      // Vref+=AVcc, channel = A1
  ADC12MCTL2 = ADC12INCH_2;                      // Vref+=AVcc, channel = A2
  ADC12MCTL3 = ADC12INCH_3+ADC12EOS;             // Vref+=AVcc, channel=A3,停止采样
  ADC12IE = 0x08;                                // 使能ADC12IFG.3中断
  ADC12CTL0 |= ADC12ENC;                         // 使能转换
  ADC12CTL0 |= ADC12SC;                          // 开始采样转换
  _ _bis_SR_register(LPM0_bits + GIE);  // 进入LPM0并启用中断
}
#pragma vector=ADC12_VECTOR
_ _interrupt void ADC12ISR (void)
{
  static unsigned int index = 0;
  switch(_ _even_in_range(ADC12IV,34))
  {
  ……
  case 12:                              // Vector 12:  ADC12IFG3
    A0results[index] = ADC12MEM0;  // 读取A0采样结果，并自动清除中断标志位
    A1results[index] = ADC12MEM1;  // 读取A1采样结果，并自动清除中断标志位
    A2results[index] = ADC12MEM2;  // 读取A2采样结果，并自动清除中断标志位
    A3results[index] = ADC12MEM3;  // 读取A3采样结果，并自动清除中断标志位
    index++;                            // 计数器自动加1
    if (index == 8)
    {
      (index = 0);
  }
  ……
  default: break;
  }
}
```

2．采样和转换

当采样触发信号 SHI 出现上升沿时将启动模数转换。SHI 信号源可以通过 SHSx 位进行定义，有 4 种选择：ADC12SC、Timer_A.OUT1、Timer_B.OUT0、Timer_B.OUT1。ADC12 支持

8 位、10 位及 12 位分辨率模式，可以通过 ADC12RES 控制位进行选择，模数转换分别需要 9、11 及 13 个 ADC12CLK 周期。采样输入信号的极性用 ISSH 控制位来选择。采样转换信号 SAMPCON 可以来自采样输入信号 SHI 或采样定时器，能够控制采样的周期及转换的开始。当 SAMPCON 信号为高电平时采样被激活，SAMPCON 的下降沿将触发模数转换。ADC12SHP 定义了两种不同的采样触发方法：扩展采样触发模式和脉冲采样触发模式。

（1）扩展采样触发模式

当 ADC12SHP=0 时，采样信号工作在扩展采样触发模式。SHI 信号直接作为 SAMPCON 信号，并定义采样周期 t_{sample} 的长度。当 SAMPCON 为高电平时，采样被激活。SAMPCON 信号的下降沿经过与 ADC12CLK 的同步后开始转换。扩展采样时序如图 6.2.10 所示。

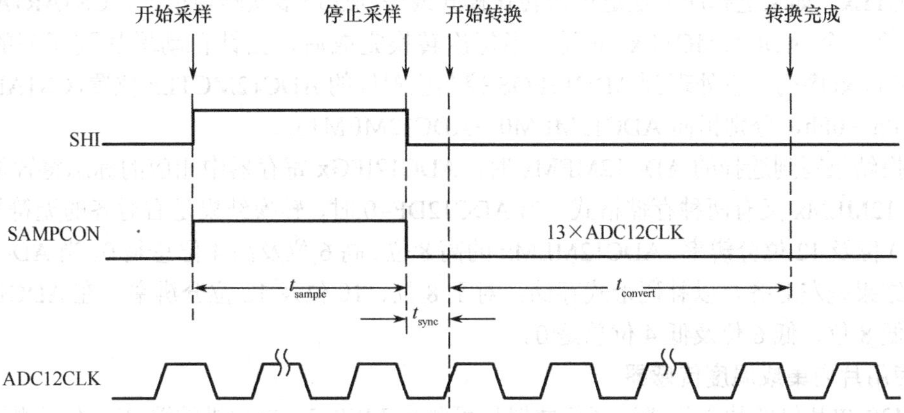

图 6.2.10 扩展采样触发模式

（2）脉冲采样触发模式

当 ADC12SHP=1 时，采样信号工作在脉冲采样触发模式。SHI 信号用于触发采样定时器。ADC12CTL0 寄存器中的 ADC12SHT0x 和 ADC12SHT1x 位用来控制采样定时器的间隔，该间隔定义 SAMPCON 的采样周期 t_{sample} 的长度。采样定时器在与 ADC12CLK 同步后，在 t_{sample} 时间内继续保持 SAMPCON 信号为高电平，因此整个采样时间为（$t_{sample}+t_{sync}$），如图 6.2.11 所示。采样时间由 ADC12SHT0x 和 ADC12SHT1x 控制，ADC12SHT0x 位选择控制 ADC12MCTL0～ADC12MCLT7 的采样时间，ADC12SHT1x 选择控制 ADC12MCTL8～ADC12MCTL15 的采样时间。采样时间长度为：采样时间=4×ADC12CLK×ADC12SHTx。

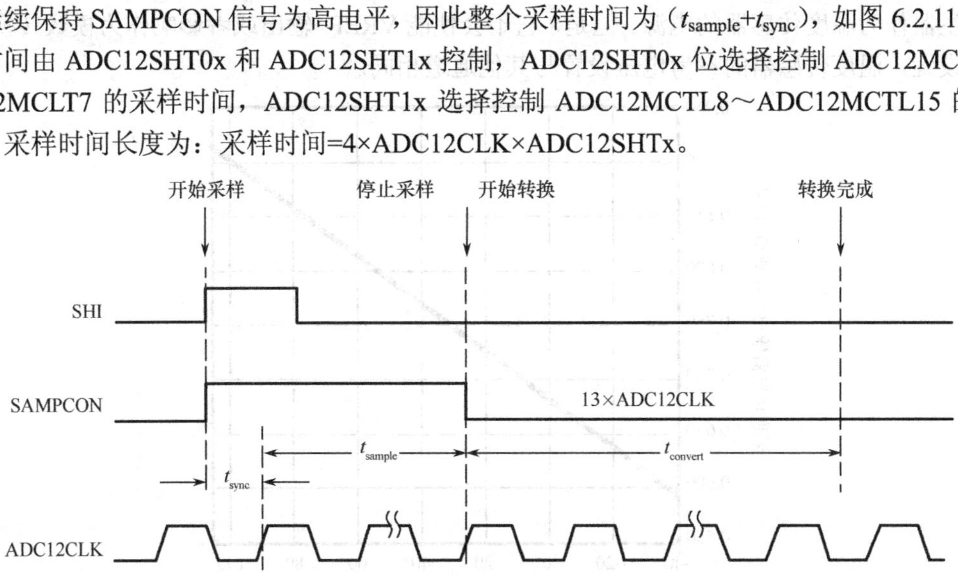

图 6.2.11 脉冲采样触发模式

3．转换存储器

典型的模数操作通常用中断请求的方式来通知 ADC 转换的结束，并需要在下一次 ADC 执行前将转换结果转存到另一位置。ADC12 中的 16 个转换存储缓冲寄存器（ADC12MEMx）使得 ADC 可以进行多次转换而不需要软件干预，这一点提高了系统性能，也减少了软件开销。

ADC12 模块的每个 ADC12MEMx 缓冲寄存器都可通过相关的 ADC12MCTLx 控制寄存器来配置，为转换存储提供了很大的灵活性。SREFx 控制位定义了参考电压，INCHx 控制位选择输入通道。当使用序列通道转换模式时，ADC12EOS 控制位定义了转换序列的结束。

ADC12CTL1 中的 CSTARTADDx 控制位定义任意转换中所用到的 ADC12MCTLx。如果是单通道单次转换模式或者单通道多次转换模式，CSTARTADDx 用来指向所用的单一 ADC12MCTLx。如果选择序列通道单次转化模式或序列通道多次转换模式，CSTARTADDx 指向序列中第一个 ADC12MCTLx 位置，当每次转换完成后，指针自动增加到序列的下一个 ADC12MCTLx，序列一直处理到 ADC12EOS 控制位置位的 ADC12MCTLx 位置，CSTARTADDx 可以取值 0h～0Fh，分别指向 ADC12MEM0～ADC12MEM15。

当转换结果写到选择的 ADC12MEMx 时，ADC12IFGx 寄存器中相应的标志将置位。转换结果 ADC12MEMx 又有两种存储格式。当 ADC12DF=0 时，转换结果是右对齐的无符号数。对于 8 位、10 位及 12 位分辨率，ADC12MEMx 的高 8 位、高 6 位及高 4 位总是 0。当 ADC12DF=1 时，转换结果是左对齐，以补码形式存储。对于 8 位、10 位及 12 位分辨率，在 ADC12MEMx 中相应的低 8 位、低 6 位及低 4 位总是 0。

4．使用片内集成温度传感器

MSP430 单片机的片内集成温度传感器只可测量 MSP430 单片机的温度，不可测量外界环境温度。如果需要使用片内集成温度传感器，用户可以选择模拟输入通道 INCHx=1010。与选择外部输入通道一样，需要进行其他寄存器的配置，包括参考电压选择、转换存储寄存器选择等。温度传感器典型的转换函数如图 6.2.12 所示，该转换函数仅仅作为一个示例，实际的参数可以参考具体芯片的数据手册。当使用温度传感器时，采样周期必须大于 30μs。温度传感器的偏移误差比较大，在大多数实际应用中需要进行校准。选择温度传感器会自动地开启片上参考电压发生器作为温度传感器的电源。但是，它不会使能 VREF+输出或者影响作为模数转换的参考电压设置，温度传感器的参考电压设置与其他通道相同。

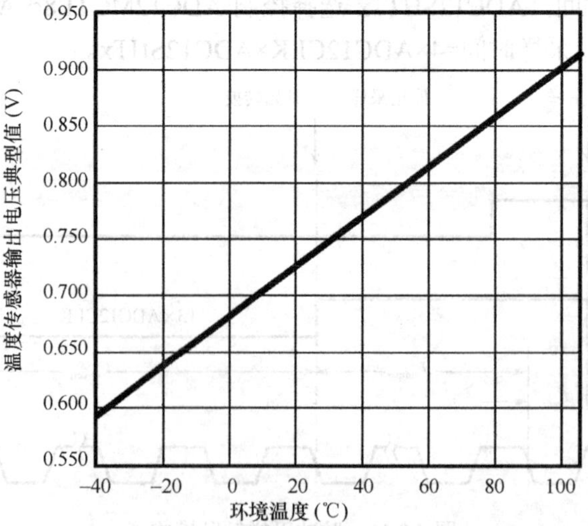

图 6.2.12　片内集成温度传感器温度转换函数

6.2.4 ADC12 模块寄存器

ADC12 模块寄存器如表 6.2.2 所列，用户可通过实际需要灵活配置 ADC12 的各功能模块。

表 6.2.2 ADC12 模块寄存器列表（基址为 0700h）

寄存器名称	缩写	类型	访问方式	偏移地址	初始状态
ADC12 控制寄存器 0	ADC12CTL0	读/写	字访问	00h	0000h
ADC12 控制寄存器 1	ADC12CTL1	读/写	字访问	02h	0000h
ADC12 控制寄存器 2	ADC12CTL2	读/写	字访问	04h	0020h
ADC12 中断标志寄存器	ADC12IFG	读/写	字访问	0Ah	0000h
ADC12 中断使能寄存器	ADC12IV	读	字访问	0Ch	0000h
ADC12 中断向量寄存器	ADC12IE	读	字访问	0Eh	0000h
ADC12 缓冲寄存器	ADC12MEM0～15	读/写	字访问	20h～3Dh	未定义
ADC12 存储控制寄存器	ADC12MCTL0～15	读/写	字节访问	10h～1Fh	未定义

以下对各寄存器进行详细介绍，注意其中下划线配置为初始状态或复位后的默认配置。

1．ADC12 控制寄存器 0（ADC12CTL0）

15	14	13	12	11	10	9	8
ADC12SHT1x				ADC12SHT0x			

7	6	5	4	3	2	1	0
ADC12MSC	ADC12REF2_5V	ADC12REFON	ADC12ON	ADC12OVIE	ADC12TOVIE	ADC12ENC	ADC12SC

注：表中灰色底纹部分控制寄存器只有在 ADC10ENC=0 时，才可被修改。

● ADC12SHT1x：第 12～15 位，ADC12 采样保持时间控制位。这些位定义了 ADC12MEM8～ADC12MEM15 采样周期所需的 ADC12CLK 个数。

● ADC12SHT0x：第 8～11 位，ADC12 采样保持时间控制位。这些位定义了 ADC12MEM0～ADC12MEM7 采样周期所需的 ADC12CLK 个数。具体设置如表 6.2.3 所示。

表 6.2.3 采样周期配置表

ADC12SHTx 位	所需 ADC12CLK 个数	ADC12SHTx 位	所需 ADC12CLK 个数
0000	4	1000	256
0001	8	1001	384
0010	16	1010	512
0011	32	1011	768
0100	64	1100	1024
0101	96	1101	1024
0110	128	1110	1024
0111	192	1111	1024

● ADC12MSC:第 7 位，多次采样转换控制位，适用于序列转换或者重复转换模式。

0：每次采样转换，都需要一个 SHI 信号的上升沿触发采样定时器；

1：仅首次转换需要有 SHI 信号的上升沿触发采样定时器，而后采样转换将在前一次转换完成后自动进行。

● ADC12REF2_5V：第 6 位，内部参考电压的电压值选择控制位。ADC12REFON 位必须置 1。

0：选择 1.5V 内部参考电压； 1：选择内部 2.5V 内部参考电压。

● ADC12REFON：第 5 位，ADC12 参考电压开关控制位。

0：内部参考电压关闭；　　1：内部参考电压打开。

● ADC12ON：第 4 位，ADC12 模块内核控制位。

0：ADC 内核关闭；　　1：ADC 内核打开。

● ADC12OVIE：第 3 位，ADC12MEMx 溢出中断使能位。当 ADC12MEMx 中的原有数据没有被读出，而又有新的转换结果数据要写入时，则发生溢出，此时如果该位被置位且 GIE 被置位，则会发生中断。

0：溢出中断禁止；　　1：溢出中断使能。

● ADC12TOVIE：第 2 位，ADC12 转换时间溢出中断使能位。在当前转换还没有完成时，又发生了一次采样请求，则会发生转换时间溢出。此时如果该位被置位且 GIE 被置位，则会发生中断请求。

0：ADC12 转换时间溢出中断禁止；　　1：ADC12 转换时间溢出中断使能。

● ADC12ENC：第 1 位，ADC12 转换使能控制位。只有在该位为高电平时，才能用软件或外部信号启动 A/D 转换，而且有些控制寄存器中很多位只有在该位为低电平时才能被修改。

0：ADC12 禁止转换；　　1：使能 A/D 转换。

● ADC12SC：第 0 位，ADC12 软件转换启动位。当 ADC12ENC 为 1 时，可用软件修改作为转换控制。如果采样信号 SAMPCON 由采样定时器产生(SHP=1)，ADC12SC 由 0 变为 1 将启动转换操作，A/D 转换完成后 ADC12SC 将自动复位；如果采样直接由 ADC12SC 控制(SHP=0)，则在 ADC12SC 保持在高电平时采样，当 ADC12SC 复位时启动一次转换。使用软件控制 ADC12SC 时，必须满足采样转换的时序要求。

0：没有启动采样转换；　　1：启动采样转换。

2. ADC12 控制寄存器 1（ADC12CTL1）

15	14	13	12	11	10	9	8
ADC12CSTARTADDx				ADC12SHSx		ADC12SHP	ADC12ISSH

7	6	5	4	3	2	1	0
ADC12DIVx			ADC12SSELx		ADC12CONSEQx		ADC12BUSY

注：表中灰色底纹部分控制寄存器只有在 ADC10ENC=0 时，才可被修改。

● ADC12CSTARTADDx：第 12～15 位，ADC12 转换开始地址定义位。该 4 位定义了在 ADC12MEMx 中作为单次转换地址或序列转换地址的首地址。该 4 位所表示的二进制数 0～0Fh 分别对应 ADC12MEM0～ADC12MEM15。

● ADC12SHSx：第 10～11 位，ADC12 采样保持触发源选择。

00：ADC12SC 控制位；　　01：TA1 定时器输出；　　10：TB0 定时器输出；

11：TB1 定时器输出。（注：不同系列 MSP430 单片机有关定时器输出触发 ADC12 采样会有所不同，具体请参考相关芯片的数据手册。）

● ADC12SHP：第 9 位，采样保持信号 SAMPCON 选择控制位。

0：SAMPCON 信号来自 SHI 信号；

1：SAMPCON 信号来自采样定时器，由 SHI 信号的上升沿触发采样定时器。

● ADC12ISSH：第 8 位，ADC12 采样保持输入信号方向选择位。

0：采样输入信号为同相输入；　　1：采样输入信号为反相输入。

● ADC12DIVx：第 5～7 位，ADC12 时钟分频控制位。该 3 位选择分频因子，则分频因子为该 3 位二进制数所表示的十进制数加一，例如该 3 位配置为 100，则分频因子为 5。

● ADC12SSELx：第 3～4 位，ADC12 参考时钟源选择控制位。

00：MODCLK；　　01：ACLK；　　10：MCLK；　　11：SMCLK。

● ADC12CONSEQx：第 1～2 位，ADC12 转换模式选择控制位。

00：单通道单次转换模式；　　01：序列通道单次转换模式；

10：单通道多次转换模式；　　11：序列通道多次转换模式。

● ADC12BUSY：第 0 位，ADC12 忙标志位。

0：没有活动的操作；　　1：ADC12 模块正在进行采样或转换。

3．ADC12 控制寄存器 2（ADC12CTL2）

15	14	13	12	11	10	9	8
保留							ADC12PDIV

7	6	5	4	3	2	1	0
ADC12TCOFF	保留	ADC12RES		ADC12DF	ADC12SR	ADC12REFOUT	ADC12 REFBURST

注：表中灰色底纹部分控制寄存器只有在 ADC10ENC=0 时，才可被修改。

● ADC12PDIV：第 8 位，ADC12 预分频器。该位对 ADC12 的参考时钟源进行预分频；

0：1 倍预分频；　　1：4 倍预分频。

● ADC12TCOFF：第 7 位，ADC12 温度传感器开关控制位。如果该位置位，温度传感器将关闭，该控制位用于降低功耗。

● ADC12RES：第 4～5 位，ADC12 分辨率控制位。这几位决定了 ADC12 转换结果的分辨率。

00：8 位（9 个 ADC12CLK 时钟周期的转换时间）；

01：10 位（11 个 ADC12CLK 时钟周期的转换时间）；

10：12 位（13 个 ADC12CLK 时钟周期的转换时间）；

11：保留。

● ADC12DF：第 3 位，ADC12 数据存储格式。

0：二进制无符号格式，理论上，若模拟输入电压等于负参考电压，存储结果为 0000h；若模拟输入电压为正参考电压，存储结果为 0FFFh。

1：有符号二进制补码格式，左对齐。理论上模拟输入电压等于负参考电压，存储结果为 8000h；若模拟输入电压为正参考电压，存储结果为 7FF0h。

● ADC12SR：第 2 位，ADC12 最大采样速率控制位。该控制位选择最大采样率下的 ADC 驱动能力，置位 ADC12SR 可以减少模数转换的电流消耗。

0：ADC 驱动能力支持最大采样率到 200Ksps；

1：ADC 驱动能力支持最大采样率到 50Ksps。

● ADC12REFOUT：第 1 位，参考输出控制位。

0：参考输出关闭；　　1：参考输出打开。

● ADC12REFBURST：第 0 位，参考缓冲开启期间控制位。ADC12REFOUT 必须置位。

0：参考缓冲是连续打开的；　　1：参考缓冲只在采样转换期间打开。

4．ADC12 缓冲寄存器（ADC12MEMx）——二进制无符号格式

15	14	13	12	11	10	9	8
0	0	0	0	转换结果			

7	6	5	4	3	2	1	0
转换结果							

ADC12 共有 16 个缓冲寄存器，用于存放 A/D 转换的结果。CSSTARTADD 控制位设置转换结果存放的地址，ADC12 会自动将转换的结果存放到相应的 ADC12MEMx 寄存器中。

当 ADC12DF=0 时，ADC12 数据存储格式选择二进制无符号格式，12 位转换结果右对齐，第 11 位为最高有效位。在 12 位转换结果模式下，第 12～15 位为 0；在 10 位转换结果模式下，第 10～15 位为 0；在 8 位转换结果模式下，第 8～15 位为 0。对缓冲寄存器写操作将会破坏转换存储的结果。

5．ADC12 缓冲寄存器（ADC12MEMx）——有符号二进制补码格式

15	14	13	12	11	10	9	8
转换结果							

7	6	5	4	3	2	1	0
转换结果				0	0	0	0

当 ADC12DF=1 时，ADC12 数据存储格式选择有符号二进制补码格式，12 位转换结果左对齐，第 15 位为最高有效位。在 12 位转换结果模式下，第 0～3 位为 0；在 10 位转换结果模式下，第 0～5 位为 0；在 8 位转换结果模式下，第 0～7 位为 0。对缓冲寄存器写操作将会破坏转换存储的结果。

6．ADC12 存储控制寄存器（ADC12MCTLx）

7	6	5	4	3	2	1	0
ADC12EOS	ADC12SREFx			ADC12INCHx			

注：表中灰色底纹部分控制寄存器只有在 ADC10ENC=0 时，才可被修改。

● ADC12EOS：第 7 位，序列转换结束控制位。

0：序列转换没有结束；　1：序列转换结束，本通道转换为该序列最后一次转换。

● ADC12SREFx：第 4～6 位，参考电压选择控制位。

000：V_{R+}=AV$_{CC}$，V_{R-}=AV$_{SS}$；　001：$V_{R+}=V_{REF+}$，V_{R-}=AV$_{SS}$；

010：$V_{R+}=V_{eREF+}$，V_{R-}=AV$_{SS}$；　011：$V_{R+}=V_{eREF+}$，V_{R-}=AV$_{SS}$；

100：V_{R+}=AV$_{CC}$，$V_{R-}=V_{REF-}/V_{eREF-}$；　101：$V_{R+}=V_{REF+}$，$V_{R-}=V_{REF-}/V_{eREF-}$；

110：$V_{R+}=V_{eREF+}$，$V_{R-}=V_{REF-}/V_{eREF-}$；　111：$V_{R+}=V_{eREF+}$，$V_{R-}=V_{REF-}/V_{eREF-}$。

●ADC12INCHx：第 0～3 位，输入通道选择控制位，默认选择 A0 通道。

0000～0111：A0～A7；　1000：V_{eREF+}；

1001：V_{REF-}/V_{eREF-}；　1010：片内温度传感器输出；

1011：(AV$_{CC}$−AV$_{SS}$)/2；　1100～1111：A12～A15。

7．ADC12 中断使能寄存器（ADC12IE）

15	14	13	12	11	10	9	8
ADC12IE15	ADC12IE14	ADC12IE13	ADC12IE12	ADC12IE11	ADC12IE10	ADC12IE9	ADC12IE8

7	6	5	4	3	2	1	0
ADC12IE7	ADC12IE6	ADC12IE5	ADC12IE4	ADC12IE3	ADC12IE2	ADC12IE1	ADC12IE0

● ADC12IEx：第 0～15 位，ADC 中断使能控制位。该控制位可控制 ADC12IFGx 位的中断请求。其中，x 取值为 0～15。

0：中断禁止；　1：中断使能。

8. ADC12 中断标志寄存器（ADC12IFG）

15	14	13	12	11	10	9	8
ADC12IFG15	ADC12IFG14	ADC12IFG13	ADC12IFG12	ADC12IFG11	ADC12IFG10	ADC12IFG9	ADC12IFG8
7	6	5	4	3	2	1	0
ADC12IFG7	ADC12IFG6	ADC12IFG5	ADC12IFG4	ADC12IFG3	ADC12IFG2	ADC12IFG1	ADC12IFG0

● ADC12IFGx：第 0～15 位，ADC 中断标志位。当 ADC12MEMx 寄存器相应的转换完成并装载结果之后，ADC12IFG 相应位置位。在 ADC12MEMx 内容被读取后，能自动复位，也可用软件复位。其中，x 取值为 0～15。

0：没有中断被挂起；　　1：相应中断被挂起。

9. ADC12 中断向量寄存器（ADC12IV）

15	14	13	12	11	10	9	8
0	0	0	0	0	0	0	0
7	6	5	4	3	2	1	0
0	0	ADC12IVx					0

ADC12 中断为多源中断，有 18 个中断公用一个中断向量。ADC12IV 用来设置这 18 个中断标志的优先级顺序，并按照优先级来安排中断响应。ADC12 模块中断向量表如表 6.2.4 所示。

表 6.2.4　ADC12 模块中断向量表

ADC12IV	中断源	中断标志	中断优先级
000h	无中断产生	无	无
002h	ADC12MEMx 溢出	无	最高
004h	转换时间溢出	无	依次降低
006h	ADC12MEM0	ADC12IFG0	
……	……	……	
024h	ADC12MEM15	ADC12IFG15	最低

6.2.5　ADC12 应用举例

【例 6.2.5】 利用内部 2.5V 电压和 AV_{SS} 作为转换参考电压。

分析：本实例演示如何使用 ADC12 内部生成电压作为模数转换参考电压。采用单通道单次采样模式，选择 A0 通道作为输入通道，参考电压组合选择内部 2.5V 和 AV_{SS}，转换结果存储在 ADC12MEM0 缓冲寄存器中，实例程序代码如下：

```
#include <msp430f5529.h>
void main(void)
{
  volatile unsigned int i;
  WDTCTL = WDTPW+WDTHOLD;                    // 关闭看门狗
  P6SEL |= 0x01;                             // 使能A0输入通道
  REFCTL0 &= ~REFMSTR; // 复位REFMSTR控制位以控制ADC12参考电压控制寄存器
  ADC12CTL0 = ADC12ON+ADC12SHT02+ADC12REFON+ADC12REF2_5V;
           // 打开ADC12,设置采样间隔，打开参考电压产生器，并设置参考电压为2.5V
  ADC12CTL1 = ADC12SHP;                      // 采样保持触发信号选择采样定时器
  ADC12MCTL0 = ADC12SREF_1;                  // Vr+=Vref+, Vr-=AVss
```

```
    for ( i=0; i<0x30; i++);                    // 延迟以使参考电压产生稳定
    ADC12CTL0 |= ADC12ENC;                      // 使能转换
    while (1)
    {
      ADC12CTL0 |= ADC12SC;                     // 开始转换
      while (!(ADC12IFG & BIT0));
      _ _no_operation();                        // 可在此处设置端点查看ADC12MEM0缓冲寄存器
    }
}
```

【例 6.2.6】 利用外部输入电压作为转换参考电压。

分析：本实例演示如何使用 ADC12 外部输入电压作为模数转换参考电压。采用单通道单次采样模式，选择 A0 通道作为输入通道，参考电压组合选择 P5.0 引脚输入的正参考电压 V_{eREF+} 和 AV_{SS}。转换结果存储在 ADC12MEM0 缓冲寄存器中，实例程序代码如下：

```
#include <msp430f5529.h>
void main(void)
{
  WDTCTL = WDTPW+WDTHOLD;                       // 关闭看门狗
  P6SEL |= 0x01;                                // 使能A0通道
  ADC12CTL0 = ADC12ON+ADC12SHT0_2;              // 打开ADC12模块,设置采样间隔
  ADC12CTL1 = ADC12SHP;                         // 采样保持触发信号选择采样定时器
  ADC12MCTL0 = ADC12SREF_2;                     // Vr+ = VeREF+(外部),  Vr-=AVss
  ADC12CTL0 |= ADC12ENC;                        // 使能转换
  while (1)
  {
    ADC12CTL0 |= ADC12SC;                       // 开始转换
    while (!(ADC12IFG & BIT0));
    _ _no_operation();                          // 可在此处设置断点查看ADC12MEM0缓冲寄存器
  }
}
```

【例 6.2.7】利用 A10 通道采样内部温度传感器，并将采样的数值转化为摄氏和华氏温度。

分析：本实例利用 A10 通道采样内部温度传感器，采样参考电压选择内部 1.5V 和 AV_{SS}，选择单通道单次采样模式，采样结果存储在 ADC12MEM0 缓冲寄存器中，实例程序代码如下：

```
#include <msp430f5529.h>
long temp;
volatile long IntDegF;
volatile long IntDegC;
void main(void)
{
  WDTCTL = WDTPW + WDTHOLD;                     // 关闭看门狗定时器
  REFCTL0 &= ~REFMSTR; // 复位REFMSTR控制位以控制ADC12参考电压控制寄存器
  ADC12CTL0 = ADC12SHT0_8 + ADC12REFON + ADC12ON;
       // 打开ADC12，设置采样间隔，打开内部参考电压发生器，参考电压设置为1.5V
  ADC12CTL1 = ADC12SHP;                         // 采样保持触发信号选择采样定时器
```

```
  ADC12MCTL0 = ADC12SREF_1 + ADC12INCH_10;  // A10通道作为输入，采样温度
  ADC12IE = 0x001;                          // 使能ADC12IFG0中断
  _ _delay_cycles(75);                      // 延时75μs以使参考电压稳定
  ADC12CTL0 |= ADC12ENC;                    // 使能转换
  while(1)
  {
    ADC12CTL0 |= ADC12SC;                   // 开始采样转换
    _ _bis_SR_register(LPM4_bits + GIE);    // 进入LPM4，并使能全局中断
    IntDegC = ((temp - 1855) * 667) / 4096; // 采样结果转化为摄氏温度
    IntDegF = ((temp - 1748) * 1200) / 4096;// 采样结果转化为华氏温度
    _ _no_operation();                      // 可在此处设置端点查看变量
  }
}
#pragma vector=ADC12_VECTOR
_ _interrupt void ADC12ISR (void)
{
  switch(_ _even_in_range(ADC12IV,34))
  {
  ......
  case  6:                            // Vector  6:  ADC12IFG0
    temp = ADC12MEM0;                 // 读取采样存储结果，自动清除中断标志位
    _ _bic_SR_register_on_exit(LPM4_bits);   // 退出低功耗模式
    break;
  ......
  default: break;
  }
}
```

6.3　比较器 B（Comp_B）

6.3.1　比较器 B 介绍

比较器 B 模块包含多达 16 个通道的比较功能，具有以下特性：

- 反相和同相端输入多路复用器；
- 比较器输出可编程 RC 滤波器；
- 输出提供给定时器 A 捕获输入；
- 端口输入缓冲区程序控制；
- 中断能力；
- 可选参考电压发生器、电压滞后发生器；
- 外部参考电压输入；
- 超低功耗比较器模式；
- 中断驱动测量系统——支持低功耗运行。

知识点：比较器 B 是一个实现模拟电压比较的片上外设，在工业仪表、手持式仪表等

产品的应用中，可以实现多种测量功能，如测量电流、电压、电阻、电容、电池检测及产生外部模拟信号，也可结合其他模块实现精确的A/D转换功能。

比较器B的结构框图如图6.3.1所示。

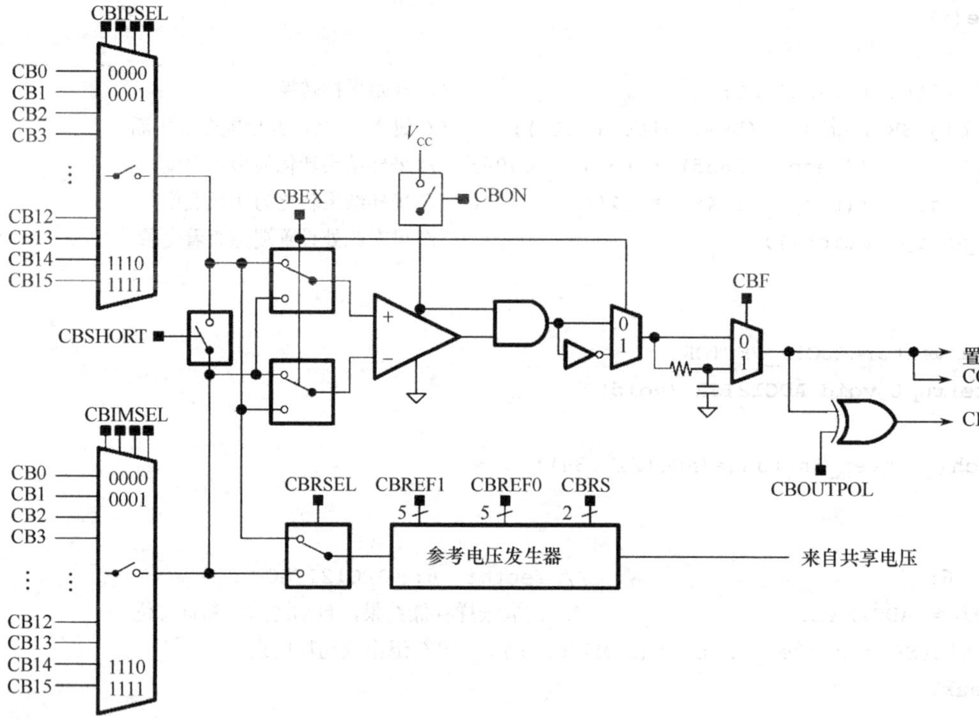

图6.3.1　比较器B结构框图

比较器B由16个输入通道、模拟电压比较器、参考电压发生器、输出滤波器和一些控制单元组成。主要用来比较模拟电压"+"输入端和"–"输入端的电压大小，然后设置输出信号CBOUT的值。如果"+"输入端电压高于"–"输入端电压，输出信号CBOUT置高，反之，CBOUT拉低。通过CBON控制位，可控制比较器B的开启和禁止（当CBON=1时，Comp_B开启；当CBON=0时，Comp_B禁止）。当比较器B不使用时，应该将其禁止，以减少电流的消耗。当比较器B禁止时，Comp_B输出低电平。

1. 模拟输入开关

模拟输入开关通过CBIPSEL和SBIMSEL控制位控制模拟信号的输入，每个输入通道都是相对独立的，且都可以引入比较器B的"+"输入端或"–"输入端。通过CBSHORT控制位可以将比较器B的模拟信号输入短路。比较器B的输入端也可通过CBRSEL和CBEX控制位的配合引入内部基准电压生成器产生的参考电压。

通过相应寄存器的配置，比较器B可进行如下模拟电压信号的比较：

- 两个外部输入电压信号的比较；
- 每个外部输入电压信号与内部基准电压的比较。

2. 参考电压发生器

比较器B的参考电压发生器的结构框图如图6.3.2所示。

参考电压发生器通过接入梯形电阻电路或内部共享电压来达到产生不同参考电压 V_{REF} 的目的。如图6.3.2所示，CBRSx控制位可选择参考电压的来源。若CBRSx为10，内部梯形电

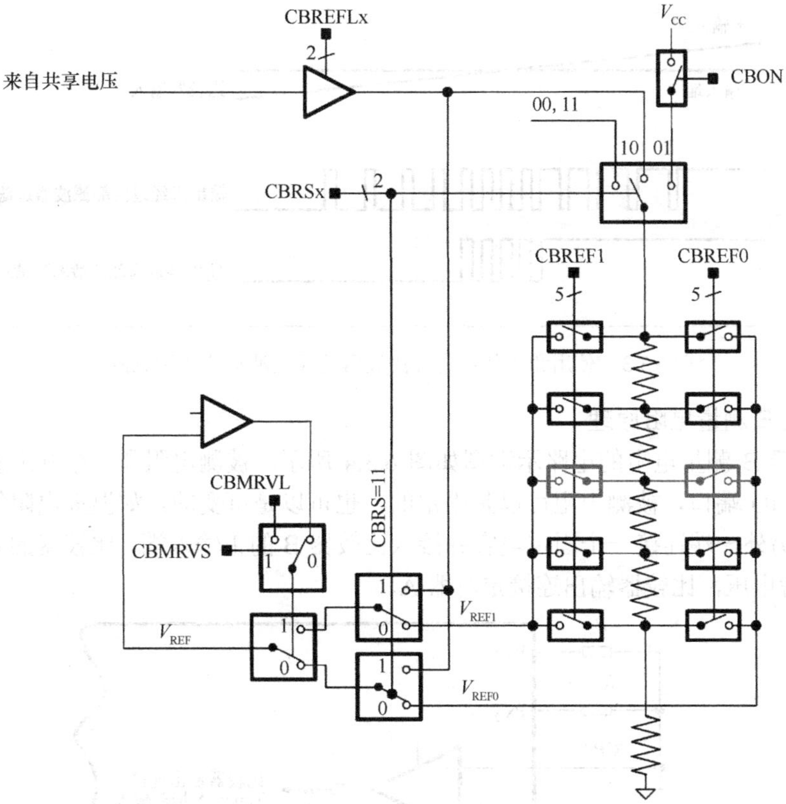

图 6.3.2 比较器 B 参考电压发生器结构框图

阻电路电压来自内部共享电压，内部共享电压可通过 CBREFLx 控制位产生 1.5V、2.0V 或 2.5V 电压。若 CBRSx 为 01，内部梯形电阻电路电压来自 V_{CC}，可通过 CBON 实现参考电源的开关。若 CBRSx 为 00 或 11，内部梯形电阻电路无电源可用，被禁止。若 CBRSx 为 11，参考电压来自内部共享电压。当 CBRSx 不为 11 时，当 CBMRVS 为 0 且 CBOUT 为 1 时，参考电压来自 V_{REF1}；当 CBMRVS 和 CBOUT 均为 0 时，参考电压来自 V_{REF0}。当梯形电阻电路可用时，可通过 CBREF1 和 CBREF0 控制位对参考电压源进行分压，分压倍数可为 CBREF1 或 CBREF0 控制位对应的数值加 1，再除以 32。CBMRVS 控制位实现对 V_{REF} 电压的来源信号的控制。若 CBMRVS 控制位为 0，CBOUT 控制 V_{REF} 电压信号的来源；若 CBMRVS 控制位为 1，CBMRVL 控制位控制 V_{REF} 电压信号的来源。

3. 内部滤波器

比较器 B 的输出可以选择使用或不使用内部 RC 滤波器。当 CBF 控制位设为 1 时，比较器输出信号经过 RC 滤波，反之，不使用 RC 滤波。

如果在比较器的输入端，模拟电压的电压差很小，那么比较器的输出会产生振荡。如图 6.3.3 所示，当比较器“+”输入端的电压减少并越过“−”输入端参考比较电压时，若比较器输出没有经过内部滤波器的过滤，在电压穿越的时刻，比较器输出将会产生较大的振荡；若比较器输出经过内部滤波器的过滤，在电压穿越的时刻，比较器的输出振荡较小。

4. 比较器 B 中断

比较器 B 具有一个中断标志位 CBIFG 和一个中断向量 CBIV。通过 CBIES 寄存器可以选择在比较器输出的上升沿或下降沿置位中断标志位。如果 CBIE 和 GIE 都被置位，CBIFG 将产生中断请求。

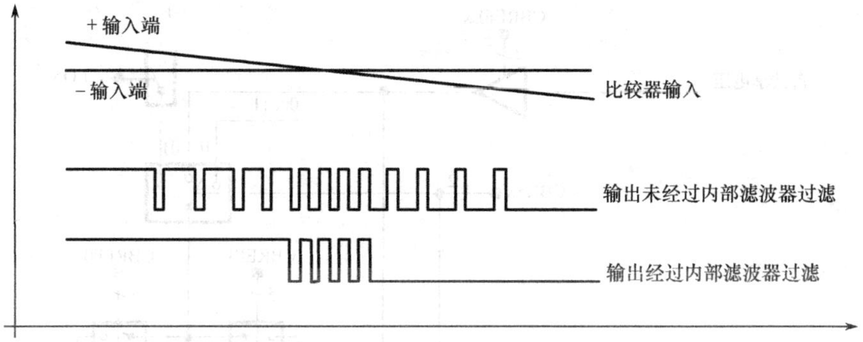

图 6.3.3　使用和未使用内部滤波器的输出波形比较示意图

5. 比较器 B 测量电阻原理

利用比较器 B 测量电阻的电路示意图如图 6.3.4 所示。被测电阻和一个标准参考电阻分别连接到两个 GPIO 端口，被测电阻可以是固定的，也可以是可变的，如温控电阻等。被测电阻和标准电阻的另外一端连接一个固定电容并接入比较器 B 的正输入端。比较器的负输入端接内部 $0.25V_{CC}$ 参考电压，比较器输出连接定时器 A。

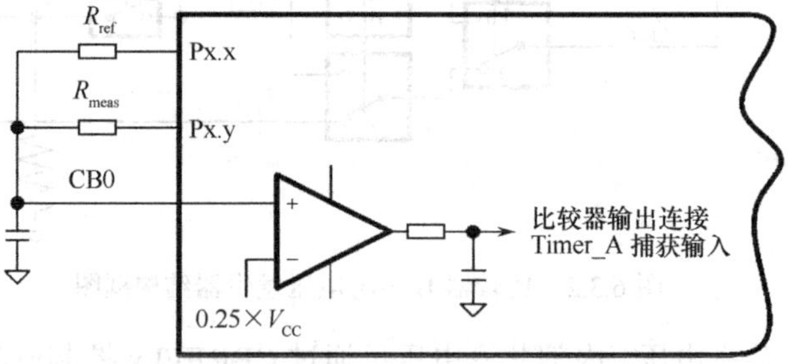

图 6.3.4　利用比较器 B 测量电阻电路

对被测电阻的测量过程为：

① 将 Px.x 引脚拉高，通过标准参考电阻 R_{ref} 对电容进行充电；

② 将 Px.x 引脚拉低，通过标准参考电阻 R_{ref} 对电容进行放电；

③ 再将 Px.x 引脚拉高，通过标准参考电阻 R_{ref} 对电容进行充电；

④ 然后将 Px.y 引脚拉低，通过被测电阻 R_{meas} 对电容进行放电。

如此往复，利用定时器 A 准确测量通过 R_{ref} 和通过 R_{meas} 对电容进行放电的时间，测量过程如图 6.3.5 所示。

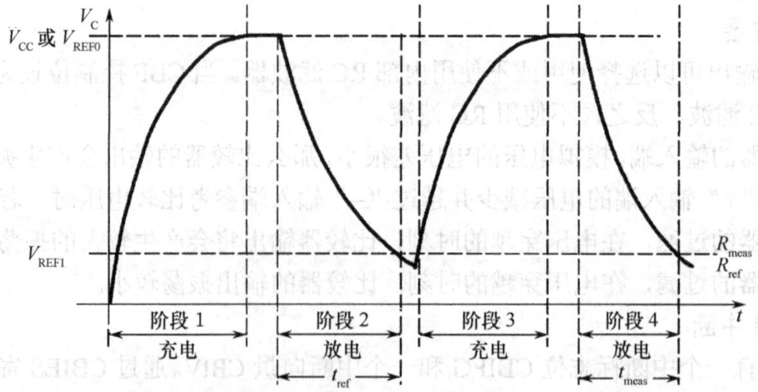

图 6.3.5　电容充放电示意图

测量时需注意以下几点：

① 当 Px.x 或 Px.y 引脚不用时，通过 CBPDx 控制位将其设为输入高阻状态；

② 比较器输出需使用内部滤波器，减少开关噪声；

③ 定时器 A 用来捕获电容的放电时间。

利用该电路结构可测量多个被测电阻，增加的被测电阻需连接在比较器“+”输入端和相应 GPIO 引脚之间，当不进行测量时，只需将其配置为输入高阻状态。

被测电阻的计算公式为

$$\frac{N_{\text{meas}}}{N_{\text{ref}}}=\frac{-R_{\text{meas}}\times C\times\ln\dfrac{V_{\text{ref1}}}{V_{\text{CC}}}}{-R_{\text{ref}}\times C\times\ln\dfrac{V_{\text{ref1}}}{V_{\text{CC}}}}$$

$$\frac{N_{\text{meas}}}{N_{\text{ref}}}=\frac{R_{\text{meas}}}{R_{\text{ref}}}$$

$$R_{\text{meas}}=R_{\text{ref}}\times\frac{N_{\text{meas}}}{N_{\text{ref}}}$$

式中，N_{meas} 为电容通过被测电阻放电时定时器 A 的捕获计数值；N_{ref} 为电容通过标准参考电阻放电时定时器 A 的捕获计数值。

6．利用比较器 B 实现电容触摸按键原理

首先，人体是具有一定电容的。当我们把 PCB 上的铜画成如图 6.3.6 所示形式时，就做出了一个最基本的触摸感应按键。

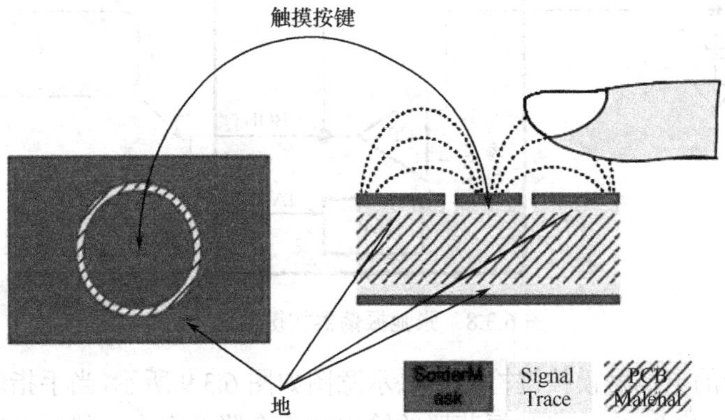

图 6.3.6 触摸按键结构图

图 6.3.6 中左边的图显示了一个基本的触摸按键，中间圆形阴影部分为铜（可以称为“按键”），在该按键中会引出一根导线与单片机相连，单片机通过这根导线来检测是否有按键“按下”（检测的方法将在后面介绍）；外围的阴影部分也是铜，不过外围的这些铜是与 GND 大地相连的。在“按键”和外围的铜之间是空隙（可以称为空隙 d）。图 6.3.6 中右边的图是左图的截面图，当没有手指接触时，只有一个电容 C_p；当有手指接触时，“按键”通过手指就形成了电容 C_f。由于两个电容是并联的，所以手指接触“按键”前后，总电容的变化率为 $C\%=((C_p+C_f)-C_p)/C_p=C_f/C_p$，触摸按键等效图如图 6.3.7 所示。

利用比较器 B 实现一个张弛振荡触摸按键的电路如图 6.3.8 所示。在输入端，比较器正输入端接内部参考电压，比较器负输入端接在电阻 R_c 与感应电容之间，CBOUT 与 TACLK 相连。

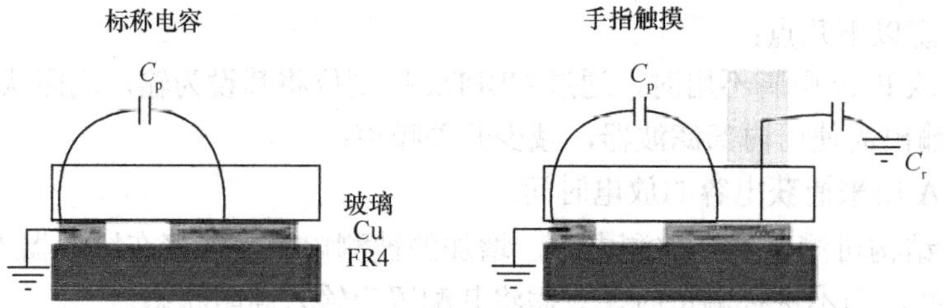

图 6.3.7　触摸按键等效图

当感应电容 C_{SENSOR} 两端没有电压时，通过比较器 B 的比较，CBOUT 将输出高电平，之后通过 R_c 对感应电容进行充电。当感应电容两端的电压高于内部比较器“+”输入端的参考电压时，通过比较器 B 的比较，CBOUT 将输出低电平，感应电容通过 R_c 放电。放电的过程中若感应电容两端的电压低于内部比较器“+”输入端的参考电压，CBOUT 又输出高电平，通过 R_c 对感应电容放电，如此往复，比较器 B 的输出端 CBOUT 将输出具有一定频率的矩形波。该矩形波的频率可反映感应电容的充放电时间，进而可检测感应电容的变化，因此只需在固定时间内，利用定时器 A 作为频率计计算张弛振荡器的输出频率。如果在某一时刻输出频率有较大的变化的话，就说明电容值已经被改变，即按键被“按下”了。

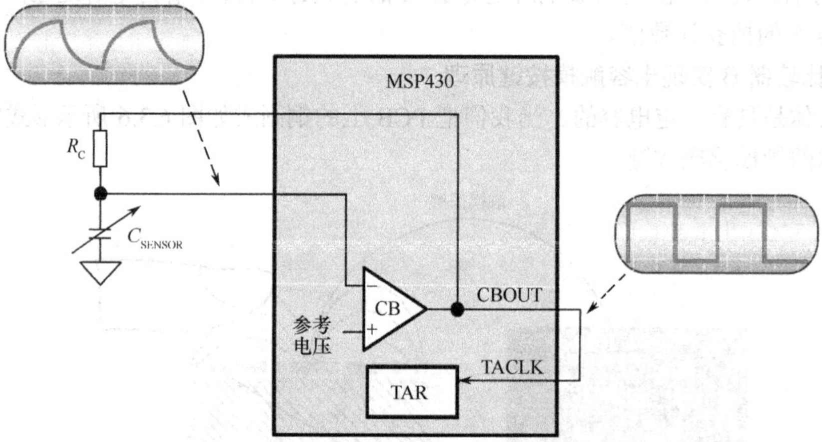

图 6.3.8　张弛振荡器按键电路

基于张弛振荡器的电容触摸按键检测方法示意图如图 6.3.9 所示，当手指触摸到电容触摸按键以后，电容由 C_1 变化至 C_2，张弛振荡器的输出频率会降低很多，然后利用定时器在门限时间内计算比较器 B 的输出频率，即可实现对感应电容的检测。

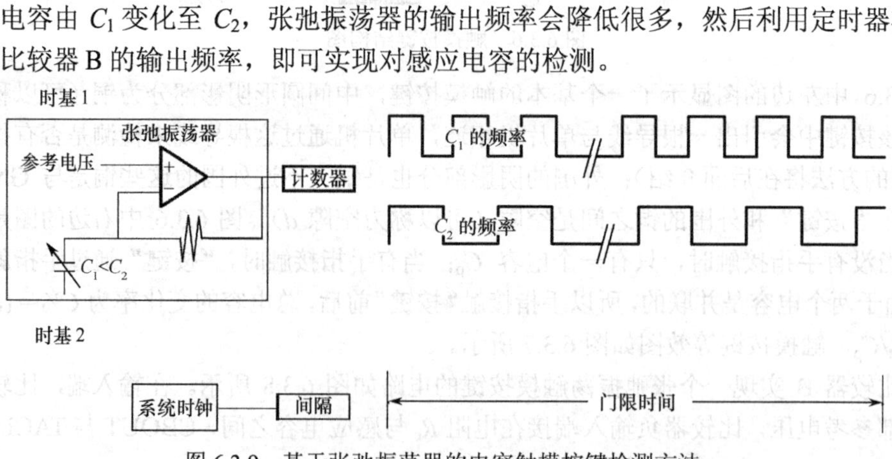

图 6.3.9　基于张弛振荡器的电容触摸按键检测方法

6.3.2 比较器 B 控制寄存器

比较器 B 控制寄存器如表 6.3.1 所示。

表 6.3.1 比较器 B 控制寄存器汇总列表(基址为 08C0h)

寄存器	简写	类型	偏移地址	初始状态
比较器 B 控制寄存器 0	CBCTL0	读/写	0x0000	由 PUC 复位
比较器 B 控制寄存器 1	CBCTL1	读/写	0x0002	由 PUC 复位
比较器 B 控制寄存器 2	CBCTL2	读/写	0x0004	由 PUC 复位
比较器 B 控制寄存器 3	CBCTL3	读/写	0x0006	由 PUC 复位
比较器 B 中断控制寄存器	CBINT	读/写	0x000C	由 PUC 复位
比较器 B 中断向量寄存器	CBIV	读	0x000E	由 PUC 复位

注意：以下具有下划线的配置为比较器 B 控制寄存器初始状态或复位后的默认配置。

1. 比较器 B 控制寄存器 0（CBCTL0）

15	14	13	12	11	10	9	8
CBIMEN	保留			CBIMSEL			

7	6	5	4	3	2	1	0
CBIPEN	保留			CBIPSEL			

- CBIMEN：第 15 位，比较器 B“–”输入端使能控制位。

  0：比较器 B“–”输入端模拟信号输入禁止；

  1：比较器 B“–”输入端模拟信号输入启用。

- CBIMSEL：第 8～11 位，比较器 B“–”输入端模拟信号输入通道选择，这些控制位在 CBIMEN 位为 1 时有效。
- CBIPEN：第 7 位，比较器 B“+”输入端使能控制位。

  0：比较器 B“+”输入端模拟信号输入禁止；

  1：比较器 B“+”输入端模拟信号输入启用。

- CBIPSEL：第 0～3 位，比较器 B“+”输入端模拟信号输入通道选择，这些控制位在 CBIMEN 位为 1 时有效。

2. 比较器 B 控制寄存器 1（CBCTL1）

15	14	13	12	11	10	9	8
保留			CBMRVS	CBMRVL	CBON	CBPWRMD	

7	6	5	4	3	2	1	0
CBFDLY		CBEX	CBSHORT	CBIES	CBF	CBOUTPOL	CBOUT

- CBMRVS：第 12 位，该控制位可以选择采用比较器输出或寄存器控制内部参考电压的来源，该控制位在 CBRS=00,01 或 10 时有效。

  0：利用比较器的输出状态选择 V_{REF0} 或 V_{REF1} 电压源作为内部参考电压参考的来源；

  1：利用 CBMRVL 控制位选择 V_{REF0} 或 V_{REF1} 电压源作为内部参考电压参考的来源。

- CBMRVL：第 11 位，内部参考电压来源选择控制位。该控制位在 CBMRVS 为 1 时有效。

  0：在 CBRS=00,01 或 10 时，选择 V_{REF0} 作为内部参考电压来源；

  1：在 CBRS=00,01 或 10 时，选择 V_{REF1} 作为内部参考电压来源。

- CBON：第 10 位，比较器 B 开关。该控制位可以对比较器进行开启或关闭，在关闭状态下，比较器不消耗电能。

0：关闭；　　1：开启。

● CBPWRMD：第 8～9 位，电源模式选择控制位。并不是所有的设备都支持所有的模式，具体请参考相应芯片的数据手册。

00：高速模式；　　01：正常模式；　　10：超低功耗模式；　　11：保留。

● CBFDLY：第 6～7 位，滤波器延迟选择控制位。

00：典型滤波器延迟 450ns；　　01：典型滤波器延迟 900ns；

10：典型滤波器延迟 1800ns；　　11：典型滤波器延迟 3600ns。

● CBEX：第 5 位，比较器正、负输入端模拟信号输入交换选择控制位。当 CBEX 控制位发生转变，比较器的正、负输入端模拟信号的输入发生对换。

● CBSHORT：第 4 位，输入短路控制位。通过该控制位可实现将正、负输入端短路。

0：输入不短路；　　1：输入短路。

● CBIES：第 3 位，中断请求边缘选择控制位。

0：上升沿 CBIFG 中断标志位置位，下降沿 CBIIFG 中断标志位置位；

1：下降沿 CBIFG 中断标志位置位，上升沿 CBIIFG 中断标志位置位。

● CBF：第 2 位，输出滤波控制位。

0：输出不经过 RC 滤波；　　1：输出经过 RC 滤波。

● CBOUTPOL：第 1 位，输出极性控制位。

0：输出正向；　　1：输出反向。

● CBOUT：第 0 位，比较器 B 输出状态。该位反映了比较器的输出状态，对该位进行写操作，并不能改变比较器 B 的输出状态。

3．比较器 B 控制寄存器 2（CBCTL2）

15	14	13	12	11	10	9	8
CBREFACC	CBREFL		CBREF1				

7	6	5	4	3	2	1	0
CBRS		CBRSEL	CBREF0				

● CBREFACC：第 15 位，参考精度。

0：静态模式；　　1：定时模式（低功耗、低精度）。

● CBREFL：第 13～14 位，参考电压电平。

00：参考电压被禁止；　　01：1.5V；　　10：2.0V；　　11：2.5V。

● CBREF1：第 8～12 位，V_{REF1} 参考电压梯形电阻选择控制位。通过该控制位选择不同的电阻，进而对电压源进行分压产生参考电压 V_{REF1}。

● CBRS：第 6～7 位，参考电压源选择控制位。该控制位可以选择参考电压来自 V_{CC} 或者内部精确共享电压。

00：无参考电源；　　01：将 V_{CC} 接入梯形电阻电路；

10：将内部精确共享电压接入梯形电阻电路；

11：将内部精确共享电压作为参考电压 V_{REF}，此时梯形电阻电路被关闭。

● CBRSEL：第 5 位，参考电压选择控制位。

当 CBEX=0 时：

0：V_{REF} 引入到比较器“+”输入端；　　1：V_{REF} 引入到比较器“−”输入端；

当 CBEX=1 时：

0：V_{REF} 引入到比较器“–”输入端；　　1：V_{REF} 引入到比较器“+”输入端。

● CBREF0：第 0～4 位，V_{REF0} 参考电压梯形电阻选择控制位。通过该控制位可选择不同的电阻，进而对电压源进行分压产生参考电压 V_{REF0}。

4. 比较器 B 控制寄存器 3（CBCTL3）

15	14	13	12	11	10	9	8
CBPD15	CBPD14	CBPD13	CBPD12	CBPD11	CBPD10	CBPD9	CBPD8

7	6	5	4	3	2	1	0
CBPD7	CBPD6	CBPD5	CBPD4	CBPD3	CBPD2	CBPD1	CBPD0

● CBPDx：第 0～15 位，比较器 B 功能选择控制位。通过置位相应控制位可将相应引脚功能设为比较器功能。其中，x 取值为 0～15。

0：禁用相应通道比较器 B 功能；　　1：启用相应通道比较器 B 功能。

5. 比较器 B 中断控制寄存器（CBINT）

15	14	13	12	11	10	9	8
保留						CBIIE	CBIE

7	6	5	4	3	2	1	0
保留						CBIIFG	CBIFG

● CBIIE：第 9 位，比较器 B 输出反向极性中断使能控制位。

0：反向极性中断禁止；　　1：反向极性中断使能。

● CBIE：第 8 位，比较器 B 输出中断使能控制位。

0：输出中断禁止；　　1：输出中断使能。

● CBIIFG：第 1 位，比较器 B 反向极性中断标志位。利用 CBIES 控制位可设置产生 CBIIFG 中断标志位的条件。

0：没有反向极性中断请求产生；　　1：产生反向极性中断请求。

● CBIFG：第 0 位，比较器 B 输出中断标志位。利用 CBIES 控制位可设置产生 CBIFG 中断标志位的条件。

0：没有输出中断请求产生；　　1：产生输出中断请求。

6. 比较器 B 中断向量寄存器（CBIV）

15	14	13	12	11	10	9	8
0	0	0	0	0	0	0	0

7	6	5	4	3	2	1	0
0	0	0	0	0	CBIV		0

● CBIV：第 1～2 位，中断向量能够反映当前向 CPU 申请中断的中断请求，且能够根据优先级相应中断。比较器 B 的中断向量及中断优先级如表 6.3.2 所示。

表 6.3.2　比较器 B 的中断向量及中断优先级列表

中断向量值 CBIV	中断源	中断标志位	中断优先级
00h	没有中断请求	无	无
02h	CBOUT 中断请求	CBIFG	最高
04h	CBOUT 反向极性中断请求	CBIIFG	最低

6.3.3 比较器 B 应用举例

【例 6.3.1】 比较器 B 输入通道 CB0 接外部模拟输入信号，并引至比较器"+"输入端。内部参考电压发生器利用共享电压源产生 2.0V 参考电压，并引至比较器"−"输入端。最终产生以下结果：当 CB0 输入模拟信号电压高于 2.0V 时，CBOUT 输出高电平；当 CB0 输入模拟信号电压低于 2.0V 时，CBOUT 输出低电平。

```
#include <msp430f5529.h>
void main(void)
{
  WDTCTL = WDTPW + WDTHOLD;                // 关闭看门狗
  P1DIR |= BIT6;
  P1SEL |= BIT6;                           // P1.6选择功能为比较器输出CBOUT
  // 以下步骤设置比较器B
  CBCTL0 |= CBIPEN + CBIPSEL_0;            // 启用CB0，并将其引至正输入端
  CBCTL1 |= CBPWRMD_1;                     // 正常电源模式
  CBCTL2 |= CBRSEL;                        // 内部参考电压VREF引至负输入端
  CBCTL2 |= CBRS_3+CBREFL_2;               // 梯形电阻电路禁用，产生2.0V内部共享电压
  CBCTL3 |= BIT0;                          // 启用P6.0/CB0比较器功能
  CBCTL1 |= CBON;                          // 打开比较器B
  _ _delay_cycles(75);                     // 延迟以待参考电压稳定
  _ _bis_SR_register(LPM4_bits);           // 进入LPM4
}
```

【例 6.3.2】 比较器 B 输入通道 CB0 接外部模拟输入信号，并引至比较器"+"输入端。内部参考电压发生器利用共享电压源产生 1.5V 参考电压，并引至比较器"−"输入端。利用比较器中断，当 CB0 输入模拟信号电压高于 1.5V 时，拉高 P1.0 引脚；当 CB0 输入模拟信号电压低于 1.5V 时，拉低 P1.0 引脚。

```
#include <msp430f5529.h>
void main(void)
{
  WDTCTL = WDTPW + WDTHOLD;                // 关闭看门狗
  P1DIR |= BIT0;                           // 将P1.0设为输出
  CBCTL0 |= CBIPEN + CBIPSEL_0;            // 启用CB0，并将其引至正输入端
  CBCTL1 |= CBPWRMD_1;                     // 正常电源模式
  CBCTL2 |= CBRSEL;                        // 内部参考电压VREF引至负输入端
  CBCTL2 |= CBRS_3+CBREFL_1;               // 梯形电阻电路禁用，产生1.5V内部共享电压
  CBCTL3 |= BIT0;                          // 启用P6.0/CB0比较器功能
  _ _delay_cycles(75);                     // 延迟以待参考电压稳定
  CBINT &= ~(CBIFG + CBIIFG);              // 清除比较器中断标志位
  CBINT  |= CBIE;                          // 使能比较器CBIFG上升沿中断(CBIES=0)
  CBCTL1 |= CBON;                          // 打开比较器B
  _ _bis_SR_register(LPM4_bits+GIE);// 进入LPM4
}
// Comp_B中断服务程序- 反转P1.0口状态
#pragma vector=COMP_B_VECTOR
_ _interrupt void Comp_B_ISR (void)
```

```
{
  CBCTL1 ^= CBIES;                        // 切换中断触发方式
  CBINT &= ~CBIFG;                        // 清除中断标志位
  P1OUT ^= 0x01;                          // 反转P1.0口状态
}
```

【例 6.3.3】 比较器 B 输入通道 CB0 接外部模拟输入信号，并引至比较器“+”输入端。内部参考电压发生器利用梯形电阻电路产生 $1/2V_{CC}$ 的参考电压，并引至比较器“–”输入端。最终产生以下结果：当 CB0 输入模拟信号电压高于 $1/2V_{CC}$ 时，CBOUT 输出高电平；当 CB0 输入模拟信号电压低于 $1/2V_{CC}$ 时，CBOUT 输出低电平。

```
#include <msp430f5529.h>
void main(void)
{
  WDTCTL = WDTPW + WDTHOLD;               // 关闭看门狗
  P1DIR |= BIT6;
  P1SEL |= BIT6;                          // P1.6选择功能为比较器输出CBOUT
  CBCTL0 |= CBIPEN+CBIPSEL_0;             // 启用CB0，并将其引至正输入端
  CBCTL1 |= CBMRVS;                       // 利用CBOUT选择VREF0或VREF1作为内部参考电压
  CBCTL1 |= CBPWRMD_2;                    // 超低功耗电源模式
  CBCTL2 |= CBRSEL;                       // 内部参考电压VREF引至负输入端
  CBCTL2 |= CBRS_1+CBREF04;               // 利用梯形电阻电路产生1/2Vcc参考电压
  CBCTL3 |= BIT0;                         // 启用P6.0/CB0比较器功能
  CBCTL1 |= CBON;                         // 打开比较器B
  __delay_cycles(75);                     // 延迟以待参考电压稳定
  __bis_SR_register(LPM4_bits);           // 进入LPM4
}
```

【例 6.3.4】 比较器 B 输入通道 CB0 接外部模拟输入信号，并引至比较器“+”输入端。内部参考电压发生器利用梯形电阻电路产生 $3/4V_{CC}$ 的参考电压 V_{REF0} 和 $1/4V_{CC}$ 的参考电压 V_{REF1}，通过 CBOUT 输出进行控制并引至比较器“–”输入端。最终产生以下结果：当 CB0 输入模拟信号电压高于 $3/4V_{CC}$ 时，CBOUT 输出高电平；当 CB0 输入模拟信号电压低于 $1/4V_{CC}$ 时，CBOUT 输出低电平。

```
#include <msp430f5529.h>
void main(void)
{
  WDTCTL = WDTPW + WDTHOLD;               // 关闭看门狗
  P1DIR |= BIT6;
  P1SEL |= BIT6;                          // P1.6选择功能为比较器输出CBOUT
  CBCTL0 |= CBIPEN + CBIPSEL_0;           // 启用CB0，并将其引至正输入端
  CBCTL1 |= CBPWRMD_0;// 高速电源模式，当CBOUT为高时，内部参考电压选择VREF1，当CBOUT为低时，内部参考电压选择VREF0
  CBCTL2 |= CBRSEL;                       // 内部参考电压VREF引至负输入端
  CBCTL2 |= CBRS_1+CBREF13;               // VREF1设为1/4Vcc
  CBCTL2 |= CBREF04+CBREF03;              // VREF0设为3/4Vcc
  CBCTL3 |= BIT0;                         // 启用P6.0/CB0比较器功能
  CBCTL1 |= CBON;                         // 打开比较器B
```

```
    __delay_cycles(75);                    // 延迟以待参考电压稳定
    __bis_SR_register(LPM4_bits);          // 进入LPM4
}
```

6.4 定 时 器

定时器模块是 MSP430 单片机中非常重要的资源，可以用来实现定时控制、延时、频率测量、脉宽测量及信号产生等。MSP430 单片机的定时器资源非常丰富，包括看门狗定时器（WDT）、定时器 A（Timer_A）、定时器 B（Timer_B）和实时时钟（RTC）等。这些模块除了具有定时功能外，还各自具有一些特殊的用途，在应用中应根据需要选择合适的定时器模块。MSP430 单片机的定时器模块功能如下：

① 看门狗定时器：基本定时，当程序发生错误时执行一个受控的系统重启动。

② 定时器 A：基本定时，支持软件和各种外围模块工作在低频率、低功耗条件下。

③ 定时器 B：基本定时，功能基本同定时器 A，但比定时器 A 灵活，功能更强大。

④ 实时时钟：基本定时，日历功能。

下面分别介绍这些定时器。

6.4.1 看门狗定时器（WDT）

在工业控制现场，往往会由于供电电源、空间电磁干扰或其他的原因产生强烈的干扰噪声。这些干扰作用于数字器件，极易使其产生误动作，引起单片机程序跑飞，若不进行有效的处理，程序就不能回到正常的运行状态。为了保证系统的正常工作，一方面要尽量减少干扰源对系统的影响；另一方面，在系统受到影响之后要能尽快地恢复，看门狗就起到了这个作用。看门狗的用法：在正常工作期间，一次看门狗定时时间将产生一次系统复位。如果通过编程使看门狗定时时间稍大于程序中主循环执行一遍所用的时间，并且程序执行过程中都有对看门狗定时器清零的指令，使计数值重新计数，程序正常运行时，就会在看门狗定时时间到达之前对看门狗清零，不会产生看门狗溢出。如果由于干扰使程序跑飞，则不会在看门狗定时时间到达之前执行看门狗清零指令，看门狗就会产生溢出，从而产生系统复位，使 CPU 重新运行用户程序，这样程序就又可以恢复正常运行。

知识点：MSP430 单片机内部集成了看门狗定时器，既可作为看门狗使用，也可产生时间间隔进行定时。当用作看门狗时，若定时时间到，将产生一个系统复位信号；如果在用户应用程序中，不需要看门狗，可将看门狗定时器用作一般定时器使用，在选定的时间间隔到达时，将发生定时中断。

看门狗定时器具有如下特点：

- 软件可编程的 8 种时间间隔选择；
- 看门狗模式；
- 定时计数模式；
- 对看门狗控制寄存器更改受口令的保护，若口令输入错误，则控制寄存器无法更改；
- 多种时钟源供选择；
- 可选择关闭看门狗以减少功耗；
- 时钟故障保护功能。

MSP430 单片机的看门狗定时器逻辑结构框图如图 6.4.1 所示。由该图可知，MSP430 单片机的看门狗定时器由中断产生逻辑单元、看门狗定时计数器、口令比较单元、看门狗控制寄存器、参考时钟选择逻辑单元等构成。

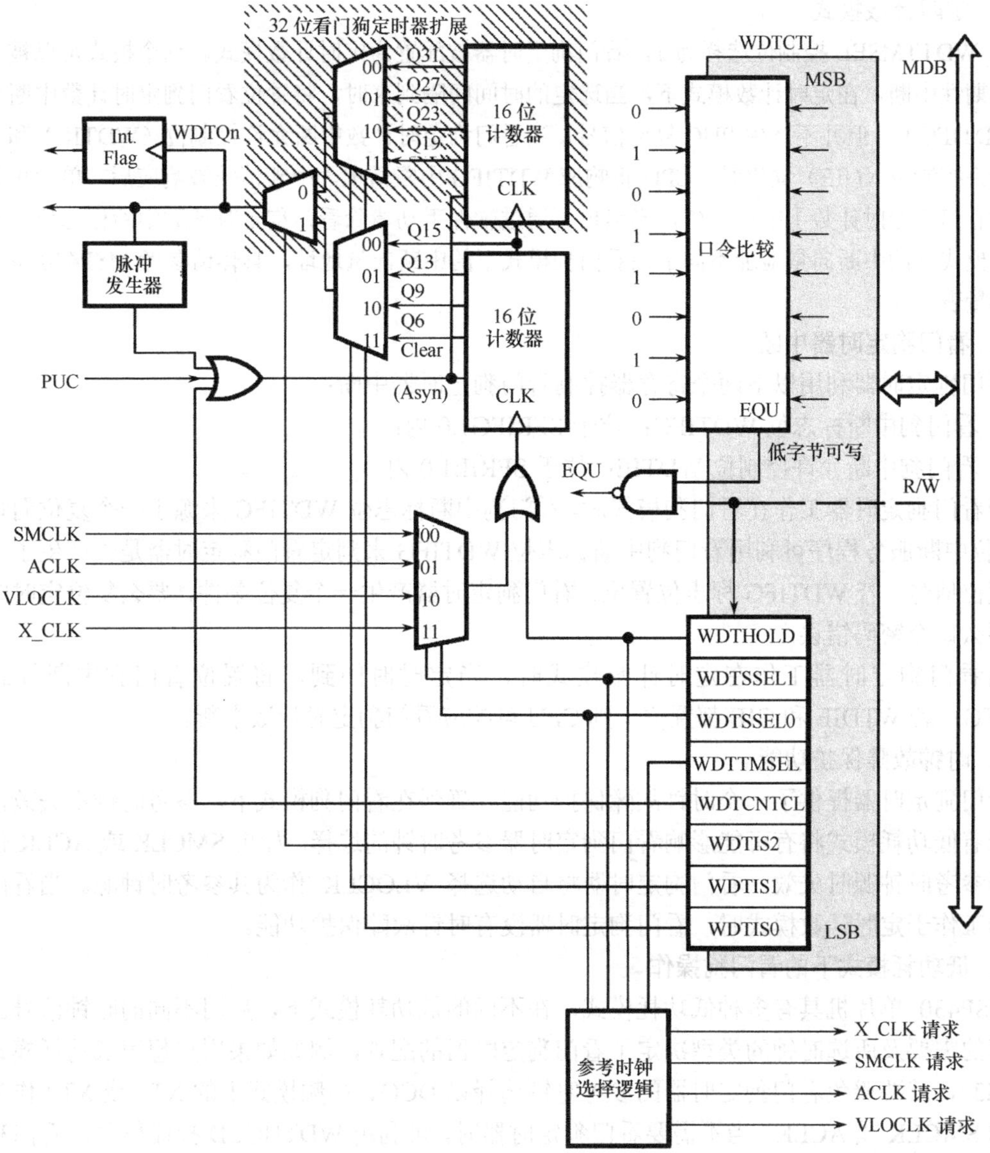

图 6.4.1　看门狗定时器逻辑结构框图

1. 看门狗定时计数器（WDTCNT）

看门狗定时计数器是一个 32 位增计数器，不能通过软件程序直接访问其计数值。软件可通过看门狗控制寄存器（WDTCTL）控制看门狗定时计数器及配置其产生的时间间隔。看门狗定时计数器的参考时钟源可通过 WDTSSEL 控制位配置为 SMCLK、ACLK、VLOCLK 或 X_CLK，产生的时间间隔可通过 WDTIS 控制位选择，具体请参考相应寄存器配置。

2. 看门狗模式

在一个上电复位清除（PUC）后，看门狗定时器被默认配置为采用 SMCLK 作为参考时钟源，复位时间间隔约为 32ms 并工作在看门狗模式。用户必须在看门狗复位时间间隔期满或另一个复位信号产生之前，配置、停止或清除看门狗定时计数器。当看门狗定时器被配置工作在看门狗模式时，利用一个错误的口令密码操作看门狗控制寄存器（WDTCTL）或选择的时间间隔期满都将产生一个 PUC 复位信号，一个 PUC 复位信号可将看门狗定时器复位到默认状态。

3. 定时计数模式

将 WDTTMSEL 控制位选择为 1，看门狗定时器被配置为定时计数模式。这个模式可以被用来产生周期性中断，在定时计数模式下，当选定的时间间隔到来时，将置位看门狗定时计数中断标志位（WDTIFG），但并不产生 PUC 复位信号。当看门狗定时计数中断允许控制位（WDTIE）和全局中断允许控制位（GIE）置位时，CPU 将响应 WDTIFG 中断请求。中断请求被响应后，单片机将自动清除看门狗定时计数中断标志位，当然也可通过软件手动清除看门狗定时计数中断标志位。在定时计数模式下的中断向量地址不同于在看门狗模式下的中断向量地址，具体请参考 MSP430 单片机中断向量表。

4. 看门狗定时器中断

看门狗定时器利用以下两个寄存器控制看门狗定时器中断：

- 看门狗中断标志位 WDTIFG：位于 SFRIFG1.0 内；
- 看门狗中断允许控制位 WDTIE：位于 SFRIE1.0 内。

当看门狗定时器工作在看门狗模式时，看门狗中断标志位 WDTIFG 来源于一个复位向量中断。复位中断服务程序可利用看门狗中断标志位 WDTIFG 来判定看门狗定时器是否产生了一个系统复位信号。若 WDTIFG 标志位置位，看门狗定时器产生一个复位条件，要么复位定时时间到，要么口令密码错误。

当看门狗定时器工作在定时计数模式时，当定时时间到，将置位看门狗中断标志位 WDTIFG，若 WTDIE 和 GIE 都置位，则 CPU 可响应看门狗定时计数中断。

5. 时钟故障保护功能

看门狗定时器提供了一个时钟故障保护功能，确保在看门狗模式下，参考时钟不失效，这就意味着低功耗模式将有可能影响看门狗定时器参考时钟的选择。如果 SMCLK 或 ACLK 作为定时器参考时钟源时失效，看门狗定时器将自动选择 VLOCLK 作为其参考时钟源。当看门狗定时器工作于定时计数模式时，看门狗定时器没有时钟故障保护功能。

6. 低功耗模式下的看门狗操作

MSP430 单片机具有多种低功耗模式，在不同的低功耗模式下，启用不同的时钟信号。应用程序的需要及所选时钟的类型决定了看门狗定时器的配置，例如如果用户想用低功耗模式 3（LPM3），就要避免看门狗定时器的参考时钟选择以 DCO、高频模式下的 XT1 或 XT2 作为时钟源的 SMCLK 或 ACLK。当不需要看门狗定时器时，可利用 WDTHOLD 控制位关闭看门狗计数器（WDTCNT），以减少单片机功耗。

7. 看门狗定时器控制寄存器

看门狗定时器控制寄存器（WDTCTL）列表如表 6.4.1 所示。

表 6.4.1 看门狗定时器控制寄存器列表（基址为 015Ch）

寄存器	缩写	读/写类型	访问形式	偏移地址	初始状态
WDTCTL	WDTCTL	读/写	字访问	0CH	6904h
	WDTCTL_L	读/写	字节访问	0CH	04h
	WDTCTL_H	读/写	字节访问	0DH	69h

具体看门狗定时器控制寄存器定义如下，注意其中具有下划线的配置为看门狗控制寄存器

初始状态或复位后的默认配置。

15	14	13	12	11	10	9	8
WDTPW							
7	**6**	**5**	**4**	**3**	**2**	**1**	**0**
WDTHOLD	WDTSSEL		WDTTMSEL	WDTCNTCL	WDTIS		

● WDTPW：第 8～15 位，看门狗定时器寄存器操作口令密码。读取操作时为 069h，写入操作时为 05Ah。

● WDTHOLD：第 7 位，看门狗定时器停止控制位。该控制位可停止看门狗定时器的工作，当不需要看门狗定时器时，可令 WDTHOLD 为 1，以降低能耗。

0：看门狗定时器没有被停止；　　1：看门狗定时器被停止。

● WDTSSEL：第 5～6 位，看门狗参考时钟选择控制位。

00：SMCLK；　　01：ACLK；　　10：VLOCLK；

11：X_CLK（在不支持 X_CLK 的 MSP430 单片机中选择 VLOCLK）。

● WDTTMSEL：第 4 位，看门狗定时器模式选择控制位。

0：看门狗模式；　　1：定时计数模式。

● WDTCNTCL：第 3 位，清除看门狗定时器计数值控制位。将该控制位置位，将清除当前看门狗定时器的计数值，之后该控制位将自动清除。

0：无动作；　　1：自动将看门狗定时器计数值 WDTCNT 设为 0000h。

● WDTIS：第 0～2 位，看门狗定时器时间间隔选择控制位。通过该控制位的配置可选择相应的时间间隔，当时间间隔期满时，将置位 WDTIFG 标志位或产生一个 PUC 复位信号。

000：2G/看门狗时钟参考频率（在 32kHz 参考频率下，定时 18 时 12 分 16s）；

001：128k/看门狗时钟参考频率（在 32kHz 参考频率下，定时 1 时 8 分 16s）；

010：8192k /看门狗时钟参考频率（在 32kHz 参考频率下，定时 4 分 16s）；

011：512k /看门狗时钟参考频率（在 32kHz 参考频率下，定时 16s）；

100：32k/看门狗时钟参考频率（在 32kHz 参考频率下，定时 1s）；

101：8192/看门狗时钟参考频率（在 32kHz 参考频率下，定时 250ms）；

110：512/看门狗时钟参考频率（在 32kHz 参考频率下，定时 15.6ms）；

111：64/看门狗时钟参考频率（在 32kHz 参考频率下，定时 1.95ms）。

8. 看门狗定时器应用

应用方式：看门狗定时器的应用有两种方式，一种是作为看门狗，另一种是作为定时器，无论哪一种，所定义的时间，都由 WDTIS 控制位和所使用的参考时钟频率来决定。

【例 6.4.1】 将看门狗定时器工作在定时计数模式，利用 SMCLK 作为参考时钟，定时 32ms 并启用中断，在中断服务程序中，反转 P1.0 端口状态，以便使用示波器观察输出波形。

```
#include <msp430f5529.h>
void main(void)
{
  WDTCTL = WDTPW+WDTTMSEL+WDTCNTCL+WDTIS2;
  // 看门狗定时器工作在定时计数模式，定时32ms，选择SMCLK作为参考时钟
  SFRIE1 |= WDTIE;                          // 使能看门狗定时器中断
  P1DIR |= 0x01;                            // 设置P1.0端口为输出
```

```
  _ _bis_SR_register(LPM0_bits + GIE);  // 进入低功耗模式0，并启用中断
}
// 看门狗中断服务程序
#pragma vector=WDT_VECTOR
_ _interrupt void WDT_ISR(void)
{
  P1OUT ^= 0x01;                         // 反转P1.0端口状态
}
```

【例 6.4.2】 将看门狗定时器工作在看门狗模式，利用 ACLK 作为参考时钟，系统定时 1s 复位一次，在程序执行的过程中，每复位一次，反转一次 P1.0 端口状态，可利用示波器观察输出波形。

```
#include <msp430f5529.h>
void main(void)
{
  WDTCTL = WDTPW+WDTCNTCL+WDTSSEL0+WDTIS2;
  // 看门狗定时器工作在看门狗模式，定时1S，选择ACLK作为参考时钟
  P1DIR |= 0x01;                         // 设置P1.0端口为输出
  P1OUT ^= 0x01;                         // 反转P1.0端口状态
  _ _bis_SR_register(LPM3_bits + GIE);  // 进入低功耗模式3，并启用中断
}
```

6.4.2 定时器 A（Timer_A）

知识点：Timer_A 定时器为 16 位定时器，具有高达 7 个捕获比较寄存器。Timer_A 支持多路捕获/比较、PWM 输出和定时计数。Timer_A 也具有丰富的中断能力，当定时时间到或满足捕获/比较条件时，将可触发定时器 A 中断。

定时器 A 具有如下特点：

- 4 种运行模式的异步 16 位定时/计数器；
- 参考时钟源可选择配置；
- 高达 7 个可配置的捕获/比较寄存器；
- 可配置的 PWM 输出；
- 异步输入和输出锁存；
- 具有可对 Timer_A 中断快速响应的中断向量寄存器。

定时器 A 的结构框图如图 6.4.2 所示。由图可知，Timer_A 定时器主要分为两个部分：主计数器和捕获/比较模块。主计数器负责定时、计时或计数，计数值（TAR 寄存器的值）被送到各个捕获/比较模块中，它们可以在无须 CPU 干预的情况下根据触发条件与计数器值自动完成某些测量和输出功能。只需定时、计数功能时，可以只使用主计数器部分。在 PWM 调制、利用捕获测量脉宽、周期等应用中，还需要捕获/比较模块的配合。

值得注意的是，MSP430 单片机的定时器 A 是由多个形式相近的模块构成的，每个定时器模块又具有不同个数的捕获/比较器。它们的命名形式分别为 TAx，TAxCCRx（x = 0，1，……，具体数目与具体型号有关）。例如，TA0，TA0CCR0，TA0CCR4，TA1，TA1CCR0，TA1CCR1 等。

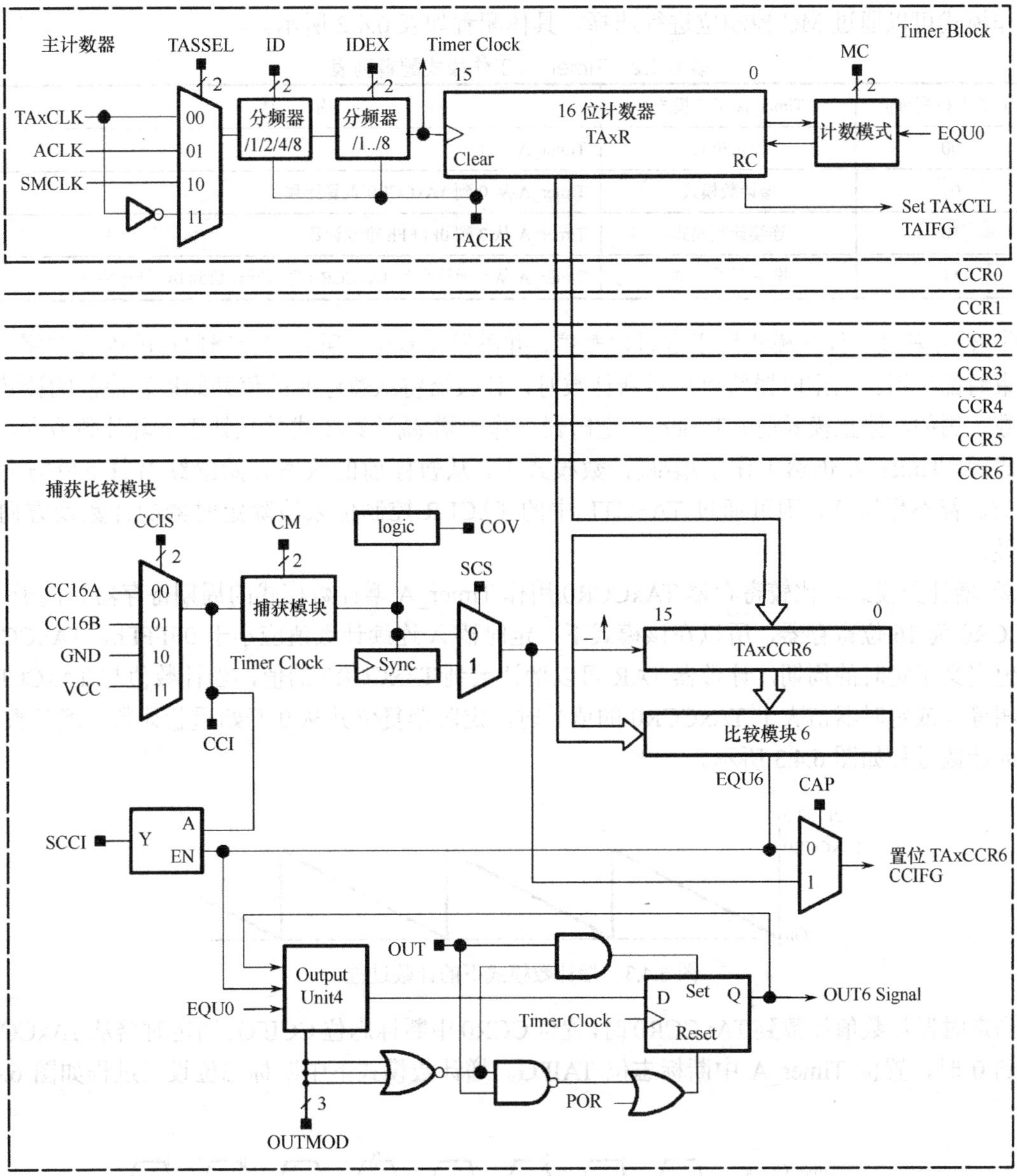

图 6.4.2　定时器 A 结构框图

1. 16 位定时器原理

16 位定时器的计数值寄存器 TAR 在每个时钟信号的上升沿进行增加/减少，可利用软件读取 TAR 寄存器的计数值。此外，当定时时间到，产生溢出时，定时器可产生中断。置位定时器控制寄存器中的 TACLR 控制位，可自动清除 TAR 寄存器的计数值，同时，在增/减计数模式下，清除了时钟分频器和计数方向。

（1）时钟源选择和分频器

定时器的参考时钟源可以来自内部时钟 ACLK、SMCLK 或者来自 TACLK 引脚输入，可通过 TASSEL 控制位进行选择。选择的时钟源首先通过 ID 控制位进行 1、2、4、8 分频，对于分频后的时钟，可通过 TAIDEX 控制位进行 1、2、3、4、5、6、7、8 分频。

（2）Timer_A 工作模式

Timer_A 共有 4 种工作模式：停止模式、增计数模式、连续计数模式和增/减计数模式，具体工作模式可以通过 MC 控制位进行选择，具体配置如表 6.4.2 所示。

表 6.4.2　Timer_A 工作模式配置列表

MC 控制位配置值	Timer_A 工作模式	描　述
00	停止模式	Timer_A 停止
01	增计数模式	Timer_A 从 0 到 TAxCCR0 重复计数
10	连续计数模式	Timer_A 从 0 到 0FFFFh 重复计数
11	增/减计数模式	Timer_A 从 0 增计数到 TAxCCR0 之后减计数到 0，循环往复

① 停止模式。停止模式用于定时器暂停，并不发生复位，所有寄存器现行的内容在停止模式结束后都可用。当定时器暂停后重新计数时，计数器将从暂停时的值开始以暂停前的计数方向计数。例如，停止模式前，Timer_A 定时器工作于增/减计数模式并且处于下降计数方向，停止模式后，Timer_A 仍然工作于增/减计数模式下，从暂停前的状态开始继续沿着下降方向开始计数。若不想这样，则可通过 TAxCTL 中的 TACLR 控制位来清除定时器的计数及方向记忆特性。

② 增计数模式。比较寄存器 TAxCCR0 用作 Timer_A 增计数模式的周期寄存器。由于 TAxCCR0 为 16 位寄存器，所以在该模式下，定时器 A 连续计数值应小于 0FFFFh。TAxCCR0 的数值定义了定时的周期，计数器 TAR 可以增计数到 TAxCCR0 的值，当计数值与 TAxCCR0 的值相等（或定时器值大于 TAxCCR0 的值）时，定时器复位并从 0 开始重新计数。增计数模式下的计数过程如图 6.4.3 所示。

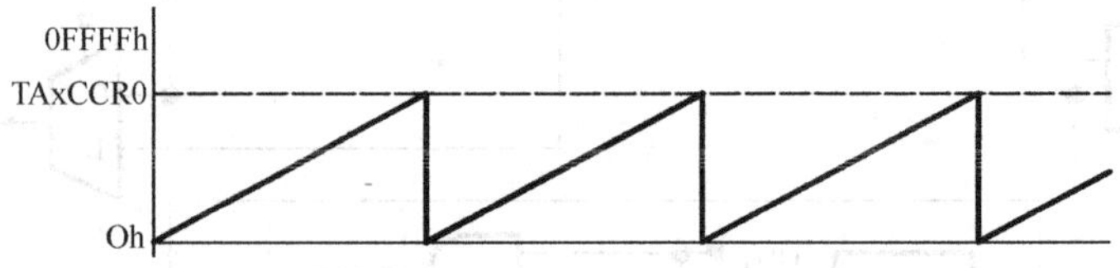

图 6.4.3　增计数模式下的计数过程

当定时器计数值计数到 TAxCCR0 时，置位 CCR0 中断标志位 CCIFG。当定时器从 TAxCCR0 计数到 0 时，置位 Timer_A 中断标志位 TAIFG。增计数模式下中断标志位设置过程如图 6.4.4 所示。

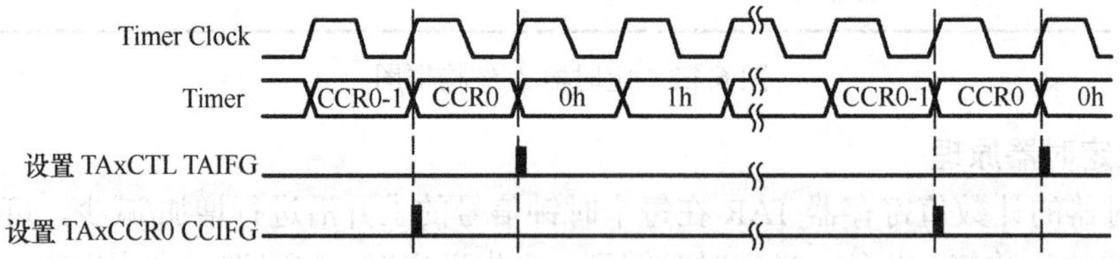

图 6.4.4　增计数模式下中断标志位设置过程

注意： Timer_A 定时器还可以在工作的过程中更改 TAxCCR0 的值以更改定时周期。若新周期大于或等于旧的周期，定时器会直接增计数到新的周期；若新周期小于旧周期，定时器会在 TAxCCR0 改变后，直接从 0 开始增计数到新的 TAxCCR0。

【例 6.4.3】 利用 TA0 定时器，使其工作在增计数模式，采用 SMCLK 作为其计数参考时钟，并启用 TA0CCR0 计数中断，在 TA0 中断服务程序中反转 P1.0 口状态，以便于用示波器进行观察。

```
#include <msp430f5529.h>
```

```c
void main(void)
{
  WDTCTL = WDTPW + WDTHOLD;                    // 关闭看门狗
  P1DIR |= 0x01;                               // P1.0设为输出
  TA0CCTL0 = CCIE;                             // CCR0中断使能
  TA0CCR0 = 50000;
  TA0CTL = TASSEL_2 + MC_1 + TACLR;           // SMCLK，增计数模式，清除TAR计数器
  _ _bis_SR_register(LPM0_bits + GIE);        // 进入LPM0，使能中断
}
// TA0中断服务程序
#pragma vector=TIMER0_A0_VECTOR
_ _interrupt void TIMER0_A0_ISR(void)
{
  P1OUT ^= 0x01;                               // 反转P1.0口输出状态
}
```

③ 连续计数模式。在连续计数模式下，Timer_A 定时器增计数到 0FFFFh 之后从 0 开始重新计数，如此往复。连续计数模式下的计数过程如图 6.4.5 所示。

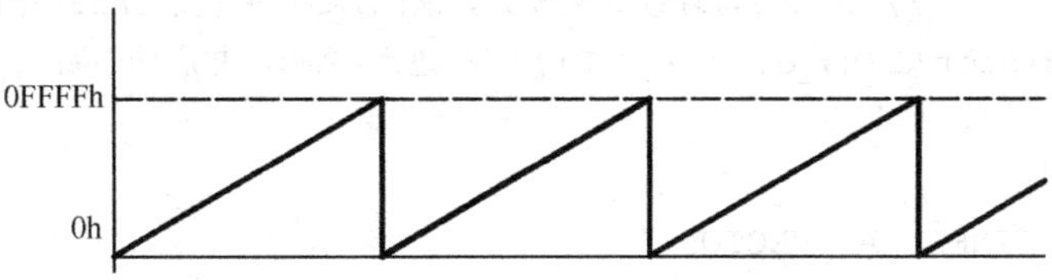

图 6.4.5　连续计数模式下的计数过程

当定时器计数值从 0FFFFh 计数到 0 时，置位 Timer_A 中断标志位，连续计数模式下的中断标志位设置过程如图 6.4.6 所示。

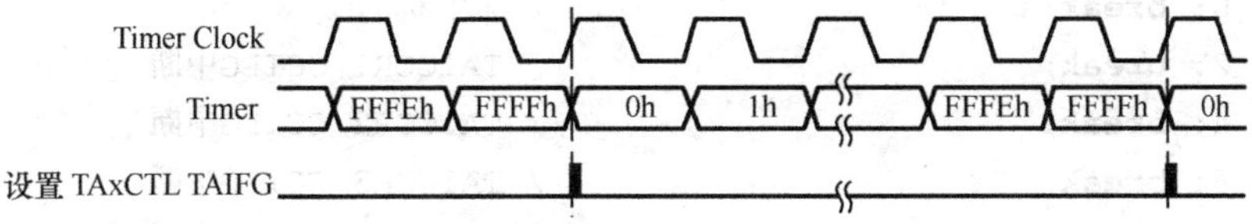

图 6.4.6　连续计数模式下中断标志位的设置过程

连续计数模式的典型应用如下：

● 产生多个独立的时序信号：利用捕获比较寄存器捕获各种其他外部事件发生的定时器数据。

● 产生多个定时信号：在连续计数模式下，每完成一个 TAxCCRn(其中 n 取值为 0～6)计数间隔，将产生一个中断，在中断服务程序中，将下一个时间间隔计数值赋给 TAxCCRn，如图 6.4.7 表示了利用两个捕获比较寄存器 TAxCCR0 和 TAxCCR1 产生两个定时信号 t_0 和 t_1。在这种情况下，定时完全通过硬件实现，不存在软件中断响应延迟的影响，具体实现示意图如图 6.4.7 所示。

【例 6.4.4】利用 TA1 定时器，使其工作在连续计数模式下，采用 SMCLK 作为其计数参考时钟，使能 TAIFG 中断。在 TA1 中断服务程序中反转 P1.0 口状态，以便于用示波器进行观察。

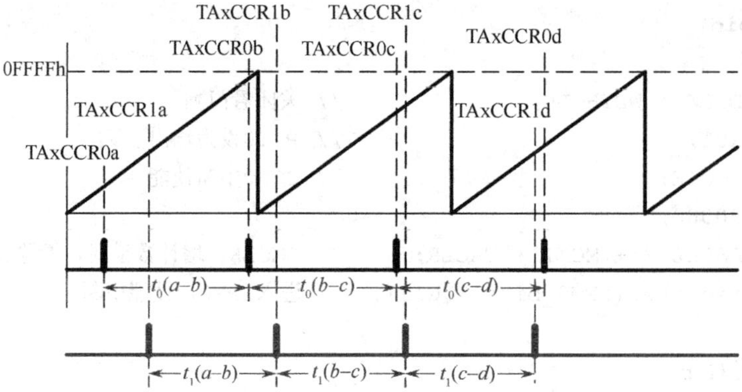

图 6.4.7　产生两个定时信号示意图

```
#include <msp430f5529.h>
void main(void)
{
  WDTCTL = WDTPW + WDTHOLD;                   // 关闭看门狗
  P1DIR |= 0x01;                              // P1.0设为输出
  TA1CTL = TASSEL_2 + MC_2 + TACLR + TAIE;
                     // SMCLK，连续计数模式，清除TAR，并使能TAIFG中断
  _ _bis_SR_register(LPM0_bits + GIE); // 进入LPM0，并启动中断
}
// TA1中断服务程序
#pragma vector=TIMER1_A1_VECTOR
_ _interrupt void TIMER1_A1_ISR(void)
{
  switch(_ _even_in_range(TA1IV,14))
  {
    case  0: break;                           // 无中断
    case  2: break;                           // TA1CCR1 CCIFG中断
    case  4: break;                           // TA1CCR2 CCIFG中断
    case  6: break;                           // TA1CCR3 CCIFG中断
    case  8: break;                           // TA1CCR4 CCIFG中断
    case 10: break;                           // TA1CCR5 CCIFG中断
    case 12: break;                           // TA1CCR6 CCIFG中断
    case 14: P1OUT ^= 0x01;                   // TAIFG中断
         break;
    default: break;
  }
}
```

④ 增/减计数模式，需要对称波形的情况往往可以使用增/减计数模式。在该模式下，定时器先增计数到 TAxCCR0 的值，然后反方向减计数到 0。计数周期仍由 TAxCCR0 定义，它是 TAxCCR0 值的 2 倍。增/减计数模式下的计数过程如图 6.4.8 所示。

在增/减计数模式下，TAxCCR0 中断标志位 CCIFG 和 Timer_A 中断标志位 TAIFG 在一个周期内仅置位一次。当定时计数器增计数从 TAxCCR0–1 计数到 TAxCCR0 时，置位 TAxCCR0 中断标志位 CCIFG，当定时计数器减计数从 0001h 到 0000h 时，置位 Timer_A 中断标志位 TAIFG。

增/减计数模式下中断标志位的设置过程如图 6.4.9 所示。

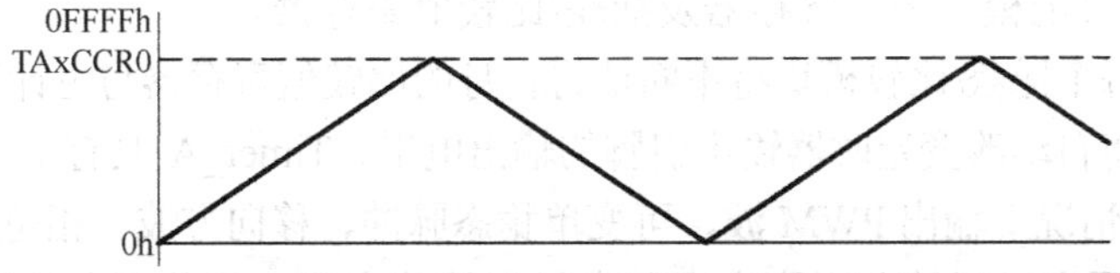

图 6.4.8　增/减计数模式下的计数过程

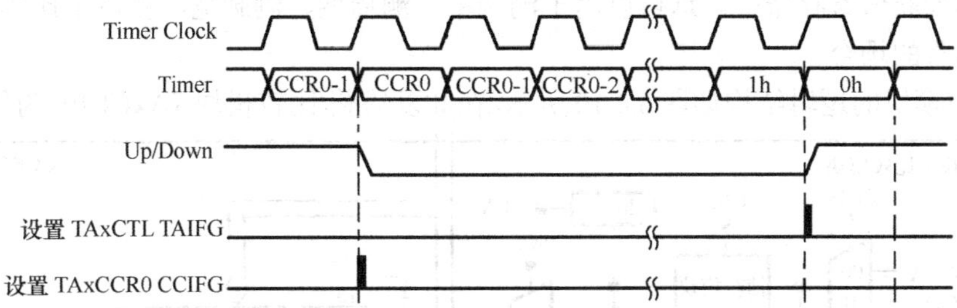

图 6.4.9　增/减计数模式下中断标志位的设置过程

注意：在增/减计数模式的过程中，也可以通过改变 TAxCCR0 的值来重置计数周期。如果当定时器工作在减计数的状态下时，更改了 TAxCCR0 的值，计数器将继续进行减计数，直到计数到 0 后，新周期的计数值才有效。当定时器工作在增计数的状态下时，更改了 TAxCCR0 的值，若更改后的 TAxCCR0 的值大于或等于之前的 TAxCCR0 的值，计数器在开始减计数之前增计数到新的 TAxCCR0 的值。若更改后的 TAxCCR0 的值小于之前的 TAxCCR0 的值，计数器将直接进行减计数。

【例 6.4.5】 利用 TA0 定时器，使其工作在增/减计数模式，采用 SMCLK 作为其计数参考时钟，并启用 TA0CCR0 计数中断，在 TA0 中断服务程序中反转 P1.0 口状态，以便于用示波器进行观察。通过观察并与【例 6.4.3】示例示波器观察的波形相比较，本例中的波形周期为【例 6.4.3】示例示波器观察波形周期的 2 倍，即验证了增/减计数的原理。

```
#include <msp430f5529.h>
void main(void)
{
  WDTCTL = WDTPW + WDTHOLD;                 // 关闭看门狗定时器
  P1DIR |= 0x01;                            // P1.0输出
  TA0CCTL0 = CCIE;                          // 使能CCR0中断允许
  TA0CCR0 = 50000;
  TA0CTL = TASSEL_2 + MC_3 + TACLR;         // SMCLK，增/减计数模式，清除TAR
  _ _bis_SR_register(LPM0_bits + GIE);      // 进入LPM0并启用全局中断
}
// TA0中断服务程序
#pragma vector=TIMER0_A0_VECTOR
_ _interrupt void TIMER0_A0_ISR(void)
{
  P1OUT ^= 0x01;                            // 反转P1.0引脚输出状态
}
```

（3）捕获/比较模块

除了主计数器之外，Timer_A 定时器还具有高达 7 个相同的捕获/比较模块 TAxCCRn（其

中 n=0～6)，任何一个捕获/比较模块都可以用于捕获事件发生的时间或产生的时间间隔。每个捕获/比较模块都有单独的模式控制寄存器及捕获/比较值寄存器。

在比较模式下，每个捕获/比较模块将不断地将自身的比较值寄存器与主计数器的计数值进行比较，一旦相等，就将自动改变定时器输出引脚的输出电平。Timer_A 具有 8 种输出模式，从而可在无须 CPU 干预的情况下输出 PWM 波、可变单稳态脉冲、移向方波、相位调制等常用波形。

在捕获模式下，用定时器输入引脚电平跳变触发捕获电路，将此刻主计数器的计数值自动保存到相应的捕获值寄存器中。这可以用于测频率、测周期、测脉宽、测占空比等需要获得波形中精确时间量的场合。

捕获/比较模块的逻辑结构如图 6.4.10 所示，在此以捕获/比较模块 TAxCCR6 为例进行介绍。

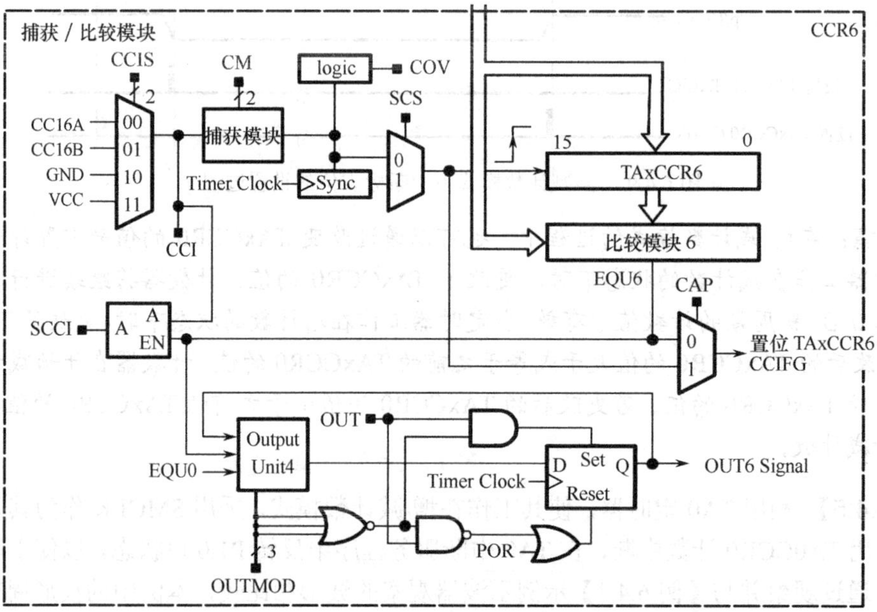

图 6.4.10 捕获/比较模块 TAxCCR6 逻辑结构框图

① 捕获模式。当 CAP 控制位置为 1 时，捕获/比较模块配置为捕获模式。捕获模式被用于捕获事件发生的时间。捕获输入 CCIxA 和 CCIxB 可连接外部引脚或内部信号，这需通过 CCIS 控制位进行配置。可通过 CM 控制位将捕获输入信号触发沿配置为上升沿触发、下降沿触发或两者都触发。捕获事件在所选输入信号触发沿产生，如果产生捕获事件，定时器将完成以下工作：

- 主计数器计数值复制到 TAxCCRn 寄存器中；
- 置位中断标志位 CCIFG。

输入信号的电平可在任意时刻通过 CCI 控制位进行读取。捕获信号可能会和定时器时钟不同步，并导致竞争条件的产生，将 SCS 控制位置位，可在下一个定时器时钟使捕获同步。捕获信号示意图如图 6.4.11 所示。

如果第二次捕获在第一次捕获的值被读取之前发生，捕获/比较寄存器就会产生一个溢出逻辑，在此情况下，将置位 COV 标志位，如图 6.4.12 虚线状态转移所示。注意 COV 标志位必须通过软件消除。

【例 6.4.6】 利用 TA1 定时器，使其工作在捕获模式，上升沿触发捕获，参考时钟选择 SMCLK，通过中断读取定时器捕获值。将 ACLK 通过 P1.0 引脚输出，并与 P2.0 引脚相连，P2.0 配置为定时器捕获输入。

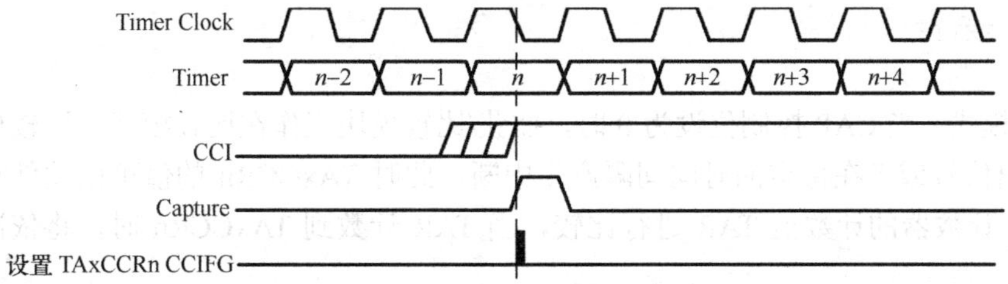

图 6.4.11　捕获信号示意图（SCS=1）

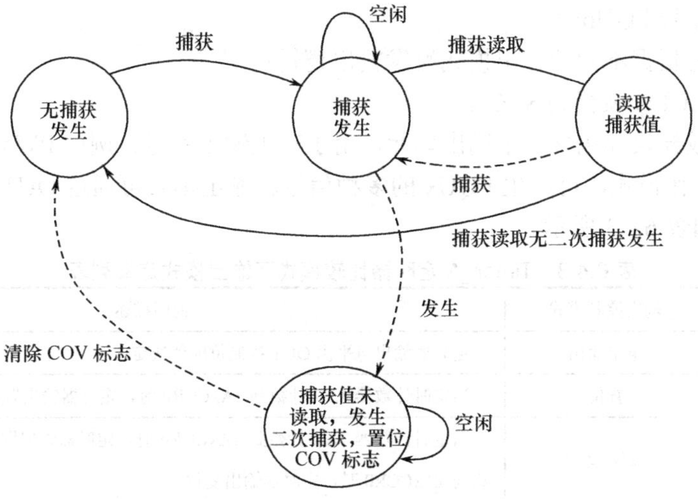

图 6.4.12　循环捕获示意图

```
#include <msp430f5529.h>
int i=0;
int Cycle[2];
void main(void)
{
  WDTCTL = WDTPW + WDTHOLD;                    // 关闭看门狗
  P1DIR |= BIT0;
  P1SEL |= BIT0;                               // 将P1.0引脚配置为ACLK输出
  P2DIR &=~BIT0;
  P2SEL |= BIT0;                               // 将P2.0引脚配置为定时器捕获输入
  TA1CTL = TASSEL_2 + MC_2 + TACLR ;
                        //TA1主计数器时钟选择SMCLK，连续计数模式，清除TAR
  TA1CCTL1 = CM0 + SCS + CAP + CCIE;           // CCR1工作于捕获模式，上升沿触发
  _ _bis_SR_register(LPM0_bits + GIE);         // 进入LPM0并使能全局中断
}
// TA1中断服务程序
#pragma vector=TIMER1_A1_VECTOR
_ _interrupt void TIMER0_A1_ISR(void)
{
    Cycle[i]=TA1CCR1;                          //读取捕获值
    i++;
    if(i==2) i=0;
    TA1CCTL1 &= ~CCIFG;                        //清除中断标志位
```

```
    LPM0_EXIT;
}
```

② 比较模式。当 CAP 控制位设为 0 时，捕获/比较模块工作在比较模式。比较模式用来产生 PWM 输出信号或者在特定的时间间隔产生中断。此时 TAxCCRn 的值可由软件写入，并通过比较器与主计数器的计数值 TAR 进行比较，当 TAR 计数到 TAxCCRn 时，将依次产生以下事件：

- 置位中断标志位 CCIFG；
- 产生内部信号 EQUn=1；
- EQUn 信号根据不同的输出模式触发输出逻辑；
- 输入信号 CCI 被锁存到 SCCI。

每个捕获/比较模块都包含一个输出单元，用于产生输出信号，例如 PWM 信号等。每个输出单元都有 8 种工作模式，可产生 EQUx 的多种信号。输出模式可通过 OUTMOD 控制位进行定义，具体定义如表 6.4.3 所示。

表 6.4.3　Timer_A 定时器比较模式下输出模式定义列表

OUTMODx 控制位	输出控制模式	说明描述
000	电平输出	定时器输出电平由 OUT 控制位的值决定
001	置位	当定时计数器 TAR 计数到 TAxCCRn 时，定时器输出置高
010	取反/复位	当定时计数器 TAR 计数到 TAxCCRn 时，定时器输出取反；当定时器 TAR 计数到 TAxCCR0 时，定时器输出复位
011	置位/复位	当定时计数器 TAR 计数到 TAxCCRn 时，定时器输出置位；当定时计数器 TAR 计数到 TAxCCR0 时，定时器输出复位
100	取反	当定时计数器 TAR 计数到 TAxCCRn 时，定时器输出取反，输出周期为双定时器周期
101	复位	当定时计数器 TAR 计数到 TAxCCRn 时，定时器输出复位
110	取反/置位	当定时计数器 TAR 计数到 TAxCCRn 时，定时器输出取反；当定时计数器 TAR 计数到 TAxCCR0 时，定时器输出置位
111	复位/置位	当定时计数器 TAR 计数到 TAxCCRn 时，定时器输出复位；当定时计数器 TAR 计数到 TAxCCR0 时，定时器输出置位

- 增计数模式下，定时器比较输出

在增计数模式下，当 TAR 增加到 TAxCCRn 或从 TAxCCR0 计数到 0 时，定时器输出信号按选择的输出模式发生变化。示例如图 6.4.13 所示，该示例利用了 TAxCCR0 和 TAxCCR1。

【例 6.4.7】 利用定时器 TA0，使其工作在增计数模式下，选择 ACLK 作为其参考时钟。将 P1.2 和 P1.3 引脚配置为定时器输出，且使 CCR1 和 CCR2 工作在比较输出模式 7 下，最终使 P1.2 引脚输出 75%占空比的 PWM 波形，使 P1.3 引脚输出 25%占空比的 PWM 波形，可通过示波器进行观察。

```
#include <msp430f5529.h>
void main(void)
{
  WDTCTL = WDTPW + WDTHOLD;                  // 关闭看门狗
  P1DIR |= BIT2+BIT3;                        // P1.2和P1.3设为输出
  P1SEL |= BIT2+BIT3;                        // P1.2和P1.3引脚功能选为定时器输出
```

```
    TA0CCR0 = 512-1;                      // PWM周期定义
    TA0CCTL1 = OUTMOD_7;                  // CCR1比较输出模式7：复位/置位
    TA0CCR1 = 384;                        // CCR1 PWM 占空比定义
    TA0CCTL2 = OUTMOD_7;                  // CCR2 比较输出模式7：复位/置位
    TA0CCR2 = 128;                        // CCR2 PWM 占空比定义
    TA0CTL = TASSEL_1 + MC_1 + TACLR;     // ACLK，增计数模式，清除TAR计数器
    __bis_SR_register(LPM3_bits);         // 进入LPM3
}
```

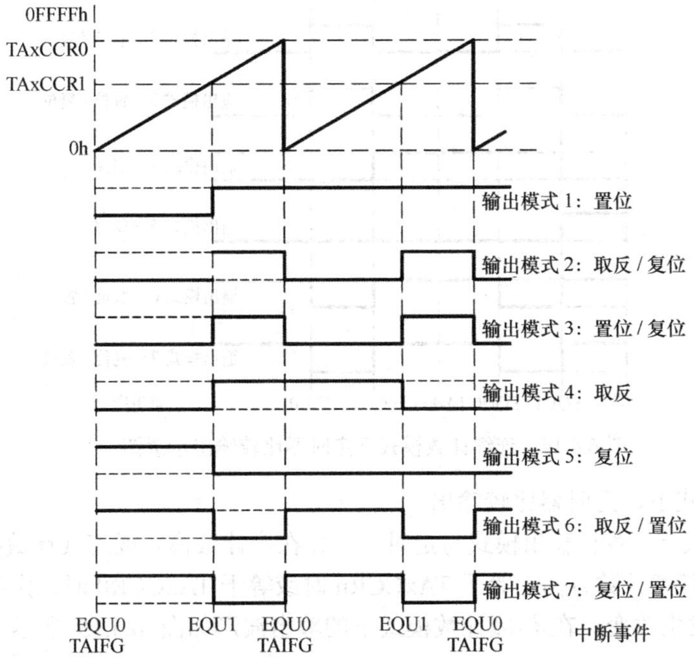

图 6.4.13　增计数模式下定时器比较输出示意图

● 连续计数模式下，定时器比较输出

在连续计数模式下，定时器输出波形与增计数模式一样，只是计数器在增计数到 TAxCCR0 后还要继续增计数到 0FFFFh，这样就延长了计数器计数到 TAxCCR1 数值的时间。在连续计数模式下的输出波形如图 6.4.14 所示。在该示例中，同样用到了 TAxCCR0 和 TAxCCR1。

【例 6.4.8】 利用 TA1 定时器，使其工作在连续计数模式下，选择 ACLK 作为其参考时钟，将 P2.0 引脚配置为定时器输出，且使 CCR1 工作在比较输出模式 3 下，最终使 P2.0 引脚输出 25%占空比的 PWM 波形，可通过示波器进行观察。

```
#include <msp430f5529.h>
void main(void)
{
    WDTCTL = WDTPW + WDTHOLD;                 // 关闭看门狗
    P2DIR |= BIT0;                            // P2.0引脚输出
    P2SEL |= BIT0;                            // P2.0引脚设为定时器输出
    TA1CCTL1 = OUTMOD_3;                      // CCR1工作在比较输出模式3
    TA1CCR0 = 16484;
    TA1CCR1 = 100;                            // 定义PWM占空比
    TA1CTL = TASSEL_1 + MC_2 + TACLR;         // ACLK，连续计数模式，清除TAR计数器
```

```
  _ _bis_SR_register(LPM3_bits);          // 进入LPM3
}
```

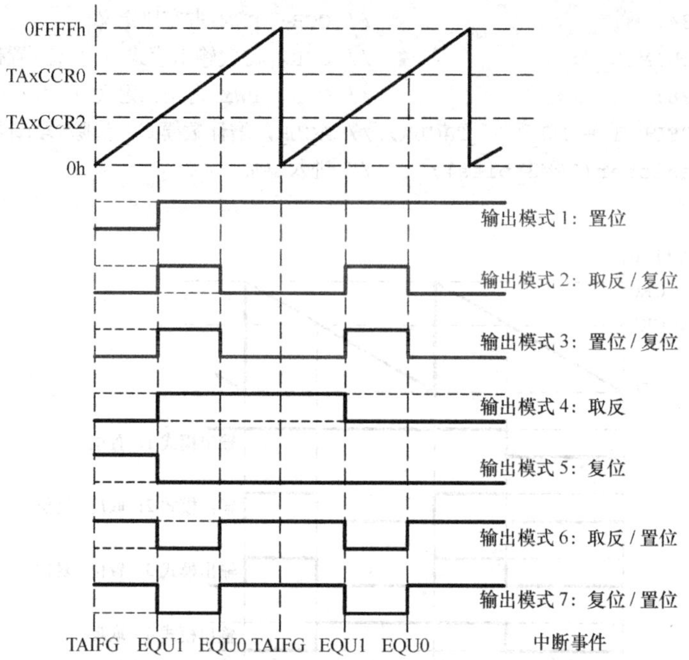

图 6.4.14　连续计数模式下定时器比较输出示意图

● 增/减计数模式下，定时器比较输出

在增/减计数模式下，各种输出模式与定时器工作在增计数模式或连续计数模式不同。当定时器计数值 TAR 在任意计数方向上等于 TAxCCRn 时或等于 TAxCCR0 时，定时器输出信号都按选定的输出模式发生改变。在增/减计数模式下的输出波形如图 6.4.15 所示。该示例利用了 TAxCCR0 和 TAxCCR2。

【例 6.4.9】 利用定时器 TA2，使其工作在增/减计数模式下，选择 SMCLK 作为其参考时钟，将 P2.4 和 P2.5 引脚配置为定时器输出，且使 CCR1 和 CCR2 工作在比较输出模式 6 下，最终使 P2.4 引脚输出 75%占空比的 PWM 波形，使 P2.5 引脚输出 25%占空比的 PWM 波形，可通过示波器进行观察。

```
#include <msp430f5529.h>
void main(void)
{
  WDTCTL = WDTPW + WDTHOLD;                  // 关闭看门狗
  P2DIR |= BIT4+BIT5;                        // P2.4和P2.5设为输出
  P2SEL |= BIT4+BIT5;                        // P2.4和P2.5设为定时器输出
  TA2CCR0 = 128;                             // PWM周期的一半
  TA2CCTL1 = OUTMOD_6;                       // CCR1比较模式6：取反/置位
  TA2CCR1 = 32;                              // CCR1 PWM占空比
  TA2CCTL2 = OUTMOD_6;                       // CCR2比较模式6：取反/置位
  TA2CCR2 = 96;                              // CCR2 PWM占空比
  TA2CTL = TASSEL_2 + MC_3 + TACLR;          // SMCLK，增/减计数模式，清除TAR
  _ _bis_SR_register(LPM0_bits);             // 进入LPM0
}
```

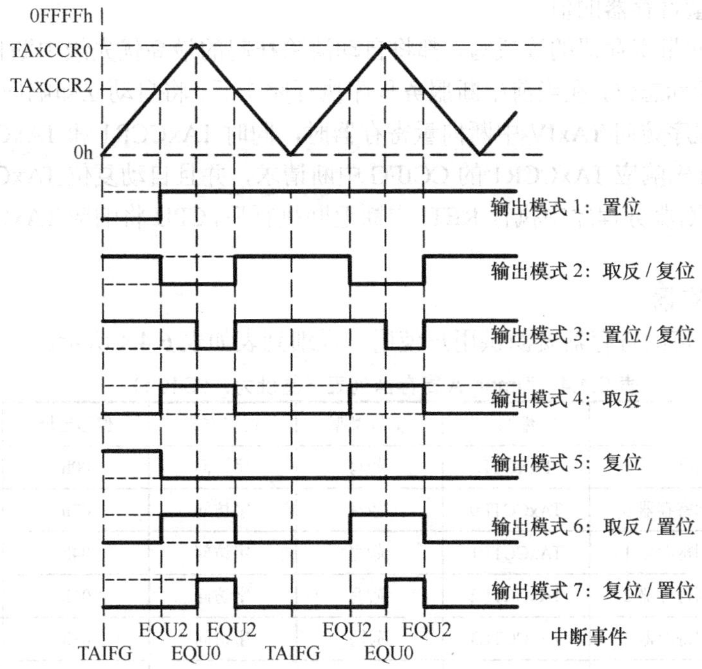

图 6.4.15　增/减计数模式下定时器比较输出示意图

（4）Timer_A 中断

16 位定时器 Timer_A 具有两个中断向量，分别如下：

● TAxCCR0 的中断向量 CCIFG0；

●具有其余 TAxCCRn 的中断标志 CCIFGn 及 TAIFG 的中断向量 TAIV。

在捕获模式下，当定时计数器 TAR 的值被捕获到 TAxCCRn 寄存器内时，置位相关的 CCIFGn 中断标志位。在比较模式下，当定时计数器 TAR 的值计数到 TAxCCRn 的值时，置位相关的 CCIFGn 中断标志位。也可利用软件置位或清除任意一个 CCIFG 中断标志位，当相关的 CCIE 中断允许位和 GIE 总中断允许位置位，CCIFGn 中断标志位将请求产生中断。

① TAxCCR0 中断

TAxCCR0 中断标志位 CCIFG0 在 Timer_A 中断中具有最高的中断优先级，TAxCCR0 中断产生逻辑如图 6.4.16 所示。当相应的 TAxCCR0 中断请求被响应后，TAxCCR0 中断标志位 CCIFG0 自动复位。

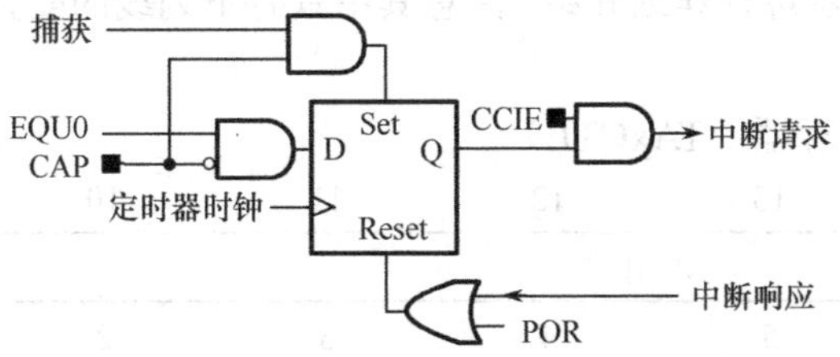

图 6.4.16　TAxCCR0 中断产生逻辑示意图

② TAIV 中断

TAxIV 中断主要包括 TAxCCRn 的中断标志 CCIFGn 和 TAIFG 中断标志。中断向量寄存器可被用来判断当前被挂起的 Timer_A 中断，之后通过查中断向量表得到中断服务程序的入口地址，并将其添加到程序计数器中，程序将自动转入中断服务程序。禁用 Timer_A 中断功能并不影响 TAxIV 中断向量寄存器的值。

对 TAxIV 中断向量寄存器的读或写，都将自动清除挂起的最高优先级中断标志位。如果同时也置位了其他中断标志位，在当前中断服务程序执行完毕后，将自动立即响应新的中断请求。例如，当中断服务程序访问 TAxIV 中断向量寄存器时，同时 TAxCCR1 和 TAxCCR2 的 CCIFG 中断标志位置位。首先响应 TAxCCR1 的 CCIFG 中断请求，并且自动复位 TAxCCR1 的 CCIFG 中断标志位。当在中断服务程序中执行 RETI 中断返回执行后，CPU 将响应 TAxCCR2 的 CCIFG 中断请求。

2. Timer_A 寄存器

Timer_A 具有丰富的寄存器资源供用户使用，详细列表如表 6.4.4 所示。

表 6.4.4 Timer_A 寄存器列表（基址为：0340h）

寄存器	缩写	读/写类型	访问方式	偏移地址	初始状态
Timer_A 控制寄存器	TAxCTL	读/写	字访问	00h	0000h
Timer_A 捕获/比较控制寄存器 0	TAxCCTL0	读/写	字访问	02h	0000h
Timer_A 捕获/比较控制寄存器 1	TAxCCTL1	读/写	字访问	04h	0000h
Timer_A 捕获/比较控制寄存器 2	TAxCCTL2	读/写	字访问	06h	0000h
Timer_A 捕获/比较控制寄存器 3	TAxCCTL3	读/写	字访问	08h	0000h
Timer_A 捕获/比较控制寄存器 4	TAxCCTL4	读/写	字访问	0Ah	0000h
Timer_A 捕获/比较控制寄存器 5	TAxCCTL5	读/写	字访问	0Ch	0000h
Timer_A 捕获/比较控制寄存器 6	TAxCCTL6	读/写	字访问	0Eh	0000h
Timer_A 计数寄存器	TAxR	读/写	字访问	10h	0000h
Timer_A 捕获/比较寄存器 0	TAxCCR0	读/写	字访问	12h	0000h
Timer_A 捕获/比较寄存器 1	TAxCCR1	读/写	字访问	14h	0000h
Timer_A 捕获/比较寄存器 2	TAxCCR2	读/写	字访问	16h	0000h
Timer_A 捕获/比较寄存器 3	TAxCCR3	读/写	字访问	18h	0000h
Timer_A 捕获/比较寄存器 4	TAxCCR4	读/写	字访问	1Ah	0000h
Timer_A 捕获/比较寄存器 5	TAxCCR5	读/写	字访问	1Ch	0000h
Timer_A 捕获/比较寄存器 6	TAxCCR6	读/写	字访问	1Eh	0000h
Timer_A 中断向量	TAxIV	只读	字访问	2Eh	0000h
Timer_A 分频扩展寄存器 0	TAxEX0	读/写	字访问	20h	0000h

下面对 Timer_A 寄存器进行详细介绍，注意其中具有下划线的配置为 Timer_A 寄存器初始状态或复位后的默认配置。

（1）Timer_A 控制寄存器（TAxCTL）

15	14	13	12	11	10	9	8
未用						TASSEL	

7	6	5	4	3	2	1	0
ID		MC		未用	TACLR	TAIE	TAIFG

- TASSEL：第 8～9 位，Timer_A 时钟源选择控制位。

  00：TAxCLK；　01：ACLK；　10：SMCLK；　11：TAxCLK 反转后的时钟。

- ID：第 6～7 位，输入分频器。该控制位与 TAIDEX 控制位配合，将输入时钟信号进行分频。

00：1 分频；　01：2 分频；　10：4 分频；　11：8 分频。

● MC：第 4～5 位，工作模式控制位。

00：停止模式，定时器被停止；

01：增计数模式，定时器增计数到 TAxCCR0；

10：连续计数模式，定时器增计数到 0FFFFh；

11：增/减计数模式，定时器首先增计数到 TAxCCR0，之后减计数到 0000h。

● TACLR：第 2 位，定时器清除控制位。置位该控制位，将清除定时计数器 TAxR、定时器分频器和定时器计数方向。该控制位可自动复位。

● TAIE：第 1 位，Timer_A 中断使能控制位。该控制位可使能 TAIFG 中断请求。

0：中断禁止；　1：中断使能。

● TAIFG：第 0 位，Timer_A 中断标志位。

0：没有中断被挂起；　1：中断被挂起。

（2）Timer_A 计数寄存器（TAxR）

15	14	13	12	11	10	9	8
TAxR							
7	**6**	**5**	**4**	**3**	**2**	**1**	**0**
TAxR							

● TAxR：第 0～15 位，Timer_A 计数寄存器，反映了 Timer_A 定时器的计数值。

（3）捕获/比较控制寄存器（TAxCCTLn）

15	14	13	12	11	10	9	8
CM		CCIS		SCS	SCCI	未用	CAP
7	**6**	**5**	**4**	**3**	**2**	**1**	**0**
OUTMOD			CCIE	CCI	OUT	COV	CCIFG

● CM：第 14～15 位，捕获模式选择控制位。

00：无捕获；　01：在上升沿捕获；

10：在下降沿捕获；　11：在上升沿和下降沿都捕获。

● CCIS：第 12～13 位，捕获/比较输入选择控制位。利用该控制位可为 TAxCCRn 选择输入信号。

00：CCIxA；　01：CCIxB；　10：GND；　11：VCC。

● SCS：第 11 位，同步捕获选择控制位。该控制位被用来同步捕获输入信号和定时器时钟。

0：异步捕获；　1：同步捕获。

● SCCI：第 10 位，同步捕获/比较输入控制位。通过该引脚可读取被 EQUx 信号锁定的 CCI 输入信号。

● CAP：第 8 位，捕获/比较模式选择控制位。

0：比较模式；　1：捕获模式。

● OUTMOD：第 5～7 位，输出模式选择控制位。由于 EQUx=EQU0，TAxCCR0 不能使用模式 2、3、6 和 7。

000：电平输出模式；　001：置位模式；　010：取反/复位模式；

011：置位/复位模式；　100：取反模式；　101：复位模式；

110：取反/置位模式；　　111：复位/置位模式。

● CCIE：第 4 位，捕获/比较中断使能控制位。该控制位可使能相应的 CCIFG 中断请求。

0：中断禁止；　　1：中断使能。

● CCI：第 3 位，捕获比较输入标志位。可通过该标志位读取所选的输入信号。

● OUT：第 2 位，输出控制位。在比较输出模式 0 下，该控制位控制定时器的输出状态。

0：输出低；　　1：输出高。

● COV：第 1 位，捕获溢出标志位。该标志位可反映定时器捕获的溢出情况，COV 标志位必须通过软件清除。

0：没有捕获溢出产生；　　1：产生捕获溢出。

● CCIFG：第 0 位，捕获/比较中断标志位。

0：没有中断被挂起；　　1：中断被挂起。

（4）Timer_A 中断向量寄存器（TAxIV）

15	14	13	12	11	10	9	8
0	0	0	0	0	0	0	
7	6	5	4	3	2	1	0
0	0	0	0	TAIV			0

● TAIV：第 1～3 位，Timer_A 中断向量寄存器，具体列表请参考表 6.4.5。

表 6.4.5　Timer_A 中断向量列表

TAIV 的值	中断源	中断标志位	中断优先级
00h	没有中断被挂起	无	无
02h	捕获/比较模块 1	TAxCCR1 CCIFG	最高
04h	捕获/比较模块 2	TAxCCR2 CCIFG	依次降低
06h	捕获/比较模块 3	TAxCCR3 CCIFG	
08h	捕获/比较模块 4	TAxCCR4 CCIFG	
0Ah	捕获/比较模块 5	TAxCCR5 CCIFG	
0Ch	捕获/比较模块 6	TAxCCR6 CCIFG	
0Eh	定时器溢出中断	TAxCTL TAIFG	最低

（5）Timer_A 分频扩展寄存器 0（TAxEX0）

15	14	13	12	11	10	9	8
未用	未用	未用	未用	未用	未用	未用	未用
7	6	5	4	3	2	1	0
未用	未用	未用	未用	未用	TAIDEX		

● TAIDEX：第 0～2 位，输入分频扩展寄存器。该控制位与 ID 控制位配合，对定时器输入时钟进行分频。

000：1 分频；　　001：2 分频；　　010：3 分频；　　011：4 分频；

100：5 分频；　　101：6 分频；　　110：7 分频；　　111：8 分频。

6.4.3　定时器 B（Timer_B）

16 位定时器 B(Timer_B)和 Timer_A 一样，是 MSP430 单片机的重要资源。Timer_B 往往比 Timer_A 功能更强大一些，MSP430F5529 单片机的 Timer_B 定时器具有 7 个捕获/比较寄存器。

1. Timer_B 特点及结构

Timer_B 定时器具有以下特点：

- 具有 4 种工作模式和 4 种可选计数长度的异步 16 位定时/计数器；
- 参考时钟源可配置；
- 高达 7 个可配置的捕获/比较寄存器；
- 具有 PWM 输出能力；
- 具有同步加载能力的双缓冲区比较锁存；
- 具有可对 Timer_B 中断快速响应的中断向量寄存器。

Timer_B 定时器的结构框图如图 6.4.17 所示。从图中可以看出，Timer_B 的结构与 Timer_A 的结构基本相同，不同点在于 Timer_B 的捕获/比较模块增加了锁存器。这些新增加的比较锁存器使得用户可以更灵活地控制比较数据更新的时机。多个比较锁存器还可以成组工作，以达到同步更新数据的目的。这一功能在实际应用中十分有用，例如，可以同步更新 PWM 信号的周期和占空比。需要指出的是，Timer_B 在默认情况下，当比较数据被写入捕获/比较寄存器后，将立即传送到比较锁存器，在这种情况下，Timer_B 和 Timer_A 的比较模式完全相同。

Timer_B 和 Timer_A 的不同之处列举如下：

① Timer_B 计数长度为 8 位、10 位、12 位和 16 位可编程，而 Timer_A 的计数长度固定为 16 位。

② Timer_B 没有实现 Timer_A 中的 SCCI 寄存器位的功能。

③ Timer_B 在比较模式下的捕获/比较寄存器功能与 Timer_A 的不同，增加了比较锁存器。

④ 所有 Timer_B 输出可实现高阻抗输出。

⑤ 比较模式的原理有所不同。在 Timer_A 中，CCRx 寄存器中保存与 TAR 相比较的数据，而在 Timer_B 中，CCRx 寄存器中保存的是要比较的数据，但并不直接与定时计数器 TBR 相比较，而是将 CCRx 送到与之相对应的锁存器之后，由锁存器与定时计数器 TBR 相比较。从捕获/比较寄存器向比较锁存器传输数据的时机也是可以编程的，可以是在写入捕获/比较寄存器后立即传输，也可以由一个定时事件来触发。

⑥ Timer_B 支持多种、同步的定时功能，多重的捕获/比较功能和多重的波形输出功能。而且通过对比较数据的两级缓冲，可以实现多个 PWM 信号周期的同步更新。

2. Timer_B 的计数长度

Timer_B 可通过 CNTL 控制位将其配置为 8 位、10 位、12 位或 16 位的定时器，相对应的计数最大值为 0FFh、03FFh、0FFFh 和 0FFFFh。在 8 位、10 位和 12 位的计数长度时，超出计数范围的若干高位将读取为 0。

3. Timer_B 的比较功能

当 Timer_B 工作在比较模式时，用户首先用软件将比较数据写入到捕获/比较寄存器 TBCCRx 中，当一个由 TBCCTLx 中的 CLLDx 位决定的装载事件发生时，TBCCRx 中的数据会自动地传输到比较锁存器中。

多个比较锁存器可以组成一组，所有的比较锁存器可以归并为一个或多个组，同一组中的比较锁存器可以根据同一个装载事件同步更新。当比较锁存器分组时，同一组中编号最小的 CLLDx 位决定了这一组的比较锁存器装载事件。例如，将比较锁存器分为两组，这样 TBCL1、TBCL2 和 TBCL3 为一组，TBCL4、TBCL5 和 TBCL6 为另外一组。在这样的情况下，与 TBCL1 对应的 CLLDx 位将决定第一组的装载事件，而与 TBCL4 对应的 CLLDx 位决定了第二组的装载事件。与 TBCL2、TBCL3、TBCL5 和 TBCL6 相对应的 CLLDx 位没有作用。当比较锁存器分组工作时，对比较锁存器的装载需要两个条件：

- 一组中所有的 TBCCRx 值都必须被重新写入（除非采用立即装载模式）；
- 所选定装载事件的发生。即使是对那些希望保持原有数值的 TBCCRx，也必须将原有的数据重新写入 TBCCRx 中，否则，该组的比较寄存器将不会重新装载。

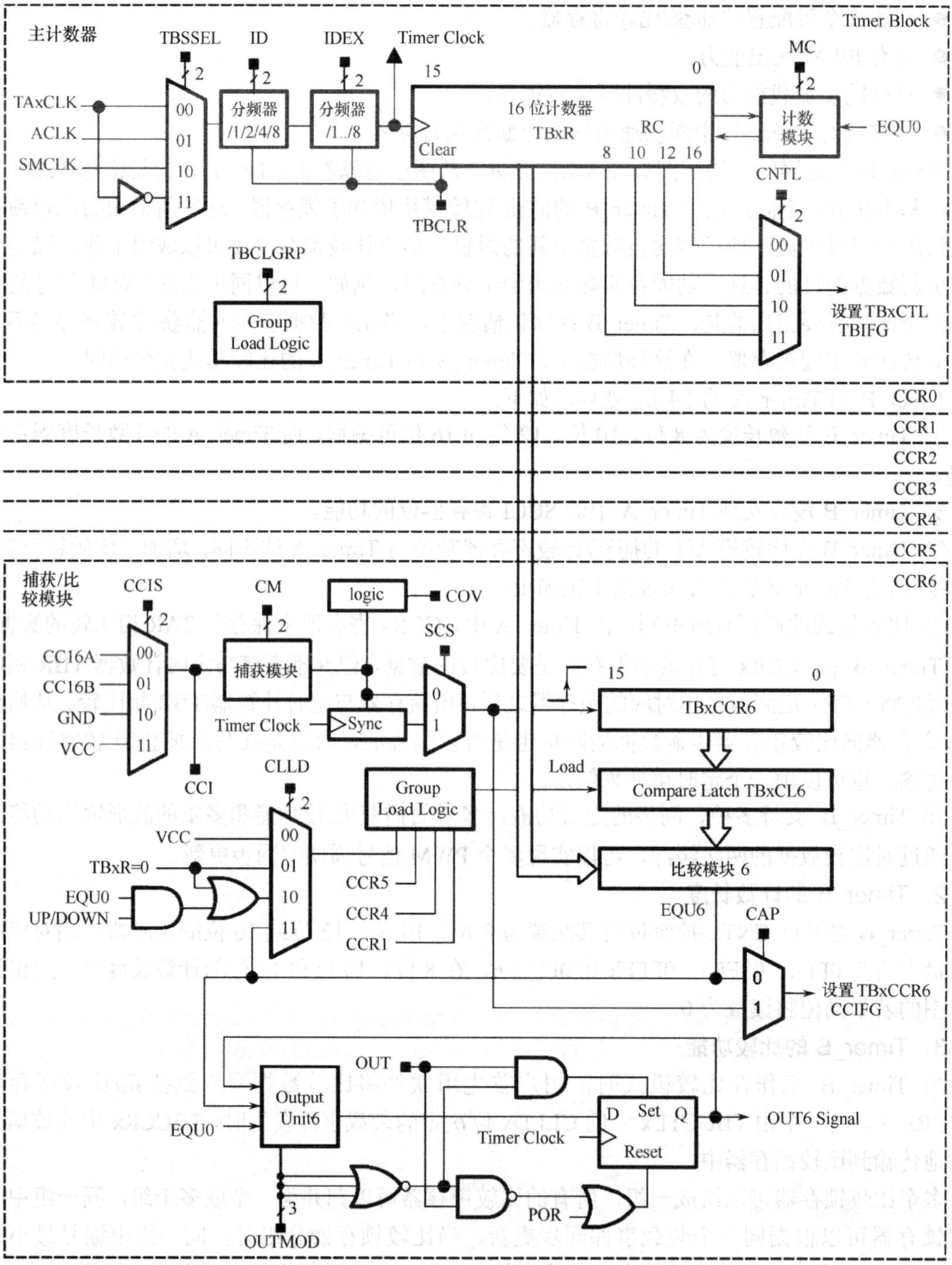

图 6.4.17　Timer_B 定时器结构框图

4．Timer_B 寄存器

Timer_B 寄存器列表如表 6.4.6 所示。

表 6.4.6 Timer_B 寄存器列表(基址为 03C0h)

寄存器	缩写	读/写类型	访问方式	偏移地址	初始状态
Timer_控制寄存器 B	TBxCTL	读/写	字访问	00h	0000h
Timer_B 捕获/比较控制寄存器 0	TBxCCTL0	读/写	字访问	02h	0000h
Timer_B 捕获/比较控制寄存器 1	TBxCCTL1	读/写	字访问	04h	0000h
Timer_B 捕获/比较控制寄存器 2	TBxCCTL2	读/写	字访问	06h	0000h
Timer_B 捕获/比较控制寄存器 3	TBxCCTL3	读/写	字访问	08h	0000h
Timer_B 捕获/比较控制寄存器 4	TBxCCTL4	读/写	字访问	0Ah	0000h
Timer_B 捕获/比较控制寄存器 5	TBxCCTL5	读/写	字访问	0Ch	0000h
Timer_B 捕获/比较控制寄存器 6	TBxCCTL6	读/写	字访问	0Eh	0000h
Timer_B 计数寄存器	TBxR	读/写	字访问	10h	0000h
Timer_B 捕获/比较寄存器 0	TBxCCR0	读/写	字访问	12h	0000h
Timer_B 捕获/比较寄存器 1	TBxCCR1	读/写	字访问	14h	0000h
Timer_B 捕获/比较寄存器 2	TBxCCR2	读/写	字访问	16h	0000h
Timer_B 捕获/比较寄存器 3	TBxCCR3	读/写	字访问	18h	0000h
Timer_B 捕获/比较寄存器 4	TBxCCR4	读/写	字访问	1Ah	0000h
Timer_B 捕获/比较寄存器 5	TBxCCR5	读/写	字访问	1Ch	0000h
Timer_B 捕获/比较寄存器 6	TBxCCR6	读/写	字访问	1Eh	0000h
Timer_B 中断向量	TBxIV	只读	字访问	2Eh	0000h
Timer_B 分频扩展寄存器 0	TBxEX0	读/写	字访问	20h	0000h

下面对 Timer_B 寄存器进行详细介绍，注意其中具有下划线的配置为 Timer_B 寄存器初始状态或复位后的默认配置。

（1）Timer_B 控制寄存器（TBxCTL）

15	14	13	12	11	10	9	8
未用	TBCLGRPx		CNTL		未用	TBSSEL	

7	6	5	4	3	2	1	0
ID		MC		未用	TBCLR	TBIE	TBIFG

● TBCLGRPx：第 13～14 位，TBxCLn 分组。

00：每个 TBxCLn 独立加载锁存；

01：TBxCL1 和 TBxCL2 组合（TBxCCR1 的 CLLD 控制位控制更新）
TBxCL3 和 TBxCL4 组合（TBxCCR3 的 CLLD 控制位控制更新）
TBxCL5 和 TBxCL6 组合（TBxCCR5 的 CLLD 控制位控制更新）
TBxCL0 独立分组

10：TBxCL1、TBxCL2 和 TBxCL3 组合（TBxCCR1 的 CLLD 控制位控制更新）
TBxCL4、TBxCL5 和 TBxCL6 组合（TBxCCR4 的 CLLD 控制位控制更新）
TBxCL0 独立分组

11：TBxCL0、TBxCL1、TBxCL2、TBxCL3、TBxCL4、TBxCL5 和 TBxCL6 组合（TBxCCR1 的 CLLD 控制位控制更新）。

● CNTL：第 11～12 位，定时器 B 计数字长控制位。

00：16 位计数长度，计数到 0FFFFh；　　01：12 位计数长度，计数到 0FFFh；

10：10 位计数长度，计数到 03FFh；　　11：8 位计数长度，计数到 0FFh。

● TBSSEL：第 8～9 位，Timer_B 时钟源选择控制位。

00：TBxCLK；　01：ACLK；　10：SMCLK；　11：TBxCLK 反转后的时钟。

● ID：第 6～7 位，输入分频器。该控制位与 TBIDEX 控制位配合，将输入时钟信号进行分频。

00：1 分频；　01：2 分频；　10：4 分频；　11：8 分频。

● MC：第 4～5 位，工作模式控制位。

00：停止模式，定时器被停止；　01：增计数模式，定时器增计数到 TBxCL0；

10：连续计数模式，定时器增计数的值受 CNTL 控制位影响；

11：增/减计数模式，定时器首先增计数到 TBxCL0，之后减计数到 0000h。

● TBCLR：第 2 位，定时器清除控制位。置位该控制位将清除定时计数器 TBxR、定时器分频器和定时器计数方向。该控制位可自动进行清除。

● TBIE：第 1 位，Timer_B 中断使能控制位。该控制位可使能 TBIFG 中断请求。

0：中断禁止；　1：中断使能。

● TBIFG：第 0 位，Timer_B 中断标志位。

0：没有中断被挂起；　1：中断被挂起。

（2）Timer_B 计数寄存器（TBxR）

15	14	13	12	11	10	9	8
TBxR							
7	**6**	**5**	**4**	**3**	**2**	**1**	**0**
TBxR							

● TBxR：第 0～15 位，Timer_B 计数寄存器，反映了 Timer_B 定时器的计数值。

（3）捕获/比较控制寄存器（TBxCCTLn）

15	14	13	12	11	10	9	8
CM		CCIS		SCS	CLLD		CAP
7	**6**	**5**	**4**	**3**	**2**	**1**	**0**
OUTMOD			CCIE	CCI	OUT	COV	CCIFG

● CM：第 14～15 位，捕获模式选择控制位。

00：无捕获；　01：在上升沿捕获；　10：在下降沿捕获；

11：在上升沿和下降沿都捕获。

● CCIS：第 12～13 位，捕获/比较输入选择控制位。利用该控制位可为 TBxCCRn 选择输入信号。

00：CCIxA；　01：CCIxB；　10：GND；　11：V_{CC}。

● SCS：第 11 位，同步捕获选择控制位。该控制位被用来同步捕获输入信号和定时器时钟。

0：异步捕获；　1：同步捕获。

● CLLD：第 9～10 位，比较锁存加载控制位。该控制位选择比较锁存加载事件。

00：写入 TBxCCRn 时，TBxCLn 立即加载；

01：当 TBxR 计数到 0 时，TBxCLn 加载；

10：在增或连续计数模式下，当 TBxR 计数到 0 时，TBxCLn 加载；

在增/减计数模式下，当 TBxCLn 计数到 0 时，TBxCLn 加载；

11：当 TBxR 计数到 TBxCLn 时，TBxCLn 加载。

- CAP：第 8 位，捕获/比较模式选择控制位。

0：比较模式；　　1：捕获模式。

- OUTMOD：第 5～7 位，输出模式选择控制位。由于 EQUx=EQU0，TBxCL0 不能使用模式 2、3、6 和 7。

000：电平输出模式；　　001：置位模式；　　010：取反/复位模式；

011：置位/复位模式；　　100：取反模式；　　101：复位模式；

110：取反/置位模式；　　111：复位/置位模式。

- CCIE：第 4 位，捕获/比较中断使能控制位。该控制位可使能相应的 CCIFG 中断请求。

0：中断禁止；　　1：中断使能。

- CCI：第 3 位，捕获比较输入标志位。可通过该标志位读取所选的输入信号。
- OUT：第 2 位，输出控制位。在比较输出模式 0 下，该控制位控制定时器的输出状态。

0：输出低；　　1：输出高。

- COV：第 1 位，捕获溢出标志位。该标志位可反映定时器捕获的溢出情况，COV 标志位必须通过软件清除。

0：没有捕获溢出产生；　　1：产生捕获溢出。

- CCIFG：第 0 位，捕获/比较中断标志位。

0：没有中断被挂起；　　1：中断被挂起。

（4）Timer_B 中断向量寄存器（TBxIV）

15	14	13	12	11	10	9	8
0	0	0	0	0	0	0	0

7	6	5	4	3	2	1	0
0	0	0	0	TAIV			0

- TBIV：第 1～3 位，Timer_B 中断向量寄存器，具体列表请参考表 6.4.7。

表 6.4.7　Timer_B 中断向量列表

TBIV 的值	中断源	中断标志位	中断优先级
00h	没有中断被挂起	无	无
02h	捕获/比较模块 1	TBxCCR1 CCIFG	最高
04h	捕获/比较模块 2	TBxCCR2 CCIFG	依次降低
06h	捕获/比较模块 3	TBxCCR3 CCIFG	
08h	捕获/比较模块 4	TBxCCR4 CCIFG	
0Ah	捕获/比较模块 5	TBxCCR5 CCIFG	
0Ch	捕获/比较模块 6	TBxCCR6 CCIFG	
0Eh	定时器溢出中断	TBxCTL TBIFG	最低

（5）Timer_B 分频扩展寄存器 0（TBxEX0）

15	14	13	12	11	10	9	8
未用	未用	未用	未用	未用	未用	未用	未用

7	6	5	4	3	2	1	0
未用	未用	未用	未用	未用	TBIDEX		

● TBIDEX：第 0～2 位，输入分频扩展寄存器。该控制位与 ID 控制位配合，对定时器输入时钟进行分频。

000：1 分频；　001：2 分频；　010：3 分频；　011：4 分频；
100：5 分频；　101：6 分频；　110：7 分频；　111：8 分频。

5. Timer_B 应用举例

【例 6.4.10】 利用 Timer_B 定时器，并使其工作在增计数模式下。选择 SMCLK 作为定时器参考时钟，并启用 TBCCR0 计数中断，在 Timer_B 中断服务程序中反转 P1.0 端口状态，以便于用示波器进行观察。

```
#include <msp430f5529.h>
void main(void)
{
  WDTCTL = WDTPW + WDTHOLD;                     // 关闭看门狗
  P1DIR |= 0x01;                                // 将P1.0设为输出
  TBCCTL0 = CCIE;                               // TBCCR0中断使能
  TBCCR0 = 50000;
  TBCTL = TBSSEL_2 + MC_1 + TBCLR; // SMCLK,增计数模式,清除TBR计数器
  _ _bis_SR_register(LPM0_bits + GIE);  // 进入LPM0,并启用全局中断
}
// Timer B0中断服务程序
#pragma vector=TIMERB0_VECTOR
_ _interrupt void TIMERB0_ISR (void)
{
  P1OUT ^= 0x01;                                // 反转P1.0端口输出状态
}
```

【例 6.4.11】 利用 Timer_B 定时器，使其工作在连续计数模式。选择 SMCLK 作为其参考时钟，并使能 TBIFG 中断，在 Timer_B 中断服务程序中反转 P1.0 端口状态，以便用示波器进行观察。

```
#include <msp430f5529.h>
void main(void)
{
  WDTCTL = WDTPW + WDTHOLD;                     //关闭看门狗
  P1DIR |= 0x01;                                // 将P1.0设为输出
  TBCTL = TBSSEL_2 + MC_2 + TBCLR + TBIE;
                  // SMCLK,连续计数模式,清除TBR,并使能TBIFG中断
  _ _bis_SR_register(LPM0_bits + GIE);  // 进入LPM0,并使能全局中断
}
// Timer_B中断服务程序
#pragma vector=TIMERB1_VECTOR
_ _interrupt void TIMERB1_ISR(void)
{
  switch( _ _even_in_range(TBIV,14) )
  {
    case  0: break;                             // 无中断产生
    case  2: break;                             // CCR1中断
```

```c
    case  4: break;                          // CCR2中断
    case  6: break;                          // CCR3中断
    case  8: break;                          // CCR4中断
    case 10: break;                          // CCR5中断
    case 12: break;                          // CCR6中断
    case 14: P1OUT ^= 0x01;                  // TBIFG溢出中断
           break;
    default: break;
  }
}
```

【例 6.4.12】 利用 Timer_B 定时器，使其工作在比较输出模式。主计数器选择 SMCLK 作为其参考时钟，且工作在增计数模式，TBCCR1～TBCCR6 均工作在比较输出模式 7 下。最终使 TBCCR1(P5.7)输出 75%占空比的 PWM 波形，TBCCR2(P7.4)输出 25%占空比的 PWM 波形，TBCCR3(P7.5)输出 12.5%占空比的 PWM 波形，TBCCR4(P7.6)输出 6.26%占空比的 PWM 波形，TBCCR5(P3.5)输出 3.13%占空比的 PWM 波形，TBCCR6(P3.6)输出 1.566%占空比的 PWM 波形。

```c
#include <msp430f5529.h>
void main(void)
{
  WDTCTL = WDTPW+WDTHOLD;                    // 关闭看门狗
  P3SEL |= BIT5+BIT6;
  P3DIR |= BIT5+BIT6;
  P5SEL |= BIT7;
  P5DIR |= BIT7;
  P7SEL |= BIT4+BIT5+BIT6;
  P7DIR |= BIT4+BIT5+BIT6;                   // 相应引脚配置为定时器输出
  TBCCR0 = 512-1;                            // PWM周期
  TBCCTL1 = OUTMOD_7;                        // CCR1工作在复位/置位
  TBCCR1 = 383;                              // CCR1 PWM占空比
  TBCCTL2 = OUTMOD_7;                        // CCR2工作在复位/置位
  TBCCR2 = 128;                              // CCR2 PWM占空比
  TBCCTL3 = OUTMOD_7;                        // CCR3工作在复位/置位
  TBCCR3 = 64;                               // CCR3 PWM占空比
  TBCCTL4 = OUTMOD_7;                        // CCR4工作在复位/置位
  TBCCR4 = 32;                               // CCR4 PWM占空比
  TBCCTL5 = OUTMOD_7;                        // CCR5工作在复位/置位
  TBCCR5 = 16;                               // CCR5 PWM占空比
  TBCCTL6 = OUTMOD_7;                        // CCR6工作在复位/置位
  TBCCR6 = 8;                                // CCR6 PWM占空比
  TBCTL = TBSSEL_2+MC_1;                     // SMCLK，增计数模式
  _BIS_SR(LPM0_bits + GIE);                  // 进入LPM0并启用全局中断
}
```

6.4.4 实时时钟（RTC）

知识点：实时时钟（RTC）模块是具有日历功能的 32 位计数器。RTC 模块可作为通常

用途的 32 位定时计数器，也可作为具有日历功能的实时时钟。

RTC 模块具有以下特点：

- 实时时钟可配置为日历和通用计数器两种功能；
- 在日历模式下，可自动计数秒、分钟、小时、天/周、天/月、月和年；
- 中断能力；
- 在实时时钟模式下，可选 BCD 和二进制格式；
- 在实时时钟模式下，具有可编程闹钟；
- 在实时时钟模式下，具有时间偏差的逻辑校正。

RTC 模块的结构框图如图 6.4.18 所示。由该图可知，实时时钟模块主要包含两个预分频计数器（RT0PS 和 RT1PS）、一个级联 32 位计数器、日历模式时间寄存器及闹钟寄存器。

1．实时时钟模块操作

通过配置 RTCMODE 控制位，RTC 模块可工作在具有日历功能的实时时钟或 32 位通用计数器模式。

（1）计数器模式

当 RTCMODE 模式控制位复位时，RTC 模块的工作模式选择为计数器模式。在该模式下，RTC 可通过软件设置为 32 位的计数器。从日历模式到计数器模式的切换会重设计数值(RTCNT1、RTCNT2、RTCNT3、RTCNT4)和预分频计数器(RT0PS 和 RT1PS)。

RTC 计数器模块如图 6.4.18 上半部分所示，主要包含两个预分频计数器(RT0PS 和 RT1PS)和级联 32 位计数器(RTCNT1、RTCNT2、RTCNT3、RTCNT4)。两个预分频计数器可以单独被配置为两个 8 位的计数器或者级联成一个 16 位计数器。通过 RT0SSEL 控制位可为 RT0PS 选择参考时钟为 ACLK 或 SMCLK。通过 RT0PSHOLD 和 RT1PSHOLD 控制位可使能或禁止分频计数器。通过 RT0IP 或 RT1IP 可选择置位计数中断标志位的时间间隔。通过 RT0PSDIV 和 RT1PSDIV 控制位可对 ACLK 或 SMCLK 进行分频，RT0PSDIV 分频后的时钟可作为 RT1PS 预分频计数器的参考时钟，RT1PSDIV 分频后的时钟可作为 32 位计数器的参考时钟。

RTC 模块具有 4 个独立的可读可写的 8 位计数器 RTCNT1、RTCNT2、RTCNT3 和 RTCNT4，级联在一起，可实现 32 位计数器。RTC 模块在计数器模式下可作为 8、16、24 或 32 位计数器使用。可通过 RTCTEV 控制位选择 8/16/24/32 位溢出中断，当产生所选溢出中断，且 RTCTEVIE 中断运行控制位置位，将触发产生中断。

（2）日历模式

当 RTCMODE 模式控制位置位时，RTC 模块的工作模式选择为日历模式。在该模式下，实时时钟模块可选择以 BCD 码或十六进制数提供秒、分、小时、星期、月份和年份。日历模式具有计算当前年份能否被 4 整除的闰年算法，从 1901 年到 2099 年该算法为精确的。

① 实时时钟和预分频器

在日历模式下，RT0PS 和 RT1PS 预分频器被配置成提供 1s 的时间间隔。为适应 RTC 的日历操作，ACLK 必须选择为 32768Hz，RT1PS 预分频器的时钟来自 RT0PS 预分频器产生的 ACLK/256 的时钟信号，RT1PS 预分频器再将其进行 128 分频，提供给 32 位计数器，因而 32 位计数器的参考时钟间隔为 1s，因而实时时钟可每秒更新一次。从日历模式切换到计数器模式时，会清除秒、分、小时、星期和年份的寄存器值，并且置位日期和月份寄存器，同时也会清除 RT0PS 和 RT1PS 预分频器。

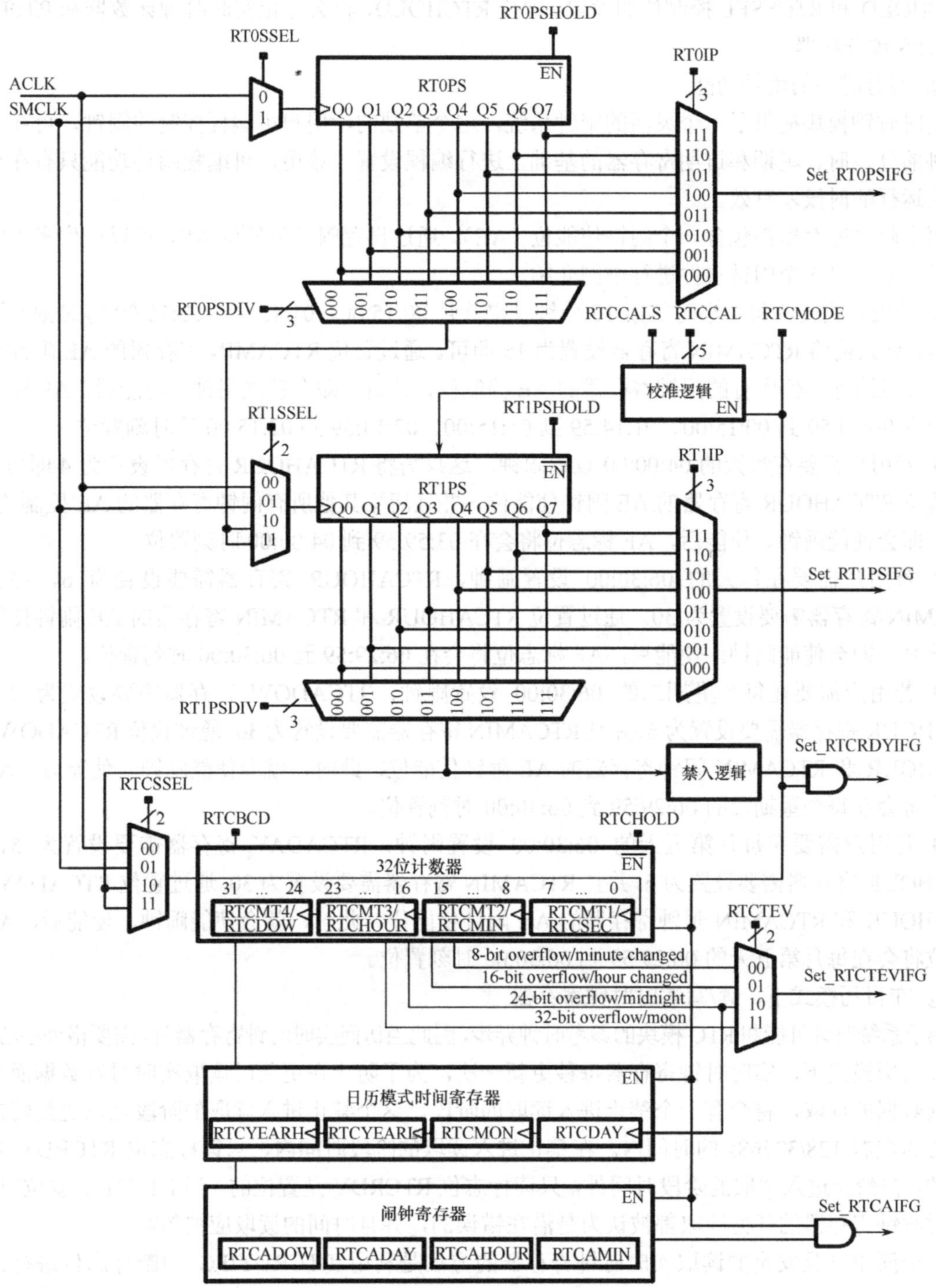

图 6.4.18　RTC 模块结构框图

当 RTCBCD 控制位置为 1 时，日历寄存器的计数格式选择为 BCD 格式。注意，计数格式的选择需要在时间设置之前，否则在时间正常更新时，更改 RTCBCD 控制位的值，会清除秒、分、小时、星期和年份的寄存器值，并且置位日期和月份寄存器，同时也会清除 RT0PS 和 RT1PS 预分频器。

在日历模式下，无须关心 RT0SSEL、RT1SSEL、RT0PSDIV、RT1PSIDV、RT0PSHOLD、

RT1PSHOLD 和 RTCSSEL 控制位的设置。置位 RTCHOLD，将会停止实时时钟计数器和 RT0PS 及 RT1PS 预分频器。

② 实时时钟的闹钟功能

实时时钟模块提供了一个灵活的闹钟系统。这个单独的、用户可编程控制的闹钟，可在设置闹钟的分、时、星期和日期寄存器的基础上进行编程设置。该用户可编程闹钟功能只有在日历模式运行的时候才有效。

每个闹钟寄存器都包含一个闹钟使能位（AE），通过设置闹钟使能位 AE，可以产生多种闹钟事件。以下以 5 个闹钟事件进行举例介绍。

- 若用户需要在每个小时的第 15 分钟（也就是 00:15:00、01:15:00、02:15:00 等时刻）设置闹钟，这只需将 RTCAMIN 寄存器设置为 15 即可。通过置位 RTCAMIN 寄存器的 AE 闹钟使能位，并且清除其他所有的闹钟寄存器的 AE 控制位，此时，即会使能闹钟。使能后，AF 标志位将会在 00:14:59 到 00:15:00、01:14:59 到 01:15:00、02:14:59 到 02:15:00 等时刻置位。
- 若用户需要在每天的 04:00:00 设置闹钟，这只需将 RTCAHOUR 寄存器设置为 4 即可。通过置位 RTCAHOUR 寄存器的 AE 闹钟使能位，并且清除其他所有闹钟寄存器的 AE 控制位，此时，即会使能闹钟。使能后，AF 标志位将会在 03:59:59 到 04:00:00 时刻置位。
- 若用户需要在每天的 06:30:00 设置闹钟，RTCAHOUR 寄存器需要设置为 6，并且 RTCAMIN 寄存器需要设置为 30。通过置位 RTCAHOUR 和 RTCAMIN 寄存器的 AE 闹钟使能位，此时，即会使能闹钟。使能后，AF 标志位将会在 06:29:59 到 06:30:00 时刻置位。
- 若用户需要在每个星期二的 06:30:00 设置闹钟，RTCADOW 寄存器需要设置为 2，RTCAHOUR 寄存器需要设置为 6，并且 RTCAMIN 寄存器需要设置为 30。通过置位 RTCADOW、RTCAHOUR 和 RTCAMIN 闹钟寄存器的 AE 闹钟使能位，此时，就会使能闹钟。使能后，AF 标志位将会在每个星期二的 06:29:59 到 06:30:00 时刻置位。
- 若用户需要在每月第五天的 06:30:00 设置闹钟，RTCADAY 寄存器需要设置为 5，RTCAHOUR 寄存器需要设置为 6，并且 RTCAMIN 寄存器需要设置为 30。通过置位 RTCADAY、RTCAHOUR 和 RTCAMIN 闹钟寄存器的 AE 闹钟使能位，此时，就会使能闹钟。使能后，AF 标志位将会在每月第五天的 06:29:59 到 06:30:00 时刻置位。

③ 在日历模式下，读/写实时时钟寄存器

由于系统时钟可能和 RTC 模块的参考时钟异步，因此当访问实时时钟寄存器时，需要格外小心。

在日历模式下，实时时钟寄存器每秒更新一次，为了防止在更新时读取实时时钟数据而造成错误数据的读取，将会有一个禁止进入读取的阶段。这个禁止进入读取的阶段在以更新转换为中心的左右 128/32768s 的时间内。在禁止进入读取的阶段时间内，只读标志位 RTCRDY 是复位的，在禁止进入读取的阶段时间外，只读标志位 RTCRDY 是置位的。当 RTCRDY 复位时，对实时时钟寄存器的任何读取都被认为是潜在错误的，并且时间的读取应被忽略。

一个简单并且安全的读取实时时钟寄存器的方法是利用 RTCRDYIFG 中断标志位进行读取。置位 RTCRDYIE 使能 RTCRDYIFG 中断，一旦中断使能，在 RTCRDY 标志位的上升沿时将会触发中断，致使 RTCRDYIFG 被置位。利用该方法，几乎有 1s 的时间安全地读取任何一个或者所有的实时时钟寄存器。该同步处理将会阻止时间寄存器在转换期间进行读取。当中断得到响应时，RTCRDYIFG 会自动复位，也可通过软件复位。

在计数器模式下，RTCRDY 位保持复位，无须关心 RTCRDYIE 中断使能控制位，并且 RTCRDYIFG 中断标志位保持复位。

④ 实时时钟中断

实时时钟模块具有 5 个可用的中断源，并且每个中断源都具有独立的中断使能控制位和中断标志位。

● 在日历模式下的实时时钟中断

在日历模式下，5 个中断源都可用：RT0PSIFG、RT1PSIFG、RTCRDYIFG、RTCTEVIFG 和 RTCAIFG。这些中断标志位都存在于中断向量寄存器 RTCIV 中，通过 RTCIV 中断向量寄存器的值，可以确定当前为何种中断标志位申请中断。

用户可编程闹钟将可产生 RTCAIFG 中断标志位，置位 RTCAIE 中断使能控制位将可使能该中断。另外，用户可编程闹钟还可提供一个间隔闹钟中断标志 RTCTEVIFG，该间隔闹钟可以通过 RTCTEB 控制位设为在每天的凌晨 00:00:00 或中午 12:00:00 产生闹钟事件。置位 RTCTEVIE 中断使能控制位将会使能该中断。

RTCRDYIFG 中断标志位可用于读取实时时钟寄存器，置位 RTCRDYIE 中断使能控制位使能该中断。

RT0PSIFG 中断标志位可以通过 RT0IP 控制位选择产生不同的时间间隔，在日历模式下，RT0PS 预分频器的参考时钟为 32768Hz 的 ACLK，因此可以产生频率为 16384Hz、4096Hz、2048Hz、1024Hz、512Hz、256Hz 或 128Hz 的时间间隔。置位 RT0PSIE 中断使能控制位使能该中断。

RT1PSIFG 中断标志位可以通过 RT1IP 控制位选择产生不同的时间间隔，在日历模式下，RT1PS 预分频器的参考时钟为 RT0PS 的输出时钟(128Hz)，因此可以产生频率为 64Hz、32Hz、16Hz、8Hz、4Hz、2Hz、1Hz 或 0.5Hz 的时间间隔。置位 RT1PSIE 中断使能控制位使能该中断。

● 在计数器模式下的实时时钟中断

在计数器模式下，具有 3 个可用的中断源：RT0PSIFG、RT1PSIFG 和 RTCTEVIFG。RTCAIFG 和 RTCRDYIFG 中断标志位被清除，无须关心 RTCRDYIE 和 RTCAIE 中断允许控制位。

RT0PSIFG 中断标志位可以通过 RT0IP 控制位选择产生不同的时间间隔。在计数器模式下，RT0PS 预分频器的参考时钟为 ACLK 或 SMCLK，RT0PS 可对其进行 2、4、8、16、32、64、128 和 256 分频。置位 RT0PSIE 中断使能控制位可使能该中断。

RT1PSIFG 中断标志位可以通过 RT1IP 控制位选择产生不同的时间间隔。在计数器模式下，RT1PS 预分频器的参考时钟为 ACLK、SMCLK 或者 RT0PS 的输出时钟，RT1PS 可对其进行 2、4、8、16、32、64、128 和 256 分频。置位 RT1PSIE 中断使能控制位可使能该中断。

实时时钟提供了一个源于实时时钟中断的时间间隔发生器 RTCTEVIFG。当 8 位、16 位、24 位或 32 位计数器溢出时，可产生中断事件，不同类型的中断事件可通过 RTCTEV 控制位进行选择，置位 RTCTEVIE 中断使能控制位可使能该中断。

2. 实时时钟寄存器

实时时钟寄存器列表如表 6.4.8 所示。

表 6.4.8　实时时钟寄存器列表(基址为：04A0h)

寄存器	缩写	读/写类型	访问格式	偏移地址	初始状态
RTC 控制寄存器 0	RTCCTL0	读/写	字节访问	00h	40h
RTC 控制寄存器 1	RTCCTL1	读/写	字节访问	01h	00h
RTC 控制寄存器 2	RTCCTL2	读/写	字节访问	02h	00h
RTC 控制寄存器 3	RTCCTL3	读/写	字节访问	03h	00h
预分频定时器 0 控制寄存器	RTCPS0CTL	读/写	字访问	08h	0100h

续表

寄存器	缩写	读/写类型	访问格式	偏移地址	初始状态
预分频定时器 1 控制寄存器	RTCPS1CTL	读/写	字访问	0Ah	0100h
预分频定时器 0、1 计数器	RTCPS	读/写	字访问	0Ch	未定义
实时时钟中断向量	RTCIV	只读	字访问	0Eh	0000h
实时时钟秒寄存器	RTCSEC	读/写	字节访问	10h	未定义
实时时钟分寄存器	RTCMIN	读/写	字节访问	11h	未定义
实时时钟时寄存器	RTCHOUR	读/写	字节访问	12h	未定义
实时时钟星期寄存器	RTCDOW	读/写	字节访问	13h	未定义
实时时钟日寄存器	RTCDAY	读/写	字节访问	14h	未定义
实时时钟月寄存器	RTCMON	读/写	字节访问	15h	未定义
实时时钟年寄存器	RTCYEAR	读/写	字访问	16h	未定义
实时时钟分闹钟设置寄存器	RTCAMIN	读/写	字节访问	18h	未定义
实时时钟时闹钟设置寄存器	RTCAHOUR	读/写	字节访问	19h	未定义
实时时钟星期闹钟设置寄存器	RTCADOW	读/写	字节访问	1Ah	未定义
实时时钟日闹钟设置寄存器	RTCADAY	读/写	字节访问	1Bh	未定义

下面对 RTC 寄存器进行详细介绍，注意其中具有下划线的配置为 RTC 寄存器初始状态或复位后的默认配置。

（1）RTC 控制寄存器 0（RTCCTL0）

7	6	5	4	3	2	1	0
保留	RTCTEVIE	RTCAIE	RTCRDYIE	保留	RTCTEVIFG	RTCAIFG	RTCRDYIFG

● RTCTEVIE：第 6 位，实时时钟时间间隔中断使能控制位。

0：禁止中断；　　1：使能中断。

● RTCAIE：第 5 位，实时时钟闹钟中断使能控制位。在计数器模式下，该控制位被清除。

0：禁止中断；　　1：使能中断。

● RTCRDYIE：第 4 位，实时时钟准备读取中断使能控制位。

0：禁止中断；　　1：使能中断。

● RTCTEVIFG：第 2 位，实时时钟时间间隔中断标志位。

0：没有时间间隔中断事件发生；　　1：产生时间间隔中断事件。

● RTCAIFG：第 1 位，实时时钟闹钟中断标志位。在计数器模式下，该标志位保持清除。

0：没有闹钟中断事件产生；　　1：产生闹钟中断事件。

● RTCRDYIFG：第 0 位，实时时钟准备读取中断标志位。

0：实时时钟寄存器不能安全读取；　　1：实时时钟寄存器可安全读取。

（2）RTC 控制寄存器 1（RTCCTL1）

7	6	5	4	3	2	1	0
RTCBCD	RTCHOLD	RTCMODE	RTCRDY	RTCSSEL		RECTEV	

● RTCBCD：第 7 位，RTC 时间寄存器 BCD 计数格式选择控制位。仅适用于日历模式，在计数器模式下无用。更改该控制位的值将清除秒、分、时、星期和年寄存器，但将日和月份寄存器的值全部设为 1。

0：二进制/十六进制计数格式；　　1：BCD 计数格式。

● RTCHOLD：第 6 位，实时时钟开关控制位。

0：实时时钟是可工作的；

1：在计数器模式下，仅关闭 32 位计数器模块；在日历模式下，不仅关闭日历功能，同时关闭预分频计数器 RT0PS 和 RT1PS。

● RTCMODE：第 5 位，实时时钟工作模式选择控制位。

0：32 位计数器模式；

1：日历模式。在计数器模式和日历模式之间切换会复位实时时钟寄存器。从计数器模式切换到日历模式，会清除秒、分、时、星期和年寄存器，并且将日和月份寄存器的值设为 1，之后，需要通过软件设置实时时钟寄存器，同时在该状态下，预分频器 RT0PS 和 RT1PS 也被清除。

● RTCRDY：第 4 位，实时时钟准备标志位。

0：RTC 时间值在转换中（仅在日历模式下）；

1：RTC 时间值可安全读取（仅在日历模式下），在计数器模式下，该标志位保持清除。

● RTCSSEL：第 2～3 位，实时时钟参考时钟源选择控制位。通过该控制位可为 RTC 模块的 32 位计数器选择输入参考时钟源。在日历模式下，无须关心该控制位，参考时钟输入自动设为 RT1PS 预分频器的输出。

00：ACLK；　　01：SMCLK；

10：RT1PS 预分频器输出时钟；　　11：RT1PS 预分频器输出时钟。

● RTCTEV：第 0～1 位，实时时钟时间间隔事件选择控制位。在计数器和日历模式下的控制位配置如表 6.4.9 所示。

表 6.4.9　RTCTEV 实时时钟时间间隔事件选择控制位配置

RTC 模块的工作模式	RTCTEV	中断间隔事件
计数器模式(RTCMODE=0)	00	8 位定时器溢出中断
	01	16 位定时器溢出中断
	10	24 位定时器溢出中断
	11	32 位定时器溢出中断
日历模式(RTCMODE=1)	00	调整分钟
	01	调整小时
	10	在每天凌晨(00:00)
	11	在每天中午(12:00)

（3）实时时钟控制寄存器 2（RTCCTL2）

7	6	5	4	3	2	1	0
RTCCALS	保留	RTCCAL					

● RTCCALS：第 7 位，实时时钟校准信号。

0：向下校准时钟频率；　　1：向上校准时钟频率。

● RTCCAL：第 0～5 位，实时时钟校准控制位。当 RTCCALS=1 时，该控制位每增加 1，实时时钟频率向上校准 4ppm（百万分之四）；当 RTCCALS=0 时，该控制位每增加 1，实时时钟频率向下校准 2ppm。

例如，f_{RTCCLK} 的期望输出频率是 512Hz，而 f_{RTCCLK} 的测量值为 512.0312Hz，此时的频率误差大约是+61ppm（(512.0312−512）/512)。为了校准误差，可将 RTCCALS 复位，将 RTCCAL 设成 31（61/2）。

（4）实时时钟控制寄存器 3（RTCCTL3）

7	6	5	4	3	2	1	0
保留						RTCCALF	

● RTCCALF：第 0～1 位，实时时钟校准频率。通过该控制位可选择输出频率到 RTCCLK 引脚，以进行校准测量。相应的引脚必须配置为外围模块功能。

00：无频率输出到 RTCCLK 引脚；　01：输出 512Hz 时钟频率；

10：输出 256Hz 时钟频率；　11：输出 1Hz 时钟频率。

（5）实时时钟计数寄存器 1（RTCNT1）

7	6	5	4	3	2	1	0
RTCNT1							

● RTCNT1：第 0～7 位，RTCNT1 寄存器存储 RTCNT1 的计数值。

（6）实时时钟计数寄存器 2（RTCNT2）

7	6	5	4	3	2	1	0
RTCNT2							

● RTCNT2：第 0～7 位，RTCNT2 寄存器存储 RTCNT2 的计数值。

（7）实时时钟计数寄存器 3（RTCNT3）

7	6	5	4	3	2	1	0
RTCNT3							

● RTCNT3：第 0～7 位，RTCNT3 寄存器存储 RTCNT3 的计数值。

（8）实时时钟计数寄存器 4（RTCNT4）

7	6	5	4	3	2	1	0
RTCNT4							

● RTCNT4：第 0～7 位，RTCNT4 寄存器存储 RTCNT4 的计数值。

（9）实时时钟秒寄存器（RTCSEC）——日历模式下的十六进制计数格式

7	6	5	4	3	2	1	0
0	0	Seconds(0～59)					

（10）实时时钟秒寄存器（RTCSEC）——日历模式下的 BCD 计数格式

7	6	5	4	3	2	1	0
0	秒—高位数(0～5)			秒—低位数(0～9)			

（11）实时时钟分寄存器（RTCMIN）——日历模式下的十六进制计数格式

7	6	5	4	3	2	1	0
0	0	Minutes(0～59)					

（12）实时时钟分寄存器（RTCMIN）——日历模式下的 BCD 计数格式

7	6	5	4	3	2	1	0
0	分高位数(0～5)			分低位数(0～9)			

（13）实时时钟时寄存器（RTCHOUR）——日历模式下的十六进制计数格式

7	6	5	4	3	2	1	0
0	0	0	时(0～24)				

（14）实时时钟时寄存器（RTCHOUR）——日历模式下的 BCD 计数格式

7	6	5	4	3	2	1	0
0	0	时高位数(0～2)		时低位数(0～9)			

（15）实时时钟星期寄存器（RTCDOW）——日历模式

7	6	5	4	3	2	1	0
0	0	0	0	0	星期(0～6)		

（16）实时时钟日寄存器（RTCDAY）——日历模式下的十六进制计数格式

7	6	5	4	3	2	1	0
0	0	0	日(1～28,29,30,31)				

（17）实时时钟日寄存器（RTCDAY）——日历模式下的 BCD 计数格式

7	6	5	4	3	2	1	0
0	0	日高位数(0～3)		日低位数(0～9)			

（18）实时时钟月份寄存器（RTCMON）——日历模式下的十六进制计数格式

7	6	5	4	3	2	1	0
0	0	0	0	月(1～12)			

（19）实时时钟月份寄存器（RTCMON）——日历模式下的 BCD 计数格式

7	6	5	4	3	2	1	0
0	0	0	月高位数(0 或 1)	月低位数(0～9)			

（20）实时时钟低字节年寄存器（RTCYEARL）——日历模式下的十六进制计数格式

7	6	5	4	3	2	1	0
年低 8 位字节							

（21）实时时钟低字节年寄存器（RTCYEARL）——日历模式下的 BCD 计数格式

7	6	5	4	3	2	1	0
十年(0～9)				年最低位(0～9)			

（22）实时时钟高字节年寄存器（RTCYEARH）——日历模式下的十六进制计数格式

7	6	5	4	3	2	1	0
0	0	0	0	年高 4 位字节			

（23）实时时钟高字节年寄存器（RTCYEARH）——日历模式下的 BCD 计数格式

7	6	5	4	3	2	1	0
0	世纪高位数(0～4)			世纪低位数(0～9)			

（24）实时时钟分闹钟设置寄存器（RTCAMIN）——日历模式下的十六进制计数格式

7	6	5	4	3	2	1	0
AE	0	分(0～59)					

（25）实时时钟分闹钟设置寄存器（RTCAMIN）——日历模式下的 BCD 计数格式

7	6	5	4	3	2	1	0
AE	分高位数(0～5)			分低位数(0～9)			

（26）实时时钟时闹钟设置寄存器（RTCAHOUR）——日历模式下的十六进制计数格式

7	6	5	4	3	2	1	0
AE	0	0	时(0～24)				

（27）实时时钟时闹钟设置寄存器（RTCAHOUR）——日历模式下的 BCD 计数格式

7	6	5	4	3	2	1	0
AE	0	时高位数(0～2)		时低位数(0～9)			

（28）实时时钟星期闹钟设置寄存器（RTCADOW）——日历模式

7	6	5	4	3	2	1	0
AE	0	0	0	0	星期(0～6)		

（29）实时时钟日闹钟设置寄存器（RTCADAY）——日历模式下的十六进制计数格式

7	6	5	4	3	2	1	0
AE	0	0	日(1～28,29,30,31)				

（30）实时时钟日闹钟设置寄存器（RTCADAY）——日历模式下的 BCD 计数格式

7	6	5	4	3	2	1	0
AE	0	日高位数(0～3)		日低位数(0～9)			

6.5 LCD_C 控制器

笔段式液晶显示器是指以长条状显示像素组成一位显示类型的液晶显示器，简称段式液晶。它主要用于显示数字和类似数字的形状，其结构类似于“8”，以七段显示最为常用。这种段式液晶驱动简单、耗电量小，在仅需显示数字的场合应用较多，也可用来在便携式应用的场合中代替数码管，是最常用的低功耗显示设备。

在大部分 MSP430 单片机中，均集成了 LCD 控制器，能够直接驱动段式液晶。MSP430F1xx/2xx 系列单片机中没有 LCD 控制器。MSP430F4xx 系列单片机中均集成了 LCD 控制器，其中 MSP430F42x 系列以下的单片机集成 LCD 控制器，MSP430F42x0 系列以上的单片机集成 LCD_A 控制器。MSP430F5xx 系列单片机未集成 LCD 控制器，而 MSP430F6xx 系列单片机均集成了 LCD 控制器，其中，MSP430F663x/F643x 系列单片机集成了 LCD_B 控制器，MSP430F67xx 系列单片机集成了 LCD_C 控制器。由于 LCD_C 控制器是 MSP430 单片机集成的最新的 LCD 控制器，可支持静态驱动、2～8MUX 动态驱动模式。因此，本书介绍 LCD_C 控制器的原理及操作。

知识点：LCD 控制器能产生 LCD 驱动所需的交流波形，并自动完成 LCD 的扫描与刷新，对用户呈现简单的显示缓冲区接口，程序中只需要写 LCD 显示所对应的缓冲区，即可直接改变 LCD 的显示内容。在 LCD 液晶驱动电路中，液晶等效为电容，两个电极板分别为公共极与段极。公共极由 COMx 信号驱动，段极由 SEGn 信号驱动。

6.5.1 LCD 的工作原理

在介绍 MSP430 单片机的 LCD 控制器之前，首先介绍 LCD 的工作原理。LCD（Liquid Crystal Display）是利用液晶分子的光学特性和物理结构进行显示的一种元件。液晶分子具有以下特性：①液晶分子是介于固体和液体之间的一种棒状结构的大分子物质；②在自然形态下，液晶分子具有光学各向异性特点；在电（磁）场作用下，液晶分子呈各向同性特点。下面以液晶显示面板的基本结构介绍 LCD 的基本显示原理，示意图如图 6.5.1 所示。

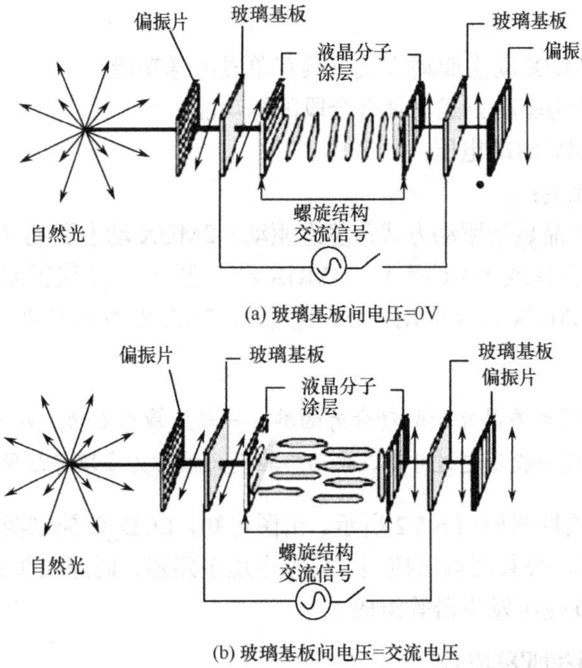

图 6.5.1　LCD 液晶显示原理示意图

整个液晶显示面板由上、下透明玻璃基板和偏振片组成，在上、下玻璃基板之间，按照螺旋结构将液晶分子进行有规律地涂层，上、下偏振片的偏振角度相互垂直。液晶面板的电极通过一种 ITO 的金属化合物蚀刻在上、下玻璃基板上，当上、下玻璃基板间的电压为 0 时，自然光通过偏振片后，只有与偏振片方向相同的光线得以进入液晶分子的螺旋结构的涂层中。由于螺旋结构的液晶具有旋光性，将入射光线的方向旋转 90° 后照射到另一端的偏振片上，由于上、下偏振片的偏振角度相互垂直，这样入射光线就可以通过另一端的偏振片完全射出，通过观察者来看液晶就是透明的，看到的效果就为灰色（液晶熄灭）。而当在上、下玻璃基板间的电压为交流电压时，液晶分子的螺旋结构在电（磁）场的作用下，变成了同向排列结构，对光线的方向没有做任何旋转，而上、下偏振片的偏振角度相互垂直，这样入射光线就无法通过另一端的偏振片射出，通过观察者来看液晶就不是透明的，看到的效果就为黑色（液晶点亮）。这样通过选择在上、下玻璃基板电极间施加或不施加交流电压，即可点亮或熄灭液晶显示。

由 LCD 的工作原理可知，液晶是通过环境光来显示信息的，液晶本身不主动发光，所以液晶的功耗很低，更加适合于单片机低功耗应用系统。另外，液晶只能使用低频交流电压驱动，直流电压将损坏液晶。

知识点：液晶显示器分为段式与点阵式两种，段式液晶所显示的图形都是事先制定好的，例如七段数码字的段码，在显示时不能变化；而点阵式较为灵活，可以组成任意图形，但点阵式液晶显示器比较复杂，需要配专门的驱动电路和控制命令。

6.5.2　LCD_C 控制器介绍

LCD_C 控制器能够自动产生驱动 LCD 显示的交流电压信号，并且该控制器支持静态驱动和 2～8MUX 动态驱动的显示方式。LCD_C 控制器具有如下特性：

- 具有显示缓存器；
- 自动产生所需的 SEG、COM 电压信号；

- 多种扫描频率；
- 在静态和2～4MUX动态驱动方式下具有单段闪烁功能；
- 在5～8MUX动态驱动方式下具有全段闪烁功能；
- 可产生高达3.44V驱动电压；
- 软件可调节对比度；
- 支持以下8种液晶显示驱动方式：静态驱动、2MUX动态驱动（1/2偏置或1/3偏置）、3MUX动态驱动（1/2偏置或1/3偏置）、4MUX动态驱动（1/2偏置或1/3偏置）、5MUX动态驱动（1/3偏置）、6MUX动态驱动（1/3偏置）、7MUX动态驱动（1/3偏置）、8MUX动态驱动（1/3偏置）。

知识点：一般段式液晶显示驱动分为两类：一类是静态驱动；另一类是动态驱动。因为段式动态液晶显示寻址路数一般不超过8路，故动态驱动又被称为多路寻址驱动，即MUX动态驱动。

LCD_C控制器结构框图如图6.5.2所示。由图可知，LCD_C控制器由闪烁显示缓存、液晶显示缓存、段输出控制、公共端输出控制、模拟电压多路器、时序发生器、LCD输入频率分频器、对比度控制、LCD偏压发生器等组成。

6.5.3 LCD_C控制器操作

1．LCD显示缓存

MSP430单片机的LCD控制器提供了最多20字节的显示缓存用于控制LCD显示内容。不同的驱动模式或不同的硬件连接，都会导致显示缓存与LCD笔画之间的对应关系发生变化。

（1）静态和2～4MUX动态驱动模式下的LCD显示缓存

在静态和2～4MUX动态驱动模式下，LCD显示缓存的每一字节都包含两段的信息。在4种模式下，MSP430单片机的20个显示缓存可以显示40、80、120和160段。在4MUX动态驱动模式下，显示缓存驱动160段LCD的位和液晶段对应关系如图6.5.3所示。

（2）5～8MUX动态驱动模式下的液晶显示缓存

在5～8MUX动态驱动模式下，LCD显示缓存的每一字节只包含一段的信息，在4种模式下，MSP430单片机的20个显示缓存可以显示100、120、140和160段。在8MUX动态驱动模式下，显示缓存驱动160段LCD的位和液晶段对应关系如图6.5.4所示。

2．LCD时序发生器

LCD_C时序发生器利用来自内部时钟分频器的f_{LCD}信号产生COM公共极和SEG段驱动的时序信号。利用LCDSSEL控制位可选择ACLK或VLOCLK作为输入内部时钟分频器的时钟源，其中ACLK的频率范围为30～40kHz。f_{LCD}的频率由LCDPREx和LCDDIVx控制位进行配置，计算公式为

$$f_{LCD}=\frac{f_{ACLK/VLOCLK}}{(LCDDIVx+1)\times 2^{LCDPREx}} \tag{6.5.1}$$

适当的f_{LCD}频率取决于LCD刷新所需的频率和LCD多路器的个数，可通过以下公式计算所需的f_{LCD}

$$f_{LCD}=2\times MUX\times f_{FRAME} \tag{6.5.2}$$

例如，若利用3MUX动态驱动方式实现30～100Hz的LCD刷新频率($30Hz<f_{FRAME}<100Hz$)，则由式（6.5.2）可知，所需的$f_{LCD(min)}=2\times 3\times 30Hz=180Hz$，$f_{LCD(max)}=2\times 3\times 100Hz=600Hz$，

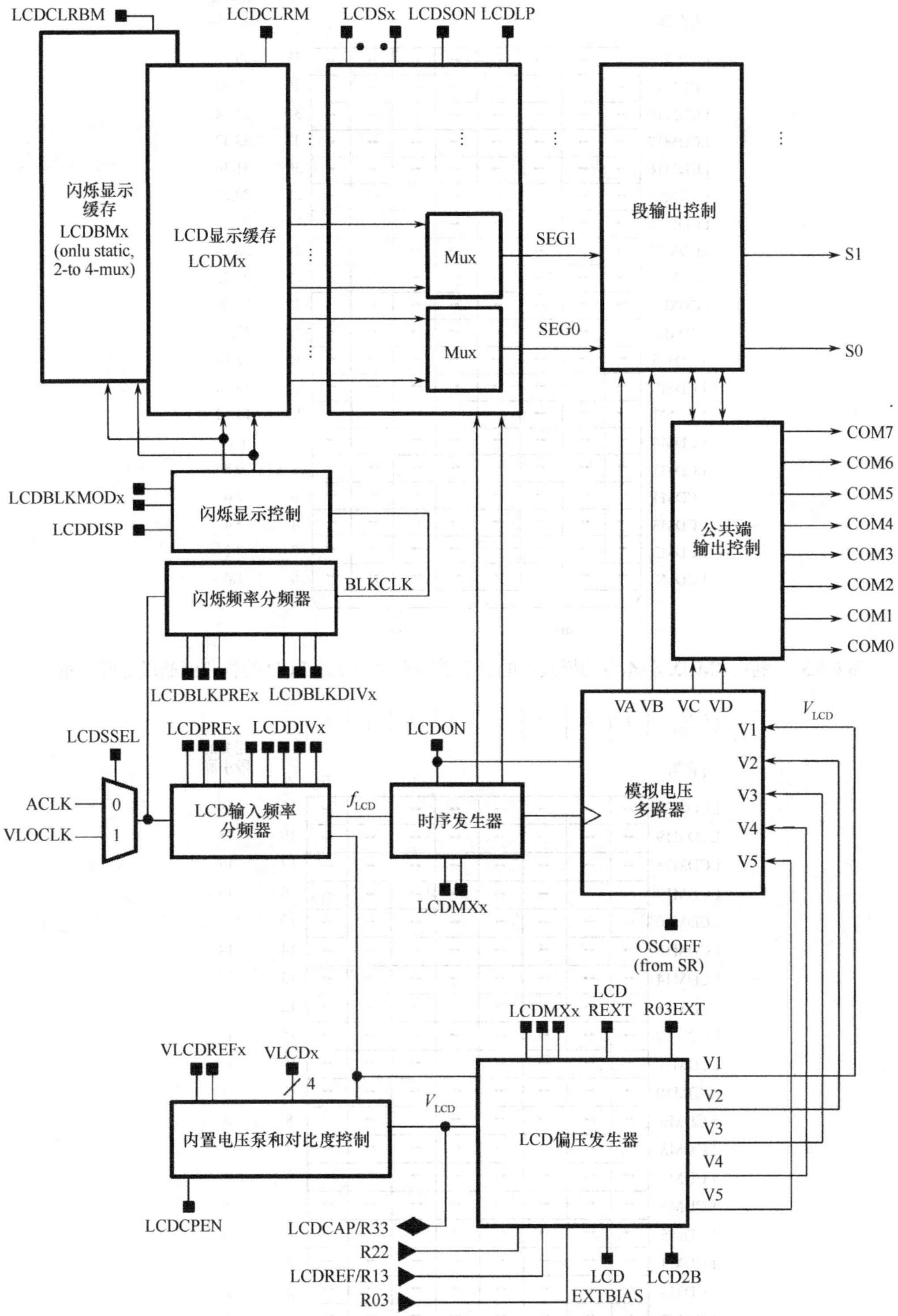

图 6.5.2　LCD_C 段式液晶驱动模块结构框图

相关的公共引脚	3	2	1	0	3	2	1	0		相关的段引脚
寄存器	7							0	n	
LCDM20	--	--	--	--	--	--	--	--	38	39,38
LCDM19	--	--	--	--	--	--	--	--	36	37,36
LCDM18	--	--	--	--	--	--	--	--	34	35,34
LCDM17	--	--	--	--	--	--	--	--	32	33,32
LCDM16	--	--	--	--	--	--	--	--	30	31,30
LCDM15	--	--	--	--	--	--	--	--	28	29,28
LCDM14	--	--	--	--	--	--	--	--	26	27,26
LCDM13	--	--	--	--	--	--	--	--	24	25,24
LCDM12	--	--	--	--	--	--	--	--	22	23,22
LCDM11	--	--	--	--	--	--	--	--	20	21,20
LCDM10	--	--	--	--	--	--	--	--	18	19,18
LCDM9	--	--	--	--	--	--	--	--	16	17,16
LCDM8	--	--	--	--	--	--	--	--	14	15,14
LCDM7	--	--	--	--	--	--	--	--	12	13,12
LCDM6	--	--	--	--	--	--	--	--	10	1,10
LCDM5	--	--	--	--	--	--	--	--	8	9,8
LCDM4	--	--	--	--	--	--	--	--	6	7,6
LCDM3	--	--	--	--	--	--	--	--	4	5,4
LCDM2	--	--	--	--	--	--	--	--	2	3,2
LCDM1	--	--	--	--	--	--	--	--	0	1,0
	Sn+1				Sn					

图 6.5.3　利用 4MUX 动态驱动模式下的显示缓存驱动 160 段 LCD 的位和液晶段对应关系

相关的公共引脚	7	6	5	4	3	2	1	0		相关的段引脚
寄存器	7							0	n	
LCDM20	--	--	--	--	--	--	--	--	19	19
LCDM19	--	--	--	--	--	--	--	--	18	18
LCDM18	--	--	--	--	--	--	--	--	17	17
LCDM17	--	--	--	--	--	--	--	--	16	16
LCDM16	--	--	--	--	--	--	--	--	15	15
LCDM15	--	--	--	--	--	--	--	--	14	14
LCDM14	--	--	--	--	--	--	--	--	13	13
LCDM13	--	--	--	--	--	--	--	--	12	12
LCDM12	--	--	--	--	--	--	--	--	11	11
LCDM11	--	--	--	--	--	--	--	--	10	10
LCDM10	--	--	--	--	--	--	--	--	9	9
LCDM9	--	--	--	--	--	--	--	--	8	8
LCDM8	--	--	--	--	--	--	--	--	7	7
LCDM7	--	--	--	--	--	--	--	--	6	6
LCDM6	--	--	--	--	--	--	--	--	5	5
LCDM5	--	--	--	--	--	--	--	--	4	4
LCDM4	--	--	--	--	--	--	--	--	3	3
LCDM3	--	--	--	--	--	--	--	--	2	2
LCDM2	--	--	--	--	--	--	--	--	1	1
LCDM1	--	--	--	--	--	--	--	--	0	0
	Sn									

图 6.5.4　利用 8MUX 动态驱动模式下的显示缓存驱动 160 段 LCD 的位和液晶段对应关系

即需要利用 LCD 时序发生器产生 180～600Hz 的 f_{LCD} 信号。当 $f_{ACLK/VLOCLK}$=32768Hz，LCDPREx=011，LCDDIVx=10101 时，通过式（6.5.1）可知，LCD 时序发生器产生的 f_{LCD} 为 186Hz；当 LCDPREx=001，LCDDIVx=11011 时，通过式（6.5.1）可知，LCD 时序发生器产生的 f_{LCD} 为 585Hz。两种情况下都满足条件，刷新频率越低，功耗越低，但刷新频率过低，则可能产生显示闪烁。

3．清除 LCD 显示

LCD_C 控制器允许清除所有的 LCD 显示，该功能可通过 LCDSON 控制位实现。当 LCDSON=1 时，每一段的点亮或熄灭由该段所对应的显示缓存所决定；当 LCDSON=0 时，段式 LCD 的每一段都将被熄灭。

4．LCD 闪烁

LCD_C 控制器也支持 LCD 的闪烁。在静态和 2～4MUX 动态驱动模式下，当 LCD 闪烁模式控制位 LCDBLKMODx=01 时，LCD_C 驱动模块允许独立段的闪烁；当 LCDBLKMODx=10 时，所有 LCD 液晶段都将闪烁；当 LCDBLKMODx=00 时，LCD 液晶段闪烁将被禁止。在 5～8MUX 动态驱动模式下，仅有 LCDBLKMODx=10 是可用的，即在该模式下所有的 LCD 液晶段都将闪烁，如果选择了其他 LCD 闪烁模式，LCD 闪烁将被禁止。

（1）LCD 液晶闪烁缓存

在静态和 2～4MUX 动态驱动模式下，LCD_C 控制器可通过一个独立的闪烁缓存选择需闪烁的 LCD 段。为了使能独立的 LCD 段进行闪烁，必须置位 LCDBMx 寄存器中相应的控制位。该闪烁缓存和 LCD 显示缓存使用相同的结构，如图 6.5.3 所示。置位 LCDCLRBM 控制位，将在下一个刷新周期的边沿清除所有闪烁缓存，所有的闪烁缓存被清除后，LCDCLRBM 控制位将自动复位。

（2）LCD 闪烁频率

LCD 闪烁频率 f_{BLINK} 可通过 LCDBLKPREx 和 LCDBLKDIVx 控制位进行配置，其参考时钟源仍然选择 LCD 的频率 f_{LCD}，计算公式为

$$f_{\mathrm{BLINK}}=\frac{f_{\mathrm{ACLK/VLO}}}{(\mathrm{LCDBLKDIVx}+1)\times 2^{9+\mathrm{LCDBLKPREx}}}$$

当 LCDBLKMODx=00 时，闪烁频率 f_{BLINK} 将被清零，闪烁功能将被禁止。当 LCDBLKMODx=01 或 10 时，所选择需闪烁的单独段或全部段将在下一个刷新周期的边沿熄灭，之后，保持熄灭状态半个 BLKCLK 周期，并在下一个刷新周期的边沿点亮，再保持点亮状态半个 BLKCLK 周期，如此往复，产生 LCD 段闪烁的效果。

5．LCD 电压和偏压发生器

LCD_C 控制器允许波形峰值电压 V1 和偏压 V2～V5 选择不同的参考电压源，V_{LCD} 可由 V_{CC}、内部电压泵或外部电源产生。如果内部电压参考时钟源（ACLK 或 VLOCLK）被禁止或者 LCD_C 控制器被禁止，则内部电压的产生也将被关闭。

（1）LCD 电压生成

当 VLCDEXT=0、VLCDx=0 且 VREFx=0 时，V_{LCD} 的参考电压源为 V_{CC}；当 VLCDEXT=0、VLCDCPEN=1 且 VLCDx>0 时，V_{LCD} 的参考电压源来自内部电压泵。内部电压泵的参考电压源为 DV_{CC}。可通过软件配置 VLCDx 控制位调节 LCD 的电压范围：2.6～3.44V（典型）。

当内部电压泵使用后，在 LCDCAP 引脚和地之间必须连接一个 4.7μF 或更大的电容，否则将会发生不可预见的损坏。内部电压泵可通过设置 LCDCPEN=0 和 VLCDx>0 来暂时禁止以降低系统噪声，在这种情况下，LCD 电压使用外部电容上的电压直到内部电压泵被开启。

当 VLCDREFx=01、LCDREXT=0 且 LCDEXTBIAS=0 时，内部电压泵可使用外部参考电压。当 VLCDEXT=1 时，V_{LCD} 的电压来自 LCDCAP 引脚，内部电压泵被关闭。

（2）LCD 偏压发生器

部分 LCD 偏压(V2～V5)能独立于 V_{LCD} 而由内部或外部产生。LCD_C 偏压发生器模块如图 6.5.5 所示。

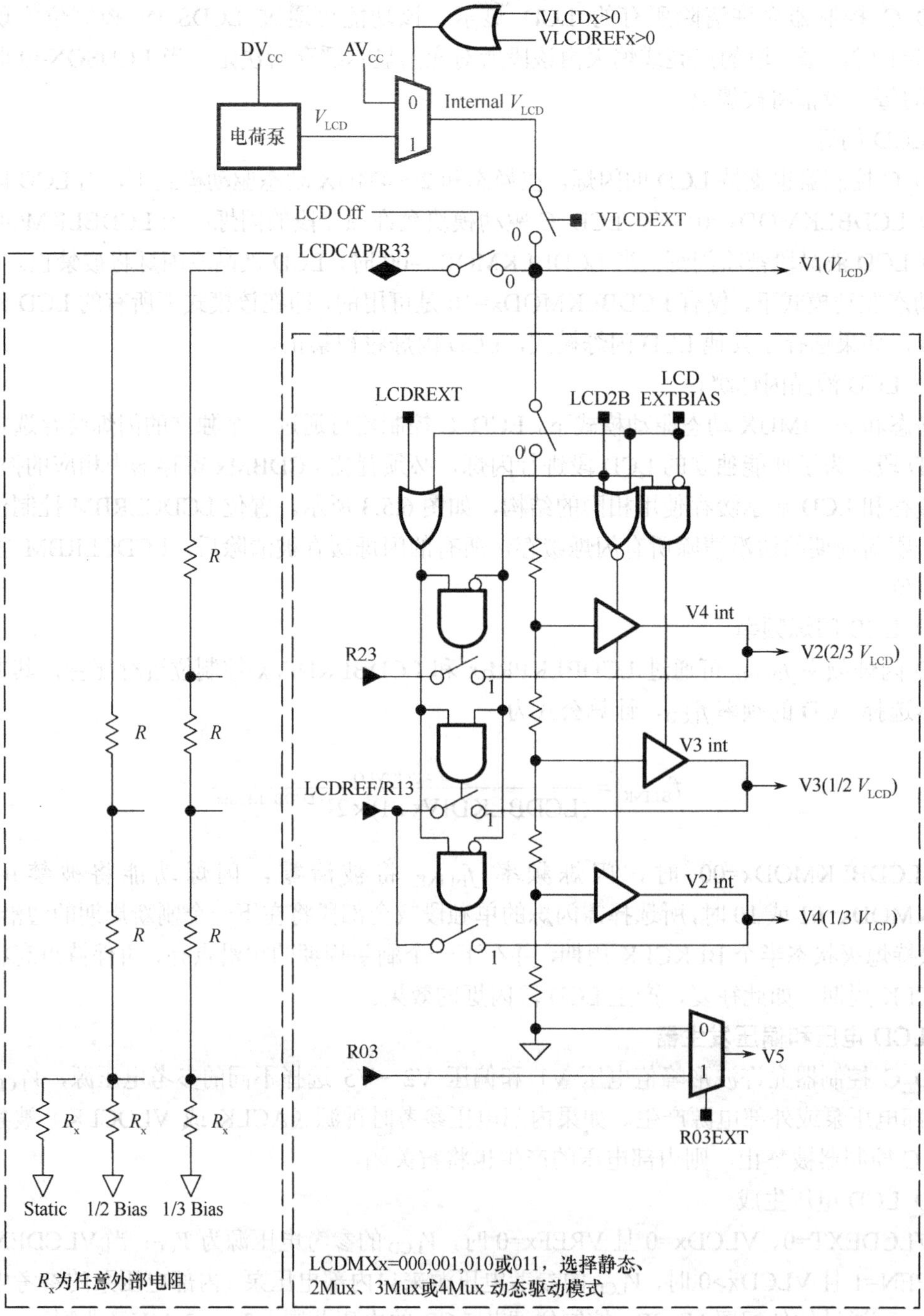

图 6.5.5 LCD_C 偏压发生器

当 LCDEXTBIAS 控制位置位后，偏压 V2～V4 将会由外部提供，并同时关闭内部偏压产生器。一般一个平均加权电阻分压器会和几 kΩ～1MΩ的电阻一起使用，取决于液晶显示的尺寸。当使用外部电阻分压器时，V_{LCD} 在 VLCDEXT=0 时来自内部电压泵。在静态和 2～4MUX 动态驱动模式下，V5 也可以在 R03EXT 置位后选择外部参考源。

当使用外部电阻分压器时，R33 在 VLCDEXT=0 时被用于可切换的 V_{LCD} 输出。允许在不使用 LCD 时关闭梯形电阻的电源，以减少电流消耗。当 VLCDEXT=1 时，LCDCAP 引脚外部电容上的电压作为 V_{LCD} 输入。

在 2～4MUX 动态驱动模式下，偏压发生器支持 1/2 偏置(LCD2B=1)和 1/3 偏置(LCD2B=0)。在 5～8MUX 动态驱动模式下，偏压发生器支持 1/4 偏置(LCD2B=1)和 1/3 偏置(LCD2B=0)。在静态模式下，偏压发生器被禁止。偏压和外部引脚对应关系如表 6.5.1 所示。

表 6.5.1　偏压和外部引脚

驱动模式	偏压配置	LCD2B	电平	引脚	条件
静态	静态	×	V1(“1”)	R33	LCDREXT=1 或 LCDEXTBIAS=1
			V5(“0”)	R03	R03EXT=1
2～4MUX	1/2	1	V1(“1”)	R33	LCDREXT=1 或 LCDEXTBIAS=1
			V3(“1/2”)	R13	LCDREXT=1 或 LCDEXTBIAS=1
			V5(“0”)	R03	R03EXT=1
2～4MUX	1/3	0	V1(“1”)	R33	LCDREXT=1 或 LCDEXTBIAS=1
			V2(“2/3”)	R23	LCDREXT=1 或 LCDEXTBIAS=1
			V4(“1/3”)	R13	LCDREXT=1 或 LCDEXTBIAS=1
			V5(“0”)	R03	R03EXT=1
5～8MUX	1/4	1	V1(“1”)	R33	LCDREXT=1 或 LCDEXTBIAS=1
			V2(“3/4”)	R23	LCDREXT=1 或 LCDEXTBIAS=1
			V3(“2/4”)	R13	LCDREXT=1 或 LCDEXTBIAS=1
			V4(“1/4”)	R03	LCDREXT=1 或 LCDEXTBIAS=1
			V5(“0”)	不可用	LCDREXT=1 或 LCDEXTBIAS=1
5～8MUX	1/3	0	V1(“1”)	R33	LCDREXT=1 或 LCDEXTBIAS=1
			V2(“2/3”)	R23	LCDREXT=1 或 LCDEXTBIAS=1
			V4(“1/3”)	R13	LCDREXT=1 或 LCDEXTBIAS=1
			V5(“0”)	R03	R03EXT=1

（3）LCD 对比度控制

输出波形的电压峰值、模式选择和偏压比决定了 LCD 的对比度。表 6.5.2 显示了在不同模式下不同 RMS 电压作为 V_{LCD} 功能时打开($V_{RMS,ON}$)和关闭($V_{RMS,OFF}$)的偏压比配置，同时也显示了在关闭和打开状态下的对比度值。

表 6.5.2　LCD 电压和偏压比特性

模式	偏压	LCDMx	LCD2B	COM 行	电平	$V_{RMS,OFF}/V_{LCD}$	$V_{RMS,ON}/V_{LCD}$	对比度：$V_{RMS,ON}/V_{RMS,OFF}$
静态	静态	0000	X	1	V1，V5	0	1	1/0
2MUX	1/2	0001	1	2	V1,V3,V5	0.354	0.791	2.236
	1/3	0001	0	2	V1,V2，V4，V5	0.333	0.745	2.236
3MUX	1/2	0010	1	3	V1,V3,V5	0.408	0.707	1.732
	1/3	0010	0	3	V1,V2，V4，V5	0.333	0.638	1.915

续表

模式	偏压	LCDMx	LCD2B	COM 行	电平	$V_{RMS,\ OFF}/V_{LCD}$	$V_{RMS,\ ON}/V_{LCD}$	对比度：$V_{RMS,\ ON}/V_{RMS,\ OFF}$
4MUX	1/2	0011	1	4	V1,V3,V5	0.433	0.661	1.528
	1/3	0011	0	4	V1,V2，V4，V5	0.333	0.577	1.732
5MUX	1/4	0100	1	5	V1，V2，V3，V4，V5	0.316	0.500	1.581
	1/3	0100	0	5	V1，V2，V4，V5	0.333	0.537	1.612
6MUX	1/4	0101	1	6	V1，V2，V3，V4，V5	0.306	0.468	1.528
	1/3	0101	0	6	V1，V2，V4，V5	0.333	0.509	1.528
7MUX	1/4	0110	1	7	V1，V2，V3，V4，V5	0.299	0.443	1.483
	1/3	0110	0	7	V1，V2，V4，V5	0.333	0.488	1.464
8MUX	1/4	0111	1	8	V1，V2，V3，V4，V5	0.293	0.424	1.446
	1/3	0111	0	8	V1，V2，V4，V5	0.333	0.471	1.414

6. LCD 引脚功能配置

一些 LCD 的段极、公共极、Rxx 功能和 I/O 功能复用，这些引脚既可以作为普通的 I/O 功能，也可以作为驱动 LCD 功能使用。通过配置 LCDCPCTLx 寄存器内的 LCDSx 控制位，可将与 I/O 口复用的引脚配置为驱动 LCD 功能，LCDSx 控制位为每一段选择驱动 LCD 功能。当 LCDSx=0 时，该复用引脚选择通用 I/O 端口功能；当 LCDSx=1 时，该复用引脚选择驱动 LCD 功能使用。另外，和 I/O 端口复用的 COMx 和 Rxx 功能的引脚可通过 PxSELx 控制位来选择，具体可参考 GPIO 章节。在有些器件中，COM1～COM7 引脚和 LCD 段功能引脚复用，可通过 LCDSx 控制位实现引脚功能的选择。

7. LCD 驱动模式

LCD_C 控制器支持静态驱动模式、2～8MUX 动态驱动模式，其中静态驱动模式和 4MUX 动态驱动模式较为常用，在此以这两种驱动模式为例介绍 LCD 驱动的原理，其余驱动模式可类似理解。

知识点：LCD 驱动两个重要参数：占空比(Duty)和偏置(Bias)。

占空比：该项参数一般也称为 Duty 数或 COM 数，由于 LCD 一般采用多路动态扫描的驱动模式，在此模式下，每个 COM 的有效选通时间与整个扫描周期的比值即占空比(Duty)是固定的，等于 1/COM 数。

偏置：LCD 的 SEG/COM 端的驱动波形是模拟信号，而各路模拟电压相对于 LCD 输出的最高电压的比例称为偏置。一般来讲，偏置是以输出最低挡电压(0 除外)与输出最高挡电压的比值来表示的。图 6.5.6 所示为 1/4Duty、1/3Bias 液晶屏的 COM 端驱动波形。

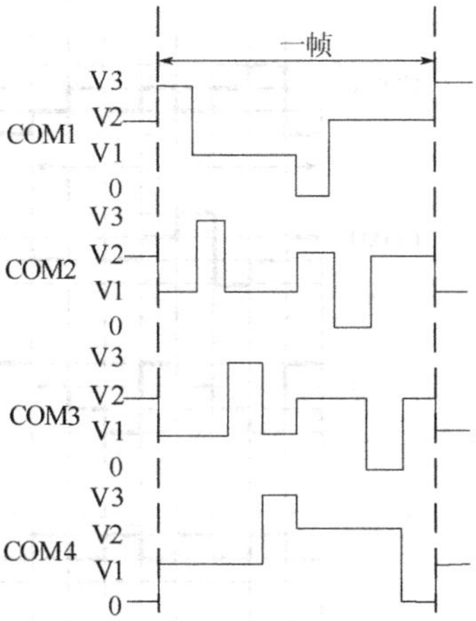

图 6.5.6　1/4Duty、1/3Bias 液晶屏的 COM 端驱动波形

（1）静态驱动模式

在静态驱动模式下，每个 MSP430 单片机的段引脚仅驱动一个 LCD 段，并且仅使用一个 COM0 端口。在该模式下，COM 端及段驱动引脚的输出驱动示意图如图 6.5.7 所示。由该图可知，在一帧范围内，COM0-S0 端交流驱动波形的峰值达到了 V1 电压，所以该段 LCD 将被点亮；而 COM0-S1 端交流驱动波形没有交流驱动波形，所以该段 LCD 将被熄灭。

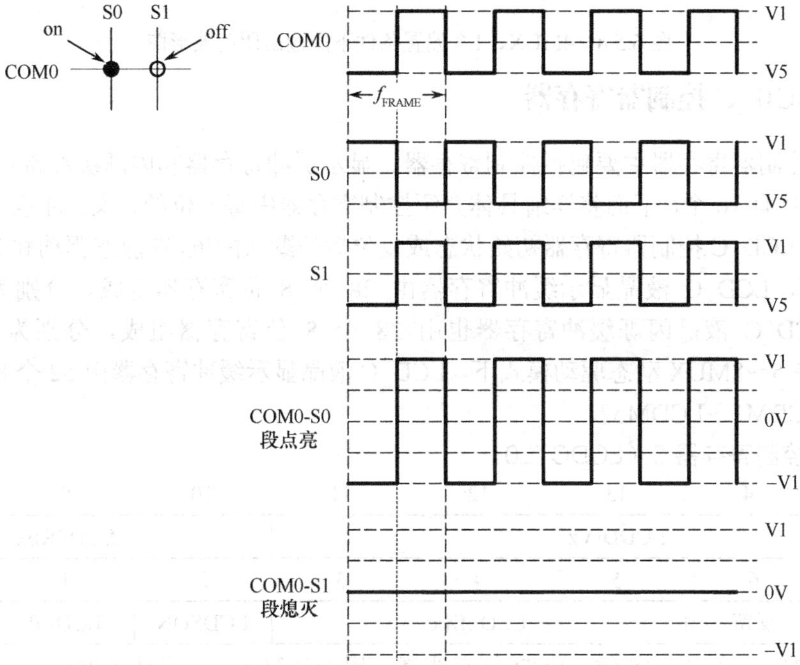

图 6.5.7　静态模式输出驱动波形图

（2）4MUX 动态驱动模式

在 4MUX 动态驱动模式下，每个 MSP430 单片机的段引脚可驱动 4 个 LCD 段，并且需使用 4 个 COM 端口（COM0、COM1、COM2 和 COM3）。在该模式下，具有 1/3 偏置的 COM 端及段驱动引脚的输出驱动示意图如图 6.5.8 所示。由该图可知，在一帧范围内，COM0-S0 端交流驱动波形的峰值达到了 V1 电压，所以该段 LCD 将被点亮；而 COM1-S1 端交流驱动波形的峰值未达到 V1 电压，所以该段 LCD 将被熄灭。

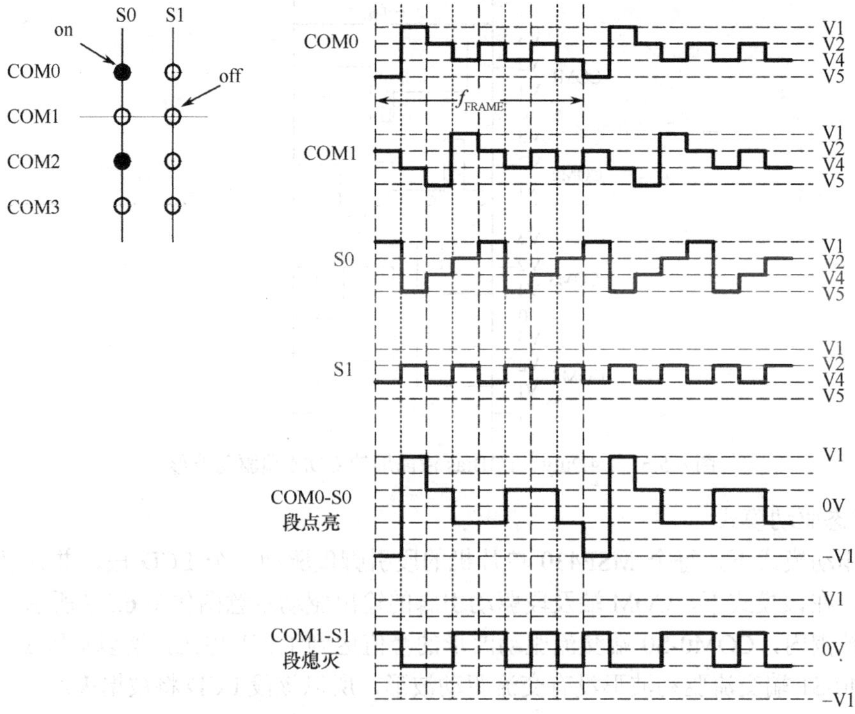

图 6.5.8　4MUX、1/3 偏置条件下的输出驱动波形图

6.5.4　LCD_C 控制器寄存器

LCD_C 控制器寄存器主要包括控制寄存器、显示缓冲寄存器和闪烁缓冲寄存器。LCD_C 控制寄存器具体有 10 个，下面将详细具体介绍控制寄存器中每一位的含义。注意，其中具有下划线的配置为 LCD_C 控制器寄存器初始状态或复位后的默认配置。在静态驱动和 2～4MUX 动态驱动模式下，LCD_C 液晶显示缓冲寄存器由 28 个 8 位寄存器组成，分别为 LCDM1～LCDM28，LCD_C 液晶闪烁缓冲寄存器也由 28 个 8 位寄存器组成，分别为 LCDBM1～LCDBM28。在 5～8MUX 动态驱动模式下，LCD_C 液晶显示缓冲寄存器由 52 个 8 位寄存器组成，分别为 LCDM1～LCDM52。

1．LCD 控制寄存器 0（LCDCTL0）

15	14	13	12	11	10	9	8
LCDDIVx					LCDPREx		
7	**6**	**5**	**4**	**3**	**2**	**1**	**0**
LCDSSEL	保留	LCDMXx			LCDSON	LCDLP	LCDON

● LCDDIVx：第 11～15 位，LCD 频率选择。用于计算 f_{LCD}，具体可参考公式（6.5.1）。

00000：1 分频；　00001：2 分频；　……　11111：32 分频。

● LCDPREx：第 8～10 位，LCD 频率选择，用于计算 f_{LCD}，具体可参考公式（6.5.1）。

000：1 分频；　001：2 分频；　010：4 分频；　011：8 分频；　100：16 分频；　101：32 分频；110：32 分频；　111：32 分频。

● LCDSSEL：第 7 位，LCD 刷新频率和闪烁频率时钟源选择控制位。

0：ACLK(30～40kHz)；　1：VLOCLK。

● LCDMXx：第 3～5 位，　LCD 的驱动模式控制位。

000：静态驱动；　001：2MUX 驱动；　010：3MUX 驱动；　011：4MUX 驱动；
100：5MUX 驱动；101：6MUX 驱动；　110：7MUX 驱动；　111：8MUX 驱动。

- LCDSON：第 2 位，LCD 所有段熄灭控制位；
  0：所有 LCD 段熄灭；
  1：所有 LCD 段使能，根据相应显示缓存点亮或熄灭。
- LCDLP：第 1 位，LCD 低功耗波形驱动使能控制位。
  0：在段引脚和 COM 端口选择标准 LCD 驱动波形；
  1：在段引脚和 COM 端口选择低功耗 LCD 驱动波形。
- LCDON：第 0 位，LCD 开关控制位。
  0：LCD_C 关闭；　1：LCD_C 打开。

2. LCD_C 控制寄存器 1（LCDCCTL1）

15	14	13	12	11	10	9	8
保留				LCDNOCAPIE	LCDBLKONIE	LCDBLKOFFIE	LCDFRMIE
7	6	5	4	3	2	1	0
保留				LCDNOCAPIFG	LCDBLKONIFG	LCDBLKOFFIFG	LCDFRMIFG

- LCDNOCAPIE：第 11 位，无电容连接中断使能控制位。
  0：中断禁止；　1：中断使能。
- LCDBLKONIE：第 10 位，LCD 闪烁中断使能，段切换打开。
  0：中断禁止；　1：中断使能。
- LCDBLKOFFIE：第 9 位，LCD 闪烁中断使能，段切换关闭。
  0：中断禁止；　1：中断使能。
- LCDFRMIE：第 8 位，LCD 帧中断使能控制位。
  0：中断禁止；　1：中断使能。
- LCDNOCAPIFG：第 3 位，无电容连接中断标志位。当内部电压泵被使能，但 LCDCAP 引脚上没有电容连接时，该标志位置位。
  0：无中断被挂起；　1：有中断被挂起。
- LCDBLKONIFG：第 2 位，LCD 闪烁中断标志位，段切换打开。当数据写入闪烁缓冲寄存器时，该标志位自动清除。
  0：无中断被挂起；　1：有中断被挂起。
- LCDBLKOFFIFG：第 1 位，LCD 闪烁中断标志位，段切换关闭。当数据写入闪烁缓冲寄存器时，该标志位自动清除。
  0：无中断被挂起；　1：有中断被挂起。
- LCDFRMIFG：第 0 位，LCD 帧中断标志位，当有数据被写入缓冲寄存器时，该标志位自动清除。
  0：无中断被挂起；　1：有中断被挂起。

3. LCD_C 闪烁控制寄存器（LCDCBLKCTL）

15	14	13	12	11	10	9	8
保留							
7	6	5	4	3	2	1	0
LCDBLKDIVx			LCDBLKPREx			LCDBLKMODx	

● LCDBLKDIVx：第 5～7 位，LCD 闪烁频率时钟分频器。

000：1 分频；　001：2 分频；　010：3 分频；　011：4 分频；

100：5 分频；　101：6 分频；　110：7 分频；　111：8 分频。

● LCDBLKPREx：第 2～4 位，LCD 闪烁频率时钟二次分频器，具体计算公式请参考 LCD 闪烁部分。

0000：512 分频；　0001：1024 分频；　0010：2048 分频；　0100：8162 分频。

0101：16384 分频；　0110：32768 分频；　0111：65536 分频。

● LCDBLKMODx：第 0～1 位，闪烁模式选择控制位。

00：闪烁禁止；　01：独立段闪烁，在 5～8MUX 动态驱动模式下为闪烁禁止；

10：所有段闪烁；　11：显示内容在 LCDMx 和 LCDBMx 中切换，在 5～8MUX 动态驱动模式下为闪烁禁止。

4．LCD_C 缓存控制寄存器（LCDMEMCTL）

15	14	13	12	11	10	9	8
保留							

7	6	5	4	3	2	1	0
保留					LCDCLRBM	LCDCLRM	LCDDISP

● LCDCLRBM：第 2 位，LCD 闪烁缓存清除控制位。

0：闪烁缓存 LCDBMx 寄存器的内容保持不变；

1：清除所有闪烁缓存 LCDBMx 寄存器的内容。

● LCDCLRM：第 1 位，LCD 显示缓存清除控制位。

0：显示缓存 LCDBMx 寄存器的内容保持不变；

1：清除所有显示缓存 LCDBMx 寄存器的内容。

● LCDDISP：第 0 位，选择 LCD 缓冲寄存器内容进行显示。

0：显示 LCD 缓存 LCDMx 的内容；　1：显示 LCD 闪烁寄存器 LCDBMx 的内容。

5．LCD_C 电压控制寄存器（LCDCVCTL）

15	14	13	12	11	10	9	8
保留			VLCDx				保留

7	6	5	4	3	2	1	0
LCDREXT	R03EXT	LCDEXTBIAS	VLCDEXT	LCDCPEN	VLCDREFx		LCD2B

● VLCDx：第 9～12 位，电压泵电压选择控制位。LCDCPEN 控制位必须置位以使能内部电压泵。当 VLCDx=0000、VLCDREFx=00 且 VLCDEXT=0 时，V_{LCD} 来自于 V_{CC}。具体配置如表 6.5.3 所示。

表 6.5.3　VLCDx 配置列表

VLCDx	VLCDREFx=00 或 10	VLCDREFx=01 或 11
0000	电压泵禁止	电压泵禁止
0001<VLCDx<1111	V_{LCD}=2.60V	V_{LCD}=2.17*V_{REF}+(VLCDx-1)*0.05*V_{REF}
1111	V_{LCD}=2.60V+(VLCDx-1)*0.06V	V_{LCD}=2.87V_{REF}

● LCDREXT：第 7 位，V2～V4 是否通过外部引脚 Rx3 引出。

0：内部电压 V2～V4 不引出到引脚(LCDEXTBIAS=0)；

1：内部电压 V2～V4 引出到引脚(LCDEXTBIAS=0)。

● R03EXT：第 6 位，V5 电压选择，该位选择最低电压的外部连接。如果没有 R03 引脚，则 R03EXT 将被忽略。

0：V5 来自 V_{SS}；　1：V5 来自 R03 引脚。

● LCDEXTBIAS：第 5 位，V2～V4 电压选择。该位选择 V2～V4 的外部连接。

0：V2～V4 由内部产生；　1：V2～V4 由外部产生。

● VLCDEXT：第 4 位，V_{LCD} 参考源选择。

0：V_{LCD} 由内部产生；　1：V_{LCD} 由外部产生。

● LCDCPEN：第 3 位，电压泵使能控制位。

0：电压泵关闭；　1：当 VLCDEXT=0、VLCDx>0 且 VLCDREFx>0 时，电压泵打开。

● VLCDREFx：第 1～2 位，电压泵参考电压选择控制位。

00：内部参考电压；　01：外部参考电压；

10：内部参考电压引出到 LCDREF/R13 引脚；　11：保留。

● LCD2B：第 0 位，偏压选择。在静态驱动和 5～8MUX 动态驱动模式下，该控制位忽略。

0：1/3 偏压；　1：1/2 偏压。

6. LCD_C 端口控制寄存器 0（LCDCPCTL0）

15	14	13	12	11	10	9	8
LCDS15	LCDS14	LCDS13	LCDS12	LCDS11	LCDS10	LCDS9	LCDS8
7	**6**	**5**	**4**	**3**	**2**	**1**	**0**
LCDS7	LCDS6	LCDS5	LCDS4	LCDS3	LCDS2	LCDS1	LCDS0

● LCDSx：第 0～15 位，LCD 引脚段功能使能控制位，该控制寄存器用于 LCD 段功能与 GPIO 复用引脚。其中，x 取值为 0～15。

0：该复用引脚选择通用 I/O 功能；　1：该引脚选择 LCD 功能。

另外，还有 LCD_C 端口控制寄存器 1(LCDCPCTL1 控制 LCDS16～LCDS31)、LCD_C 端口控制寄存器 2(LCDCPCTL2 控制 LCDS32～LCDS47)和 LCD_C 端口控制寄存器 3(LCDCPCTL 控制 LCDS48～LCDS53)，用于 LCD 引脚的功能选择。

7. LCD_C 电压泵控制寄存器（LCDCCPCTL）

15	14	13	12	11	10	9	8
LCDCPCLKSYNC	保留						
7	**6**	**5**	**4**	**3**	**2**	**1**	**0**
LCDCPDISx							

● LCDCPCLKSYNC：第 15 位，LCD 电压泵时钟同步控制位。

0：时钟同步禁止；　1：时钟同步使能。

● LCDCPDISx：第 0～7 位，LCD 电压泵禁止。

0：连接功能不能禁止电压泵；　1：连接功能能够禁止电压泵。

8. LCD_C 中断向量寄存器（LCDCIV）

15	14	13	12	11	10	9	8
0	0	0	0	0	0	0	0
7	**6**	**5**	**4**	**3**	**2**	**1**	**0**
0	0	0	0	LCDCIVx			0

● LCDCIVx：第 0～15 位，LCD_C 中断向量值，LCD_C 中断向量表如表 6.5.4 所示。

表 6.5.4　LCD_C 中断向量表

LCDCIV 的值	中断源	中断标志位	中断优先级
00h	无	无	
02h	无电容连接中断	LCDNOCAPIFG	最高
04h	LCD 闪烁中断，段切换关闭	LCDBLKOFFIFG	依次降低
06h	LCD 闪烁中断，段切换打开	LCDBLKONIFG	
08h	帧中断	LCDFRMIFG	最低

6.5.5　LCD_C 控制器应用举例

【例 6.5.1】利用 MSP430F6736 单片机的 LCD_C 模块，采用 4MUX 动态驱动模式，使段码液晶循环显示 0123456789。在实例中采用的驱动段为 SEG32 和 SEG33，显示缓冲寄存器为 LCDM17。由本实例可知：LCD_C 对用户提供简单的显示缓冲寄存器接口，程序中只需要写 LCD 显示缓冲寄存器，即可直接改变 LCD 的显示内容。LCD_C 会产生 LCD 驱动所需的交流波形，并自动完成 LCD 的扫描与刷新。本实例程序代码如下：

```
#include "msp430f6736.h"
void delay_ms(int);                                   // 延时函数声明
/********宏定义，数码管a~g各段对应的比特，更换硬件只需改动以下8行***********/
#define f 0x01
#define g 0x02
#define e 0x04
#define d 0x08
#define a 0x10
#define b 0x20
#define c 0x40
#define dp 0x80
/*********************用宏定义自动生成段码表，请勿更改******************/
const char LCD_Tab[]=
{
    a+b+c+d+e+f,                                  // 显示"0"
    b+c,                                          // 显示"1"
    a+b+d+e+g,                                    // 显示"2"
    a+b+c+d+g,                                    // 显示"3"
    b+c+f+g,                                      // 显示"4"
    a+c+d+f+g,                                    // 显示"5"
    a+c+d+e+f+g,                                  // 显示"6"
    a+b+c,                                        // 显示"7"
    a+b+c+d+e+f+g,                                // 显示"8"
    a+b+c+d+f+g,                                  // 显示"9"
};
void main(void)
{
    char m;
    WDTCTL = WDTPW + WDTHOLD;                     // 关闭看门狗
    LCDCCTL0 = LCDDIV_13 + LCDPRE_3 + LCD4MUX + LCDON;//打开LCD并配置LCD频率
    LCDCPCTL2 = 0x0003;                           // 使能SEG32和SEG33 LCD段功能
```

```
    LCDM17 = 0x00;                                        // 清除LCD显示
  delay_ms(10);
 while(1)
 {
   for (m=0;m<10;m++)
   {
    LCDM17 = LCD_Tab[m];                                  // 循环显示0123456789
    delay_ms(10);
   }
 }
}
/**************************延时函数定义*****************************/
void delay_ms(int ms)
{
  volatile int i,j;
  for(i=0;i<ms;i++)
  {
   for(j=0;j<2665;j++)
   {
    asm("nop");
   }
  }
}
```

本 章 小 结

MSP430 单片机具有丰富的片内输入/输出模块，主要包括通用 I/O 端口、模数转换模块、比较器 B、定时器与 LCD_C 段式液晶驱动模块等。本章对各输入/输出模块的结构及原理进行了详细的阐述。

MSP430 单片机有着非常丰富的 I/O 端口资源，通用 I/O 端口不仅可以直接用于输入/输出，而且可以为 MSP430 系统扩展等应用提供必要的逻辑控制信号。

MSP430 单片机的 ADC12 模块支持快速的 12 位模数转换。该模块具有一个 12 位的逐次渐进(SAR)内核、模拟输入多路复用器、参考电压发生器、采样及转换所需的时序控制电路和 16 个转换结果缓冲及控制寄存器。转换结果缓冲及控制寄存器允许在没有 CPU 干预的情况下，进行多达 16 路信号的采样、转换和保存。

MSP430 单片机的比较器 B 模块可实现多达 16 个通道的比较功能，可用于测量电阻、电容、电流、电压等，广泛应用于工业仪表、手持式仪表等产品中。

MSP430 单片机的定时器资源非常丰富，包括看门狗定时器、定时器 A、定时器 B 和实时时钟等。每种定时器都具有基本定时功能，还具有一些特殊的功能：看门狗定时器还可用于当程序发生错误时系统复位；定时器 A 可用于基本定时、捕获输入信号、比较产生 PWM 波形等；定时器 B 的功能比定时器 A 的更灵活，功能更强大；实时时钟还可用于日历功能。

MSP430 单片机的 LCD 控制器能够直接驱动段式液晶。该模块能产生 LCD 驱动所需的交流波形，并自动完成 LCD 的扫描与刷新，对用户呈现简单的显示缓冲区接口。在程序中只需要写 LCD 显示所对应的缓冲区，即可直接改变 LCD 的显示内容。

思考题与习题 6

6.1 MSP430 单片机具有哪些典型输入/输出模块？

6.2 简述 MSP430 单片机通用 I/O 端口的输出特性。

6.3 如何使用端口内部上拉和下拉电阻？

6.4 编程实现：在 MSP430F5529 单片机系统上，P1.0、P1.1、P1.2 和 P1.3 端口分别接了红色、绿色、蓝色、白色 4 只 LED，均为高电平点亮。P1.4、P1.5、P1.6 端口各接有一只按键(S1、S2、S3)，按下为低电平。要求同时实现以下逻辑：

（1）S1 与 S2 中任意一个按键处于按下状态，红灯亮；

（2）S2 与 S3 同时处于按下状态时，绿灯亮；

（3）S1 与 S3 状态不同时，蓝灯亮；

（4）S1 按下后，白灯一直亮，直到 S2 按下后才灭。

6.5 请写出 MSP430 单片机 ADC12 模块输入模拟电压转换公式。

6.6 MSP430 单片机的 ADC12 模块可产生哪些内部参考电压？ADC12 模块的参考电压有哪些组合？

6.7 ADC12 模块具有哪些转换模式？简述各转换模式下的工作情况。

6.8 编程实现：在 MSP430F5529 单片机系统中，利用 ADC12 模块工作在单通道单次转换模式下，采集 A6 通道模拟信号。

6.9 简述比较器 B 的工作原理。

6.10 比较器 B 的参考电压发生器能产生哪些参考电压？

6.11 如何利用比较器 B 测量未知电阻？

6.12 简述采用比较器 B 实现电容触摸按键的原理。

6.13 编程实现：利用比较器 B 和定时器实现电容触摸按键的检测。

6.14 MSP430 单片机具有哪些定时器资源？每种定时器具有什么功能？

6.15 定时器 A 由哪两个部分组成？每个部分如何工作？并具有什么功能？

6.16 定时器 A 具有哪些工作模式？并对各工作模式进行简单描述。

6.17 定时器 A 的捕获模式具有什么功能？可配置为何种触发方式？

6.18 定时器 A 的比较模式具有几种输出模式？并对各输出模式进行简单介绍。

6.19 编程实现：在 MSP430F5529 单片机系统上，P1.0、P1.1 和 P1.2 端口分别接了红色、绿色、蓝色 3 只 LED，均为高电平点亮。用定时器 A 实现以下事件：

（1）红色 LED 每秒闪烁 1 次（0.5s 亮，0.5s 灭）；

（2）绿色 LED 每秒闪烁 2 次（0.25s 亮，0.25s 灭）；

（3）蓝色 LED 每秒闪烁 1 次（0.25s 亮，0.75s 灭）。

6.20 列举定时器 A 和定时器 B 的不同。

6.21 编程实现：在 MSP430F5529 单片机系统中，利用实时时钟 RTC 模块编写一个简单的时钟程序，并将当前时钟通过液晶或数码管输出显示。

6.22 简述段式 LCD 液晶的工作原理。

6.23 简述 MSP430 单片机的 LCD_C 控制器驱动 LCD 液晶的工作原理。

6.24 编程实现：在 MSP430F6736 单片机系统中，利用 LCD_C 控制器并采用 4MUX 动态驱动模式使 5 块段码液晶滚动显示 01234。

第 7 章　MSP430 单片机片内通信模块

数据通信是单片机系统与外界联系的重要手段，每种型号的 MSP430 单片机均具有数据通信的功能。本章详细讲述 USCI 通信模块和 USB 通信模块的结构、原理及功能，并给出简单的数据通信例程。

7.1　USCI 通信模块

知识点： 串口是单片机系统与外界联系的重要接口。在单片机系统开发和应用中，经常需要使用上位机实现单片机系统的调试及现场数据的采集和控制。可以利用上位机的串口，通过串行通信技术与单片机系统进行通信。

通用串行通信接口（USCI）模块支持多种串行通信模式，不同的 USCI 模块支持不同的通信模式。每个不同的 USCI 模块以不同的字母命名，如 USCI_A、USCI_B 等。如果在一个 MSP430 单片机上实现了不止一个相同的 USCI 模块，那么这些模块将以递增的数字命名。例如，当一个 MSP430 单片机支持两个 USCI_A 模块时，这两个模块应该被命名为 USCI_A0 和 USCI_A1。具体可查阅相关芯片的数据手册，来确定该芯片具有哪些 USCI 通信模块。

USCI_Ax 模块支持以下模式：

- UART 通信模式；
- 具有脉冲整形的 IrDA 通信模式；
- 具有自动波特率检测的 LIN 通信模式；
- SPI 通信模式。

USCI_Bx 模块支持以下通信模式：

- I^{2}C 通信模式；
- SPI 通信模式。

7.1.1　USCI 的异步模式

在通用异步收发模式下，USCI_Ax 模块通过两个外部收发引脚 UCAxRXD 和 UCAxTXD 把一个 MSP430 单片机与外部系统连接起来。当 UCSYNC 控制位被清零时，USCI 模块被配置为 UART 通信模式。

异步串行通信（UART）的特点如下：

- 传输 7 位或 8 位数据，可采用奇校验、偶校验或者无校验；
- 具有独立的发送和接收移位寄存器；
- 具有独立的发送和接收缓冲寄存器；
- 支持最低位优先或最高位优先的数据发送和接收方式；
- 内置多处理器系统，包括线路空闲和地址位通信协议；
- 通过有效的起始位检测将 MSP430 单片机从低功耗模式下唤醒；
- 可编程实现分频因子为整数或小数的波特率；

- 具有用于检测错误或排除错误的状态标志位；
- 具有用于地址检测的状态标志位；
- 具有独立的发送和接收中断能力。

在 UART 模式下，USCI_Ax 的结构如图 7.1.1 所示。由该图可知，在 UART 模式下，USCI 模块由串行数据接收逻辑（图中①）、波特率发生器（图中②）和串行数据发送逻辑（图中③）3 个部分组成。串行数据接收逻辑用于接收串行数据，包含接收移位寄存器、接收缓冲寄存器、接收状态产生器及接收标志位设置逻辑。波特率发生器用于产生接收和发送的时钟信号，其参考时钟可以来源于 ACLK 或 SMCLK，也可以来源于外部时钟信号输入 UCAxCLK，通过整数或小数分频得到特定的数据传输波特率。传输数据发送逻辑用于发送串行数据，包含发送移位寄存器、发送缓冲寄存器、发送状态产生器及发送标志位设置逻辑。在 UART 模式下，USCI 异步地以一定速率向另一个设备发送和接收字符，每个字符的传输时钟是基于软件对波特率的设定，发送和接收操作使用相同的波特率频率。

1．USCI 初始化和复位

通过产生一个 PUC 复位信号或者置位 UCSWRST 控制位可以使 USCI 模块复位。在产生一个 PUC 复位信号之后，系统可自动置位 UCSWRST 控制位，保持 USCI 模块在复位状态。若 UCSWRST 控制位置位，将重置 UCRXIE、UCTXIE、UCRXIFG、UCRXERR、UCBRK、UCPE、UCOE、UCFE、UCSTOE 和 UCBTOE 寄存器，并置位 UCTXIFG 中断标志位。清除 UCSWRST 控制位，USCI 模块才可进行工作。

因此，可按照以下步骤进行初始化或重新配置 USCI 模块：

① 置位 UCSWRST 控制位；

② 在 UCSWRST=1 时，初始化所有的 USCI 寄存器（包括 UCTxCTL1）；

③ 将相应的引脚端口配置为 UART 通信功能；

④ 软件清除 UCSWRST 控制位；

⑤ 通过设置接收中断使能控制寄存器（UCRXIE）或发送中断使能控制寄存器（UCTXIE），使能中断。

2．异步通信字符格式

如图 7.1.2 所示，异步通信字符格式由 5 个部分组成：一个起始位、7 位或 8 位数据位、一个地址位、一个奇/偶/无校验位和一个或两个停止位。其中，用户可以通过软件设置数据位、停止位的位数，还可以设置奇偶校验位的有无。通过选择时钟源和波特率寄存器的数据来确定传输速率。UCMSB 控制位用来设置传输的方向和选择最低位还是最高位先发送。一般情况下，对于 UART 通信选择先发送最低位。

3．异步多机通信模式

当两个设备异步通信时，不需要多机通信协议。当 3 个或更多的设备通信时，USCI 支持两种多机通信模式，即线路空闲和地址位多机模式。信息以一个多帧数据块，从一个指定的源传送到一个或多个目的位置。在同一个串行链路上，多个处理机之间可以用这些格式来交换信息，实现在多处理机通信系统间的有效数据传输。控制寄存器的 UCMODEx 控制位可用来确定这两种模式，这两种模式具有唤醒发送、地址特征和激活等功能。在两种多处理机模式下，USCI 数据交换过程可以用数据查询方式，也可以用中断方式来实现。

（1）线路空闲多机模式

当 UCMODEx 控制位被配置为 01 时，USCI 就选择了线路空闲多机模式，如图 7.1.3 所示。在这种模式下，发送和接收数据线上的数据块被空闲时间分割。图 7.1.3（a）为数据块传输的

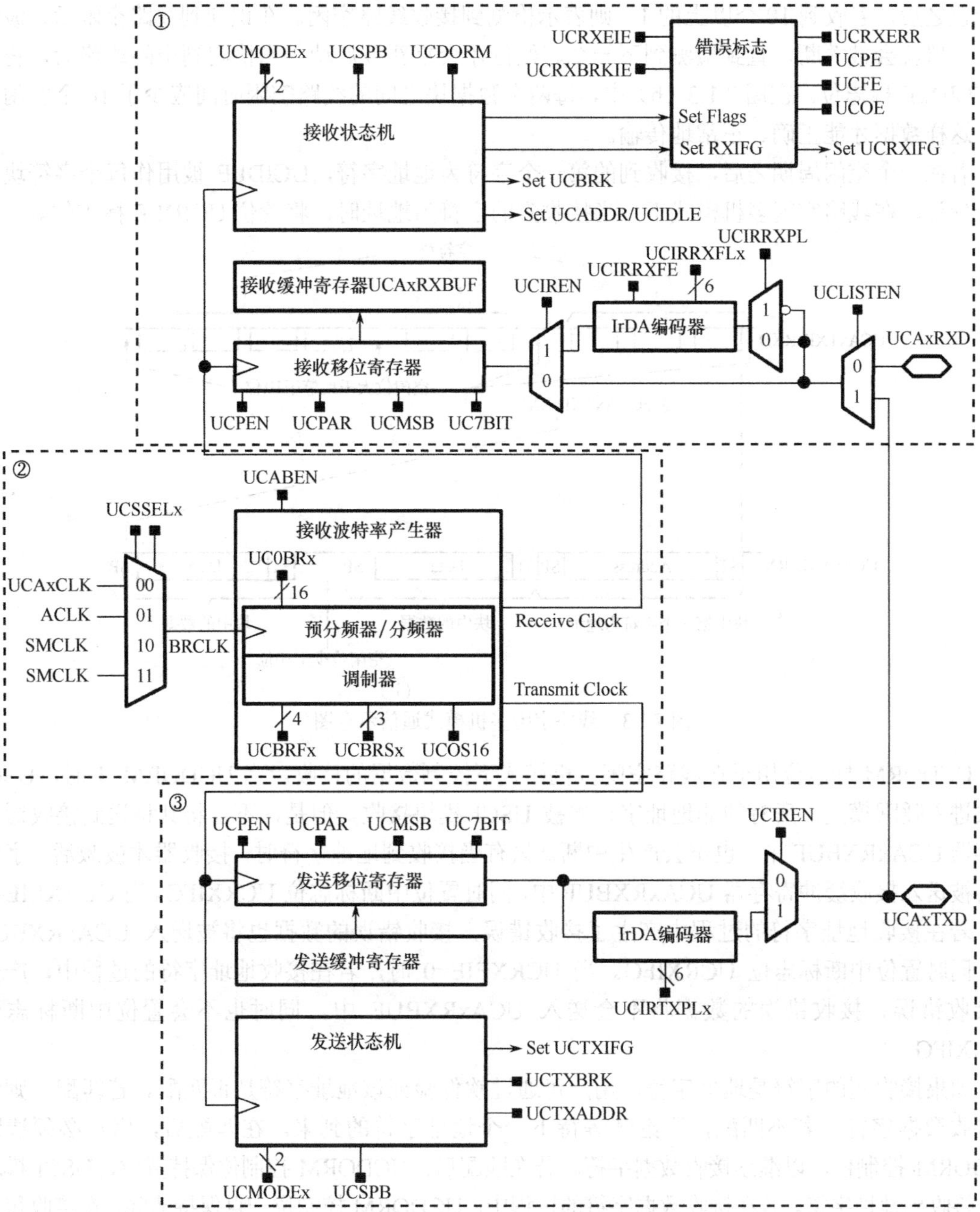

图 7.1.1　UART 模式下的 USCI_Ax 结构框图(UCSYNC=0)

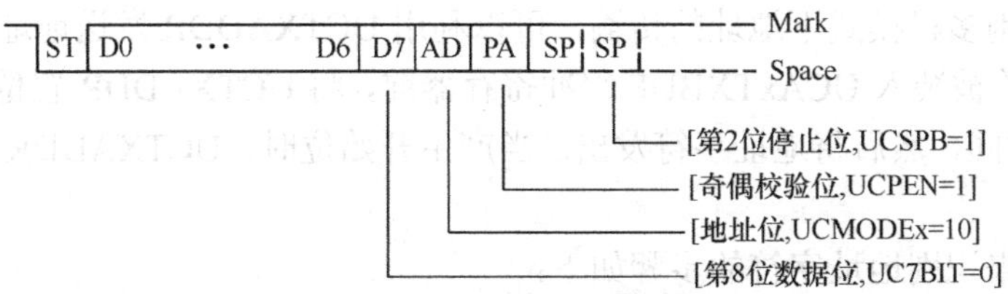

图 7.1.2　异步通信字符格式

总体示意，图（b）为每个数据块中字符的传输示意。在图 7.1.3（a）中，在字符的一个或两个停止位之后，若收到 10 个以上的 1，则表示检测到接收线路空闲。在识别到线路空闲后，波特率发生器就会被关断，直到检测到下一个起始位才会重新被启动。当检测到空闲线路后，将置位 UCIDLE 标志位。在图 7.1.3（b）中，每两个数据块之间的线路空闲时间应少于 10 个空闲周期，这样数据才能正确、正常地传输。

若在一个空闲周期之后，接收到的第一个字符为地址字符，UCIDLE 被用作每个字符块的地址标记，在线路空闲多机模式下，当接收到的字符为地址时，将置位 UCIDLE 标志位。

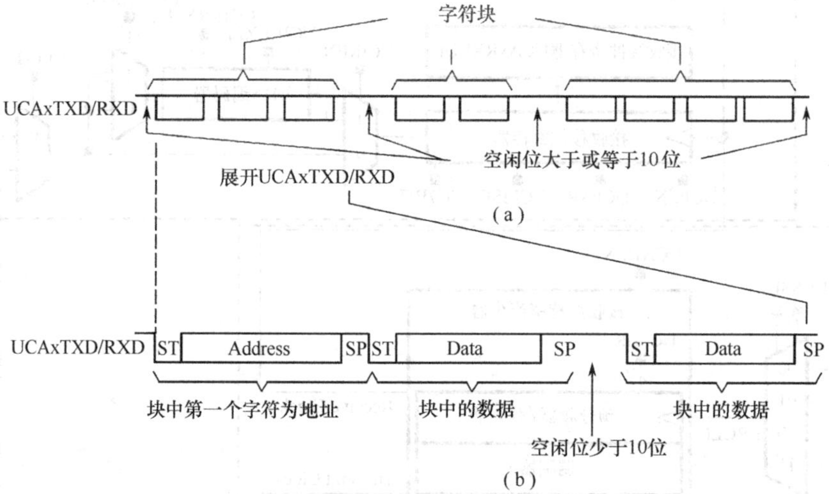

图 7.1.3　线路空闲多机模式通信示意图

UCDORM 标志位用于在线路空闲多机模式下控制数据的接收。当 UCDORM=1 时，USCI 模块进入睡眠模式，所有的非地址字符将被 USCI 模块接收，但是，不会将其移送到接收缓冲寄存器 UCAxRXBUF 中，也不会产生中断。只有当接收到地址字符时，接收器才被激活，字符才会被送入接收缓冲寄存器 UCAxRXBUF 中，同时置位中断标志位 UCRXIFG。当 UCRXEIE=1 时，若在接收地址字符的过程中产生了接收错误，接收错误的数据也将被送入 UCAxRXBUF 中，同时置位中断标志位 UCRXIFG。当 UCRXEIE=0 时，若在接收地址字符的过程中，产生了接收错误，接收错误的数据将不会送入 UCAxRXBUF 中，同时也不会置位中断标志位 UCRXIFG。

如果接收到的字符是地址字符，用户可通过软件验证该地址字符是否匹配。若匹配，则继续接收数据字符；若不匹配，则继续等待下一个地址字符的到来。在匹配后，用户必须清除 UCDORM 控制位，以继续接收数据字符。若在匹配后，UCDORM 控制位保持置位，USCI 模块仅仅接收到地址字符。若在接收数据字符的过程中，UCDORM 控制位一直保持清除，在接收每个字符之后，将自动置位接收中断标志位。注意，在数据字符接收的过程中，UCDORM 控制位不可利用 USCI 模块的硬件自动进行修改。

对于在线路空闲多机模式下地址的传输，可以利用 UCTXADDR 发送地址控制位来进行控制，如果在地址字符被装入 UCAxTXBUF 缓冲寄存器前，将 UCTXADDR 置位，总线上将会首先产生 11 位空闲时间，然后将地址字符发出。当产生开始位时，UCTXADDR 控制位将会被硬件自动清除。

用发送空闲帧来识别地址字符的步骤如下：

① 置位 UCTXADDR 控制位，再将地址字符写入 UCAxTXBUF 缓冲寄存器中，然后必须

当 UCTXIFG=1 时，UCAxTXBUF 才准备好接收新的数据字符。当地址字符从 UCAxTXBUF 缓冲寄存器中移送到移位寄存器中时，UCTXADDR 控制位将自动复位。

② 必须当 UCTXIFG=1 时，UCAxTXBUF 才准备好接收新的数据字符，此时，可将所需传输的数据字符写入 UCAxTXBUF 缓冲器中。然后，写入 UCAxTXBUF 缓冲寄存器的数据被移送到移位寄存器中。当移位寄存器接收到新的数据之后，数据将会被立即发送。在地址字符和数据字符传输之间或在数据字符与数据字符传输之间，总线空闲时间不得超时，否则传输的数据字符将会被误认为地址。

当有多机进行通信时，应充分利用线路空闲多机模式。使用此模式，可以使多机通信的 CPU 在接收数据之前首先判断地址。如果地址与自己软件设定的一致，则 CPU 被激活接收下面的数据；如果不一致，则保持休眠状态，这样可以最大限度地降低 UART 的消耗。

（2）地址位多机模式

当 UCMODEx 控制位被配置为 10 时，USCI 就选择了地址位多机模式。在这种模式下，字符包含一个附加的位作为地址标志。地址位多机模式的格式如图 7.1.4 所示。数据块的第 1 个字符带有一个置位的地址位，用以表明该字符是一个地址。当接收到的字符被传送到 UCAxRXBUF 接收缓冲寄存器中且地址位置位，USCI 模块将置位 UCADDR 标志位。

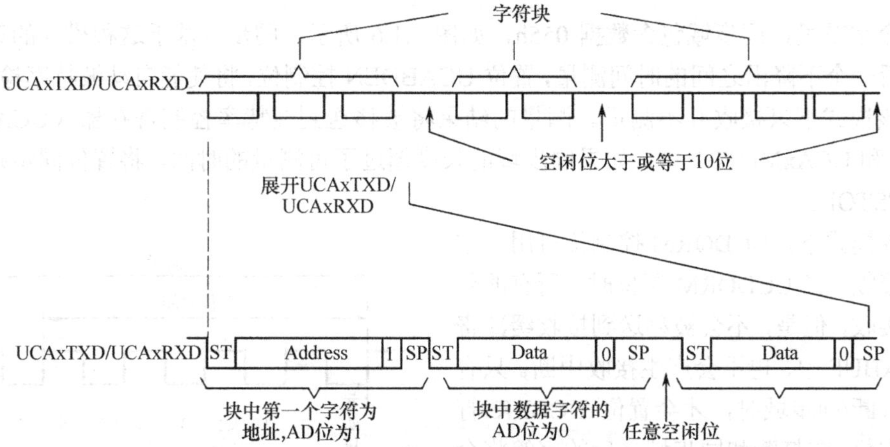

图 7.1.4　地址位多机模式格式示意图

UCDORM 标志位用于在地址位多机模式下控制数据的接收。当 UCDORM 置位时，接收到的地址位为 0 的数据字符将会被 USCI 模块接收，但并不移送到 UCAxRXBUF 接收缓冲寄存器中，并且不会产生中断。当接收到地址位为 1 的字符，该字符将会被移送到 UCAxRXBUF 接收缓冲寄存器中、置位 UCRXIFG 中断标志位。当 UCRXEIE=1 时，若在接收地址位为 1 的地址字符的过程中，产生了接收错误，接收错误的数据也将被送入 UCAxRXBUF 中，同时置位中断标志位 UCRXIFG。当 UCRXEIE=0 时，若在接收地址位为 1 的地址字符的过程中，产生了接收错误，接收错误的数据将不会送入 UCAxRXBUF 中，同时也不会置位中断标志位 UCRXIFG。

如果接收到的字符是地址字符，用户可通过软件验证该地址字符是否匹配。若匹配，则继续接收数据字符；若不匹配，则继续等待下一个地址字符的到来。在匹配后，用户必须清除 UCDORM 控制位以继续接收数据字符。若在匹配后，UCDORM 控制位保持置位，仅仅接收到地址位为 1 的地址字符。注意，在字符接收的过程中，UCDORM 控制位不可利用 USCI 模块的硬件自动进行修改。若在接收数据字符的过程中，UCDORM 控制位一直保持清除，在接收每个数据字符完成之后，均将置位接收中断标志位 UCRXIFG。如果在接收一个字符的过程中，UCDORM 控制位被清除，在本次接收完成之后，将自动置位接收中断标志位 UCRXIFG。在地址位多机模式下，通过写 UCTXADDR 控制位控制地址字符的地址位。当字符由 UCAxTXBUF 移送到移位寄存器时，UCTXADDR 控制位的值将装入字符的地址位，然后 UCTXADDR 的值将自动进行清除。

4．自动波特率检测

当UCMODEx控制位被配置为11时，就选择了带自动波特率检测的UART模式。对于UART 自动波特率检测方式，在数据帧前面会有一个包含打断和同步域的同步序列。当在总线上检测到 11 个或更多个 0 时，被识别为总线打断。如果总线打断的长度超过 21 位时间长度，则将置位打断超时错误标志 UCBTOE。当接收打断或同步域时，USCI 不能发送数据。同步域在打断域之后，示意图如图 7.1.5 所示。

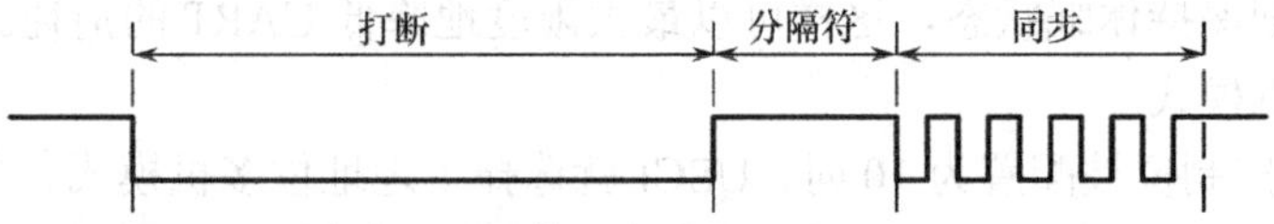

图 7.1.5　自动波特率检测——打断/同步域序列示意图

为了一致性，字符格式应设置为 8 个数据位、低位优先、无奇偶校验位和停止位，地址位不可用。

在 1 个字节里，同步域包含数据 055h，如图 7.1.6 所示。同步是基于这种模式的第一个下降沿和最后一个下降沿之间的时间测量，置位 UCABDEN 控制位，将使能自动波特率检测功能，否则，在该模式下只接收并不测量。测量的结果将被移送到波特率控制寄存器（UCAxBR0、UCAxBR1 和 UCAxMCTL）中。如果同步域的长度超过了可测量的时间，将置位同步超时错误标志位 UCSTOE。

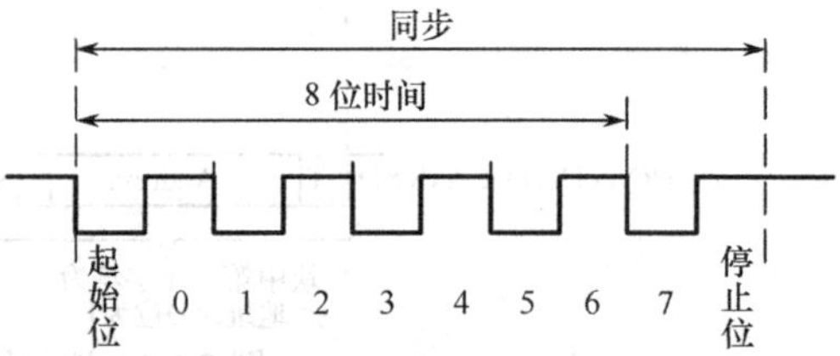

图 7.1.6　自动波特率检测——同步域示意图

在这种模式下，UCDORM 控制位可用于控制数据的接收。当 UCDORM 置位时，所有的数据都会被接收，但是，不会被移送到接收缓冲寄存器 UCAxBUF 中，也不会产生接收中断。只有当检测到打断/同步域时，才会置位 UCBRK 打断检测标志位，在打断和同步域之后的字符将会被发送到接收缓冲寄存器 UCAxBUF 中，并置位接收中断标志位 UCRXIFG。如果有错误产生，则相应的错误标志也会被置位。如果 UCBRKIE 置位，打断或同步的接收会置位 UCRXIFG 中断标志位。用户可通过软件读取接收缓冲寄存器 UCAxRXBUF 的值，同时也可以复位 UCBRK 标志位。

当收到打断和同步域时，用户必须通过软件复位 UCDORM 控制位，以继续接收数据。如果在此时，UCDORM 仍保持置位，则只有打断和同步域后的下一个字符能被接收。UCDORM 控制位不能由 USCI 模块硬件自动进行修改。

当 UCDORM=0 时，所有的字符被接收之后，都将会置位接收中断标志位 UCRXIFG。如果在接收一个字符期间，UCDORM 控制位才被清零，该字节将会被正常接收，并置位接收中断标志位。

计数器被用于检测波特率不大于 07FFFh（32767）的值。这意味着在超采样模式下，可检测的最小波特率是 488bps；在低频模式下，可检测的最小波特率是 30bps。

自动波特率检测模式能在带有某些限制的全双工系统中应用。当接收到打断和同步域时，USCI 不能发送数据。同时，如果接收到一个具有帧错误的 0h 字节，那么此时任何的数据发送都会遭到破坏。后一种情况可以通过检查接收数据和UCFE标志位来发现。

发送打断和同步域的过程如下：

① 将UMODEx设置为11，并置位UCTXBRK标志位。

② 将055h写入发送缓冲寄存器UCAxTXBUF中，UCAxTXBUF必须做好接收新数据的准备（即UCTXIFG=1），这会产生一个13位的打断域，随后会有打断分隔符和同步字符。打断分隔符的长度由UCDELIMx位控制。当同步字符从发送缓冲寄存器UCAxTXBUF移送到移位寄存器时，UCTXBRK将会自动复位。

③ 将需要发送的数据写入发送缓冲寄存器UCAxTXBUF中，UCAxTXBUF必须做好接收新数据的准备（即UCTXIFG=1），然后数据将会移送到移位寄存器中。当移送完成，数据会立即进行发送。

5. IrDA编码和解码

当置位UCIREN控制位时，将会使能IrDA编码器和解码器，并对IrDA通信提供硬件编码和解码。

（1）IrDA编码

IrDA编码器会在UART数据流的基础上，对UART传输中遇到的每一位0发送一个脉冲进行编码，编码方式如图7.1.7所示，脉冲的持续时间由UCIRTXPLx进行定义。

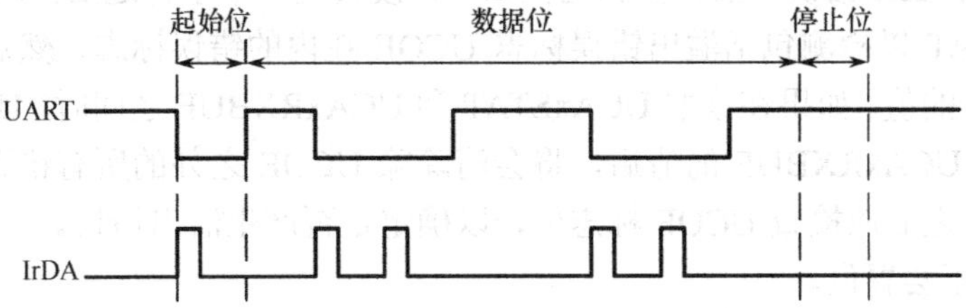

图7.1.7　UART与IrDA数据编码方式

为了设置由IrDA标准要求的3/16位周期的脉冲时间，通过设置UCIRTXCLK=1来选择BITCLK16时钟。之后将UCIRTXPLx配置为5，将脉冲时间设置为6个半时钟周期。

当UCIRTXCLK=0时，脉冲宽度t_{PULSE}基于BRCLK，计算如下

$$\text{UCIRTXPLx} = t_{PULSE} \times 2 \times f_{BRCLK} - 1$$

当UCIRTXCLK=0时，分频因子UCBRx必须设置为5或更大的值。

（2）IrDA解码

当UCIRRXPL=0时，解码器检测到高电平，否则检测低电平。除了模拟抗尖峰脉冲滤波器，USCI内部还包含可编程数字滤波器，用户可通过置位UCIRRXFE控制位，使能该内部可编程数字滤波器。当UCIRRXFE置位时，只有超过编程过滤长度的脉冲可以通过，短脉冲被丢弃。过滤器长度UCIRRXFLx的编程计算公式如下

$$\text{UCIRRXFLx} = \left(t_{PULSE} - t_{WAKE}\right) \times 2 \times f_{BRCLK} - 4$$

式中，t_{PULSE}为最小接收脉冲宽度；t_{WAKE}为从任何低功耗模式下的唤醒时间，在活动模式下，该值为0。

6. 自动错误检测

USCI模块接收字符时，能够自动进行校验错误、帧错误、溢出错误和打断状态检测。当检测到它们各自的状态时，会置位相应的中断标志位UCFE、UCPE、UCOE和UCBRK。当这些错误标志位置位时，UCRXERR也会被置位。各种错误的含义和标志如表7.1.1所示。

当UCRXEIE=0时，若检测到帧错误或奇偶校验错误，接收缓冲寄存器UCAxRXBUF不会

接收字符。当 UCRXEIE=1 时，接收缓冲寄存器 UCAxRXBUF 可接收字符，若在接收的过程中产生错误，则相应的错误检测标志位会置位。

表 7.1.1　接收错误状态描述列表

错误状态	错误标志	描述
帧错误标志	UCFE	当检测到停止位为 0 时，则认为发生了帧错误。当用到两个停止位时，需检测两个停止位来判断是否产生了帧错误。当检测到帧错误发生时，将置位 UCFE 标志位
奇偶校验错误标志	UCPE	奇偶校验错误是指在接收的一个字符中 1 的个数与其校验位不相符。当字符中包含地址位时，地址位也参与奇偶计算。当检测奇偶校验错误时，将置位 UCPE 标志位
接收溢出错误标志	UCOE	当一个字符被写入接收缓存寄存器 UCAxRXBUF 时，前一个字符还没有被读出，这时前一个字符因被覆盖而丢失，发生溢出错误。当检测到接收溢出错误时，将置位 UCPE 标志位
打断检测标志	UCBRK	当不用自动波特率检测功能时，所有的数据位、奇偶校验位和停止位都是低电平时，将会检测到打断状态。检测到打断状态就会置位 UCBRK。如果置位打断中断使能标志位 UCBRKIE，则检测到打断状态也将置位中断标志位 UCRXIFG

若 UCFE、UCPE、UCOE、UCBRK 或 UCRXERR 标志位中任何一个标志位被置位，那么需要用户用软件将其复位或者读取接收缓冲寄存器 UCAxRXBUF 的值自动将其复位。其中，UCOE 必须通过读取接收缓冲寄存器 UCAxRXBUF 才能将其复位，否则它将不能正常工作。

为了可靠地检测溢出错误，推荐检测过程如下：接收完一个字符之后，UCAxRXIFG 置位，首先读取 UCAxSTAT 以检测包括溢出错误标志 UCOE 在内的错误标志，然后读取接收缓冲寄存器 UCAxRXBUF 的值。如果在读取 UCAxSTAT 和 UCAxRXBUF 之间时，UCAxRXBUF 又被重写，则之后读取 UCAxRXBUF 的值后，将会清除除 UCOE 之外的所有错误标志位。因此在读完 UCAxRXBUF 之后应检查 UCOE 标志位，以确定是否产生溢出错误。注意在这种情况下，UCRXERR 标志位不会置位。

7．USCI 接收使能

通过清除 UCSWRST 控制位可以使能 USCI 模块，此时，接收端准备接收数据并处于空闲状态，接收波特率发生器处于准备状态，但并没有产生时钟。

起始位的下降沿可以使能波特率发生器。UART 状态机可检测有效起始位，如果未检测到有效起始位，则 UART 状态机返回空闲状态同时停止波特率发生器；如果检测到有效起始位，则字符将会被接收。

当选择线路空闲多机模式时（UCMODEx=01），在接收完一个字符之后，UART 状态机检测空闲线路。若检测到一个起始位，则接收下一个字符。否则，如果在线路上检测到 10 个 1，就会置位 UCIDLE 空闲标志位，并且 UART 状态机返回空闲状态同时波特率发生器被禁止。

抑制接收数据脉冲干扰能够防止 USCI 模块意外启动，任何在 UCAxRXD 的时间少于抗尖峰脉冲时间 t_t（近似 150ns）的短时脉冲都将被 USCI 忽略，如图 7.1.8 所示，若在 UCAxRXD 上的短时脉冲时间少于 t_t，USCI 并没有开始接收数据。

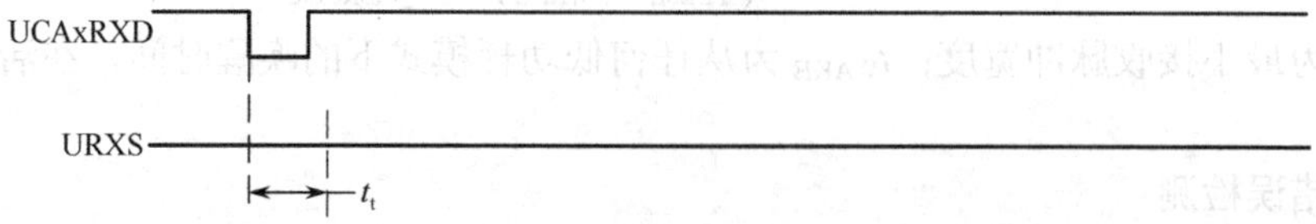

图 7.1.8　短时脉冲抑制——USCI 并没有开始接收数据

当一个尖峰脉冲时间长于 t_t，或者在 UCAxRXD 上发生一个有效的起始位，USCI 开始接收工作并采用多数表决方式，如图 7.1.9 所示。如果多数表决没有检测到起始位，则 USCI 停止接收字符。

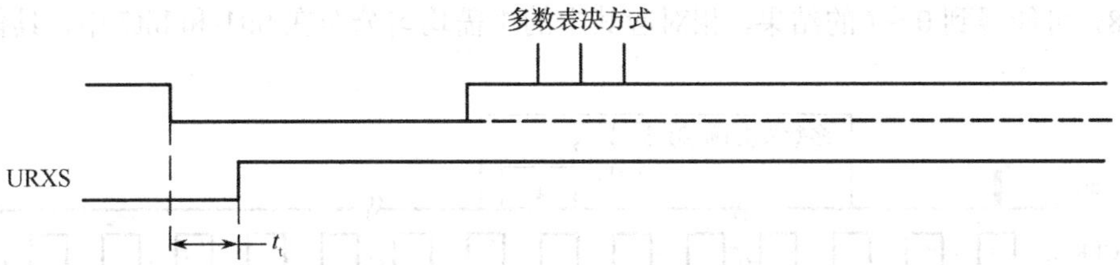

图 7.1.9　短时脉冲抑制——USCI 活动

8．USCI 发送使能

通过清除 UCSWRST 控制位可以使能 USCI 模块，此时，发送端准备发送数据并处于空闲状态，发送波特率发生器处于准备状态，但是，并没有产生时钟。

通过写数据到发送缓冲寄存器中，USCI 就可以开始发送数据。波特率发生器开始工作，当发送移位寄存器为空时，在下一个 BITCLK 上，发送缓冲寄存器中的数据将被移送到发送移位寄存器中。

在前一字节发送完成之后，只要发送缓冲寄存器 UCAxTXBUF 中有新数据，发送即可继续。若前一字节发送完成之后，发送缓冲寄存器 UCAxTXBUF 中并没有写入新的数据，发送端将返回空闲状态，同时停止波特率发生器。

9．UART 波特率的产生

USCI 波特率发生器可以从非标准的时钟源频率中产生标准的波特率，可以通过 UCOS16 控制位选择系统提供的两种操作模式，分别为：低频波特率模式（UCOS16=0）和高频波特率模式（UCOS16=1）。UART 波特率的参考时钟来自 BRCLK，具体请参考图 7.1.1，BRCLK 可以通过 UCSSELx 控制位配置为外部时钟 UCAxCLK 或内部时钟 ACLK 或 SMCLK。

（1）低频波特率模式

当 UCOS16=0 时，选择低频波特率模式。该模式允许从低频时钟源产生标准的波特率（例如，从 32768Hz 晶振产生 9600bps 的波特率）。通过使用较低的输入频率，可以降低系统的功耗。注意：在高频输入或高分频设置下，使用这种模式，将导致在更小的窗口中采用多数表决方式，因此会降低多数表决法的优势。

在低频模式下，波特率发生器使用一个预分频器和一个调制器产生时钟时序。在这种组合下，产生的波特率支持小数分频。在这种模式下，最大的 USCI 波特率是 UART 源时钟频率 BRCLK 的 1/3。

每一位的时序如图 7.1.10 所示。对于接收的每一位，为了确定该位的值，采用多数表决法，即 3 取 2 表决法。每次表决时采样 3 次，最终该位的值至少在采样中出现两次。这些采样发生在（N/2−1/2），N/2 和（N/2+1/2）个 BRCLK 周期处，如图 7.1.10 中的方框所示，这里的 N 是每个 BITCLK 包含的 BRCLKs 的数值，图中的 m 为调制设置，具体请参见表 7.1.2。

调制建立在如表 7.1.2 所示的 UCBRSx 设置的基础之上。表中的 0 和 1 表示为 m 的值，m=1 时所对应的 BITCLK 的周期比 m=0 时所对应的 BITCLK 的周期要长。调制的作用是产生小数分频。UCBRSx 寄存器的作用就是控制调制系数，它是一个 8bit 寄存器，控制方法比较特殊：m=1 表示分频系数加 1，m=0 表示分频系数不变。小数分频器会自动取每一比特来调整分频系数，所以需要将分频计算结果的小数部分乘以 8，结果就是该寄存器中的 1 的个数，并需要将这些 1 均匀分布在 8bit 中。以 6.5 分频为例，小数部分为 0.5，0.5 乘以 8 等于 4，表示在每 8 次分频中，有 4 次进行 7 分频，其余 4 次进行 6 分频，从宏观上讲就得到了 6.5 次分频的效果。小数部分乘以 8，可能得到 0～7 的结果，相对应其中的 1 需均匀分布在 bit1 和 bit7 中，具体请参见表 7.1.2。

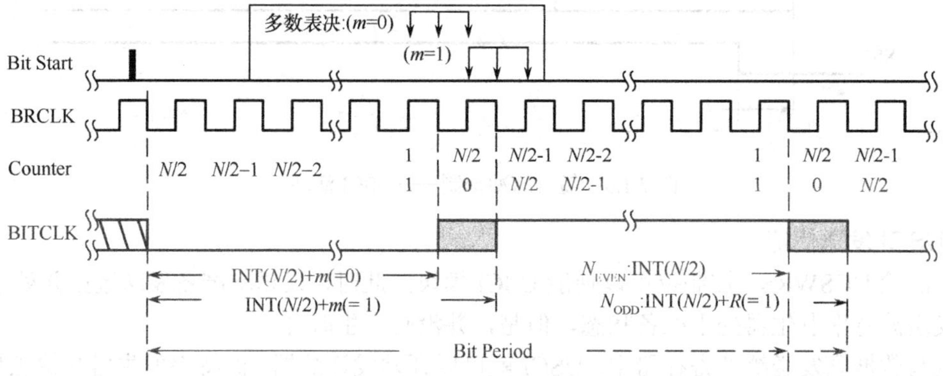

图 7.1.10　在 UCOS16=0 时的 BITCLK 波特率时序

表 7.1.2　BITCLK 调制模式列表

UCBRSx	Bit0（开始位）	Bit1	Bit2	Bit3	Bit4	Bit5	Bit6	Bit7
0	0	0	0	0	0	0	0	0
1	0	1	0	0	0	0	0	0
2	0	1	0	0	0	1	0	0
3	0	1	0	1	0	1	0	0
4	0	1	0	1	0	1	0	1
5	0	1	1	1	0	1	0	1
6	0	1	1	1	0	1	1	1
7	0	1	1	1	1	1	1	1

当然，分频系数小数部分乘以 8 也不可能刚好就是整数，可以取最接近的整数。虽然这样处理仍有分频误差，但与整数分频相比，此时分频误差已经小很多了。

（2）高频波特率模式

当 UCOS16=1 时，选择高频波特率模式。该模式支持在较高的输入参考时钟频率下，产生较高的 UART 波特率。该模式的参考时钟为经预分频器和调制器产生的 BITCLK16 时钟，该时钟频率为 BITCLK 的 1/16。因此，在计算分频系数时，需将波特率发生器的参考时钟频率除以 16 之后，再进行计算。例如，若波特率发生器的参考时钟 BITCLK 选择内部的 SMCLK=1048576Hz，最终需要产生 9600bps 的波特率，首先将 BITCLK 除以 16 为 65536Hz 作为该模式下的波特率参考时钟，计算分频系数为 n=65536/9600=6.83。

这种组合方式支持 BITCLK16 和 BITCLK 产生不是整数倍的波特率，在这种情况下，最大的 USCI 波特率是 UART 源时钟频率的 1/16。当 UCBRx 设置为 0 或 1 时，将忽略第一级分频器和调制器，BITCLK16 等于 BITCLK，在这种情况下，BITCLK16 没有调制，因此将忽略 UCBRFx 位。

BITCLK16 的调制是建立在如表 7.1.3 所示的 UCBRFx 设置的基础之上的。表中的 0 和 1 表示 m 的值，m=1 时所对应的 BITCLK 的周期比 m=0 时所对应的 BITCLK 的周期要长，具体原理请参考产生低频波特率模式下的调制原理。

表 7.1.3　BITCLK16 调制模式列表

UCBRFx	在上一个 BITCLK 的下降沿后 BITCLK16 位的次序															
	0	1	2	3	4	5	6	7	8	9	10	11	12	13	14	15
00h	0	0	0	0	0	0	0	0	0	0	0	0	0	0	0	0
01h	0	1	0	0	0	0	0	0	0	0	0	0	0	0	0	0

续表

UCBRFx	在上一个 BITCLK 的下降沿后 BITCLK16 位的次序															
	0	1	2	3	4	5	6	7	8	9	10	11	12	13	14	15
02h	0	1	0	0	0	0	0	0	0	0	0	0	0	0	0	1
03h	0	1	1	0	0	0	0	0	0	0	0	0	0	0	0	1
04h	0	1	1	0	0	0	0	0	0	0	0	0	0	0	1	1
05h	0	1	1	1	0	0	0	0	0	0	0	0	0	0	1	1
06h	0	1	1	1	0	0	0	0	0	0	0	0	0	1	1	1
07h	0	1	1	1	1	0	0	0	0	0	0	0	0	1	1	1
08h	0	1	1	1	1	0	0	0	0	0	0	0	1	1	1	1
09h	0	1	1	1	1	1	0	0	0	0	0	0	1	1	1	1
0Ah	0	1	1	1	1	1	0	0	0	0	0	1	1	1	1	1
0Bh	0	1	1	1	1	1	1	0	0	0	0	1	1	1	1	1
0Ch	0	1	1	1	1	1	1	0	0	0	1	1	1	1	1	1
0Dh	0	1	1	1	1	1	1	1	0	0	1	1	1	1	1	1
0Eh	0	1	1	1	1	1	1	1	0	1	1	1	1	1	1	1
0Fh	0	1	1	1	1	1	1	1	1	1	1	1	1	1	1	1

10. UART 波特率的设置

设置方法：设置波特率时，首先要选择合适的时钟源。对于较低的波特率（9600bps 以下），可以选择 ACLK 作为时钟源，这使得在 LPM3 模式下仍然能够使用串口。由于串口接收过程中有一个三取二表决逻辑，这需要至少 3 个时钟周期，因此要求分频系数必须大于 3。所以，在波特率高于 9600bps 的情况下，应选择频率较高的 SMCLK 作为时钟源。在某些特殊应用中，也可以使用外部的时钟输入作为波特率发生器的时钟源。

对于给定的 BRCLK 时钟源，所使用的波特率将决定分频因子 N，计算公式为

$$N = f_{\text{BRCLK}} \div f_{\text{所选用的波特率}}$$

分频因子 N 通常不是一个整数值，因此至少需要一个分频器和一个调制器来尽可能接近分频因子。如果 N 等于或大于 16，可以通过置位 UCOS16 选择过采样波特率产生模式。

（1）低频波特率设置

在低频模式下，分频因子的整数部分通过预分频器实现，配置方式为（其中 INT 为取整）

$$\text{UCBRx}=\text{INT}(N)$$

小数部分由调制器实现，配置方式为（round 为取附近整数）

$$\text{UCBRSx}=\text{round}((N-\text{INT}(N))\times 8)$$

【例 7.1.1】 在 MSP430 单片机中，使用 ACLK 作为串口时钟源，波特率设为 4800bps。

分析：在 ACLK=32768Hz 时产生 4800bps 波特率，需要的分频系数是 32768/4800=6.83。整数部分为 6，小数部分为 0.83。将整数部分赋给 UCA0BR 寄存器，调制器分频余数为 0.83 乘以 8，为 6.64，取最接近的整数 7，因此将 7 赋给 UCBRS 控制位。

```
UCA0CTL1 |= UCSSEL_1;                    // 串口时钟源为 ACLK
UCA0BR0 = 0x06;                          // 整数分频系数为 6
UCA0BR1 = 0x00;
UCA0MCTL |= UCBRS_7+UCBRF_0;             // 调制器分频 UCBRSx=7，UCBRFx=0
```

（2）高频波特率设置

在高频波特率模式下，预分频设置为：$\text{UCBRx}=\text{INT}(N/16)$。

调制器设置为：$\text{UCBRFx}=\text{round}(((N/16)-\text{INT}(N/16))\times 16)$。

【例 7.1.2】在 MSP430 单片机中，使用 SMCLK 作为串口时钟源，波特率设置为 9600bps。

分析：在 SMCLK=1048576Hz 时产生 9600bps 波特率，需要的分频系数 N=1048576/9600=109.23，大于 16 分频，因此应选择高频波特率模式，预分频 UCBR 应设置为 INT(N/16)=INT(6.83)=6。调制器 UCBRF 应设置为 0.83×16＝13.28，取最接近的整数 13，因此将 13 赋给 UCBRF 控制位。

```
UCA0CTL1 |= UCSSEL_2;                              // SMCLK
UCA0BR0 = 6;                                       // 整数分频系数为 6
UCA0BR1 = 0;
UCA0MCTL = UCBRS_0 + UCBRF_13 + UCOS16;// 调制器分频 UCBRFx=13，选择过采样模式
```

波特率设置也可直接参考表 7.1.4 和表 7.1.5，更多设置请查看芯片用户指导。

表 7.1.4　波特率设置速查表（UCOS16=0）

波特率(bps)	时钟源 BRCLK=32768Hz			时钟源 BRCLK=1048576Hz		
	UCBRx	UCBRSx	UCBRFx	UCBRx	UCBRSx	UCBRFx
1200	27	2	0	873	13	0
2400	13	6	0	436	15	0
4800	6	7	0	218	7	0
9600	3	3	0	109	2	0
19200	—	—	—	54	5	0
38400	—	—	—	27	2	0
57600	—	—	—	18	1	0
115200	—	—	—	9	1	0

表 7.1.5　波特率设置速查表（UCOS16=1）

波特率(bps)	时钟源 BRCLK=1048576Hz			时钟源 BRCLK=4000000Hz		
	UCBRx	UCBRSx	UCBRFx	UCBRx	UCBRSx	UCBRFx
9600	6	0	13	26	0	1
19200	3	1	6	13	0	0
38400	—	—	—	6	0	8
57600	—	—	—	4	5	3
115200	—	—	—	2	3	2

11．USCI 异步方式中断

USCI 只有一个发送和接收公用的中断向量，USCI_Ax 和 USCI_Bx 不公用中断向量。

（1）UART 发送中断操作

USCI 发送装置置位 UCTXIFG 中断标志，这表明上一个字符已经被发送，可将下一个需要发送的字符写入 UCAxTXBUF 缓冲区中。如果 UCTXIE 和 GIE 也置位的话，将产生发送中断请求。如果将字符写入 UCAxTXBUF 中，UCTXIFG 将自动复位。注意：PUC 复位之后或 UCSWRST=1 时，将置位发送中断标志位 UCTXIFG 并清除中断允许寄存器 UCTXIE。

（2）UART 接收中断操作

每接收到一个字符并将其载入 UCAxRXBUF 中时，将置位接收中断标志位 UCRXIFG。如果 UCRXIE 和 GIE 也置位的话，将产生接收中断请求。PUC 复位之后或 UCSWRST=1 时，将清除接收中断标志位 UCRXIFG 和中断允许寄存器 UCRXIE。当读取 UCAxRXBUF 中的值时，接收中断标志位 UCRXIFG 也将自动复位。

其他的中断控制特征包括：

- 当 UCAxRXEIE=0 时，接收到的错误字符将不会置位 UCRXIFG；

● 当 UCDORM=1 时，在多机模式下，非地址字符将不会置位 UCRXIFG；

● 当 UCBRKIE=1 时，若出现打断状态，将置位 UCBRK 和 UCRXIFG 标志位。

【例 7.1.3】 为 MSP430 单片机的 USCI_A0 模块编写 UART 中断服务程序框架。

```
//--------------在初始化代码中增加下面两句：----------------------------
 UCA0IE |= UCRXIE + UCTXIE;                  // 使能 USCI_A0 的 UART 接收和发送中断
  __bis_SR_register(LPM0_bits + GIE);        // 进入 LPM0 并使能全局中断
/*****************************************************************
*名  称：USCI_A0_ISR()
*功  能：USCI_A0 的 UART 中断服务程序
*****************************************************************/
#pragma vector=USCI_A0_VECTOR
__interrupt void USCI_A0_ISR(void)
{
  switch(__even_in_range(UCA0IV,4))
  {
  case 0:break;                              // 中断向量 0—无中断
  case 2:                                    // 中断向量 2—UCRXIFG
/*在这里写接收中断服务程序代码，如将数据从接收缓冲区中读取等操作*/
      __bic_SR_register_on_exit(LPM0_bits); // 唤醒 CPU(如果有必要)
   break;
  case 4:                                    // 中断向量 4—UCTXIFG
/*在这里写发送中断服务程序代码，如将数据压入发送缓冲区等操作*/
      __bic_SR_register_on_exit(LPM0_bits); // 唤醒 CPU(如果有必要)
     break;
  default: break;
  }
}
```

12. USCI 寄存器：UART 模式

在 UART 模式下，可使用的 USCI 寄存器如表 7.1.6 所示。

表 7.1.6 USCI_Ax 寄存器(基址：05C0h)

寄存器	缩 写	读/写类型	访问方式	偏移地址	初始状态
USCI_Ax 控制寄存器 1	UCAxCTL1	读/写	字节访问	00h	01h
USCI_Ax 控制寄存器 0	UCAxCTL0	读/写	字节访问	01h	00h
USCI_Ax 波特率控制寄存器 0	UCAxBR0	读/写	字节访问	06h	00h
USCI_Ax 波特率控制寄存器 1	UCAxBR1	读/写	字节访问	07h	00h
USCI_Ax 调制器控制寄存器	UCAxMCTL	读/写	字节访问	08h	00h
USCI_Ax 状态寄存器	UCAxSTAT	读/写	字节访问	0Ah	00h
USCI_Ax 接收缓冲寄存器	UCAxRXBUF	读/写	字节访问	0Ch	00h
USCI_Ax 发送缓冲寄存器	UCAxTXBUF	读/写	字节访问	0Eh	00h
USCI_Ax 自动波特率控制寄存器	UCAxABCTL	读/写	字节访问	10h	00h
USCI_Ax IrDA 发送控制寄存器	UCAxIRTCTL	读/写	字节访问	12h	00h
USCI_Ax IrDA 接收控制寄存器	UCAxIRRCTL	读/写	字节访问	13h	00h
USCI_Ax 中断使能寄存器	UCAxIE	读/写	字节访问	1Ch	00h
USCI_Ax 中断标志位	UCAxIFG	读/写	字节访问	1Dh	00h
USCI_Ax 中断向量	UCAxIV	读	字访问	1Eh	0000h

以下详细介绍USCI_Ax各寄存器的含义。注意：含下划线的配置为USCI_Ax寄存器初始状态或复位后的默认配置。

（1）USCI_Ax控制寄存器0（UCAxCTL0）

7	6	5	4	3	2	1	0
UCPEN	UCPAR	UCMSB	UC7BIT	UCSPB	UCMODEx		UCSYNC=0

● UCPEN：第7位，奇偶校验使能控制位。

0：禁止奇偶校验；

1：使能奇偶校验。在地址位多机模式下，地址位参与奇偶校验计算。

● UCPAR：第6位，选择奇偶校验。当禁止奇偶校验时（UCPEN=0），不使用UCPAR。

0：选择奇校验；　1：选择偶校验。

● UCMSB：第5位，选择高/低位优先。控制发送和接收移位寄存器的方向。

0：低位优先；　1：高位优先。

● UC7BIT：第4位，字符长度控制位。选择7位或8位字符长度。

0：8位数据；　1：7位数据。

● UCSPB：第3位，停止位个数选择控制位。通过该控制位可以选择停止位的个数。

0：1个停止位；　1：2个停止位。

● UCMODEx：第1～2位，USCI模式选择控制位。当UCSYNC=0时，UCMODEx选择异步模式。

00：UART模式；　01：线路空闲多机模式；

10：地址位多机模式；　11：自动波特率检测的UART模式。

● UCSYNC：第0位，同步模式使能控制位。

0：异步模式；　1：同步模式。

（2）USCI_Ax控制寄存器1（UCAxCTL1）

7	6	5	4	3	2	1	0
UCSSELx		UCRXEIE	UCBRKIE	UCDORM	UCTXADDR	UCTXBRK	UCSWRST

● UCSSELx：第6～7位，USCI时钟源选择控制位。通过该控制位可以选择BRCLK的参考时钟。

00：UCLK（外部USCI时钟）；　01：ACLK；　10：SMCLK；　11：SMCLK。

● UCRXEIE：第5位，接收错误字符中断使能控制位。

0：不接收错误字符且不置位UCRXIFG接收中断标志位；

1：接收错误字符且置位UCRXIFG接收中断标志位。

● UCBRKIE：第4位，接收打断字符中断使能控制位。

0：接收的打断字符不置位UCRXIFG接收中断标志位；

1：接收的打断字符置位UCRXIFG接收中断标志位。

● UCDORM：第3位，睡眠模式选择控制位。置位该控制位，可使USCI进入睡眠模式。

0：不睡眠。所有接收的字符均置位UCRXIFG。

1：睡眠。只有空闲线路或地址位作为前导的字符置位UCRXIFG。带自动波特率检测的UART模式下，只有打断和同步字段的组合可以置位UCRXIFG。

● UCTXADDR：第2位，发送地址控制位。根据选择的多机模式，选择下一帧发送的类型。

0：发送的下一帧是数据；　1：发送的下一帧是地址。

● UCTxBRK：第 1 位，发送打断控制位。在自动波特率检测的 UART 模式下，为了产生需要的打断或同步字符，必须将 055h 写入 UCAxTXBUF 中；否则，必须将 0h 写入发送缓冲寄存器中。

0：发送的下一帧不是打断；

1：发送的下一帧是打断或是打断同步字符。

● UCSWRST：第 0 位，软件复位使能控制位。该控制位上电复位时，默认为 1。该位的状态影响着其他一些控制位和状态位的状态。在串行口的使用过程中，这一位是比较重要的控制位。一次正确的 UART 通信初始化的过程应该是：先在 UCSWRST=1 的情况下设置串口，然后设置 UCSWRST=0，最后如果需要中断，则设置相应的中断使能。

0：关闭软件复位，串口通信正常工作；

1：逻辑复位，USCI 逻辑保持在复位状态。

（3）USCI_Ax 波特率控制寄存器 0（UCAxBR0）

7	6	5	4	3	2	1	0
UCBRx—低字节							

（4） USCI_Ax 波特率控制寄存器 1(UCAxBR1)

7	6	5	4	3	2	1	0
UCBRx—高字节							

● UCBRx：波特率发生器的时钟与预分频器设置，默认值为 0000h。该位用于整数分频，预分频器的值为整数分频系数=UCAxBR0+UCAxBR1×256。

（5）USCI_Ax 调制器控制寄存器（UCAxMCTL）

7	6	5	4	3	2	1	0
UCBRFx				UCBRSx			UCOS16

● UCBRFx：第 4～7 位，第一级调制选择。当 UCOS16=1 时，该控制位决定 BIT16CLK 的调制方式；当 UCOS16=0 时，该控制位配置忽略。具体请参考表 7.1.3。

● UCBRSx：第 1～3 位，第二级调制选择。具体请参考表 7.1.2。

● UCOS16：第 0 位，高频波特率模式使能控制位。

0：禁止高频波特率模式；　　1：使能高频波特率模式。

（6）USCI_Ax 状态寄存器（UCAxSTAT）

7	6	5	4	3	2	1	0
UCLISTEN	UCFE	UCOE	UCPE	UCBRK	UCRXERR	UCADDR/UCIDLE	UCBUSY

● UCLISTEN：第 7 位，侦听使能控制位。UCLISTEN 位置位选择闭环回路模式；

0：禁止；　　1：使能。UCAxTXD 内部反馈到接收器。

● UCFE：第 6 位，帧错误标志位。

0：没有帧错误产生；　　1：帧错。

● UCOE：第 5 位，溢出错误标志位。如果在读出前一个字符之前，又将字符传输到 UCAxRXBUF 中，则置位该标志位。当读取 UCAxRXBUF 后，UCOE 标志位将自动复位。注意：禁止利用软件清除该标志位，否则 UART 将不能正常工作。

0：没有溢出错误；　　1：产生溢出错误。

● UCPE：第 4 位，奇偶校验错误标志。

0：没有奇偶校验错误；　　1：接收到带有奇偶校验错误的字符。

● UCBRK：第 3 位，打断检测标志位。

0：没有出现打断情况；　　1：产生打断条件。

● UCRXERR：第 2 位，该位表示接收到带有错误的字符。当 UCRXERR=1 时，表示有一个或多个错误标志 UCFE、UCPE 或 UCOE 被置位。当读取 UCAxRXBUF 时，将自动清除 UCRXERR 标志位。

0：没有接收到错误字符；　　1：接收到错误的字符。

● UCADDR：第 1 位，地址位多机模式下，接收地址控制位。读取 UCAxRXBUF 时，将自动清除该控制位。

0：接收到的字符为数据；　　1：接收到的字符为地址。

● UCIDLE：第 1 位，空闲多机模式下，空闲线路检测标志位。读取 UCAxRXBUF 时，将自动清除 UCIDLE 标志位。

0：没有检测到空闲线路；　　1：检测到空闲线路。

● UCBUSY：第 0 位，USCI 忙标志位。该标志位表示是否有发送或接收操作正在进行。

0：USCI 空闲；　　1：USCI 正在发送或接收。

（7）USCI_Ax 接收缓冲寄存器（UCAxRXBUF）

7	6	5	4	3	2	1	0
UCRXBUFx							

● UCRXBUFx：第 0～7 位，接收缓冲寄存器存放从接收移位寄存器最后接收的字符，可由用户访问。对 UCAxRXBUF 进行读操作，将复位接收错误标志位、UCADDR、UCIDLE 和 UCRXIFG。如果传输 7 位数据，接收缓存的内容右对齐，最高位为 0。

（8）USCI_Ax 发送缓冲寄存器（UCAxTXBUF）

7	6	5	4	3	2	1	0
UCTXBUFx							

● UCTXBUFx：第 0～7 位，发送缓冲寄存器中的内容可以传送至发送移位寄存器，然后由 UCAxTXD 传输。对发送缓冲寄存器进行写操作，可以复位 UCTXIFG。如果传输的是 7 位数据，发送缓冲内容最高位为 0。

（9）USCI_Ax IrDA 发送控制寄存器（UCAxIRTCTL）

7	6	5	4	3	2	1	0
UCIRTXPLx						UCIRTXCLK	UCIREN

● UCIRTXPLx：第 2～7 位，发送脉冲长度控制位。脉冲长度计算公式如下

$$t_{PULSE}=(UCIRTXPLx+1)/(2f_{IRTXCLK})$$

● UCIRTXCLK：第 1 位，IrDA 发送脉冲时钟选择控制位。

0：BRCLK；　　1：当 UCOS16=1 时，选择 BITCLK16；否则，选择 BRCLK。

● UCIREN：第 0 位，IrDA 编码器/解码器使能控制位。

0：IrDA 编码器/解码器禁止；　　1：IrDA 编码器/解码器使能。

（10）USCI_Ax IrDA 接收控制寄存器（UCAxIRRCTL）

7	6	5	4	3	2	1	0
UCIRRXFLx						UCIRRXPL	UCIRRXFE

● UCIRRXFLx：第 2～7 位，接收滤波器长度控制位。接收的最小脉冲长度计算如下

$$t_{MIN}=(UCIRRXFLx+4)/(2\times f_{IRTXCLK})$$

● UCIRRXPL：第 1 位，IrDA 接收输入极性控制位。

0：当检测到一个低电平时，IrDA 收发器输入一个高电平；

1：当检测到一个高电平时，IrDA 收发器输入一个低电平。

● UCIRRXFE：第 0 位，IrDA 接收滤波器使能控制位。

0：接收滤波器禁止；　　1：接收滤波器使能。

（11）USCI_Ax 自动波特率控制寄存器（UCAxABCTL）

7	6	5	4	3	2	1	0
保留		UCDELIMx		UCSTOE	UCBTOE	保留	UCABDEN

● UCDELIMx：第 4～5 位，打断/同步分隔符长度。

00：1 位时长；　　01：2 位时长；　　10：3 位时长；　　11：4 位时长。

● UCSTOE：第 3 位，同步字段超时错误检测标志位。

0：没有错误；　　1：同步字段长度超出可测量时间。

● UCBTOE：第 2 位，打断超时错误标志位。

0：没有错误；　　1：打断字段的长度超过 22 位时长。

● UCABDEN：第 0 位，自动波特率检测使能控制位。

0：波特率检测禁止。不测量打断和同步字段长度。

1：波特率检测使能。测量打断和同步字段的长度，并同时更改相应波特率设置。

（12）USCI_Ax 中断使能寄存器（UCAxIE）

7	6	5	4	3	2	1	0
保留						UCTXIE	UCRXIE

● UCTXIE：第 1 位，发送中断使能控制位。

0：禁止中断；　　1：使能中断。

● UCRXIE：第 0 位，接收中断使能控制位。

0：禁止中断；　　1：使能中断。

（13）USCI_Ax 中断标志寄存器（UCAxIFG）

7	6	5	4	3	2	1	0
保留						UCTXIFG	UCRXIFG

● UCTXIFG：第 1 位，发送中断标志位。当 UCAxTXBUF 为空时，UCTXIFG 置位。

0：没有中断被挂起；　　1：中断挂起。

● UCRXIFG：第 0 位，接收中断标志位。当 UCAxRXBUF 已经接收到一个完整的字符时，UCRXIFG 置位。

0：没有中断被挂起；　　1：中断挂起。

（14）USCI_Ax 中断向量寄存器（UCAxIV）

15	14	13	12	11	10	9	8
0	0	0	0	0	0	0	0
7	**6**	**5**	**4**	**3**	**2**	**1**	**0**
0	0	0	0	0	UCIVx		0

● UCIVx：第 1～2 位，USCI 中断向量值。UART 模式下，USCI 中断向量表如表 7.1.7 所示。

表 7.1.7　UART 模式下的 USCI 中断向量表

UCAxIV 值	中断源	中断标志	中断优先级
0000h	无中断	—	—
0002h	数据接收中断	UCRXIFG	最高
0004h	数据发送中断	UCTXIFG	最低

13. UART 模式操作应用举例

【例 7.1.4】 为 MSP430 单片机编写阻塞 CPU 运行的实现串口收/发 1 字节的函数。

分析：这两个函数可以作为最基本的串口收/发程序使用，用于发送少量数据，非常实用。但是，这种依靠查询判断收/发结束的方法有几个很大的缺点：首先是串口发送过程会消耗大量的 CPU 运行时间，这段时间内 CPU 不能执行后续的程序，每次发送批量数据时，都会造成系统的暂时停顿。其次，接收函数会完全阻塞 CPU 的运行，假设串口上没有数据，CPU 会一直停在等待语句的死循环处，后续的代码将完全停止执行。解决阻塞问题的方法是使用串口收发中断，并配合收发缓冲寄存器来实现对 CPU 的释放，具体请参考【例 7.1.5】。

```
void USCI_A0_PutChar(char Chr);
char USCI_A0_GetChar(void);
/***********************************************************************
 * 名    称：USCI_A0_PutChar()
 * 功    能：从串口发送 1 字节数据
 * 入口参数：Chr:待发送的 1 字节数据
 * 出口参数：无
 * 说    明：该函数在发送数据的过程中会阻塞 CPU 运行
 ***********************************************************************/
void USCI_A0_PutChar(char Chr)
{
   UCA0TXBUF = Chr;
   while (!(UCA0IFG & UCTXIFG));     // 等待该字节发送完毕
}
/***********************************************************************
 * 名    称：USCI_A0_GetChar()
 * 功    能：从串口接收 1 字节数据
 * 入口参数：无
 * 出口参数：返回收到的 1 字节数据
 * 说    明：如果串口没有数据，会一直等待，等待过程中会阻塞 CPU 运行
 ***********************************************************************/
char USCI_A0_GetChar(void)
{
   while(!(UCA0IFG & UCRXIFG));         // 等待接收 1 字节
   return(UCA0RXBUF);                   // 返回接收数据
}
```

【例 7.1.5】 编写 MSP430 串口收发程序，要求利用串口收发中断，波特率设为 2400bps，不阻塞 CPU 的运行。

```
#include <msp430f5529.h>
void main(void)
{
  P3SEL = BIT3+BIT4;                         // P3.3,P3.4 选择串口收发功能
  UCA0CTL1 |= UCSWRST;                       // 复位寄存器配置
  UCA0CTL1 |= UCSSEL_1;                      // 波特率发生器参考时钟选择 ACLK
  UCA0BR0 = 0x0D;                            // 将波特率设为 2400bps
  UCA0BR1 = 0x00;
  UCA0MCTL |= UCBRS_6+UCBRF_0;               // 调制器配置
  UCA0CTL1 &= ~UCSWRST;                      // 完成 USCI 初始化配置
  UCA0IE |= UCRXIE + UCTXIE;                 // 使能接收和发送中断
```

```
  _EINT();                                     // 打开全局中断
  While(1)
 {
      // 用户可在此处编写功能程序或进入低功耗模式
 }
 }
// USCI_A0 中断服务程序
#pragma vector=USCI_A0_VECTOR
__interrupt void USCI_A0_ISR(void)
{
  switch(__even_in_range(UCA0IV,4))
  {
  case 0:break;                                // 中断向量 0—无中断
  case 2:                                      // 中断向量 2—接收中断
    /*在这里写接收中断服务程序代码，如将数据从接收缓冲区中读取等操作*/
    break;
  case 4:                                      // 中断向量 4—发送中断
    /*在这里写发送中断服务程序代码，如将数据压入发送缓冲区等操作*/
    break;
  default: break;
  }
}
```

【例 7.1.6】 利用 MSP430 的异步通信模式 UART，实现与 PC 的串口通信。

分析：串口通信是指外设和计算机间通过数据信号线、地线、控制线等，按位进行传输数据的一种通信方式。这种通信方式使用的数据线少，在远距离通信中可以节约通信成本，但其传输速度比并行传输低。

进行串口通信，PC 必须带有串口，传统的 PC 主板都带有这个接口。但是，由于现在主板市场定位不同，很多新式主板并不带串行接口，并且笔记本电脑基本不带这些老式接口，取而代之的是通用 USB 接口，这使得一些主板在连接 RS-232 串行接口时遇到了困难。针对这种情况，需要用到 USB 转串口。USB 转串口不仅实现计算机 USB 接口到通用串口之间的转换，为没有串口的计算机提供快速的通道，而且使用该工具，等于将传统的串口设备变成了即插即用的 USB 设备，应用广泛。本实例即采用该 USB 转串口工具。注意：若 PC 主板上带有串口，可省略 USB 转串口工具。USB 转串口工具及 PC 主板串口实物如图 7.1.11 所示。

(a)

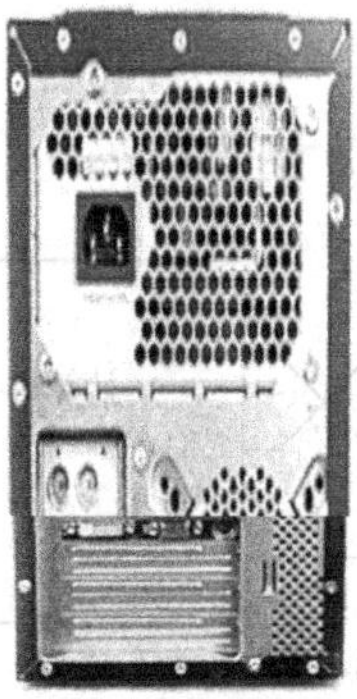

(b)

图 7.1.11　USB 转串口工具及 PC 主板串口实物示意图

![icon] **知识点：TTL 电平和 RS-232 电平介绍**

TTL 电平信号被利用得最多是因为数据通常采用二进制表示，+5V 等价于逻辑“1”，0V 等价于逻辑“0”，这被称为 TTL（晶体管-晶体管逻辑电平）信号系统，这是微型计算机控制的设备内部各部分之间通信的标准技术。TTL 输出高电平>2.4V，输出低电平<0.4V；输入高电平≥2.0V，输入低电平≤0.8V，噪声容限是 0.4V。MSP430 单片机设备即采用 TTL 电平信号。

RS-232 为串行通信接口标准，其信号电平采用负逻辑，逻辑“1”的电平是−3～−15V，逻辑“0”的电平为+3～+15V。因此在实际工作时，应保证电平在±(3～15)V 之间。PC 串口通信采用的是 RS-232 电平标准，因此，需要实现 TTL 电平与 RS-232 电平之间的转换。

MSP430 利用 UART 模式实现与 PC 的串口通信示意图如图 7.1.12 所示。

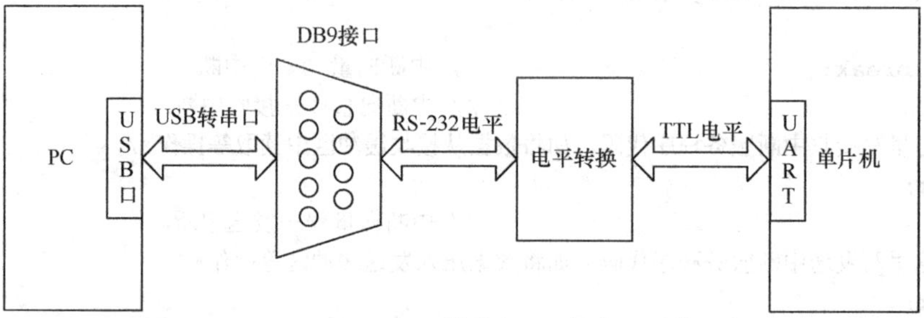

图 7.1.12 MSP430 UART 模块与 PC 的串口通信示意图

RS-232 接口电路连接方式根据需要有三线、六线、八线、两线多种。当通信速率较低时，可采用三线对接法，如图 7.1.13 所示。

在本实例中采用一块 MAX3221 芯片把从 MSP430 单片机中 USCI 来的信号进行电平转换后输出到 PC，把从 PC 发过来的信号发送给 USCI，设计中的 RS-232 接口电路如图 7.1.14 所示。

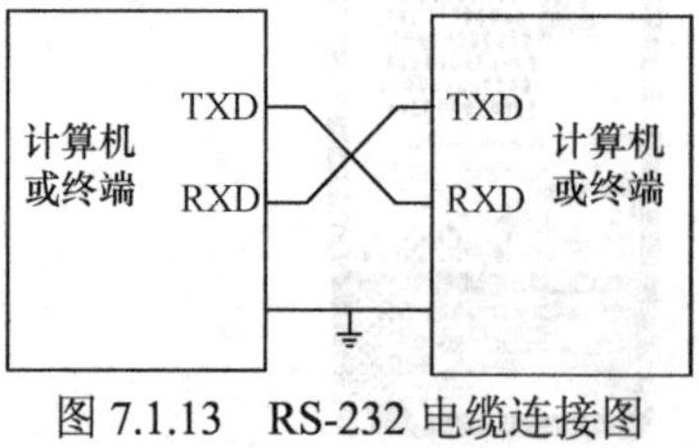

图 7.1.13 RS-232 电缆连接图

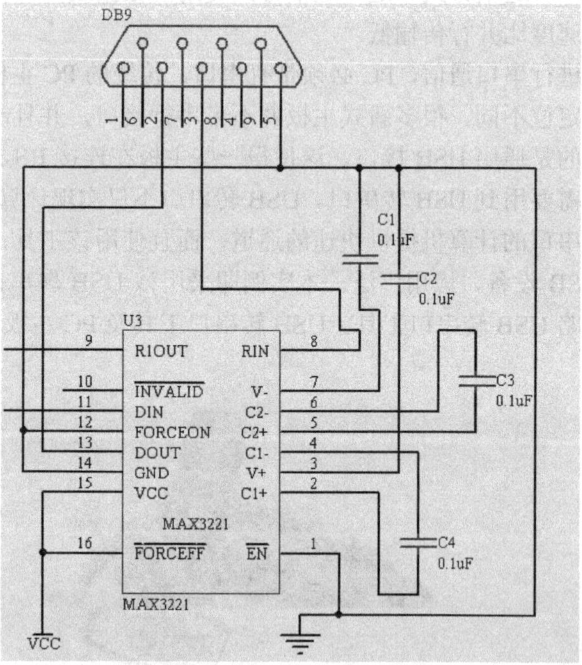

图 7.1.14 RS-232 接口电路图

图 7.1.14 中，DB9 即为选用的 RS-232 连接器——9 针串行口，其插针分别对应 RS-232-C 标准接口的 9 根常用线。其对应关系如表 7.1.8 所示。

表 7.1.8　9 针串行口插针对应关系表

DB9 引脚号	插针功能说明	标　记
1	接收线信号检出	DCD
2	接收数据	RD
3	发送数据	TD
4	数据终端就绪	DTR
5	信号地	SG
6	数据传输设备就绪	DSR
7	请求发送	RTS
8	允许发送	CTS
9	振铃指示	RI

由图 7.1.14 及表 7.1.8 可知，接收使能 $\overline{EN}$ 接地，时钟有效；掉电模式控制脚 $\overline{FORCEFF}$ 始终拉高，即 MAX3221 始终处在工作状态。USCI_A0 的 TXD 脚与 MAX3221 的 11 脚（DIN）相连，USCI_A0 的 RXD 脚与 MAX3221 的 9 脚（R1OUT）相连；输入 DIN 的信号转换为 RS-232 电平后，经 MAX3221 的 13 脚（DOUT）输出到 DB9 的 2 脚（DB9 的 2 脚为串口的 RXD 脚），DB9 接口的 3 脚（串口的 TXD 脚）与 MAX3221 的 8 脚（RIN）相连，这样的连接方式已将 USCI_A0 的输出脚 TXD 和输入脚 RXD 连接对调，可以直接通过 USB 转串口延长线与 PC 相连。

上位机可采用串口调试助手，简单易用，界面清晰。调试界面如图 7.1.15 所示。上位机发送的数据还将回显至上位机，在接收区内显示。

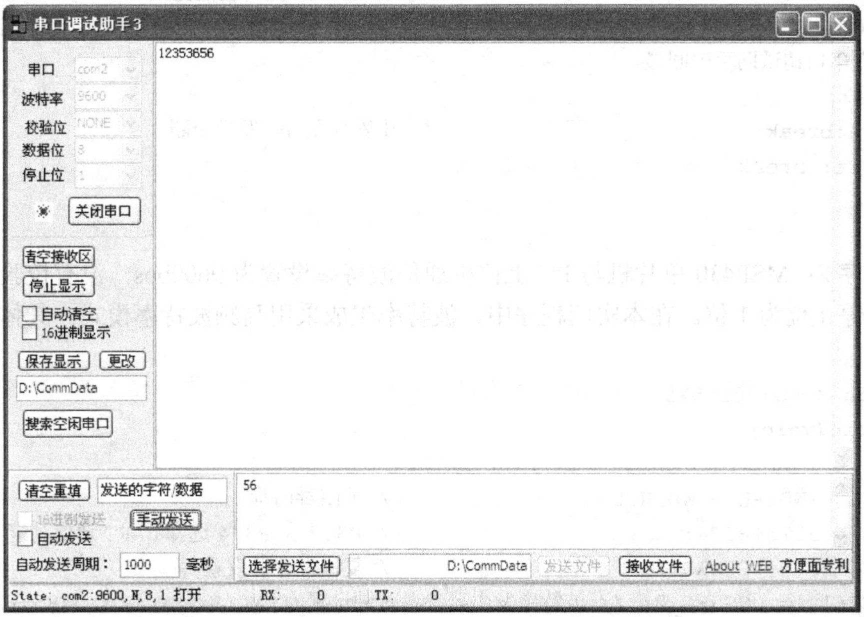

图 7.1.15　串口调试助手上位机界面

本实例采用 TI 公司生产的 MSP430F5529 LaunchPad 作为测试平台，自制电平转换模块，采用 USB 转串口线进行实现。实例程序代码如下，在收发数据的过程中，用户可在 USCI_A0 中断服务程序中设置断点，查看接收或发送缓冲寄存器的数值。

实例程序 1：MSP430 单片机与 PC 上位机通信波特率设置为 9600bps，没有校验位，数据位为 8 位，停止位为 1 位。在本实例程序中，波特率生成采用低频波特率模式。具体实例程序代码如下：

```c
#include <msp430f5529.h>
void main(void)
{
  WDTCTL = WDTPW + WDTHOLD;                      // 关闭看门狗
  P3SEL = BIT3+BIT4;                             // P3.3 和 P3.4 选择 UART 通信功能
  UCA0CTL1 |= UCSWRST;                           // 复位寄存器设置
  UCA0CTL1 |= UCSSEL_1; // 波特率发生器参考时钟设置为 ACLK, ACLK=32768Hz
  UCA0BR0 = 0x03;                                // 波特率设置为 9600bps
  UCA0BR1 = 0x00;
  UCA0MCTL = UCBRS_3+UCBRF_0;                    // 调制器设置
  UCA0CTL1 &= ~UCSWRST;                          // 完成 USCI_A0 初始化设置
  UCA0IE |= UCRXIE;                              // 使能 USCI_A0 接收中断
  __bis_SR_register(LPM3_bits + GIE);            // 进入 LPM3，并使能全局中断
}
// USCI_A0 中断服务程序
#pragma vector=USCI_A0_VECTOR
__interrupt void USCI_A0_ISR(void)
{
  switch(__even_in_range(UCA0IV,4))
  {
  case 0:break;                                 // 中断向量 0—无中断
  case 2:                                       // 中断向量 2—接收中断
    while (!(UCA0IFG&UCTXIFG));                 // USCI_A0 是否发送完成
    UCA0TXBUF = UCA0RXBUF;                      // 将接收缓冲寄存器的字符传送给发送缓冲寄存器，
发送给 PC，在串口调试助手中回显。
    break;
  case 4:break;                                 // 中断向量 4—发送中断
  default: break;
  }
}
```

实例程序 2：MSP430 单片机与 PC 上位机通信波特率设置为 9600bps，没有校验位，数据位为 8 位，停止位为 1 位。在本实例程序中，波特率生成采用高频波特率模式。具体实例程序代码如下：

```c
#include <msp430f5529.h>
void main(void)
{
  WDTCTL = WDTPW + WDTHOLD;                      // 关闭看门狗
  P3SEL = BIT3+BIT4;                             // P3.3 和 P3.4 选择 UART 通信功能
  UCA0CTL1 |= UCSWRST;                           // 复位寄存器设置
  UCA0CTL1 |= UCSSEL_2; // 波特率发生器参考时钟设置为 SMCLK, SMCLK=1048576Hz
  UCA0BR0 = 6;                                   // 波特率设置为 9600bps
  UCA0BR1 = 0;
  UCA0MCTL = UCBRS_0 + UCBRF_13 + UCOS16;   // 调制器设置，选择过采样模式
  UCA0CTL1 &= ~UCSWRST;                          // 完成 USCI_A0 初始化配置
  UCA0IE |= UCRXIE;                              // 使能 USCI_A0 接收中断
  __bis_SR_register(LPM0_bits + GIE);            // 进入 LPM0，并使能全局中断
}
// USCI_A0 中断服务程序
```

```
#pragma vector=USCI_A0_VECTOR
__interrupt void USCI_A0_ISR(void)
{
  switch(__even_in_range(UCA0IV,4))
  {
  case 0:break;                               // 中断向量 0—无中断
  case 2:                                     // 中断向量 2—接收中断
    while (!(UCA0IFG&UCTXIFG));               // USCI_A0 是否发送完成
    UCA0TXBUF = UCA0RXBUF;                    // 将接收缓冲寄存器的字符传送给发送缓冲寄存
器，发送给 PC，在串口调试助手中回显。
    break;
  case 4:break;                               // 中断向量 4—发送中断
  default: break;
  }
}
```

实例实现平台及实物如图 7.1.16 所示。

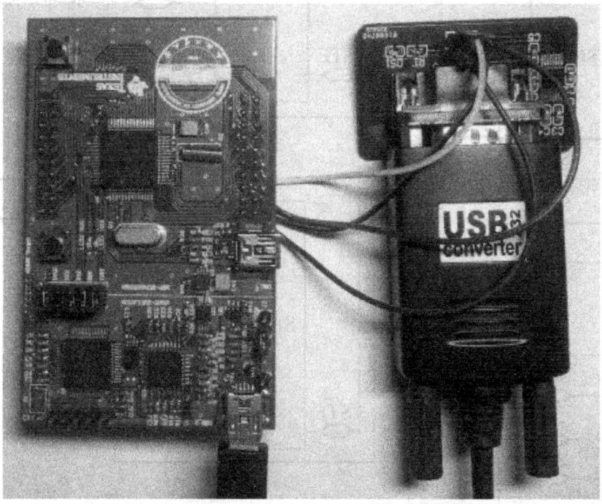

图 7.1.16　MSP430 通过 UART 模式与 PC 串口通信实验实物

7.1.2　USCI 的同步模式

1. SPI 概述

SPI（Serial Peripheral Interface）为串行外设接口的简称，它是一种同步全双工通信协议。MSP430F5xx/6xx 系列单片机的 USCI_A 和 USCI_B 模块都支持 SPI 通信模式。SPI 通信模块通过三线（SOMI、SIMO、CLK）或者四线（SOMI、SIMO、CLK 及 STE）同外界进行通信。下面对这 4 根线进行简要说明。

① CLK：CLK 为 SPI 通信时钟线。该时钟线由主机控制，即传送的速率由主机编程决定。

② SOMI：SOMI（Slave Output Master Input）即主入从出引脚。如果设备工作在主机模式，该引脚为输入；如果设备工作在从机模式，该引脚为输出。

③ SIMO：SIMO（Slave Input Master Output）即从入主出引脚。如果设备工作在主机模式，该引脚为输出；如果设备工作在从机模式，该引脚为输入。

④ STE：STE（Slave Transmit Enable）即从机模式发送/接收控制引脚，控制多主或多从系统中的多个从机。在其他应用场合中，也经常被写为片选 CS（Chip Select）和从机选择 SS（Slave Select）。

SPI 通信模块硬件功能很强，致使 SPI 通信软件实现相当简单，使 CPU 有更多的时间处理其他事情。SPI 通信原理也比较简单，如图 7.1.17 所示。其中，图 7.1.17(a)为三线制 SPI 通信原理示意图，图 7.1.17 (b)为四线制一主多从 SPI 通信原理示意图，图 7.1.17 (c)为四线制多主多从 SPI 通信原理示意图。四线与三线的区别是多出了一个 STE 信号，该引脚不用于三线 SPI 操作，但是，可以在四线 SPI 操作中使多主机共享总线，以避免发生冲突。如图 7.1.17 (b)所示，STE 信号在此处作为片选信号使用，可控制在一主多从模式下，主机与哪个从机进行通信。如图 7.1.17 (c)所示，STE 信号在此处还可作为控制主机信号，使不同的主机在总线上进行活动，所以，可以通过控制主机的 STE 信号和控制从机的 STE 信号，确定当前是哪个主机与哪个从机之间的通信。注意，无论是主机还是从机的 STE 信号，都要由额外的 I/O 口来控制。

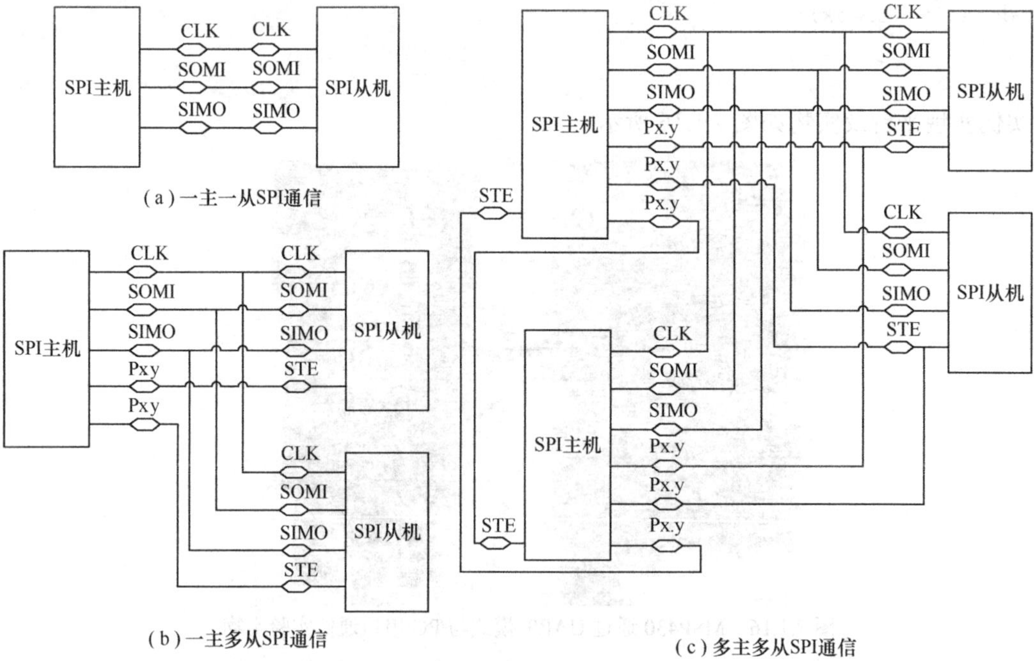

图 7.1.17　SPI 通信原理示意图

2. SPI 特性及结构框图

当 MSP430 单片机 USCI 模块控制寄存器 UCAxCTL0 或 UCBxCTL0 的 UCSYNC 控制位置位，USCI 模块工作在同步 SPI 模式，通过配置该寄存器中的 UCMODEx 控制位，可使 SPI 模块工作在三线或四线 SPI 通信模式下。MSP430 的同步通信模式具有如下特点：

- 7 位或 8 位数据长度；
- 最高有效位在前或者最低有效位在前的数据发送和接收；
- 支持三线或四线 SPI 操作；
- 支持主机模式或从机模式；
- 具有独立的发送和接收移位寄存器；
- 具有独立的发送和接收缓冲寄存器；
- 具有连续发送和接收能力；
- 时钟的极性和相位可编程；
- 主模式下，时钟频率可编程；

● 具有独立的接收和发送中断能力；

● LPM4 下的从模式工作。

USCI 模块配置为 SPI 模式下的结构框图如图 7.1.18 所示。

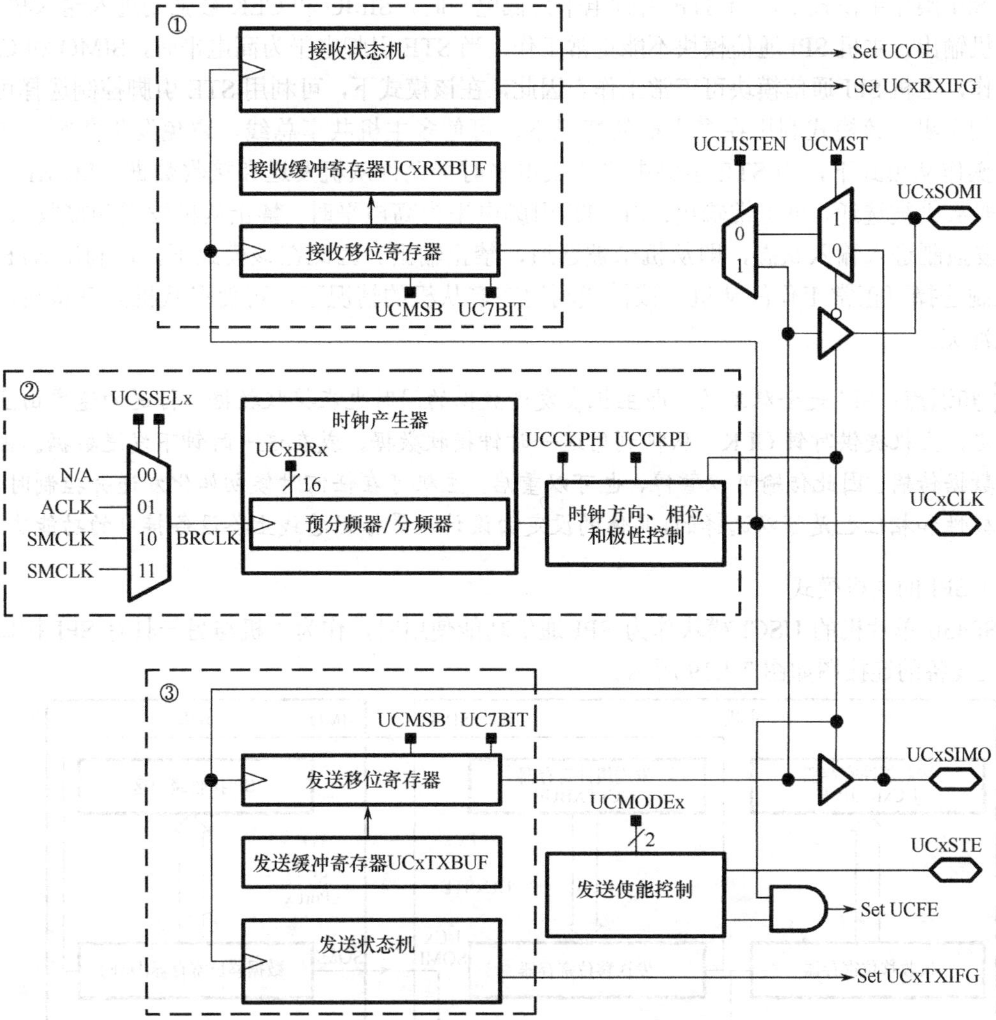

图 7.1.18　USCI 模块结构框图——SPI 模式

由图 7.1.18 可知，在 SPI 模式下，USCI 模块由 3 个部分组成：SPI 接收逻辑（图中①）、SPI 时钟发生器（图中②）和 SPI 发送逻辑（图中③）。SPI 接收逻辑主要由 3 个部分组成：接收缓冲寄存器 UCxRXBUF、接收移位寄存器和接收状态控制器，接收状态控制器可置位 UCOE 和 UCxRXIFG 标志位，该接收逻辑可完成 SPI 通信过程中的数据接收工作。SPI 时钟发送器可产生 SPI 通信过程中所需的时钟信号，最终与 UCxCLK 引脚相连，其参考时钟可以通过 UCSSELx 控制位选择 ACLK 或者 SMCLK，作为 BRCLK。SPI 发送逻辑主要由 3 个部分组成：发送缓冲寄存器 UCxTXBUF、发送移位寄存器和发送状态控制器，发送状态控制器可置位 UCxTXIFG 标志位，该发送逻辑可完成 SPI 通信过程中的数据发送工作。

3. SPI 通信原理与操作

在 SPI 模式下，多个设备之间使用由主机提供的公共时钟信号进行串行数据的发送和接收，因此传输速率由主机进行控制。SPI 同步串行通信有两种模式：三线制 SPI 通信（CLK、SIMO、

SOMI）和四线制 SPI 通信（CLK、SIMO、SOMI 和 STE）。关于这 4 个信号线的说明已在前面进行了简要介绍，此处仅详细介绍 STE 引脚的功能。

如前所述，STE 为从机模式发送/接收允许控制引脚，控制多主或多从系统中的多个主从机。在四线 SPI 操作主模式下，当 STE 引脚电平为低电平时，SIMO 和 CLK 被强制进入输入状态，禁止主机输出，主机 SPI 通信模块不能正常工作；当 STE 引脚电平为高电平时，SIMO 和 CLK 正常操作，主机 SPI 通信模块可正常工作。因此，在该模式下，可利用 STE 引脚控制选择可正常工作的主机，该模式利用在多主机的情况下，可使多主机共享总线，避免发生冲突。在四线 SPI 操作从模式下，当 STE 引脚电平为低电平时，允许从机发送和接收数据，SOMI 正常工作，即从机被选通，可正常输出；当 STE 引脚电平为高电平时，禁止从机发送和接收数据，SOMI 被强制进入输入状态，即从机未被选通，禁止输出。因此在该模式下，可利用 STE 引脚，控制选择可正常工作的从机，该模式利用在多从机的情况下，可使多从机共享总线，避免发生冲突。

知识点：SPI 是全双工的，即主机在发送数据的同时也在接收数据，传送的速率由主机编程决定，主机提供时钟 CLK，从机利用这一时钟接收数据，或在这一时钟下发送数据。由于是同步数据传输，因此传输可以暂停，也可以重启。主机可在任何时候初始化发送并控制时钟，时钟的极性和相位也是可以选择的，具体的设定由设计人员根据总线上各设备接口的功能决定。

（1）SPI 的主机模式

MSP430 单片机的 USCI 模块作为 SPI 通信功能使用时，作为主机与另一具有 SPI 接口的 SPI 从机设备的连接图如图 7.1.19 所示。

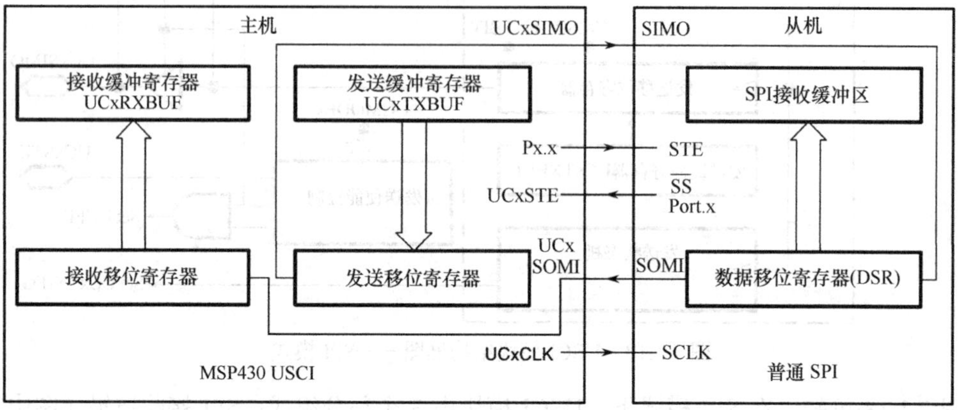

图 7.1.19　USCI 主机与外部从机连接示意图

当控制寄存器 UCAxCTL0/UCBxCTL0 中的 UCMST=1 时，MSP430 单片机的 SPI 通信模块工作在主机模式。USCI 模块通过在 UCxCLK 引脚上的时钟信号控制串行通信。串行通信发送工作由发送缓冲区 UCxTXBUF、发送移位寄存器和 UCxSIMO 引脚完成。当移位寄存器为空，已写入发送缓冲区的数据将移入发送移位寄存器，并启动在 UCxSIMO 引脚的数据发送，该数据发送是最高有效位还是最低有效位在前，取决于 UCMSB 控制位的设置。串行通信接收工作由 UCxSOMI 引脚、接收移位寄存器和接收缓冲区 UCxRXBUF 完成。UCxSOMI 引脚上的数据在与发送数据时相反的时钟沿处移入接收移位寄存器，当接收完所有选定位数时，接收移位寄存器中的数据移入接收缓冲寄存器 UCxRXBUF 中，并置位接收中断标志位 UCRXIFG，这标志着数据的接收/发送已经完成。

重点：用户可以使用接收中断标志 UCxRXIFG 和发送中断标志 UCxTXIFG 完成协议的控制。当数据从移位寄存器中发送给从机后，此时移位寄存器为空，并置位 UCxTXIFG 中断标志位，用户可利用 UCxTXIFG 中断标志位将数据从发送缓冲寄存器中移入发送移位寄存器中，开始一次发送操作。UCxRXIFG 标志表示数据接收和发送已经完成，用户程序可利用该标志位检查接收和发送工作的完成。

注意：UCxTXIFG 标志仅表示发送移位寄存器为空，UCxTXBUF 已准备好接收新的数据，并不表明发送和接收完成，这是用户编程时需要注意的地方。另外，在主机模式下，为了使 USCI 模块接收数据，UCxTXBUF 必须写入数据，因为接收和发送数据是同时操作的。

在四线制主模式下，由激活的主机 STE 信号防止与其他主机发生总线冲突。当 STE 引脚为高电平时，主机处于活动状态；当 STE 引脚为低电平时，主机处于非活动状态。

若当前的主机处于非活动状态时：

① UCxSIMO 和 UCxCLK 设置为输入状态，并且不再驱动总线；

② 错误位 UCFE 置位，表明存在违反通信完整性的情况，需要用户处理；

③ 内部状态器复位，终止移位操作。

如果主机在非活动状态时，数据被写入发送缓冲寄存器 UCxTXBUF 中，一旦主机切换到活动状态，数据将被立即发送。如果主机在发送数据的过程中，突然切换到非活动状态，而致使正在发送的数据停止，那么主机切换到活动状态后，数据必须再次写入发送缓冲寄存器 UCxTXBUF 中。在三线制主机模式下，不需要使用 STE 输入控制信号。

（2）SPI 的从机模式

MSP430 单片机的 USCI 模块作为 SPI 通信功能使用时，作为从机与另一具有 SPI 接口的 SPI 主机设备的连接图如图 7.1.20 所示。

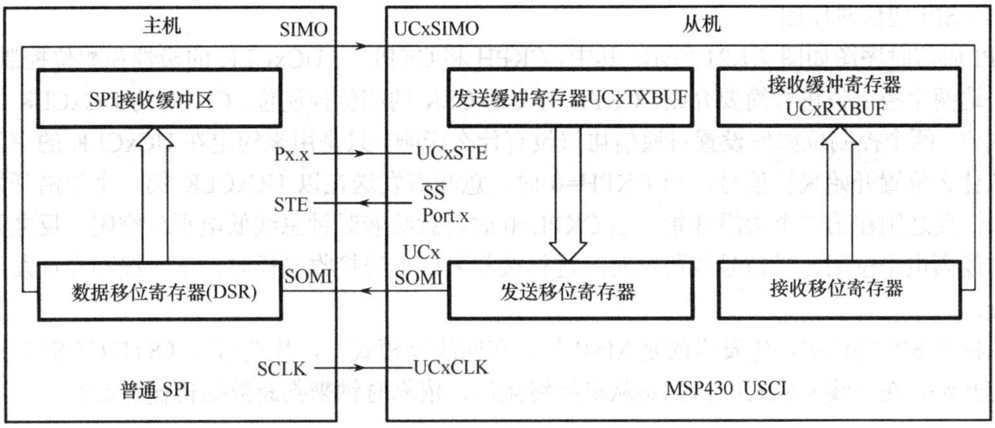

图 7.1.20　USCI 从机与外部主机连接示意图

当控制寄存器 UCAxCTL0/UCBxCTL0 中的 UCMST=0 时，MSP430 单片机的 SPI 通信模块工作在从机模式。在从机模式下，SPI 通信所用的串行时钟来源于外部主机，从机的 UCxCLK 引脚为输入状态。数据传输速率由主机发出的串行时钟决定，而不是内部的时钟发生器。在 UCxCLK 开始前，由 UCxTXBUF 移入移位寄存器中的数据在主机 UCxCLK 信号的作用下，通过从机的 UCxSOMI 引脚发送给主机。同时，在 UCxCLK 时钟的反向沿 UCxSIMO 引脚上的串行数据移入接收移位寄存器中。当数据从接收移位寄存器移入接收缓冲寄存器 UCxRXBUF 中时，UCRXIFG 中断标志位置位，表明数据已经接收完成。当新数据被写入接收缓冲寄存器时，前一个数据还没有被取出，则溢出标志位 UCOE 将被置位。

在四线制从机模式下，从机使用 UCxSTE 控制位来使能接收或发送操作，该位状态由 SPI 主机提供，用于片选。当 STE 引脚为低电平时，从机处于活动状态；当 STE 引脚为高电平时，从机处于非活动状态。

当从机处于非活动状态时：

① 停止 UCxSIMO 上任何正在进行的接收操作；

② UCxSOMI 被设置为输入方向；

③ 移位操作停止，直到从机进入活动状态才开始。

在三线制从机模式下，不使用 UCxSTE 输入控制信号。

（3）串行时钟控制

串行通信所需的时钟线 UCxCLK 由 SPI 总线上的主机提供。当 UCMST=1 时，串行通信所需的时钟由 USCI 时钟发生器提供，通过 UCSSELx 控制位选择用于产生串行通信时钟的参考时钟，最终串行通信时钟由 UCxCLK 引脚输出。当 UCMST=0 时，USCI 时钟由主机的 UCxCLK 引脚提供，此时 USCI 不使用时钟发生器，不考虑 UCSSELx 控制位。SPI 的接收器和发送器并行操作，且数据传输使用同一个时钟源。

串行通信时钟速率控制寄存器（UCxxBR1 和 UCxxBR0）组成的 16 位 UCBRx 的值，是 USCI 时钟源 BRCLK 的分频因子。在主模式下，USCI 模块能够产生的最大串行通信时钟是 BRCLK。SPI 模式下不可使用调制器，即 SPI 串行通信时钟发生器不支持小数分频，所以 USCI 工作在 SPI 模式下的时钟发生器产生频率计算公式为

$$f_{\mathrm{BITCLOCK}} = f_{\mathrm{BRCLK}} / \mathrm{UCBRx}$$

注意：当 USCI_A 使用 SPI 模式时，应清除 UCAxMCTL。

（4）SPI 通信时序图

SPI 通信时序图如图 7.1.21 所示。其中，CKPH 和 CKPL 为 UCxCLK 的极性和相位控制位，在此对这两个控制位进行简要介绍。CKPH 为 UCxCLK 的相位控制位，CKPL 为 UCxCLK 的极性控制位。两个控制位如何设置对通信协议没有什么影响，只是用来约定在 UCxCLK 的空闲状态和从什么位置开始采样信号。当 CKPH=0 时，意味着发送在以 UCxCLK 第一个边沿开始采样信号，反之则在第二个边沿开始。当 CKPL=0 时，意味着时钟总线低电平位空闲，反之则是时钟总线高电平空闲。当信号线稳定时，进行接收采样，当接收采样时，信号线不允许发生电平跳变。

在标准 SPI 协议中，先发送的是 MSB 位，在四线制模式下，片选信号（STE/CS/SS）控制传输的开始。在三线制模式中，则是从机始终激活，依靠时钟来判断数据传输开始。

知识点：对于很多初学者，可能看不懂有关芯片说明书中数据流的表示方式，在此进行简要说明。如图 7.1.22 所示，有高、低两根线的区域表示数据，既然是数据，当然可能是高电平 1，也可能是低电平 0。两线交叉的位置表示数据改变的时刻，此时数据不能被读取。平行线区域则表示数据已稳定，可以被读取。

（5）SPI 中断

USCI 模块只有一个中断向量，发送和接收公用该向量。USCI_Ax 和 USCI_Bx 不公用同一个中断向量。

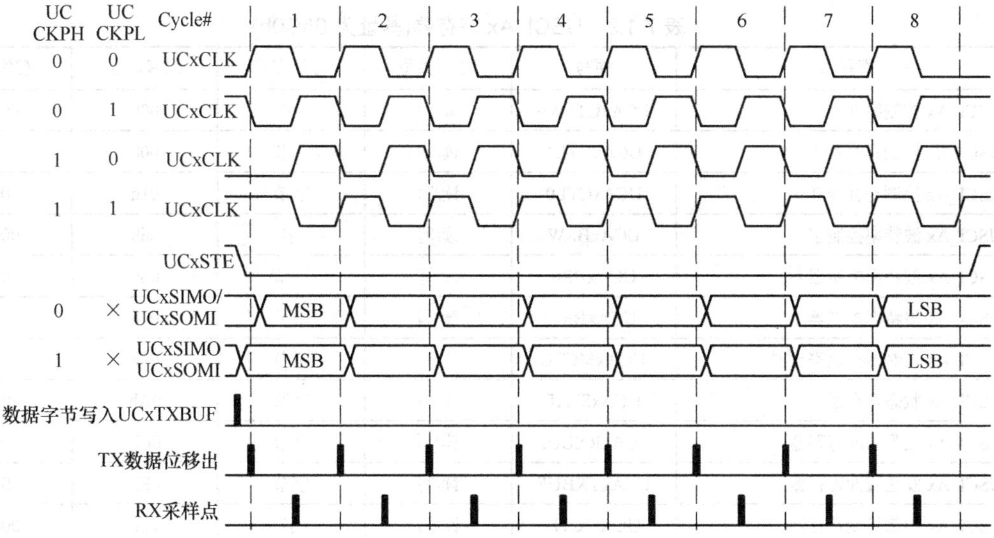

图 7.1.21　SPI 通信协议时序图（UCMSB=1）

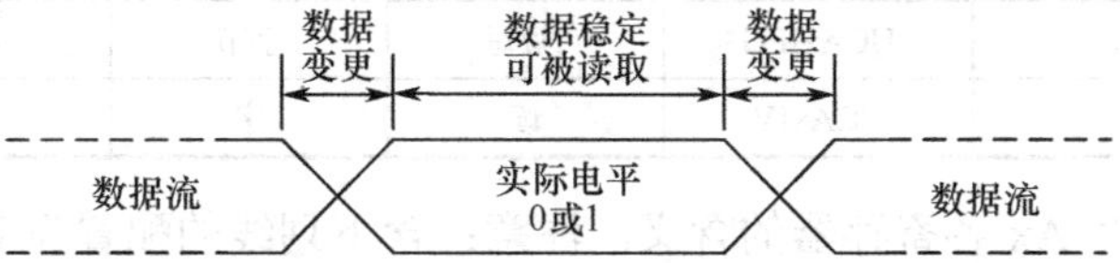

图 7.1.22　数据流表达方式示意图

① SPI 发送中断操作

若 UCTXIFG 置位，表明发送缓冲寄存器 UCxTXBUF 为空，可以向其写入新的字符。如果 UCTXIE 和 GIE 也置位，将产生发送中断请求。如果将字符写入 UCxTXBUF 缓冲区，UCTXIFG 将会自动复位，因此可利用发送中断服务程序不断向发送缓冲寄存器 UCxTXBUF 写入新的数据，完成数据的传输。注意当 UCTXIFG=0 时，写数据到 UCxTXBUF 缓冲区，将可能会导致错误的数据发送。

② SPI 接收中断操作

每当接收到一个字符，并把字符装载到接收缓冲寄存器 UCxRXBUF 时，将置位接收中断标志位 UCRXIFG。如果 UCRXIE 和 GIE 也置位时，将产生一个接收中断请求。当接收缓冲寄存器 UCxRXBUF 被读取时，UCRXIFG 会自动复位。因此，可利用接收中断服务程序完成数据的接收工作。

③ USCI 中断向量 UCxIV

USCI 中断标志具有不同的优先级，它们组合公用一个中断向量，即 USCI 为多源中断。中断向量寄存器 UCxIV 用来决定哪个中断标志请求产生中断。优先级最高的中断将会在 UCxIV 寄存器内产生一个数字偏移量，这个偏移量累加到程序计数器 PC 上，程序自动跳转到相应的软件程序处。禁止中断不会影响 UCxIV 的值。对 UCxIV 寄存器的任何读或写访问，都会复位挂起优先级最高的中断标志。如果另一个中断标志置位，在响应完之前的中断后，将会立即产生另一个中断。

4. USCI 寄存器——SPI 模式

在 SPI 模式下可用的 USCI 寄存器如表 7.1.9 所示。由于 USCI_Ax 寄存器和 USCI_Bx 寄存器类型和功能类似，在此只列出 USCI_Ax 寄存器并对其每位的含义进行讲解。若用户使用的为 USCI_Bx 模块，可参考 USCI_Ax 寄存器进行理解和配置。

表 7.1.9　USCI_Ax 寄存器(基址为 05C0h)

寄存器	缩写	读/写类型	访问方式	偏移地址	初始状态
USCI_Ax 控制字 0	UCAxCTLW0	读/写	字	00h	0001h
USCI_Ax 控制寄存器 1	UCAxCTL1	读/写	字节	00h	01h
USCI_Ax 控制寄存器 0	UCAxCTL0	读/写	字节	01h	00h
USCI_Ax 波特率控制字	UCAxBRW	读/写	字	06h	0000h
USCI_Ax 波特率控制器 0	UCAxBR0	读/写	字节	06h	00h
USCI_Ax 波特率控制器 1	UCAxBR1	读/写	字节	07h	00h
USCI_Ax 调制器控制寄存器	UCAxMCTL	读/写	字节	08h	00h
USCI_Ax 状态寄存器	UCAxSTAT	读/写	字节	0Ah	00h
USCI_Ax 接收缓冲寄存器	UCAxRXBUF	读/写	字节	0Ch	00h
USCI_Ax 发送缓冲寄存器	UCAxTXBUF	读/写	字节	0Eh	00h
USCI_Ax 中断控制寄存器	UCAxICTL	读/写	字	1Ch	0000h
USCI_Ax 中断使能寄存器	UCAxIE	读/写	字节	1Ch	00h
USCI_Ax 中断标志寄存器	UCAxIFG	读/写	字节	1Dh	00h
USCI_Ax 中断向量寄存器	UCAxIV	读	字	1Eh	0000h

以下详细介绍 USCI_Ax 各寄存器的含义。注意：含下划线的配置为 USCI_Ax 寄存器初始状态或复位后的默认配置。

（1）USCI_Ax 控制寄存器 0（UCAxCTL0）

7	6	5	4	3	2	1	0
UCCKPH	UCCKPL	UCMSB	UC7BIT	UCMST	UCMODEx		UCSYNC=1

● UCCKPH：第 7 位，时钟相位选择控制位。

0：数据在第一个 UCLK 边沿改变，在下一个边沿捕获；

1：数据在第一个 UCLK 边沿捕获，在下一个边沿改变。

● UCCKPL：第 6 位，时钟极性选择控制位。

0：不活动状态为低电平；　　1：不活动状态为高电平。

● UCMSB：第 5 位，高位在前或低位在前选择控制位。控制接收或发送移位寄存器的方向。

0：LSB 在前；　　1：MSB 在前。

● UC7BIT：第 4 位，字符长度选择控制位。选择 7 位或 8 位字符长度。

0：8 位数据；　　1：7 位数据。

● UCMST：第 3 位，主从模式选择控制位。

0：从机模式；　　1：主机模式。

● UCMODEx：第 1～2 位，USCI 工作模式选择控制位。当 UCSYNC=1 时，UCMODEx 控制位选择为同步模式。

00：3 线制 SPI 模式；

01：4 线制 SPI 模式，且当 UCxSTE=1 时，从机使能；

00：4 线制 SPI 模式，且当 UCxSTE=0 时，从机使能；

11：I^2C 模式。

● UCSYNC：第 0 位，同步/异步模式选择控制位。

0：异步模式；　　1：同步模式。

（2）USCI_Ax 控制寄存器 1（UCAxCTL1）

7	6	5	4	3	2	1	0
UCSSELx		保留					UCSWRST

● UCSSELx：第 6～7 位，选择 USCI 时钟源。这些控制位可在主模式下，为时钟发生器的 BRCLK 时钟选择参考时钟源。

00：N/A；　　01：ACLK；　　10：SMCLK；　　11：SMCLK。

● UCSWRST：第 0 位，软件复位使能控制位。该控制位上电复位时，默认为 1。该位的状态影响着其他一些控制位和状态位的状态。在 SPI 通信的使用过程中，这一位是比较重要的控制位。一次正确的 SPI 通信初始化的过程应是：先在 UCSWRST=1 的情况下配置寄存器，然后设置 UCSWRST=0，最后如果需要中断，则设置相应的中断使能。

0：关闭软件复位；　　1：逻辑复位，USCI 逻辑保持在复位状态。

（3）USCI_Ax 波特率控制寄存器 0（UCAxBR0）

7	6	5	4	3	2	1	0
UCBRx—低字节							

（4）USCI_Ax 波特率控制寄存器 1（UCAxBR1）

7	6	5	4	3	2	1	0
UCBRx—高字节							

● UCBRx：波特率发生器的时钟与预分频器设置，默认值为 0000h。该位用于整数分频，预分频器的值为整数分频系数=UCAxBR0+UCAxBR1×256。

（5）USCI_Ax 调制器控制寄存器（UCAxMCTL）

7	6	5	4	3	2	1	0
0	0	0	0	0	0	0	0

SPI 模块在主机模式下，时钟产生器不支持小数分频，因此该寄存器无须写入新值，默认为 0x00。

（6）USCI_Ax 状态寄存器（UCAxSTAT）

7	6	5	4	3	2	1	0
UCLISTEN	UCFE	UCOE	保留				UCBUSY

● UCLISTEN：第 7 位，侦听使能控制位。UCLISTEN 位置位选择闭环回路模式。

0：禁止；　　1：使能。发送器输出内部反馈到接收器。

● UCFE：第 6 位，帧错误标志位。该位置位表明四线制主模式下的总线冲突。三线制主模式或从模式下，不使用 UCFE。

0：没有错误；　　1：产生总线冲突。

● UCOE：第 5 位，溢出错误标志位。当接收缓冲寄存器 UCxRXBUF 内的字符被读出之前，一个新的字符再次写入接收缓冲寄存器内，该标志位即会置位。当接收缓冲寄存器 UCxRXBUF 被读取后，该溢出错误标志位 UCOE 将会自动清除。注意，该标志位禁止使用软件清除，否则 SPI 模块将不能正常工作。

0：没有溢出错误；　　1：产生溢出错误。

● UCBUSY：第 0 位，USCI 忙标志位，该位置位表示 SPI 模块正在进行接收或发送。

0：USCI 不活动；　　1：USCI 正在接收或发送。

（7）USCI_Ax 接收缓冲寄存器（UCAxRXBUF）

7	6	5	4	3	2	1	0
UCRXBUFx							

● UCRXBUFx：第 0～7 位，接收缓冲寄存器存放从接收移位寄存器最后接收的字符，可由用户访问。对 UCAxRXBUF 进行读操作，将复位接收错误标志位及 UCRXIFG。如果传输 7 位数据，接收缓存的内容右对齐，最高位为 0。

（8）USCI_Ax 发送缓冲寄存器（UCAxTXBUF）

7	6	5	4	3	2	1	0
UCTXBUFx							

● UCTXBUFx：第 0～7 位，用户利用软件将数据写入发送缓冲寄存器，之后数据等待移送至移位寄存器并发送。对发送缓冲寄存器进行写操作，可以复位 UCTXIFG。如果传输的是 7 位数据，发送缓冲内容最高位为 0。

（9）USCI_Ax 中断使能寄存器（UCAxIE）

7	6	5	4	3	2	1	0
保留						UCTXIE	UCRXIE

● UCTXIE：第 1 位，发送中断使能控制位。

0：禁止中断；　　1：使能中断。

● UCRXIE：第 0 位，接收中断使能控制位。

0：禁止中断；　　1：使能中断。

（10）USCI_Ax 中断标志寄存器（UCAxIFG）

7	6	5	4	3	2	1	0
保留						UCTXIFG	UCRXIFG

● UCTXIFG：第 1 位，发送中断标志位。当 UCAxTXBUF 为空时，UCTXIFG 置位。

0：没有中断被挂起；　　1：中断挂起。

● UCRXIFG：第 0 位，接收中断标志位。当 UCAxRXBUF 已经接收到一个完整的字符时，UCRXIFG 置位。

0：没有中断被挂起；　　1：中断挂起。

（11）USCI_Ax 中断向量寄存器（UCAxIV）

15	14	13	12	11	10	9	8
0	0	0	0	0	0	0	0

7	6	5	4	3	2	1	0
0	0	0	0	0	UCIVx		0

● UCIVx：第 1～2 位，USCI 中断向量值。SPI 模式下，USCI 中断向量表如表 7.1.10 所示。

表 7.1.10　SPI 模式下，USCI 中断向量表

UCAxIV 值	中断源	中断标志	中断优先级
0000h	无中断	—	—
0002h	数据接收中断	UCRXIFG	最高
0004h	数据发送中断	UCTXIFG	最低

5. SPI 同步操作应用举例

USCI 模块初始化方法：

① 置位 UCSWRST=1；

② 在 UCSWRST=1 的前提下，初始化所有的 USCI 寄存器；

③ 通过软件清除 UCSWRST；

④ 通过置位 UCRXIE 和/或 UXTXIE 中断允许控制位使能中断。

具体可参考应用实例中关于 USCI 寄存器初始化部分程序。

【例 7.1.7】 编程实现两块 MSP430F5529 单片机之间的三线制 SPI 通信。其中一块单片机作为主机，另一块单片机作为从机。主机从 0x01 开始发送递增字节，从机将接收到的字节再原封不动地发送给主机，主机判断接收到的字节与之前发送的字节是否一致。若一致，表示接收正确，使 P1.0 输出高电平，用于指示（P1.0 引脚外可接一个 LED 指示灯）；若接收错误，则使 P1.0 输出低电平。

（1）MSP430F5529 单片机作为主机的 SPI 通信程序如下：

```
#include <msp430f5529.h>
unsigned char MST_Data,SLV_Data;
unsigned char temp;
void main(void)
{
  volatile unsigned int i;
  WDTCTL = WDTPW+WDTHOLD;                  // 关闭看门狗
  P1OUT |= 0x02;                           // P1.1 用于从机复位
  P1DIR |= 0x03;                           // 将 P1.0 和 P1.1 设为输出
  P3SEL |= BIT3+BIT4;                      // P3.3 和 P3.4 选择 SPI 通信功能
  P2SEL |= BIT7;                           // P2.7 设为 UCLK 时钟输出
  UCA0CTL1 |= UCSWRST;                     // 软件复位 SPI 模块
  UCA0CTL0 |= UCMST+UCSYNC+UCCKPL+UCMSB;   // 工作模式:三线 SPI，8 位数据 SPI 主机，
不活动状态为高电平，高位在前
  UCA0CTL1 |= UCSSEL_2;                    // 时钟发生器参考时钟选择 SMCLK
  UCA0BR0 = 0x02;                          // 分频系数为 2
  UCA0BR1 = 0;
  UCA0MCTL = 0;                            // 无须调制
  UCA0CTL1 &= ~UCSWRST;                    // 完成寄存器配置
  UCA0IE |= UCRXIE;                        // 使能 USCI_A0 接收中断
  P1OUT &= ~0x02;
  P1OUT |= 0x02;                           // 初始化从机
  for(i=50;i>0;i--);                       // 等待从机完成初始化
  MST_Data = 0x01;                         // 发送数据值
  SLV_Data = 0x00;                         // 用于判断接收是否正确
  while (!(UCA0IFG&UCTXIFG));              // 等待发送缓冲寄存器为空
  UCA0TXBUF = MST_Data;                    // 发送 0x01
  __bis_SR_register(LPM0_bits + GIE);      // 进入低功耗模式 0，并启用中断
}
#pragma vector=USCI_A0_VECTOR
__interrupt void USCI_A0_ISR(void)
{
  volatile unsigned int i;
  switch(__even_in_range(UCA0IV,4))
  {
   case 0: break;                      // Vector 0—no interrupt
```

```
    case 2:                              // Vector 2—RXIFG
      while (!(UCA0IFG&UCTXIFG));        // 等待发送缓冲寄存器为空
      if (UCA0RXBUF==SLV_Data)           // 检测接收字符是否正确
        P1OUT |= 0x01;                   // 如果正确，使 P1.0 输出高电平
      else
        P1OUT &= ~0x01;                  // 如果错误，使 P1.0 输出低电平
      MST_Data++;                        // 数据递增
      SLV_Data++;
      UCA0TXBUF = MST_Data;              // 发送下一个字符
      for(i = 20; i>0; i--);             // 延迟，确保从机能完成接收发送工作
      break;
    case 4: break;                       // Vector 4—TXIFG
    default: break;
  }
}
```

（2）MSP430F5529 单片机作为从机的 SPI 通信程序如下：

```
#include <msp430f5529.h>
void main(void)
{
  WDTCTL = WDTPW+WDTHOLD;                    // 关闭看门狗
  while(!(P2IN&0x80));                       // 检测 UCLK 时钟线上是否有输入
  P3SEL |= BIT3+BIT4;                        // P3.3 和 P3.4 选择 SPI 通信功能
  P2SEL |= BIT7;                             // P2.7 选择 UCLK 功能
  UCA0CTL1 |= UCSWRST;                       // 软件复位 SPI 模块
  UCA0CTL0 |= UCSYNC+UCCKPL+UCMSB;           // 工作模式：三线 SPI，8 位数据
SPI 从机，不活动状态为高电平，高位在前
 UCA0CTL1 &= ~UCSWRST;                       // 完成寄存器配置
 UCA0IE |= UCRXIE;                           // 使能 USCI_A0 接收中断
  __bis_SR_register(LPM4_bits + GIE);        // 进低功耗模式 4 并使能全局中断
}
#pragma vector=USCI_A0_VECTOR
__interrupt void USCI_A0_ISR(void)
{
  switch(__even_in_range(UCA0IV,4))
  {
    case 0:break;                            // Vector 0—no interrupt
    case 2:                                  // Vector 2—RXIFG
      while (!(UCA0IFG&UCTXIFG));            // 等待发送缓冲器为空
      UCA0TXBUF = UCA0RXBUF;                 // 将接收的字符送至发送缓冲寄存器
      break;
    case 4:break;                            // Vector 4—TXIFG
    default: break;
  }
}
```

调试该程序可利用两块 MSP430F5529 LaunchPad 实验板作为硬件平台，硬件连接示意图如图 7.1.23 所示。

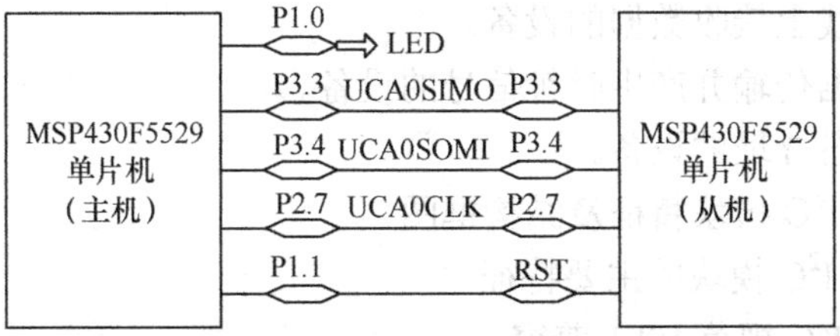

图 7.1.23　SPI 通信实验实例硬件连接示意图

首先将从机程序烧写至一块 LaunchPad 中，之后再将主机程序烧写至另一块 LaunchPad 中，并在线调试主机，调试界面如图 7.1.24 所示。在中断服务程序语句：if (UCA0RXBUF= =SLV_Data) 处设置断点，并将 SLV_Data 变量送至观察窗口，因此当程序在此处暂停时，可利用观察窗口和寄存器窗口查看接收缓冲寄存器 UCA0RXBUF 和 SLV_Data 是否相等，进而判断接收数据是否正确。

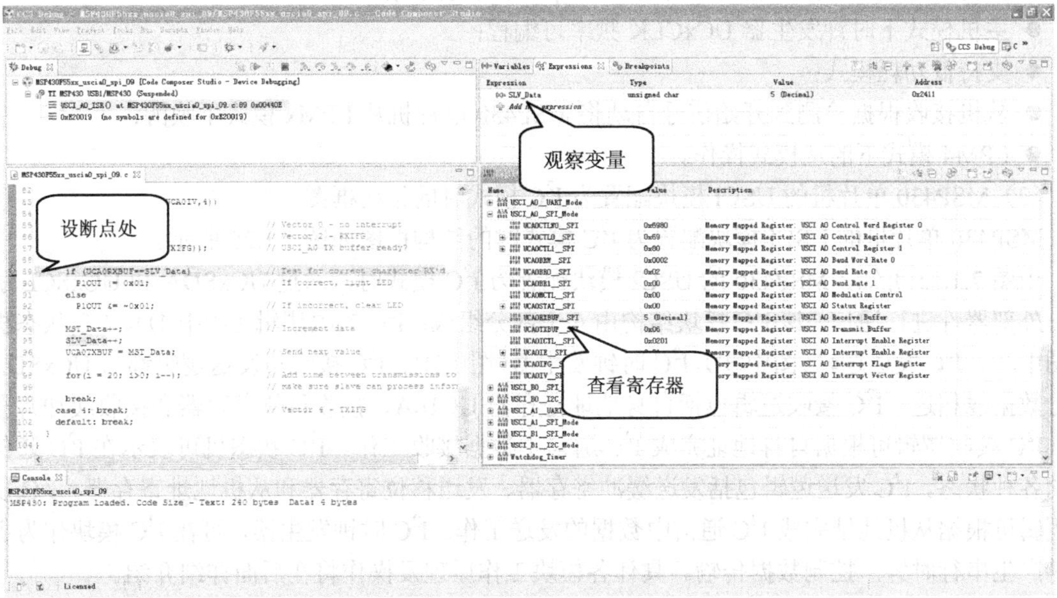

图 7.1.24　SPI 通信主机调试界面

7.1.3　USCI 的 I²C 模式

1. I²C 概述

知识点： I²C（Inter-Integrated Circuit）总线是一种由 Philips 公司开发的两线式串行总线，用于内部 IC 控制的具有多端控制能力的双线双向串行数据总线系统，能够用于替代标准的并行总线，连接各种集成电路和功能模块。I²C 器件能够减少电路间的连接，减少电路板的尺寸，降低硬件成本并提高系统的可靠性。I²C 总线传输模式具有向下兼容性，传输速率标准模式下可达 100kbps，快速模式下可达 400kbps，高速模式下可达 3.4Mbps。

MSP430 单片机的 USCI_B 模块能够支持 I²C 通信，能够为 MSP430 单片机与具有 I²C 接口的设备互连提供条件。软件上只需要完成 I²C 功能的配置，硬件能够完全实现 I²C 通信的功能。相比较利用 GPIO 软件模拟实现 I²C 操作，能够减少 CPU 的负荷。

为了清楚起见，在此对 I²C 通信中关于设备的基本概念进行简要讲解。

① 发送设备：发送数据到总线上的设备。

② 接收设备：从总线上接收数据的设备。

③ 主设备：启动数据传输并产生时钟信号的设备。

④ 从设备：被主设备寻址的设备。

2．MSP430 单片机 I^2C 模块特征及结构框图

（1）MSP430 单片机 I^2C 模块的主要特征

- 与 Philips 半导体 I^2C 规范 V2.1 兼容；
- 7 位或 10 位设备寻址模式；
- 群呼；
- 开始/重新开始/停止；
- 多主机发送/接收模式；
- 从机发送/接收模式；
- 支持 100kbps 的标准模式和高达 400kbps 的快速模式；
- 主机模式下时钟发生器 UCxCLK 频率可编程；
- 支持低功耗模式；
- 从机接收根据检测到开始信号自动将 MSP430 单片机从 LPMx 模式下唤醒；
- LPM4 模式下的从模式操作。

（2）MSP430 单片机的 USCI 模块配置为 I^2C 模式时的结构框图

MSP430 单片机的 USCI 模块配置为 I^2C 模式时的结构框图如图 7.1.25 所示。

由图 7.1.25 可知，MSP430 的 USCI 模块配置为 I^2C 模式时，通过 UCxSDA 和 UCxSCL 引脚与外部器件进行通信。该 I^2C 模块结构由 4 个部分组成：I^2C 接收逻辑（图中①）、I^2C 状态机（图中②）、I^2C 发送逻辑（图中③）、I^2C 时钟发生器（图中④）。I^2C 接收与发送逻辑都与 UCxSDA 串行数据线相连。I^2C 接收逻辑包括自身地址寄存器 UC10A、接收移位寄存器和接收缓冲寄存器，I^2C 接收逻辑可根据自身地址完成 I^2C 通信中数据接收工作。I^2C 状态机可表示在 I^2C 通信中的各种状态。I^2C 发送逻辑包括发送缓冲寄存器、发送移位寄存器和从机地址寄存器，I^2C 发送逻辑可根据从机地址完成 I^2C 通信中数据的发送工作。I^2C 时钟发生器，可在 I^2C 模块作为主机时产生串行时钟，控制数据传输。具体各模块工作原理及操作将在后面详细介绍。

3． I^2C 原理

（1）I^2C 设备连接原理

I^2C 设备连接示意图如图 7.1.26 所示。I^2C 总线是由数据线 SDA 和时钟线 SCL 构成的串行总线，可发送和接收数据。在 MSP430 单片机与被控 IC（集成电路）之间、IC 与 IC 之间进行双向传送，最高传送速率 400kbps。各种设备均并联在总线上，两条总线都被上拉电阻上拉到 V_{CC}，所有设备地位对等，都可作为主机或从机，就像电话机一样只要拨通各自的号码就能正常工作，所以，每个设备都有唯一的地址。在信息的传输过程中，I^2C 总线上并接的每个设备既是主设备（或从设备），又是发送设备（或接收设备），这取决于它所要完成的功能。每个设备都可以把总线接地拉低，却不允许把总线电平直接连到 V_{CC} 上置高。把总线电平拉低称为占用总线，总线电平为高等待被拉低则称为总线被释放。

由于 SDA 和 SCL 均为双向 I/O 线，都是开漏模式（输出 1 时，为高阻状态），因此 I^2C 总线上的所有设备的 SDA 和 SCL 引脚都要外接上拉电阻。

（2）I^2C 数据通信协议

I^2C 数据通信时序图如图 7.1.27 所示。下面首先介绍起始位和停止位，起始位和停止位都是由主设备产生的，如图 7.1.27 中虚线所示。当 SCL 时钟线为高电平时，SDA 数据线上由高

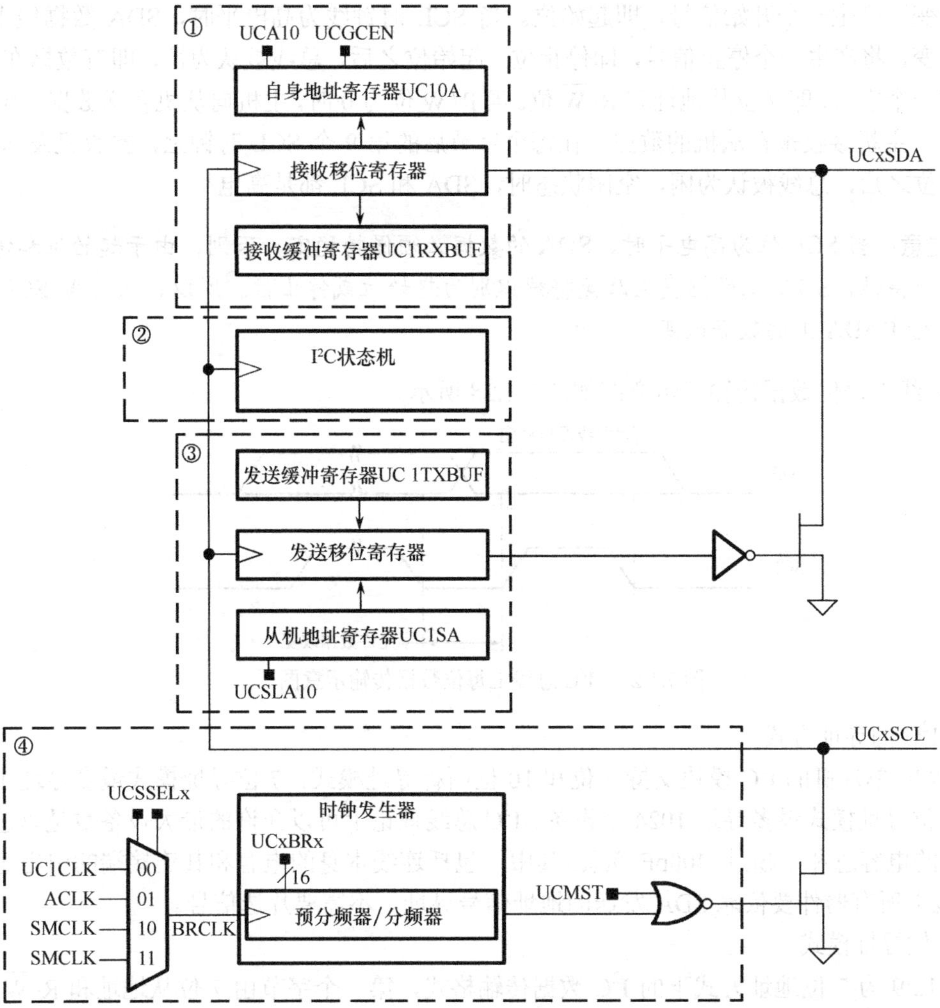

图 7.1.25　USCI 模块结构框图：I²C 模式

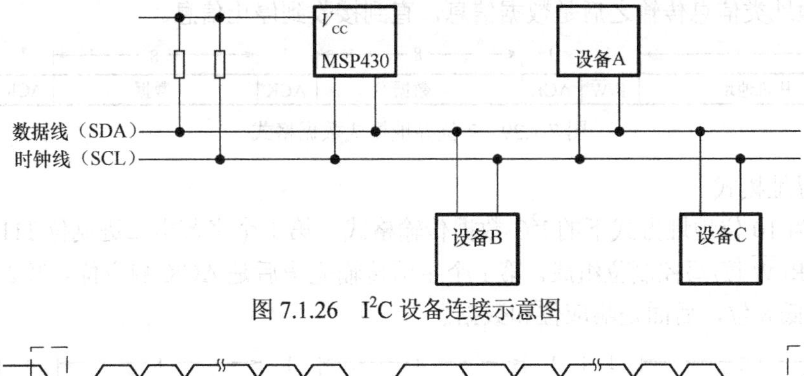

图 7.1.26　I²C 设备连接示意图

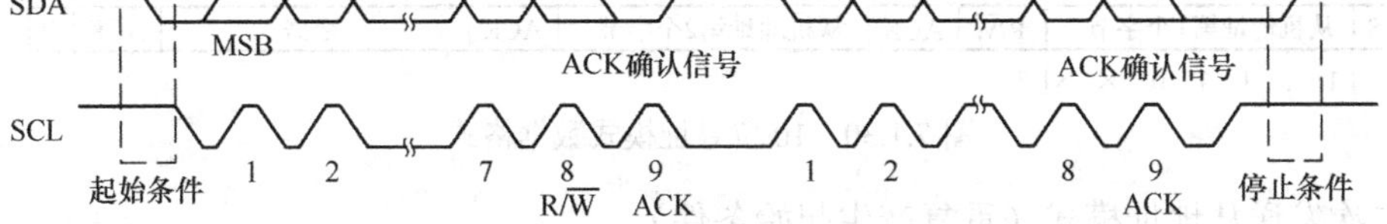

图 7.1.27　I²C 数据通信时序图

到低的跳变，产生一个开始信号，即起始位。当 SCL 时钟线为高电平时，SDA 数据线上由低到高的跳变，将产生一个停止信号，即停止位。起始位之后，总线被认为忙，即有数据在传输，传输的第一个字节，即 7 位从地址和 $R/\overline{W}$ 位。当 $R/\overline{W}$ 位为 0 时，主机向从机发送数据；当 $R/\overline{W}$ 位为 1 时，主机接收来自从机的数据。在每个字节后的第 9 个 SCL 时钟上，接收机发送 ACK 位。停止位之后，总线被认为闲，空闲状态时，SDA 和 SCL 都是高电平。

注意： 当 SCL 位为高电平时，SDA 的数据必须保持稳定，否则，由于起始位和停止位的电气边沿特性，SDA 上数据发生改变将被识别为起始位或停止位。所以，只有当 SCL 为低电平时才允许 SDA 上的数据改变。

$\mathrm{I^2C}$ 总线上每位数据传输的示意图如图 7.1.28 所示。

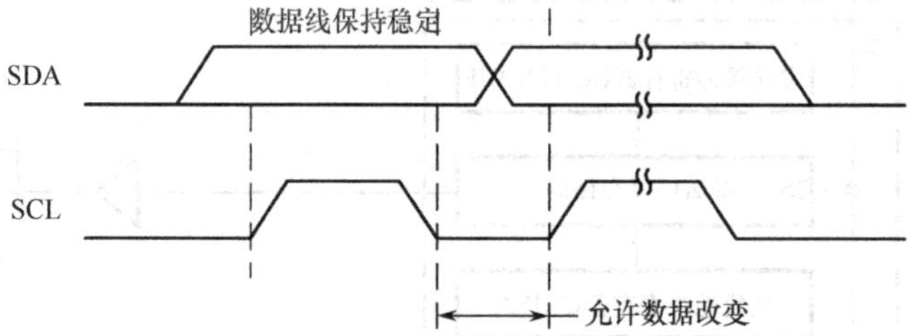

图 7.1.28　$\mathrm{I^2C}$ 总线上每位数据传输示意图

（3）$\mathrm{I^2C}$ 的寻址方式

MSP430 单片机的 $\mathrm{I^2C}$ 模块支持 7 位和 10 位两种寻址模式，7 位寻址模式最多寻址 128 个设备，10 位寻址模式最多寻址 1024 个设备。$\mathrm{I^2C}$ 总线理论上可以允许的最大设备数是以总线上所有器件的电容总和不超过 400pF 为限(其中，包括连线本身的电容和其连接端的引出等效电容)，总线上所有器件要依靠 SDA 发送的地址信号寻址，不需要片选信号。

① 7 位寻址模式

图 7.1.29 为 7 位地址方式下的 $\mathrm{I^2C}$ 数据传输格式，第一个字节由 7 位从地址和 $R/\overline{W}$ 读/写位组成。不论总线上传送的是地址还是数据信息，每个字节传输完毕，接收设备都会发送响应位（ACK）。地址类信息传输之后是数据信息，直到接收到停止信息。

1	7	1	1	8	1	8	1	1
S	从机地址	$R/\overline{W}$	ACK	数据	ACK	数据	ACK	P

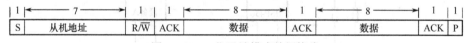

图 7.1.29　7 位寻址模式数据格式

② 10 位寻址模式

图 7.1.30 为 10 位地址方式下的 $\mathrm{I^2C}$ 数据传输格式。第 1 个字节由二进制位 11110、从地址的最高两位及 $R/\overline{W}$ 读/写控制位组成。第 1 个字节传输完毕后是 ACK 响应位。第 2 个字节就是 10 位从地址的低 8 位，后面是响应位和数据。

1	7	1	1	8	1	8	1	1
S	从机地址第1个字节	$R/\overline{W}$	ACK	从机地址第2个字节	ACK	数据	ACK	P
	1 1 1 1 0 × ×							

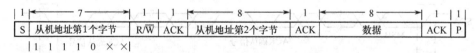

图 7.1.30　10 位寻址模式数据格式

③ 二次发送从地址模式（重复产生起始条件）

主机可以在不停止数据传输的情况下，通过产生重复的起始条件，改变 SDA 上数据流的方向，这称为 RESTART。再次发送起始信号后，需重新发送从地址和 $R/\overline{W}$ 读/写控制位。重新产生起始条件数据传输格式如图 7.1.31 所示。

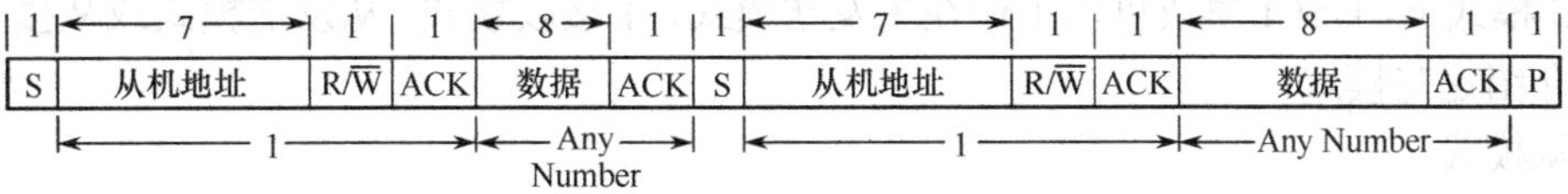

图 7.1.31　重新产生起始条件数据传输格式

（4）总线多机仲裁

I²C 协议是完全对称的多主机通信总线，任何一个设备都可以成为主机从而控制总线。但是，同一时间只能有一个主机控制总线，当有两个或两个以上的器件都想与其他器件进行通信时，则需要总线仲裁决定究竟由谁控制总线。总线仲裁过程能够避免总线冲突，如图 7.1.32 所示。

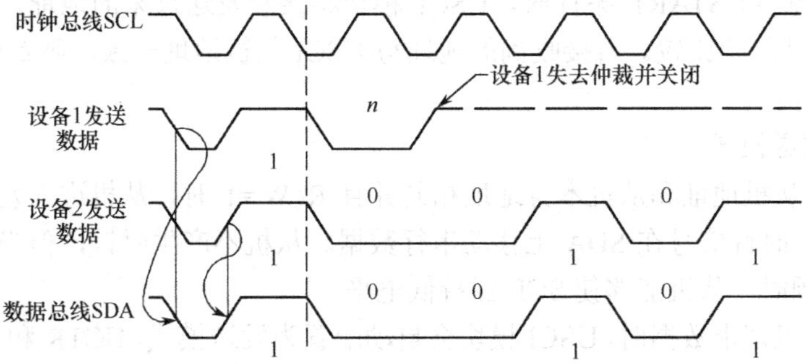

图 7.1.32　两个设备之间的总线仲裁过程

仲裁过程中使用的数据就是相互竞争的设备发送到 SDA 数据线上的数据。第 1 个检测到自己发送的数据和总线上数据不匹配的设备会失去仲裁能力。如果两个或更多的设备发送的第一个字节的内容相同，那么仲裁就发生在随后的传输中。也许直到相互竞争的设备已经传输了许多字节后，仲裁才会完成。当产生竞争时，如果某个设备当前发送位的二进制数值和前一个时钟节拍发送的内容相同，那么它在仲裁过程中就获得较高的优先级。如图 7.1.32 所示，第 1 个主发送设备产生的逻辑高电平被第 2 个主发送设备产生的逻辑低电平否决，因为前一个节拍总线上是低电平。失去仲裁的第 1 个主发送设备转变成从接收模式，并且置位仲裁失效中断标志位 UCALIFG。

在总线仲裁的过程中，两主机的时钟肯定不会完全一致，因此，需要对来自不同主设备的时钟信号进行同步处理，I²C 模块的时钟同步操作如图 7.1.33 所示。设备 1 和设备 2 的时钟不同步，两者“线与”之后，才是总线时钟。即在第 1 个产生低电平时钟信号的主设备强制时钟总线 SCL 拉低，直到所有的主设备都结束低电平时钟，时钟总线 SCL 才被拉高。在 SCL 低电平的时间内，如果有主设备已经结束低电平状态，就开始等待。因此，时钟同步会降低数据传输速率。

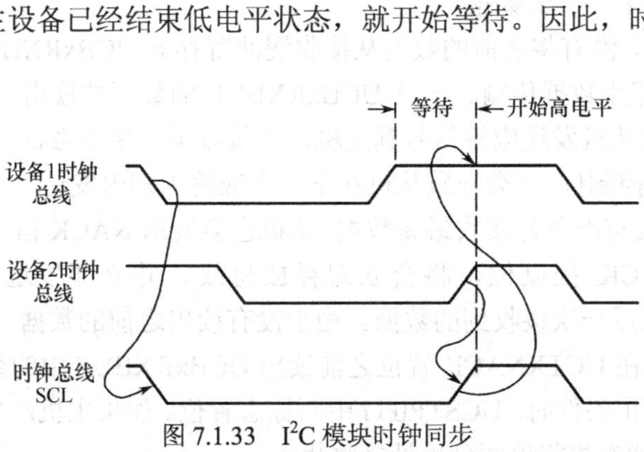

图 7.1.33　I²C 模块时钟同步

4. I^2C 主从操作

在 I^2C 模式下，USCI 模块可以工作在主发送模式、主接收模式、从发送模式或从接收模式。本节详细介绍这些模式。

(1) 从模式

通过设置 UCMODEx=11、USCYNC=1 及复位 UCMST 控制位，可将 USCI 模块配置成 I^2C 从机。首先，为了接收 I^2C 从机地址，必须清除 UCTR 控制位，将 USCI 模块配置成接收模式。然后，根据接收到的 $R/\overline{W}$ 读/写控制位和从机地址，自动控制发送和接收操作。

通过 UCBxI2COA 寄存器对 USCI 模块从地址编程。UCA10=0 时，I^2C 模块选择 7 位寻址方式；UCA10=1 时，I^2C 模块选择 10 位寻址方式。UCGCEN 控制位选择是否对全呼进行响应。

当在总线上检测到 START 条件时，USCI 模块将接收发送过来的地址，并将它与存储在 UCBxI2COA 中的地址相比较。若接收到的地址与 USCI 从机地址一致，则置位 UCSTTIFG 中断标志位。

① I^2C 从机发送模式

当主机发送的从机地址和从机本身地址相同并且 $R/\overline{W}=1$ 时，从机进入发送模式。从机随着主机产生的 SCL 时钟信号在 SDA 上移动串行数据。从机不产生时钟，但当发送完一个字节后，需要 CPU 干预时，从机能够使 SCL 保持低电平。

如果主机向从机请求数据时，USCI 模块会自动配置为发送模式，UCTR 和 UCTXIFG 置位。在要发送的第一个数据写入发送缓冲寄存器 UCBxTXBUF 之前，SCL 时钟总线要一直拉低。然后应答地址，清除 UCSTTIFG 标志，最后传输数据。一旦数据被移送到移位寄存器，UCTXIFG 将再次被置位，表明发送缓冲区为空，可再次写入下次需要传输的新数据。主机应答数据后，开始传输写入发送缓冲寄存器的下一个数据，或者如果发送缓冲寄存器为空，在新数据写入 UCBxTXBUF 之前，通过保持 SCL 为低，使应答周期内总线停止。如果主机在发送停止条件之前发送了一个 NACK 信号，将置位 UCSTPIFG 中断标志位。如果 NACK 发送之后，主机发送重复的起始条件，USCI 的 I^2C 模块的状态机将返回到地址接收状态。

② I^2C 从机接收模式

当主机发送的从机地址与从机自身地址相同，且接收的 $R/\overline{W}=0$ 时，从机进入接收模式。从机接收模式下，SDA 上接收到的串行数据随着主机产生的时钟脉冲移动。从机不产生时钟信号，但是，当一字节接收完毕后需要 CPU 干预时，从机可保持 SCL 时钟总线为低电平。

如果从机需要接收主机发送过来的数据，USCI 模块将自动配置为接收模式，并将 UCTR 位清除。在接收完第一个数据字节后，接收中断标志 UCRXIFG 置位。USCI 模块会自动应答接收到的数据，然后接收下一字节数据。

如果在接收结束时，没有将之前的数据从接收缓冲寄存器 UCBxRXBUF 内读出，总线将通过拉低 SCL 时钟线而停止数据传输。一旦 UCBxRXBUF 的数据被读出，新数据将立即传输到 UCBxRXBUF 中，之后从机发送应答信号到主机，并接收下一字节数据。

置位 UCTXNACK 控制位，将会导致从机在下一个应答周期内发送一个 NACK 信号给主机。即使 UCBxRXBUF 还没有准备好接收最新数据，从机也会发送 NACK 信号给主机。如果在 SCL 为低时置位 UCTXNACK 控制位，将会立即释放总线，并立即发送一个 NACK 信号，UCBxRXBUF 将装载最后一次接收到的数据。由于没有读出之前的数据，这将造成数据丢失，为避免数据的丢失，应在 UCTXNACK 置位之前读出 UCBxRXBUF 中的数据。

当主机发送一个停止条件时，UCSTPIFG 中断标志置位。如果主机产生一个重复起始条件，则 USCI 的 I^2C 模块的状态机将返回到地址接收状态。

③ I^2C 从机 10 位寻址模式

当 UCA10=1 时，I^2C 模块选择 10 位寻址模式。在 10 位寻址模式下，当接收到整个地址后，从机处于接收模式。USCI 模块通过清除 UCTR 控制位并置位 UCSTTIFG 中断标志位来表示上述情况。

为了将从机切换到发送模式，在从机接收完整的地址后，主机需再次发送一个重复起始条件，之后主机发送由二进制位 11110、从地址的最高两位及置位的 R/$\overline{W}$ 读/写控制位组成的首字节。如果之前通过软件清除了 UCSTTIFG 标志，此时 UCSTTIFG 将会置位，USCI 模块将通过 UCTR=1 切换到发送模式。在 10 位寻址模式下，从机发送模式通信示意图如图 7.1.34 所示。

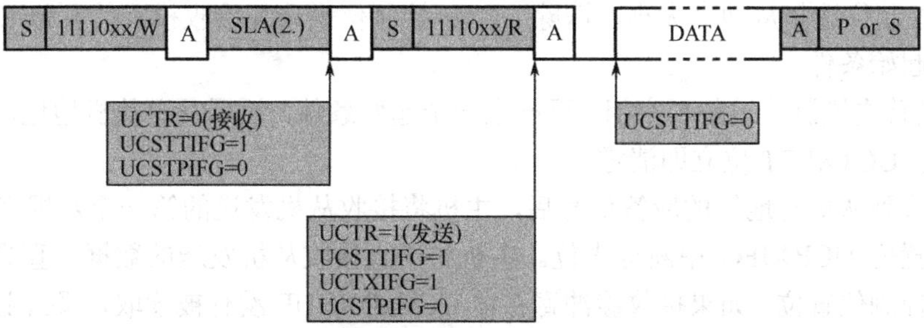

图 7.1.34　10 位寻址模式下从机发送模式通信示意图

（2）主模式

通过设置 UCMODEx=11，USCYNC=1，置位 UCMST 控制位，USCI 模块将被配置为 I^2C 主模式。若当前主机是多主机系统的一部分时，必须将 UCMM 置位，并将其自身地址编程写入 UCBxI2COA 寄存器。当 UCA10=0 时，选择 7 位寻址模式；当 UCA10=1 时，选择 10 位寻址模式。UCGCEN 控制位选择 USCI 模块是否对全呼做出反应。

① I^2C 主机发送模式

初始化之后，主发送模式通过下列方式启动：将目标从地址写入 UCBxI2CSA 寄存器，通过 UCSLA10 控制位选择从地址大小，置位 UCTR 控制位将主机设置为发送模式，然后置位 UCTXSTT 控制位产生起始条件。

USCI 模块首先检测总线是否空闲，然后产生一个起始条件，发送从机地址。当产生起始条件时，UCTXIFG 中断标志位将会被置位，此时可将需发送的数据写入 UCBxTXBUF 发送缓冲寄存器中。一旦有从机地址对地址做出应答，UCTXSTT 控制位将立即被清零。在发送从机地址的过程中，如果总线仲裁没有丢失，那么将发送写入 UCBxTXBUF 中的数据。一旦数据由发送缓冲寄存器移入发送移位寄存器后，UCTXIFG 将再次被置位，表明发送缓冲寄存器 UCBxTXBUF 为空，可写入下次需传送的新字节数据。如果在应答周期之前，没有数据装载到 UCBxTXBUF 中，那么总线将在应答周期内挂起，SCL 保持低电平状态，直到数据写入 UCBxTXBUF 中。只要 UCTXSTP 控制位或 UCTXSTT 控制位没有置位，将一直发送数据或挂起总线。

主机置位 UCTXSTP 控制位，可在接收到从机下一个应答信号后，产生一个停止条件。如果在从机地址的发送过程中，或者当 USCI 模块等待 UCBxTXBUF 写入数据时，UCTXSTP 控制位置位，即使没有数据发送到从机，也会产生一个停止条件。如果发送的是单字节数据，在字节发送过程中或数据发送开始后，没有新数据写入 UCBxTXBUF 时，必须置位 UCTXSTP 控制位，否则将只发送地址。当数据由发送缓冲寄存器移到移位寄存器时，UCTXIFG 将会置位，这表示数据传输已经开始，可以对 UCTXSTP 控制位进行置位操作。

置位 UCTXSTT 控制位将会产生一个重复起始条件。在这种情况下，为了配置发送器或接收器，可以复位或者置位 UCTR 控制位，需要时可将一个不同的从地址写入 UCBxI2CSA 寄存器。

如果从机没有响应发送的数据，未响应中断标志位 UCNACKIFG 将置位，主机必须产生停止条件或者重复起始条件。如果已有数据写入 UCBxTXBUF 缓冲寄存器中，那么将丢弃当前数据。如果这个数据必须在重复起始条件后发送，必须重新将其写入 UCBxTXBUF 中。UCTXSTT 的设置也将被丢弃，为了触发重复起始条件，UCTXSTT 控制位必须再次置位。

② I^2C 主机接收模式

初始化之后，通过下列方式启动主接收模式：把目标从地址写入 UCBxI2CSA 寄存器，通过 UCSLA10 控制位选择从地址大小，清除 UCTR 控制位来选择接收模式，置位 UCTXSTT 控制位产生一个起始条件。

USCI 模块首先检测总线是否空闲，再产生一个起始条件，然后发送从机地址。一旦从机对地址做出应答，UCTXSTT 位立即清零。

当主机接收到从机对地址的应答信号后，主机将接收从机发送的第一个数据字节并发送应答信号，同时置位 UCRXIFG 中断标志位。主机将一直接收从机发送的数据，直到 UCTXSTP 或 UCTXSTT 控制位置位。如果接收缓冲寄存器 UCBxRXBUF 没有被读取，那么主机将在最后一个数据位的接收过程中挂起总线，直到完成对 UCBxRXBUF 缓冲寄存器的读取。

如果从机没有响应主机发送的地址，则未响应中断标志位 UCNACKIFG 置位，主机必须产生停止条件或者重复起始条件。

置位 UCTXSTP 控制位，将会产生一个停止条件。UCTXSTP 控制位置位后，主机在接收到从机的数据后，将产生 NACK 信号及紧随其后的停止条件。或者如果 USCI 模块正在等待读取 UCBxRXBUF，此时置位 UCTXSTP 控制位，将会立即产生停止条件。

如果主机只想接收一个单字节数据，那么在接收字节的过程中必须将 UCTXSTP 控制位置位。在这种情况下，可以查询 UCTXSTP 控制位，等待其清零，即等待停止条件发送完毕。

置位 UCTXSTT 控制位，将会产生一个重复的起始条件。在这种情况下，可以通过对 UCTR 控制位的置位或复位来将其配置为发送器或接收器。如果需要的话，还可以将不同的从机地址写入 UCBxI2CSA 寄存器。

当 UCSLA10=1 时，I^2C 模块选择 10 位寻址模式。主机模式下的 10 位寻址模式，可参考从机模式下的 10 位寻址模式进行理解，在此不再赘述。

5. I^2C 模式下的 USCI 中断

USCI 模块只有一个中断向量。该中断向量由发送、接收及状态改变中断复用。USCI_Ax 和 USCI_Bx 不使用同一个中断向量。每个中断标志都有自己的中断允许位，当总中断允许 GIE 置位时，如果使能一个中断，且产生了该中断标志位，将会产生中断请求。在集成有 DMA 控制器的芯片上，UCTXIFG 和 UCRXIFG 标志将控制 DMA 传输。

（1）I^2C 发送中断操作

UCTXIFG 标志位置位表明发送缓冲寄存器为空，此时可向其写入下一个需要发送的字符。如果此时 UCTXIE 和 GIE 也已经置位，则会产生一个中断请求。当有字符写入 UCBxTXBUF 或接收到 NACK 信号时，UCTXIFG 会自动复位。当选择 I^2C 模式且 UCSWRST=1 时，将会置位 UCTXIFG 中断标志位。PUC 复位后或 UCSWRST 被配置为 1 时，UCTXIE 将自动复位。

（2）I^2C 接收中断操作

当接收到一个字符并将其装载到 UCBxRXBUF 中时，将置位 UCRXIFG 中断标志位。如果此时 UCRXIE 和 GIE 也已经置位，则会产生一个中断请求。PUC 复位后或者 UCSWRST 被配置为 1 时，UCRXIFG 和 UCTXIE 复位。对 UCxRXBUF 进行读操作之后，UCRXIFG 也将会自动复位。

（3）I^2C 状态改变中断操作

I^2C 状态改变中断标志位及其说明如表 7.1.11 所示。

表 7.1.11　I^2C 状态改变中断标志位

中断标志	中断名称	产 生 条 件
UCALIFG	仲裁失效中断标志	两个或多个发送器同时开始发送数据，或者 USCI 工作在主模式下，但是系统内的另一主机将其作为从机寻址时，仲裁可能丢失。当仲裁丢失时，UCALIFG 中断标志位置位。当 UCALIFG 中断标志位置位时，UCMST 将被清除，I^2C 控制器将变成从接收
UCNACKIFG	无应答中断标志	主设备没有接收到从设备的响应时，该标志位置位。当接收到起始条件时，UCNACKIFG 标志位自动清除
UCSTTIFG	起始信号检测中断标志	在从模式下，I^2C 模块接收到起始信号及本身地址时，该标志位置位。UCSTTIFG 标志位只在从模式下使用，当接收到停止条件时，自动清除
UCSTPIFG	停止信号检测中断标志	在从模式下，I^2C 模块接收到停止条件时，UCSTPIFG 中断标志位置位。UCSTPIFG 只在从模式下使用，当接收到起始条件时，自动清除

6. USCI 寄存器——I^2C 模式

I^2C 模式下可用的 USCI 寄存器如表 7.1.12 所示。

表 7.1.12　USCI_Bx 寄存器(I^2C 模式，USCI_B0 基址为 05E0h；USCI_B1 基址为 0620h)

寄存器	缩写	类型	访问方式	地址偏移	初始状态
USCI_Bx 控制字 0	UCBxCTLW0	读/写	字	00h	0101h
USCI_Bx 控制寄存器 1	UCBxCTL1	读/写	字节	00h	01h
USCI_Bx 控制寄存器 0	UCBxCTL0	读/写	字节	01h	01h
USCI_Bx 波特率控制字	UCBxBRW	读/写	字	06h	0000h
USCI_Bx 波特率控制寄存器 0	UCBxBR0	读/写	字节	06h	00h
USCI_Bx 波特率控制寄存器 1	UCBxBR1	读/写	字节	07h	00h
USCI_Bx 状态寄存器	UCBxSTAT	读/写	字节	0Ah	00h
USCI_Bx 接收缓冲寄存器	UCBxRXBUF	读/写	字节	0Ch	00h
USCI_Bx 发送缓冲寄存器	UCBxTXBUF	读/写	字节	0Eh	00h
I^2C 本机地址寄存器	UCBxI2COA	读/写	字	10h	0000h
I^2C 从机地址寄存器	USBxI2CSA	读/写	字	12h	0200h
USCI_Bx 中断使能控制寄存器	UCBxICTL	读/写	字	1Ch	0200h
USCI_Bx 中断使能寄存器	UCBxIE	读/写	字节	1Ch	00h
USCI_Bx 中断标志寄存器	UCBxIFG	读/写	字节	1Dh	02h
USCI_Bx 中断向量	UCBxIV	读	字	1Eh	0000h

以下详细介绍 USCI_Bx 各寄存器的含义。注意：含下划线的配置为 USCI_Bx 寄存器初始状态或复位后的默认配置。

（1）USCI_Bx 控制寄存器 0（UCBxCTL0）

7	6	5	4	3	2	1	0
UCA10	UCSLA10	UCMM	保留	UCMST	UCMODEx=11		UCSYNC=1

● UCA10：第 7 位，本机地址模式选择控制位。

<u>0：7 位本机地址模式；</u>　　　　1：10 位本机地址模式。

● UCSLA10：第 6 位，从机地址模式选择控制位。

<u>0：7 位从机地址模式；</u>　　　　1：10 位从机地址模式。

● UCMM：第 5 位，多主机模式选择控制位。

0：单机模式；　　　　　　　　　　1：多机模式。

● UCMST：第 3 位，主从机模式选择控制位。当一个主机在多主机环境下丢失仲裁时(UCMM=1)，UCMST 控制位自动复位，I^2C 模块作为从机操作。

0：从机模式；　　　　　　　　　　1：主机模式。

● UCMODEx：第 1～2 位，USCI 模式选择控制位。

00：3 线 SPI；　　　　　　　　01：4 线 SPI（当 UCxSTE=1 时，主/从机使能）；

10：4 线 SPI（当 UCxSTE=0 时，主/从机使能）；　11：I^2C 模式。

● UCYNC：第 0 位，同步模式使能控制位。

0：异步模式；　　　　　　　　　　1：同步模式。

（2）USCI_Bx 控制寄存器 1（UCBxCTL1）

7	6	5	4	3	2	1	0
UCSSELx		保留	UCTR	UCTXNACK	UCTXSTP	UCTXSTT	UCSWRST

● UCSSELx：第 6～7 位，USCI 时钟选择控制位，该控制位可为 BRCLK 选择参考时钟源。

00：UCLK1；　　01：ACLK；　　10：SMCLK；　　11：SMCLK。

● UCTR：第 4 位，发送/接收控制位。

0：接收；　　1：发送。

● UCTXNACK：第 3 位，NACK 发送控制位。当 NACK 控制位发送完毕后，UCTXNACK 自动清零。

0：正常应答；　　1：产生 NACK 应答信号。

● UCTXSTP：第 2 位，在主模式下发送停止条件控制位，在从模式下忽略该位。在主接收模式下，NACK 信号在停止条件前。在产生停止条件后，UCTXSTP 控制位自动清除。

0：无停止条件产生；　　1：产生停止条件。

● UCTXSTT：第 1 位，在主模式下发送起始条件控制位，在从模式下忽略该位。在主接收模式下，NACK 信号在重复起始条件前。在发送起始条件和地址信息后，UCTXSTT 控制位自动清除。

0：无起始条件产生；　　1：产生起始条件。

● UCSWRST：第 0 位，软件复位使能控制位。

0：禁止；　　1：使能，USCI 保持在复位状态。

（3）USCI_Bx 波特率控制寄存器 0（UCBxBR0）

7	6	5	4	3	2	1	0
UCBRx—低字节							

（4）USCI_Bx 波特率控制寄存器 1（UCBxBR1）

7	6	5	4	3	2	1	0
UCBRx—高字节							

● UCBRx：波特率发生器的时钟与预分频器设置，默认值为 0000h。该位用于整数分频，预分频器的值为整数分频系数=UCAxBR0+UCAxBR1×256。

（5）USCI_Bx 状态寄存器（UCBxSTAT）

7	6	5	4	3	2	1	0
保留	UCSCLLOW	UCGC	UCBBUSY	保留			

● UCSCLLOW：第 6 位，SCL 拉低状态标志位。

0：SCL 未被拉低；　　1：SCL 被拉低。

● UCGC：第 5 位，接收到全呼地址标志位，当接收到起始条件时，自动清零。

0：没有接收到全呼地址；　　1：接收到全呼地址。

● UCBBUSY：第 4 位，总线忙标志位。

0：总线空闲；　　1：总线忙。

（6）USCI_Bx 接收缓冲寄存器（UCBxRXBUF）

7	6	5	4	3	2	1	0
UCRXBUF							

● UCRXBUFx：第 0～7 位，接收缓冲寄存器包含最近一次从接收移位寄存器移送的数据，用户可以通过软件读取访问。对 UCBxRXBUF 的读数据操作，将使 UCRXIFG 接收中断标志位自动复位。

（7）USCI_Bx 发送缓冲寄存器（UCBxTXBUF）

7	6	5	4	3	2	1	0
UCTXBUFx							

● UCTXBUFx：第 0～7 位，发送缓冲寄存器包含将要移送至移位寄存器并进行发送的数据，用户可以通过程序软件访问该发送缓冲寄存器。对 UCTXBUFx 的写数据操作，将使 UCTXIFG 发送中断标志位自动复位。

（8）I^2C 本机地址寄存器（UCBxI2COA）

15	14	13	12	11	10	9	8
UCGCEN	0	0	0	0	0	I2COAx	

7	6	5	4	3	2	1	0
I2COAx							

● UCGCEN：第 15 位，全呼响应使能控制位。

0：不响应全呼；　　1：响应全呼。

● I2COAx：第 0～9 位，I^2C 本机地址。I2COAx 位包含 USCI_Bx 模块的 I^2C 控制器的本机地址，地址右对齐。在 7 位寻址模式下，第 6 位是最高有效位，忽略第 7～9 位。在 10 位寻址模式下，第 9 位是最高有效位。初始状态为 0x0000。

（9）I^2C 从机地址寄存器（UCBxI2CSA）

15	14	13	12	11	10	9	8
0	0	0	0	0	0	I2CSAx	

7	6	5	4	3	2	1	0
I2CSAx							

● I2CSAx：第 0～9 位，I^2C 从机地址。I2CSAx 包含 USCI_Bx 模块寻址的外部设备的从机地址。这些位只有在 USCI_Bx 模块设置为主机模式下使用。在 7 位寻址模式下，第 6 位是最高有效位，忽略第 7～9 位。在 10 位寻址模式下，第 9 位为最高有效位。初始状态为 0x0200。

（10）USCI_Bx 的 I2C 中断使能寄存器（UCBxIE）

7	6	5	4	3	2	1	0
保留		UCNACKIE	UCALIE	UCSTPIE	UCSTTIE	UCTXIE	UCRXIE

● UCNACKIE：第 5 位，无应答中断使能控制位。

0：禁止中断；　　1：使能中断。

● UCALIE：第 4 位，仲裁失效中断使能控制位。

0：禁止中断；　　1：使能中断。

● UCSTPIE：第 3 位，停止条件中断使能控制位。

0：禁止中断；　　1：使能中断。

● UCSTTIE：第 2 位，起始条件中断使能控制位。

0：禁止中断；　　1：使能中断。

● UCTXIE：第 1 位，发送中断使能控制位。

0：禁止中断；　　1：使能中断。

● UCRXIE：第 0 位，接收中断使能控制位。

0：禁止中断；　　1：接收中断。

（11）USCI_Bx 的 I^2C 中断标志寄存器（UCBxIFG）

7	6	5	4	3	2	1	0
保留		UCNACKIFG	UCALIFG	UCSTPIFG	UCSTTIFG	UCTXIFG	UCRXIFG

● UCNACKIFG：第 5 位，未收到应答中断标志位。UCNACKIFG 中断标志位在收到起始条件之后自动清除。

0：无中断被挂起；　　1：中断挂起。

● UCALIFG：第 4 位，总线仲裁丢失中断标志位。

0：无中断被挂起；　　1：中断挂起。

● UCSTPIFG：第 3 位，停止条件中断标志位。UCSTPIFG 在接收到起始条件后自动清零。

0：无中断被挂起；　　1：中断挂起。

● UCSTTIFG：第 2 位，起始条件中断标志位。UCSTTIFG 在接收到停止条件后自动清零。

0：无中断被挂起；　　1：中断挂起。

● UCTXIFG：第 1 位，USCI 发送中断标志位。UCTXIFG 在发送缓冲寄存器 UCBxTXBUF 为空时自动置位。

0：无中断被挂起；　　1：中断挂起。

● UCRXIFG：第 0 位，USCI 接收中断标志位。UCRXIFG 会在接收完一个字符之后自动置位。

0：无中断被挂起；　　1：中断挂起。

（12）USCI_Bx 中断向量寄存器（UCBxIV）

15	14	13	12	11	10	9	8
0	0	0	0	0	0	0	0
7	**6**	**5**	**4**	**3**	**2**	**1**	**0**
0	0	0	0	0	UCIVx		0

● UCIVx：第 0～15 位，USCI 中断向量值。USCI_Bx 中断向量表如表 7.1.13 所示。

表 7.1.13　USCI_Bx 中断向量表

UCBxIV 的值	中 断 源	中断标志位	中断优先级
000h	无中断源	无	无
002h	仲裁失效中断	UCALIFG	最高
004h	无应答中断	UCNACKIFG	依次降低
006h	起始条件中断	UCSTTIFG	
008h	停止条件中断	UCSTPIFG	
00Ah	接收数据中断	UCRXIFG	
00Ch	发送缓冲为空中断	UCTXIFG	最低

7. I²C 模式操作应用举例

【例 7.1.8】 编写程序实现两块 MSP430F5529 单片机之间的单字节 I²C 通信。

分析：一块 MSP430F5529 单片机作为主机工作在主接收模式，另一块单片机作为从机工作在从发送模式。从机接收到起始信号后，从 0x00 开始发送缓冲寄存器中的数据，当单字节发送完毕后，会接收到主机发送的停止信号。在停止条件中断服务程序中，将下次发送的单字节数据自动加 1，这样从机会不断发送递增单字节数据。主机接收从机发送的单字节数据，并且判断接收的数据是否正确。若正确就一直接收，直到数据接收错误为止。在数据接收错误后，置高 P1.0 引脚，程序进入 while(1)死循环。

（1）MSP430F5529 单片机在主接收模式下的单字节 I²C 通信程序如下：

```
#include <msp430f5529.h>
unsigned char RXData;
unsigned char RXCompare;
void main(void)
{
  WDTCTL = WDTPW + WDTHOLD;                    // 关闭看门狗
  P1OUT &= ~0x01;                              // P1.0 输出低电平
  P1DIR |= 0x01;                               // P1.0 设为输出模式
  P3SEL |= 0x03;                               // 将 P3.0 和 P3.1 设置为 I2C 通信功能
  UCB0CTL1 |= UCSWRST;                         // 使能软件复位
  UCB0CTL0 = UCMST + UCMODE_3 + UCSYNC; // I2C 主机，同步模式
  UCB0CTL1 = UCSSEL_2 + UCSWRST; // 参考时钟选择 SMCLK，SMCLK=1048576Hz
  UCB0BR0 = 12;              // 对参考时钟进行 12 分频，fSCL=SMCLK/12=~100kHz
  UCB0BR1 = 0;
  UCB0I2CSA = 0x48;                            // 将需通信的从机地址设为 048h
  UCB0CTL1 &= ~UCSWRST;                        // 清除软件复位，完成设置
  UCB0IE |= UCRXIE;                            // 使能接收中断
  RXCompare = 0x0;                             // 用于检测接收数据是否正确
  while (1)
  {
    while (UCB0CTL1 & UCTXSTP);                // 确保停止条件发送完成
    UCB0CTL1 |= UCTXSTT;                       // 发送 I2C 起始条件
    while(UCB0CTL1 & UCTXSTT);                 // 确保起始条件发送完成
    UCB0CTL1 |= UCTXSTP;                       // 发送 I2C 停止条件
    __bis_SR_register(LPM0_bits + GIE); // 进入 LPM0 并启用全局中断
    if (RXData != RXCompare)                   // 检测接收到的数据是否正确
    {
      P1OUT |= 0x01;                           // 若接收错误，拉高 P1.0 引脚
      while(1);
    }
    RXCompare++;                               // 接收判断字节递增
  }
}
// USCI_B0 中断服务程序
#pragma vector = USCI_B0_VECTOR
__interrupt void USCI_B0_ISR(void)
{
  switch(__even_in_range(UCB0IV,12))
```

```
  {
  case  0: break;                         // Vector  0: No interrupts
  case  2: break;                         // Vector  2: ALIFG
  case  4: break;                         // Vector  4: NACKIFG
  case  6: break;                         // Vector  6: STTIFG
  case  8: break;                         // Vector  8: STPIFG
  case 10:                                // Vector 10: RXIFG
    RXData = UCB0RXBUF;                   // 读取接收的单字节数据
    __bic_SR_register_on_exit(LPM0_bits);    // 退出低功耗模式 0
    break;
  case 12: break;                         // Vector 12: TXIFG
  default: break;
  }
}
```

（2）MSP430F5529 单片机在从发送模式下的单字节 I^2C 通信程序如下：

```
#include <msp430f5529.h>
unsigned char TXData;
unsigned char i=0;
void main(void)
{
  WDTCTL = WDTPW + WDTHOLD;                 // 关闭看门狗
  P3SEL |= 0x03;                            // 将 P3.0 和 P3.1 配置为 I2C 通信功能
  UCB0CTL1 |= UCSWRST;                      // 使能软件复位
  UCB0CTL0 = UCMODE_3 + UCSYNC;             // I2C 从机，同步模式
  UCB0I2COA = 0x48;                         // 本身地址设为 048h，用于主机寻址
  UCB0CTL1 &= ~UCSWRST;                     // 清除软件复位，完成设置
  UCB0IE |= UCTXIE + UCSTTIE + UCSTPIE;     // 使能发送、起始条件、停止条件中断
  TXData = 0;                               // 用于存储需发送的单字节数据
  __bis_SR_register(LPM0_bits + GIE);       // 进入低功耗模式 0，并使能全局中断
}
// USCI_B0 中断服务程序
#pragma vector = USCI_B0_VECTOR
__interrupt void USCI_B0_ISR(void)
{
  switch(__even_in_range(UCB0IV,12))
  {
  case  0: break;                           // Vector  0: No interrupts
  case  2: break;                           // Vector  2: ALIFG
  case  4: break;                           // Vector  4: NACKIFG
  case  6:                                  // Vector  6: STTIFG
     UCB0IFG &= ~UCSTTIFG;                  // 清除起始条件中断标志位
     break;
  case  8:                                  // Vector  8: STPIFG
    TXData++;                               // TXData 递增
    UCB0IFG &= ~UCSTPIFG;                   // 清除停止条件中断标志位
    break;
  case 10: break;                           // Vector 10: RXIFG
  case 12:                                  // Vector 12: TXIFG
    UCB0TXBUF = TXData;                     // 将需发送的数据传送给发送缓冲寄存器
```

```
        break;
    default: break;
    }
}
```

可利用两块 MSP430F5529 LaunchPad 实验板或 MSP-EXP430F5529 开发板作为硬件平台调试该程序。硬件连接示意图如图 7.1.35 所示。

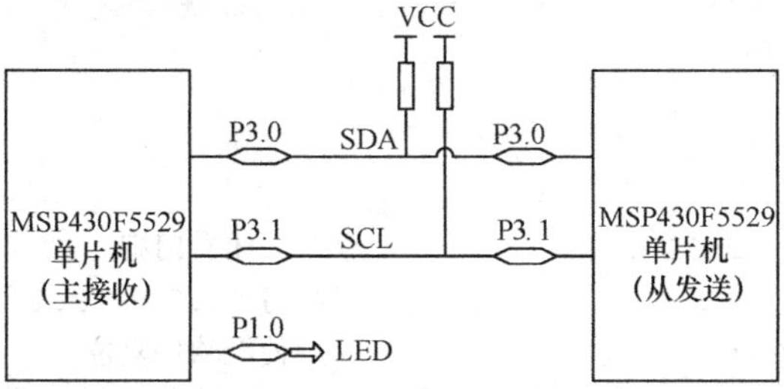

图 7.1.35　单字节 I²C 通信实验实例硬件连接示意图

首先，将从发送程序烧写至一块 MSP430F5529 单片机中，然后，将主接收程序烧写至另一块 MSP430F5529 单片机中，并在线调试主机。调试界面如图 7.1.36 所示，在接收判断语句：if (RXData != RXCompare)处设置断点，并将 RXData 和 RXCompare 字符送入观察窗口中。当程序在此处暂停时，可利用观察窗口查看 RXData 和 RXCompare 字符是否相等，进而判断接收数据是否正确。

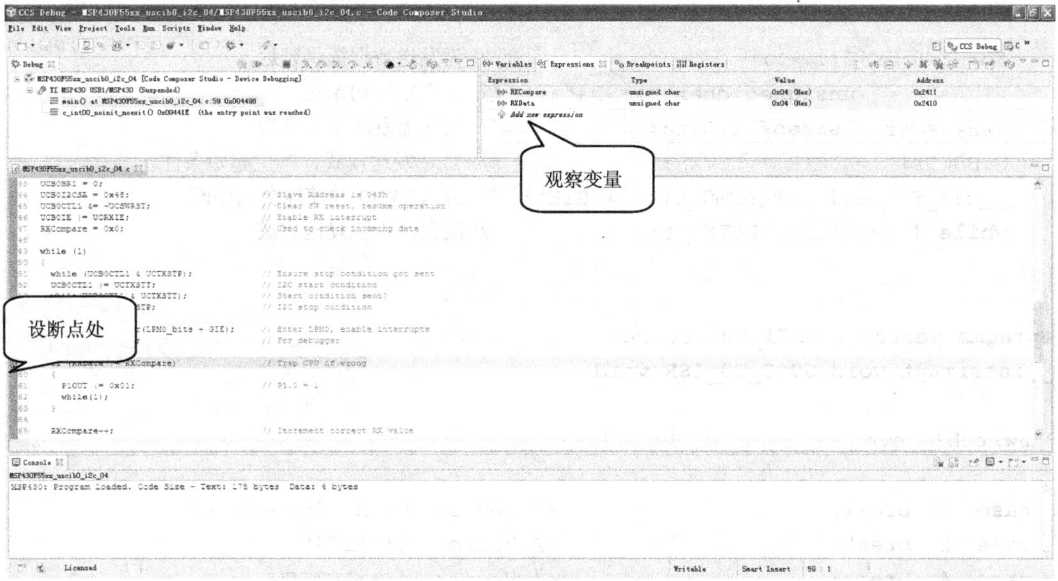

图 7.1.36　单字节 I²C 通信主机调试界面

【例 7.1.9】　编写程序实现两块 MSP430F5529 单片机之间的多字节 I²C 通信。

分析：一块 MSP430F5529 单片机作为主机工作在主发送模式，另一块单片机作为从机工作在从接收模式。在主机发送起始条件后，连续发送 5 个字节：0x11、0x22、0x33、0x44 和 0x55，然后发送停止条件。从机将接收的数据字节存储在 128 字节大小的 RAM 空间中。

（1）MSP430F5529 单片机在主发送模式下的多字节 I²C 通信程序如下：

```
#include <msp430f5529.h>
unsigned char *PTxData;                    // 用于指向 TXData 的指针
unsigned char TXByteCtr;                   // 发送字节计数器
```

```
const unsigned char TxData[] =              // 需发送的数据组合
{
  0x11,
  0x22,
  0x33,
  0x44,
  0x55
};
void main(void)
{
  unsigned int i;
  WDTCTL = WDTPW + WDTHOLD;                 // 关闭看门狗
  P3SEL |= 0x03;                            // 将 P3.0 和 P3.1 配置为 I2C 通信功能
  UCB0CTL1 |= UCSWRST;                      // 使能软件复位
  UCB0CTL0 = UCMST + UCMODE_3 + UCSYNC;     // I2C 主机，同步模式
  UCB0CTL1 = UCSSEL_2 + UCSWRST;            // 参考时钟选择 SMCLK
  UCB0BR0 = 12;                             // fSCL = SMCLK/12 = ~100kHz
  UCB0BR1 = 0;
  UCB0I2CSA = 0x48;                         // 从机地址为 048h
  UCB0CTL1 &= ~UCSWRST;                     // 清除软件复位，完成设置
  UCB0IE |= UCTXIE;                         // 使能发送中断
  while (1)
  {
    for(i=0;i<10;i++);                      // 为发送数据提供延迟
    PTxData = (unsigned char *)TxData;      // 发送指针初始化
    TXByteCtr = sizeof TxData;              // 载入需发送字节个数
    UCB0CTL1 |= UCTR + UCTXSTT;             // I2C 发送模式，产生起始条件
    __bis_SR_register(LPM0_bits + GIE);     // 进入 LPM0 并使能全局中断
    while (UCB0CTL1 & UCTXSTP);             // 确保停止位发送完成
  }
}
#pragma vector = USCI_B0_VECTOR
__interrupt void USCI_B0_ISR(void)
{
  switch(__even_in_range(UCB0IV,12))
  {
  case  0: break;                         // Vector  0: No interrupts
  case  2: break;                         // Vector  2: ALIFG
  case  4: break;                         // Vector  4: NACKIFG
  case  6: break;                         // Vector  6: STTIFG
  case  8: break;                         // Vector  8: STPIFG
  case 10: break;                         // Vector 10: RXIFG
  case 12:                                // Vector 12: TXIFG
    if (TXByteCtr)                        // Check TX byte counter
    {
      UCB0TXBUF = *PTxData++;             // 将指针所指数据字节载入发送缓冲寄存器
      TXByteCtr--;                        // 发送字节计数器自动减 1
    }
    Else                                  // 若所有数据字节发送完毕
```

```
    {
      UCB0CTL1 |= UCTXSTP;                  // 产生停止条件
      UCB0IFG &= ~UCTXIFG;                  // 清除发送中断标志位
      __bic_SR_register_on_exit(LPM0_bits); // 退出 LPM0
    }
  default: break;
  }
}
```

（2）MSP430F5529 单片机在从接收模式下的多字节 I^2C 通信程序如下：

```
#include <msp430f5529.h>
unsigned char *PRxData;                    // 指向 RxBuffer 的指针
unsigned char RXByteCtr;                   // 接收字节计数器
volatile unsigned char RxBuffer[128];      // 开辟 128 字节的 RAM 空间
void main(void)
{ WDTCTL = WDTPW + WDTHOLD;                // 关闭看门狗
  P3SEL |= 0x03;                           // 将 P3.0 和 P3.1 选择 I2C 通信功能
  UCB0CTL1 |= UCSWRST;                     // 使能软件复位
  UCB0CTL0 = UCMODE_3 + UCSYNC;            // I2C 从机，同步模式
  UCB0I2COA = 0x48;                        // 自身地址为 048h
  UCB0CTL1 &= ~UCSWRST;                    // 清除软件复位，完成设置
  UCB0IE |= UCSTPIE + UCSTTIE + UCRXIE;    // 使能接收、起始和停止中断
  while (1)
  {
    PRxData = (unsigned char *)RxBuffer;// 初始化 PRxData 指针
    RXByteCtr = 0;                         // 清除接收字节计数器
    __bis_SR_register(LPM0_bits + GIE); // 进入 LPM0，并使能全局中断
    __no_operation();                      // 用于调试
  }
}
#pragma vector = USCI_B0_VECTOR
__interrupt void USCI_B0_ISR(void)
{
  switch(__even_in_range(UCB0IV,12))
  {
  case  0: break;                       // Vector  0: No interrupts
  case  2: break;                       // Vector  2: ALIFG
  case  4: break;                       // Vector  4: NACKIFG
  case  6:                              // Vector  6: STTIFG
    UCB0IFG &= ~UCSTTIFG;
    break;
  case  8:                              // Vector  8: STPIFG
    UCB0IFG &= ~UCSTPIFG;
    if (RXByteCtr)
      __bic_SR_register_on_exit(LPM0_bits);
    break;
  case 10:                              // Vector 10: RXIFG
    *PRxData++ = UCB0RXBUF;             // 将接收的字节存入接收缓存中
    RXByteCtr++;                        // 接收字节计数器自动加 1
    break;
```

```
    case 12: break;                          // Vector 12: TXIFG
    default: break;
    }
}
```

可利用两块 MSP430F5529 LaunchPad 实验板或者 MSP-EXP430F5529 开发板作为硬件平台调试该程序。硬件连接示意图与【例 7.1.8】相同，如图 7.1.35 所示。

在此介绍调试从机的步骤及注意事项。首先将主发送程序烧写至一块 MSP430F5529 单片机中，然后再将从机接收程序烧写至另一块 MSP430F5529 单片机中，并在线调试从机，调试界面如图 7.1.37 所示。在无操作语句：_ _no_operation();处设置断点，并将 RxBuffer 送入观察窗口中，查看接收到的数据字节。注意，必须先运行从机程序，再将主机上电。

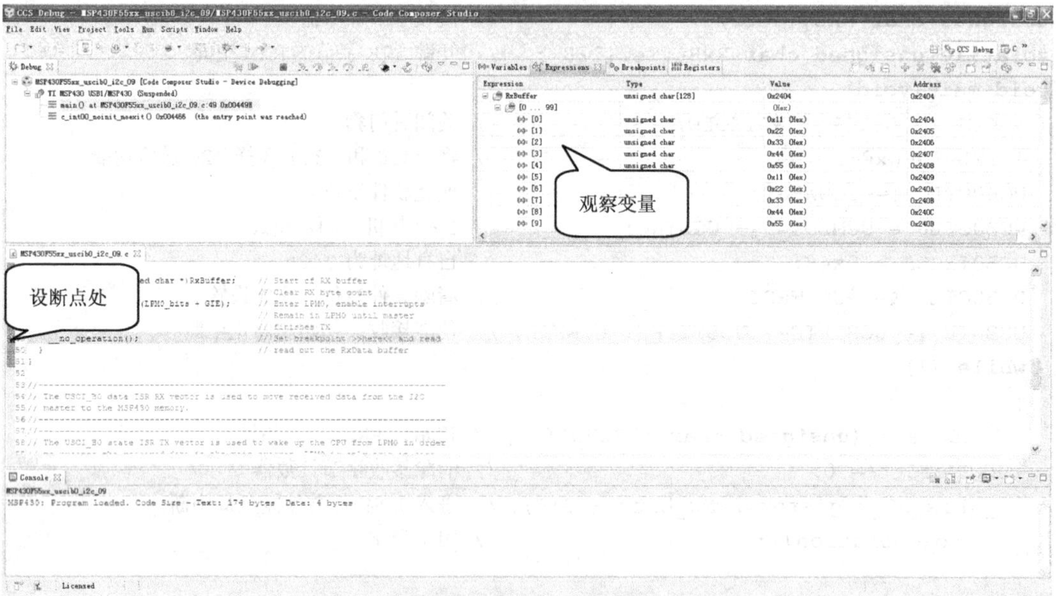

图 7.1.37　多字节 I^2C 通信从机调试界面

7.2　USB 通信模块

7.2.1　USB 通信基本知识

1．USB 通信概述

USB 最初由 Intel 与 Microsoft 公司倡导发起，其最大的特点是支持热插拔和即插即用。当设备插入时，主机侦测此设备并加载所需的驱动模式。因此，它远比 PCI 和 ISA 总线使用方便。目前有 3 种 USB 协议：USB1.1、USB2.0 和 USB3.0，向下兼容。USB1.1 支持的传输速率为 12Mbps 和 1.5Mbps（用于慢速设备），USB2.0 支持的传输速率为 12Mbps（全速 USB）和 480Mbps（高速 USB），USB3.0 支持的传输速率可高达 5Gbps。MSP430F5xx 系列单片机内部集成全速 USB2.0 模块，传输速率可高达 12Mbps，完全能够满足一般单片机系统对数据传输的要求。

在普通用户看来，USB 系统就是外设通过一根 USB 电缆和 PC 连接起来。通常把外设称为 USB 设备，把其所连接的 PC 称为 USB 主机。将指向 USB 主机的数据传输方向称为上行通信，把指向 USB 设备的数据传输方向称为下行通信。

USB 网络采用阶梯式星形拓扑结构，如图 7.2.1 所示。一个 USB 网络中只能有一个主机。

主机内设置了一个根集线器，提供了主机上的初始附属点。

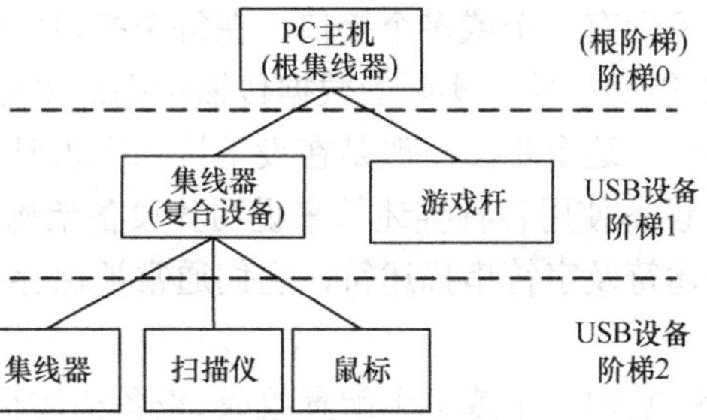

图 7.2.1　USB 网络星形拓扑结构

主机定时对集线器的状态进行查询。当一个新设备接入集线器时，主机会检测到集线器状态改变，发出一个命令使该端口有效，并对其进行设置。位于这个端口上的设备进行响应。主机收到关于设备的信息。主机的操作系统确定对这个设备使用哪种驱动程序。接着设备被分配一个唯一标识的地址，范围为 0～127，其中 0 为所有的设备在没有分配唯一地址时使用的默认地址。主机向它发出内部设置请求。当一个设备从总线上移走时，主机就将其从可用资源列表中删除。

2. USB 主机

USB 的所有数据通信（不论是上行通信还是下行通信）都由 USB 主机启动，所以，USB 主机在整个数据传输过程中占据着主导地位。在 USB 系统中只允许有一个主机。从开发人员的角度看，USB 主机可分为 3 个不同的功能模块：客户软件、USB 系统软件和 USB 总线接口。

（1）客户软件

客户软件负责和 USB 设备的功能单元进行通信，以实现其特定功能。一般由开发人员自行开发。客户软件不能直接访问 USB 设备，其与 USB 设备功能单元的通信必须经过 USB 系统软件和 USB 总线接口模块才能实现。客户软件一般包括 USB 设备驱动程序和界面应用程序两部分。

USB 设备驱动程序负责和 USB 系统软件进行通信。通常，它向 USB 总线驱动程序发出 I/O 请求包（IRP）以启动一次 USB 数据传输。此外，根据数据传输的方向，还应提供一个或空或满的数据缓冲区以存储这些数据。

界面应用程序负责和 USB 设备驱动程序进行通信，以控制 USB 设备。它是最上层的软件，只能看到向 USB 设备发送的原始数据和从 USB 设备接收的最终数据。

（2）USB 系统软件

USB 系统软件负责和 USB 逻辑设备进行配置通信，并管理客户软件启动的数据传输。USB 逻辑设备是编程人员与 USB 设备打交道的部分。USB 系统软件一般包括 USB 总线驱动程序和 USB 主控制器驱动程序这两部分。

（3）USB 总线接口

USB 总线接口包括主控制器和根集线器两部分。根集线器为 USB 系统提供连接起点，用于给 USB 系统提供一个或多个连接点（端口）。主控制器负责完成主机和 USB 设备之间数据的实际传输，包括对传输的数据进行串行编解码、差错控制等。

3. USB 设备

一个 USB 设备由 3 个功能模块组成：USB 总线接口、USB 逻辑设备和功能单元。其中，USB 总线接口是指 USB 设备中的串行接口引擎（SIE）；USB 逻辑设备被 USB 系统软件看作是一个端点的集合；功能单元被客户软件看作是一个接口的集合。SIE、端点和接口都是 USB 设备的组成单元。为了更好地描述 USB 设备的特征，USB 协议提出了设备架构的概念。从这个角度来看，可以认为USB设备是由一些配置、接口和端点组成的，即一个USB设备可以含有一个或多个配置，在每个配置中可含有一个或多个接口，在每个接口中可含有若干个端点。其中，配置和接口是对USB设备功能的抽象，实际的数据传输由端点来完成。在使用USB设备前，必须指明其采用的配置和接口。这个步骤一般是在设备接入主机时设备进行枚举时完成的，这将在后面进一步介绍。USB设备使用各种描述符来说明其设备架构，包括设备描述符、配置描述符、接口描述符、端点描述符及字符串描述符，它们通常被保存在USB设备的固件程序中。

（1）设备

设备代表一个USB设备，它由一个或多个配置组成。设备描述符用于说明设备的总体信息，并指明其所含的配置的个数。一个USB设备只能有一个设备描述符。

（2）配置

一个USB设备可以包含一个或多个配置，如USB设备的低功耗模式和高功耗模式可分别对应一个配置。在使用USB设备前，必须为其选择一个合适的配置。配置描述符用于说明USB设备中各个配置的特性，如配置所含接口的个数等。USB设备的每个配置都必须有一个配置描述符。

（3）接口

一个配置可以包含一个或多个接口，如对一个光驱来说，当用于文件传输时，使用其大容量存储接口；而当用于播放CD时，使用其音频接口。接口是端点的集合，可以包含一个或多个可替换设置，用户能够在USB处于配置状态时，改变当前接口所含的个数和特性。接口描述符用于说明USB设备中各个接口的特性，如接口所属的设备类及其子类等。USB设备的每个接口都必须有一个接口描述符。

（4）端点

端点是USB设备中的实际物理单元，USB数据传输就是在主机和USB设备各个端点之间进行的。端点一般由USB接口芯片提供，例如TI的MSP430F5529单片机可提供16个输入和输出端点。需要注意的是，在这里数据的传输方向是站在主机的立场上来看的。比如端点发送数据，在主机看来是端点向主机输入数据，即IN操作；端点接收数据，主机向端点输出数据，即OUT操作。这一点是初学者比较容易产生混淆的地方。

利用设备地址、端点号和传输方向就可以指定一个端点，并和它进行通信。0号端点比较特殊，它有数据输入IN和数据输出OUT两个物理单元，且只能支持控制传输。

（5）字符串

在USB设备中通常还含有字符串描述符，以说明一些专用信息，如制造商的名称、设备的序列号等。它的内容以UNICODE的形式给出，且可以被客户软件所读取。对USB设备来说，字符串描述符是可选的。

（6）管道

在USB系统结构中，可以认为数据传输是在主机软件（USB系统软件或客户软件）和USB设备的各个端点之间直接进行的，它们之间的连接称为管道。管道是在USB设备的配置过程中建立的。管道是对主机和USB设备间通信流的抽象，它表示主机的数据缓冲区和USB设备的端点之间存在着逻辑数据传输，而实际的数据传输是由USB总线接口层来完成的。

管道和USB设备中的端点一一对应。一个USB设备含有多少个端点，当与主机进行通信时就可以使用多少条管道，且端点的类型决定了管道中数据的传输类型，如中断端点对应中断管道，且该管道只能进行中断传输。传输类型在后面会介绍。不论存在着多少条管道，在各条管道中进行的数据传输都是相互独立的。

MSP430 单片机的 USB 通信模块只可作为 USB 设备与主机进行通信，不能作为 USB 主机控制 USB 设备。

4. USB 接口

USB 使用一根屏蔽的 4 线电缆与网络上的设备进行互连。数据传输通过一个差分双绞线进行，这两根线分别标为 D+和 D−，另外两根线是 V_{CC} 和 GND，其中 V_{CC} 向 USB 设备供电。使用 USB 电源的设备称为总线供电设备，而使用自己外部电源的设备称为自供电设备。

从一个设备连接到主机，称为上行连接；从主机到设备的连接，称为下行连接。为了防止回环情况的发生，上行和下行端口使用不同的连接器，所以 USB 在电缆和设备的连接中分别采用了两种类型的连接头，即图 7.2.2 所示的 A 型连接头和 B 型连接头，其中 1 号连接头为 V_{CC}，2 号连接头为 D−，3 号连接头为 D+，4 号连接头为 GND。A 型连接头，用于上行连接，即在主机或集线器上有一个 A 型插座，而在连接到主机或集线器的电缆的一端是 A 型插头。在 USB 设备上有 B 型插座，而 B 型插头在从主机或集线器接出的下行电缆的一端。采用这种连接方式，可以确保 USB 设备、主机/集线器和 USB 电缆始终以正确的方式连接，而不出现电缆接入方式出错，或直接将两个 USB 设备连接到一起的情况。

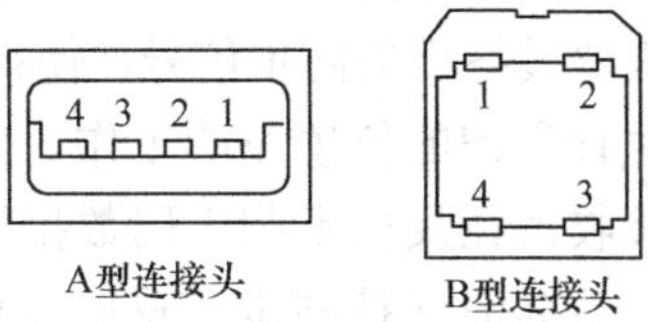

图 7.2.2　USB 连接头

5. USB 信号

（1）差分信号技术特点

传统的传输方式大多使用“正信号”或者“负信号”二进制表达机制，这些信号利用单线传输。用不同的信号电平范围来分别表示 1 和 0，它们之间有一个临界值，如果在数据传输过程中受到中低强度的干扰，高、低电平不会突破临界值，那么信号传输可以正常进行。但是，如果遇到强干扰，高、低电平突破临界值，将造成数据传输出错。差分信号技术最大的特点是：必须使用两条线路才能表达一个比特位，用两条线路传输信号的压差作为判断 1 还是 0 的依据。这种做法的优点是具有极强的抗干扰性。若遭受外界强烈干扰，两条线路对应的电平同样会出现大幅度提升或降低的情况，但是，二者的电平改变方向和幅度几乎相同，电压差值就可始终保持相对稳定，因此，数据的准确性并不会因干扰噪声而有所降低。

（2）USB 通信格式

USB 的数据包使用反向不归零编码（NRZI）。图 7.2.3 描述了在 USB 电缆段上传输信息的步骤。反向不归零编码由传送信息的 USB 代理程序完成；然后，被编码的数据通过差分驱动器送到 USB 电缆上；接着，接收器将输入的差分信号进行放大，将其送给解码器。使用该编码和差动信号传输方式可以更好地保证数据的完整性，并减少噪声干扰。

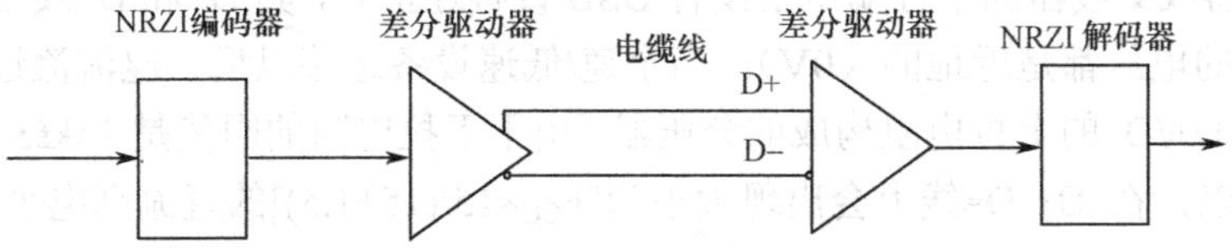

图 7.2.3　USB 电缆传输信息步骤示意图

反向不归零编码并不是一个新的编码方式，它在许多方面都有应用。图 7.2.4 给出了一个数据流和编码之后的结果。在反向不归零编码时，遇到“0”转换，遇到“1”保持。反向不归零码必须保持与输入数据的同步性，以确保数据采样正确。反向不归零码数据流必须在一个数据窗口被采样，无论前一个位时间是否发生过转换。解码器在每个位时间采样数据以检查是否有转换。

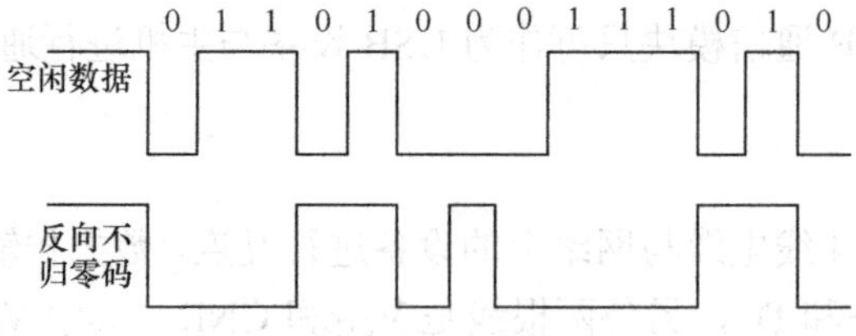

图 7.2.4　反向不归零编码

若重复相同的“1”信号一直进入时，就会造成数据长时间无法转换，逐渐的积累，将导致接收器最终丢失同步信号，使得读取的时序会发生严重的错误。因此，在 NRZI 编码之间，还需执行所谓的位填充的工作。位填充要求数据流中如果有连续的 6 个“1”就要强行转换，这样接收器在反向不归零码数据流中最多每 7 个位就检测到一次跳转，这样就保证了接收器与输入数据流保持同步。反向不归零码的发送器要把“0”（填充位）插到数据流中，接收器必须被设计成能够在连续的 6 个“1”之后识别一个自动跳转，并且立即扔掉这 6 个“1”之后的“0”位。

图 7.2.5 的第一行是送到接收器的原始数据，注意数据流包括连续的 8 个“1”。第二行表示对原始数据进行了位填充，在原始的第 6 个和第 7 个“1”之间填入了一个“0”。第 7 个“1”延时一个位时间让填充位插入。接收器知道连续 6 个“1”之后将是一个填充位，所以，该位就要被忽略。注意，如果原始数据的第 7 个位上是“0”，填充位也同样插入，在填充过的数据流中就会有两个连续的“0”。

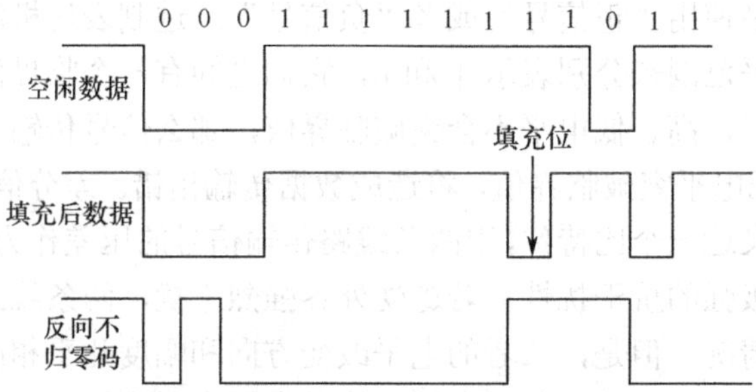

图 7.2.5　反向不归零编码位填充示意图

6. 设备连接和速度检测

在 USB 设备连接时，USB 系统能自动检测到这个连接，并识别出其采用的数据传输速率。USB 采用在 D+或 D−线上增加上拉电阻的方法来识别低速和全速设备。USB 支持 3 种类型的传输速率：1.5Mbps 的低速传输、12Mbps 的全速传输和 480Mbps 的高速传输。如图 7.2.6 和图 7.2.7 所示。当主控制器或集线器的下行端口上没有 USB 设备连接时，其 D+和 D−线上的下拉电阻使得这两条数据线的电压都是近地的（0V）；当全速/低速设备连接以后，电流流过由集线器的下拉电阻和设备在 D+/D−的上拉电阻构成的分压器。由于下拉电阻的阻值是 15kΩ，上拉电阻的阻值是 1.5kΩ，所以，在 D+/D−线上会出现大小为[V_{CC}×15/(15+1.5)]的直流高电平电压。当 USB 主机探测到 D+/D−线的电压已经接近高电平，而其他的线保持接地时，它就知道全速/低速设备已经连接上了。

7. USB 通信协议

USB 数据是由二进制数字串构成的。首先由数字串构成域，域再构成包，包再构成事务，事务最终构成传输（有 4 种）。下面将依次介绍域、包、事务和传输，请注意它们之间的关系。

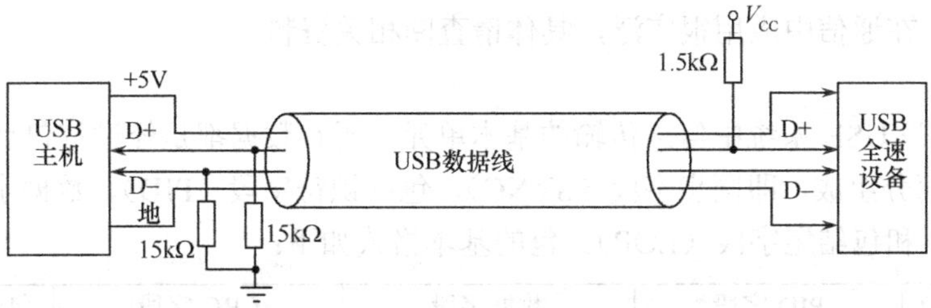

图 7.2.6　全速 USB 设备电缆和电阻的连接示意图

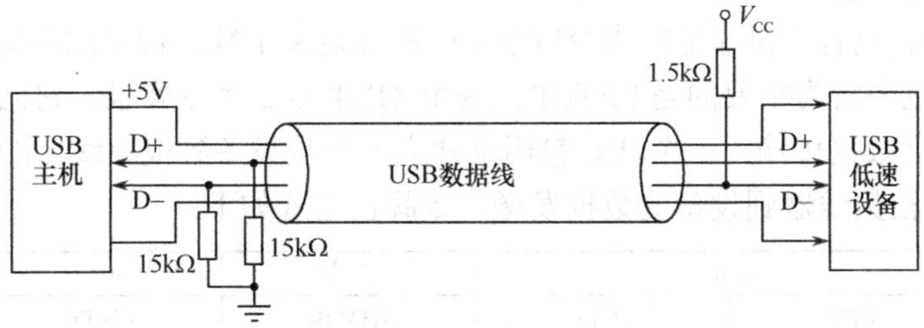

图 7.2.7　低速 USB 设备电缆和电阻的连接示意图

（1）域

域是 USB 数据最小的单位，由若干位组成（至于是多少位由具体的域决定）。域可分为 7 个类型。

① 同步域（SYNC），8 位，值固定为 0000 0001，用于本地时钟与输入同步。

② 标识域（PID），由 4 位标识符加 4 位标识符反码构成，表明包的类型和格式，具体定义如表 7.2.1 所示。

表 7.2.1　标识符定义列表

封包类型	PID 名称	PID 编码	意　义
令牌	OUT	0001B	从主机到设备的数据传输
	IN	1001B	从设备到主机的数据传输
	SOF	0101B	帧的起始标记与帧码
	SETUP	1101B	从主机到设备。表示要进行控制传输
数据	DATA0	0011B	偶数数据封包
	DATA1	1011B	奇数数据封包
握手	ACK	0010B	接收器收到无错误的数据封包
	NAK	1010B	接收器无法接收数据或发射器无法送出数据
	STALL	1110B	端点产生停滞的状况
特殊	PRE	1100B	使能下游端口的 USB 总线的数据传输切换到低速的设备

③ 地址域（ADDR），7 位地址，代表了设备在主机上的地址，地址 000 0000 被命名为零地址，是任何一个设备第一次连接到主机时，在被主机配置、枚举前的默认地址，因此一个 USB 主机只能接 127 个 USB 设备。

④ 端点域（ENDP），4 位，由此可知一个 USB 设备有的端点数量最大为 16 个。

⑤ 帧号域（FRAM），11 位，每帧都有一个特定的帧号，帧号域的最大容量为 0x800，对于同步传输有重要意义。

⑥ 数据域（DATA），长度为 0～1023 字节。在不同的传输类型中，数据域的长度各不相同，但必须为整数个字节的长度。

⑦ 校验域（CRC），对令牌包和数据包中非 PID 域进行校验的一种方法。CRC 校验是一种

很好的校验方法，在通信中应用很广泛，具体请查阅相关资料。

（2）包

包（Packet）是 USB 系统中信息传输的基本单元，所有数据都是经过打包后在总线上传输的。USB 包由 5 部分组成，即同步字段（SYNC）、包标识符字段（PID）、数据字段、循环冗余校验字段（CRC）和包结尾字段（EOP）。包的基本格式如下：

同步字段（SYNC）	PID 字段	数据字段	CRC 字段	包结尾字段（EOP）

① 令牌（token）包

在 USB 系统中，只有主机才能发出令牌包。令牌包定义了数据传输的类型，它是事务处理的第一阶段。令牌包中较为重要的是 SETUP、IN 和 OUT 这 3 个令牌包。它们用来在根集线器和设备端点之间建立数据传输。一个 IN 包用来建立一个从设备到根集线器的数据接收，一个 OUT 包用来建立从根集线器到设备的数据发送。令牌包格式如下：

8 位	8 位		7 位	4 位	5 位
SYNC	PID	$\overline{\text{PID}}$	ADDR	ENDP	CRC5

② 数据（data）包

数据封包含有 4 个域：SYNC、PID、DATA 与 CRC16。DATA 数据域的位值是根据 USB 设备的传输速度及传输类型而定的，且须以 8 字节为基本单位。也就是说，若传输的数据不足 8 字节，或传输到最后所剩余的也不足 8 字节，仍须传输 8 字节的数据域。格式如下：

8 位	8 位		0～1023 位	16 位
SYNC	PID	$\overline{\text{PID}}$	DATA	CRC16

③ 握手（Handshake）包

握手信息包是最简单的信息包类型。在这个握手信息包中，仅包含一个 PID 数据域而已，它的格式如下所列：

8 位	8 位	
SYNC	PID	$\overline{\text{PID}}$

（3）事务

在 USB 上数据信息的一次接收或发送的处理过程称为事务处理（Transaction）。在 USB 协议中，USB 总线数据传输和通信的基础是事务处理。一个完整的事务处理包括令牌阶段、数据阶段和握手阶段 3 部分，其中令牌阶段是必需的。USB 协议中规定了 7 种令牌包，因此，可以根据令牌包的类型将 USB 事务处理分为 7 种，其中比较重要的为输入（IN）事务处理、输出（OUT）事务处理和设置（SETUP）事务处理。下面将详细介绍这 3 种事务处理的流程。

① 输入事务处理（IN）

一个正常的 IN 事务处理如图 7.2.8 所示。IN 事务用于实现 USB 设备到 USB 主机方向的数据传输。

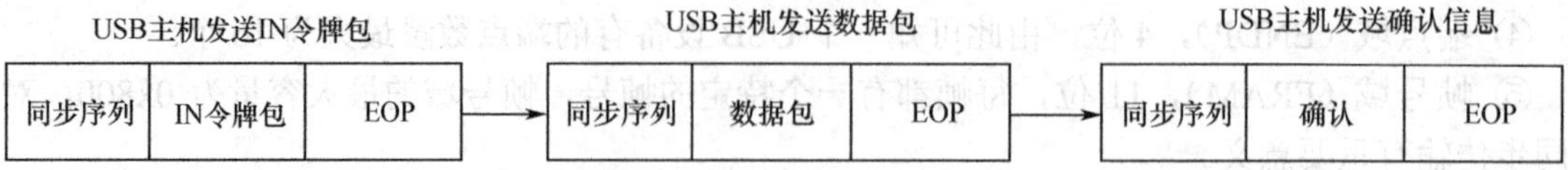

图 7.2.8　IN 事务处理流程图

整个 IN 事务处理操作步骤如下：

- USB 主机向 USB 设备发送 IN 令牌包，表示主机可以接收数据；

● USB 设备正确接收到 IN 令牌包，然后向 USB 主机发送数据包；

● USB 主机正确接收到数据包后，向 USB 设备返回 ACK 握手包，确认传输成功。

在实际的数据传输中，难免会出现一些错误，当设备忙时，主机发送 IN 令牌信息包后，设备将向主机发送 NAK 握手包，表示 USB 设备没有足够的空间来接收 USB 主机发送的数据；当设备出错时，主机发送 IN 令牌信息包后，设备将向主机发送 STALL 握手包，表示 USB 设备的 OUT 端点已经停止工作。

② 输出事务处理（OUT）

一个正常 OUT 事务处理如图 7.2.9 所示。OUT 事务用于实现 USB 主机到 USB 设备方向的数据传输。

图 7.2.9　OUT 事务处理流程图

整个 OUT 事务处理操作步骤如下：

● USB 主机向 USB 设备发送 OUT 令牌包，表示主机将要发送数据；

● USB 设备正确接收到 OUT 令牌包，然后 USB 主机开始发送数据包；

● USB 设备正确接收到数据包后，向 USB 主机返回 ACLK 握手包，确认传输成功。

当设备忙时，在 USB 主机发送数据包后，设备将向主机发送 NAK 握手包；当设备出错时，在 USB 主机发送数据包后，设备将向主机发送 STALL 握手包。

③ 设置事务处理（SETUP）

一个正常的 SETUP 事务处理如图 7.2.10 所示。SETUP 事务处理是一种特殊的 USB 事务处理，只在 USB 控制传输阶段使用。SETUP 事务的数据传输方向为 USB 主机到 USB 设备。

图 7.2.10　SETUP 事务处理流程图

整个 SETUP 事务处理操作步骤如下：

● USB 主机向 USB 设备发送 SETUP 令牌包，表示主机将要发送 DATA0 数据包；

● USB 设备正确接收到 SETUP 令牌包，然后 USB 主机开始发送 DATA0 数据包；

● USB 设备正确接收到 DATA0 数据包后，向 USB 主机返回 ACK 握手包，确认传输成功。

当设备忙时，在 USB 主机发送数据包后，设备将向主机发送 NAK 握手包；当设备出错时，在 USB 主机发送数据包后，设备将向主机发送 STALL 握手包。

（4）USB 传输类型

USB 的传输类型共有 4 种，分别是控制传输（Control Transfer）、中断传输（Interrupt Transfer）、批量传输（Bulk Transfer）及同步传输（Isochronous Transfer），以下将分别简述各种传输的特性。MSP430 单片机仅支持前 3 种传输方式，具体传输规则将在 7.2.3 节详细介绍。

① 控制传输

属于双向传输，用来支持介于主机与装置之间的配置、命令或状态的通信。控制传输包含 3 种控制传输形态：控制读取、控制写入及无数据控制。其中，又可再分为 2～3 个阶段：设定阶段、数据阶段（无数据控制就没有此阶段）和状态阶段。在数据阶段中，数据传输（IN/OUT

执照封包）是以设定阶段中所确定的方向进行数据传输，而在状态阶段中，装置将传回一个握手封包给主机。

而每个 USB 装置需要将端点 0 作为控制传输的端点，当装置第一次连接到主机时，控制传输就可用来交换信息，设定装置的地址或是读取装置的描述符与要求。由于控制传输非常重要，所以 USB 必须确保传输的过程不发生任何的错误。可以使用 CRC（Cyclic Redundancy Check，循环检核）的错误检查方式去侦错。如果这个错误无法恢复的话，只好再重新传送一次。

② 中断传输

由于 USB 不支持硬件的中断，所以必须靠 PC 主机以周期性地方式加以轮询，以便知晓是否有装置需要传送数据给 PC。由此可见，中断传输仅是一种“轮询”的过程，而非过去我们所认为的“中断”功能。轮询的周期非常重要，如果太低，数据可能会流失掉；反之，则又会占用太多总线的频宽。

对于全速装置（12Mbps）而言，端点可以制定 1～255ms 之间的轮询间隔。因此，换算可得全速装置的最快轮询速度为 1kHz。另外，对于低速的装置而言，仅能制定 10～255ms 的轮询间隔，如果因为错误而发生传送失败的话，可以在下一个轮询的期间重新再传送一次。而应用这种类型传输的有键盘、摇杆或鼠标等称之为人机接口装置（HID）。其中，键盘是一个很好的应用示例，当按键被按下后，可以经由 PC 主机的轮询将小量的数据传回给主机，进而了解到哪个按键刚被按下。

③ 批量传输

属于单向或双向的传输，顾名思义，该类型的传输用来传送大量的数据。虽然这些大量的数据须准确地传输，但是，并无传输速度上的限制（即没有固定传输的速率）。这是因为该类型的传输是针对未使用到的 USB 频宽提出要求的，而根据所有可以使用到的频宽为基准，不断地调整本身的传输速率。如果因为某些错误而发生传送失败的话，就重新再传一次。应用该类型的传输装置有打印机或扫描仪等。其中，打印机是一个很好的应用示例，它需要准确地传送大量的数据，但是，却无须实时地传送。

④ 同步传输

可以是单向或双向的传输。此种传输需要维持一定的传输速度，且可以默许错误的发生。它采用了事先与 PC 主机协议好的固定频宽，以确保发送端与接收端的速度相吻合。应用该类型的传输装置有 USB 麦克风、喇叭等，如此可以确保播放的频率不会被扭曲。

8. USB 设备枚举过程

主机对一个 USB 设备的识别是经过一个枚举的过程来完成的，主机的总线枚举器随时监控必要的设备状态变化。总线枚举的过程如下：

① 设备连接。USB 设备经 USB 总线连接主机。

② 设备上电。USB 设备可以自供电，也可以使用 USB 总线供电。

③ 主机检测到设备，发出复位。主机通过检测设备在总线的上拉电阻检测到有新的设备连接，并获释设备是全速设备还是低速设备，然后，向该端口发送一个复位信号。

④ 设备默认状态。设备从总线上接收到一个复位信号后，才可以对总线的处理操作做出响应。设备接收到复位信号后，就暂时使用默认地址（00H）来响应主机的命令。

⑤ 地址分配。当主机接收到有设备对默认地址（00H）响应的时候，就分配给设备一个空闲的地址，以后设备就只对该地址进行响应。

⑥ 读取 USB 设备描述符。主机读取 USB 设备描述符，确认 USB 设备的属性。

⑦ 设备配置。主机依照读取的 USB 设备描述符来进行配置，为 USB 设备选择并加载一个

合适的驱动程序，在加载驱动程序后，便可以进行各种配置操作及数据传输等。

如果使用总线供电，为了节省电源，当总线保持空闲状态超过 3ms 以后，设备驱动程序就会进入挂起状态。在挂起状态时，USB 设备保留了包括其地址和配置信息在内的所有内部状态，设备的消耗电流不超过 500μA。

7.2.2 MSP430 单片机 USB 通信模块介绍

MSP430F5xx/6xx 系列单片机的 USB 模块具有以下特性：

- 完全符合 USB2.0 规范：
  —集成 12Mbps 全速 USB 收发器；
  —多达 8 个输入和 8 个输出端点；
  —支持控制、中断和批量传输模式；
  —支持 USB 挂起、恢复和远程唤醒。
- 拥有独立于 PMM 模块的电源系统：
  —集成了 3.3V 输出的低功耗线性稳压器，该稳压器从 5V 的 VBUS 取电，输出足以驱动整个 MSP430 工作；
  —集成 1.8V 低功耗线性稳压器为 PHY 和 PLL 模块供电；
  —可工作于总线供电或自供电模式；
  —3.3V 输出线性稳压器电流限制功能；
  —USB 上电时自唤醒（低电源/无电源情况）。
- 内部 48MHz 的 USB 时钟：
  —集成可编程锁相环（PLL）；
  —高度自由化的输入时钟频率，可使用低成本晶振。
- 1904 字节端点专用 USB 缓冲区间，可以每 8 个字节进行配置。
- 内置 62.5ns 精度的时间标识发生器。
- 当 USB 通信模块禁止时：
  —缓冲空间被映射到通用 RAM 空间，为系统提供额外的 2KB 的 RAM；
  —USB 功能引脚变为具有强电流驱动能力的通用 I/O 口。

USB 通信模块的结构框图如图 7.2.11 所示。可见，USB 通信模块由 USB 电源模块、USB 收发器、USB 锁相环时钟发生器（PLL）、USB 引擎、USB 时间标识发生器和 USB 缓冲器组成。

1. USB 电源模块

USB 模块的电源模块内含双稳压器（3.3V 和 1.8V），当 5V 的 VBUS 可用时，允许整个 MSP430 从 VBUS 供电。作为可选，USB 模块电源系统可以只为 USB 模块供电，可以为整个系统供电，也可以在一个自供电设备中完全不被使用。

USB 电源模块的结构框图如图 7.2.12 所示，其中内部 3.3V 低压差线性稳压器 LDO 从 5V 的外部引脚 VBUS 取电，产生 3.3V 稳压电源，然后经过过载保护模块供给 USB 收发器和外部引脚 VUSB。USB 电源系统内部还包含 1.8V 线性稳压器 LDO，取电于 VUSB 引脚（VUSB 引脚取电于内部 3.3V 稳压器或者外部 3.3V 电源），产生 1.8V 稳压电源供给锁相环和收发器，其中，V18 引脚需挂接一个外部负载电容进行滤波，但是，该引脚不具备对外部其他模块供电的能力。

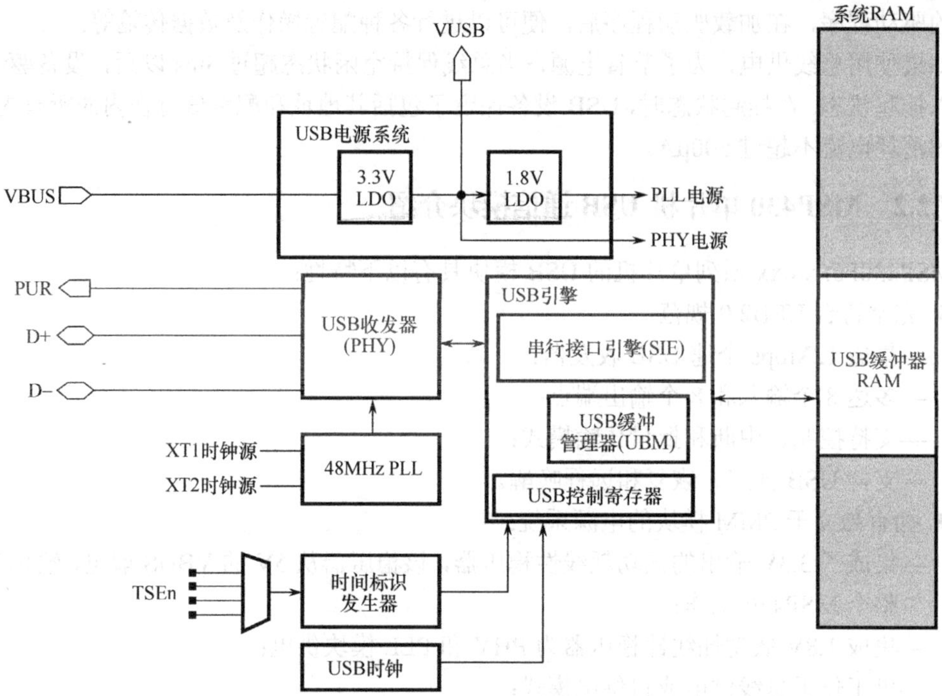

图 7.2.11　USB 通信模式模块结构框图

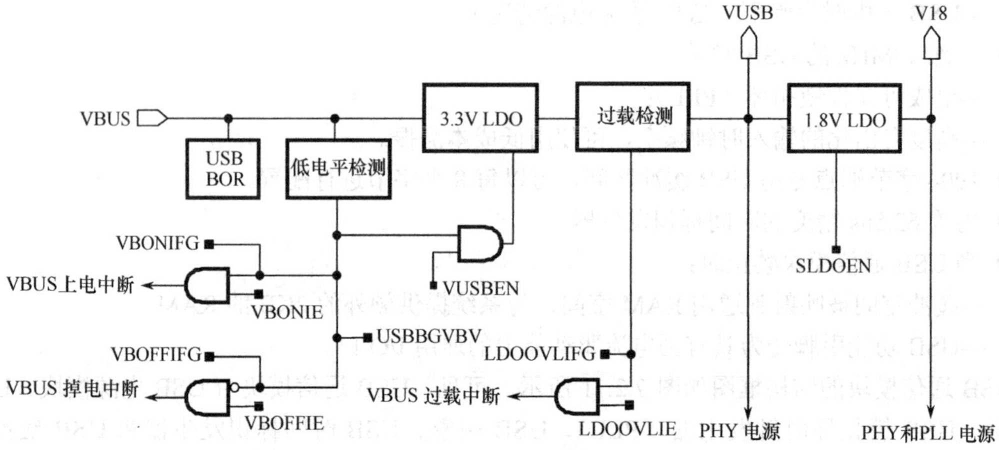

图 7.2.12　USB 电源模块结构框图

利用该电源模块能够避免采用外部供电产生的过载对 USB 收发器和锁相环的冲击，因此在电池供电系统中有着广泛的应用。

图 7.2.12 中，VBUS、VUSB 和 V18 为 MSP430 单片机引脚，都需连接外部负载电容，具体连接示意图如图 7.2.13 所示。

（1）利用 USB 电源模块为整个 MSP430 单片机系统供电

利用 USB 电源模块为整个 MSP430 单片机系统供电的结构框图如图 7.2.14 所示。其中，整个 MSP430 单片机系统从 5V 的 VBUS 引脚取电，经过 USB 电源模块的内部 3.3V 低压差线性稳压器 LDO 产生 3.3V 稳压电源，供给 VUSB 引脚。由于 USB 电源模块和 MSP430 单片机的电源管理模块相互独立，在 MSP430 单片机引脚部分，利用导线将 VUSB 和 DVCC 引脚相连，为单片机内部其他模块供电，并通过 VUSB 引脚对 MSP430 单片机系统外部其他模块供电。

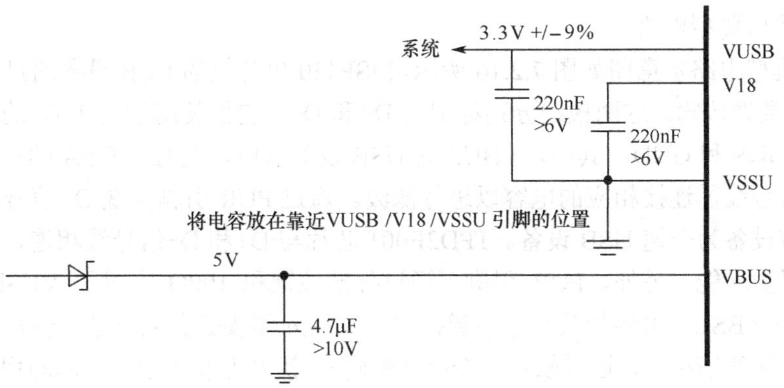

图 7.2.13 USB 电源模块外部引脚连接示意图

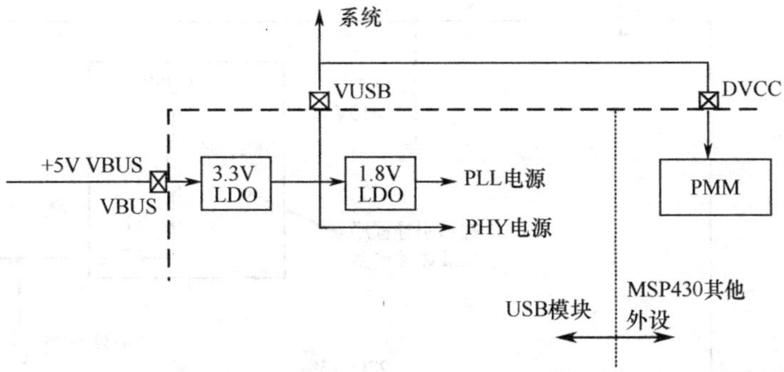

图 7.2.14 USB 模块为整个系统供电时的结构框图

由于 VUSB 引脚的电流驱动能力为 12mA，所以该供电方式只可为电流消耗低于 12mA 的系统供电。若系统电流消耗高于 12mA，利用外部低压差线性稳压器 LDO 为 MSP430 单片机系统供电。

（2）利用外部低压差线性稳压器 LDO 为 MSP430 单片机系统供电（强电流驱动）

当系统电流消耗高于 12mA 时，通过 VUSB 引脚 USB 电源模块内部 LDO 产生的稳压电源已不足以驱动整个 MSP430 单片机系统工作，因此，需通过外部 3.3V 低压差线性稳压器 LDO 为整个 MSP430 单片机系统供电。该供电方式的结构框图如图 7.2.15 所示，其中，整个 MSP430 单片机系统从 USB 接口的 5V 电源线取电。供电电源分成两路，一路经 VBUS 引脚为 USB 通信模块供电，一路经 3.3V 线性稳压器 LDO 为 MSP430 单片机电源管理模块和 MSP430 系统外部模块供电。3.3V 线性稳压器推荐选择以下几种：①TPS73033（低成本）；②TPS78233（低功耗）；③TPS1733（低噪声）；④TPS73433/735（低噪声、高电流驱动）。

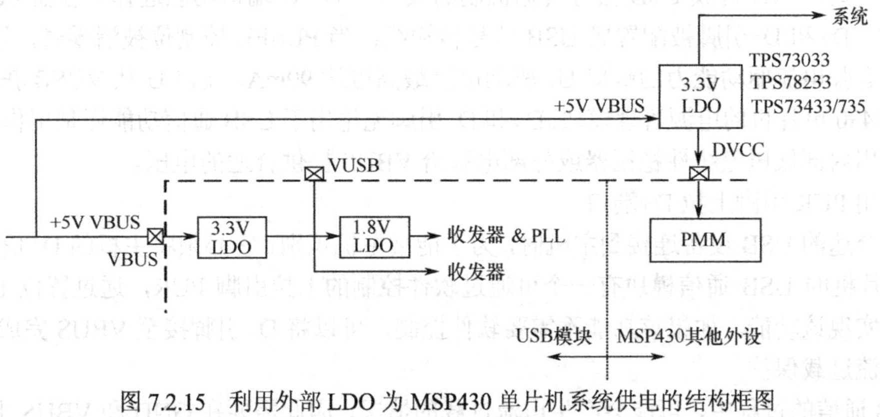

图 7.2.15 利用外部 LDO 为 MSP430 单片机系统供电的结构框图

（3）USB 接口典型电路

USB 接口典型电路示意图如图 7.2.16 所示。MSP430 单片机的 USB 设备通过一根差分双绞线实现与 PC 的数据传输。这两根线分别标记为 D+和 D−，它们使用的是 3.3V 的电压，另外两根线是 5V 的 VBUS 和 GND，其中，VBUS 向 USB 设备供电，具有 500mA 的电流驱动能力。所有电源线及信号线需连接相应的电容以进行滤波。通过 PUR 引脚实现 D+信号的上拉，使主机能够识别当前设备为全速 USB 设备。TPD2E001 芯片与 D+和 D−信号线相连，为差分信号线提供电流过载保护功能。另外，PUR 引脚可通过外部按键和 100Ω 电阻与 VUSB 相连，构成 Bootstrap Loader（BSL）引导加载程序下载接口。利用外部按键实现引导加载程序特有时序，可在保密熔丝烧断的情况下，通过软件口令字（密码），就可更改并运行内部的程序，为系统固件的升级提供了一个方便的手段。

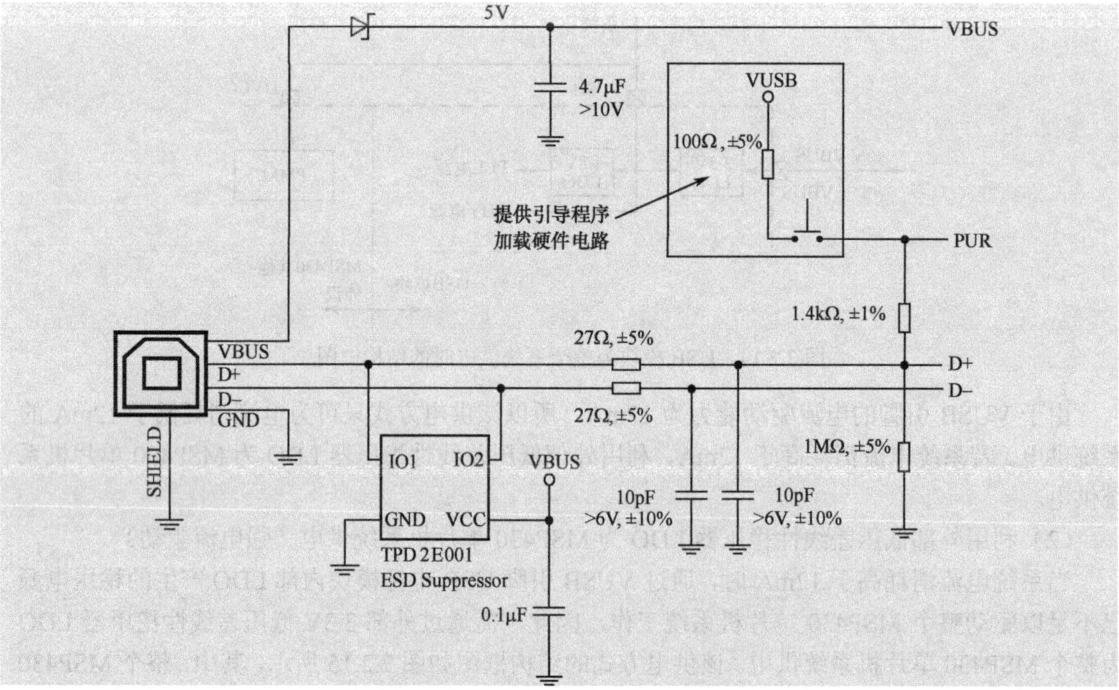

图 7.2.16 USB 接口典型电路示意图

2. USB 收发器（PHY）

物理层的 USB 收发接口是一对直接从 3.3V 电源 VBUS 取电的差分线，数据线连接到外部的 D+和 D−引脚，从而构成 USB 信号传输机制的接口。当 PU 端口功能选择寄存器 PUSEL 控制位置 1 时，D+和 D−引脚被配置成 USB 信号传输线；当 PUSEL 控制位被清零时，这两个引脚就变为具有强电流驱动能力的端口 U，驱动电流最高可达 90mA。端口 U 从 VUSB 获取电源，独立于 MSP430 单片机的电源管理模块。D+和 D−引脚无论用于 USB 通信功能还是用作通用 I/O 口，都要使用内部低压差线性稳压器或外部电源给 VBUS 提供合适的电压。

（1）利用 PUR 引脚上拉 D+端口

当一个全速的 USB 设备连接到主机时，为了能被主机识别，它必须将主机的 D+信号上拉。MSP430 单片机的 USB 通信模块有一个可通过软件控制的上拉引脚 PUR，通过置位 PUR_EN 控制位即可实现该功能。如果该功能不需要软件控制，可以将 D+引脚接至 VBUS 完成上拉。

（2）电流过载保护

在 USB 通信的过程中，可能会产生电流过载的情况，因此需要在 GND 和 VBUS 上采取保护措施。MSP430 单片机的 USB 供电系统提供了一套电流限制机制来保证当此类电流过载事件发生时，通过收发器的电流不会过大。有了这套机制，接口本身就不需要具备电流限制的功能了。注意，如果 VUSB 是使用外部供电电源而非内部低压差线性稳压器输出，那么该外部电源就需要有电流限制功能，为 USB 接口提供同样的电流保护能力。

（3）U 端口的控制

当 PUSEL 被清零时，端口 U（D+和 D−）用作具有高电流驱动能力的通用 I/O 口。该端口既可作为输出，也可用于输入。当 PUOPE 置位时，端口 U 被配置为输出，输出状态反映在 PUOUT0/1 寄存器中。当 PUIPE 置位时，端口 U 被配置为输入，可通过读取 PUIN0/1 寄存器值得到当前输入状态。在默认状态下，PUOPE 和 PUIPE 控制位都被清除，PU.0/PU.1 引脚呈高阻态。

3. USB 锁相环时钟发生器（PLL）

USB 锁相环时钟发生器可为 USB 操作提供高精度低抖动的 48MHz 的时钟。PLL 结构框图如图 7.2.17 所示。

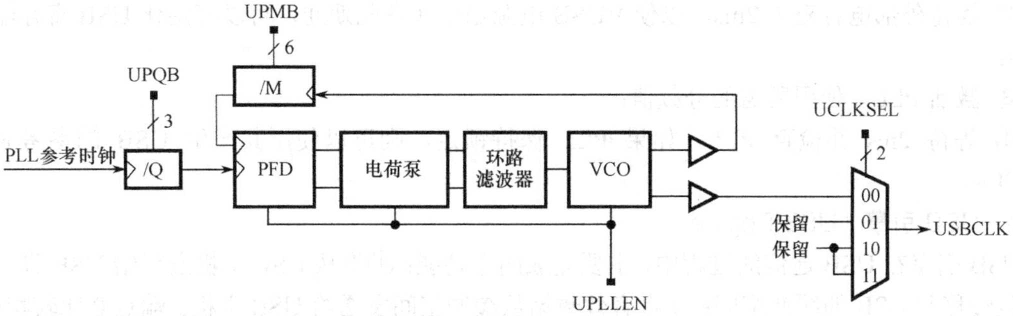

图 7.2.17 PLL 结构框图

USB 锁相环时钟发生器为一个时钟反馈控制回路，其参考时钟取决于 MSP430 单片机系统晶振配置。如果系统上存在高频晶振 XT2，那么 PLL 的参考时钟频率就为 XT2CLK，无论低频晶振 XT1 是否可用；如果不存在 XT2，那么 PLL 的参考时钟频率为 XT1CLK。UPQB 三总线控制位实现对 PLL 参考时钟的分频，产生 DIVQ 分频因子。UPMB 六总线控制位实现对反馈回路时钟的倍频，产生 DIVM 倍频因子。若 UCLKSEL 控制位选择 00，则 PLL 产生的时钟信号即可作为 USB 的参考时钟 USBCLK。PLL 产生时钟频率的计算公式如下所示。要求 PLL 参考时钟经分频后的时钟 CLK_{sel}/DIVQ 需大于等于 1.5MHz。

$$f_{out} = CLK_{sel} \times \frac{DIVM}{DIVQ}$$

式中，CLK_{sel} 是 PLL 的参考时钟频率；DIVQ 取决于 UPQB 的设置，具体设置如表 7.2.2 所示；DIVM 取决于 UPMB 的设置，需要与 CLK_{sel} 和 DIVQ 配合，使 PLL 输出频率 f_{out} 为 48MHz。

表 7.2.2 PLL 分频器配置

UPQB	DIVQ	UPQB	DIVQ
000	1	100	6
001	2	101	8
010	3	110	13
011	4	111	16

在典型情况下，MSP430 单片机外部高频晶振频率采用 4MHz，将 UPQB 配置为 001（DIVQ=2），将 UPMB 配置为 010111（DIVM=24），即可通过 PLL 锁相环为 USB 通信模块产生

精准的 48MHz 参考时钟。

通过 UPLLEN 控制位可选择使能或禁止 USB 锁相环时钟发生器，若 UPLLEN 置位，则使能 PLL；若 UPLLEN 复位，则禁止 PLL。如果 USB 设备操作在总线供电模式下，为了使 USB 的电流消耗小于 500μA，则有必要禁止 PLL 工作。

（1）PLL 故障检测

PLL 能够自动检测 3 种故障：①当频率在 4 个连续周期内在同一个方向上进行修正时，将检测到失锁故障（OOL）；②当频率在 16 个连续周期内在同一个方向上进行修正时，将检测到信号失效故障（LOS）；③当 PLL 在 32 个连续周期内没有被锁住时，将检测到出界故障（OOR）。这 3 种故障将触发置位相应的中断标志位（USBOOLIFG、USBLOSIFG、USBOORIFG），如果对应的中断使能位（USBOOLIE、USBLOSIE、USBOORIE）置位，将触发相应的中断。

（2）PLL 启动序列

推荐使用下面的操作顺序以获得最快的 PLL 启动效果：

① 使能 VUSB 和 V18；

② 等待外部电容充电 2ms，以使 VUSB 电源稳定（在此期间，可以初始化 USB 寄存器和缓存）；

③ 激活 PLL，使用所需的分频值；

④ 等待 2ms 并检查 PLL，如果 PLL 保持锁定，则可以使用其产生 USB 的参考时钟 USBCLK。

4．USB 引擎（USB Engine）

USB 引擎在 USB 通信的过程中，主要完成两个功能：①将从 USB 主机发送给 USB 设备的数据包转移到 USB 的缓冲空间；②将有效数据从缓冲空间发送给 USB 主机。端点 0 比较特殊，仅支持控制传输，USB 引擎为端点 0 配置了专用固定的缓冲区。其余 14 个端口都可从 USB 缓冲区中获得一个或多个缓冲空间，所有的缓冲空间都位于 USB 的缓冲存储器中，USB 缓冲存储器可多接口访问，既可以被 USB 缓冲区管理器访问，也可被 CPU 和 DMA 访问。

USB 引擎主要由 USB 串行接口引擎（SIE）、USB 缓冲区管理器（UBM）和 USB 寄存器构成。USB 寄存器将在 7.2.4 节中详细介绍，下面简单介绍 SIE 和 UBM 的原理及功能。

（1）USB 串行接口引擎（SIE）

USB 串行接口引擎主要用于实现 USB 总线上数据收发的协议。

对于接收到的包，SIE 首先将包标识域（PID）进行解码，以确定接收到包的类型及判断 PID 是否有效。若接收到的包为令牌包或数据包，SIE 计算其 CRC 校验值并与包中的 CRC 的校验值进行比较，以此来判断包在传输的过程中是否出错。

若 MSP430 的 USB 通信模块将要向主机发送令牌包或数据包，SIE 会在包的起始段附上 8bit 的同步域（SYNC），并计算其 CRC 校验值填充在包的结尾。另外，SIE 还会给所有将要发送出去的包产生对应的 PID。最终，产生完整的令牌包或数据包发送给 USB 主机。

SIE 另外一个重要的功能是实现将接收/发送的数据包进行串并转换。

（2）USB 缓冲区管理器（UBM）

USB 缓冲区管理器主要用来实现 SIE 到 USB 端点缓冲区的控制。UBM 的一个主要功能是将 USB 设备地址进行译码，并以此来确定 USB 主机是否在访问特定的设备。另外，UBM 也可对端点地址和信号方向进行译码，以确定正在被访问的特定端点。基于 USB 传输的方向及端点编号，UBM 可在对应的 USB 端点数据缓冲区上写入或读取数据包。

5. USB 时间标识发生器

USB 通信模块可以通过 USB 时间标识发生器保存特定 USB 事件的时间标识。USB 时间标识发生器的结构如图 7.2.18 所示，该 USB 时间标识发生器的时间基准来源于由 USBCLK 驱动的 16 位 USB 定时器。通过 TSESEL 控制位可选择产生时间标识的事件类型，当事件发生时，USB 定时器的值会传送给时间标识寄存器 USBTSREG，因此，事件发生的确切时刻即被记录下来，USB 时间标识发生器可标记以下事件发生的时刻：3 个 DMA 通道和一个软件触发事件，具体配置如表 7.2.3 所示。

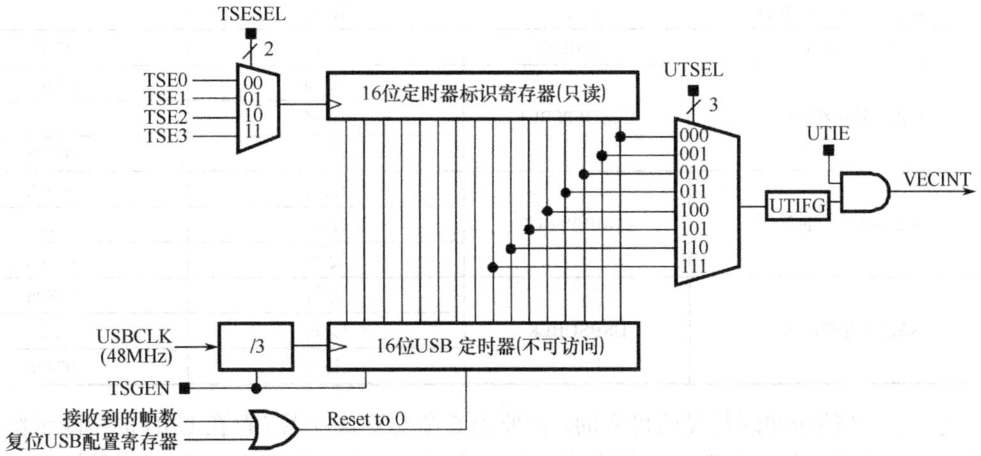

图 7.2.18　USB 时间标识发生器结构框图

表 7.2.3　TSESEL 控制位与触发标识事件配置对应关系表

TSESEL	触发标识事件源
00	TSE0：DMA0 时间标识事件
01	TSE1：DMA1 时间标识事件
10	TSE2：DMA2 时间标识事件
11	软件驱动时间标识事件

注：TSE[0,1,2]分别与 DMA 控制器 3 个 DMA 通道的多路复用器相连。

USB 定时器也可产生周期性的中断，USBCLK 拥有和其他系统时钟不同的频率，这就为产生周期性系统中断多提供了一种选择。注意，USB 定时器不能直接进行读取。

通过 UTSEL 控制位可选择 USB 定时器的频率，具体配置如表 7.2.4 所示。UTIE 为 USB 时间标志发生器中断使能允许位，为使中断标志位能够触发中断，UTIE 需要置位。通过 TSGEN 控制位可使能或禁止时间标识发生器。

表 7.2.4　USB 定时器频率选择配置表

UTSEL	USB 定时器周期	近似频率
000	4096μs	250Hz
001	2048μs	500Hz
010	1024μs	1 kHz
011	512μs	2 kHz
100	256μs	4 kHz
101	128μs	8 kHz
110	64μs	16 kHz
111	32μs	31 kHz

6. USB 缓冲存储器

USB 缓冲存储器为所有端点和 SETUP 包提供了数据缓冲区，其可分为 4 个部分：1904 字节可配置缓冲区、8 字节端点 0 输出缓冲区、8 字节端点 0 输入缓冲区和 8 字节 SETUP 包缓冲区。USB 缓冲存储器内存分配如表 7.2.5 所示。

表 7.2.5 USB 缓冲存储器内存分配表

内存分配名称	缩写	访问类型	偏移地址
开始缓冲区	STABUFF	读/写	0000h
1904 字节可配置缓冲区	…	读/写	…
结束缓冲区	TOPBUFF	读/写	076Fh
端点 0 输出缓冲区	USBOEP0BUF	读/写	0770h
		读/写	…
		读/写	0777h
端点 0 输入缓冲区	USBIEP0BUF	读/写	0778h
		读/写	…
		读/写	077Fh
SETUP 包缓冲区	USBSUBLK	读/写	0780h
		读/写	…
		读/写	0787h

端点 1～7 的缓冲区是灵活可变的，需要由 6 个配置寄存器（存在 USB 的可配置缓冲区内，并不是严格意义上的寄存器）进行定义。这些寄存器指定了各端点的类型、缓冲区的地址、缓冲区的大小和数据包的字节数，还可将每个端点配置为单缓冲或缓冲区间。与端点 1～7 的配置寄存器都定义在 USB 的 RAM 空间中不同，端点 0 由 USB 控制寄存器中的 4 个控制位（两个输入、两个输出）所配置。

USB 缓冲存储器被设计成“多接口存储器”，因此既可以被 USB 缓冲管理器访问，也可以被 CPU 和 DMA 访问。但是，CPU 和 DMA 的访问优先级低于 SIE，如果 CPU/DMA 访问和 SIE 访问相冲突，CPU/DMA 访问将会进入等待阶段进行延时。若 CPU/DMA 需要访问 USB 缓冲存储器，只有在 PLL 模块正常工作时才可以，但是，当 USB 主机请求挂起 USB 设备时，MSP430 单片机需要关闭 PLL 模块以减少电流消耗。因此，在此时，CPU/DMA 无法访问 USB 缓冲存储器。

当 USB 通信模块被禁止时（USBEN=0），该 USB 缓冲存储器可作为普通的 RAM 使用，如当禁止 MSP430F5529 单片机的 USB 通信模块时，该单片机能额外获得 2KB 大小的 RAM 空间。注意，当改变 USBEN 控制位状态时（使能或禁止 USB 通信模块），需要保证 USB 缓冲存储器在该控制位改变之前的 4 个时钟周期和之后的 8 个时钟周期不能被访问。当控制位被更改之后，将重新配置 USB 缓冲存储器的访问方式。

7. USB 功耗

USB 通信功能所消耗的电量往往比一个 MSP430 单片机系统的功耗还大，这是由于 MSP430 单片机的应用场合大多数是功耗要求比较严格的，因此 MSP430 单片机的 USB 模块被设计成从 USB 接口的 VBUS 取电，并且只有连接到 USB 总线时才会出现高功耗的负载，这样可以有效地保护 MSP430 单片机系统的电源，例如在电池供电系统中的电池。

USB 通信模块的两个最耗电的组件是 USB 收发器和 PLL 锁相环模块。USB 收发器在数据传输时会消耗大量的电能。但是，当处于不活动状态时，若不进行数据的收发，消耗电流极小，以至于在总线供电的应用中，收发器可以在挂起模式时仍保持活动状态。PLL 锁相环模块在活动状态时会消耗很大一部分电能，不过它只需要再连接到主机时被激活，并且由主机的 USB 总线供电，当 PLL 禁止时（例如在 USB 挂起时），USBCLK 自动选择 VLO 作为时钟源。

8．挂起和恢复

所有的 USB 设备必须具有挂起和恢复的能力。当 USB 总线空闲时间超过 3ms，USB 主机将挂起 USB 设备。若一个 USB 设备被挂起，根据 USB 协议规定，该 USB 设备从 USB 总线获取的功耗应小于 500μA。一个被挂起的 USB 设备需要循环监测 USB 总线上是否产生恢复事件，若产生恢复事件，USB 设备恢复通信功能。

（1）进入挂起模式

当主机将 USB 设备挂起时，将产生挂起中断标志位（SUSRIFG）。从此刻开始，软件有 10ms 的时间来保证 USB 设备从 VBUS 获得的电流小于 500μA。对于大多数的应用实例，由于都使用了内部 3.3V 的低压差线性稳压器。在这种情况下，可采取以下步骤：①通过清除 UPLLEN 来禁止 PLL 锁相环模块；②限制所有从 VBUS 取电的设备电流消耗总和小于 500μA 减去 $I_{SUSPEND}$ 的值（$I_{SUSPEND}$ 为 PLL 禁止，只有内部 LDO 工作时的挂起电流消耗，查 MSP430F5529 数据手册可知该电流消耗最大为 250μA）；③置位 RESRIE 中断允许控制位，当主机恢复 USB 设备时，可触发恢复中断。

（2）进入恢复模式

当一个 USB 设备在挂起状态，若主机端监测到恢复信号，USB 设备将进入恢复状态，并置位 RESRIFG 中断标志位，产生一个 USB 中断，这样就可以利用中断服务程序来恢复 USB 通信操作。

9．USB 中断向量

USB 模块使用单一的中断向量发生寄存器（USBIV）来处理多种 USB 中断，所有与 USB 相关的中断源均可触发产生中断，然后在 USBIV 中保存一个 6 位的中断标识。每个中断源均对应一个中断标识。进入 USB 中断后，通过判断 USBIV 中的值与哪个中断源标识相同，即可判断触发当前中断产生的中断源。USB 中断向量表如表 7.2.6 所示，为了响应一个中断标志位，对应的中断使能位必须被置位。

表 7.2.6　USB 中断向量表

中断源标识值	中断源	中断标志位	中断使能控制位	中断使能标志位有效条件
0000h	无中断	—	—	—
0002h	USB 过载中断源	USBPWRCTL.VUOVLIFG	USBPWRCTL.VUOVLIE	—
0004h	PLL 失锁故障中断源	USBPLLIR.USBPLLOOLIFG	USBPLLIR.USBPLLOOLIE	—
0006h	PLL 信号失效故障中断源	USBPLLIR.USBPLLOSIFG	USBPLLIR.USBPLLLOSIE	—
0008h	PLL 出界故障中断源	USBPLLIR.USBPLLOORIFG	USBPLLIR.USBPLLOORIE	—
000Ah	VBUS 上电中断源	USBPWRCTL.VBONIFG	USBPWRCTL.VBONIE	—
000Ch	VBUS 掉电中断源	USBPWRCTL.VBONIFG	USBPWRCTL.VBOFFIE	—
000Eh	保留	—	—	—
0010h	USB 时间标识事件中断源	USBMAINTL.UTIFG	USBMAINTL.UTIE	—
0012h	端点 0 输入中断源	USBIEPIFG.EP0	USBIEPIE.EP0	USBIEPCNFG_0.USBIIE
0014h	端点 0 输出中断源	USBOEPIFG.EP0	USBOEPIE.EP0	USBOEPCNFG_0.USBIIE
0016h	USB 复位中断源	USBIFG.RSTRIFG	USBIE.RSTRIE	—
0018h	USB 挂起中断源	USBIFG.SUSRIFG	USBIE.SUSRIE	—
001Ah	USB 恢复中断源	USBIFG.RESRIFG	USBIE.RESRIE	—
001Ch	保留	—	—	—
001Eh	保留	—	—	—

续表

中断源标识值	中断源	中断标志位	中断使能控制位	中断使能标志位有效条件
0020h	SETUP 包接收中断源	USBIFG.SETUPIFG	USBIE.SETUPIE	—
0022h	SETUP 包覆盖中断源	USBIFG.STPOWIFG	USBIE.STPOWIE	—
0024h	端点 1 输入中断源	USBIEPIFG.EP1	USBIEPIE.EP1	USBIEPCNF_1.USBIIE
0026h	端点 2 输入中断源	USBIEPIFG.EP2	USBIEPIE.EP2	USBIEPCNF_2.USBIIE
0028h	端点 3 输入中断源	USBIEPIFG.EP3	USBIEPIE.EP3	USBIEPCNF_3.USBIIE
002Ah	端点 4 输入中断源	USBIEPIFG.EP4	USBIEPIE.EP4	USBIEPCNF_4.USBIIE
002Ch	端点 5 输入中断源	USBIEPIFG.EP5	USBIEPIE.EP5	USBIEPCNF_5.USBIIE
002Eh	端点 6 输入中断源	USBIEPIFG.EP6	USBIEPIE.EP6	USBIEPCNF_6.USBIIE
0030h	端点 7 输入中断源	USBIEPIFG.EP7	USBIEPIE.EP7	USBIEPCNF_7.USBIIE
0032h	端点 1 输出中断源	USBOEPIFG.EP1	USBOEPIE.EP1	USBOEPCNF_1.USBIIE
0034h	端点 2 输出中断源	USBOEPIFG.EP2	USBOEPIE.EP2	USBOEPCNF_2.USBIIE
0036h	端点 3 输出中断源	USBOEPIFG.EP3	USBOEPIE.EP3	USBOEPCNF_3.USBIIE
0038h	端点 4 输出中断源	USBOEPIFG.EP4	USBOEPIE.EP4	USBOEPCNF_4.USBIIE
003Ah	端点 5 输出中断源	USBOEPIFG.EP5	USBOEPIE.EP5	USBOEPCNF_5.USBIIE
003Ch	端点 6 输出中断源	USBOEPIFG.EP6	USBOEPIE.EP6	USBOEPCNF_6.USBIIE
003Eh	端点 7 输出中断源	USBOEPIFG.EP7	USBOEPIE.EP7	USBOEPCNF_7.USBIIE

7.2.3 MSP430 单片机 USB 通信传输方式

USB 通信模块支持控制、批量和中断传输方式。根据 USB 通信协议，端点 0 为双向传输，包括输入端点 0 和输出端点 0。该端点仅可作为控制传输端点。除了控制传输端点 0 以外，MSP430 单片机的 USB 通信模块还可支持 7 个输出和 7 个输入端点。这些端点支持中断或批量传输方式。通过软件可以控制处理所有的控制、批量和中断端点的数据传输。下面将详细介绍 MSP430 单片机 USB 通信模块的这 3 种通信方式。

1. 控制传输

控制传输是 USB 传输中最重要的传输方式，主要用来传输介于主机和设备之间的配置、命令或状态的信息，控制传输方式使用输入端点 0 和输出端点 0。控制传输分为 3 种类型：控制读取、控制写入及无数据控制写入。这 3 种控制类型又可分为 2～3 个阶段：设置阶段、数据阶段（无数据控制写入，没有此阶段）和状态阶段。控制读取用来将数据从 USB 设备传输到 USB 主机上，而控制写入则将数据从 USB 主机传输到 USB 设备上，无数据控制写入无数据传输阶段，其写入 USB 设备的数据包含在 2 字节大小的设置阶段数据包中。下面详细介绍 3 个阶段的传输原理。

（1）设置阶段事务处理

① 输入端点 0 和输出端点 0 首先要通过 USB 控制寄存器进行初始化，置位 BUME 启用端点，置位 USBIE 使能端点中断，之后必须消除输入端点 0 和输出端点 0 的 NAK 忙标志位。

② 主机首先向输出端点 0 发送一个 SETUP 令牌包，随后发送 SETUP 数据包。如果数据能够无差错地接收，之后 UBM（USB 缓冲区管理器）将接收到的数据写入 SETUP 数据包缓冲区中，并置位位于 USB 中断标志寄存器中的 SETUP 包事务中断标志位 SETUPIFG，之后返回一个 ACK 的握手封包，并触发 SETUP 设置事务中断。

③ 在中断服务程序中，可通过软件从缓冲区中读取设置数据包，之后对命令进行解码，如果命令不支持或者无效，需利用软件将输出端点 0 的配置寄存器（USBOEPENFG_0）和输入端

点 0 的配置寄存器（USBIEPCNFG_0）内的 STALL 位置位，这将导致 USB 设备向 USB 主机发送一个 STALL 握手封包。在读取数据包并解码之后，需利用软件清除相应中断标志。

（2）数据阶段事务处理

数据阶段用来传输主机与设备之间的数据，无数据控制写入传输方式无此阶段，控制写入与控制读取传输方式的数据阶段事务处理原理不同，下面将对两种方式的数据阶段事务处理进行详细介绍。

① 控制写入传输方式的数据阶段事务处理原理

● 主机首先向输出端点 0 发送一个 OUT 令牌封包，随后发送一个数据包，如果数据能够无差错地接收，USB 将接收到的数据写入输出端点缓冲区（USBOEPOBUF）中，更新数据计数值，并反转 TOGGLE 标志位，置位 NAK 忙标志位，之后向主机返回一个 ACK 握手封包，并触发输出端点 0 中断（OEPIFG0）。一个正常完整的控制写入数据阶段数据交换过程示意图如图 7.2.19 所示。

● 在中断服务程序中可通过软件从输出端点缓冲区中读取该数据包。为读取该数据包，软件首先应从 USBOEPCNT_0 寄存器中获取数据计数值，然后读取数据包，最后需用软件清除 NAK 忙标志位，以允许下次从主机接收数据包。

● 如果在 USB 设备接收到数据包时，NAK 标志位保持置位，表示设备忙，UBM 将向主机返回一个 NAK 握手封包。如果在 USB 设备接收到数据时，STALL 标志位保持置位，表示设备出错，UBM 将向主机返回一个 STALL 握手封包。如果在 USB 设备接收到数据时，CRC 校验或位填充出错，UBM 将不会向 USB 主机发送握手封包。

② 控制读取传输方式的数据阶段事务处理原理

● 首先通过软件将要发送给 USB 主机的数据写入输入端点 0 缓冲区，同时也需要用软件更新数据计数值，之后清除输入端点 0 的 NAK 标志位，以允许将数据包发送给 USB 主机。

● 主机发送一个 IN 令牌封包给输入端点 0，在 USB 设备接收到 IN 令牌包后，UBM 将输入端点 0 缓冲区中的数据包发送给 USB 主机。如果主机无差错地接收到了数据包，主机将向 USB 设备返回一个 ACK 握手封包，然后 UBM 置位 NAK 标志位，并触发端点中断。一个正常完整的控制读取数据阶段数据交换过程示意图如图 7.2.20 所示。

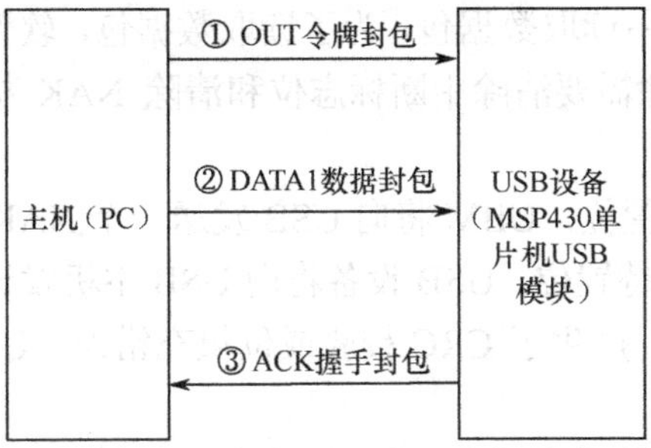

图 7.2.19　控制写入数据阶段数据交换过程示意图

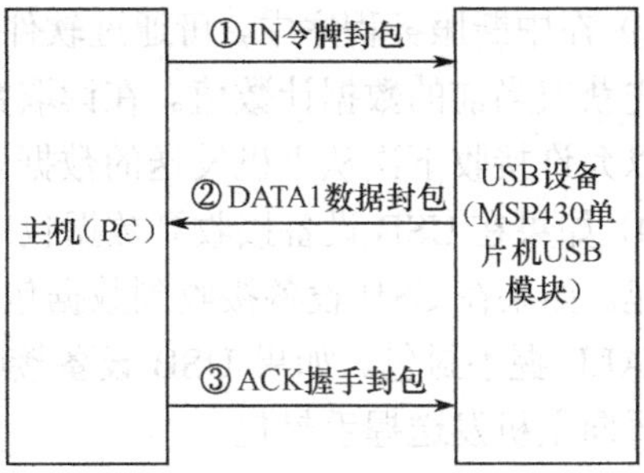

图 7.2.20　控制读取数据阶段数据交换过程示意图

● 在中断服务程序中，可利用软件将下次需要发送的数据写入端点 0 缓冲区，为下次发送做准备。

● 如果在 USB 设备接收到 IN 令牌包时，NAK 标志位保持置位，表示设备忙，UBM 将向主机返回一个 NAK 握手封包。如果在 USB 设备接收到 IN 令牌包时，STALL 标志位保持置位，表示设备出错，UBM 将向主机返回一个 STALL 握手封包。如果 USB 设备没有从主机接收到握手包，UBM 模块将再次向 USB 主机发送与上次发送时同样的数据。

● 软件将一直保持发送数据包，直到所有的数据都已发送给主机，才停止发送。

（3）状态阶段事务传输

① 对于输入端点0，软件清除数据计数值，置位TOGGLE标志位，之后清除NAK标志位，以允许从USB设备发送数据包到主机。

② 主机向输入端点0发送IN令牌封包。在UBM接收到该IN令牌包后，UBM将向主机发送一个0数据长度的DATA1数据包。如果主机无差错地接收到了该数据包，主机就向USB设备返回一个ACK握手包。然后UBM反转TOGGLE标志位，并设置NAK标志位。

③ 如果在USB设备接收到IN令牌包时，NAK保持置位，UBM将向USB发送一个NAK握手封包。如果在USB设备接收到IN令牌包时，STALL保持置位，USB设备将向USB主机发送一个STALL握手封包。如果USB设备没有接收到USB主机发送的握手封包，UBM将再次向USB主机发送数据包。

2．中断/批量传输

USB通信模块支持以中断/批量数据传输的方式将少量/大量数据在USB主机和USB设备之间相互传送。在中断传输中，设备需要以指定的周期发送或接收数据。在批量传输中，数据传输无固定带宽。MSP430单片机USB通信模块的端点1～7（包括输入端点和输出端点共14个）均可配置为中断/批量传输端点。MSP430单片机的中断/批量传输方式可分为两种：中断/批量输出传输方式和中断/批量输入传输方式，下面将就这两种传输方式进行详细介绍。

（1）中断/批量输出传输方式

中断/批量输出传输方式的步骤如下：

① 通过软件初始化其中一个输出端点作为输出中断/批量端点，这包括编程开辟缓冲区大小、得到缓冲区基址、选择缓冲区类型、使能端点中断、初始化TOGGLE标志位、使能端点和清除NAK标志位。

② 主机首先向输出端点发送一个OUT令牌包，随后发送一个数据包。如果数据包能够被设备无差错地接收，UBM模块将依次完成以下工作：将接收到的数据写入端点缓冲区中；更新数据计数值；反转TOGGLE标志位；设置NAK标志位；向主机返回一个ACK握手封包和触发端点中断。

③ 在中断服务程序中，可通过软件从端点缓冲区中读取数据包。为了读取数据包，软件需要首先获取当前的数据计数值。在读取数据包后，软件需要清除中断标志位和清除NAK标志位，以允许接收下次从主机发送的数据。

④ 如果在USB设备接收到数据包时，NAK保持置位，UBM将向USB发送一个NAK握手封包。如果在USB设备接收到数据包时，STALL保持置位，USB设备将向USB主机发送一个STALL握手封包。如果USB设备接收到数据包时，产生了CRC校验或位填充错误，UBM将不再向主机发送握手封包。

在双缓冲区模式下，UBM模块基于TOGGLE标志位的值，在X和Y缓冲区中进行选择数据存储缓冲区。如果TOGGLE标志位的值为0，UBM将数据写入X缓冲区，如果TOGGLE标志位为1，UBM将数据写入Y缓冲区。当UBM模块接收到一个数据包时，软件可以通过读取TOGGLE标志位的值，确定接收到的数据所存储的位置。然而，在使用双缓冲区模式时，存在在端点中断响应之前，X和Y缓冲区都被写入数据的可能性。在这种情况下，简单通过判断TOGGLE标志位的值已不能确定数据包的存储位置了。因此，在双缓冲模式下，软件需要读取X缓冲区的NAK标志位、Y缓冲区的NAK标志位和TOGGLE标志位来确定缓冲区的状态。

（2）中断/批量输入传输方式

中断/批量输入传输方式的步骤如下：

① 通过软件初始化其中一个输入端点作为输入中断/批量端点，这包括编程开辟缓冲区大小、得到缓冲区基址、选择缓冲区类型、使能端点中断、初始化 TOGGLE 标志位、使能端点和清除 NAK 标志位。

② 通过软件将要发送给主机的数据包写入缓冲区中，再通过软件更新数据计数值和清除 NAK 标志位，以使能将数据包发送给主机。

③ USB 主机向输入端点发送 IN 令牌包，在 UBM 接收到 IN 令牌包后，UBM 将数据包发送给主机。如果主机无差错地接收到了数据包，主机将向 USB 设备返回一个 ACK 握手封包。然后，UBM 反转 TOGGLE 标志位、置位 NAK 标志位并触发端点中断。

④ 在中断服务程序中，将下次要发送给主机的数据写入发送缓冲区中，以待下次发送。

⑤ 如果在 USB 设备接收到 IN 令牌包时，NAK 保持置位，UBM 将向 USB 发送一个 NAK 握手封包。如果在 USB 设备接收到 IN 令牌包时，STALL 保持置位，USB 设备将向 USB 主机发送一个 STALL 握手封包。如果 USB 设备没有接收到从 USB 主机发送的握手封包，UBM 模块将向 USB 主机再次发送与上次相同的数据包。

在双缓冲区模式下，UBM 模块基于 TOGGLE 标志位的值，在 X 和 Y 缓冲区中进行选择数据存储缓冲区。如果 TOGGLE 标志位为 0，UBM 模块从 X 缓冲区中读取数据包；如果 TOGGLE 标志位为 1，UBM 模块从 Y 缓冲区中读取数据包。

7.2.4　USB 通信模块寄存器

USB 通信模块寄存器空间可分为配置寄存器、控制寄存器和 USB 缓冲区存储器。配置寄存器和控制寄存器为物理寄存器，存储在 Flash 中。USB 控制寄存器只有在 USB 模块启用状态下，才能够进行写操作。USB 缓冲区存储器位于 RAM 中，当 USB 通信模块禁止时，MSP430 单片机系统能够获得额外 2KB 的 RAM 空间，且 CPU 或 DMA 能够自由使用该 RAM 空间。

下面对 USB 通信模块寄存器进行详细介绍，其中具有下划线的配置为 USB 通信模块寄存器初始状态或复位后的默认配置。

1. USB 配置寄存器

配置寄存器主要用来控制实现 USB 硬件连接的功能，包括配置 PHY、PLL 和 LDO 等。如果要对配置寄存器进行写入操作，应首先将 USBKEYPID 寄存器的值设为 9628h，再更改配置寄存器。若 USBKEYPID 的值为除 9628h 以外的其他值的话，将对配置寄存器进行锁定，不可更改。因此当 USB 配置寄存器设置完成后，需更改 USBKEYPID 的值进行锁定配置寄存器。可以直接读取配置寄存器的值，而无须在读取之前设置 USBKEYPID 寄存器的值。USB 配置寄存器列表如表 7.2.7 所示。

表 7.2.7　USB 配置寄存器列表(基址为 0900h)

寄存器	缩写	寄存器读/写类型	偏移地址	初始状态
USB 配置寄存器开关寄存器	USBKEYPID	读/写	00h	0000h
USB 控制器配置寄存器	USBCNF	读/写	02h	0000h
USB-PHY 控制寄存器	USBPHYCTL	读/写	04h	0000h
USB-PWR 控制寄存器	USBPWRCTL	读/写	08h	1850h
USB-PLL 控制寄存器	USBPLLCTL	读/写	10h	0000h
USB-PLL 分频器寄存器	USBPLLDIVB	读/写	12h	0000h
USB-PLL 中断寄存器	USBPLLIR	读/写	14h	0000h

（1）USB 配置寄存器开关寄存器（USBKEYPID）

15	14	13	12	11	10	9	8
USBKEY							

7	6	5	4	3	2	1	0
USBKEY							

● USBKEY：第 0～15 位，开关寄存器。将该寄存器设置为 9628h，才可允许对 USB 配置寄存器进行更改；若该寄存器设置为其他值，将锁定 USB 配置寄存器。

（2）USB 控制器配置寄存器（USBCNF）

15	14	13	12	11	10	9	8
保留							

7	6	5	4	3	2	1	0
保留			FNTEN	BLKRDY	PUR_IN	PUR_EN	USB_EN

注：灰色底纹部分寄存器只有在配置寄存器未锁定情况下才可更改。

● FNTEN：第 4 位，DMA 传输帧数据接收触发控制位。

0：帧数据接收触发禁止；　　　　1：帧数据接收触发启用。

● BLKRDY：第 3 位，DMA 批量传输就绪信号。

0：DMA 触发禁止；

1：DMA 触发启用，无论何时，USB 总线接口都可接收新写入的数据。

● PUR_IN：第 2 位，PUR 引脚输入值。该控制位反映了 PUR 引脚上的输入值，PUR 输入控制逻辑从 VUSB 取电，当 VUSB 为零时，PUR_IN 寄存器的值为 0。

● PUR_EN：第 1 位，PUR 引脚使能控制位。

0：PUR 引脚在高阻抗状态；　　　　1：PUR 引脚具有高输出驱动能力；

● USB_EN：第 0 位，USB 通信模块使能控制位。

0：USB 通信模块禁止；　　　　1：USB 通信模块使能。

（3）USB-PHY 控制寄存器（USBPHYCTL）

15	14	13	12	11	10	9	8
保留						保留	PUIPE

7	6	5	4	3	2	1	0
PUSEL	保留	PUOPE	保留	PUIN1	PUIN0	PUOUT1	PUOUT0

注：灰色底纹部分寄存器只有在配置寄存器未锁定情况下才可更改。

● PUIPE：第 8 位，PU 引脚输入使能控制位。该控制位只有 PUSEL 为 0 时，才有效。

0：PU.0 和 PU.1 输入禁止；　　　　1：PU.0 和 PU.1 输入使能。

● PUSEL：第 7 位，USB 端口功能选择控制位。

0：PU.0/DP 和 PU.1/DM 引脚作为 GPIO 引脚使用；

1：PU.0/DP 和 PU.1/DM 引脚作为 USB 通信引脚使用；

● PUOPE：第 5 位，PU 引脚输出使能控制位。该控制位只有 PUSEL 为 0 时，才有效。

0：PU.0 和 PU.1 输出禁止；　　　　1：PU.0 和 PU.1 输出使能。

● PUIN1：第 3 位，PU.1 引脚输入值。当 PUIPE 为 1 时，该控制位的值反映了 PU.1 引脚的输入值。

● PUIN0：第 2 位，PU.0 引脚输入值。当 PUIPE 为 1 时，该控制位的值反映了 PU.0 引脚的输入值。

● PUOUT1：第 1 位，PU.1 引脚输出值。当 PUOPE 为 1 时，该控制位的值反映了 PU.1 引脚的输出值。

● PUOUT0：第 0 位，PU.0 引脚输出值。当 PUOPE 为 1 时，该控制位的值反映了 PU.0 引脚的输出值。

（4）USB-PWR 控制寄存器（USBPWRCTL）

15	14	13	12	11	10	9	8
保留			SLDOEN	VUSBEN	VBOFFIE	VBONIE	VUOVLIE

7	6	5	4	3	2	1	0
保留	SLDOAON	OVLAOFF	USBDETEN	USBBGVBV	VBOFFIFG	VBONIFG	VUOVLIFG

注：灰色底纹部分寄存器只有在配置寄存器未锁定情况下才可更改。

● SLDOEN：第 12 位，1.8V 内部低压差线性稳压器 LDO 使能控制位。当置位时，使能 LDO，只有在 SLDOAON 为 0 时，才可清除。

● VUSBEN：第 11 位，3.3V 内部 LDO 使能控制位。当置位时，使能 LDO。

● VBOFFIE：第 10 位，VBUS 掉电中断使能控制位。

0：中断禁止；　　1：中断使能。

● VBONIE：第 9 位，VBUS 上电中断使能控制位。

0：中断禁止；　　1：中断使能。

● VUOVLIE：第 8 位，VUSB 过载中断使能控制位。

0：中断禁止；　　1：中断使能。

● SLDOAON：第 6 位，1.8V 内部 LDO 自动开启使能控制位。

0：LDO 需要通过 SLDOEN 控制位手动进行打开；

1：VBUS 上电信号可自动打开 1.8V 内部 LDO，但此时并不自动将 SLDOEN 控制位置位。

● OVLAOFF：第 5 位：LDO 过载自动关闭使能控制位。

0：在 3.3V 内部 LDO 产生过载信号期间，LDO 自动进入限流模式，直到过载信号停止；

1：过载信号能清除 VUSBEN 控制位，并停止内部 LDO 工作。

● USBDETEN：第 4 位，VBUS 上电/掉电事件检测使能控制位。

0：USB 模块不检测 VBUS 上电/掉电事件；

1：USB 模块检测 VBUS 上电/掉电事件。

● USBBGVBV：第 3 位，VBUS 有效标志位。

0：VBUS 无效；　　1：VBUS 有效。

● VBOFFIFG：第 2 位，VBUS 掉电中断标志位。该标志位可以反映 VBUS 电平是否低于启动电压。当 USB 中断向量寄存器中相应中断向量被读取或有值写入中断向量寄存器时，该标志位自动清除。

0：VBUS 不低于启动电压；　　1：VBUS 低于启动电压。

● UBONIFG：第 1 位，VBUS 上电中断标志位。该标志位可以反映 VBUS 电平是否高于启动电压。当 USB 中断向量寄存器中相应中断向量被读取或有值写入中断向量寄存器时，该标志位自动清除。

0：VUSB 不高于启动电压；　　1：VUSB 高于启动电压。

● VUOVLIFG：第 0 位，VUSB 过载中断标志位。该标志位能够反映 3.3V 内部 LDO 是否产生过载情况。

0：没有检测到过载情况；　　1：检测到过载情况。

（5）USB-PLL 控制寄存器（USBPLLCTL）

15	14	13	12	11	10	9	8
保留						UPFDEN	UPLLEN
7	**6**	**5**	**4**	**3**	**2**	**1**	**0**
UCLKSEL		保留					

注：灰色底纹部分寄存器只有在配置寄存器未锁定情况下才可更改。

● UPFDEN：第 9 位，相位鉴频器（PFD）使能控制位。

0：PFD 禁止；　　1：PFD 使能。

● UPLLEN：第 8 位，PLL 使能控制位。

0：PLL 禁止；　　1：PLL 使能。

● UCLKSEL：第 6～7 位，USB 模块时钟选择控制位，默认必须写入 00，选择 PLLCLK 作为 USB 模块的参考时钟。其他的 01、10 和 11 配置保留。

（6）USB-PLL 分频器寄存器（USBPLLDIVB）

15	14	13	12	11	10	9	8
保留					UPQB		
7	**6**	**5**	**4**	**3**	**2**	**1**	**0**
保留		UPMB					

注：灰色底纹部分寄存器只有在配置寄存器未锁定情况下才可更改。

● UPQB：第 8～10 位，锁相环分频器缓冲寄存器。

000：$f_{UPD}=f_{REF}$；　001：$f_{UPD}=f_{REF}/2$；　010：$f_{UPD}=f_{REF}/3$；　011：$f_{UPD}=f_{REF}/4$；

100：$f_{UPD}=f_{REF}/6$；　101：$f_{UPD}=f_{REF}/8$；　110：$f_{UPD}=f_{REF}/13$；　111：$f_{UPD}=f_{REF}/16$；

其中，f_{UPD} 为参考频率经分频后的频率。

● UPMB：第 0～5 位，锁相环倍频器缓冲寄存器。锁相环倍频系数即为该寄存器中的二进制数转换为十进制数后加 1 的数值。若该寄存器被配置为 010111，倍频系数即为 24。

（7）USB-PLL 中断寄存器（USBPLLIR）

15	14	13	12	11	10	9	8
保留					USBOORIE	USBLOSIE	USBOOLIE
7	**6**	**5**	**4**	**3**	**2**	**1**	**0**
保留					USBOORIFG	USBLOSIFG	USBOOLIFG

注：灰色底纹部分寄存器只有在配置寄存器未锁定情况下才可更改。

● USBOORIE：第 10 位，PLL 出界故障中断使能控制位。

0：中断禁止；　　1：中断允许。

● USBLOSIE：第 9 位，PLL 信号失效故障中断使能控制位。

0：中断禁止；　　1：中断允许。

● USBOOLIE：第 8 位，PLL 失锁故障中断使能控制位。

0：中断禁止；　　1：中断允许。

● USBOORIFG：第 2 位，PLL 出界故障中断标志位。

0：无中断请求产生；　　1：产生中断请求。

● USBLOSIFG：第 1 位，PLL 信号失效故障中断标志位。

0：无中断请求产生；　　1：产生中断请求。

● USBOOLIFG：第 0 位，PLL 失锁故障中断标志位。

0：无中断请求产生；　　1：产生中断请求。

2．USB 控制寄存器

USB 控制寄存器是所有 USB 通信的基础，主要包括端点 0 配置寄存器、中断寄存器、时间标识发生器寄存器和基本 USB 控制寄存器等 4 个部分，USB 控制寄存器列表如表 7.2.8 所示。

表 7.2.8　USB 控制寄存器列表（基址为 0920h）

寄存器		缩写	读/写类型	偏移地址	初始状态
端点 0 配置寄存器	输入端点 0 配置寄存器	USBIEPCNF_0	读/写	00h	00h
	输入端点 0 字节计数寄存器	USBIEPCNT_0	读/写	01h	80h
	输出端点 0 配置寄存器	USBOEPCNF_0	读/写	02h	00h
	输出端点 0 字节计数寄存器	USBOEPCNT_0	读/写	03h	00h
中断寄存器	输入端点中断使能寄存器	USBIEPIE	读/写	0Eh	00h
	输出端点中断使能寄存器	USBOEPIE	读/写	0Fh	00h
	输入端点中断标志寄存器	USBIEPIFG	读/写	10h	00h
	输出端点中断标志寄存器	USBOEPIFG	读/写	11h	00h
	中断向量寄存器	USBIV	读/写	12h	0000h
时间标识发生器寄存器	时间标识保持寄存器	USBIV	读/写	16h	0000h
	时间标识寄存器	USBTSREG	读/写	18h	0000h
基本 USB 控制寄存器	USB 帧计数寄存器	USBFN	读/写	1Ah	0000h
	USB 控制寄存器	USBCTL	读/写	1Ch	00h
	USB 中断使能寄存器	USBIE	读/写	1Dh	00h
	USB 中断标志寄存器	USBIFG	读/写	1Eh	00h
	设备地址寄存器	USBFUNADR	读/写	1Fh	00h

（1）输入端点 0 配置寄存器（USBIEPCNF_0）

7	6	5	4	3	2	1	0
UBME	保留	TOGGLE	保留	STALL	USBIIE	保留	

注：灰色底纹部分寄存器只有在 USBEN 等于 1 时才可更改。

● UBME：第 7 位，端点 0 中 UBM 使能控制位。

0：UBM 不能使用该端点；　　1：UBM 可使用该端点。

● TOGGLE：第 5 位，反转标志位。

● STALL：第 3 位，USB 失效条件控制位。当置位时，硬件将自动向 USB 主机发送一个 STALL 握手封包，在下一次设置事务传输中，该控制位将自动清除。

● USBIIE：第 2 位，USB 传输事务中断标记使能控制位。通常情况下，通过置位该控制位确定是否有中断被标志。

0：相应的中断标志位不被标记；　　1：相应的中断标志位被标记。

（2）输入端点 0 字节计数寄存器（USBIEPBCNT_0）

7	6	5	4	3	2	1	0
NAK	保留			CNT			

注：灰色底纹部分寄存器只有在 USBEN 等于 1 时才可更改。

● NAK：第 7 位，无应答状态标志位。在一个成功地从端点 0 向 USB 主机发送的 IN 事务结束，UBM 将置位该标志位，以表明端点 0 的输入缓冲区为空，可通过软件向输入缓冲区写入下次需向主机发送的数据。若该标志位置位，在所有的后续传输事务中，端点 0 都会向 USB 主机返回一个 NAK 握手封包。若要重新启用该端点来向 USB 主机传输其他的数据包，必须事先用软件清除该标志位。

0：缓冲区中包含可向 USB 主机发送的有效数据；　1：缓冲区为空。

● CNT：第 0～3 位，字节计数器。当一个新的数据包写入输入端点 0 缓冲区时，需要通过软件设置输入端点 0 缓冲区字节计数值。该 4 位寄存器的值反映了写入输入端点 0 缓冲区数据包中的字节个数。

0000～1000：发送 0～8 个有效字节的数据；

1001～1111：预留（若使用到了该区的值，默认发送 8 个有效字节的数据）。

● 其余位保留，读回 0。

（3）输出端点 0 配置寄存器（USBOEPCNFG_0）

7	6	5	4	3	2	1	0
UBME	保留	TOGGLE	保留	STALL	USBIIE	保留	

注：灰色底纹部分寄存器只有在 USBEN 等于 1 时才可更改。

● UBME：第 7 位，端点 0 中 UBM 使能控制位。

0：UBM 不能使用该端点；　1：UBM 可使用该端点。

● TOGGLE：第 5 位，反转标志位。

● STALL：第 3 位，USB 失效条件控制位。当置位时，硬件将自动向 USB 主机发送一个 STALL 握手封包，在下一次设置事务传输中，该控制位将自动清除。

● USBIIE：第 2 位，USB 传输事务中断使能控制位。通常情况下，通过置位该控制位确定是否有中断被标志。

0：相应的中断标志位不被标记；　1：相应的中断标志位被标记。

（4）输出端点 0 字节计数寄存器（USBOEPBCNT_0）

7	6	5	4	3	2	1	0
NAK	保留			CNT			

注：灰色底纹部分寄存器只有在 USBEN 等于 1 时才可更改。

● NAK：第 7 位，无应答状态标志位。在从 USB 主机向端点 0 发送的 OUT 事务结束后，UBM 将置位该标志位，以表明端点 0 的输出缓冲区包含一个接收到的有效数据包。若该标志位置位，在所有的后续传输事务中，端点 0 都会向 USB 主机返回一个 NAK 握手封包。若要重新启用该端点来接收从 USB 主机发送来的其他数据包，该标志位必须事先用软件清除。

0：缓冲区中没有从 USB 主机发送来的有效数据；

1：缓冲区中包含一个从 USB 主机发送来的有效数据包。

● CNT：第 0～3 位，字节计数器。当输出端点 0 缓冲区接收到一个新的数据包时，UBM 将设置该缓冲区字节计数值。该 4 位寄存器的值反映了输出端点 0 缓冲区接收到的数据包中字节个数。

0000～1000：接收 0～8 个有效字节的数据；

1001～1111：预留

（5）输入端点中断使能寄存器（USBIEPIE）

7	6	5	4	3	2	1	0
IEPIE7	IEPIE6	IEPIE5	IEPIE4	IEPIE3	IEPIE2	IEPIE1	IEPIE0

注：灰色底纹部分寄存器只有在 USBEN 等于 1 时才可更改。

● IEPIEn：第 0～7 位，输入端点中断使能控制位。通过这些控制位能够使能或禁止 USB 事件触发中断，这些控制位并不能影响事件是否被标志，只有事件被标记，且相应的中断使能控制位被置位，才能触发相应事件中断。

0：事件标志不触发中断； 1：事件标志触发中断。

（6）输出端点中断使能寄存器（USBOEPIE）

7	6	5	4	3	2	1	0
OEPIE7	OEPIE6	OEPIE5	OEPIE4	OEPIE3	OEPIE2	OEPIE1	OEPIE0

注：灰色底纹部分寄存器只有在 USBEN 等于 1 时才可更改。

● OEPIEn：第 0～7 位，输出端点中断使能控制位。

0：事件标志不触发中断； 1：事件标志触发中断。

（7）输入端点中断标志寄存器（USBIEPIFG）

7	6	5	4	3	2	1	0
IEPIFG7	IEPIFG6	IEPIFG5	IEPIFG4	IEPIFG3	IEPIFG2	IEPIFG1	IEPIFG0

注：灰色底纹部分寄存器只有在 USBEN 等于 1 时才可更改。

● IEPIFGn：第 0～7 位，输入端点中断标志位。当利用某个端点完成一个成功的传输后，UBM 将置位该端点中断标志位。当端点中断标志位置位，且相应端点中断使能控制位置位，则触发相应中断，当 MCU 利用该中断读取了 USB 中断向量寄存器（USBIV）或另有数值被写入中断向量寄存器中时，该中断标志位将自动清除。当然，中断标志位也可利用软件手动清除。

（8）输出端点中断标志寄存器（USBOEPIFG）

7	6	5	4	3	2	1	0
OEPIFG7	OEPIFG6	OEPIFG5	OEPIFG4	OEPIFG3	OEPIFG2	OEPIFG1	OEPIFG0

注：灰色底纹部分寄存器只有在 USBEN 等于 1 时才可更改。

● OEPIFGn：第 0～7 位，输出端点中断标志位。其操作可参考输入端点中断标志寄存器的操作。

（9）中断向量寄存器（USBIV）

15	14	13	12	11	10	9	8
0	0	0	0	0	0	0	0
7	**6**	**5**	**4**	**3**	**2**	**1**	**0**
0	0	USBIV					0

● USBIV：第 1～5 位，USB 中断向量寄存器。该寄存器只能以整字的方式进行访问。当一个中断被挂起，读取该寄存器的值即可判断被挂起中断的类型，进而执行相应的中断程序。向该寄存器写数据，将清除所有被挂起的 USB 中断标志位。具体请参考表 8.4（USB 中断向量表），最上面的中断优先级最高，向下依次降低。其余位为 0。

（10）时间标识保持寄存器（USBMAINT）

15	14	13	12	11	10	9	8
UTSEL			保留	TSE3	TSESEL		TSGEN
7	**6**	**5**	**4**	**3**	**2**	**1**	**0**
保留						UTIE	UTIFG

注：灰色底纹部分寄存器只有在 USBEN 等于 1 时才可更改。

● UTSEL：第 13～15 位，USB 定时器时钟频率选择控制位。若该控制位为 000，USB 定时器时钟频率为 250Hz，该控制位每加 1，USB 定时器时钟频率为之前的 2 倍。

● TSE3：第 11 位，时间标识事件 3 指示位。当 TSESEL 为 11 时，该指示位可触发一个软件驱动时间标志事件。

0：没有时间标识事件 3 信号；　1：产生时间标志事件 3 信号。

● TSESEL：第 9～10 位，时间标志事件选择控制位。

00：TSE0，DMA0 时间标识事件；　01：TSE1，DMA1 时间标识事件；

10：TSE2，DMA2 时间标识事件；　11：TSE3，软件驱动时间标识事件。

● TSGEN：第 8 位，时间标识发生器使能控制位。

0：时间标识发生器被禁止；　1：时间标识发生器使能。

● UTIE：第 1 位，USB 定时器中断使能控制位。

0：USB 定时器中断禁止；　1：USB 定时器中断使能。

● UTIFG：第 0 位，USB 定时器中断标志位。

0：没有中断被挂起；　1：USB 定时器中断被挂起。

（11）时间标识寄存器（USBTSREG）

15	14	13	12	11	10	9	8
TVAL							
7	**6**	**5**	**4**	**3**	**2**	**1**	**0**
TVAL							

注：灰色底纹部分寄存器只有在 USBEN 等于 1 时才可更改。

● TVAL：第 0～15 位，时间标识寄存器。时间标识的值由 USB 定时器硬件自动更新。一旦允许的时间标识触发信号产生，将使当前的定时器计数值锁定到该寄存器中。

（12）USB 帧计数寄存器（USBFN）

15	14	13	12	11	10	9	8
保留					USBFN		
7	**6**	**5**	**4**	**3**	**2**	**1**	**0**
USBFN							

● USBFN：第 0～10 位，USB 帧数寄存器。USB 帧计数器通过硬件自动更新。

（13）USB 控制寄存器（USBCTL）

7	6	5	4	3	2	1	0
保留	FEN	RWUP	FRSTE	保留			DIR

注：灰色底纹部分寄存器只有在 USBEN 等于 1 时才可更改。

● FEN：第 6 位，USB 传输功能使能控制位。为使能 USB 设备以响应 USB 传输，软件需置位该控制位。如果该控制位被清除，UBM 将忽略所有的 USB 传输。通过一个 USB 复位信号，可清除该控制位。

0：USB 传输功能被禁止；　1：USB 传输功能使能。

● RWUP：第 5 位，设备远程唤醒请求控制位。通过软件置位该控制位，可向 USB 挂起/恢复逻辑请求产生一个恢复信号。当一个远程唤醒信号产生时，该控制位可用来退出 USB 低功耗挂起状态。该控制位可自行清除。

0：写入 0 无效果；　1：产生一个远程唤醒信号。

● FRSTE：第 4 位，USB 功能复位使能控制位。该控制位用来选择一个总线复位信号能否导致 USB 通信模块的复位。

0：总线复位不能导致 USB 通信模块的复位；

1：总线复位可以导致 USB 通信模块的复位。

● DIR：第 0 位，数据传输方向控制位。软件必须解码相应请求，并置位或复位该控制位，以确定数据的传输方向。

0：USB 数据 OUT 传输（从 USB 主机到 USB 设备）；

1：USB 数据 IN 传输（从 USB 设备到 USB 主机）。

（14）USB 中断使能寄存器（USBIE）

7	6	5	4	3	2	1	0
RSTRIE	SUSRIE	RESRIE	保留		SETUPIE	保留	STPOWIE

注：灰色底纹部分寄存器只有在 USBEN 等于 1 时才可更改。

● RSTRIE：第 7 位，USB 复位中断使能控制位。如果 RSTRIFG 中断标志位置位，且该控制位置位，可触发复位中断。

0：复位中断禁止；　　1：复位中断使能。

● SUSRIE：第 6 位，挂起中断使能控制位。如果 SUSRIFG 中断标志位置位，且该控制位置位，可触发挂起中断。

0：挂起中断禁止；　　1：挂起中断使能。

● RESRIE：第 5 位，恢复中断使能控制位。如果 RESRIFG 中断标志位置位，且该控制位置位，可触发恢复中断。

0：恢复中断禁止；　　1：恢复中断使能。

● SETUPIE：第 2 位，设置中断使能控制位。如果 SETUPIFG 中断标志位置位，且该控制位置位，可触发设置中断。

0：设置中断禁止；　　1：设置中断使能。

● STPOWIE：第 0 位，设置包覆盖重写中断使能控制位。如果 STPOWIFG 中断标志位置位，且该控制位置位，可触发设置重写中断。

0：设置包覆盖重写中断禁止；　　1：设置包覆盖重写中断使能。

（15）USB 中断标志寄存器（USBIFG）

7	6	5	4	3	2	1	0
RSTRIFG	SUSRIFG	RESRIFG	保留		SETUPIFG	保留	STPOWIFG

注：灰色底纹部分寄存器只有在 USBEN 等于 1 时才可更改。

● RSTRIFG：第 7 位，USB 复位中断标志位。硬件自动设置该中断标志位，以响应主机复位 USB 端口信号。

● SUSRIFG：第 6 位，USB 挂起中断标志位。硬件自动设置该中断标志位，以响应主机或集线器挂起 USB 设备状态。

● RESRIFG：第 5 位，USB 恢复中断标志位。硬件自动设置该中断标志位，以响应主机或集线器产生一个恢复事件。

● SETUPIFG：第 2 位，设置事务接收中断标志位。当接收到一个设置事务时，硬件自动设置该中断标志位。只要该标志位置位，在端点 0 上所有的 IN 或 OUT 传输事务，USB 主机只能接收到 NAK 握手封包，而不管相应 NAK 标志位的设置。

● STPOWIFG：第 0 位，设置包覆盖重写中断标志位。当 MSP430 单片机的 USB 通信模块接收到了一个设置包，但在设置包缓冲区中已经存在包数据时，通过硬件自动设置该中断标志位。

（16）设备地址寄存器（USBFUNADR）

7	6	5	4	3	2	1	0
保留	FA6	FA5	FA4	FA3	FA2	FA1	FA0

注：灰色底纹部分寄存器只有在 USBEN 等于 1 时才可更改。

● FA[0:6]：第 0～6 位，USB 设备地址（0～127）。USB 设备地址寄存器定义了分配给 USB 设备的当前地址。当 USB 设备接收到从主机发送的设置地址命令时，软件必须向该寄存器写入一个 0～127 的值，表示当前设备地址。

3. USB 缓冲区寄存器及存储器（USB 的 RAM 缓冲区）

所有端点的数据缓冲区和端点 1～7 的寄存器都存储在 USB 的 RAM 缓冲区存储器中，这样，可以实现对内存单元的高效灵活的使用。数据缓冲区被称为 USB 缓冲区存储器，寄存器被用来作为缓冲区描述符寄存器。USB 缓冲区存储器列表如表 7.2.9 所示，USB 缓冲区描述符寄存器列表如表 7.2.10 所示。

表 7.2.9 USB 缓冲区存储器列表

存储区	缩写	读/写类型	偏移地址
可配置缓冲区空间开始	USBSTABUFF	读/写	0000h
1904 字节配置缓冲区空间	…	读/写	…
可配置缓冲区空间结束	USBTOPBUFF	读/写	076Fh
输出端点 0 缓冲区	USBOEP0BUF	读/写	0770h
		读/写	…
		读/写	0777h
输入端点 0 缓冲区	USBIEP0BUF	读/写	0778h
		读/写	…
		读/写	077Fh
设置包缓冲区	USBSUBLK	读/写	0780h
		读/写	…
		读/写	0787h

表 7.2.10 USB 缓冲区描述符寄存器列表

寄 存 器		缩写	读/写类型	偏移地址
输出端点 *n*	配置寄存器	USBOEPCNF_*n*	读/写	0788h+(*n*−1)*8
	X 缓冲区基址寄存器	USBOEPBBAX_*n*	读/写	0789h+(*n*−1)*8
	X 缓冲区字节计数寄存器	USBOEPBCTX_*n*	读/写	078Ah+(*n*−1)*8
	Y 缓冲区基址寄存器	USBOEPBBAY_*n*	读/写	078Dh+(*n*−1)*8
	Y 缓冲区字节计数寄存器	USBOEPBBTY_*n*	读/写	078Eh+(*n*−1)*8
	X/Y 缓冲区空间大小寄存器	USBOEPSIZXY_*n*	读/写	078Fh+(*n*−1)*8
输入端点 *n*	配置寄存器	USBIEPCNF_*n*	读/写	07C8h+(*n*−1)*8
	X 缓冲区基址寄存器	USBIEPBBAX_*n*	读/写	07C9h+(*n*−1)*8
	X 缓冲区字节计数寄存器	USBIEPBCTX_*n*	读/写	07CAh+(*n*−1)*8
	Y 缓冲区基址寄存器	USBIEPBBAY_*n*	读/写	07CDh+(*n*−1)*8
	Y 缓冲区字节计数寄存器	USBIEPBBTY_*n*	读/写	07CEh+(*n*−1)*8
	X/Y 缓冲区空间大小寄存器	USBIEPSIZXY_*n*	读/写	07CFh+(*n*−1)*8

注：表 7.2.10 中的 *n* 取值为 1～7。

先将USB缓冲区描述符寄存器详细介绍如下。

（1）输出端点配置寄存器（USBOEPCNF_n）

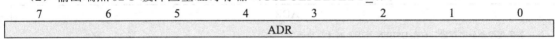

7	6	5	4	3	2	1	0
UBME	保留	TOGGLE	DBUF	STALL	USBIIE	保留	

注：灰色底纹部分寄存器只有在USBEN等于1时才可更改。

● UBME：第7位，UBM使用端点n输出使能控制位。该控制位需要通过软件置位或清除。

0：UBM可使用该端点作为输出；　　1：UBM不可使用该端点作为输出。

● TOGGLE：第5位，反转标志位。该标志位又称切换控制标志位，由UBM进行控制。在一次成功地输出数据阶段事务的结束，或者USB设备接收到一个有效的数据包且该数据包的PID与计算所得的期望PID匹配，该标志位将进行反转，表明一次数据传输完成。

● DBUF：第4位，双缓冲区使能控制位。若置位该控制位，将启用X和Y双缓冲区进行USB传输。若清除该控制位，将进入单缓冲区模式，只启用X缓冲区进行USB传输。

● STALL：第3位，USB失效条件控制位。置位该控制位，将使端点USB传输失效。若置位该控制位，端点0将通过硬件自动向USB主机发送一个STALL握手封包。在下一个设置事务开始时，该控制位将自动清除。

● USBIIE：第2位，USB事务中断标志位置位使能控制位。将控制位将可以控制USB事务中断标志位能否置位。中断标志位置位是一个中断处理的开始，只有在中断标志位置位且相应中断使能控制位置位的条件下，才可触发中断。若该控制位清除，USB事务中断标志位将无法置位，更不会触发相应中断。

0：相应中断标志位不可置位；　　1：相应中断标志位可以置位。

（2）输出端点X/Y缓冲区基址寄存器（USBOEPBBAX/Y_n）

7	6	5	4	3	2	1	0
ADR							

注：灰色底纹部分寄存器只有在USBEN等于1时才可更改。

● ADR：第0～7位，X/Y缓冲区基址寄存器。需通过软件设置该寄存器值，UBM利用该值作为一个给定事务的起始地址，在一个事务的结束，并不改变该寄存器内的数值。

（3）输出端点X/Y缓冲区字节计数寄存器（USBOEPBCTX/Y_n）

7	6	5	4	3	2	1	0
NAK	CNT						

注：灰色底纹部分寄存器只有在USBEN等于1时才可更改。

● NAK：第7位，无应答状态标志位。在一个成功地从USB主机向端点n发送的OUT事务结束，UBM将置位该标志位，以表明端点n的输出缓冲区包含一个接收到的有效数据包。若该标志位置位，在所有的后续传输事务中，端点n都会向USB主机返回一个NAK握手封包。若要重新启用该端点来接收从USB主机发送来的其他数据包，该标志位必须事先用软件清除。

● CNT：第0～7位，X/Y缓冲区字节计数器。当输出端点n缓冲区接收到一个新的数据包时，UBM将设置该缓冲区字节计数值。该7位寄存器的值反映了输出端点n缓冲区接收到的数据包中字节个数。

（4）输出端点X/Y缓冲区空间大小寄存器（USBOEPSIŻXY_n）

7	6	5	4	3	2	1	0
保留	SIZx						

注：灰色底纹部分寄存器只有在USBEN等于1时才可更改。

● SIZx：第 0～6 位，缓冲区大小配置寄存器。需要用软件设置该寄存器的值，来为 X 和 Y 缓冲区开辟空间。通过该缓冲区，双缓冲区都被配置为相同大小。

00000000～01000000：为双缓冲区开辟 0～64 字节的空间；

01000001～11111111：将会导致不可预期的结果。

（5）输入端点配置寄存器（USBIEPCNF_*n*）

7	6	5	4	3	2	1	0
UBME	保留	TOGGLE	DBUF	STALL	USBIIE	保留	

注：灰色底纹部分寄存器只有在 USBEN 等于 1 时才可更改。

● UBME：第 7 位，UBM 使用端点 *n* 输入使能控制位。当该控制位置位时，UBM 可以使用该端点作为输入。

● TOGGLE：第 5 位，反转标志位。在一次成功的数据阶段事务的结束，UBM 将进行反转该标志位，表明一个有效的数据被传输。如果清除该标志位，UBM 将向主机发送 DATA0 数据包。如果置位该标志位，UBM 将向主机发送 DATA1 数据包。

● DBUF：第 4 位，双缓冲区使能控制位。若置位该控制位，将启用 X 和 Y 双缓冲区进行 USB 传输。若清除该控制位，将进入单缓冲区模式，只启用 X 缓冲区进行 USB 传输。

● STALL：第 3 位，USB 失效条件控制位。

0：没有失效条件；　　1：产生失效条件。

● USBIIE：第 2 位，USB 事务中断标志位置位使能控制位。

0：相应中断标志位不能置位；　　1：相应中断标志位置位。

（6）输入端点 X/Y 缓冲区基址寄存器（USBIEPBBAX/Y_*n*）

7	6	5	4	3	2	1	0
ADR							

注：灰色底纹部分寄存器只有在 USBEN 等于 1 时才可更改。

● ADR：第 0～7 位，缓冲区基址寄存器。

（7）输入端点 X/Y 缓冲区字节计数寄存器（USBIEPBCTX/Y_*n*）

7	6	5	4	3	2	1	0
NAK	CNT						

注：灰色底纹部分寄存器只有在 USBEN 等于 1 时才可更改。

● NAK：第 7 位，无应答状态标志位。在成功地从端点 *n* 向 USB 主机发送的 IN 事务结束后，UBM 将置位该标志位，以表明端点 *n* 的输入缓冲区为空。

● CNT：第 0～7 位，X/Y 缓冲区字节计数器。当一个新的数据包被写到输入缓冲区时，需要通过软件设置输入端点 *n* 的 X/Y 缓冲区计数值。它应该被配置为中断或批量传输时数据包中字节的个数。

（8）输入端点 X/Y 缓冲区空间大小寄存器（USBIEPSIZXY_*n*）

7	6	5	4	3	2	1	0
保留	SIZx						

注：灰色底纹部分寄存器只有在 USBEN 等于 1 时才可更改。

● SIZx：第 0～6 位，缓冲区大小配置寄存器。

00000000～01000000：为双缓冲区开辟 0～64 字节的空间；

01000001～11111111：将会导致不可预期的结果。

7.2.5 MSP430单片机USB通信编程指导

1. MSP430 单片机 USB 软件开发资源库

德州仪器（TI）公司开发了一个基于 MSP430 单片机 USB 通信模块的软件开发资源库，其中包含开发 MSP430 单片机 USB 通信项目所需的所有必要源码和应用实例。利用该开发资源库，用户即使不具有很深入的 USB 通信知识，也可以较为轻松地完成 MSP430 单片机 USB 通信程序的开发。该开发资源库具体可分为以下部分：

（1）MSP430 单片机 USB API 堆栈

USB 开发资源库提供了一套完整的 MSP430 单片机 API 库。该 API 库支持 3 种最常见的设备类型：通信设备类（CDC）、人机接口设备类（HID）和大容量存储类（MSC）。

（2）MSP430 单片机 USB 设备描述符工具

该 USB 设备描述符工具为一个代码生成工具，可为任何 USB 接口的组合自动产生可靠有效的描述符。USB 设备通过这些描述符向 USB 主机汇报设备的各种属性，主机通过这些描述符的访问对设备进行类型识别、配置，并为其提供相应的客户端驱动程序。USB 描述符程序的编写比较复杂，即使是资深的 USB 工程开发人员，也很难在短时间内编写出无错误且高效的设备描述符程序。因此，该 USB 设备描述符工具可为编程人员节省开发时间，并减少编程的出错率。

（3）HID 上位机通信 Java 软件

该 Java 程序提供了一个上位机界面，仅支持 HID 设备的收发通信。

（4）MSP430 单片机固件更新

用户通过 MSP430 单片机的片上 USB 进行引导加载程序（BSL），更新单片机内部固件。该 USB 开发资源包可提供更新的方法，具体的硬件电路连接请参见图 7.2.16。

（5）实例程序代码

USB 开发资源库提供了很多基于 MSP430 单片机 USB 通信模块的实例程序工程，有单一的 CDC、HID 和 MSC 的应用实例，也有将两种或三种设备进行组合的应用实例。应用实例代码丰富且全面，为用户进行 MSP430 单片机 USB 通信的学习和开发提供了帮助。

（6）用户指导文档

针对 USB 通信的编程及应用，TI 公司都给出了相应的英文用户指导文档。用户可通过这些指导文档，系统地对 MSP430 单片机的 USB 通信进行学习。

MSP430 单片机的 USB 软件开发资源库可通过以下两种途径获得。

① 直接从相应网站上下载。MSP430 单片机 USB 开发资源库的下载地址为：http://software-dl.ti.com/msp430/msp430_public_sw/mcu/msp430/MSP430_USB_Developers_Package/latest/index_FDS.html。打开该链接，将得到如图 7.2.21 所示的下载界面，直接下载第一个压缩包即可，无须注册 TI 用户。通过这种方式下载的 USB 开发资源包含 HID 上位机通信 Java 软件，但不含 MSP430 单片机 USB 设备描述符工具。

② 通过MSP430Ware进行下载。打开MSP430Ware，展开Libraries资源库，即可发现MSP430单片机的 USB 开发资源库（USB Developers Package）。具体下载界面如图 7.2.22 所示。通过这种方式下载的 USB 开发资源包含 MSP430 单片机 USB 设备描述符工具，但是，不含 HID 上位机 Java 软件。

提示：推荐通过第二种途径获得 USB 软件开发资源库。由于采用这种方式获得的 USB 描述符工具与 USB API 库兼容，可完成 USB 通信工程的开发。而第一种途径获得的 USB 软件开发资源库不包含 USB 描述符工具，需下载与之配套的 USB 描述符工具，若采用途径二中的 USB 描述符工具，产生的设备描述符在程序编译时将报错。

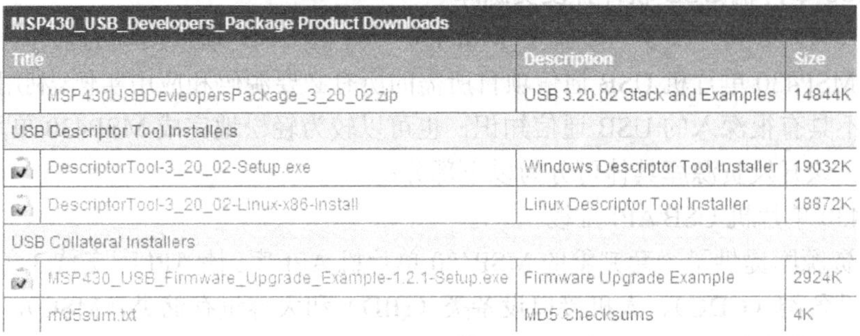

MSP430_USB_Developers_Package Product Downloads		
Title	Description	Size
MSP430USBDevleopersPackage_3_20_02.zip	USB 3.20.02 Stack and Examples	14844K
USB Descriptor Tool Installers		
DescriptorTool-3_20_02-Setup.exe	Windows Descriptor Tool Installer	19032K
DescriptorTool-3_20_02-Linux-x86-Install	Linux Descriptor Tool Installer	18872K
USB Collateral Installers		
MSP430_USB_Firmware_Upgrade_Example-1.2.1-Setup.exe	Firmware Upgrade Example	2924K
md5sum.txt	MD5 Checksums	4K

图 7.2.21　MSP430 单片机 USB 开发资源库网站下载界面

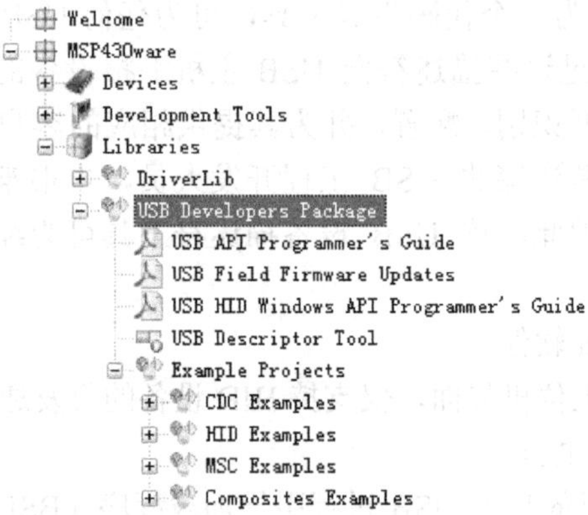

图 7.2.22　P430 单片机 USB 开发资源库通过 MSP430Ware 下载界面

2．MSP430 单片机 USB API 堆栈介绍

MSP430 单片机 USB API 库支持 3 种最常见的 USB 设备类型：

- 通信设备类（CDC）；
- 人机接口设备类（HID）；
- 大容量存储类（MSC）。

所有的通信协议都由 API 自动处理，用户应用程序与 API 之间的接口是非常简单的。应用程序开发之前，用户必须通过 MSP430 USB 描述符工具配置堆栈和 USB 描述符。此外，在这个过程中，用户没有必要修改 API 源代码。

在编程环境中，API 被设计成自动适应选定设备。代码保持不变，但是，需选择正确的设备。3 类 USB 设备（CDC/HID/MSC）公用一个 USB 分层，堆栈空间分为 API 空间和应用程序空间。堆栈组织结构图如图 7.2.23 所示。在堆栈的最底层为 MSP430 的头文件，上面一层为 USB API。这两层共同构成了 USB 的 API 空间，为 MSP430 单片机的 USB 通信编程的基础。再上面就是应用程序空间，最顶层为用户应用程序，通过相应的发送和接收结构以及事务处理程序实现与 API 空间的连接。通过该 MSP430 单片机 USB API 堆栈即可完成所有基于 MSP430 单片机 USB 通信模块的编程。

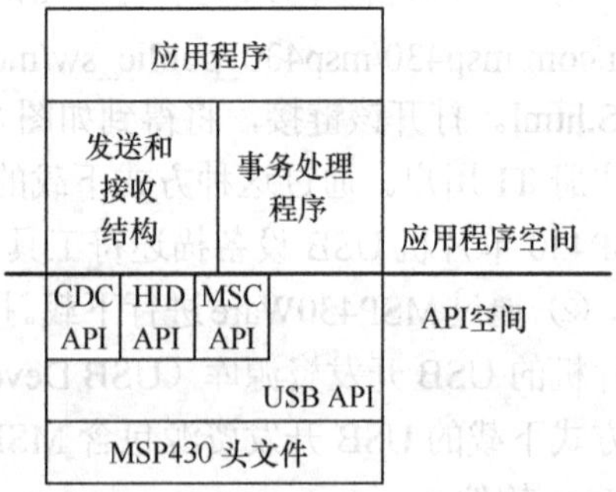

图 7.2.23　MSP430 USB API 堆栈组织

MSP430 单片机 USB 通信模块的 API 堆栈文件及相应功能如表 7.2.11 所示。

表 7.2.11　MSP430 USB API 堆栈文件介绍

所处堆栈空间	是否需要修改	文件名称	描述
应用程序	需要	main.c/.h	用户应用程序代码
		usbConstructs.c/h	包含发送/接收操作函数
		usbEventHandling.c/h	包含事务处理函数
USB API 配置空间	通过描述符工具自动生成	descriptors.c/h	Descriptors.c 包含了定义 USB 描述符的数据结构，一般情况下，描述符可以通过 MSP430 USB 描述符工具进行自定义设置。 descriptors.h 包含设置常数和附加描述符信息
		UsbIsr.c	USB 中断服务处理程序以及相关的函数
USB API 代码空间	无须更改	UsbCdc.c/.h	CDC 相关功能实现
		UsbHid.c/h UsbHidReportHandler.c/h UsbHidReq.c/h	HID 相关功能实现
		UsbMscScsi.c/h UsbMscStateMachine.c/h UsbMscReq.c/h	MSC 相关功能实现
		usb.c/h UsbIsr.h	所有 USB 应用程序公用函数
		dma.c/h	DMA 传输函数
F5xx/6xx 核心程序库	无须更改	hal_pmm.c/h hal_ucs.c/h hal_tlv.c/h	针对 MSP430F5xx/6xx 系列单片机的标准库函数，USB API 库使用该核心库函数对 PWM 电源管理模块和 USC 统一时钟模块进行操作处理，并从 MSP430 的 Flash 中读取 TLV(Tag-Length-Value)架构
MSP430 头文件	无须更改	device.h	控制设备衍生
		defMSP430USB.h	定义相关 MSP430 USB 模块
		types.h	数据类型定义
		msp430fxxxx.h	MSP430 单片机标准头文件

在目录结构下，MSP430 单片机 USB 模块的 API 库如图 7.2.24 所示。

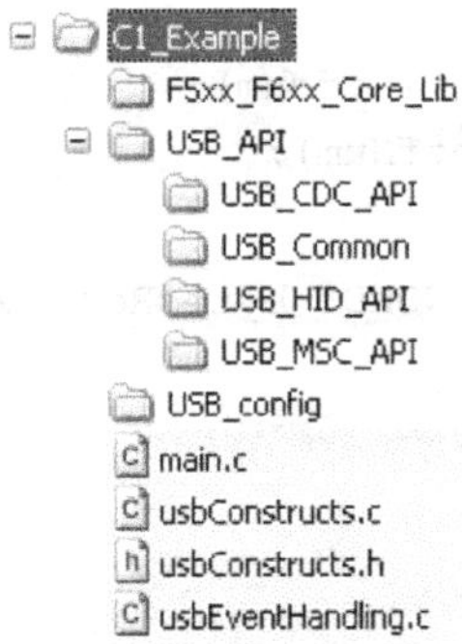

图 7.2.24　MSP430 USB API 库文件目录结构

在 API 的使用过程中，需要用到 MSP430 单片机的两个功能：USB 模块（及其相关引脚）和一个 DMA 通道。当 USB 模块启用时，应用程序必须避免这些资源被访问。不同的 API 配置所需的内存要求如表 7.2.12 所示。

表 7.2.12　不同 API 配置所需的内存要求列表

接口配置	Code（Flash）	Data(RAM)
CDC	5.1KB	268 字节
HID	5.2KB	260 字节
MSC	8.3KB	698 字节
CDC+CDC	5.4KB	294 字节
HID+HID	5.4KB	284 字节
CDC+HID	6.9KB	293 字节

以下介绍 USB 资源库中的一些重要程序的功能。

① 下面函数的功能为确定 USB 连接的状态，返回 USB 的连接状态值。

```
BYTE USB_connectionState ();
```

② 下面为 USB 连接状态值的定义。

```
#define ST_USB_DISCONNECTED          0x80
#define ST_USB_CONNECTED_NO_ENUM      0x81
#define ST_ENUM_IN_PROGRESS          0x82
#define ST_ENUM_ACTIVE              0x83
#define ST_ENUM_SUSPENDED            0x84
#define ST_ERROR                   0x86
#define ST_NOENUM_SUSPENDED          0x87
```

③ 下面函数的功能为 USB 时钟的初始化。

```
void ClockUSB(void);
```

④ 下面函数的功能为 USB 模块初始化。

```
BYTE USB_init(VOID);
```

⑤ 下面函数的功能为启动 PLL，使能 USB 模块。

```
BYTE USB_enable ();
```

⑥ 下面函数的功能为禁用 PLL 和 USB 模块。

```
BYTE USB_disable(VOID);
```

⑦ 下面函数的功能为复位 USB。

```
BYTE USB_reset ();
```

⑧ 下面函数的功能为通过拉高 PUR 位，使 USB 设备与主机连接。

```
BYTE USB_connect ();
```

⑨ 下面函数的功能为通过拉低 PUR 位，使 USB 设备与主机断开连接。

```
BYTE USB_disconnect ()
```

⑩ 下面函数的功能为使能特定的 USB 事件回调处理函数。

```
BYTE USB_setEnabledEvents (WORD events)
```

⑪ 下面函数的功能为返回 USB 事件启用和禁用的状态。

```
WORD USB_getEnabledEvents ()
```

⑫ 下面函数的功能为 VbusOn 和 VbusOff 事件回调处理函数。

```
BYTE USB_handleVbusOnEvent()
BYTE USB_handleVbusOffEvent()
```

注意下面函数中的 xxx 表示 CDC 或 HID。

⑬ 下面函数的功能为发送或接收数据。

```
BYTE USBxxx_sendData (const BYTE* data, WORD size, BYTE intfNum);
BYTE USBxxx_receiveData (BYTE* data, WORD size, BYTE intfNum);
```

⑭ 下面函数的功能为返回接口状态。

```
BYTE USBxxx_intfStatus (BYTE intfNum, WORD* bytesSent, WORD* bytesReceived);
```

⑮ 下面函数的功能为返回在 USB 缓冲区中的数据字节数。

```
BYTE USBxxx_bytesInUSBBuffer (BYTE intfNum);
```

⑯ 下面函数的功能为拒绝接收在 USB 缓冲区中的数据。

```
BYTE USBxxx_rejectData (BYTE intfNum);
```

⑰ 下面函数的功能为返回 MCU 已经接收到的数据的字节数。

```
WORD xxxReceiveDataInBuffer(BYTE*,WORD,BYTE);
```

⑱ 下面函数的功能为发送数据，直到所有数据发送完成或总线不可用时停止。

```
BYTE xxxSendDataWaitTilDone(BYTE* dataBuf, WORD size, BYTE intfNum,
ULONG ulTimeout);
```

⑲ 下面函数的功能为使能数据在后台发送。

```
BYTE xxxSendDataInBackground(BYTE* dataBuf, WORD size, BYTE intfNum,
ULONG ulTimeout);
```

⑳ 下面函数的功能为接收在 USB 缓冲区中的数据。

```
WORD xxxReceiveDataInBuffer(BYTE*,WORD,BYTE);
```

㉑ 下面函数的功能为提示 API 处理从主机收到的 SCSI 命令。

```
BYTE USBMSC_poll(VOID);
```

㉒ 下面函数的功能为通知 API 缓冲区请求已经完成。

```
BYTE USBMSC_bufferProcessed(VOID);
```

3. USB 通信软件工程解析

本小节将对 MSP430 单片机的 USB 通信软件工程进行解析，希望读者能够对 USB 通信软件工程有深入理解并学习如何使用。本小节将分以下 4 点进行详细说明：①USB 通信软件工程初始化；②USB 中断处理函数；③USB 设备枚举处理过程；④USB 通信有限状态机。

（1）USB 通信软件工程初始化

USB 通信软件工程需首先对 USB 模块和所需片内外设进行初始化，具体初始化代码如下所示。其中，主要包括引脚初始化、核心电压设置、时钟初始化、USB 初始化、USB 回调函数使能、VBUS 连接事件检测和处理以及使能全局中断。

USB_init()函数主要为配置 USB 部分寄存器及使能 VbusOn 中断，当 USB 模块检测到 VBUS 连接时，将会在 VbusOn 中断处理中使能 USB 模块并连接 USB 总线。USB_setEnabledEvents()函数用于使能 USB 事件回调函数，在 USB 通信工程中，为了方便开发者处理有关 USB 事件，添加 USB 事件处理代码，为开发者留出多个 USB 事件回调函数接口，主要包括：时钟出错事件回调函数、VbusOn 事件回调函数、VbusOff 事件回调函数、USB 复位事件回调函数、USB 挂起事件回调函数、USB 唤醒事件回调函数、USB 数据接收完成事件回调函数和 USB 数据发送完成事件回调函数，可通过该函数使能所需事件回调函数，建议至少使能 VbusOn、VbusOff、复位、数据接收完成、数据发送完成的事件回调函数。

在初始化过程中，USB 软件工程会检测一次 VBUS 是否连接，主要用于当在采用 VBUS 供电的方案中，设备上电时，VBUS 已被连接，USB 初始化完成后，可立即将 USB 设备通过 DP 上拉连接到 USB 总线上。当在不采用 VBUS 供电的方案中，大多情况下，VBUS 上电时并未被连接，此时将不会处理 VbusOn 事件处理函数，等待 USB 接口插入，在 VbusOn 中断中进行处理。当初始化完成后，需要打开全局中断，以便响应 USB 中断事件。

```
Init_Ports();                                     //初始化引脚
SetVCore(3);                                      //设置核心电压为最高
Init_Clock();                                     //时钟初始化
USB_init();                                       //USB 初始化
USB_setEnabledEvents(kUSB_allUsbEvents);//使能所有 USB 事件回调函数
if (USB_connectionInfo() &kUSB_vbusPresent)
 USB_handleVbusOnEvent();                        //若 USB 接口已连接，则处理 VbusOn 事件回调
                                                    函数，USB 复位并 DP 内部上拉连接总线
__enable_interrupt();                            //使能全局中断
```

（2）USB 中断处理函数

MSP430 单片机的 USB 通信是通过中断方式进行驱动，在此将会详细介绍 USB 中断处理函数。CDC 设备 USB 中断处理代码如下所示：

```
#pragma vector=USB_UBM_VECTOR
```

```
__interrupt VOID iUsbInterruptHandler(VOID)
{
    BYTE bWakeUp = FALSE;
    if(USBIFG & SETUPIFG)
    {
        bWakeUp = SetupPacketInterruptHandler();
        USBIFG &= ~SETUPIFG;
    }
    switch(__even_in_range(USBVECINT & 0x3f, USBVECINT_OUTPUT_ENDPOINT7))
    {
        case USBVECINT_NONE:
          break;
        case USBVECINT_PWR_DROP:
          __no_operation();
          break;
        case USBVECINT_PLL_LOCK:
          break;
        case USBVECINT_PLL_SIGNAL:
          break;
        case USBVECINT_PLL_RANGE:
          if(wUsbEventMask&kUSB_clockFaultEvent)
          {
            bWakeUp = USB_handleClockEvent();
          }
          break;
        case USBVECINT_PWR_VBUSOn:
          PWRVBUSonHandler();
          if(wUsbEventMask&kUSB_VbusOnEvent)
          {
            bWakeUp = USB_handleVbusOnEvent();
          }
          break;
        case USBVECINT_PWR_VBUSOff:
          PWRVBUSoffHandler();
          if(wUsbEventMask&kUSB_VbusOffEvent)
          {
            bWakeUp = USB_handleVbusOffEvent();
          }
          break;
        case USBVECINT_USB_TIMESTAMP:
          break;
        case USBVECINT_INPUT_ENDPOINT0:
          IEP0InterruptHandler();
          break;
        case USBVECINT_OUTPUT_ENDPOINT0:
          OEP0InterruptHandler();
          break;
        case USBVECINT_RSTR:
          USB_reset();
```

```
        if(wUsbEventMask&kUSB_UsbResetEvent)
        {
            bWakeUp = USB_handleResetEvent();
        }
        break;
    case USBVECINT_SUSR:
        USB_suspend();
        if(wUsbEventMask&kUSB_UsbSuspendEvent)
        {
          bWakeUp = USB_handleSuspendEvent();
        }
        break;
    case USBVECINT_RESR:
        USB_resume();
        if(wUsbEventMask&kUSB_UsbResumeEvent)
        {
          bWakeUp = USB_handleResumeEvent();
        }
        bWakeUp = TRUE;
        break;
    case USBVECINT_SETUP_PACKET_RECEIVED:
        tEndPoint0DescriptorBlock.bIEPBCNT = EPBCNT_NAK;
        tEndPoint0DescriptorBlock.bOEPBCNT = EPBCNT_NAK;
        SetupPacketInterruptHandler();
        break;
    case USBVECINT_STPOW_PACKET_RECEIVED:
        break;
    case USBVECINT_INPUT_ENDPOINT1:
        break;
    case USBVECINT_INPUT_ENDPOINT2:
        bWakeUp = CdcToHostFromBuffer(CDC0_INTFNUM);
        break;
    case USBVECINT_INPUT_ENDPOINT3:
        break;
    case USBVECINT_INPUT_ENDPOINT4:
        break;
    case USBVECINT_INPUT_ENDPOINT5:
        break;
    case USBVECINT_INPUT_ENDPOINT6:
        break;
    case USBVECINT_INPUT_ENDPOINT7:
        break;
    case USBVECINT_OUTPUT_ENDPOINT1:
        break;
    case USBVECINT_OUTPUT_ENDPOINT2:
        if(!CdcIsReceiveInProgress(CDC0_INTFNUM))
        {
          if(wUsbEventMask&kUSB_dataReceivedEvent)
          {
```

```
                bWakeUp = USBCDC_handleDataReceived(CDC0_INTFNUM);
            }
        }
        else
        {
            bWakeUp = CdcToBufferFromHost(CDC0_INTFNUM);
        }
        break;
    case USBVECINT_OUTPUT_ENDPOINT3:
        break;
    case USBVECINT_OUTPUT_ENDPOINT4:
        break;
    case USBVECINT_OUTPUT_ENDPOINT5:
        break;
    case USBVECINT_OUTPUT_ENDPOINT6:
        break;
    case USBVECINT_OUTPUT_ENDPOINT7:
        break;
    default:
        break;
    }
    if(bWakeUp)
    {
        _ _bic_SR_register_on_exit(LPM3_bits);
        _ _no_operation();
    }
}
```

在 USB 中断处理函数中，有很多 USB 中断事件，为了让读者对 USB 设备连接触发 USB 中断时序有所了解，在此以 USB 设备插入主机后，按 USB 中断处理顺序进行介绍。当 USB 模块初始化完成并使能全局中断（在（1）中已介绍），USB 设备插入主机接口后，USB 模块将首先触发 VbusOn 中断，在 VbusOn 中断处理中，将首先调用 PWRVBUSonHandler()函数，延迟 1ms 稳定 VBUS 并使能 VbusOff 中断，随时检测 VBUS 是否掉线，之后调用 USB_handleVbusOnEvent()函数使能 USB 模块并通过上拉 DP 将 USB 设备连接到 USB 总线上，USB_handleVbusOnEvent()函数代码如下所示：

```
BYTE USB_handleVbusOnEvent()
{
    if(USB_enable() == kUSB_succeed)
    {
        USB_reset();
        USB_connect();
    }
    return TRUE;
}
```

当 DP 线上拉后，USB 主机将会检测到设备插入，并对 USB 设备发送复位命令。USB 设备检测到主机发送的复位命令后，将会触发复位中断。在复位中断处理中，调用 USB_reset()函数复位 USB 模块，该函数主要用于复位全局变量、端点 0 及所有所需端点，为接下来的设备枚举做准备。读者可在 USB_handleResetEvent()回调函数中添加复位事件处理代码。

当 USB 模块复位后，USB 主机将会对设备进行枚举，发送 SETUP 令牌包，USB 设备需要对主机发送的 SETUP 令牌包进行处理，当 USB 设备接收到 SETUP 令牌包后，将会触发 SETUP 包接收中断，具体 SETUP 及枚举的处理过程将在第（3）部分进行介绍。当枚举完成后，USB 设备枚举状态 bEnumerationStatus 将进入 ENUMERATION_COMPLETE 状态。设备枚举完成后，USB 设备即可与主机进行通信。

在与主机通信过程中，USB 设备使用 IN/OUT 端点与主机进行通信，在 CDC 设备中断服务程序中，使用 INPUT 端点 2 向主机发送数据，使用 OUTPUT 端点 2 从主机接收数据，具体在 USBVECINT_INPUT_ENDPOINT2 和 USBVECINT_OUTPUT_ENDPOINT2 中进行处理。在不同的 USB 设备中，所需端点数和端点方向不同，以实际需求为准。

当 USB 总线超过 3ms 未活动，USB 设备将检测到挂起信号，将会触发 USBVECINT_SUSR 中断，在挂起中断处理（USB_suspend()）中，MSP430 单片机将使能 USB 唤醒中断并禁用外部晶振（可选）。

当 USB 设备处于挂起状态，检测到 USB 总线上的 SOF 信号，USB 设备将触发 USBVECINT_RESR 唤醒中断。在唤醒中断处理（USB_resume()）中，将重新使能外部晶振、使能 USB 模块并使能 SETUPIE/RSTRIE/SUSRIE 中断，进而快速唤醒 USB 设备。

（3）USB 设备枚举过程

在 USB 设备通信中，USB 枚举实现是最复杂的部分。当 USB 设备枚举完成，USB 通信的实现则较为简单，在此，将详细介绍 MSP430 单片机 USB 设备枚举的软件实现过程。

USB 设备枚举主要分为 USB 标准枚举和设备类枚举。当 USB 主机检测到设备连接后，首先会进行 USB 标准枚举，不同 USB 设备的标准枚举过程基本一致，主要包括以下过程：①获取前 8 字节的设备描述符，设备描述符的前 8 字节含有设备描述符长度和端点 0 所支持的最大包长等信息，该步骤是为了保证在获得完整设备描述符的前提下，尽量减少 USB 设备占用公共地址 0 的时间；②再次复位，获取设备描述符最大包长后，主机会选择再次对设备进行复位，该步骤是一个可选的过程，USB2.0 协议并没有要求这里的复位动作，复位是一个谨慎的操作；③分配地址，复位完成后，主机会通过 Set Address 请求，为设备指定一个空闲的地址，地址分配后，USB 设备将处于地址状态，从这个端口发出的所用通信都会指向新地址，地址会一直有效，直到设备断开连接、集线器复位端口或系统重启，下一次枚举时，主机可能会分给设备一个不同的地址；④获取设备描述符(全部)、配置描述符和字符串描述符(可选)，地址分配后，主机会向新地址发送 Get Descriptor 请求，读取设备描述符，这一次主机会根据获取的设备描述符最大包长获取完整的设备描述符，主机通过请求一个或多个指定在设备描述符内的配置描述符继续了解设备，对配置描述符的请求，实际上就是对配置描述符以及其后接口描述符和端点描述符的所有附属描述符的请求，这些描述符称为配置描述符的集合，在获取的过程中，USB 主机首先只请求配置描述符的前 9 字节，在这些字节中，包含配置描述符集合的总长度，然后，主机会再次请求配置描述符，并且使用所取得的配置描述符的总长度来请求所有配置描述符，在配置描述符获取之后，主机会根据设备是否有字符串描述符(在设备描述符中已告知主机)，来请求相关字符串描述符；⑤设备配置，USB 主机会通过发送带有所需配置号的 Set Configuration 请求来配置设备。至此设备就进入了配置状态，USB 标准枚举结束。

在 USB 标准枚举结束后，有些 USB 设备还需实现设备类枚举，比如 HID 设备的 Get_Report/Set_Report/Set_Idle 等设备请求、CDC 设备的 Get_Line_Coding/ Set_Line_Coding 等设备请求、MSC 设备的 Get_Max_LUN 等设备请求。当设备类枚举结束后，USB 枚举才真正结束。

在 USB 设备枚举的过程中，主机占主导地位，USB 设备仅响应主机的请求，因此 USB 设备的底层代码需要处理所有必需的USB枚举请求。USB枚举使用端点0的控制传输方式，USB设备接收到主机发送的 SETUP 请求包，会首先触发 USB 模块的 USBVECINT_SETUP_PACKET_RECEIVED 中断。另外在 USB 中断处理函数的入口，也会检测在进入中断之前是否接收到 SETUP 请求包，若接收到 SETUP 请求包，则先处理 SETUP 请求包，以提高 SETUP 的中断响应。SETUP 请求包的处理函数为 SetupPacketInterruptHandler()，该函数定义如下，在该函数中，首先判断数据阶段的传输方向，然后调用 usbDecodeAndProcessUsbRequest()函数处理 USB 枚举请求，若在处理枚举请求的过程中又接收到了 SETUP 令牌包，代码上则采用 goto 指令，继续执行下一个 USB 枚举请求。请读者注意 tSetupPacket 的起始地址为 0x2380，为存放 SETUP 令牌包的 USB RAM 地址，因此当接收到 SETUP 令牌包时，可直接操作 tSetupPacket。

```
BYTE SetupPacketInterruptHandler(VOID)
{
    BYTE bTemp;
    BYTE bWakeUp = FALSE;
    USBCTL |= FRSTE;
    usbProcessNewSetupPacket:
    if((tSetupPacket.bmRequestType&USB_REQ_TYPE_INPUT)==USB_REQ_TYPE_INPUT)
    {
        USBCTL |= DIR;
    }
    else
    {
        USBCTL &= ~DIR;
    }
    bStatusAction = STATUS_ACTION_NOTHING;
    for(bTemp=0; bTemp<USB_RETURN_DATA_LENGTH; bTemp++)
    {
        abUsbRequestReturnData[bTemp] = 0x00;
    }
    bWakeUp = usbDecodeAndProcessUsbRequest();
    if((USBIFG & STPOWIFG) != 0x00)
    {
        USBIFG &= ~(STPOWIFG | SETUPIFG);
        gotousbProcessNewSetupPacket;
    }
    returnbWakeUp;
}
```

USB 枚举请求的处理主要在 usbDecodeAndProcessUsbRequest()函数中，该函数的定义如下，在该函数中，通过对 tUsbRequestList 结构体数组查表的方式，对 USB 枚举请求进行处理。

```
BYTE usbDecodeAndProcessUsbRequest(VOID)
{
    BYTE  bMask,bResult,bTemp;
    const BYTE* pbUsbRequestList;
    BYTE bWakeUp = FALSE;
    ptDEVICE_REQUESTptSetupPacket = &tSetupPacket;
    BYTE  bRequestType,bRequest;
    tpF1AddrOfFunction;
    pbUsbRequestList = (PBYTE)&tUsbRequestList[0];
```

```
while(1)
{
    bRequestType = *pbUsbRequestList++;
    bRequest     = *pbUsbRequestList++;
    if(((bRequestType == 0xff) && (bRequest == 0xff)) ||
      (tSetupPacket.bmRequestType == (USB_REQ_TYPE_INPUT | USB_REQ_TYPE_
       VENDOR | USB_REQ_TYPE_DEVICE)) ||
      (tSetupPacket.bmRequestType == (USB_REQ_TYPE_OUTPUT | USB_REQ_TYPE_
       VENDOR | USB_REQ_TYPE_DEVICE)))
    {
        pbUsbRequestList -= 2;
        break;
    }
    if((bRequestType == tSetupPacket.bmRequestType) && (bRequest ==
tSetupPacket.bRequest))
    {
        bResult = 0xc0;
        bMask   = 0x20;
        for(bTemp = 2; bTemp< 8; bTemp++)
        {
            if (*((BYTE*)ptSetupPacket + bTemp) == *pbUsbRequestList)
            {
                bResult |= bMask;
            }
            pbUsbRequestList++;
            bMask = bMask>> 1;
        }
        if((*pbUsbRequestList&bResult) == *pbUsbRequestList)
        {
            pbUsbRequestList -= 8;
            break;
        }
        else
        {
            pbUsbRequestList += (sizeof(tDEVICE_REQUEST_COMPARE)-8);
        }
    }
    else
    {
       pbUsbRequestList += (sizeof(tDEVICE_REQUEST_COMPARE)-2);
    }
}
if((USBIFG & STPOWIFG) != 0x00)
{
    returnbWakeUp;
}
lAddrOfFunction=((tDEVICE REQUEST COMPARE*)pbUsbRequestList)->pUsbFunction;
(*lAddrOfFunction)();
if ((lAddrOfFunction == &usbSetAddress) && (USBFUNADR != 0))
```

```
    {
        bWakeUp = USB_handleEnumCompleteEvent();
    }
    returnbWakeUp;
}
```

tUsbRequestList 结构体数组部分定义如下，该数组是以 tDEVICE_REQUEST_COMPAR 结构体为成员变量的结构体数组，该结构体的前 8 字节为枚举请求的 SETUP 令牌包，最后一个成员变量为枚举请求处理的函数指针。当在 usbDecodeAndProcessUsbRequest()函数中查询到 SETUP 令牌包和 tUsbRequestList 结构体数组中某一个结构体的前 8 字节相同，表明查询到对应的 USB 枚举请求，进而通过(*lAddrOfFunction)()调用函数指针，执行对应的枚举请求处理函数。一般 USB 枚举请求处理函数包括：USB 标准枚举请求处理函数（usbClearDeviceFeature、usbClearEndpointFeature、usbGetConfiguration、usbGetDeviceDescriptor、usbGetStringDescriptor、usbSetAddress、usbSetConfiguration 等）和设备类枚举请求处理函数（具体以设备而定）。

```
consttDEVICE_REQUEST_COMPAREtUsbRequestList[] =
{
    //---- CDC Class Requests -----//
    // GET LINE CODING
    USB_REQ_TYPE_INPUT | USB_REQ_TYPE_CLASS | USB_REQ_TYPE_INTERFACE,
    USB_CDC_GET_LINE_CODING,
    0x00,0x00,
    CDC0_COMM_INTERFACE,0x00,
    0x07,0x00,
    0xff,&usbGetLineCoding0,
    //---- USB Standard Requests -----//
    // get device descriptor
    USB_REQ_TYPE_INPUT | USB_REQ_TYPE_STANDARD | USB_REQ_TYPE_DEVICE,
    USB_REQ_GET_DESCRIPTOR,
    0xff,DESC_TYPE_DEVICE,
    0xff,0xff,
    0xff,0xff,
    0xd0,&usbGetDeviceDescriptor,
    ......
}
```

（4）USB 通信状态机

USB 通信工程主循环定义如下，其实 USB 模块在主循环中维持一个有限状态机，通过调用 USB_connectionState()函数，以获得当前的 USB 连接状态，再根据 switch 和 case 选择语句，选择执行不同的用户程序代码。USB 连接共 6 种状态，分别为 ST_USB_DISCONNECTED、ST_USB_CONNECTED_NO_ENUM、ST_ENUM_ACTIVE、ST_ENUM_SUSPENDED、ST_ENUM_IN_PROGRESS 和 ST_NOENUM_SUSPENDED。这 6 种状态的定义如表 7.2.13 所示。

```
while(1)
{
     switch(USB_connectionState())                //循环获取 USB 连接状态
     {
         case ST_USB_DISCONNECTED:
              __bis_SR_register(LPM3_bits + GIE);
              ......  //在此处可输入当 USB 未连接时的用户程序代码
```

```
        break;
    case ST_USB_CONNECTED_NO_ENUM:
        break;
    case ST_ENUM_ACTIVE:
        __bis_SR_register(LPM0_bits + GIE);
        ......    //在此处可输入当 USB 已连接且正常活动时的用户程序代码
        break;
    case ST_ENUM_SUSPENDED:
        __bis_SR_register(LPM3_bits + GIE);
        ......    //在此处可输入当 USB 已枚举但被挂起时的用户程序代码
        break;
    case ST_ENUM_IN_PROGRESS:
        break;
    case ST_NOENUM_SUSPENDED:
        break;
    case ST_ERROR:
        break;
        default:;
    }
  }
}
```

表 7.2.13　MSP430 单片机 USB 连接状态定义

USB 连接状态	是否有 VBUS 信号	PUR 是否为高	是否枚举	是否挂起
ST_USB_DISCONNECTED	×	×	×	×
ST_USB_CONNECTED_NO_ENUM	√	×	×	×
ST_ENUM_IN_PROGRESS	√	√	×	×
ST_ENUM_ACTIVE	√	√	√	×
ST_ENUM_SUSPENDED	√	√	√	√
ST_NOENUM_SUSPENDED	√	√	×	√

下面介绍评判 USB 连接状态的 4 种情况。

① VBUS 信号：VBUS 为从主机引入的 5V 电压信号。如果该信号存在，则 USB 设备已连接到 USB 主机。

② PUR：总线上拉引脚。USB 主机通过 D+引脚的 PUR 上拉，判断当前 USB 设备是否为全速设备。MSP430 单片机可通过软件编程实现该 PUR 引脚的上拉。

③ 枚举（Enumerated）：当一个 USB 设备成功枚举时，就意味着 USB 主机已经成功解读了 USB 设备的设备描述符，并加载了适当的设备驱动程序。这个过程需要一系列的 USB 设备请求来完成。

④ 挂起（Suspended）：USB 主机可在任何时间挂起 USB 设备，此时不发生 USB 通信，并且允许从 5V VBUS 电源获取的电流消耗不得高于 500μA。

具体 USB 连接状态转移图如图 7.2.25 所示。初始状态下，USB 处于“未连接状态(ST_USB_DISCONNECTED)”。当出现 VBUS 信号后，USB 连接状态进入“USB 连接但设备未枚举状态(ST_USB_CONNECTED_NO_ENUM)”。若应用程序调用 USB_connect()函数，拉高 PUR 引脚，USB 连接状态进入“正在枚举的过程中状态(ST_ENUM_IN_PROGRESS)”。若枚举成功，USB 连接状态进入“设备已枚举且总线是活动的状态(ST_ENUM_ACTIVE)”。在该状态下，即可进行 USB 数据的通信；若枚举失败，USB 连接状态返回到“USB 连接但设备未枚举状态”。若在“正在枚举的过程中状态”下，主机挂起设备，USB 的连接状态进入“USB 已连接但未枚举的设备被挂起的状态(ST_NOENUM_SUSPENDED)”。在该状态下，若主机恢复设备，可再次进入“正在枚举的过程中状态”。若在“设备已枚举且总线是活动的状态”下，主机挂起设备，USB 连接状态进入“设备已枚举但总线被挂起的状态(ST_ENUM_SUSPENDED)”。在该状态下，若主机恢复设备，可再次进入“设备已枚举且总线是活动的状态”。在 USB 通信过程中，若 USB 电缆被拔掉或应用程序调用 USB_disconnect()函数，USB 连接状态将进入 USB 为连接状态。

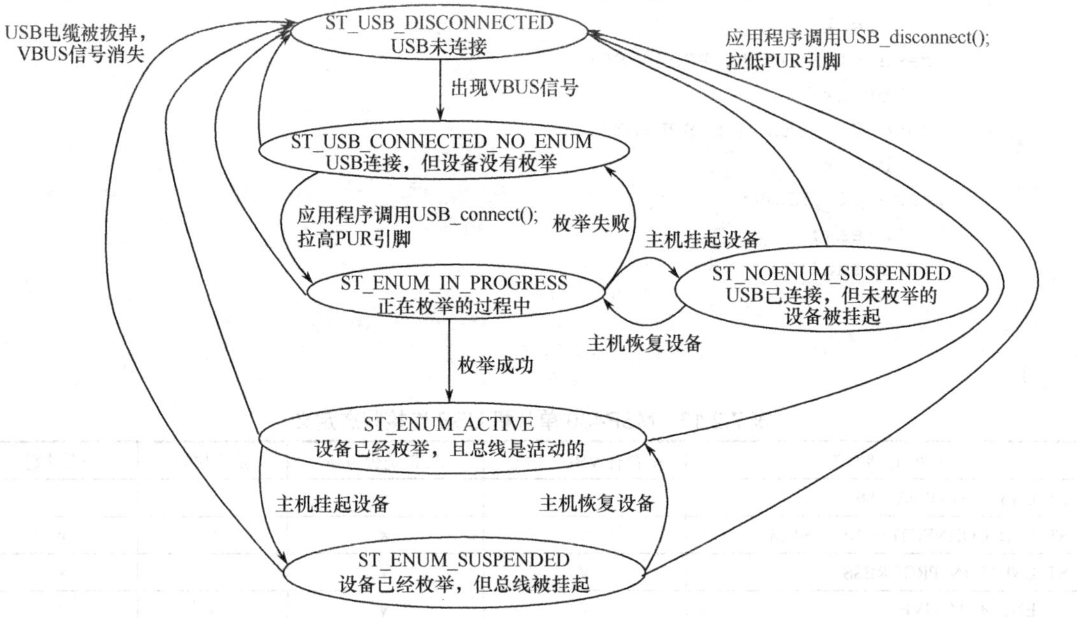

图 7.2.25　USB 连接状态转移图

以下 3 种状态占用了 MSP430 单片机 USB 通信的大部分时间：ST_USB_DISCONNECTED、ST_ENUM_ACTIVE 和 ST_ENUM_SUSPENDED，因此，在这 3 种状态下，用户可编写相应的用户程序代码，处理相应事件。

4．USB 数据发送/接收操作

（1）USB 数据发送操作

一个成功的 MSP430 单片机 USB 数据发送操作如图 7.2.26 所示。USB 数据发送的操作从调用 USBxxx_sendData()函数开始，用户应用程序可在设备已枚举且总线是活动的状态(ST_ ENUM_ACTIVE)下调用该函数进行数据发送。若调用成功，该函数将返回 KUSBXXX_sendStarted。

如果在调用 USBxxx_sendData()函数时，之前发送的操作仍在进行，该函数将直接返回 kUSBxxx_intfBusyError，这是由于在同一时刻对一个给定接口只能进行一个发送操作。在这种情况下，之前发送的操作不受影响，将继续进行。因此，除第一次调用 USBxxx_sendData()外，再次调用 USBxxx_sendData()函数时，需要确保当前没有发送操作在进行。

当一个发送操作完成，API 程序资源库将调用 USBxxx_handleSendCompleted()函数，来提醒用户所有的数据都已被发送，可进行下次发送操作。

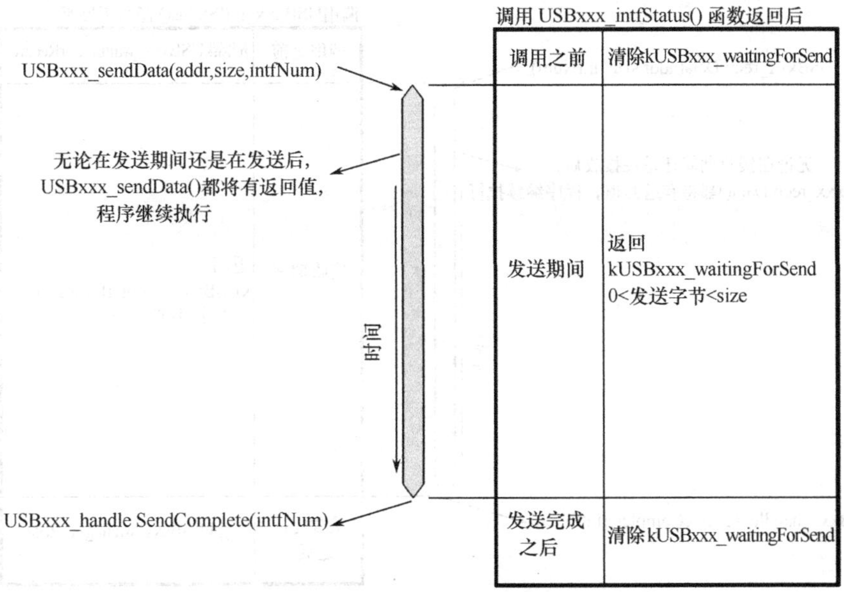

图 7.2.26　一个成功的 USB 数据发送操作示意图

当一个发送操作正在进行时，可以通过 USBxxx _abortSend()函数中止数据发送。在数据发送中止后，该函数将返回已成功发送的数据字节数。

根据调用 USBxxx_sendData()函数在轮询接口状态之前和之后，数据发送操作可分为两种类型，如表 7.2.14 所示。

表 7.2.14　USB 数据发送操作描述

发送类型	描　述	实现函数
非后台处理	在 USBxxx_sendData()函数之后轮询接口状态，直到数据发送操作完成	cdcSendDataWaitTilDone() hidSendDataWaitTilDone()
后台处理	在 USBxxx_sendData()函数之前轮询接口状态，直到接口可用	cdcSendDataInBackgrond() hidSendDataInBackgrond()

（2）USB 数据接收操作

一个成功的 MSP430 单片机 USB 数据接收操作如图 7.2.27 所示。USB 数据接收的操作从调用 USBxxx_receiveData()函数开始，用户应用程序可在设备枚举后，调用该函数进行数据接收。若调用成功，该函数将返回 kUSBxxx_receiveStarted。

如果在调用 USBxxx_receiveData()函数时，之前的发送操作仍在进行，该函数将直接返回 kUSBxxx_intfBusyError，这是由于在同一时刻对一个给定接口只能进行一个接收操作。在这种情况下，之前的接收操作将不受影响，继续进行。

当一个接收操作完成，API 程序资源库将调用 USBxxx_handleReceiveComplete()函数，来提醒用户可进行下次接收操作。

用户编写程序可调用以下函数完成接收操作：cdcReceiveDataInBuffer()和 hidReceiveDataInBuffer()。在接收的过程中，要关闭再次接收操作，禁止接收嵌套。直到所有接收的数据都被存储在 USB 通信模块的端点缓冲区中，才打开接收操作，允许下次接收。

5. USB 描述符工具

任何一个 USB 设备都需要一个描述符。该描述符向 USB 主机提供了 USB 设备的运营商代码（VID）和产品标识码（PID），USB 主机通过描述符识别 USB 设备。

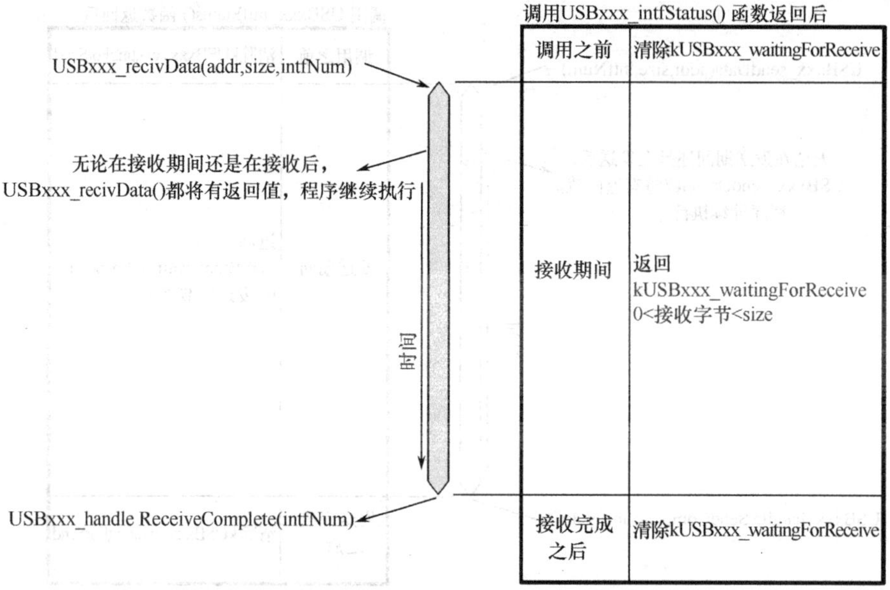

图 7.2.27　一个成功的 USB 数据接收操作示意图

该描述符工具可通过简单的几步操作为应用程序开发创建接口类型、配置单片机参数（时钟频率、DMA 通道等）及设备描述等。USB 描述符下载及配置步骤如下所示，在此以生成一个 CDC 通信类型的设备描述符为例进行介绍。

（1）下载 USB 描述符工具

USB 描述符工具可通过 MSP430Ware 进行下载，下载界面如图 7.2.28 所示。

图 7.2.28　USB 描述符工具下载界面

（2）设备界面设置（Device View）

打开 USB 描述符工具，首先看到的是设备界面，如图 7.2.29 所示。在默认状态下，设备描述符仅为一个 CDC 类型的设备提供描述符，用户可通过左上角的 CDC、HID、MSC 按钮添加设备描述符所支持的设备类型，形成多种组合设备接口。在此保持默认，仅选择一个 CDC 类型的设备。通过该界面，可为 USB 设备配置 VID、PID、制造商名称及产品名称。

（3）配置界面设置（Configuration View）

选择第二个界面为配置界面，如图 7.2.30 所示。该界面可配置 USB 设备是否为 USB 自供电设备、主机是否可以唤醒、从主机获得的最大电流及 USB 名称。

（4）接口界面设置（Interface View）

选择第三个界面为接口界面，如图 7.2.31 所示。该界面可以为 USB 设备配置接口编号及接口类型。

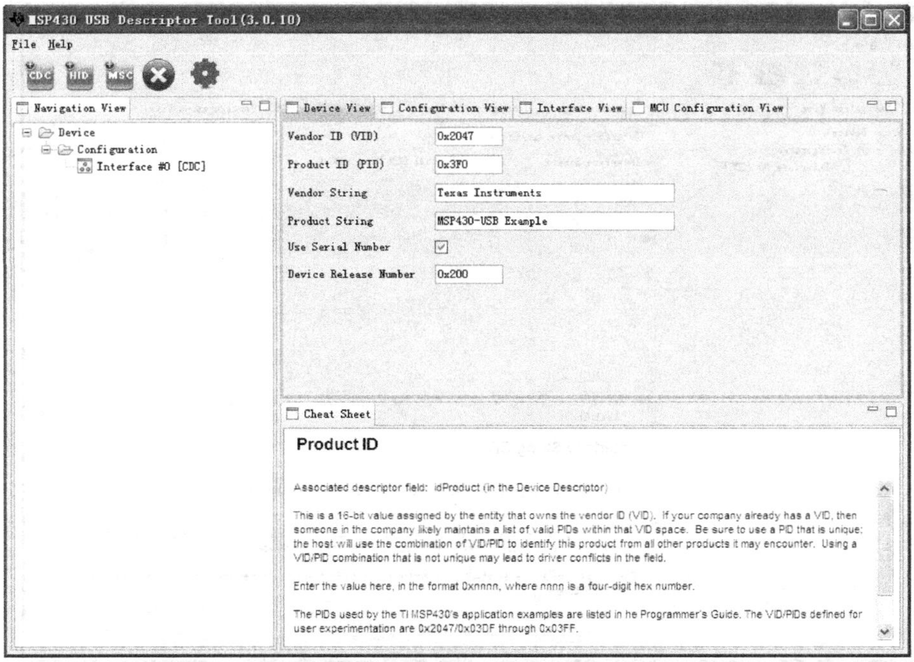

图 7.2.29　USB 设备描述符工具设备界面

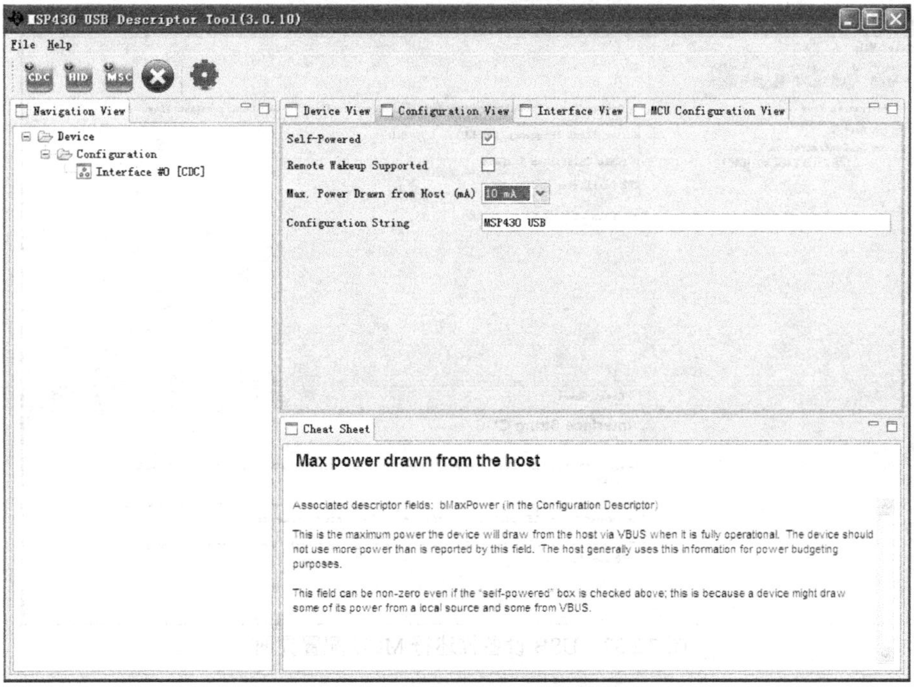

图 7.2.30　USB 设备描述符工具配置界面

（5）MCU 配置界面设置（MCU Configuration View）

选择第四个界面为 MCU 配置界面，如图 7.2.32 所示。该界面可设置用于 USB 通信的单片机配置，包括主系统时钟、高频晶振频率（XT2CLK）及 DMA 通道。

（6）保存设备描述符配置

选择“File→Save As”命令，保存当前描述符配置，如图 7.2.33 所示。保存的文件类型为.dat 文件，下次修改可直接用 USB 设备描述符工具打开。

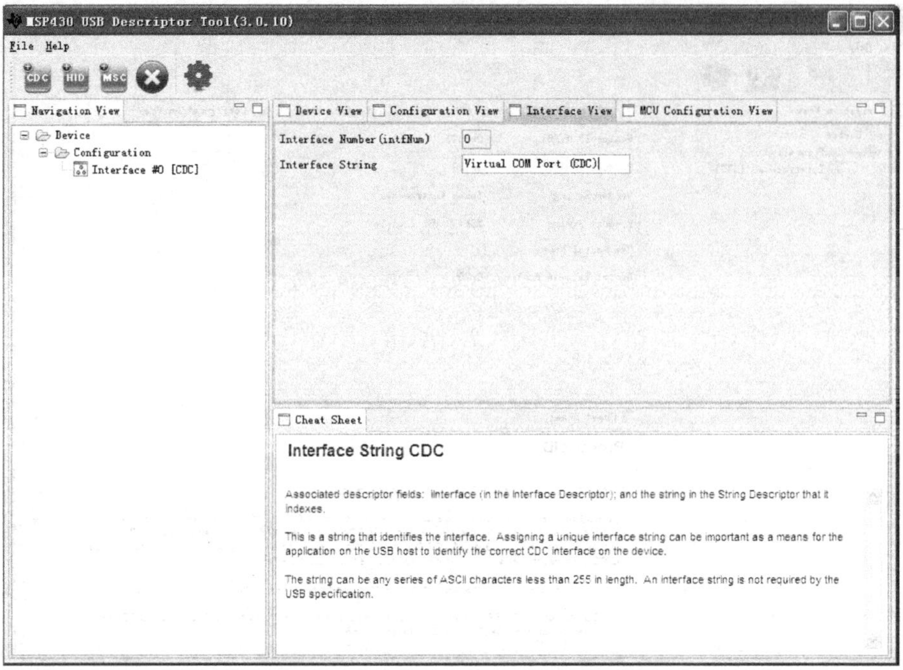

图 7.2.31　USB 描述符工具接口界面

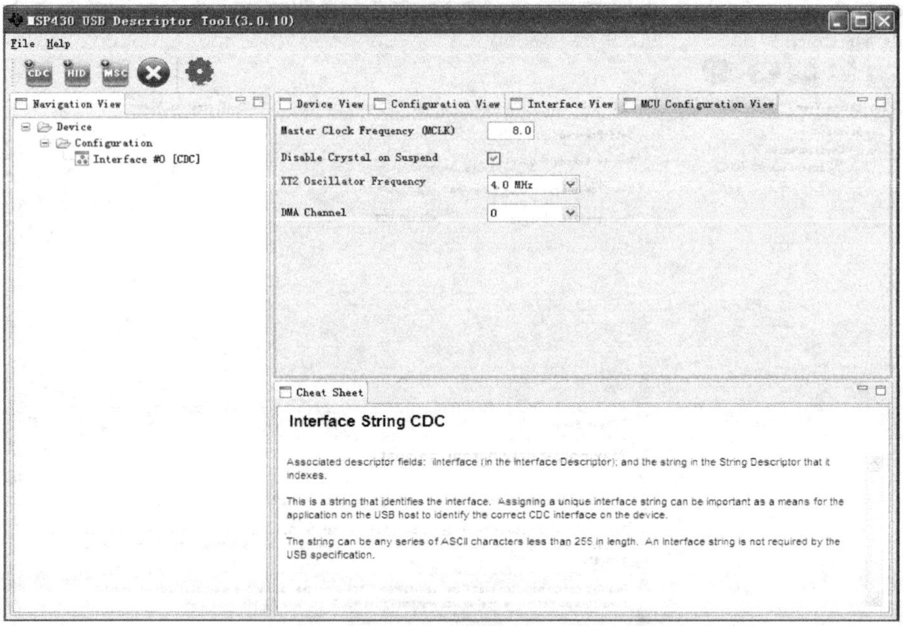

图 7.2.32　USB 设备描述符 MCU 配置界面

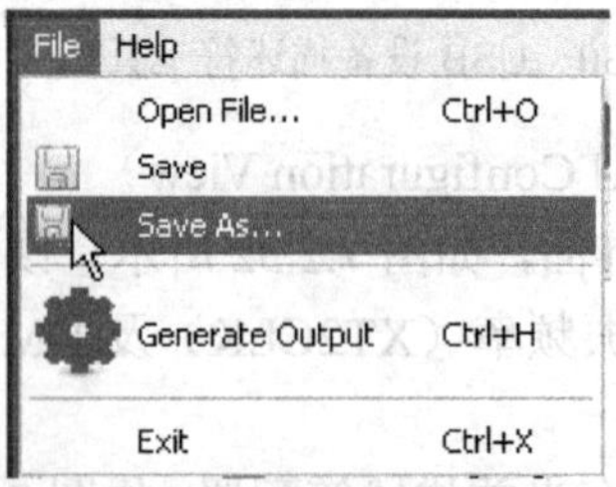

图 7.2.33　设备描述符保存界面

（7）自动生成输出设备描述符

单击图 7.2.33 中的绿色齿轮按钮，将自动生成以下 4 个文件：descriptors.c、descriptors.h、usbisr.c、*.INF 驱动文件（针对 CDC 通信的设备驱动）。这 4 个文件即为 USB 的设备描述符，可保存在 MSP430 单片机 USB 通信 API 库中的 USB_config 文件夹内。

6．USB 通信工程编程开发步骤

为了让读者清楚 USB 通信工程编程开发的步骤，在此从新建工程开始，基于 MSP-EXP430F5529 开发板，完成一个 USB 通信工程（MSP430_USB）的开发。在该 USB 通信工程中，PC 的超级终端软件作为上位机，通过 USB 通信向 MSP430 单片机发送命令。MSP430 单片机将收到的命令与程序中事先定义的命令相比较。若相同，则执行相应的程序；若不同，则返回“No such command!”。

若在超级终端上位机中输入“LED ON”命令，将点亮红色 LED；若输入“LED OFF”命令，将关闭红色 LED；若输入“LED TOGGLE-SLOW”命令，将缓慢闪烁红色 LED；若输入“LED TOGGLE-FAST”命令，将快速闪烁红色 LED。具体开发步骤如下。

（1）下载 USB 开发资源库

MSP430 单片机的 USB 开发资源库可通过下载 USB 通信实例程序的方法获得。在 USB 通信实例程序中，包含 USB 开发资源库文件，用户可直接导入自己的新建工程中，而无须更改。在此从 MSP430Ware 中下载 CDC 类型的第一个实例 C1_Example 工程，下载界面如图 7.2.34 所示，下载的工程文件夹名为 C1_Example，包含在 CCSv5 的工作区间内。

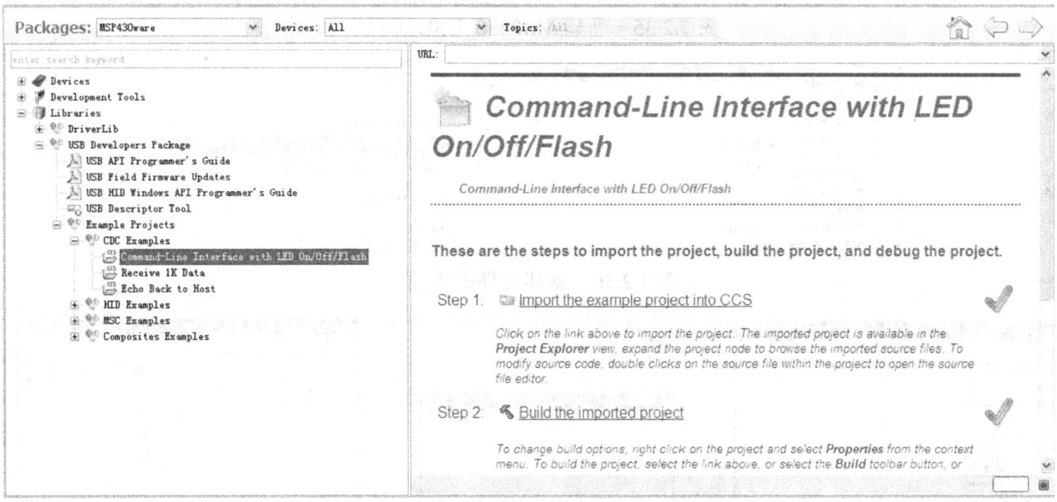

图 7.2.34　CDC 类型 USB 通信实例下载

（2）新建 USB 通信工程

具体请参考 2.3.2 节，新建一个名为“MSP430_USB”的 CCS 工程，如图 7.2.35 所示。

（3）导入 USB API 开发资源库

① 首先在 MSP430_USB 工程名上右击，选择“New→Folder”命令，新建名为 F5xx_F6xx_Core_Lib 的文件夹。如图 7.2.36 所示。

② 在 F5xx_F6xx_Core_Lib 文件夹上右击，选择“Import”命令，之后选择“File System”选项，如图 7.2.37（a）所示。单击“Next”按钮，单击“Browse”按钮选择需要导入的文件路径，在此选择下载的 USB 通信实例 C1_Example 程序代码中的 USB API 库，连接界面如图 7.2.37（b）所示。单击“确定”按钮，在弹出的对话框中，勾选 F5xx_F6xx_Core_Lib 选项，选择导入该文

件夹下的所有文件，导入界面如图 7.2.37（c）所示，单击“Finish”按钮，完成导入。利用同样的方法，导入相同路径下的 MSP430 USB API 资源库，导入完成的程序目录界面如图 7.2.38 所示。

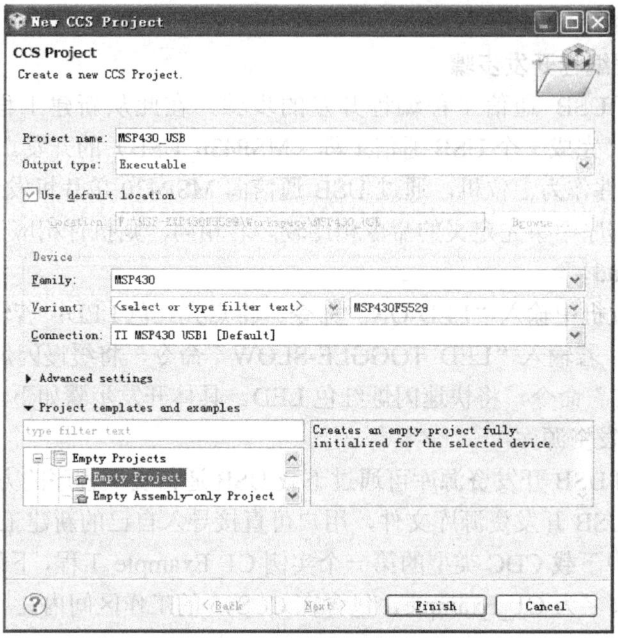

图 7.2.35 新建 MSP430_USB 工程

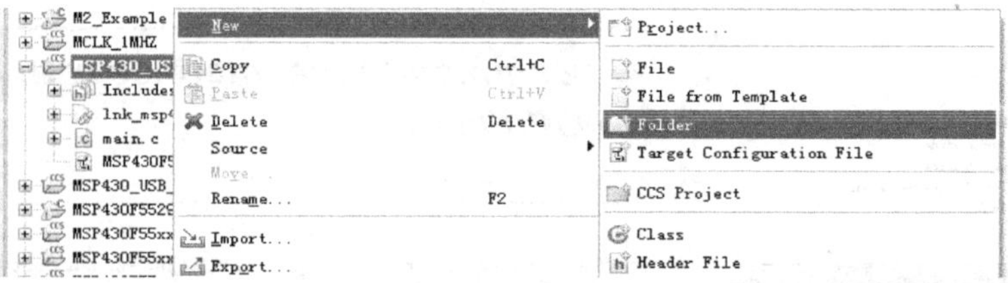

图 7.2.36 新建文件夹界面

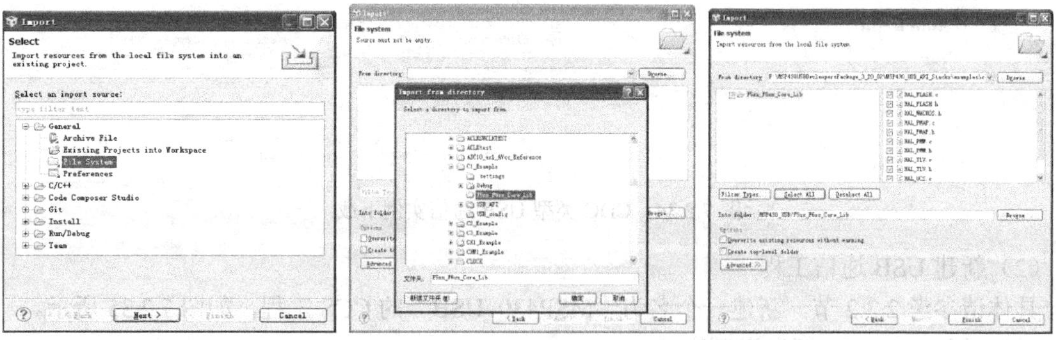

（a）　　（b）　　（c）

图 7.2.37 导入文件界面

（4）文件夹包含

导入 USB API 开发资源库后，需要包含相应的文件夹，程序才能够运行。首先在工程名称上右击，选择“Properties”选项，之后选择“Include Option”选项，选择添加上一步导入的 USB API 开发资源库中的文件夹包含，如图 7.2.39 所示。

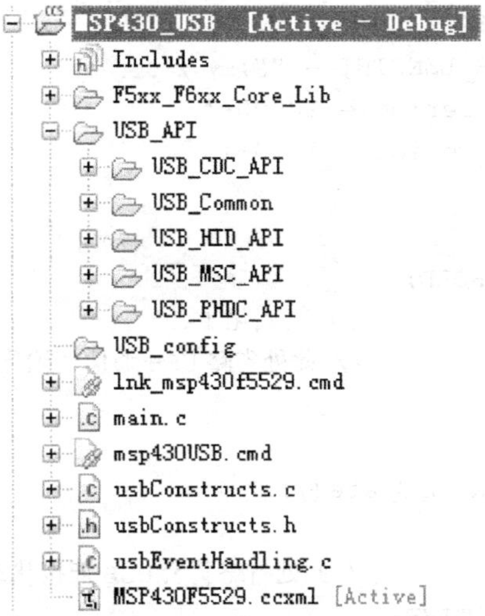

图 7.2.38 导入 USB API 开发资源库后的程序目录界面

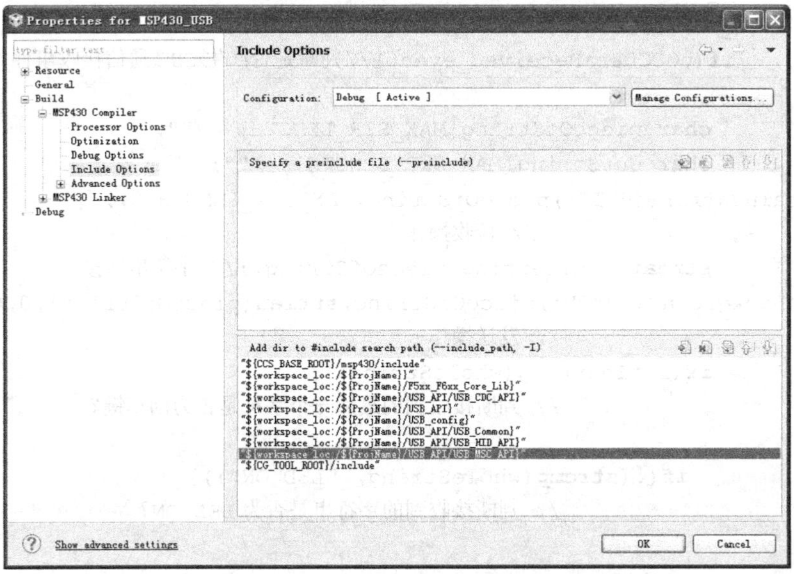

图 7.2.39 USB 通信工程文件夹包含

（5）生成设备描述符

利用 USB 设备描述符工具生成一个 CDC 类型的 USB 设备描述符，具体步骤见前述内容，自动生成的 4 个描述符文件保存在该工程下 USB 配置文件夹内（USB_config）。

（6）编写主函数

首先在主函数中输入 MSP430 USB 通信工程主程序结构框架程序代码，具体请见前述内容。具体功能实现程序如下，其中省略的部分请参考 USB 通信结构框架程序代码。在本工程中，采用超级终端作为上位机软件。编程时需要注意的是，超级终端默认不显示本地字符，也就是不回显键盘的输入字符。因此，编程需要将收到的字符利用数据发送操作原样发回计算机，才能在计算机上看到从键盘上输入的字符。

```
......                              // 此处省略头文件包含
VOID Init_TimerA1(VOID);
BYTE retInString(char* string);
volatile BYTE bCDCDataReceived_event = FALSE;
```

```c
#define MAX_STR_LENGTH 64
char wholeString[MAX_STR_LENGTH] = "";
unsigned int SlowToggle_Period = 20000-1;
unsigned int FastToggle_Period = 1000-1;
VOID main(VOID)
{
    WDTCTL = WDTPW + WDTHOLD;
    Init_TimerA1();                 // 初始化 TA1
    ……                              // 此处省略 USB 通信初始化
    while(1)
    {
        switch(USB_connectionState())
        {
            ……                      // 此处省略其余 USB 连接状态下的处理程序
            case ST_ENUM_ACTIVE:
                __bis_SR_register(LPM0_bits + GIE);
                _NOP();
                if(bCDCDataReceived_event)//判断是否产生 CDC 通信接收事件？
            {
                  char pieceOfString[MAX_STR_LENGTH] = "";
                  char outString[MAX_STR_LENGTH] = "";
cdcReceiveDataInBuffer((BYTE*)pieceOfString,MAX_STR_LENGTH,0);
                                // 接收操作
                  strcat(wholeString,pieceOfString);// 字符串连接
cdcSendDataInBackground((BYTE*)pieceOfString,strlen(pieceOfString),0,0);
                                // 发送操作
                  if(retInString(wholeString))
                                // 判断接收到的最后一个字符是否为回车键？
                  {
                    if(!(strcmp(wholeString, "LED ON")))
                                // 判断接收到的字符串是否为 LED ON？
                    {
                      TA1CTL &= ~MC_1;
                      P1OUT |= BIT0;
                      strcpy(outString,"\r\nLED is ON\r\n\r\n");
cdcSendDataInBackground((BYTE*)outString,strlen(outString),0,0);
                                // 向 USB 主机返回单片机状态
                    }
                    else if(!(strcmp(wholeString, "LED OFF")))
                    {
                      TA1CTL &= ~MC_1;
                      P1OUT &= ~BIT0;
                      strcpy(outString,"\r\nLED is OFF\r\n\r\n");
cdcSendDataInBackground((BYTE*)outString,strlen(outString),0,0);
                    }
                    else if(!(strcmp(wholeString, "LED TOGGLE - SLOW")))
                    {
                      TA1CTL &= ~MC_1;
                      TA1CCR0 = SlowToggle_Period;
```

```
                    TA1CTL |= MC_1;
                    strcpy(outString,"\r\nLED is toggling slowly\r\n\r\n");
cdcSendDataInBackground((BYTE*)outString,strlen(outString),0,0);
                   }
                   else if(!(strcmp(wholeString, "LED TOGGLE - FAST")))
                   {
                    TA1CTL &= ~MC_1;
                    TA1CCR0 = FastToggle_Period;
                    TA1CTL |= MC_1;
                    strcpy(outString,"\r\nLED is toggling fast\r\n\r\n");
cdcSendDataInBackground((BYTE*)outString,strlen(outString),0,0);
                   }
                   else
                   {
                    strcpy(outString,"\r\nNo such command!\r\n\r\n");
cdcSendDataInBackground((BYTE*)outString,strlen(outString),0,0);
                   }
                   for(i=0;i<MAX_STR_LENGTH;i++)
                    wholeString[i] = 0x00;
                 }
                 bCDCDataReceived_event = FALSE;
               }
              break;
          ......                        // 此处省略其余 USB 连接状态下的处理程序
          default:;
        }
     }  // while(1)
     ......        // 此处省略时钟初始化程序、端口初始化程序、UNMI 中断服务程序
  VOID Init_TimerA1(VOID)    // 定时器 TA1 初始化程序
  {
    TA1CCTL0 = CCIE;
    TA1CTL = TASSEL_1 + TACLR;
  }
  BYTE retInString(char* string)  //判断接收到的字符是否为回车键
  {
    BYTE retPos=0,i,len;
    char tempStr[MAX_STR_LENGTH] = "";
    strncpy(tempStr,string,strlen(string));
    len = strlen(tempStr);
    while((tempStr[retPos] != 0x0A) && (tempStr[retPos] != 0x0D) && (retPos++ <
len));
    if((retPos<len) && (tempStr[retPos] == 0x0D))
    {
     for(i=0;i<MAX_STR_LENGTH;i++)
      string[i] = 0x00;
     strncpy(string,tempStr,retPos);
       return TRUE;
    }
    else if((retPos<len) && (tempStr[retPos] == 0x0A))
```

```
    {
     for(i=0;i<MAX_STR_LENGTH;i++)
       string[i] = 0x00;
     strncpy(string,tempStr,retPos);
         return TRUE;
    }
   else if (tempStr[retPos] == 0x0D)
     {
     for(i=0;i<MAX_STR_LENGTH;i++)
           string[i] = 0x00;
     strncpy(string,tempStr,retPos);
         return TRUE;
    }
   else if (retPos<len)
      {
     for(i=0;i<MAX_STR_LENGTH;i++)
       string[i] = 0x00;
     strncpy(string,tempStr,retPos);
          return TRUE;
    }
   return FALSE;
  }
#pragma vector=TIMER1_A0_VECTOR  //定时器中断服务程序
__interrupt void TIMER1_A0_ISR(void)
{
  P1OUT ^= BIT0;
}
```

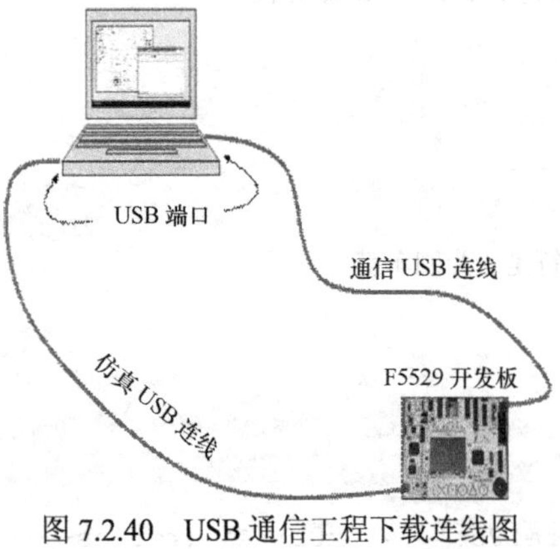

图 7.2.40　USB 通信工程下载连线图

（7）编译下载

首先对编写的程序进行编译，直到没有错误为止，然后利用两根 Mini-USB 线连接 MSP-EXP430F5529 开发板和 PC。连接方法如图 7.2.40 所示。之后单击调试下载按钮，将 USB 通信工程下载到 MSP-EXP430F5529 开发板上。

（8）加载驱动

① 程序运行后，在桌面右下角会显示“发现新硬件”的提示框，之后弹出如图 7.2.41（a）所示的窗口，选择“从列表或指定位置安装（高级）（S）”选项。

② 单击“下一步”按钮，弹出如图 7.2.41（b）所示的窗口，从浏览中选择该 USB 通信工程硬件驱动所在文件夹的路径：…\Workspace\MSP430_USB\ USB_ config。

③ 单击“下一步”按钮，弹出图7.2.41（c）所示窗口，单击“完成”按钮，完成硬件驱动的安装。

（9）查看端口编号

打开设备管理器，查看虚拟的COM端口，如图7.2.42所示，在此虚拟出的为COM30端口，端口号会因PC的不同而有所不同，但其名称不会改变。

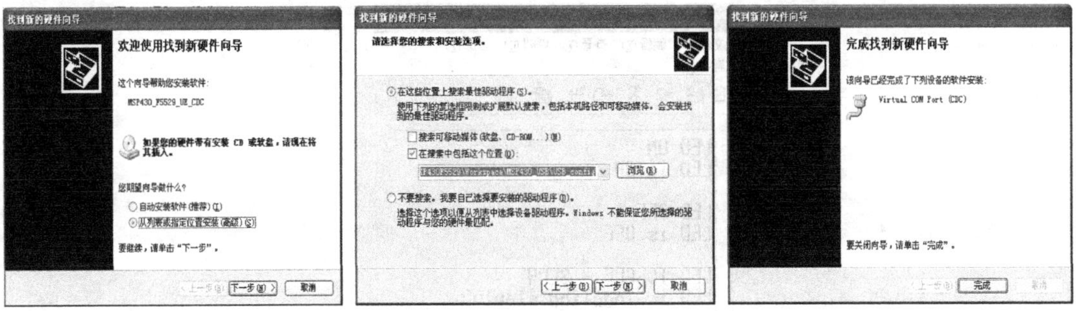

（a）　　　　　　　　　　（b）　　　　　　　　　　（c）

图 7.2.41　硬件驱动安装向导

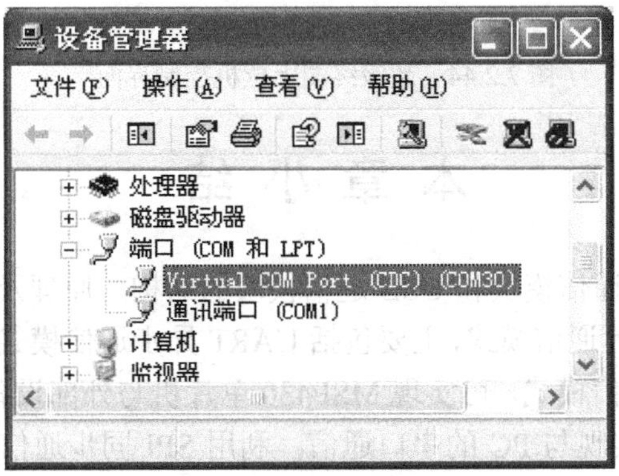

图 7.2.42　设备管理器界面

（10）打开超级终端软件

① 打开Windows XP系统自带的超级终端软件，选择“开始→程序→附件→通信→超级终端”命令，弹出如图7.2.43（a）所示的窗口。任意命名都是可以的，在此命名为MSP430_USB。

② 单击“确定”按钮，弹出如图7.2.43（b）所示的窗口，选择连接时所用的端口，在此选择COM30端口（该端口为之前加载驱动虚拟出的COM端口）。

③ 单击“确定”按钮，弹出如图7.2.43（c）所示的窗口，该端口设置为UART通信时所用。本实验为USB通信，无须设置，仅单击“确定”按钮，打开COM端口。

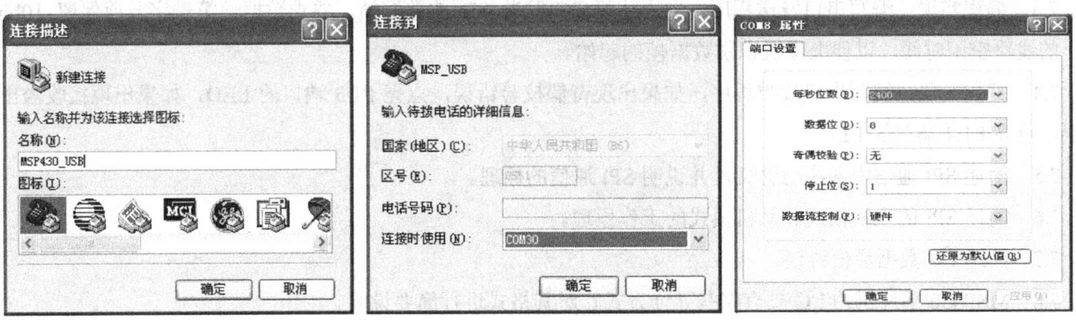

（a）　　　　　　　　　　（b）　　　　　　　　　　（c）

图 7.2.43　打开超级终端界面

（11）在超级终端中输入控制命令

在超级终端的界面中输入相应的控制命令，通过 USB 通信控制 MSP-EXP430F5529 开发板。具体控制界面如图 7.2.44 所示。

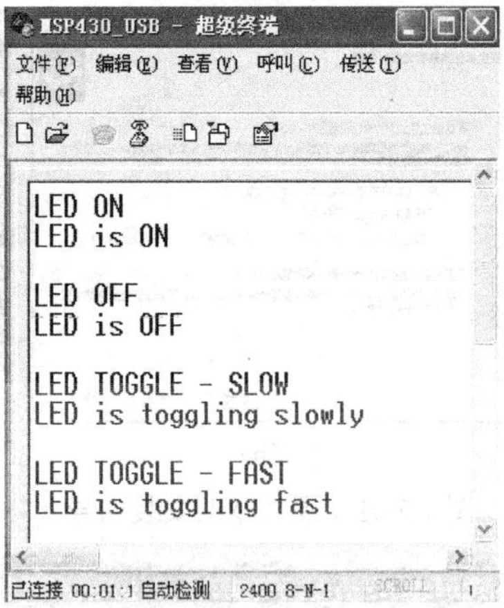

图 7.2.44 超级终端上位机控制界面

本 章 小 结

本章详细讲述了 USCI 通信模块和 USB 通信模块的结构、原理及功能。MSP430 单片机的 USCI 通信模块支持多种串行通信模式，主要包括 UART 异步通信模式、SPI 同步通信模式和 I^2C 通信模式。通过这些串行通信模式，可实现 MSP430 单片机与外部设备之间的信息交换。例如，利用 UART 异步通信模式实现与 PC 的串口通信；利用 SPI 同步通信模式实现 SD 卡内存的读写；利用 I^2C 通信模式调节 ADS1100 增益等。MSP430F5xx/6xx 系列单片机内部集成全速 USB2.0 模块，传输速率可高达 12Mbps，支持控制、中断和批量传输模式，可用于数据记录、高速数据传输或其他需要连接各种 USB 设备的应用。

思考题与习题 7

7.1 USCI_Ax 和 USCI_Bx 分别支持哪些通信模式？

7.2 简述 USCI 模块工作在 UART 模式下的初始化步骤。

7.3 编程实现：编写串口发送程序，向上位机(PC)发送 8B 的数据帧。要求数据帧第一字节前保留 10bit 以上的线路空闲时间，以便上位机识别数据帧的起始。

7.4 编程实现：编写串口接收程序，如果出现奇偶校验错误，点亮 P1.3 端口的 LED，如果出现接收溢出错误，点亮 P1.4 端口的 LED。

7.5 简述 SPI 通信中各线的含义，并说明 SPI 通信的原理。

7.6 简述 SPI 的主机模式和从机模式的工作原理。

7.7 简述 I^2C 数据通信协议。

7.8 MSP430 单片机的 I^2C 具有哪些寻址方式？对其格式进行简要说明。

7.9 MSP430 单片机的 I^2C 如何进行多机仲裁？

7.10 MSP430 单片机的 I^2C 具有哪些工作模式？

7.11 MSP430 单片机的 I^2C 具有哪些状态中断标志？并简述各状态中断标志产生的条件。

7.12 什么是 USB 主机和 USB 设备？MSP430 单片机能否作为 USB 主机使用？

7.13 简述差分信号技术特点，并描述反向不归零编码原理。

7.14 列举 USB 设备的枚举过程。

7.15 MSP430 单片机的 USB 模块由哪些部件构成？

7.16 USB 引擎部件在 USB 通信的过程中有哪些作用？

7.17 MSP430 单片机的 USB 模块具有哪些通信传输方式？

7.18 MSP430 单片机的 USB 通信模块的软件开发资源库包含哪些部分？并下载该软件开发资源库。

7.19 MSP430 单片机的 USB API 堆栈支持哪些 USB 设备类型？并对各设备类型列举 1～2 个实例。

7.20 列举 MSP430 单片机 USB 的连接状态，并说明各连接状态之间的转移关系。

7.21 列举 USB 数据发送/接收操作的主要函数，并对各函数进行简要描述。

7.22 简述 USB 描述符工具的功能及使用步骤。

7.23 按照 7.2.5 节 USB 通信工程编程开发步骤的介绍，完成该应用实例。

第 8 章 MSP430 单片机片内控制模块

片内控制模块是指 MSP430 单片机具有内部控制功能且不与外部器件直接相连的内部集成模块。本章重点讲述 Flash 控制器、RAM 控制器、DMA 控制器及硬件乘法控制器的结构、原理及功能，并针对各个控制器给出简单的程序例程。

8.1 Flash 控制器

知识点： Flash 存储器又称闪存，它结合了 ROM 和 RAM 的长处，不仅具备电子可编程（EEPROM）的性能，还可以快速读取数据（NVRAM 的优势），使数据不会因为断电而丢失。在过去 20 年里，嵌入式系统一直使用 ROM（EPROM）作为存储设备。然而，近年来 Flash 全面替代了 ROM（EPROM），用于嵌入式系统存储程序代码、大量数据或引导加载程序。

MSP430 单片机可以通过内置的 Flash 控制器擦除或改写内部任何一段 Flash 的内容。由于 Flash 控制器的操作需要涉及 Flash 存储器的物理地址。所以，本节首先介绍 Flash 存储器的分段结构，再详细介绍 Flash 控制器的操作原理。

8.1.1 Flash 存储器的分段结构

MSP430 单片机的存储器采用冯·诺依曼结构，RAM 和 Flash 在同一寻址空间内统一编址，没有代码空间和数据空间之分。实际上，MSP430F5xx/6xx 系列单片机的地址总线为 20 位，总寻址空间可达到 1MB。但是，不同型号的 MSP430 单片机所具有的 Flash 空间大小不同，具体请参考相关芯片的数据手册。MSP430F5529 单片机具有 128KB Flash 程序存储空间，其存储器的分段结构示意图如图 8.1.1 所示。

由图 8.1.1 可知，MSP430 单片机的 Flash 存储器是以段为基本结构进行存储的，总体上可分为 3 部分：128KB 的 Flash 主存储器、2KB 的 BSL 存储器和 512B 的信息存储器。Flash 主存储器主要用于存储程序代码，被分割成 4 个扇区，每个扇区 128 段，每段 256B。Flash 控制器可以以位、字节或者字的格式写入 Flash 主存储器，但 Flash 主存储器的最小擦除单位是段。BSL 存储器为引导加载存储器，可用来存储引导加载程序，其分为 4 段，每段 512B，并且每段可单独进行擦除。信息存储器主要用来存储需要掉电后永久保存的数据，可分为 4 段，每段 128B，每段也可单独进行擦除。

8.1.2 Flash 控制器介绍

MSP430 单片机的 Flash 控制器主要用来实现对 Flash 存储器的烧写程序、写入数据和擦除功能，可对 Flash 存储器进行字节/字/长字（32 位）的寻址和编程。Flash 存储器和控制器的结构框图如图 8.1.2 所示。Flash 控制器模块包括 4 个部分：控制寄存器和地址/数据锁存器、时序发生器、编程电压发生器及 Flash 存储器。控制寄存器主要用来控制 Flash 存储器的擦除和写入，地址/数据锁存器用来实现擦除与编程时执行锁存操作，时序发生器用来产生擦除与编程所需所有时序控制信号，编程电压产生器用来产生 Flash 写入和擦除操作所需的较高电压。

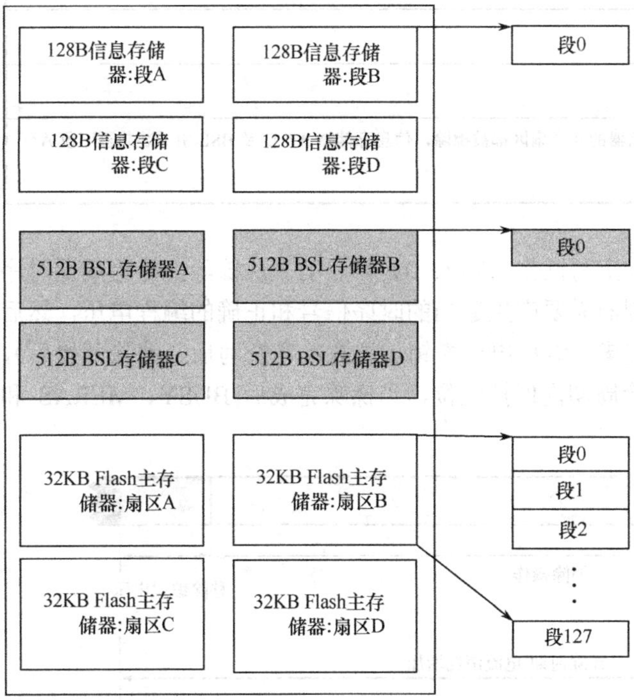

图 8.1.1 Flash 存储器分段结构示意图

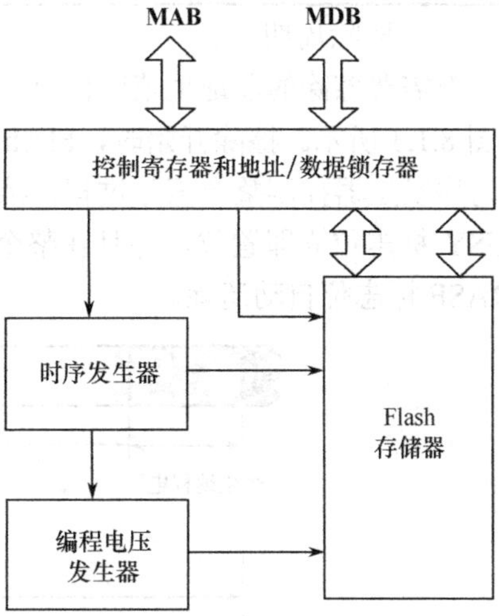

图 8.1.2 Flash 存储器和控制器结构框图

Flash 控制器具有以下特性：

- 内置编程电压发生器；
- 可字节、字、长字编程；
- 超低功耗操作；
- 段擦除、扇区擦除和块擦除；
- 边沿 0 和边沿 1 读模式；
- 当程序在某个扇区中执行时，其余的扇区可以单独擦除。

8.1.3 Flash 存储器操作

Flash 存储器默认情况下为读模式。在读模式下，Flash 存储器不能进行擦除或写操作，Flash 时序发生器和电压发生器也将被关闭。Flash 存储器有不止一个扇区可用，在擦除的同时可以对其他扇区进行读取操作。当正在对 Flash 存储器的段、扇区或块进行编程或擦除操作时，禁止对该部分 Flash 存储器进行读或写操作。Flash 存储器可通过 BLKWRT、WRT、MERAS 和 ERASE 控制位选择以下任何一种写入/擦除模式：字节/字/长字写入、块写入、段擦除、扇区擦除（仅在主存储器部分）、块擦除、当擦除扇区时读（除了从当前扇区读）。

1. Flash 存储器擦除操作

擦除后 Flash 存储器内的每一位值均为 1，要往 Flash 中写入数据，只需将相应的位改为 0 即可。但是，要将其重新编程从 0 到 1，则需要擦除操作。Flash 存储器的最小擦除单元是段，通过 ERASE 和 MERAS 控制位可选择 3 种擦除模式，具体配置如表 8.1.1 所示。

表 8.1.1 擦除模式设置列表

MERAS	ERASE	擦除模式
0	1	段擦除
1	0	扇区擦除
1	1	块擦除（所有主存储器的 4 个扇区都被擦除，信息存储器 A～D 及 BSL 引导装载程序段 A～D 不被擦除）

（1）擦除周期

对需要擦除的段地址范围内执行一次空写操作（写入 0）将启动一次擦除，擦除周期时序如图 8.1.3 所示。擦除开始时，Flash 控制器需要产生适当的时序信号和正确的编程电压，然后由时序发生器控制整个擦除过程，擦除完毕，编程电压撤销。注意：在空写后（擦除开始后），BUSY 标志位立即置位，并且在整个擦除周期内保持置位，当擦除完成后 BUSY、MERAS 和 ERASE 标志位自动清除。

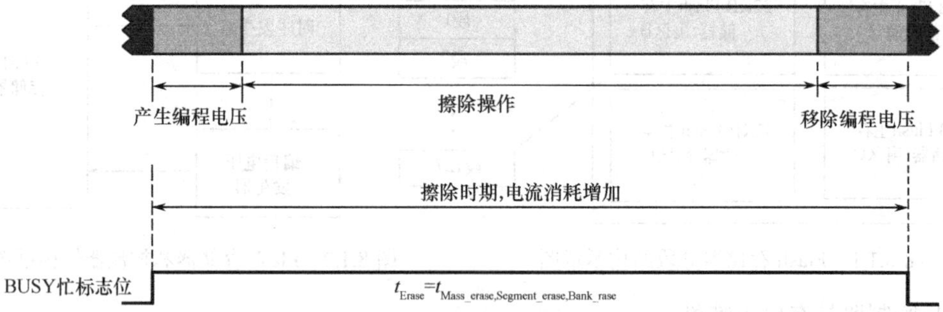

图 8.1.3　擦除周期时序图

（2）擦除各存储器方式

主存储器包含一个或多个扇区，每个扇区可以采用扇区擦除模式进行单独擦除，也可以通过块擦除模式擦除主存储器下的所有扇区。

信息存储段 A～D 及 BSL 引导装载程序段 A～D 只可采用段擦除模式擦除，若采用扇区擦除或块擦除模式，将不能擦除这些存储器。

（3）擦除操作编程步骤

MSP430 单片机的 Flash 存储器的擦除操作可以从 Flash 中启动，也可以从 RAM 中启动（即擦除操作指令执行所在空间）。当从 Flash 中启动擦除操作时，被执行的代码不能存放在需要擦除的扇区中，在擦除期间，CPU 会停止运行且状态保持不变，擦除完毕后，CPU 才会恢复活动状态，继续执行程序代码。但是，从 RAM 中启动擦除工作时，CPU 不会停止运行，能继续执行存储在 RAM 中的程序代码，BUSY 忙标志位用于判断擦除周期是否结束。在 CPU 访问任何 Flash 地址时，必须保证擦除周期完成，即 BUSY=0，否则对 Flash 的访问操作将是非法的，ACCVIFG（非法访问中断标志位）置位，且擦除结果是不确定的。MSP430 单片机的程序存储空间可通过 CCS 工程文件下的 CMD 文件进行更改，默认情况下存放在 Flash 中，一般情况下在执行程序时直接从 Flash 中取指令。有时为了加快程序执行速度或进行目标段 Flash 擦写时，也可将程序从 Flash 中搬到 RAM 中执行。但是，在 RAM 中执行的指令掉电后会消失。擦除操作的编程步骤如下：

① 首先等待 BUSY 忙标志位为 0；

② 配置 Flash 控制寄存器及擦除模式；

③ 擦除期间禁止中断，否则将导致不可预计的后果；

④ 发出擦除指令，向被擦除段写入 0；

⑤ 等待 BUSY 忙标志位清零，即等待擦除操作完成；

⑥ 启动中断；

⑦ 退出擦除操作，锁定 Flash，保护数据。

【例 8.1.1】 编写擦除单段数据的函数。

```
/*******************************************************************
 * 名    称：FlashErase()
 * 功    能：擦除单段数据
 * 入口参数：擦除段的首地址
 * 出口参数：无
 *******************************************************************/
void FlashErase(unsigned int adr)
{
  unsigned char *p0=(unsigned char *)adr;      // 定义字节型指针指向目标段
  while(FCTL3 & BUSY);                         // 如果处于忙，则等待
  FCTL3 = FWKEY;                               // 清除Flash锁定位
  FCTL1 = FWKEY + ERASE;                       // 使能单段擦除操作
  _DINT();                  // Flash操作期间不允许中断，否则将导致不可预计的错误
  *p0 = 0;                              // 向段内地址写0，即空写入，启动擦除操作
  while(FCTL3 & BUSY);                  // 等待擦除完成
  _EINT();                              // 启动全局中断
  FCTL1 = FWKEY;                        // Flash退出擦除模式
  FCTL3 = FWKEY + LOCK;                 // 恢复Flash的锁定位，保护数据
}
```

2. Flash 存储器写操作

注意：在介绍 Flash 存储器写操作模式之前，首先需要介绍 Flash 的物理特性。Flash 被擦除后内部数据将全部变为 1，以后的写入只能由 1 写为 0。若想由 0 写为 1 是不行的。因此，若需要向目的地址写入数据，应首先将目的地址所在的整段擦除，然后再对目的地址进行写入。

Flash 存储器的写模式可通过 WRT 和 BLKWRT 控制位进行选择，具体配置如表 8.1.2 所示。

表 8.1.2 写模式配置列表

BLKWRT	WRT	写 模 式
0	1	字节/字写入
1	0	长字写入
1	1	长字块写入

写模式使用其特有的写入指令时序，在写入操作正在运行时，BUSY 忙标志位置位，当写入操作完成后，BUSY 忙标志位清零。使用长字块写入模式的速度约是长字写入模式速度的 2 倍，是字节/字写入模式速度的 4 倍，这是因为电压发生器在长字块写入期间一直处于打开状态，且长字是并行写入的。

（1）字节/字和长字写入模式

字节/字和长字写入模式的写入周期时序图如图 8.1.4 所示。在写入过程中，BUSY 忙标志位一直置位。这两种写入模式均可以从 Flash 中启动，也可以从 RAM 中启动，与擦除操作相同，从 Flash 中启动时，CPU 停止；从 RAM 中启动时，CPU 可继续运行。其编程步骤如下：

① 首先擦除目的地址所在段数据；

② Flash 操作期间禁止中断，否则将导致不可预计的后果；

③ 等待擦除完成；

④ 将 Flash 控制器配置为字节/字或长字写入模式；

⑤ 向目的地址写入数据；

⑥ 等待写入完成；

⑦ 启动中断；

⑧ 退出擦除操作，锁定 Flash，保护数据。

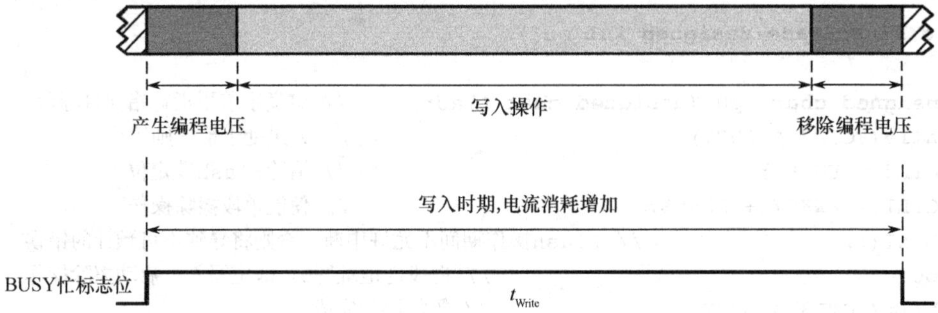

图 8.1.4　字节/字和长字写入周期时序图

【例 8.1.2】 编写向目的地址写入 1 字节的函数。

```
/*********************************************************************
 * 名    称：FlashWB()
 * 功    能：向目的地址写入1字节
 * 入口参数：Adr:写入地址  DataB：写入的字节
 * 出口参数：无
*********************************************************************/
void FlashWB(unsigned int Adr,unsigned char DataB)
{
  FCTL3 = FWKEY;
  FCTL1 = FWKEY+ERASE;                 // 设置擦除控制位
  _DINT();             // Flash操作期间不允许中断，否则将导致不可预计的错误
  *((unsigned char *)Adr) = 0;        // 向段内地址写0，即空写入，启动擦除操作
  while(FCTL3 & BUSY);                // 等待擦除完成
  FCTL1 = FWKEY+WRT;                  // 设置字节/字写控制位
  *((unsigned char *)Adr)=DataB;      // 向目的地址写入数据
  while(FCTL3 & BUSY);                // 等待写入完成
  _EINT();                            // 启动全局中断
  FCTL1 = FWKEY;                      // Flash退出写模式
  FCTL3 = FWKEY + LOCK;               // 恢复Flash的锁定位，保护数据
}
```

【例 8.1.3】 编写程序向 Flash 信息存储器 D 段写入一个长字。

```
#include <msp430f5529.h>
void main(void)
{
  unsigned long * Flash_ptrD;                       // 定义指向信息存储器D段的指针
  unsigned long value;
  WDTCTL = WDTPW+WDTHOLD;                           // 关闭看门狗
  Flash_ptrD = (unsigned long *) 0x1800;            // 初始化指针
  value = 0x12345678;                               // 初始化需写入的长字
  FCTL3 = FWKEY;                                    // 清除Flash锁定位
  FCTL1 = FWKEY+ERASE;                              // 设置擦除控制位
  _DINT();                 // Flash操作期间不允许中断，否则将导致不可预计的错误
  *Flash_ptrD = 0;                                 // 向段内地址写0，即空写入，启动擦除操作
  while(FCTL3 & BUSY);                             // 等待擦除操作完成
  FCTL1 = FWKEY+BLKWRT;                            // 使能长字写入操作
  *Flash_ptrD = value;                             // 将长字写入目的Flash段
  while(FCTL3 & BUSY);                             // 等待写入操作完成
  _EINT();                                         // 启动全局中断
  FCTL1 = FWKEY;                                   // Flash退出写模式
  FCTL3 = FWKEY+LOCK;                              // 恢复Flash的锁定位，保护数据
  while(1);                                        // 主循环，可在此处设置断点查看内存空间
}
```

（2）长字块写入模式

当有许多连续的字节或字需要编程写入时，长字块写入模式能够提高 Flash 的写入速度。长字块写入模式周期时序图如图 8.1.5 所示。长字块写入模式不能从 Flash 存储器中启动，只能从 RAM 中启动。在整个块写入的过程中，BUSY 忙标志位置位。以一个长字（4 字节）为单位地写入，每个长字之间必须检查 WAIT 标志位，当 WAIT 标志位置位时，表示已完成前一个长字的写入，可以写入后一个长字。在当前块数据写完之后，BLKWRT 控制位必须清零，且在一个块的写入之前必须置位。当 BUSY 标志位清零后，表示当前块已完成写入操作，可以对下一块执行写入操作。

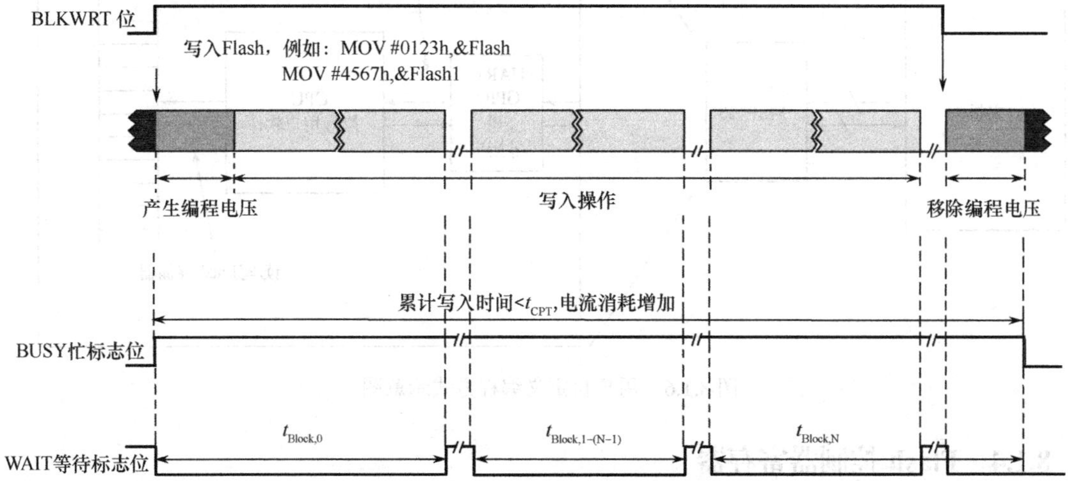

图 8.1.5　长字块写入周期时序图

3. Flash 控制器中断

Flash 控制器有两个中断源：KEYV 和 ACCVIFG。

当产生非法访问时，ACCVIFG 标志位置位。当 Flash 写入或擦除操作之后，使能 ACCVIE 控制位时，ACCVIFG 标志位将产生中断请求，ACCVIE 控制位位于特殊功能寄存器 SFRIE1 内，且 ACCVIFG 标志位来源于不可屏蔽中断（NMI）向量，所以当 ACCVIFG 请求中断时，GIE 控制位无须置位。

当利用错误的密钥配置 Flash 控制器寄存器时，将置位 KEYV 密钥错误标志位，此时将立即产生 PUC 复位信号，系统将会被复位。

4. Flash 存储器编程方法

对 MSP430 Flash 型单片机有 3 种烧写程序的方法：通过 JTAG 接口编程、通过 BSL 引导加载程序编程和通过用户自定义方式编程，所有方式都支持在系统编程。

（1）通过 JTAG 接口的 Flash 存储器编程

MSP430 芯片能够通过 JTAG 接口编程。JTAG 接口需要 4 根信号线、地、V_{CC} 和 RST/NMI。JTAG 接口由熔丝进行保护，一旦熔丝被完全烧断，JTAG 接口将被禁止且不可再次访问 Flash 存储器，熔丝烧断是不可逆的。

（2）通过 BSL 引导加载程序对 Flash 存储器编程

每个 MSP430 Flash 型单片机的 Flash 存储器都包含一个 BSL 程序引导加载区。BSL 允许用户使用 UART 串行通信接口对 Flash 存储器或 RAM 进行读取或编程操作。通过 BSL 对 Flash 存储器的访问可通过用户自定义的 256 位口令进行保护。

（3）通过用户自定义方式对 Flash 存储器编程

MSP430 单片机 CPU 对 Flash 存储器的在线和外部用户自定义写入方式如图 8.1.6 所示。用户可以选择通过 UART、SPI 等方式进行编程。用户可以自行开发软件用于接收数据或对 Flash 存储器进行编程。由于这种编程方式是由用户定义开发的，所以它完全能够用户化，从而符合用户编程、擦除或者更新 Flash 存储器的实际应用需求。

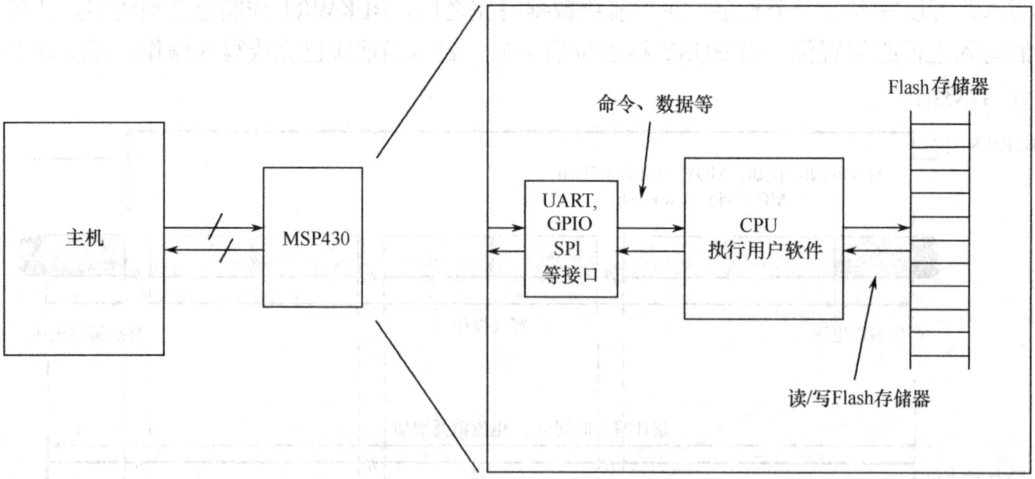

图 8.1.6　用户自定义编程方式示意图

8.1.4　Flash 控制器寄存器

Flash 控制器寄存器列表如表 8.1.3 所示。FCTLx 控制寄存器是一个 16 位具有密码保护的读/写寄存器。在读或写访问时，必须使用字指令。在写操作时，高字节必须写入密码 0A5h。若对 FCTLx 控制寄存器高位写入 0A5h 以外的其他值，将引起密钥错误，KEYV 标志将置位并产生一个 PUC 复位信号。读取 FCTLx 控制寄存器的高字节的结果为 096h。

表 8.1.3　Flash 控制器寄存器列表(基址：0140h)

寄存器	缩写	读/写类型	偏移地址	初始状态
Flash 控制寄存器 1	FCTL1	读/写	0000h	9600h
Flash 控制寄存器 3	FCTL3	读/写	0004h	9658h
Flash 控制寄存器 4	FCTL4	读/写	0006h	9600h

1. Flash 控制寄存器 1（FCTL1）

15	14	13	12	11	10	9	8
FRKEY 读密码是 96h，FWKEY 写密码是 A5h							

7	6	5	4	3	2	1	0
BLKWRT	WRT	SWRT	保留	保留	MERAS	ERASE	保留

● FRKEY/FWKEY：第 8～15 位，FCTLx 密钥。读取该位结果为 96h，写时必须是 A5h。

● BLKWRT 和 WRT：第 6～7 位，写操作模式控制位，具体配置如表 6.2。

● SWRT：第 5 位，智能写控制位。如果该控制位置位，编程时间将会缩短，编程质量必须由边沿读模式进行检查。

●MERAS 和 ERASE：第 1～2 位，擦除模式控制位，具体配置如表 6.1.1 所示。

2. Flash 控制寄存器 3（FCTL3）

15	14	13	12	11	10	9	8
FRKEY 读密码是 96h，FWKEY 写密码是 A5h							

7	6	5	4	3	2	1	0
保留	LOCKA	EMEX	LOCK	WAIT	ACCVIFG	KEYV	BUSY

● FRKEY/FWKEY：第 8～15 位，FCTLx 密钥。读取该位结果为 96h，写时必须是 A5h。

● LOCKA：第 6 位，信息存储器段 A 锁定控制位。

0：信息存储器段 A 未被锁定，可以对段 A 进行写入或擦除操作；

1：信息存储器段 A 被锁定，不可对段 A 进行写入或擦除操作。

● EMEX：第 5 位，紧急情况退出控制位。该控制位置位将停止所有的写入和擦除操作，并且置位 LOCK 控制位进行锁定 Flash。

● LOCK：第 4 位，Flash 锁定控制位。利用该控制位可对 Flash 操作进行锁定和解锁。该控制位可在字节/字或擦除模式的任何时刻置位，置位后操作可正常完成。在块写模式下，如果在 BLKWRT=WAIT=1 时置位该控制位，将会立即复位 BLKWRT 和 WAIT 标志位，但是该模式可以正常结束。

0：Flash 操作解锁；　　1：Flash 操作锁定。

● WAIT：第 3 位，等待标志位。

0：Flash 存储器未准备好写入下个字节/字；

1：Flash 存储器准备好写入下个字节/字。

● ACCVIFG：第 2 位，非法访问中断标志位。

0：没有中断被挂起；　　1：中断被挂起。

● KEYV：第 1 位，Flash 控制寄存器密钥输入错误标志位。

0：FCTLx 密钥输入正确；　　1：FCTLx 密钥输入错误。

● BUSY：第 0 位，忙标志位。该标志位可用于指示 Flash 控制器是否正忙于当前的擦除或写入操作。

0：不忙；　　1：忙。

3. Flash 控制寄存器 4（FCTL4）

15	14	13	12	11	10	9	8
FRKEY 读密码是 96h，FWKEY 写密码是 A5h							

7	6	5	4	3	2	1	0
LOCKINFO	保留	MRG1	MRG0	保留			VPE

● FRKEY/FWKEY：第 8～15 位，FCTLx 密钥。读取该位结果为 96h，写时必须是 A5h。

● LOCKINFO：第 7 位，信息存储器锁定控制位。如果该控制位置位，信息存储器将不能被擦除或写入。

● MRG1：第 5 位，边沿读 1 模式使能控制位。

0：边沿读 1 模式禁止；　　1：边沿读 1 模式使能。

● MRG0：第 4 位，边沿读 0 模式使能控制位。

0：边沿读 0 模式禁止；　　1：边沿读 0 模式使能。

● VPE：第 0 位，编程期间电压波动故障标志位。该标志位由硬件自动置位，只能通过软件进行清除。如果在编程期间 DVCC 电压波动显著，将置位该标志位，表明编程是无效的。在置位该标志位的同时，硬件将自动置位 ACCVIFG 标志位。

8.1.5 Flash 控制器应用举例

【例 8.1.4】 信息段 C、D 的擦除和写入操作举例：将信息段 C 的内容复制到信息段 D 内。

```
#include <msp430f5529.h>
char value;                                  //声明一个8位变量
void write_SegC(char value);
void copy_C2D(void);
void main(void)
{
  WDTCTL = WDTPW+WDTHOLD;                    // 关闭看门狗
  value = 0;                                 // 给变量一个初始值
  while(1)
  {
    write_SegC(value++);                     // 写信息段C
    copy_C2D();                              // 将信息段C的内容复制到信息段D内
  }
}
//写信息段C函数
void write_SegC(char value)
{
  unsigned int i;
```

```c
    char * Flash_ptr;                     // Flash指针
  Flash_ptr = (char *) 0x1880;            // 初始化Flash指针
  FCTL3 = FWKEY;                          // 清除锁定控制位
  FCTL1 = FWKEY+ERASE;                    // 段擦除
  _DINT();         // Flash操作期间不允许中断，否则将导致不可预计的错误
  *Flash_ptr = 0;                         // 空写，启动擦除
  while(FCTL3 & BUSY);                    // 等待擦除操作完成
  FCTL1 = FWKEY+WRT;                      // 采用字节/字写入模式
  for (i = 0; i < 128; i++)               // 循环写信息段C的128字节
  {
    *Flash_ptr++ = value;                 // 向信息段C写数据
  }
  while(FCTL3 & BUSY);                    // 等待写操作完成
  _EINT();                                // 启动全局中断
  FCTL1 = FWKEY;                          // Flash退出写模式
  FCTL3 = FWKEY+LOCK;                     // 恢复Flash锁定位，保护数据
}
//将信息段C的内容复制到信息段D内
void copy_C2D(void)
{
  unsigned int i;
  char *Flash_ptrC;
  char *Flash_ptrD;
  Flash_ptrC = (char *) 0x1880;           // 初始化信息段C指针
  Flash_ptrD = (char *) 0x1800;           // 初始化信息段D指针
  FCTL3 = FWKEY;                          // 清除锁定控制位
  FCTL1 = FWKEY+ERASE;                    // 段擦除
  _DINT();         // Flash操作期间不允许中断，否则将导致不可预计的错误
  *Flash_ptrD = 0;                        // 空写，启动擦除
  while(FCTL3 & BUSY);                    // 等待擦除操作完成
  FCTL1 = FWKEY+WRT;                      // 采用字节/字写入模式
  for (i = 0; i < 128; i++)
  {
    *Flash_ptrD++ = *Flash_ptrC++;        // 将信息段C的内容复制到信息段D内
  }
  while(FCTL3 & BUSY);                    // 等待写除操作完成
  _EINT();                                // 启动全局中断
  FCTL1 = FWKEY;                          // Flash退出写模式
  FCTL3 = FWKEY+LOCK;                     // 恢复Flash锁定位，保护数据
}
```

8.2 RAM 控制器

8.2.1 RAM 控制器介绍

RAM 存储器一般可分为 4 段，每段最小 2KB。MSP430F5529 单片机的 RAM 共 8KB，另外还有一段 2KB 的 UAB RAM 空间。

知识点：RAM 控制器可实现对每段 RAM 存储器的开关控制。为了降低功耗，RAM 控制器可以关闭不需要的 RAM 空间。在 RAM 段未关闭的待机模式下，RAM 段内的数据将会保存；在 RAM 段关闭的模式下，RAM 段内的数据将会丢失。

每个段可通过 RAM 控制寄存器 RCCTL0 中的 RCRSxOFF 控制位进行控制。RCCTL0 寄存器由密码保护，只有在字写入模式下写入正确的密码后，才可以修改 RCCTL0 寄存器的内容。

8.2.2 RAM 控制器操作

1. 活动模式

在活动模式下，RAM 存储器可以随时进行读/写。如果某段的 RAM 地址需要保存一些数据，那么不能关闭该 RAM 段。

2. 低功耗模式

在低功耗模式下，CPU 处于关闭状态。一旦 CPU 被关闭，RAM 立即进入待机模式以减少漏电流。

3. RAM 关闭模式

RAM 存储器内的每一段都可以通过置位各自的 RCRSxOFF 控制位独立关闭。读取关闭的 RAM 段，返回的数据是 0。即使该段被重新上电，之前存储在关闭的 RAM 段内的所有数据都会丢失，无法读取。

4. 堆栈指针 RAM 段

程序堆栈位于 RAM 空间，如果需要执行中断服务程序，不能关闭保存堆栈的 RAM 段，否则将进入低功耗模式。

5. USB 缓冲区

在具有 USB 模块的 MSP430 单片机中，USB 缓冲区在 RAM 内。第 7 段 RAM 是专门供 USB 缓冲区使用的。如果不需要 USB 操作或在正常操作中没有使用该段 RAM 时，可以通过置位 RCRS7OFF 控制位关闭这个 RAM 段。

8.2.3 RAM 控制器寄存器

RAM 控制器仅具有一个控制寄存器 RCCTL0，为 16 位寄存器，初始状态为 8900h，具体介绍如下：

15	14	13	12	11	10	9	8
RCKEY 读出是为 96h，写入时必须为 5Ah							

7	6	5	4	3	2	1	0
RCRS7OFF	RCRS6OFF	RCRS5OFF	RCRS4OFF	RCR37OFF	RCRS2OFF	RCRS1OFF	RCRS0OFF

● RCKEY：第 8～15 位，RAM 控制器密钥。读取的结果为 96h，写入必须为 5Ah，否则此次操作将被忽略。

● RCRSxOFF：第 0～7 位，RAM 段开关控制位。置位相应控制位将关闭相应 RAM 段，关闭后，该 RAM 段内保存的数据将丢失。

8.3 DMA 控制器

8.3.1 DMA 控制器介绍

知识点：DMA（Direct Memory Access）控制器是一种快速传输数据的机制，MSP430 单片机 DMA 控制器的主要作用是将数据从一个地址传输到另一个地址而无须 CPU 的干预，这种方式可提高系统执行应用程序的效率。例如，DMA 控制器可无须 CPU 的干预并且把 ADC 转换后的结果传输到 RAM 中。使用 DMA 控制器不仅可以提高外设模块的处理效率，还可以减少系统的功耗，即使 CPU 处于低功耗模式，DMA 控制器也可使外围模块之间进行数据传输。

DMA 控制器的特性包括：

● 最高可达 8 个独立的传输通道，不同系列的 MSP430 单片机所具有的 DMA 传输通道不同，本节介绍具有 3 通道的 DAM 控制器结构；

● DMA 通道优先级可配置；

● 每次传输仅需要两个 MCLK 时钟周期；

● 具有字节、字、字节和字混合传输能力；

● 块方式传输可达 65536 个字或字节；

● 可选择配置触发源；

● 触发方式可选——边沿触发或电平触发；

● 4 种传输寻址方式——固定地址到固定地址、固定地址到块地址、块地址到固定地址及块地址到块地址；

● 具有单个、块或者突发块传输模式。

DMA 控制器的结构框图如图 8.3.1 所示。

从图 8.3.1 中可以看出，DMA 控制器包含以下功能模块。

① 3 个独立的传输通道：通道 0、通道 1 和通道 2。每个通道都有源地址寄存器、目的地址寄存器、传送数据长度寄存器和控制寄存器。每个通道的触发请求可以分别允许和禁止。

② 优先权裁决和控制模块。DMA 控制器的通道优先权可配置。对同时有触发请求的通道进行优先权裁决，可确定哪个通道的优先级最高。DMA 控制器可以采用固定优先权，也可以采用循环优先权。

③ 程序命令控制模块。每个 DMA 通道开始传输之前，CPU 要编程给定相关的命令和模式控制，以决定 DMA 通道传输的类型。

④ 传送触发源选择模块。触发源可以从 DMAREQ（软件触发）、Timer_A CCR2 输出、Timer_B CCR2 输出、I^2C 数据接收准备好、I^2C 数据发送准备好、USCI 接收发送数据、DAC12 模块的 DAC12IFG、ADC12 模块的 ADC12IFGx、DMAxIFG 以及 DMAE0 中选择外部触发源。另外，DMA 控制器还具有触发源扩充能力。

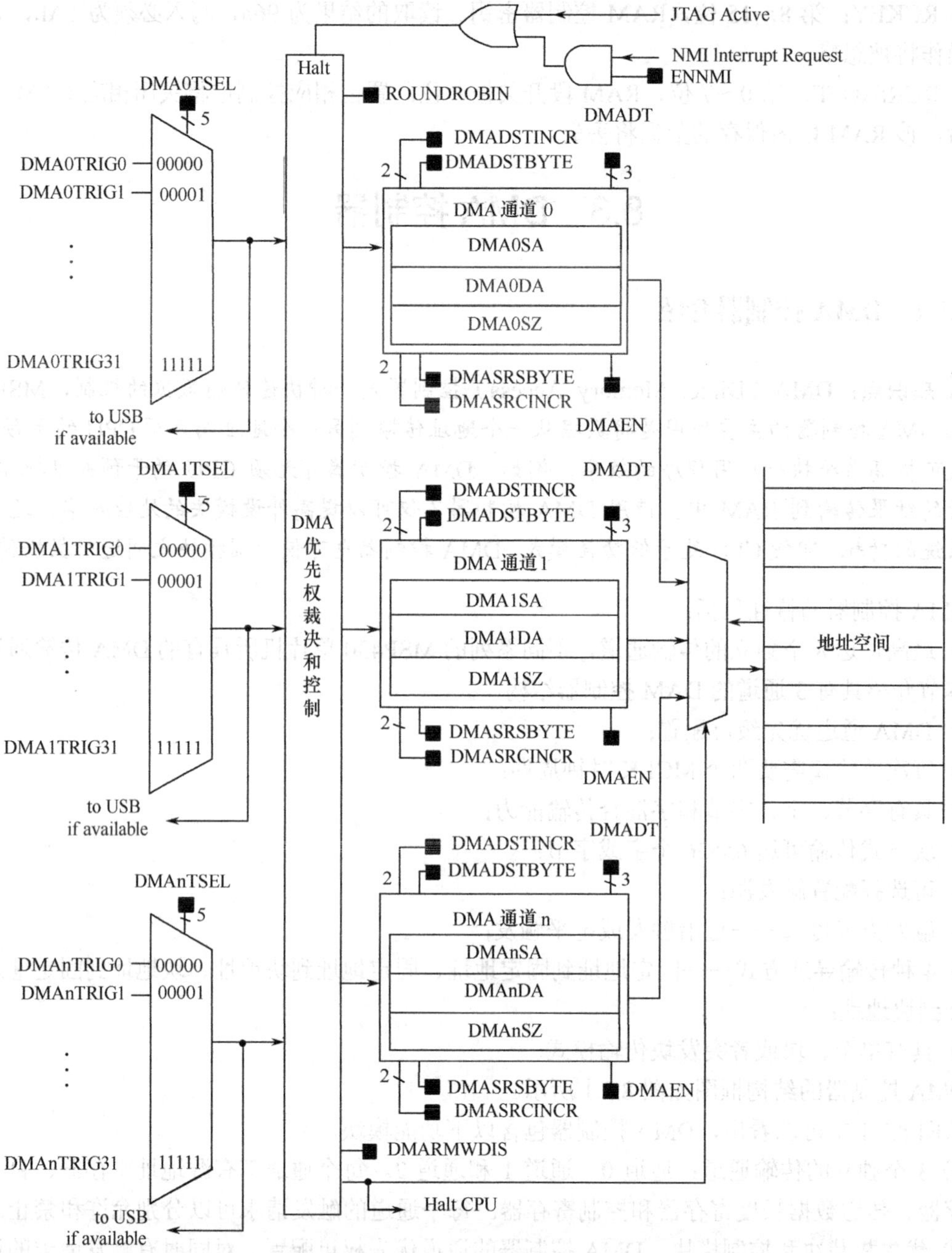

图 8.3.1　DMA 控制器结构框图

8.3.2　DMA 控制器操作

1. DMA 控制器的寻址方式

DMA 控制器有 4 种寻址模式，分别为固定地址到固定地址、固定地址到块地址、块地址到固定地址和块地址到块地址，如图 8.3.2 所示。对于每个 DMA 通道来说，其寻址模式都可独立配置，例如，通道 0 可以配置成在两个固定地址间传输，而通道 1 则可配置成在两个块地址间传输。寻址模式的配置可通过 DMASRCINCR 和 DMADSTINCR 控制位实现，DMASRCINCR

控制位可选择每次数据传输完成后源地址增大、减小或不变，DMADSTINCR 控制位可选择每次数据传输完成后目标地址增大、减少还是不变。

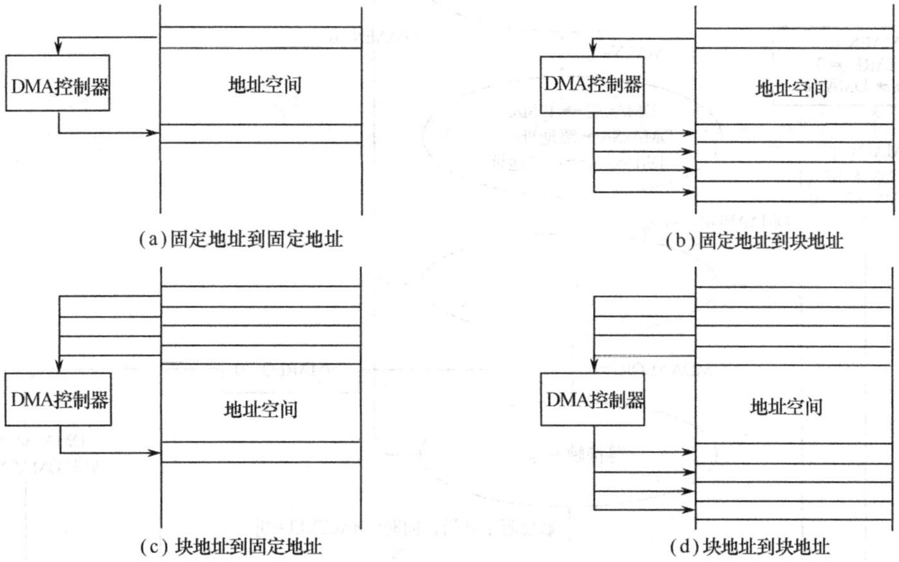

图 8.3.2　DMA 寻址方式

2. DMA 传输模式

DMA 控制器可通过 DMADT 控制位选择 6 种传输模式，具体配置如表 8.3.1 所示，每个通道都可独立配置其传输模式。DMA 传输模式和寻址方式是分别定义的，任何寻址方式都可用于任何传输模式。

通过 DMAxCTL 控制寄存器的 DSTBYTE 和 SRCBYTE 控制位可以选择源地址和目标地址之间传输的数据类型：字、字节或字节和字组合。

表 8.3.1　DMA 传输模式列表

DMADT	传 输 模 式	描　　述
000	单次传输	每次传输都需要单独触发。DMAxSZ 规定的传输完毕后，DMAEN 位自动清零
001	块传输	一次触发可以传输整个数据块，块传输结束后，DMAEN 位自动清零
010，011	突发块传输	CPU 和块传输交叉运行。突发块传输结束后，DMAEN 位自动清零
100	重复单次传输	每次传输需要一次触发，传输结束后，DMAEN 仍保持使能
101	重复块传输	一次触发传输整个块数据，传输结束后，DMAEN 位仍保持使能
110,111	重复突发块传输	CPU 和块传输交叉运行，传输结束后，DMAEN 位仍保持使能

（1）单次传输

在单次传输中，每次传输都需要一次单独触发，单次传输状态示意图如图 8.3.3 所示。DMAxSZ 控制寄存器用来定义传输数据的个数，如果该寄存器为 0，则传输不会发生。在每次传输结束后，DMADSTINCR 和 DMASRCINCR 控制位用来选择目的地址和源地址的增/减。

DMAxSA、DMAxDA 和 DMAxSZ 寄存器的值被复制到对应的临时寄存器，每次传输之后，DMAxSA 和 DMAxDA 对应的临时值被增或减。而每次操作之后，DMAxSZ 寄存器进行减操作，当 DMAxSZ 减为 0 时，它所对应的临时寄存器将原来的值重新装入 DMAxSZ，同时相应的 DMAIFG 标志位置位，DMAEN 位被清零，如果要再次传输，则必须将 DMAEN 重新置位。

在重复单次传输模式中，DMAEN 控制位一直保持置位，每次触发伴随一次传输。

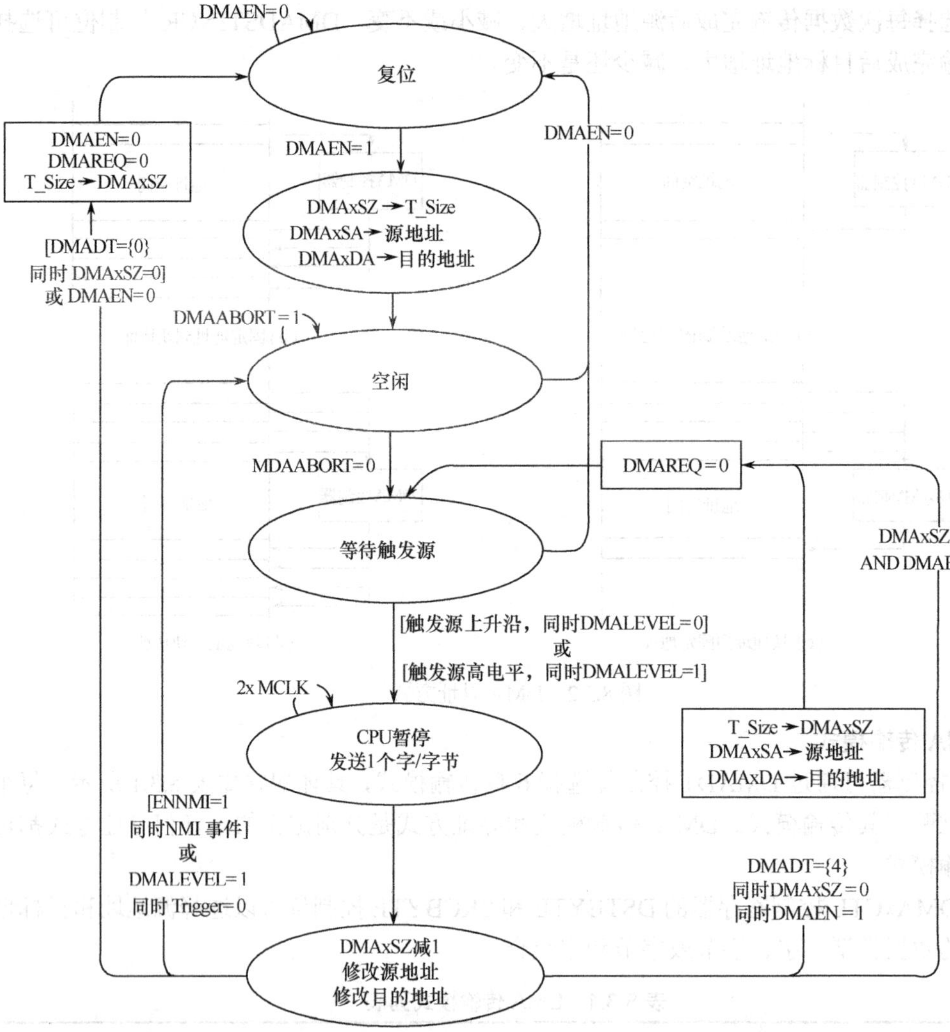

图 8.3.3　单次传输状态示意图

（2）块传输模式

在块传输模式中，每次触发可以传输一个数据块。当一个块传输完成后，DMAEN 位被复位。如果需要再次传输，必须将 DMAEN 置位。在传输某个块数据期间，其他的块传输请求将被忽略。块传输状态示意图如图 8.3.4 所示。

DMAxSZ 寄存器定义了数据块的大小，如果该寄存器为 0，则不会发生数据传输。DMADSTINCR 和 DMASRCINCR 用来选择每次块传输结束后目标地址和源地址的增/减方向。

在块传输过程开始之前，DMAxSA、DMAxDA 和 DMAxSZ 寄存器的内容被复制到对应的临时寄存器中。DMAxSA 和 DMAxDA 寄存器所对应的临时值在块传输之后增加或减少，而 DMAxSZ 在块传输之后做减计数，反映当前数据块还有多少单元没有传输完毕。当 DMAxSZ 减为 0 时，它所对应的临时寄存器将原来的值重新装入 DMAxSZ，同时置位相应的 DMAIFG 标志位。

在块传输过程中，CPU 将处于挂起状态直到块传输完成。数据块传输需要 2×MCLK×DMAxSZ 时间。块传输结束后，CPU 将按照之前的状态继续执行。

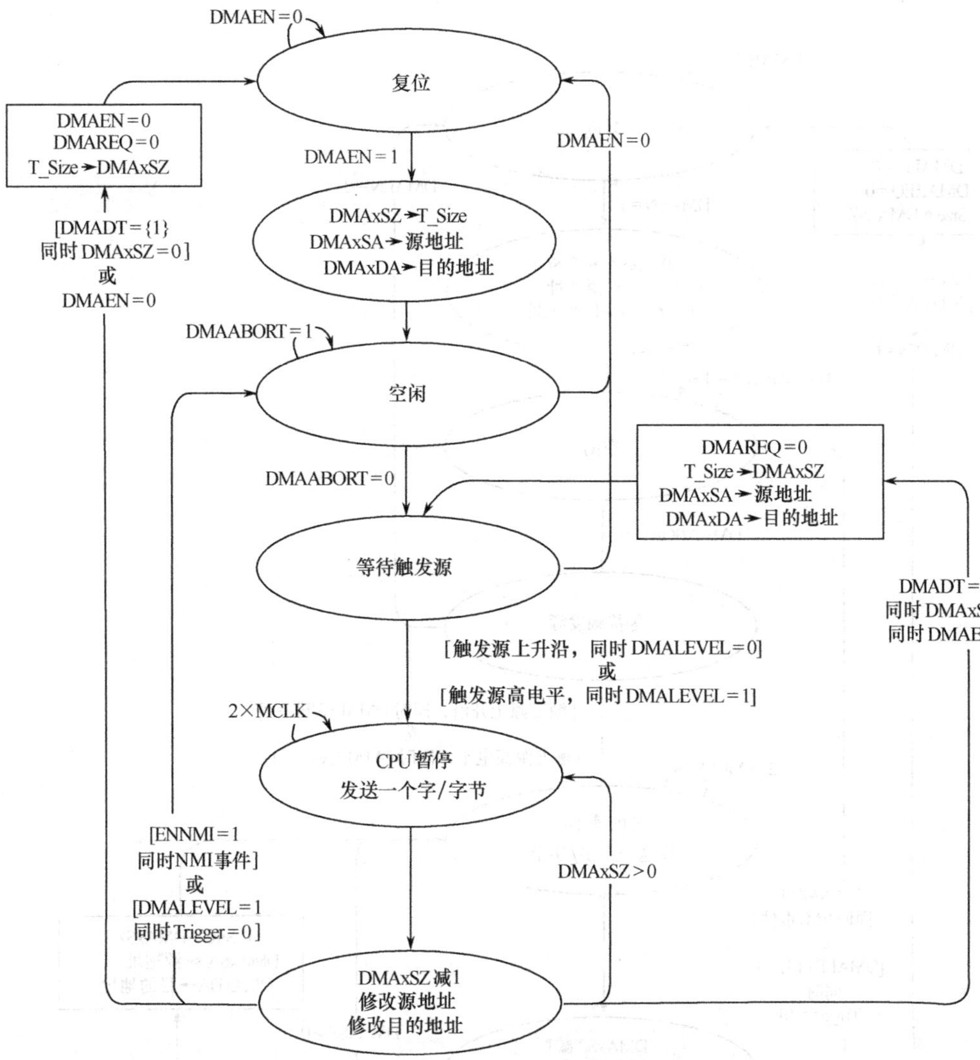

图 8.3.4　块传输状态示意图

在重复块传输模式中，当块传输结束后，DMAEN 控制位仍保持置位，此时，新的触发可以引起下一次数据块的传输。

（3）突发块传输模式

在突发块传输模式中，数据传输与 CPU 活动交叉进行。在该模式下，当块传输 4 字节或字后，CPU 将可以运行 2 个 MCLK 时钟周期，而不是等待整个块传输完毕后才恢复工作。在突发块传输模式下，CPU 的利用率为 20%。在突发块传输结束之后，DMAEN 将被清除，CPU 的利用率可达 100%。当一个突发块传输被触发后，将忽略块数据传输过程中产生的其他触发信号。突发块传输模式状态示意图如图 8.3.5 所示。

DMAxSZ 寄存器用来定义数据块的大小，如果该寄存器为 0，则不会发生传输。DMADSTINCR 和 DMASRCINCR 用来选择每次块传输结束后目标地址和源地址的增/减方向。

在块传输过程开始之前，DMAxSA、DMAxDA 和 DMAxSZ 寄存器的内容被复制到对应的临时寄存器中。DMAxSA 和 DMAxDA 寄存器所对应的临时值在块传输之后增加或减少，而 DMAxSZ 在块传输之后做减计数，反映当前数据块还有多少单元没有传输完毕。当 DMAxSZ

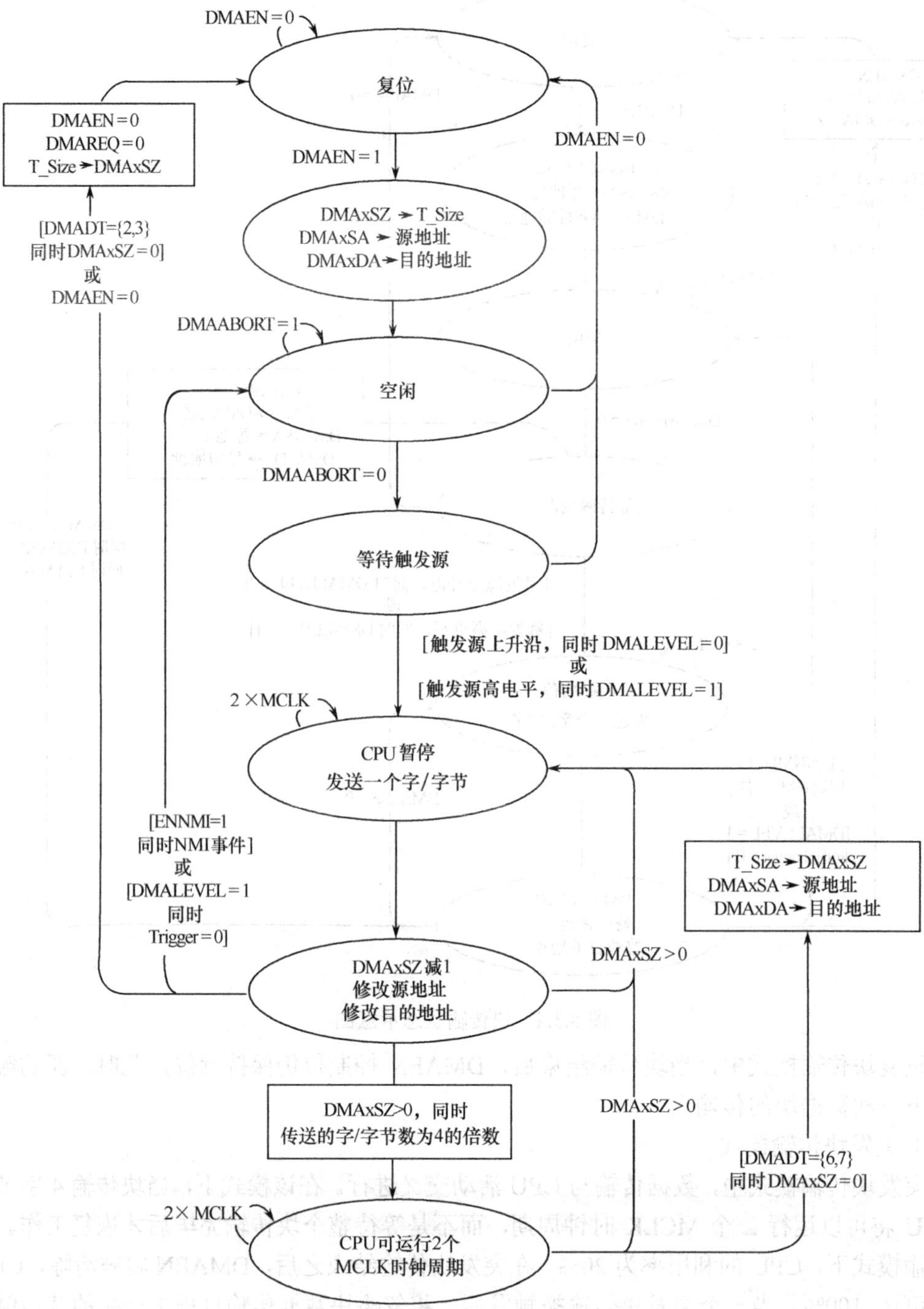

图 8.3.5　突发块传输模式状态示意图

减为 0 时，它所对应的临时寄存器将原来的值重新装入 DMAxSZ，同时置位相应的 DMAIFG 标志位。

在重复突发块传输模式中，每个突发块传输结束后，DMAEN 控制位仍将保持置位。若一个突发块传输结束后，另一个突发块传输可以立即开始。要结束 DMA 传输，必须清除 DMAEN 位或当 ENNMI=1 时触发不可屏蔽中断。在重复突发块传输模式中，CPU 的利用率也是 20%。

3. DMA 传输初始化

每个 DMA 通道都可通过 DMAxTSEL 控制位独立配置触发源。DMA 控制器触发源如表 8.3.2 所示，当相应的触发源置位时，将会触发 DMA 操作。只有当 DMACTLx 寄存器中的 DMAEN 控制位为 0 时，才可以修改 DMAxTSEL 位，否则可能会产生不可预料的 DMA 触发事件。

表 8.3.2　DMA 控制器触发源

DMAxTSELx	通　道		
	0	1	2
0	DMAREQ	DMAREQ	DMAREQ
1	TA0CCR0 CCIFG	TA0CCR0 CCIFG	TA0CCR0 CCIFG
2	TA0CCR2 CCIFG	TA0CCR2 CCIFG	TA0CCR2 CCIFG
3	TA1CCR0 CCIFG	TA1CCR0 CCIFG	TA1CCR0 CCIFG
4	TA1CCR2 CCIFG	TA1CCR2 CCIFG	TA1CCR2 CCIFG
5	TA2CCR0 CCIFG	TA2CCR0 CCIFG	TA2CCR0 CCIFG
6	TA2CCR2 CCIFG	TA2CCR2 CCIFG	TA2CCR2 CCIFG
7	TB0CCR0 CCIFG	TB0CCR0 CCIFG	TB0CCR0 CCIFG
8	TB0CCR2 CCIFG	TB0CCR2 CCIFG	TB0CCR2 CCIFG
9	保留	保留	保留
10	保留	保留	保留
11	保留	保留	保留
12	保留	保留	保留
13	保留	保留	保留
14	保留	保留	保留
15	保留	保留	保留
16	UCA0RXIFG	UCA0RXIFG	UCA0RXIFG
17	UCA0TXIFG	UCA0TXIFG	UCA0TXIFG
18	UCB0RXIFG	UCB0RXIFG	UCB0RXIFG
19	UCB0TXIFG	UCB0TXIFG	UCB0TXIFG
20	UCA1RXIFG	UCA1RXIFG	UCA1RXIFG
21	UCA1TXIFG	UCA1TXIFG	UCA1TXIFG
22	UCB1RXIFG	UCB1RXIFG	UCB1RXIFG
23	UCB1TXIFG	UCB1TXIFG	UCB1TXIFG
24	ADC12IFGx	ADC12IFGx	ADC12IFGx
25	保留	保留	保留
26	保留	保留	保留
27	USB FNRXD	USB FNRXD	USB FNRXD
28	USB ready	USB ready	USB ready
29	MPY ready	MPY ready	MPY ready
30	DMA2IFG	DMA0IFG	DMA1IFG
31	DMAE0	DMAE0	DMAE0

注意：当选择触发事件时，要确保触发事件还未发生，否则不会产生数据传输。

4. DMA 传输事件触发方式

MSP430 单片机的 DMA 控制器支持两种信号触发方式。

（1）边沿触发方式

当 DMALEVEL 控制位复位时，触发信号的上升沿可以触发 DMA 操作。

（2）电平触发方式

当 DMALEVEL 控制位置位时，为高电平触发方式。当控制位 DMALEVEL 和 DMAEN 被置位，并且触发信号源也为高电平时，才能触发 DMA 操作。在电平触发方式下，为了完成块或突发块传输，在传输过程中触发信号必须始终保持高电平。如果触发信号变低，DMA 控制器将停止传输并保持当前状态；当触发信号重新变高或者软件修改了 DMA 寄存器，DMA 控制器将从触发信号变低时的状态继续传输。当 DMALEVEL=1 时，建议操作模式选择控制位 DMADTx={0，1，2，3}，因为在触发 DMA 操作后，DMAEN 位能够自动复位。

需要注意的是，只有应用外部触发源 DMAE0 时，才需要采用电平触发方式，其余触发事件应采用边沿触发方式。

5. 停止 DMA 传输

有两种方法可以停止正在进行的 DMA 传输：①置位 ENNMI 控制位，通过不可屏蔽中断事件可以停止 DMA 传输；②通过清除 DMAEN 位来停止突发块传输模式。

6. DMA 通道优先级

默认的 DMA 通道优先级为 DMA0→DMA1→DMA2，如果有多个 DMA 传输请求同时发生，有最高优先级的通道最先完成传输操作，然后是第二优先级的通道，再然后是第三优先级的通道。在传输的过程中，如果触发了更高优先级的通道，当前正在传输的通道也不会停止，等到当前传输操作结束后，具有较高优先级的通道才开始传输。

DMA 通道优先级可以通过 ROUNDROBIN 控制位来配置。当 ROUNDROBIN=1 时，DMA 控制器工作在循环优先级模式下，正在进行传输的通道执行完毕之后，优先级降为最低，其他通道的优先级顺序保持不变，如表 8.3.3 所示。

表 8.3.3　DMA 优先级

DMA 优先级	正在进行传输的通道	传输完成之后的优先级
DMA0→DMA1→DMA2	DMA1	DMA2→DMA0→DMA1
DMA2→DMA0→DMA1	DMA2	DMA0→DMA1→DMA2
DMA0→DMA1→DMA2	DMA0	DMA1→DMA2→DMA0

7. DMA 传输周期

在各种 DMA 传输模式下，DMA 开始传输之前都需要 1 个或 2 个 MCLK 时钟来实现同步，同步之后每个字节或字的传输仅需要 2 个 MCLK 时钟周期，每次传输结束都要有 1 个周期的等待时间。因为 DMA 使用的是 MCLK，所以 DMA 的周期决定于 MSP430 单片机的工作模式和系统时钟设置。

如果 MCLK 时钟源处于活动状态，而 CPU 关闭，则 DMA 传输直接使用 MCLK 时钟源而无须重新激活 CPU。如果 MCLK 时钟源也被关闭，那么 DMA 会临时用 DCOCLK 启动 MCLK 时钟源，传输结束后 CPU 仍处于关闭阶段，MCLK 时钟源也将被关闭。在各种模式下，DMA 传输最大周期如表 8.3.4 所示，其中额外的 5μs 是启动 DCOCLK 所用的时间。

表 8.3.4　DMA 传输最大周期表

CPU 工作模式	时　钟　源	DMA 传输最大周期
活动状态	MCLK=DCOCLK	4MCLK 周期
活动状态	MCLK=LFXT1CLK	
低功耗模式 LPM0/1	MCLK=DCOCLK	5MCLK 周期
低功耗模式 LPM3/4		5MCLK+5μs
低功耗模式 LPM0/1	MCLK=LFXT1CLK	5MCLK
低功耗模式 LPM3		
低功耗模式 LPM4		5MCLK+5μs

8. DMA 与中断

（1）DMA 与系统中断

系统中断不能打断 DMA 传输，系统中断直到 DMA 传输结束后才能被响应。如果 ENNMI 置位，NMI 中断可以打断 DMA 传输。DMA 事件可以打断中断处理程序。如果中断处理程序或其他程序不希望被中途打断，应该将 DMA 控制器关闭，这样才能得到优先响应。

（2）DMA 控制器中断

每个 DMA 通道都有自己的中断标志位 DMAIFG。在任何传输模式下，只要 DMAxSZ 寄存器减计数到零，则相应通道的中断标志位就被置位。如果与之对应的 DMAIE 和 GIE 置位，则可以产生中断请求。

9. ADC12 模块使用 DMA 控制器

内部集成了 DMA 控制器的 MSP430 单片机能够自动地将 ADC12MEMx 寄存器的数据传输到内存的其他地方。DMA 传输不需要 CPU 参与，独立于任何低功耗模式。DMA 控制器增加了 ADC12 模块的吞吐量，在数据传输过程中 CPU 也能继续保持低功耗模式。

DMA 传输能够被任何 ADC12IFGx 标志位触发。当 CONSEQx={0,2}时，ADC12MEMx 对应的 ADC12IFGx 标志位能够触发 DMA 传输。当 CONSEQx={1,3}时，序列中最后一个 ADC12MEMx 对应的 ADC12IFGx 标志位触发 DMA 传输。当 DMA 控制器访问相应的 ADC12MEMx 时，ADC12IFGx 标志位会自动清除。

8.3.3　DMA 控制器寄存器

3 通道 DMA 控制器共有 16 个寄存器，包括 3 个 DMA 控制寄存器、每个通道有 4 个控制寄存器和 1 个中断向量寄存器。以下具有下划线的部分为初始状态或复位后的默认配置。

1. DMA 控制寄存器 0（DMACTL0）

15	14	13	12	11	10	9	8
保留			DMA1TSEL				

7	6	5	4	3	2	1	0
保留			DMA0TSEL				

● DMA1/0TSEL：DMA 通道 1/0 触发事件选择控制位。具体配置如表 8.3.2 所示。

2. DMA 控制寄存器 1（DMACTL1）

15	14	13	12	11	10	9	8
保留							

7	6	5	4	3	2	1	0
保留			DMA2TSEL				

● DMA2TSEL：DMA 通道 2 触发事件选择控制位。具体配置如表 8.3.2 所示。

3. DMA 控制寄存器 4（DMACTL4）

15	14	13	12	11	10	9	8
0	0	0	0	0	0	0	0

7	6	5	4	3	2	1	0
0	0	0	0	0	DMARMWDIS	ROUNDROBIN	ENNMI

● DMARMWDIS：第 2 位，禁止读/写操作控制位。当该控制位置位时，禁止任何发生在 CPU 读/写操作时的 DMA 传输。

● ROUNDROBIN：第 1 位，优先级自动循环控制位。

0：固定优先级方式；　　1：优先级循环方式。

● ENNMI：第 0 位，NMI 中断使能控制位。该控制位置位，能够通过 NMI 中断 DMA 操作。当 NMI 中断 DMA 操作时，当前传输可以正常结束，接来下的传输将被停止，且置位 DMAABORT 标志位。

0：NMI 不能中断 DMA 传输；　　1：NMI 可以中断 DMA 传输。

4. DMA 通道 x 控制寄存器（DMAxCTL）

15	14	13	12	11	10	9	8
保留	DMADT			DMADSTINCR		DMASRCINCR	

7	6	5	4	3	2	1	0
DMA DSTBYTE	DMA SRCBYTE	DMALEVEL	DMAEN	DMAIFG	DMAIE	DMAABORT	DMAREQ

● DMADT：第 12～14 位，DMA 传输模式选择位。

000：单次传输；　　001：块传输；　　010：突发块传输；

011：突发块传输；　　100：重复单次传输；　　101：重复块传输；

110：重复突发块传输；111：重复突发块传输。

● DMADSTINCR：第 10～11 位，DMA 传输目的地址增/减控制位。每个字或字节传输完成后，该控制位用于选择目标地址自动增加或减少的方向。当 DMASRCBYTE=1 时，目标地址增加或减少 1；当 DMASRCBYTE=0 时，目标地址增加或减少 2。DMAxDA 被写入一个临时寄存器中，临时寄存器做相应的增/减操作，而 DMAxDA 的值不变。

00：目标地址不变；　　01：目标地址不变；

10：目的地址减少；　　11：目的地址增加。

● DMASRCINCR：第 8～9 位，DMA 传输源地址增/减控制位。每个字或字节传输完成后，该控制位用于选择源地址自动增加或减少的方向，当 DMASRCBYTE=1 时，源地址增加或减少

1,；当 DMASRCBYTE=0 时，源地址增加或减少 2。DMAxSA 被写入一个临时寄存器中，临时寄存器做相应的增/减操作，而 DMAxSA 的值不变。

00：源地址不变；　　01：源地址不变；

10：源地址减少；　　11：源地址增加。

- DMADSTBYTE：第 7 位，选择 DMA 目标单元的基本单位是字还是字节。

0：字；　　1：字节。

- DMASRCBYTE：第 6 位，选择 DMA 源单元的基本单位是字还是字节。

0：字；　　1：字节。

- DMALEVEL：第 5 位，DMA 触发方式选择控制位。

0：边沿触发：上升沿触发；　　1：电平触发：高电平触发。

- DMAEN：第 4 为，DMA 使能控制位。

0：DMA 控制器禁止；　　1：DMA 控制器使能。

- DMAIFG：第 3 位，DMA 中断标志位。

0：没有 DMA 中断产生；　　1：有 DMA 中断产生。

- DMAIE：第 2 位，DMA 中断使能控制位。

0：DMA 中断禁止；　　1：DMA 中断使能。

- DMAABORT：第 1 位，DMA 传输是否被 NMI 中断打断标志位。

0：DMA 传输没有被打断；　　1：DMA 传输被打断。

- DMAREQ：第 0 位，DMA 请求位，通过该位可控制 DMA 启动。该位会自动复位。

0：没有启动 DMA；　　1：启动 DMA。

5. DMA 源地址寄存器（DMAxSA）

DMA 源地址寄存器用来存放 DMA 单次或块传输的起始源地址。在块传输或突发块传输中，DMAxSA 的值不变。DMAxSA 寄存器有两个字，其中 20～31 位保留，其余位用来表示 DMA 传输源地址。

6. DMA 目标地址寄存器（DMAxDA）

DMA 目标地址寄存器用来存放 DMA 单次或块传输的起始目标地址。在块传输或突发块传输过程中，DMAxDA 的值不变。DMAxDA 寄存器也有两个字，其中 20～31 位保留，其余位用来表示 DMA 传输目标地址。

7. DMA 输出长度寄存器（DMAxSZ）

DMA 输出长度寄存器定义了传输的字或字节以及每个块传输的基本单元个数，每次传送完一个字或者字节后，DMAxSZ 自动减 1。当 DMAxSZ 减到零时，能够被自动重新装入初始值。该寄存器为 16 位，最大可传输 65535 个字或字节。

8. DMA 中断向量寄存器（DMAIV）

15	14	13	12	11	10	9	8
0	0	0	0	0	0	0	

7	6	5	4	3	2	1	0
0	0	DMAIV					0

- DMAIV：第 1～5 位，DMA 中断向量值。具体 DMA 中断向量表如表 8.3.5 所示，此处列出的为 8 通道 DMA 中断向量表，3 通道 DMA 仅具有 DMA0IFG、DMA1IFG 和 DMA2IFG。

表 8.3.5 DMA 中断向量表

DMAIV 的值	中 断 源	中断标志位	中断优先级
00h	无中断源		
02h	DMA 通道 0	DMA0IFG	最高
04h	DMA 通道 1	DMA1IFG	依次降低
06h	DMA 通道 2	DMA2IFG	
08h	DMA 通道 3	DMA3IFG	
……	……	……	
10h	DMA 通道 7	DMA7IFG	最低

8.3.4 DMA 控制器应用举例

【例 8.3.1】 利用 DMA0 通道采用重复块传输模式将大小为 16 字的数据块从 1C00h～1C1Fh 单元传输到 1C20h～1C3Fh。程序中每次传输时 P1.0 都为高电平，之后通过置位 DMAREQ 控制位启动 DMA 块传输，传输完毕后将 P1.0 设置为低电平，程序代码如下：

```
#include <msp430f5529.h>
void main(void)
{
  WDTCTL = WDTPW+WDTHOLD;                        // 关闭看门狗
  P1DIR |= 0x01;                                 // 将P1.0设为输出
  _ _data16_write_addr((unsigned short) &DMA0SA,(unsigned long) 0x1C00);
                                                 // 设置源地址
  _ _data16_write_addr((unsigned short) &DMA0DA,(unsigned long) 0x1C20);
                                                 // 设置目标地址
  DMA0SZ = 16;                                   // 设置传输块大小
  DMA0CTL = DMADT_5+DMASRCINCR_3+DMADSTINCR_3;
                                       // 重复块传输、源地址和目标地址自动增计数模式
  DMA0CTL |= DMAEN;                              // 使能DMA通道0
  while(1)
  {
    P1OUT |= 0x01;                               // 置位P1.0
    DMA0CTL |= DMAREQ;                           // 启动块传输
    P1OUT &= ~0x01;                              // 拉低P10
  }
}
```

【例 8.3.2】利用 DMA0 通道采用重复单次传输模式将 ADC12 的 A0 通道采样的数据保存到全局变量中。ADC12 采样触发信号由 TB0 定时器定时产生，ADC12IFG0 标志位触发 DMA 传输，程序代码如下：

```
#include <msp430f5529.h>
unsigned int DMA_DST;                              // 定义全局变量用于存储A0采样结果
void main(void)
{
  WDTCTL = WDTPW+WDTHOLD;                          // 关闭看门狗
  P1DIR |= BIT0;                                   // P1.0设为输出
  P1OUT &= ~BIT0;                                  // P1.0输出低电平
  P5SEL |= BIT7;                                   // P5.7设为定时器TB输出功能
  P5DIR |= BIT7;                                   // P5.7设为输出
  P6SEL |= BIT0;                                   // 使能A0输入通道
  TBCCR0 = 0xFFFE;
  TBCCR1 = 0x8000;
  TBCCTL1 = OUTMOD_3;                              // CCR1工作在置位/复位模式
  TBCTL = TBSSEL_2+MC_1+TBCLR;  // 参考时钟为SMCLK,TB工作在增/减计数模式下
  ADC12CTL0 = ADC12SHT0_15+ADC12MSC+ADC12ON;// 打开ADC,设置采样时间
  ADC12CTL1 = ADC12SHS_3+ADC12CONSEQ_2;
                                 // TBOUT作为采样触发信号，单通道多次采样
  ADC12MCTL0 = ADC12SREF_0+ADC12INCH_0; // V+=AVcc,V-=AVss
  ADC12CTL0 |= ADC12ENC;
  DMACTL0 = DMA0TSEL_24;                           // DMA触发事件选择ADC12IFGx
  DMACTL4 = DMARMWDIS;
  DMA0CTL &= ~DMAIFG;
  DMA0CTL = DMADT_4+DMAEN+DMADSTINCR_3+DMAIE;
     // DMA工作在重复单次传输模式，使能DMA传输，目标地址自动增，使能DMA中断
  DMA0SZ = 1;                                      // 传输大小为1个字
  __data16_write_addr((unsigned short) &DMA0SA,(unsigned long) &ADC12MEM0);
                                                   // 设置源地址
  __data16_write_addr((unsigned short) &DMA0DA,(unsigned long) &DMA_DST);
                                                   // 设置目标地址

  __bis_SR_register(LPM0_bits + GIE);  // 进LPM0并使能全局中断
}
#pragma vector=DMA_VECTOR                          // DMA中断服务程序
__interrupt void DMA_ISR(void)
{
switch(__even_in_range(DMAIV,16))
  {case 0: break;
   case 2:                                         // DMA0IFG = DMA Channel 0
     P1OUT ^= BIT0; // 可在此处设置断点，查看ADC采样的数据和DMA_DST变量的值
     break;
   case 4: break;                                  // DMA1IFG = DMA Channel 1
   ……
   default: break;
  }
}
```

8.4 硬件乘法控制器

8.4.1 硬件乘法控制器概述

目前 MSP430 单片机低档产品中集成的是 16 位硬件乘法控制器，如 MSP430x14/16/2x 等芯片，而 MSP430F5xx/6xx 系列单片机中集成的则是 32 位硬件乘法控制器。在此仅讲述 32 位硬件乘法控制器的操作及原理，16 位硬件乘法控制器的原理可类比学习。

知识点：硬件乘法控制器是通过内部总线与 CPU 相连的外围模块，并不是 CPU 的一部分。硬件乘法控制器的存在使 MSP430 单片机可以在不改变 CPU 结构和指令的情况下提升运算功能，大大提高了 MSP430 单片机的数据处理能力。这种结构特别适合用于对运算速度要求很严格的情况。

1. 硬件乘法控制器支持的运算

① 无符号数乘法；
② 有符号数乘法；
③ 无符号数乘加；
④ 有符号数乘加；
⑤ 8 位、16 位、24 位和 32 位操作数；
⑥ 饱和模式；
⑦ 小数模式；
⑧ 与 16 位硬件乘法控制器兼容的 8 位和 16 位操作；
⑨ 不需要符号扩展指令的 8 位和 24 位乘法操作。

2. 32 位硬件乘法控制器的结构框图

32 位硬件乘法控制器的结构框图如图 8.4.1 所示。硬件乘法控制器的结构可分为 4 个部分：操作数输入模块（图中①）、乘加运算模块（图中②）、运算结果输出模块（图中③）及控制寄存器模块（图中④）。

8.4.2 硬件乘法控制器操作

硬件乘法控制器支持 8 位、16 位、24 位、32 位的无符号数乘法、无符号数乘加、有符号数乘法、有符号数乘加操作。操作数的大小由写入操作数地址的数据确定，操作类型则由第一个写入的操作数类型决定。

1. 操作数寄存器

硬件乘法控制器有两个 32 位操作数寄存器，如图 8.4.1 中①所示，分别为操作数 OP1 和 OP2。操作数 OP1 定义了 12 个寄存器，详细介绍如表 8.4.1 所示，通过操作数寄存器可将数据载入乘法器中并选择乘法器的工作模式。当对给定地址写入第一个低字操作数（前 16 位数据）时，就选择了乘法运算的类型，但是，并不开始任何操作。当向后缀为 32H 的高字寄存器写入第二个字时，乘法器就认为 OP1 是 32 位，否则就认为是 16 位。在写入 OP2 之前，写入的最后一个地址定义了第一个操作数的长度。OP2 寄存器代表第二个寄存器，当第二个寄存器写入完毕，乘法运算就开始。一般在取出结果之前需插入 1～2 条指令，以确保运算的完成。

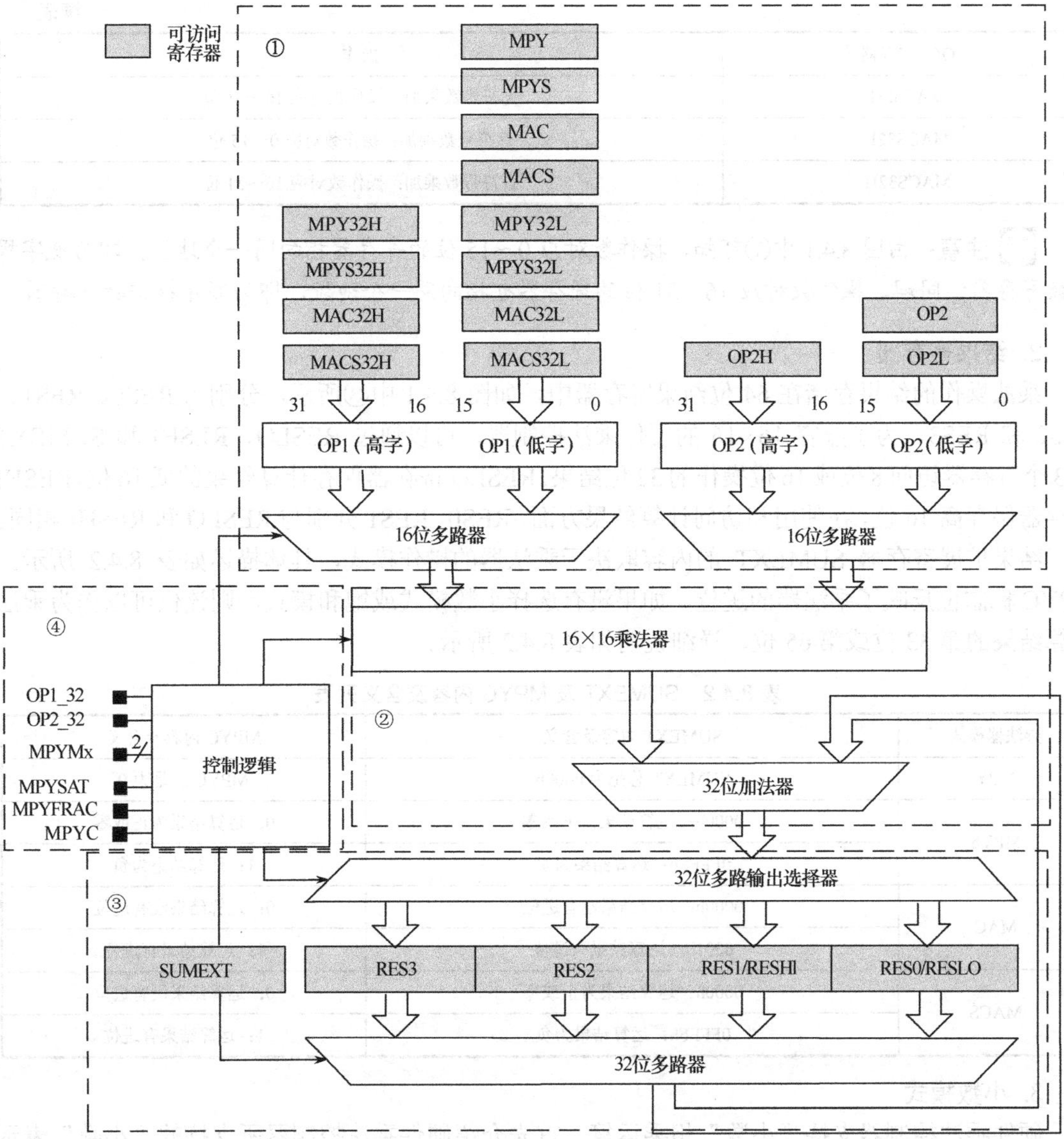

图 8.4.1 硬件乘法控制器的结构框图

表 8.4.1 操作数 OP1 寄存器

OP1 寄存器	操作
MPY	无符号数乘法：操作数对应 0～15 位
MPYS	有符号数乘法：操作数对应 0～15 位
MAC	无符号数乘加：操作数对应 0～15 位
MACS	有符号数乘加：操作数对应 0～15 位
MPY32L	无符号数乘法：操作数对应 0～15 位
MPY32H	无符号数乘法：操作数对应 16～31 位
MPYS32H	有符号数乘法：操作数对应 16～31 位
MPYS32L	有符号数乘法：操作数对应 0～15 位
MAC32L	无符号数乘加：操作数对应 0～15 位

续表

OP1 寄存器	操作
MAC32H	无符号数乘加：操作数对应 16～31 位
MACS32L	有符号数乘加：操作数对应 0～15 位
MACS32H	有符号数乘加：操作数对应 16～31 位

注意：由图 8.4.1 中①可知，操作数对应 0～15 位的寄存器指向同一个地址，即为低字操作数寄存器；同理，操作数对应 16～31 位的寄存器也指向同一个地址，即为高字操作数寄存器。

2. 结果寄存器

乘法操作的结果存储在 64 位结果寄存器中，如图 8.4.1 中③所示，分别为 RES0、RES1、RES2 和 RES3。为了兼容 16×16 的硬件乘法控制器，可以通过 RESLO、RESHI 和 SUMEXT 这 3 个寄存器访问 8 位或 16 位操作的 32 位结果。RESLO 寄存器保存计算结果的低 16 位，RESHI 寄存器保存高 16 位，在使用和访问计算结果方面，RES0、RES1 分别与 RESLO 和 RESHI 相同。

结果扩展寄存器 SUMEXT 的内容取决于乘法器的操作模式，具体描述如表 8.4.2 所示。MPYC 标志位反映了乘法器的进位，如果没有选择小数模式或饱和模式，则该位可以作为乘法运算结果的第 33 位或第 65 位，详细说明如表 8.4.2 所示。

表 8.4.2　SUMEXT 及 MPYC 内容及含义列表

乘法器模式	SUMEXT 内容及含义	MPYC 内容及含义
MPY	SUMEXT 总是为 0000h	MPYC 总是为 0
MPYS	0000h：运算结果为正或零	0：运算结果为正或零
	0FFFFh：运算结果为负	1：运算结果为负
MAC	0000h：运算结果没有进位	0：运算结果没有进位
	0001h：运算结果有进位	1：运算结果有进位
MACS	0000h：运算结果为正或零	0：运算结果没有进位
	0FFFFh：运算结果为负	1：运算结果有进位

3. 小数模式

硬件乘法控制器支持“小数”相乘运算。首先介绍硬件乘法控制器所支持的“小数”表示方法：Q 格式。图 8.4.2 表示的为 Q15 格式，其表示的为有符号 16 位数据格式，最高有效位是符号位，小数点后第一位为 1/2，之后每一位比前一位的值减小一半。最小的负数为 08000h，最大的正数是 07FFFh。因此，16 位有符号的 Q15 格式可以表示从−1.0～0.999969482 的数。

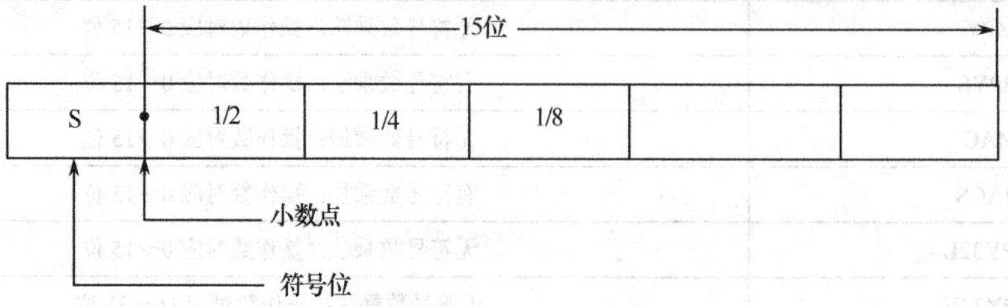

图 8.4.2　Q15 格式表示图

可以通过如图 8.4.3 所示的右移小数点法来增大小数表示的范围。16 位有符号的 Q14 格式可以表示−2.0～1.999938965 的数。

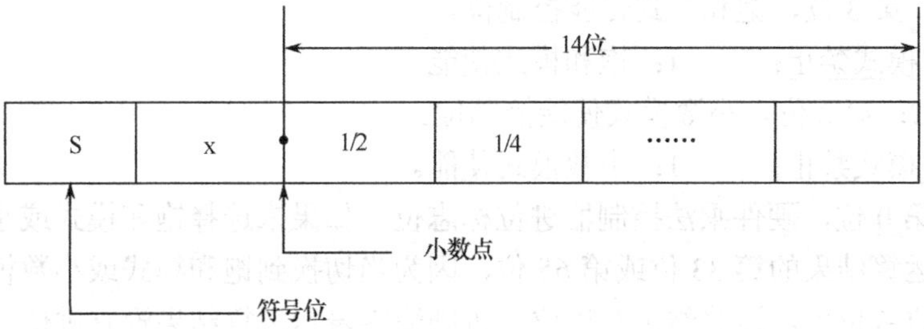

图 8.4.3　Q14 格式标示图

当 MPY32CTL0 控制寄存器中的 MPYFRAC 控制位为 1 时，硬件乘法控制器小数模式使能。两个 16 位 Q15 格式数据相乘，结果以 16 位 Q15 格式存储在 RES1 结果寄存器中，这个结果并不是最终的小数相乘运算结果，最终的运算结果需要将 RES1 寄存器左移一位；两个 32 位 Q31 格式的数据相乘，其结果可以通过读取 RES2 和 RES3 结果寄存器获得。

4. 饱和模式

在一般有符号数运算模式下，硬件乘法控制器不会自动检测上溢和下溢的发生。当两个负数的和产生正数范围内的结果时，发生下溢；当两个正数的和产生负数范围内的结果时，产生上溢。但是，在饱和模式下，硬件乘法控制器可以防止有符号数操作结果的上溢或下溢。若控制寄存器 MPY32CTL0 中的 MPYSAT 控制位被置位，将使能饱和模式。如果发生上溢，运算结果将被设置成正的最大有效值；如果发生下溢，运算结果将被设置成负的最大有效值。

5. 硬件乘法控制器控制寄存器

硬件乘法控制器具有一个控制寄存器 MPY32CTL0，其在硬件乘法控制器结构框图中的位置如图 8.4.1 中④所示。下面将详细介绍硬件乘法控制器控制寄存器各控制位的含义，注意，含下划线的配置为 MPY32CTL0 初始状态或复位后的默认配置。

15	14	13	12	11	10	9	8
保留						MPYDLY32	MPYDLYWRTEN

7	6	5	4	3	2	1	0
MPYOP2_32	MPYOP1_32	MPYMx		MPYSAT	MPYFRAC	保留	MPYC

● MPYDLY32：第 9 位，写操作延迟控制位。

0：写操作延迟直到 64 位运算结果(RES0～RES3)可用；

1：写操作延迟直到 32 位运算结果(RES0～RES1)可用。

● MPYDLYWRTEN：第 8 位，延迟写操作控制位。若该控制位置位，所有对 MPY32 寄存器的写操作都要延迟到 64 位(MPYDLY32=0)或 32 位(MPYDLY32=1)运算结果完成之后。

0：写操作不延迟；　　1：写操作延迟。

● MPYOP2_32：第 7 位，硬件乘法控制器操作数 2 的宽度控制位。

0：16 位；　　1：32 位。

● MPYOP1_32：第 6 位，硬件乘法控制器操作数 1 的宽度控制位。

0：16 位；　　1：32 位。

● MPYMx：第 4～5 位，乘法器模式选择控制位，该控制位由操作数 OP1 寄存器决定，复位后不变。

00：MPY 无符号数乘法；　　01：MPYS 有符号数乘法；

10：MAC 无符号数乘加；　　11：MACS 有符号数乘加。

● MPYSAT：第 3 位，饱和模式使能控制位。

0：饱和模式禁止；　　1：饱和模式使能。

● MPYFRAC：第 2 位，小数模式使能控制位。

0：小数模式禁止；　　1：小数模式使能。

● MPYC：第 0 位，硬件乘法控制器进位标志位。如果未选择饱和模式或小数模式，该标志位可作为乘法运算结果的第 33 位或第 65 位，因为当切换到饱和模式或小数模式时该标志位不变化。该标志位置位表示运算结果有进位，否则清零表示运算结果没有进位。

8.4.3　硬件乘法控制器程序举例

【例 8.4.1】 编程实现 16×16 无符号乘法运算。

```
#include <msp430f5529.h>
void main(void)
{
  WDTCTL = WDTPW+WDTHOLD;                       // 关闭看门狗
  MPY = 0x1234;                                 // 载入第一个无符号操作数
  OP2 = 0x5678;                                 // 载入第二个操作数
  _ _bis_SR_register(LPM4_bits);                // 进入LPM4
  _ _no_operation();                    // 调试所用，可在此处设置断点，查看结果寄存器
}
```

在_ _no_operation(); 处设置断点查看结果寄存器界面如图 8.4.4 所示，由该图可知 RESLO=0x0060，RESHI=0x0626，即乘法运算结果为 0x6260060。

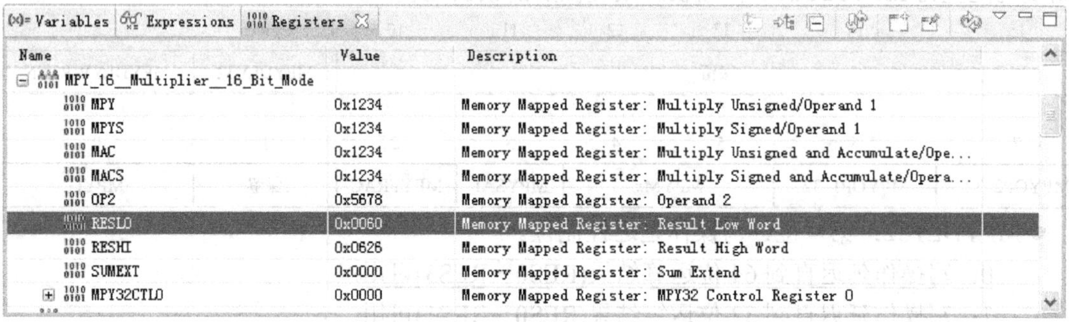
Variables
Expressions
Registers
Name
Value
Description
MPY_16__Multiplier__16_Bit_Mode
MPY 0x1234 Memory Mapped Register: Multiply Unsigned/Operand 1
MPYS 0x1234 Memory Mapped Register: Multiply Signed/Operand 1
MAC 0x1234 Memory Mapped Register: Multiply Unsigned and Accumulate/Ope...
MACS 0x1234 Memory Mapped Register: Multiply Signed and Accumulate/Opera...
OP2 0x5678 Memory Mapped Register: Operand 2
RESLO 0x0060 Memory Mapped Register: Result Low Word
RESHI 0x0626 Memory Mapped Register: Result High Word
SUMEXT 0x0000 Memory Mapped Register: Sum Extend
MPY32CTL0 0x0000 Memory Mapped Register: MPY32 Control Register 0

图 8.4.4　无符号乘法运算结果查看图

根据【例 8.4.1】中程序的架构，8×8 无符号乘法运算可将操作数代码更改如下：

```
MPY = 0x12;                              // 载入第一个无符号操作数
OP2 = 0x56;                              // 载入第二个操作数
```

32×32 有符号乘法运算可将操作数代码更改如下：

```
MPYS32L = 0x1234;                        // 载入第一个操作数的低16位
MPYS32H = 0x1234;                        // 载入第一个操作数的高16位
OP2L = 0x5678;                           // 载入第二个操作数的第16位
OP2H = 0x5678;                           // 载入第二个操作数的高 16 位
```

32×32 无符号乘加运算可将操作数代码更改如下：

```
MPY32L = 0x1234;                    // 载入首个乘法运算第一个操作数的低16位
MPY32H = 0x1234;                    // 载入首个乘法运算第一个操作数的高16位
P2L = 0x5678;                       // 载入首个乘法运算第二个操作数的低16位
P2H = 0x5678;                       // 载入首个乘法运算第二个操作数的高16位

AC32L = 0x1234;                     // 载入乘加运算第一个操作数的低16位
AC32H = 0x1234;                     // 载入乘加运算第一个操作数的高16位
OP2L = 0x5678;                      // 载入乘加运算第二个操作数的低16位
OP2H = 0x5678;                      // 载入乘加运算第二个操作数的高 16 位
```

该程序所表示的运算即为：0x12341234×0x56785678+0x12341234×0x56785678，运算结果为：0xC4C19580DCC00C0。

【例 8.4.2】 硬件乘法控制器实现两个 16 位 Q15 格式小数乘法运算：(1/8)×(1/8)。

```
#include <msp430f5529.h>
unsigned int Result_Q15;
void main(void)
{
  WDTCTL = WDTPW+WDTHOLD;                // 关闭看门狗
  MPY32CTL0 = MPYFRAC;                   // 设置小数模式
  MPYS = 0x1000;                         // 载入第一个操作数
  OP2 = 0x1000;                          // 载入第二个操作数
  Result_Q15 = RESHI;                    // 读取16位Q15格式运算结果
  MPY32CTL0 &= ~MPYFRAC;
  _ _bis_SR_register(LPM4_bits);
  _ _no_operation();          // 调试所用，可在此处设置断点，查看结果寄存器
}
```

通过程序运行可得到 RES1 结果寄存器的内容为 0x0100，左移一位后得到小数乘法运算的最终结果为 0x0200，即（1/64）。

本 章 小 结

本章详细讲解了 MSP430 单片机片内控制模块的结构、原理及功能，主要包含 Flash 控制器、RAM 控制器、DMA 控制器和硬件乘法控制器。

MSP430 单片机的 Flash 控制器主要用来实现对 Flash 存储器的烧写程序、写入数据和擦除功能，可对 Flash 存储器进行字节/字/长字（32 位）的寻址和编程。

MSP430 单片机的 RAM 控制器可实现对每段 RAM 存储器的开关控制。为了降低功耗，RAM 控制器可以关闭不需要的 RAM 空间。在 RAM 段未关闭的待机模式下，RAM 段内的数据将会保存；在 RAM 段关闭的模式下，RAM 段内的数据将会丢失。

MSP430 单片机的 DMA 控制器主要用来将数据从一个地址传输到另外一个地址而无须 CPU 的干预，这种方式可提高系统执行应用程序的效率。使用 DMA 控制器还可以减少系统的功耗，即使 CPU 处于低功耗模式，DMA 控制器也可使外围模块之间进行数据传输。

MSP430 单片机的硬件乘法控制器可以在不改变 CPU 结构和指令的情况下增加运算功能，大大提高了 MSP430 单片机的数据处理能力，这种结构特别适合用于对运算速度要求很严格的情况。

思考题与习题 8

8.1 简述 Flash 控制器的作用。

8.2 简述 Flash 存储器的分段结构。

8.3 Flash 存储器具有哪些操作？并对各操作进行简要说明。

8.4 编程实现：首先将从 0 开始的递增数据写入从 0x10000 到 0x10100 的扇区 1 内，然后采用扇区擦除方式擦除扇区 1，在扇区擦除的过程中，反转 P1.0 引脚电平状态，并通过示波器进行观察。

8.5 编程实现：首先擦除 D 段 Flash 空间，之后采用长字写入模式将一个 32 位的数据写入 0x1800 地址空间。

8.6 RAM 控制器具有什么作用？请简要说明。

8.7 DMA 控制器具有哪些特性？

8.8 DMA 控制器具有哪些寻址方式？

8.9 DMA 控制器具有哪些传输模式？并对各传输模式进行描述。

8.10 简述硬件乘法控制器的作用。

8.11 硬件乘法控制器结构由哪几个部分组成？

8.12 硬件乘法控制器支持哪几种乘法操作？

8.13 硬件乘法控制器具有哪些操作数寄存器？

8.14 硬件乘法控制器的小数模式如何表示？

8.15 编程实现：（1）16×16 有符号数乘法运算；（2）16×16 无符号数乘加运算；（3）16×16 有符号数乘加运算。

第 9 章 MSP430 系列单片机应用系统设计实例

本章介绍作者实验室自行研制的基于 MSP430F5529 单片机的学生创新套件。该套件由 MSP430F5529 LaunchPad（最小系统）、频率与相位跟踪模块、程控放大与衰减模块、LED 串点亮模块、液晶与键盘模块和一个母板组成。该套件的特点是使用灵活，可以单独用 MSP430F5529 LaunchPad 进行实验，也可以与其他模块组合，即将 MSP430F5529 LaunchPad 与其他模块插在母板上，形成频率与相位跟踪系统，或程控放大与衰减系统，或 LED 串点亮系统进行实验，如图 9.0.1 所示。该套件便于携带，既可以在实验室中实验，也可以带回宿舍实验，特别适用于学生开展创新实践活动，因此，取名为“学生创新套件”。

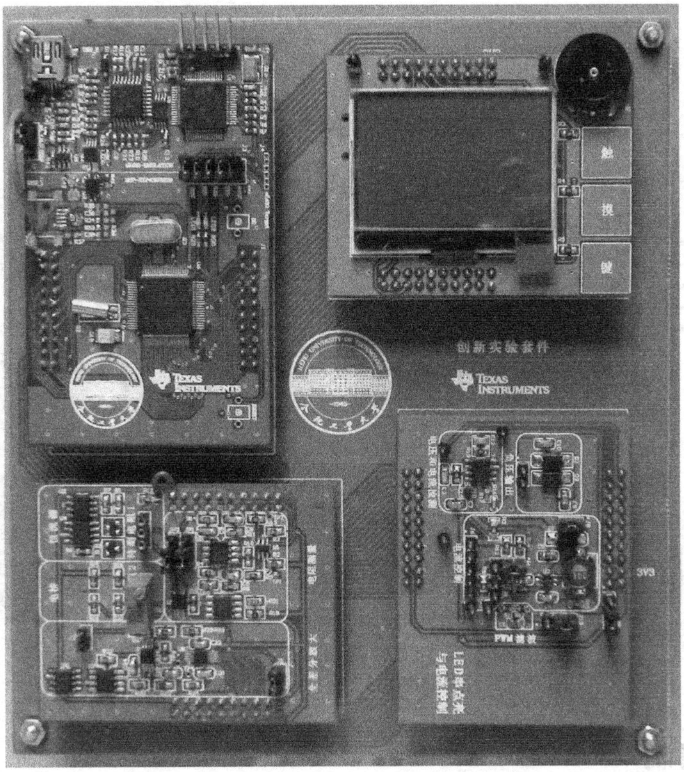

图 9.0.1　学生创新套件中的一种组合

9.1　MSP430F5529 LaunchPad

9.1.1　概述

针对目前在单片机学习和开发过程中，在线仿真困难且实验装置不易扩展的情况，我们研制了基于 TI 公司板载仿真器的 MSP430F5529 LaunchPad（最小系统）。该最小系统不仅自身可以进行 USB 通信控制、GPIO 输出控制、定时器计时中断、PWM 产生和按键外部中断等一系列实验，而且可以通过其 BoosterPack 接口上丰富的功能引脚，与我们研制的频率与相位跟踪、程控放大与衰减、LED 串点亮、液晶等电路模块配合，进行更多的实验。

MSP430F5529 LaunchPad 硬件包括板载仿真器、MSP430F5529 单片机、USB 通信接口电路及 BoosterPack 接口等，其硬件框图如图 9.1.1 所示，实物如图 9.1.2 所示。软件包括基本的 CCS 操作、USB 通信控制程序、GPIO 输出控制程序、定时器计时中断程序、PWM 产生程序和按键外部中断程序。

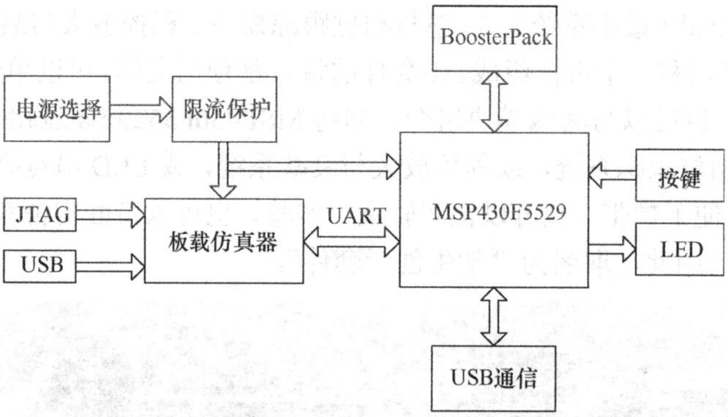

图 9.1.1　MSP430F5529 LaunchPad 硬件框图

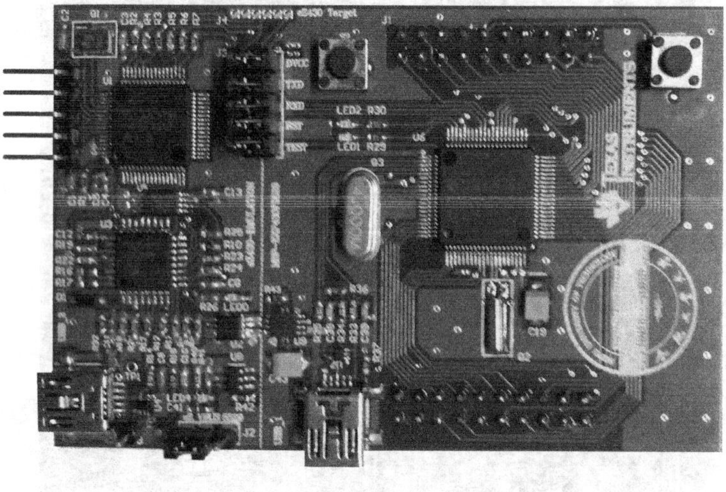

图 9.1.2　MSP430F5529 LaunchPad 实物图

9.1.2　硬件研制

1. 板载仿真器

板载仿真器是 MSP430F5529 LaunchPad 的关键组成部分，主要包括 MSP430F1612 单片机、128K 字的片外 EEPROM 存储器 AT24C128、USB 转串口通信芯片 TUSB3410、ESD 保护二极管阵列 TPD2E001、12MHz 的外部时钟单元等，其电路原理图如图 9.1.3 所示。

板载仿真器加载固件后才能工作。一方面，可通过 USB 接口运行批处理文件调用 MSP430 Flasher 应用程序将固件烧写到 MSP430F1612 中；另一方面，可通过 JTAG 和第三方软件 FET-Pro430 工具下载固件；固件下载完成后，系统将自动识别 HID 设备和串行设备。作为下载程序、连接 CCS 和 MSP430F5529 单片机的桥梁，板载仿真器的作用至关重要，其布局、布线、调试的每一步都影响着整个实验板能否正常工作。

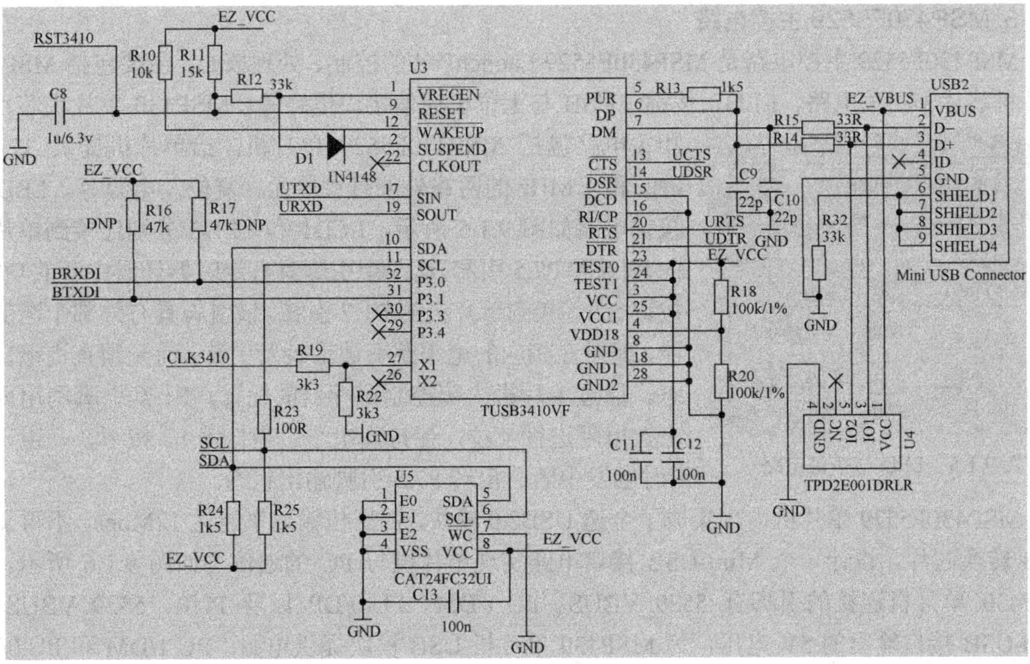

图 9.1.3　板载仿真器部分电路原理图

2. BoosterPack 接口

BoosterPack 接口是 MSP430F5529 LaunchPad 的一大特色，正是由于 BoosterPack 的存在，MSP430 单片机的扩展应用才变得方便。MSP430F5529 单片机片内有 128 KB 的 Flash 和 10KB 的 SRAM，以及 SPI、SCI、I^2C、ADC、DMA 和 USB2.0 等丰富的外设资源。MSP430F5529 LaunchPad 通过 BoosterPack 接口引出 4 组 SPI、2 组 I^2C 和 2 组 UART 功能引脚；同时，还包括多个定时器、比较器、DMA 及 ADC 的引脚。这些丰富的引脚为外部扩展功能的实现提供了必要的条件。BoosterPack 接口上的资源和功能如图 9.1.4 所示。

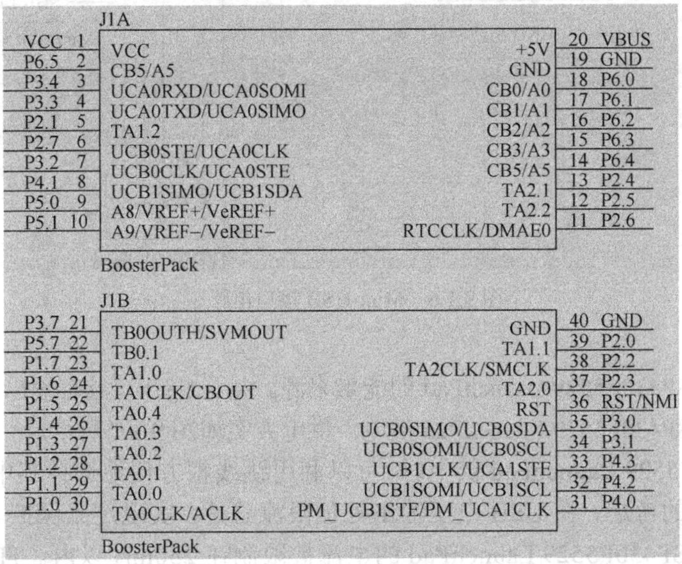

图 9.1.4　BoosterPack 接口

3. MSP430F5529 主控电路

MSP430F5529 主控电路是 MSP430F5529 LaunchPad 的控制、处理核心，主要包括 MSP430 单片机芯片和相关电路、LED、按键、USB 与上位机通信接口电路等。MSP430 单片机芯片和相关电路包括 MSP430F5529 单片机，给单片机提供 32.768 kHz 和 4 MHz 的两路外部时钟单元、复位及电源等。LED 与按键电路如图 9.1.5 所示，LED1 和 LED2 分别连接到单片机的 P7.6 和 P7.5 引脚，这两个引脚具有定时器计时中断的功能。按键 S2 连接到单片机的 P1.7 引脚，该引脚具有外部中断的功能，即可在相应的电平跳变边沿触发中断，而无须查询端口状态。通过单片机内部控制寄存器的配置，P1.7 引脚利用内部上拉电阻进行上拉，保持高电平。当按键 S2 按下，产生下降沿时触发中断，反转 P7.5 引脚输出状态。

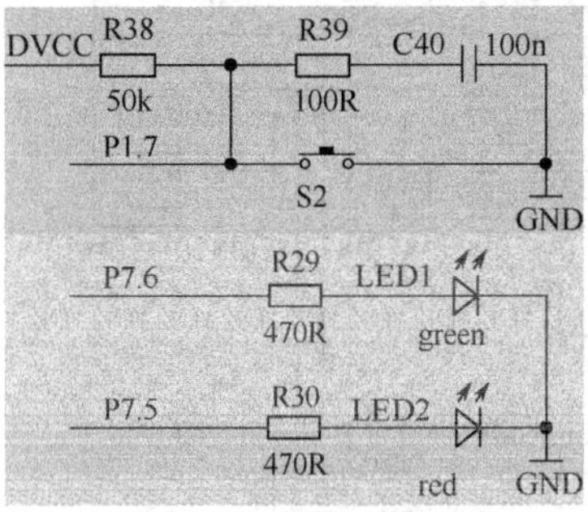

图 9.1.5　LED 与按键电路

MSP430F5529 单片机内部集成了全速 USB2.0 模块，数据传输速率能达 12Mbps，不再需要 USB 转换芯片。设计一个 Mini-USB 接口电路实现单片机与 PC 的通信，如图 9.1.6 所示。与 MSP430 单片机连接的引脚有 5529_VBUS、PU.1/DM、PU.0/DP 以及 PUR。5529_VBUS 是 Mini-USB 接口输出的 5V 电压，为 MSP430 单片机 USB 模块提供电源；PU.1/DM 和 PU.0/DP 是 USB 的数据终端；PUR 完成 D+信号的上拉，使主机能够识别当前设备为全速 USB 设备；U7 是 ESD 保护二极管阵列 TPD2E001，该芯片提供电流过载保护功能。

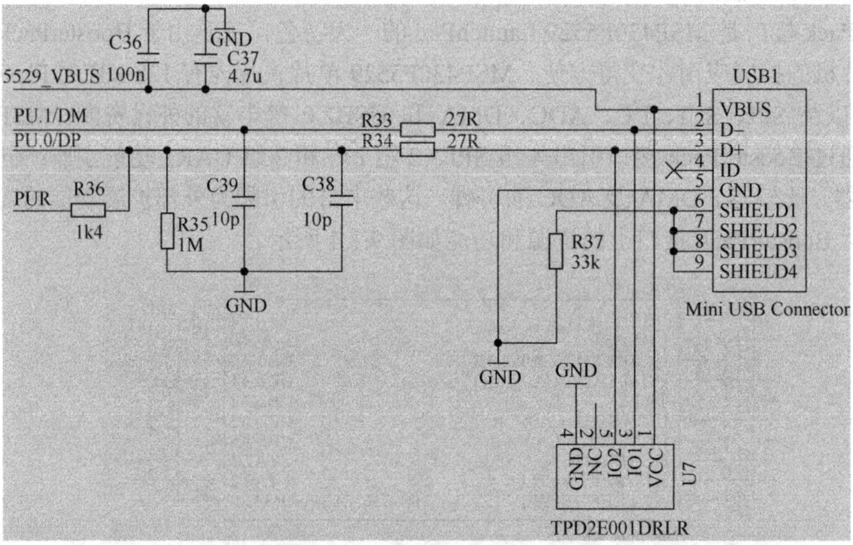

图 9.1.6　Mini-USB 接口电路

4. 电源模块

电源模块是 MSP430F5529 LaunchPad 的能量来源。由于 USB 口具有输出 5V、500mA 的能力，可以对整个 MSP430F5529 LaunchPad 供电。供电方案如图 9.1.7 所示。

在对 MSP430F5529 LaunchPad 供电时，可以利用跳线帽方便地选择其中任何一路 USB。出于对电路安全性的考虑，在 USB 电压输出处加限流芯片，实现过流保护。图 9.1.8 是电流限制电路，整个 MSP430F5529 LaunchPad 的电流被限制在 250mA 以内。TPS2553 是电流限制的芯片，限流范围在 75mA 到 1.7A 之间，通过外部的电阻 $R42$ 可调节限制电流的大小，其关系为

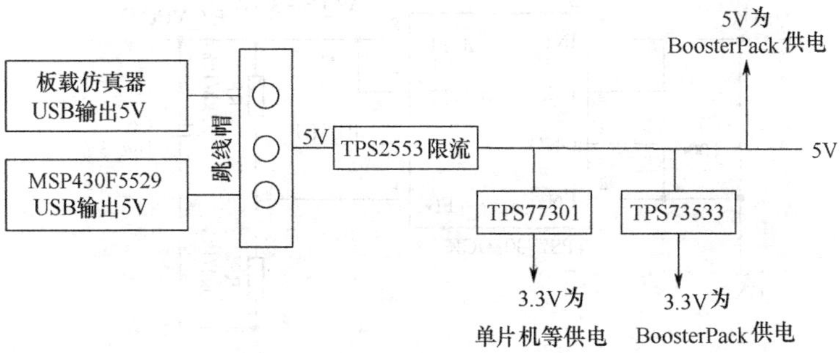

图 9.1.7 MSP430F5529 LaunchPad 供电方案

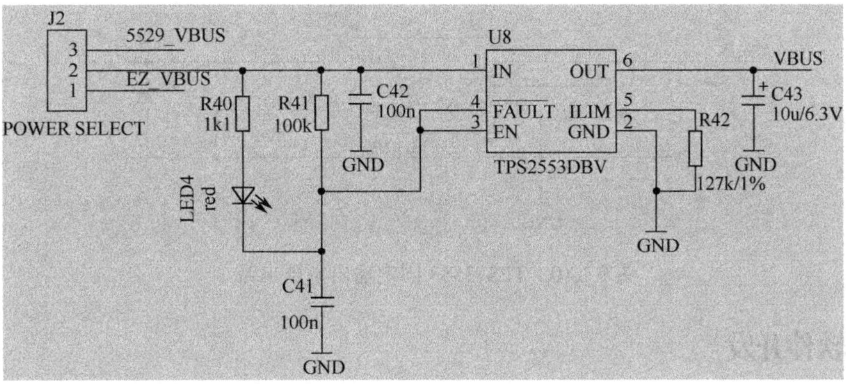

图 9.1.8 电流限制电路

$$I_{\text{OSmax}}(\text{mA})=\frac{22980\text{V}}{R_{42}^{0.94}\text{k}\Omega}$$

当出现错误的条件，例如电流过载、电路短路、芯片损坏等，红色 LED4 会闪烁，提示出现了故障。

经过限流后的电压再通过 LDO 线性稳压器，为单片机及其他电路提供电源。MSP430F5529 LaunchPad 上有两片 TI 公司的 LDO 芯片——TPS77301 和 TPS73533。其中，TPS77301 是可提供 250mA 负载的低压差线性稳压器，图 9.1.9 是该芯片的可调输出电压电路。IN1 和 IN2 是供电端，最大供电电压可达 13.5V；OUT1 和 OUT2 是电压输出端；在电压输入端和输出端接有退耦电容，对电路退耦；RES 是该芯片的复位引脚，低电平有效；FB 是反馈引脚，通过该引脚实现输出电压可调，输出电压与内部参考电压的关系为

$$V_{\text{O}}=V_{\text{ref}}\times\left(1+\frac{R_8}{R_9}\right) \tag{9.1.1}$$

式中，V_{ref}=1.1834V，为芯片的内部参考电压。

TPS73533 是低压差、低功耗的线性稳压器，最大可提供 500mA 的电流。图 9.1.10 是该芯片固定的输出电压电路，即将 USB 端口提供的 5V 电压通过 TPS73533 转换成 3.3 V 输出。IN 端是供电端，最大供电电压可达 7V；EN 是芯片的使能端，高电平有效；芯片的输入 IN 端和输出 OUT 端，都通过陶瓷电容接地，对噪声进行滤波；NR/FB 通过旁路电容接地，可以减小输出噪声及增加供电电压的抑制比(PSRR)。

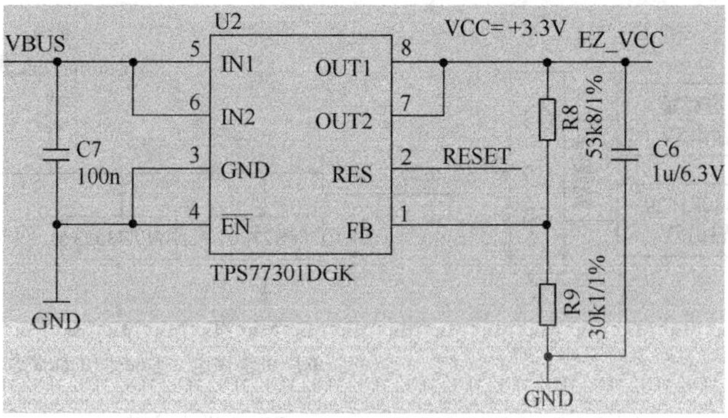

图 9.1.9　TPS77301 可调输出电压电路

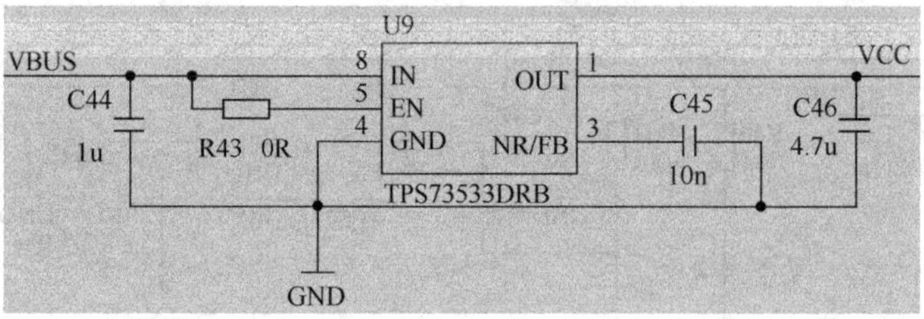

图 9.1.10　TPS73533 固定输出电压电路

9.1.3　软件开发

为了帮助初学者更好地学习和使用 MSP430F5529 LaunchPad，我们开发了相应的板载实验程序。该板载实验程序为一个完整的 CCS 软件工程，不仅能够应用 MSP430F5529 单片机的 USB 通信模块、定时器模块、外部中断模块等，也能够使用该开发板上的所有硬件资源，即在一个软件工程下，完成对实验板上所有硬件资源的测试。板载实验程序软件流程图如图 9.1.11 所示。其中，USB 通信控制实验为整个板载实验的主体框架，通过上位机输入相应的命令，利用 USB 通信将相应的命令发送给 MSP430 单片机，从而控制程序的流向，进入相应的实验。该板载实验程序包括 USB 通信控制实验、GPIO 输出控制实验、定时器计时中断实验、PWM 产生实验和按键外部中断实验。

1．USB 通信控制实验

MSP430F5529 单片机内部集成了全速 USB2.0 模块，数据传输速率能达 12Mbps，不再需要 USB 转换芯片，可直接实现与 PC 的通信。在本实验中，PC 的超级终端软件作为上位机，通过 USB 通信向 MSP430 单片机发送命令，MSP430 单片机根据收到的命令与程序中事先定义的命令相比较。若相同，则执行相应的程序；若不同，则返回“No such command！”。

本实验提供了 USB 的开发资源库。该开发资源库支持 3 种最常见的设备类型：①通信设备类（CDC）；②人机接口设备类（HID）；③大容量存储类（MSC）。利用该 USB 开发资源库，实验者即便没有很丰富的 USB 开发经验，也可以轻松地完成 USB 工程的开发。

2．GPIO 输出控制实验

与本实验相关的 USB 通信控制命令为：LED ON 和 LED OFF。当板载实验程序运行时，若在上位机超级终端软件中输入“LED ON”命令，将使 MSP430F5529 单片机的 P7.6 引脚输出高电平，从而点亮与 P7.6 相连的绿色 LED。若在上位机超级终端软件中输入“LED OFF”命令，将使 P7.6 引脚输出低电平，从而熄灭绿色 LED，实现对 MSP430 单片机 GPIO 输出状态的控制。

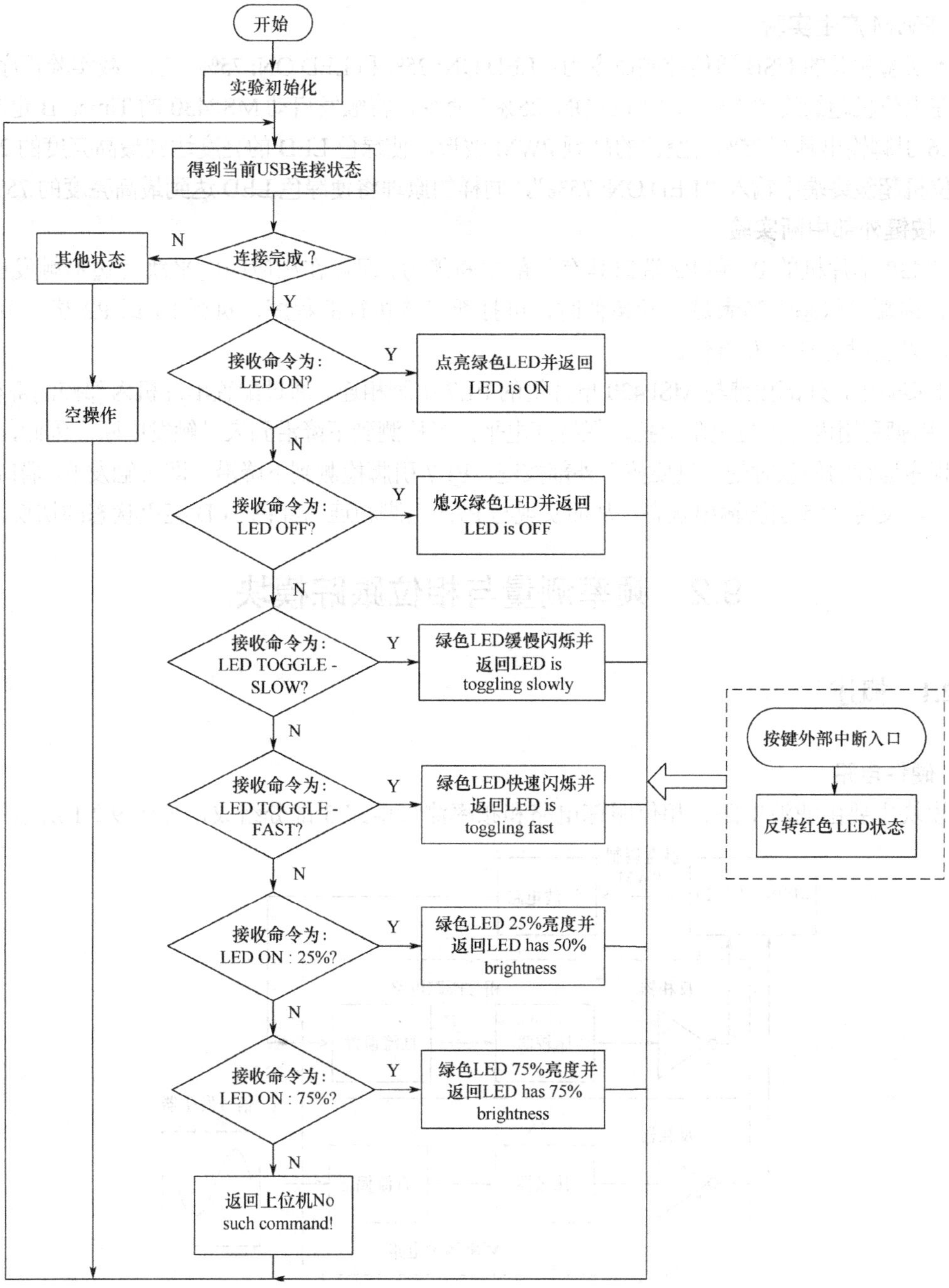

图 9.1.11　板载实验程序流程图

3. 定时器计时中断实验

与本实验相关的 USB 通信控制命令为：LED TOGGLE – SLOW 和 LED TOGGLE – FAST。当板载实验程序运行时，若在上位机超级终端软件中输入“LED TOGGLE – SLOW”命令，将触发启动 MSP430 单片机的 Timer_A 定时器并使能 CCR0 计数中断，Timer_A 定时器每计数 20000 次进一次定时器中断，反转 P7.6 口状态，从而实现绿色 LED 的缓慢闪烁。若在上位机超级终端软件中输入“LED TOGGLE – FAST”命令，同样将触发启动 MSP430 单片机的 Timer_A 定时器并使能 CCR0 计数中断，Timer_A 定时器每计数 1000 次进一次定时器中断，反转 P7.6 口状态，从而实现绿色 LED 的快速闪烁。

4. PWM 产生实验

与本实验相关的 USB 通信控制命令为：LED ON: 25%和 LED ON: 75%。当板载实验程序运行时，若在上位机超级终端上输入“LED ON: 25%”命令，将触发启动 MSP430 的 Timer_B 定时器，并在 P7.6 引脚输出具有 25%占空比的高频 PWM 波形，使绿色 LED 的亮度达到最高亮度的 25%。若在上位机超级终端中输入“LED ON: 75%”，同样的原理将使绿色 LED 达到最高亮度的 75%。

5. 按键外部中断实验

MSP430 单片机的 P1 和 P2 端口具有外部中断能力，即可在相应的电平跳变边沿触发中断，而无须查询端口状态。当满足中断条件时，可打断当前执行的程序，执行 P1 或 P2 端口中断服务程序，以实时处理突发事件。

在本实验中，外部按键与 MSP430 单片机的 P1.7 引脚相连。通过配置单片机内部控制寄存器，使 P1.7 引脚利用内部上拉电阻上拉，保持高电平，当检测到下降沿到来时触发中断。因此，在板载实验程序运行的任意时刻，只要按下外部按键，P1.7 引脚检测到下降沿，即可触发 P1 端口中断服务程序，反转 P7.5 引脚输出状态，从而实现与 P7.5 引脚相连的红色 LED 亮灭状态的切换。

9.2 频率测量与相位跟踪模块

9.2.1 概述

1. 硬件电路

该模块主要由滤波电路、相位跟踪电路和频率测量电路 3 部分组成，如图 9.2.1 所示。

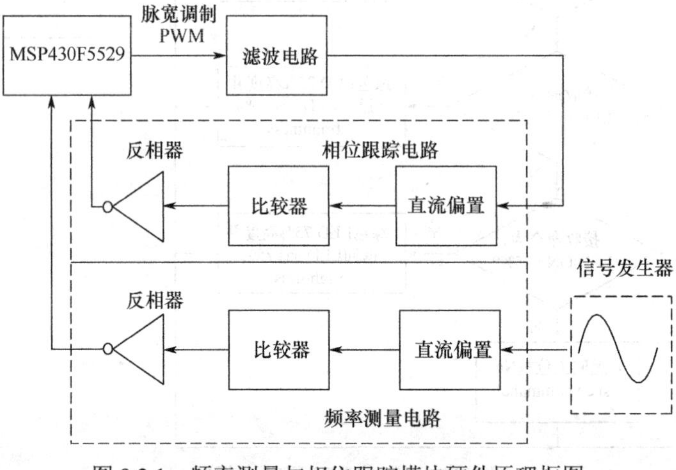

图 9.2.1 频率测量与相位跟踪模块硬件原理框图

（1）频率测量

由信号发生器产生的正弦波经过直流偏置电路后，再经过比较器进行整形，进入 MSP430 单片机，由 MSP430 单片机的定时器完成频率的测量。

（2）频率和相位跟踪

单片机发出的 SPWM 信号经滤波电路，变成正弦波，送至相位跟踪电路；经偏置、整形和反相，送至单片机的定时器。定时器对经频率测量电路和相位跟踪电路的两路信号进行鉴相，得到相位差，来调整单片机产生的 PWM 波的相位，使其跟踪上信号发生器产生信号的相位。

图 9.2.2 是频率测量与相位跟踪模块的电路原理图。

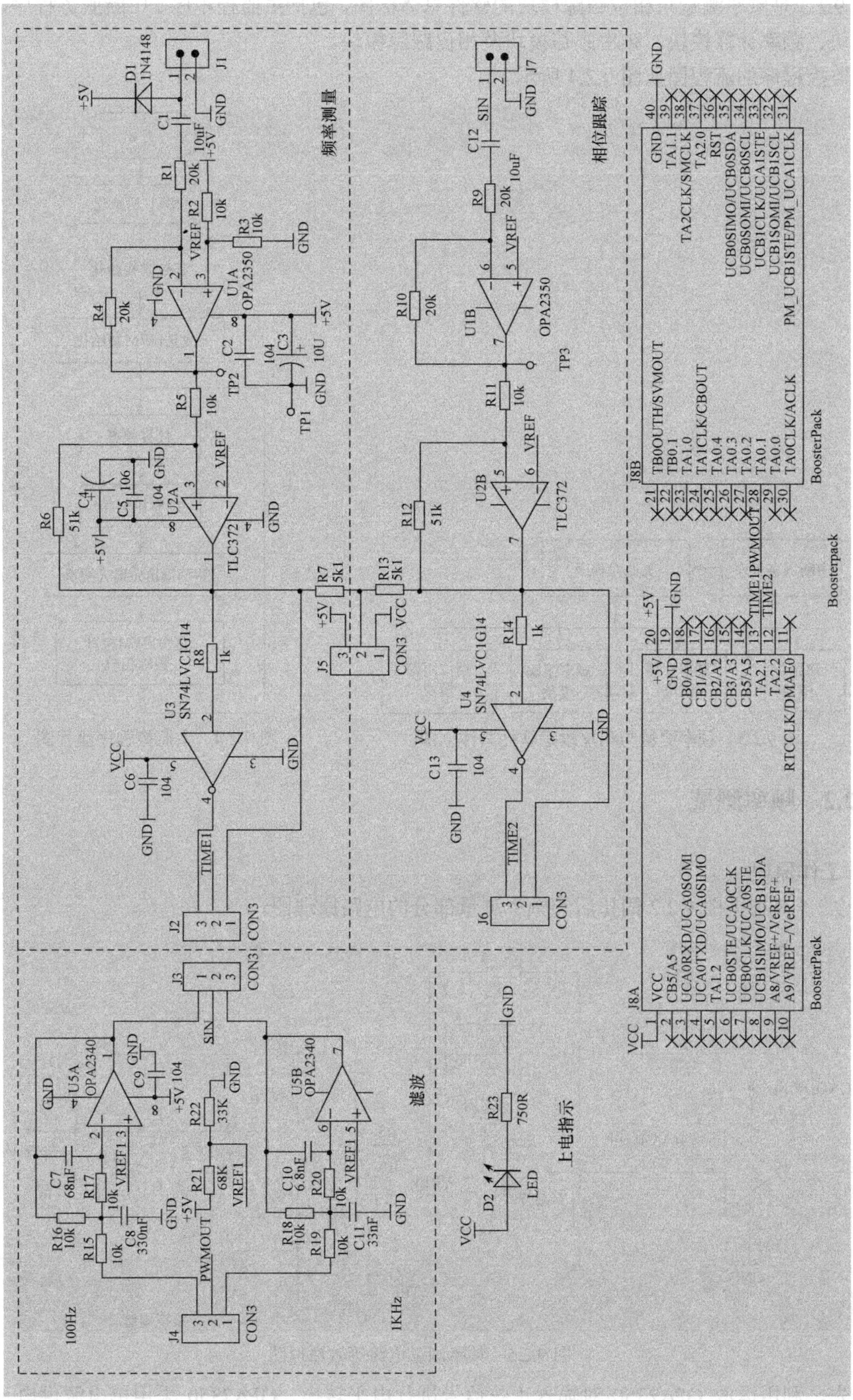

图9.2.2 频率测量与相位跟踪模块电路原理图

2．软件部分

图 9.2.3 是频率测量与相位跟踪模块的软件总体框图，包括主监控程序、中断服务程序、初始化模块、频率计算模块、频率跟踪模块及相位跟踪模块。

主监控程序的流程图如图 9.2.4 所示。

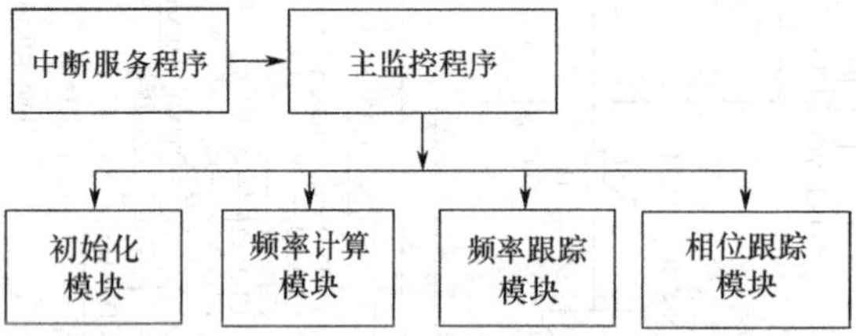

图 9.2.3 频率测量与相位跟踪软件总体框图

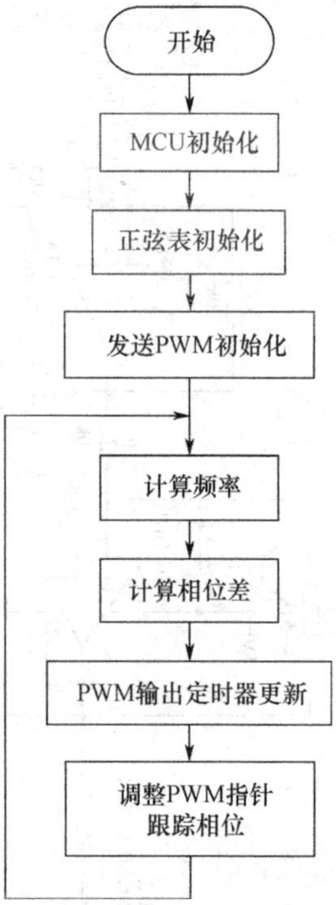

图 9.2.4 主监控程序流程图

9.2.2 频率测量

1. 工作原理

图 9.2.5 是根据图 9.2.2 简化后的频率测量部分的电路原理图。

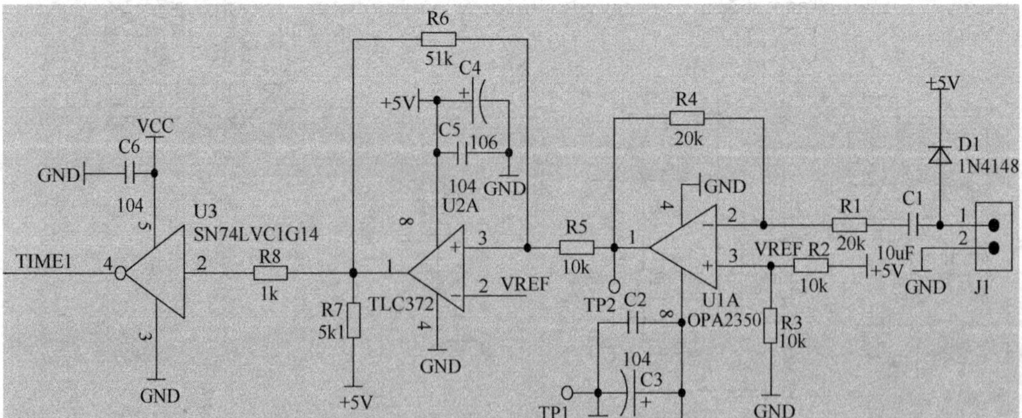

图 9.2.5 频率测量电路等效原理图

首先，利用运放 OPA2350 对输入正弦信号进行电平转换。OPA2350 采用单电源供电、供电电压范围为 2.7～5.5V，增益带宽积为 38MHz，转换率为 22V/μs，其轨对轨特性使输出电压最大程度接近电源轨。然后，信号经过 TLC372 搭建的比较器电路，把正弦信号转换成方波信号。TLC372 也采用单电源供电，其供电电压范围为 3～18V。最后，利用 SN74LVC1G14 将信号反相，从而输出一个方波信号，送入 MSP430 单片机进行计数。

信号发生器产生的正弦信号接至该电路输入端 J1，为避免带有直流分量的输入信号经过偏置电路后电压超出电源轨，在 J1 后加入电容 C_1 对输入信号交流耦合，滤除直流分量后送入放大器的反相输入端。

由于 OPA2350 为单电源供电，而输入正弦信号具有正负半周的电压，为保证输入、输出信号在电源轨范围内，所以，需要在放大器的同相端加入一个 2.5V 参考电压；同时，OPA2350 在交流耦合下对 V_{REF} 的放大倍数为 1，经过计算得到 OPA2350 输出端电压为

$$V_{out} = V_{REF} - V_{in} = 2.5 - V_{in} \tag{9.2.1}$$

经过 OPA2350 电平转换后的信号会输入到比较器 TLC372，整形成同频的矩形波信号。在图 9.2.5 中，在电路中增加了正反馈回路 R_6，形成了一个迟滞比较器。

比较器采用正反馈接法，给比较器设置了高、低比较门限，形成滞环，防止正弦信号在过零点产生毛刺（小跳变），以免影响测频。由于滞环的存在，整形后的矩形波信号占空比也发生了变化，不再为 50%。并且由于 TLC372 输出端为漏极开路，因此，输出端需要加一个上拉电阻，并且 TLC372 的驱动能力由输出电阻决定。若上拉电阻越大，其输出能力越弱。

经过整形后，矩形波信号再经过反相器 SN74LVC1G14，变成跳变沿更加陡峭的矩形波信号，送至 MSP430 单片机的定时器引脚，用定时器的捕获功能测量其频率。

2. 程序分析

采用 MSP430 单片机定时器 TA2.1 的捕获模式测量频率。T2.1 对应于单片机的 P2.4 引脚。测量时，经调理后的方波信号从 P2.4 输入到 MSP430 单片机定时器 TA2.1，其上升沿被捕获。MSP430 单片机的定时器在捕获发生时，可以自动地把此时定时器的计数值存入寄存器 TA2CCR1 中，由此得到相邻上升沿的计数差值，再根据计数时钟，算出相邻上升沿的时间间隔即周期值，最后对周期求倒数就得到频率值。

为此，通过控制寄存器 TA2CTL 定义定时器为连续增计数模式、时钟选择 SMCLK=16 MHz。通过控制寄存器 TA2CCTL1 定义通道 1 为捕获模式、开捕获中断、上升沿捕获等。部分程序代码及注释如下：

```
P2SEL |= BIT4 + BIT5;                              // 选择2.4，2.5口为第二功能
TA2CTL = TACLR;                                    // 复位定时器TA2
TA2CTL = TASSEL_2 + ID_0 + MC_2 + TAIE;            // 时钟源为SMCLK，连续增模式
TA2CCTL1 = CCIE + CAP + CCIS_0 + CM_1 + SCS;       // 通道1开捕获中断，上升沿捕获
```

在定时器通道 1 的捕获中断中，测量输入信号相邻上升沿的时间间隔。在这里我们利用中断向量寄存器 TAIV，选择通道 1 的捕获中断。然后，将时间间隔换算为频率。在定时器中断中计算时间间隔部分的程序代码如下：

```
#pragma vector=TIMER2_A1_VECTOR
__interrupt void TIMER2_A1_ISR(void)
{
```

```
switch(TA2IV)
 {
   case 2: Sample_times  = 0;                        // 正弦表指针归零
        Avarage_period = Overflow_counter*65536 - Input_one_capture + TA2CCR1;
                                                     // 计算周期值
         Input_one_capture = TA2CCR1;                // 保存捕获值，供下一次使用
         Input_one_counter = DETA_counter;
         Overflow_counter = 0;                       // 溢出次数清零
         CapFlag++;
         break;
    ……
   case 14: Overflow_counter++;                       // TA 每次溢出，溢出变量+1
          DETA_counter++;
          break;
 }
}
```

3. 测试结果

根据图 9.2.5，将信号发生器发出的正弦信号接至 J1。该信号经过整形后进入 MSP430 单片机定时器引脚，进行测频。测量结果可以由液晶显示，也可以通过 CCSv5 软件察看。

用示波器观测输入 100Hz 正弦信号和经整形后的矩形波信号如图 9.2.6 所示，在此设置比较器的高、低门限电压分别为 3V 和 2V。以图 9.2.5 中滞环比较器为例，当比较器正、负输入端电平值相等时，其输出会发生反转。高、低门限电压的计算公式为

$$V_{\mathrm{H}}=\left(\frac{5R_3}{R_1+R_3}-\frac{V_{\mathrm{OH}}R_2}{R_2+R_4}\right)\times\frac{R_2+R_4}{R_4} \tag{9.2.2}$$

$$V_{\mathrm{L}}=\left(\frac{5R_3}{R_1+R_3}-\frac{V_{\mathrm{OL}}R_2}{R_2+R_4}\right)\times\frac{R_2+R_4}{R_4} \tag{9.2.3}$$

式中，V_{OH}与 V_{OL} 分别为比较器输出的高、低电平值。可见，改变电阻的阻值可以任意配置高、低门限的电压值。

另外，图中矩形波高电平部分波形是比较器输出能力受上拉电阻的影响所致。上拉电阻越大，输出能力就越弱。在图 9.2.5 中，根据用户手册推荐选择上拉电阻为 5.1kΩ。

由图 9.2.6 可见，比较器的高、低门限电压分别为 2.9V 和 2.1V。通过改变电阻 R_1、R_2、R_3 和 R_4 的值，可以重新配置滞环比较器的高、低门限电压。

频率测量结果如表 9.2.1 所示。利用测周法测量频率的误差由两部分组成：计数相对误差和时钟误差。计数相对误差的最大值为±1 个时钟周期。当被测频率较低时，计数误差影响很小，可忽略不计，主要受时钟误差影响；当待测频率较高时，测频误差主要来源于计数误差。配置为 16 MHz 时钟频率时，由示波器测量得时钟频率为 16.13MHz，由此计算出测频最大误差为 0.813%。由表中数据可见，测量数据均在误差范围内。

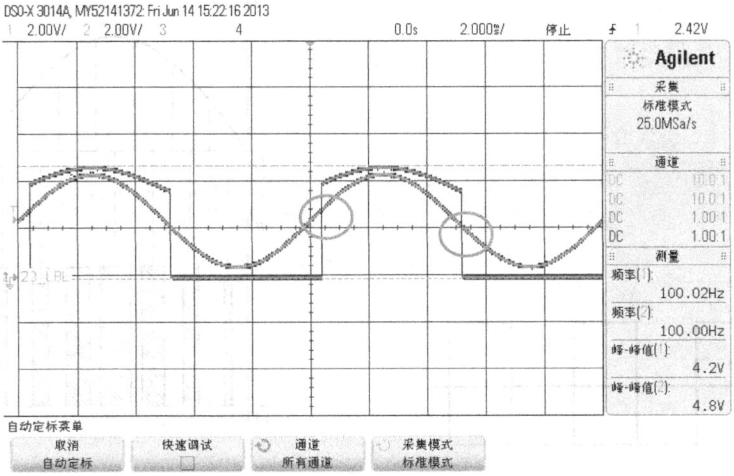

图 9.2.6　比较器输入、输出波形

表 9.2.1　频率测量结果

待测频率（Hz）	10	50	100	500	1000
实测频率（Hz）	9.93	50.00	100.00	500.02	1000.02
测频误差（%）	0.7	0	0	0.004	0.002

4. 思考题

分析测频误差产生的来源，考虑采用何种方法加以解决？例如，为了减小误差可以分频段测频，低频采用测周法，高频采用测频法等。

9.2.3　频率跟踪

1. 工作原理

频率跟踪是MSP430单片机产生一个与信号发生器发出的同频率的正弦信号。由于MSP430单片机只能发出PWM波，无法发出正弦波形。所以，利用MSP430单片机定时器TA0模拟DAC，根据采样定理，通过查表法产生SPWM波形来模拟正弦信号。

（1）面积等效原理

PWM控制技术中的面积等效原理是：冲量相等而形状不同的窄脉冲加在具有惯性的环节上时，其输出效果基本相同。冲量即窄脉冲的面积，效果相同是指输出波形基本相同。

例如，在直流斩波电路中，以Buck型电路为例，利用开关管调制出脉宽一定的PWM波形，当电流连续时负载上输出电压与输入电压关系为$U_o=D\times U_i$，U_i为输入电压，U_o为输出电压，D为PWM的占空比。可见，当D增大时，输出电压也增大。当脉宽不变时，输出电压为直流电压。Buck型电路输出电压波形示意图如图9.2.7所示。从面积等效原理来看，PWM波形与横轴所包围面积等于U_o与横轴所包围的面积。

当脉宽变化时，如图9.2.8所示，以正弦半波为例：将正弦半波看成是N个彼此相连的窄脉冲，这些窄脉冲宽度相同，幅值按正弦规律变化。根据面积等效原理，将上述窄脉冲串用与面积相等、幅值相同、宽度按正弦变化的矩形脉冲串来代替，且矩形脉冲的中点和相应正弦波部分的中点重合，使矩形脉冲和相应的正弦波部分面积（冲量）相等。这一系列等幅、不等宽的脉冲波就是SPWM波。基于面积等效原理，SPWM波可以等效成正弦波。

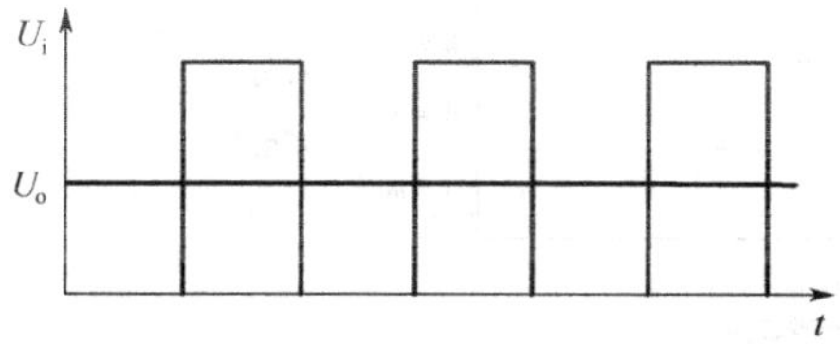

图 9.2.7　斩波电路输出电压波形

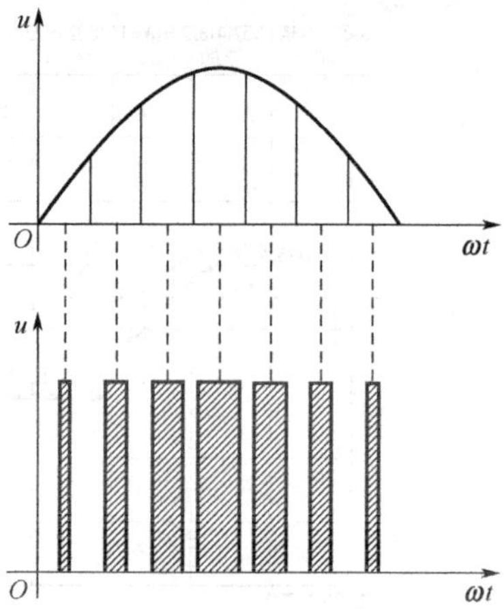

图 9.2.8　面积等效原理

（2）PWM 实现 DAC

在电子技术应用中，经常需要同时使用单片机和 DAC（数模转换器）。然而，许多单片机内部并没有集成 DAC。但是，几乎所有的单片机都提供定时器或 PWM 输出功能。我们可以采用软件的方法，通过定时器来实现 PWM 输出，再经过简单的滤波电路就可以实现 DAC，这将大大降低电子设备的成本、减小体积。

PWM 信号是一种具有固定周期、不定占空比的数字信号。如果 PWM 信号的占空比随时间变化，那么通过滤波之后的输出信号将是幅度变化的模拟信号，因此通过控制 PWM 信号的占空比，就可以产生不同的模拟信号。针对 MSP430 单片机，可以采用 TACCR0 来控制周期 T，而用与定时器对应的 TACCR1 寄存器来控制可变占空比，从而实现 DAC。

定时器输出 PWM 的 DAC 分辨率一般等于计数器的长度，通常也是 TACCR0 寄存器的值。在 MSP430 单片机中，利用定时器比较模式 7 产生 PWM 波，如图 9.2.9 所示。

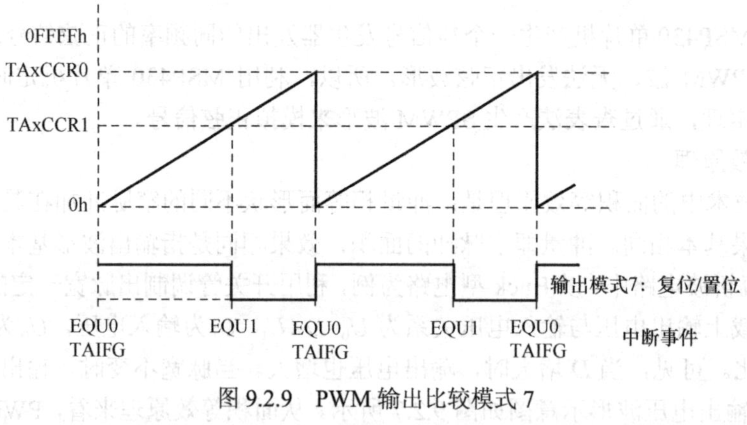

图 9.2.9　PWM 输出比较模式 7

在这种模式下，复位后每个定时器的输出都为高电平，而在计数器达到各自的 TACCR1 值时变为低电平，并在计数器达到 TACCR0 时再置位。也就是说，TACCR1 的值决定了各自正脉冲的宽度，因此，TACCR1 值的变化就可产生可变宽度的脉冲，而正弦波正是利用此办法产生的；若 TACCR1 不变，将产生固定宽度的脉冲产生，即产生直流电平。

每次占空比的改变就相当于一次采样，如果要描述频率为 f 的正弦波，根据香农采样定理，采样频率至少为 $2f$。

采样值包含在一个正弦表中，因此，通过调用中断函数，在每个 PWM 周期结束时，将新的正弦波抽样值载入捕获/比较寄存器 TACCR1 中，从而产生 PWM 信号的脉冲宽度以决定正弦波在每个时刻的抽样值，再将这个 PWM 信号经过低通滤波即可得到所需的正弦波。

（3）低通滤波器

MSP430 单片机产生的 SPWM 存在高次谐波，因此，为了滤除 SPWM 中的谐波分量，我们在实验板上设置一个两通道的低通滤波器，其截止频率分别为 100Hz 和 1kHz。图 9.2.10 为低通滤波器的幅频特性示意图。

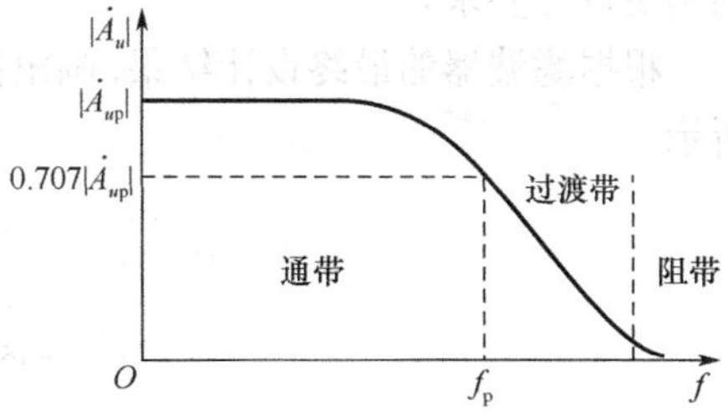

图 9.2.10　低通滤波器幅频特性

以 100Hz 为例设计低通滤波器时，有无源低通滤波器和有源低通滤波器两种选择。由于运放有开环电压增益及输入阻抗高、输出阻抗低，所以，有源滤波电路具备电压放大及阻抗匹配的功能。为此，选择有源低通滤波器。

根据实际的需求，确定滤波器的设计参数。滤波器增益设为；–3dB 时的截止频率设为 100Hz；阻带衰减设为–45dB。

选择常用的 Butterworth 型滤波器。巴特沃斯滤波器提供了最大的通带幅度响应平坦度，具有良好的综合性能。

滤波器的阶数越高，过渡带越陡峭。然而，阶数越高，滤波器的结构也就越冗余，其成本也就越高。所以，在性能满足要求的前提下，选择二阶滤波器。

有两种滤波器的结构，一是 MFB（多路反馈）结构，二是 Sallen-Key 结构。前者的增益可变，且对元件值改变的敏感度较低，而且采用了负反馈，相较于 Sallen-Key 较为稳定。因此，选择较为常用 MFB 结构。

采用软件 FilterPro 来进行滤波器的设计，根据上述确定的参数，可以由软件得出来设计结果，如图 9.2.11(a)所示。但是，由于部分阻容值不存在，所以，选择最接近的阻容值来代替。调整后的设计结果如图 9.2.11(b)所示。

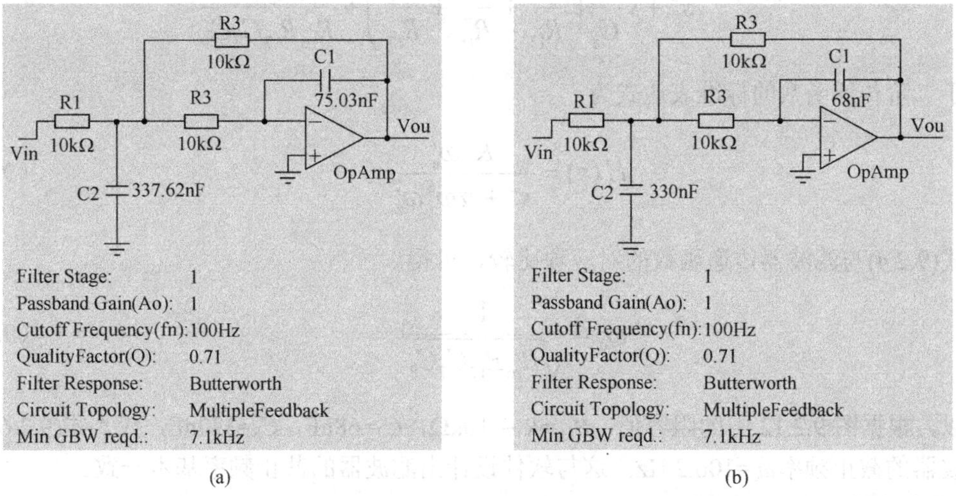

图 9.2.11　滤波器设计结果

通过软件设计的滤波器是以理想运算放大器来设计的，在实际中，还需要为滤波器挑选一个合适的放大器。

在挑选放大器时，首先需要关注其增益带宽积（GBP）和转换率。对于 MFB 结构，运放需满足 GBP。运放 GBP 至少为 100×Gain×f_c，其中，f_c 为截止频率， Gain 为闭环增益。另外，为保证信号的不失真，运放的转换率需大于 2π×VOUTP-P×f_c，其中，VOUTP-P 为频率低于 f_c 时期望输出信号的峰值。我们选择运放 OPA2340，其增益带宽积为 5.5MHz，转换率为 6V/ms，均满足设计要求。

根据滤波器的最终设计结果，画出截止频率为 100Hz 的低通滤波器电路原理图，如图 9.2.12 所示。

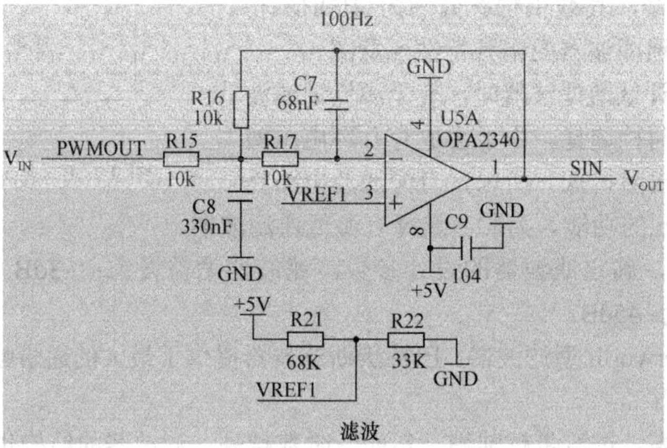

图 9.2.12　滤波电路原理图

如图 9.2.12 所示为二阶多路反馈型低通滤波器。选择 OPA2340 作为滤波器的运放，采用单电源供电。为了保证滤波输出信号的完整性，给其同相输入端加入直流偏置，抬高直流电平。

以图 9.2.12 为例，该滤波器的传递函数为

$$\frac{V_{OUT}}{V_{IN}}=-\frac{\dfrac{1}{R_{15}R_{17}C_7C_8}}{s^2+s\dfrac{1}{C_8}\left(\dfrac{1}{R_{15}}+\dfrac{1}{R_{16}}+\dfrac{1}{R_{17}}\right)+\dfrac{1}{R_{16}R_{17}C_7C_8}} \tag{9.2.4}$$

由于二阶传递函数的标准表达式为

$$H(s)=\frac{K_P\omega_c^2}{s^2+\alpha\omega_c^s\omega_c^2} \tag{9.2.5}$$

将式(9.2.4)与滤波器传递函数的对应项比较，可得

$$\omega_c=\frac{1}{\sqrt{R_{16}R_{17}C_7C_8}} \tag{9.2.6}$$

所以，根据图 9.2.12 中的阻容值，R_{16}=R_{17}=10kΩ，C_7=68nF，C_8=330nF，代入式(9.2.6)可计算出滤波器的截止频率 ω_c=106.2 Hz。这与软件设计出滤波器的截止频率基本一致。

2. 程序分析

利用 MSP430 单片机定时器 TA0.1 来产生 PWM 波。

首先，生成一个由 2048 点脉宽信息组成的正弦表，脉宽信息与正弦波幅值成一次函数关系。

其次，根据不同的输入频率计算步长；根据不同的频率及其对应的步长，在 2048 点正弦表

中抽取相应的点数，构成相应频率的正弦波。

然后，利用定时器 TA0.1，通过周期寄存器 TA0CCR0 设置采样周期，利用比较寄存器 TA0CCR1 来改变输出 PWM 波的占空比。每隔一个采样周期，在定时器溢出中断中改变 TA0CCR1，从而改变占空比，实现发送 PWM 波功能。

在程序中有两个捕获中断，一个用于测量频率，另一个用于测量相位差。在测量频率的中断中，将正弦表指针归零，来实现同频输出。其部分程序为：

```
#pragma vector=TIMER2_A1_VECTOR
_ _interrupt void TIMER2_A1_ISR(void)
{
   switch(TA2IV)
    {
      case 2: Sample_times  =  0;        // 正弦表指针归零，控制与输入信号同频
      ......
    }
/*********************************************************************/
#pragma vector=TIMER0_A1_VECTOR
_ _interrupt void TIMER0_A1_ISR(void)
{
   switch(TA0IV)
    { ......
     case 14:Sample_times=Sample_times+1;       // 采样周期到，改变正弦表指针
     Cappwm=1;       // 设置标志位，在主程序中改变比较寄存器的值从而改变占空比
      break;
    }
}
```

3. 测试结果

以 80Hz 输入信号为例，当信号发生器产生的正弦信号接至 J1 时，可以用示波器观察 J4 上的信号（单片机发出的 PWM 波）和 J3 上的信号（经低通滤波器滤波后的信号），分别如图 9.2.13、图 9.2.14 和图 9.2.15 所示。由图 9.2.13 可见，PWM 占空比随正弦幅值变化而改变；由图 9.2.14 可见，低通滤波器具有延时特性。其中，脉宽最大的地方对应正弦信号幅值最高处。由于延时特性，二者有一段时间偏差。图 9.2.15 是整体效果图。

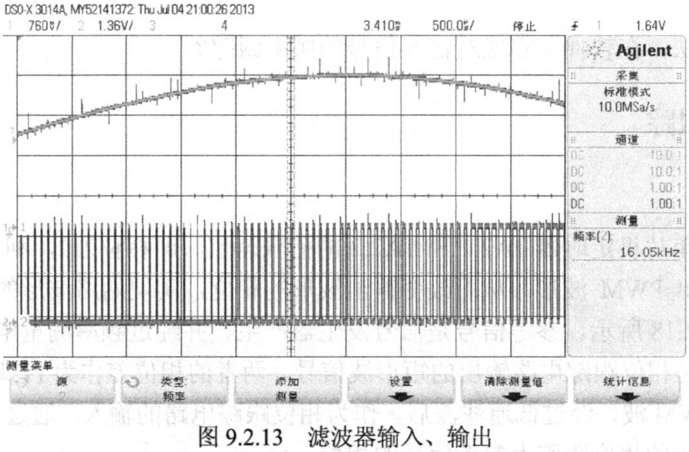

图 9.2.13　滤波器输入、输出

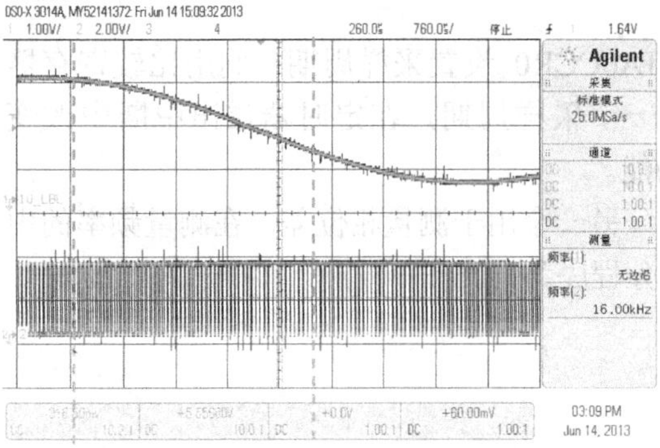

图 9.2.14　滤波器输入、输出

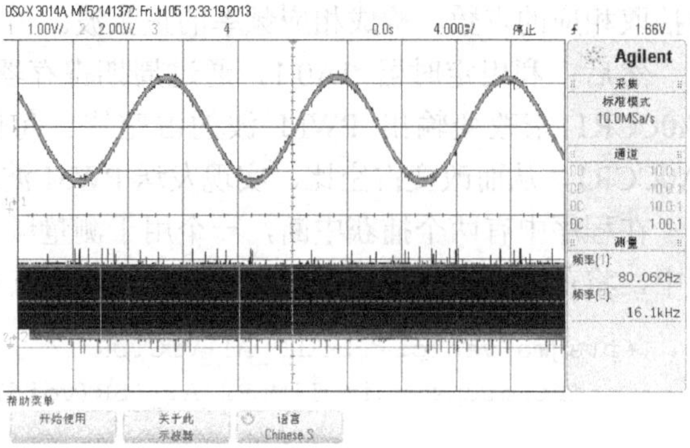

图 9.2.15　滤波器输入、输出

在 10～100Hz 内选取 5 个频率点进行频率跟踪测量，观察输出信号正弦波形，测试结果如表 9.2.2 所示。

表 9.2.2　频率跟踪测量结果

输入频率（Hz）	10	30	50	70	100
跟踪频率（Hz）	9.99	29.99	50.10	69.91	100.03

用示波器观察 10Hz 与 100Hz 的输入、输出信号波形，分别如图 9.2.16 和图 9.2.17 所示。图中，上、下曲线分别表示输入、输出信号。可见，当信号频率高时，输出波形幅值衰减增大。这是因为滤波器的截止频率为 100Hz，造成了 100Hz 正弦波的衰减。

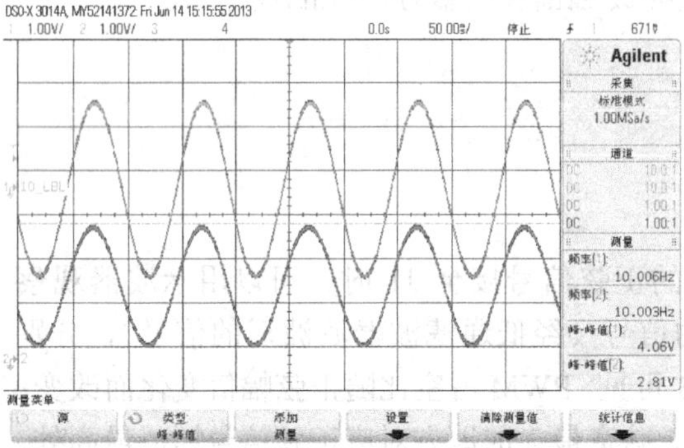

图 9.2.16　10Hz 输入频率跟踪截图

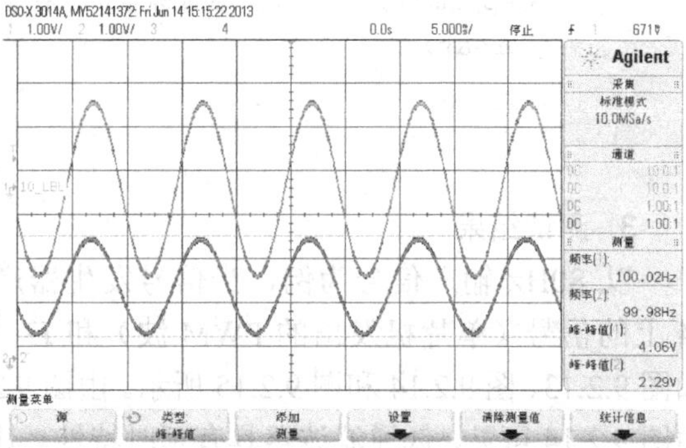

图 9.2.17　100Hz 输入频率跟踪截图

4. 思考题

能否换一种方法，在软件上实现对输入信号的频率跟踪？

9.2.4　相位跟踪

1. 工作原理

根据 MSP430 单片机定时器 TA2.1 和 TA2.2 的捕获差值（即相位差），利用 PI 控制，调整 MSP430 单片机输出 PWM 波形，从而改变输出波形的相位，实现两路波形的相位跟踪。相位跟踪示意图如图 9.2.18 所示。参考信号是信号发生器产生、并经过频率测量电路整形后的矩形波信号，反馈信号是相位跟踪电路输出的矩形波信号，两者的相位差作为 PI 调节器的输入。PI 调节器的输出是 PWM 波，经过低通滤波后，作为相位跟踪电路的输入。通过 PI 调节器的控制作用，使得反馈信号的相位跟踪上参考信号的相位。

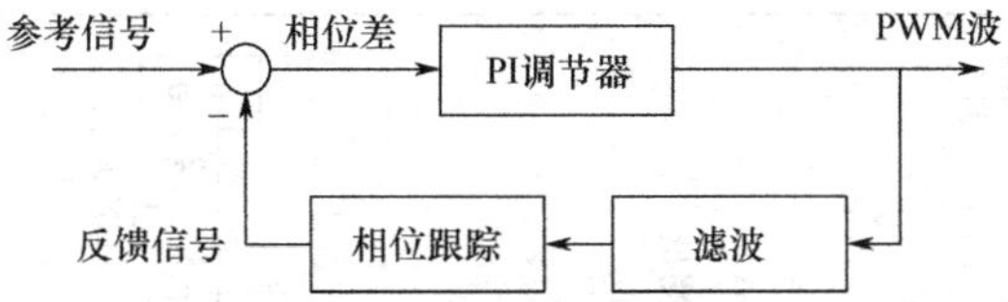

图 9.2.18　相位跟踪示意图

根据图 9.2.2，将 J5 和 J6 中的“2”与“3”相连；将 J3 中的“1”与“2”相连；将 J4 的“2”和“3”相连；其等效电路原理图如图 9.2.19 所示。

MSP430 单片机发出 PWM 信号，经滤波后变成正弦信号，通过相位跟踪电路的整形和反相，送入单片机定时器的通道 2（TA2.2)。与此同时，信号发生器产生的正弦信号，经过频率测量电路的整形和反相，送至单片机定时器的通道 1（TA2.1)。单片机定时器对这两路信号进行捕获，得到差值，即为相位差。根据相位差来调整输出信号的相位，由此构成闭环调节。

信号发生器产生的正弦信号经过频率测量电路后会有一定的相位偏移，为了保证两路信号在输入 MSP430 单片机定时器时有相同的相位偏移，所以，频率测量电路与相位跟踪电路的结构和参数完全相同。

值得注意的是，上述提到滤波电路存在延时特性，即 MSP430 单片机输出 PWM 与滤波后的正弦波之间存在相位差。但是，由于采用了 PI 调节，经过 PI 调节后的控制信息不仅包括当前偏差，还与之前的偏差有关，所以，可以实现无差调节。

2. 程序分析

为了实现相位跟踪，首先要计算出相位差信息；然后根据该信息，调整 PWM 起始指针，从而达到调整相位的目的。相位跟踪部分程序代码如下：

```
/*********************************************************************/
*名称：Delay_time_cal(void)
*功能：计算相位差
*入口参数：无
*出口参数：temp_delay_phase
/********************************************************************/
float Delay_time_cal(void)
{
  volatile float Cal_delay_time = 0.0;
   volatile float temp_delay_phase = 0.0;
   Cal_delay_time = 1.0e-6*Delay_DETA/16.0;      //2 路信号相位延迟时间
   if(Cal_delay_time>0.5/Signal_frequency)       //纠正错误相位延迟时间
   Cal_delay_time -= 1.0/Signal_frequency;
   if(Cal_delay_time<-0.5/Signal_frequency)
    Cal_delay_time+=1.0/Signal_frequency;
   temp_delay_phase = 1.0*Cal_delay_time * Signal_frequency *2048;
                                                 //计算相位差在正弦表中所占点数
   e = temp_delay_phase;
   ui = ui0 + ki * e;                            //PI 调节器
   u = kp * e + ui;
   ui0 = ui;
   temp delay phase = u;
```

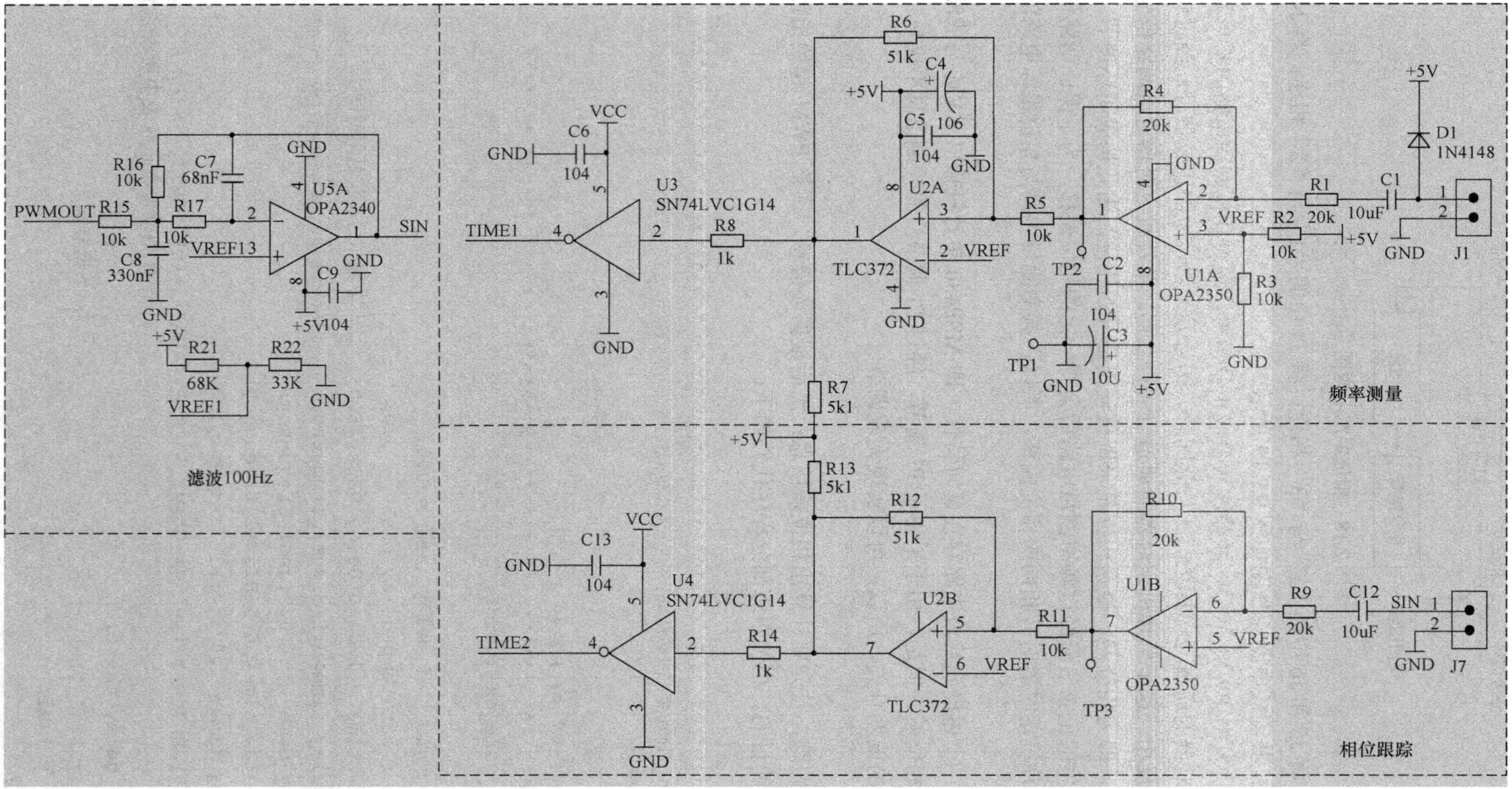

图9.2.19　相位跟踪等效电路图

```
    return temp_delay_phase;
    }
    /**************************************************************/
    while(1)
    {   ......
      if(Cappwm)                                    // 判断标志位
    {add_phase_step = (Phase_step_N*Sample_times + Delay_phase );
                                                    // 微调相位后计算正弦表中指针
      tempN = (int)(add_phase_step/2048);
      add_phase_step -= 2048.0*tempN;
      ......
      TA0CCR1 = SIN_TABLE[(long int)add_phase_step]; // 改变比较寄存器
    ......
```

3. 测试结果

信号发生器发出 80Hz 的正弦信号输入 J1 端，用双踪示波器观察 J2 和 J6 上的波形，如图 9.2.20 所示。图 9.2.21 是图 9.2.20 的细节部分。

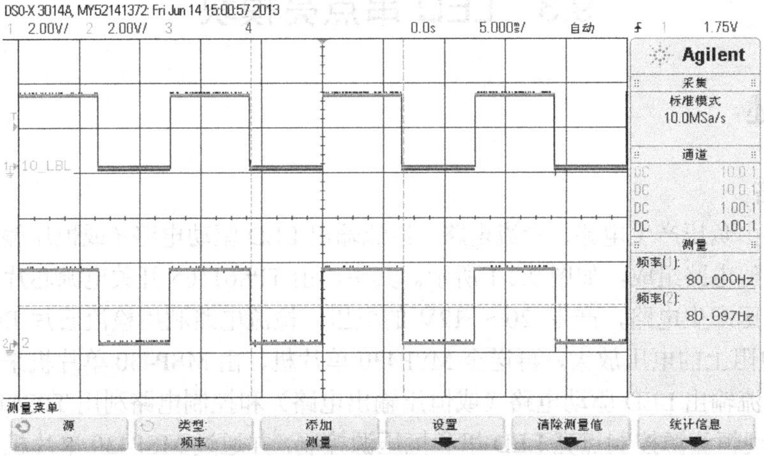

图 9.2.20　80Hz 相位跟踪示波器的截图

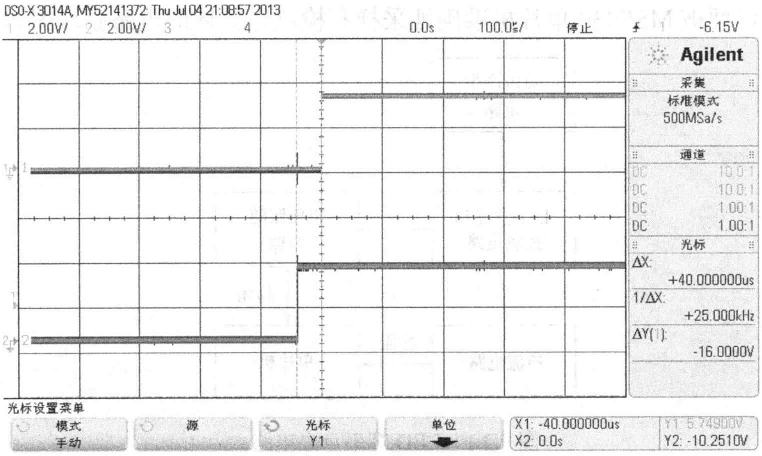

图 9.2.21　80Hz 相位跟踪示波器细节截图

在 10～100Hz 之间取 5 点测量输入与输出波形的相位差，测试结果如表 9.2.3 所示。跟踪误差产生的原因可能来自以下几方面：

① 超低频时，计算频率标志位 overflow 溢出；

② 晶振不稳定，导致跟踪波形不稳定；

③ 跟踪效果与 K_p 和 K_i 的取值有关。

表 9.2.3　相位跟踪测试结果

频率（Hz）	10	30	50	70	100
跟踪频率（Hz）	9.99	29.99	50.10	69.91	100.03
偏差时间（μs）	70	44	40	69	60
实际相位差（°）	0.25	0.47	0.72	1.74	2.10

4. 思考题

如何改进实验程序，利用两通道滤波器的另一通道，即截止频率为 1kHz 的低通滤波器，拓宽跟踪范围？

9.3　LED 串点亮模块

9.3.1　概述

1. 硬件电路

该电路模块由负压产生电路、检流电路、恒流输出 LED 驱动电路（或恒压输出电路）和控制电路、电压跟随电路组成，如图 9.3.1 所示。其中，由 TPS61165 开关电源芯片与电容、肖特基二极管组成负压产生电路，产生-20～-12V 的电压；检流电路利用检流芯片 INA213 将串在 LED 电路上小电阻上的电压放大，再送至 MSP430 单片机，由 MSP430 单片机采样、检测，实现电流检测；恒流输出 LED 驱动电路（或恒压输出电路）和控制电路利用 TPS61165 的不同连接方法，分别实现恒流源控制点亮 LED 串和恒压源控制，并通过 MSP430 单片机实现输出电流/电压的调节；电压跟随电路利用运放 OPA347 对升压芯片产生的、经过分压后的电压进行跟随，实现阻抗匹配，以便被 MSP430 单片机准确地采样和检测。具体的电路原理图如图 9.3.2 所示。

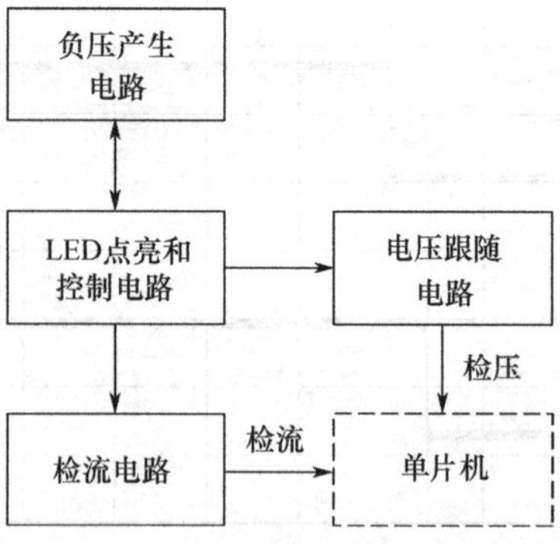

图 9.3.1　LED 灯串点亮电路

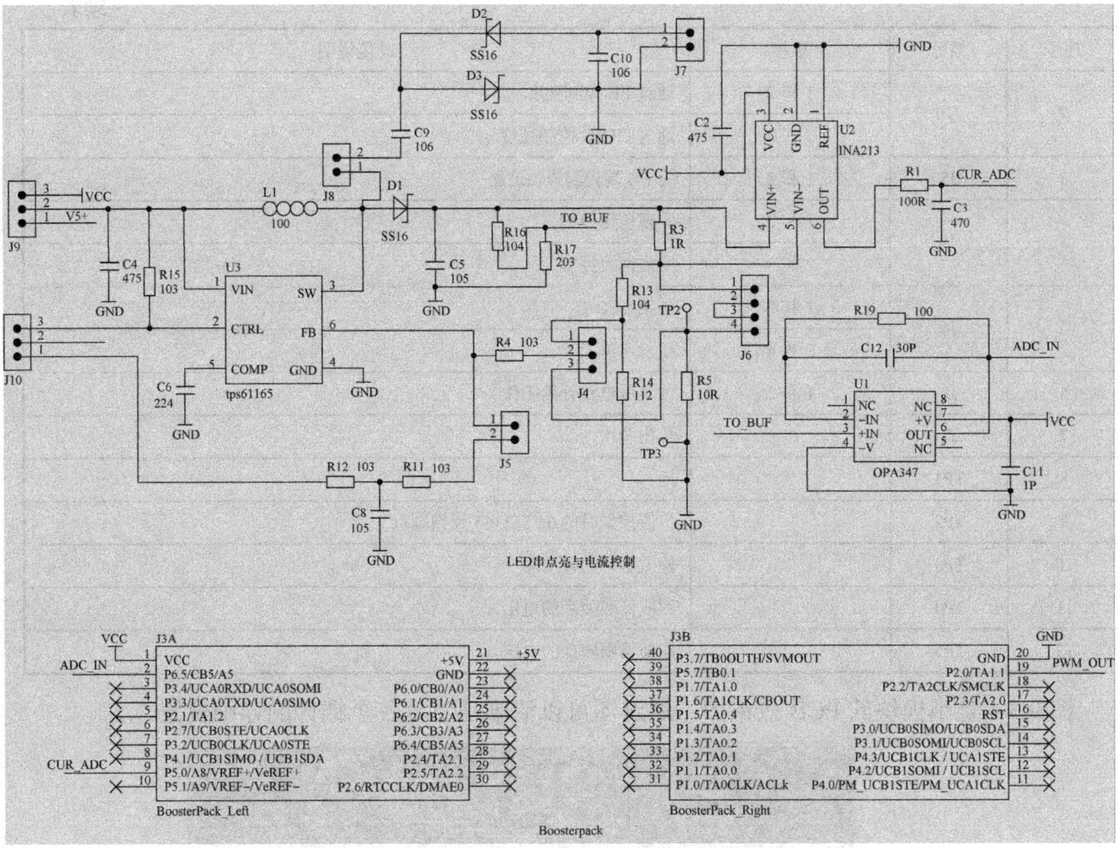

图 9.3.2　电路原理图

为了精简电路图，充分利用模拟芯片的功能，实验板上利用跳线帽、短接不同的插针来更改连接方式。插针分布图如图 9.3.3 所示。不同的插针短接的功能如表 9.3.1 所示。

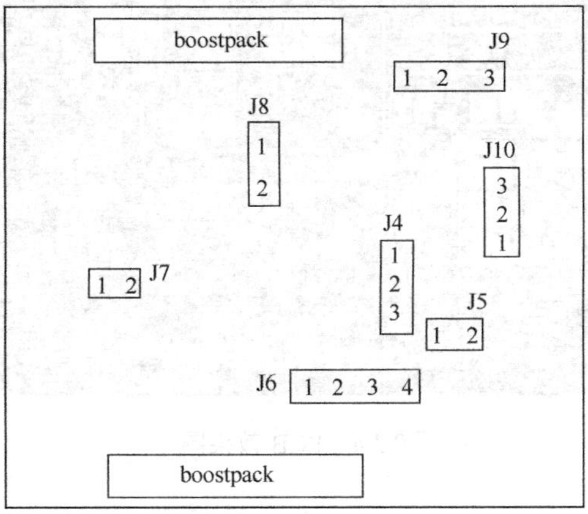

图 9.3.3　插针分布图

表 9.3.1　插针功能说明

序号	插针	连接	功能说明
1	J9	1 和 2	为板子提供 5V 的工作电压
		3 和 2	为板子提供 3.3V 的工作电压

续表

序号	插针	连接	功能说明
2	J10	1 和 2	通过 FB 控制亮度
		3 和 2	通过 CTRL 控制亮度
3	J5	1 和 2	为 FB 端控制提供通路
4	J4	1 和 2	实现恒压控制
		2 和 3	实现恒流控制
5	J6	1 和 2	外接 LED 灯
		3 和 4	接入电流表
6	J8	1 和 2	使负压电路开始工作
7	J7	1	输出负压
8	TP1		地
9	TP2		恒流控制时的 TPS61165 反馈端
10	TP3		检流芯片的输出端
11	TP4		跟随器跟随后的电压
12	TP5		跟随器跟随前的电压

图 9.3.4 是小模块的 PCB 效果图，通过图可以清晰地看到各个插针的详细位置。

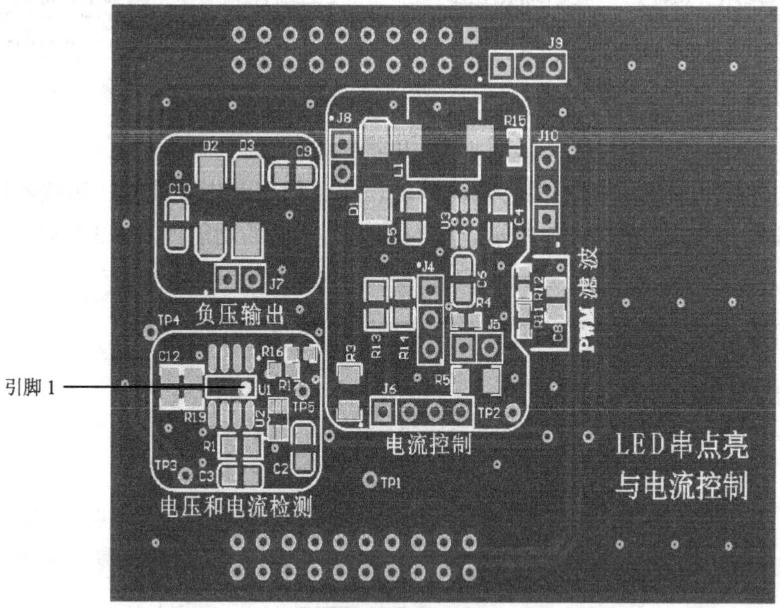

图 9.3.4　PCB 效果图

2. 软件部分

该模块利用 MSP430 单片机发出 PWM 波控制 TPS61165 的 CTRL 引脚，从而实现 TPS61165 的 PWM 控制和单线数字控制方式；利用 MSP430 单片机内部 ADC 对检流芯片 INA213 的输出进行采样，从而达到计算恒流控制中电流的目的；利用 MSP430 单片机内部 ADC 对恒压控制中电压进行采样。程序框图如图 9.3.5 所示，程序流程图如图 9.3.6 所示。

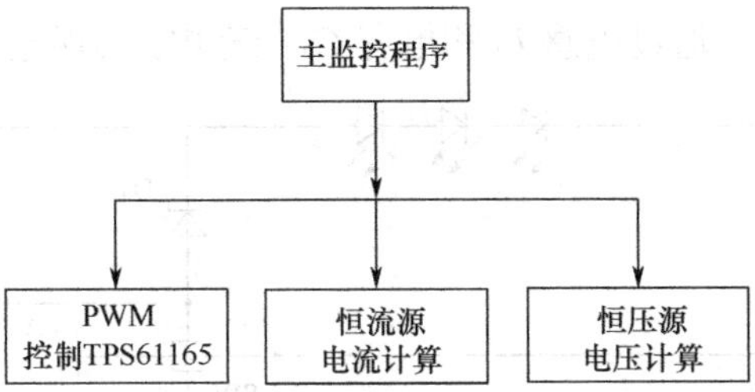

图 9.3.5　程序框图

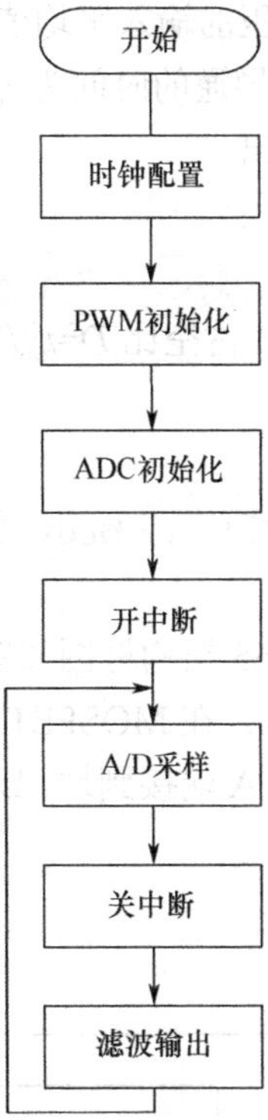

图 9.3.6　主监控程序流程图

9.3.2　恒流源实现 LED 串点亮

1. 工作原理

要实现 LED 串的点亮，仅仅依靠实验板上的供电 3V 和 5V 是不够的，因为 LED 串需要十几伏的电压才能驱动，因此，需要对电压进行升压。TPS61165 是一个 Boost 型电源升压芯片，由电感、开关管、二极管和电容组成，如图 9.3.7 所示。

可见，输入电源 V 经过电感、二极管与电容相连，开关管并联在电感和电源的两端，控制开关管的关断，电感和电容不断进行充放电，实现电压的升高。具体的工作过程是：当开关管 VT 导通时，电源对电感充电，电容对负载放电，如图 9.3.8 所示；当开关管关断时，电源和电感经过二极管给电容充电，如图 9.3.9 所示。这样就能在电容的两端得到升压后的电压值。

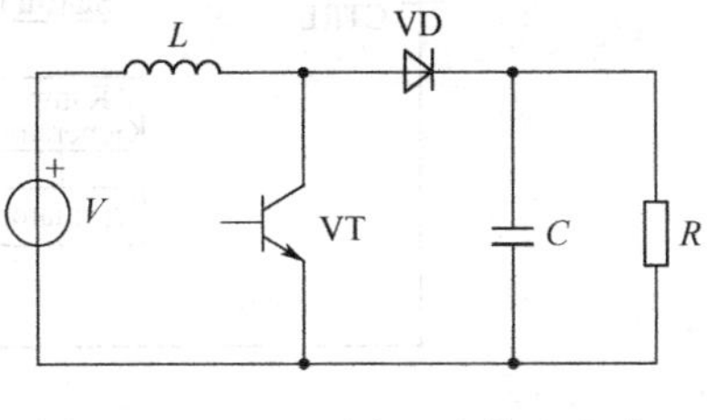

图 9.3.7　boost 型电压变换器电路

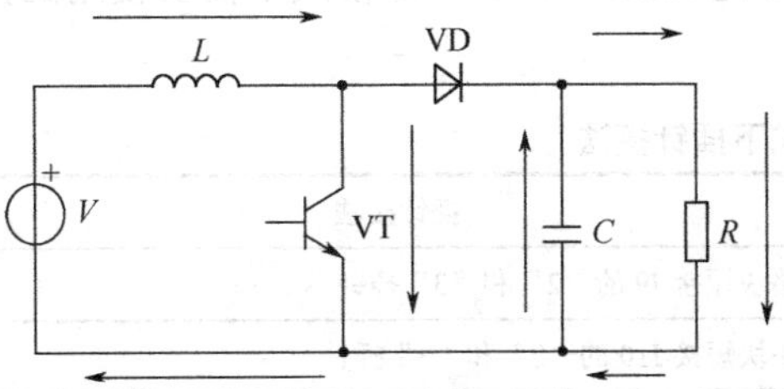

图 9.3.8　开关管导通

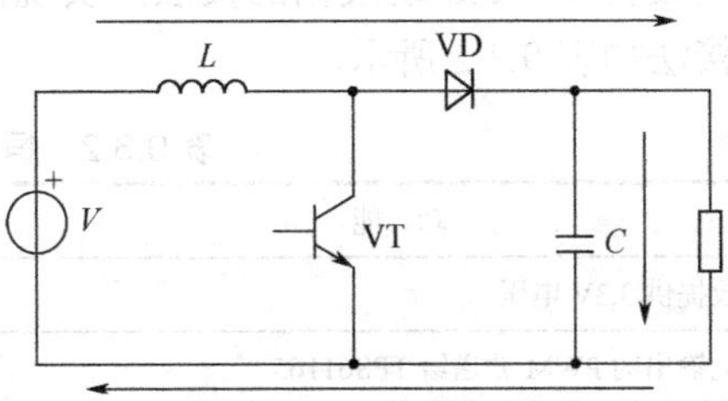

图 9.3.9　开关管关断

如果电压的输入平均值为 u_i，变换器输出平均电压为 u_o，控制开关管的 PWM 波形的周期为 T_s，处于导通的时间为 t_{on}，由于 boost 变换器中的缓冲元件是电感 L，因此，对电感进行分析，不难得出

$$u_i t_{on} = (u_o - u_i)(T_s - t_{on}) \tag{9.3.1}$$

令 PWM 占空比 $D=t_{on}/T_s$，则由式（9.3.1）中可以求出

$$u_o = \frac{1}{1-D} u_i \tag{9.3.2}$$

由于 $D \leqslant 1$，即 Boost 变换器的输出电压 u_o 大于输入电压 u_i，因此，boost 变换器具有升压特性。

TPS61165 结构框图如图 9.3.10 所示。该芯片内部有一个 MOSFET 开关器件，其关断频率达到 1.2MHz。在 MOSFET 关断时，电源 6 和电感 L_1 给电容 C_2 充电；当 MOSFET 导通时，相当于将 L_1 的 A 端接到地，L_1 将向地释放能量。通过电感 L_1 和电容 C_2 的充电，实现电压的升高。

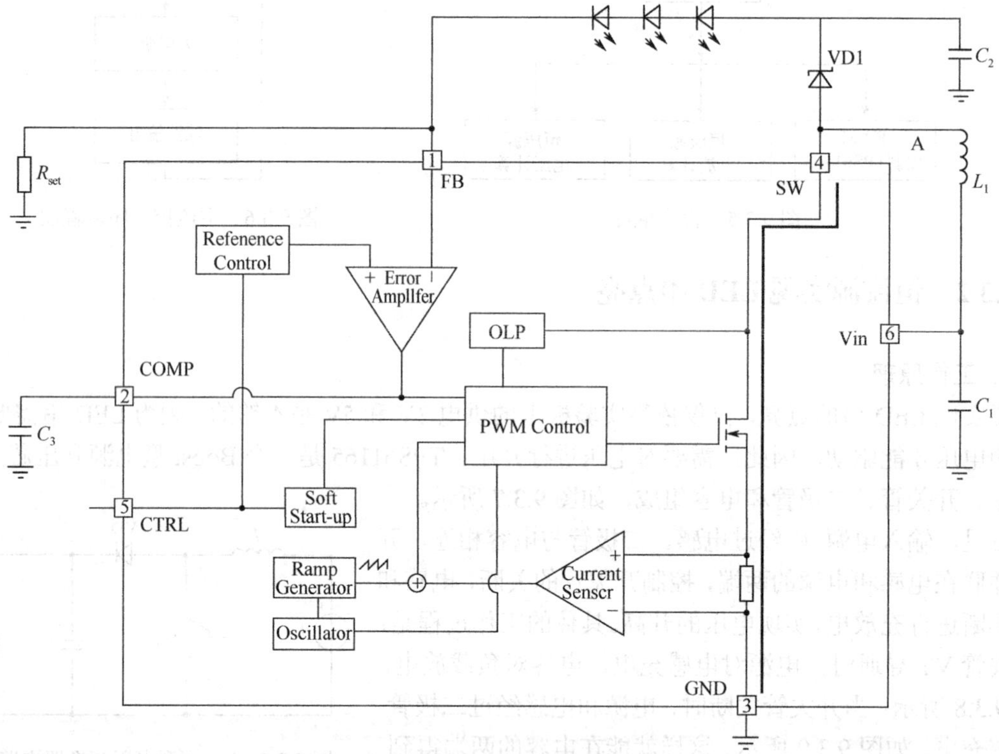

图 9.3.10　TPS61165 典型结构框图

通过改变图 9.3.2 跳线帽的接法，实现恒流源点亮 LED。在恒流源模式下需要使用的插针功能及接法如表 9.3.2 所示。

表 9.3.2　恒流源模式下插针接法

功　能	插针接法
为实验板提供 3.3V 电压	短路块短接 J9 的“2”和“3”插针
把单片机输出的 PWM 波送给 TPS61165	短路块短接 J10 的“2”和“3”插针
选择恒流控制模式	短路块短接 J4 的“2”和“3”插针

续表

功　能	插针接法
接入 LED 串	在 J6 的“1”和“2”接入 LED 串
串接电流表	在 J6 的“3”和“4”接入电流表
地测试点	TP1
反馈端电压值测试点	TP2
检流电压输出测试点	TP3

图 9.3.11 所示为恒流模式下插针的接法，阴影部分表示的短路块，其余没有短路块的表示不做任何连接。

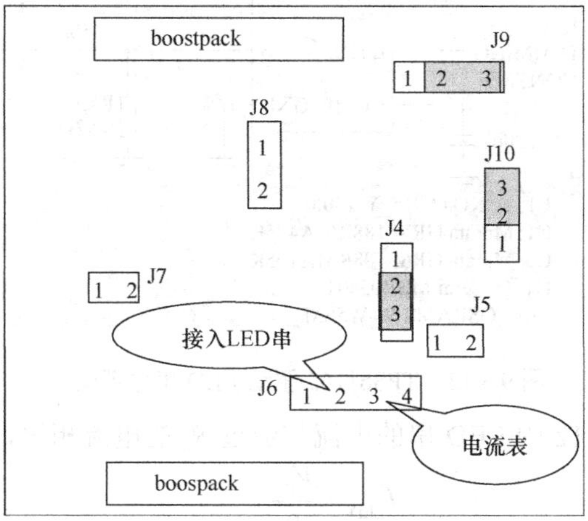

图 9.3.11　恒流模式插针接法图

完成后的等效电路原理图如图 9.3.12 所示。

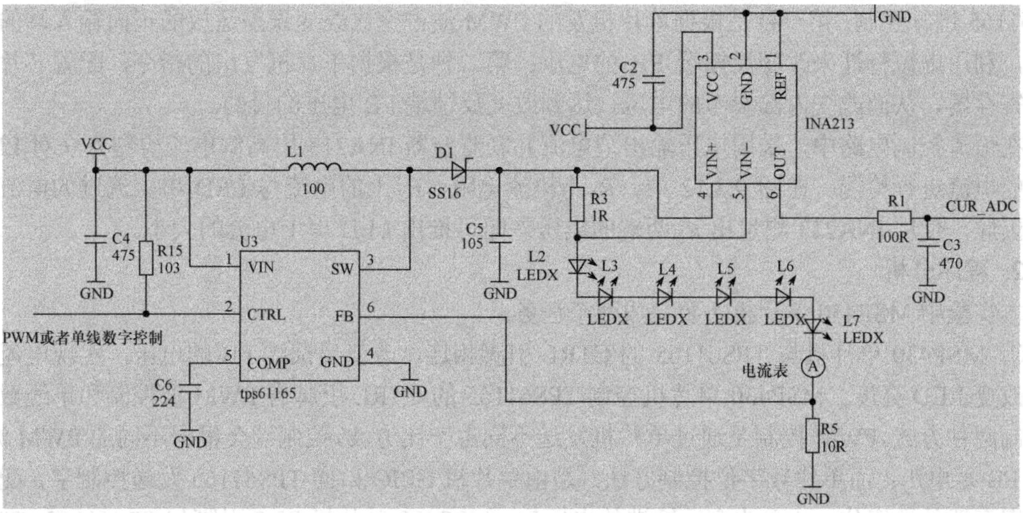

图 9.3.12　LED 恒流控制电路原理图

利用开关电源芯片 TPS61165 实现恒流源点亮高亮 LED 串，其恒流源驱动 LED 串的典型应用原理图如图 9.3.13 所示。由于 FB 端是芯片内部运放的反向输入端，根据放大器虚断原理，FB 端输入/输出电流几乎为零。因此，流过 R_{set} 的电流与流过 LED 灯的电流相等，这样就将 FB

端上的某一恒压值转换成对应的恒流值。因此在 LED 灯点亮过程中，LED 串上的电流不会随着负载 LED 灯个数的变化而变化，从而实现了恒流控制。LED 串上的电流可通过计算 R_{set} 上的电流获得，即

$$I_{LED} = \frac{V_{FB}}{R_{set}} \tag{9.3.3}$$

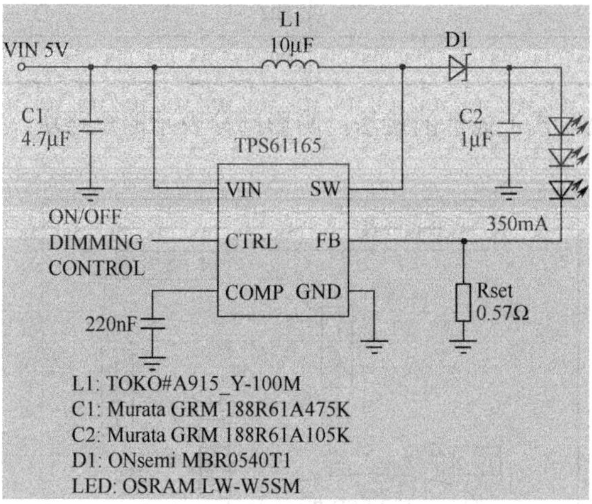

图 9.3.13　TPS61165 驱动 LED 串原理图

因此，可计算出图 9.3.12 中 LED 串的电流与流过 R_5 的电流相等，且

$$I_{LED} = \frac{V_{FB}}{R_5} \tag{9.3.4}$$

式中，I_{LED} 为流过 LED 灯的电流，V_{FB} 为 FB 端的电压值，R_5 为电流设定电阻的阻值。

MSP430 单片机与 TPS61165 的 CTRL 引脚相连，根据其数据手册，有两种方法可以对 TPS61165 进行控制：第一种是根据单片机发的 PWM 波占空比改变误差运放的正向输入端的电压值，利用虚短特性来改变反馈端 FB 的电压；第二种是根据单片机发出的指令，配置芯片内部的寄存器，从而改变内部参考的电压，达到改变反馈端 FB 电压的目的。

在恒流控制电路中，采用电压输出型电流并联监控器 INA213 用高侧电流检测方法对 LED 串上的电流进行检测。在图 9.3.12 中，R_3 为检流电阻，R_3 上的电流与 LED 串上流过的电流相等。因此，使用 INA213 测量出 R_3 两端的电压差即可推出 LED 串上电流的大小。

2. 程序分析

本实验中 MSP430 单片机主要完成两个任务。

① MSP430 单片机与 TPS61165 的 CTRL 引脚相连，改变反馈端 FB 的电压，实现电流调节，改变 LED 亮度。MSP430 单片机控制 TPS61165 的 CTRL 引脚有 PWM 波控制和单线数字位控制两种方式。PWM 控制是通过单片机发送不同占空比方波，控制端会根据不同的 PWM 波，调节 FB 端电压；而单线数字位控制方法，是由单片机 GPIO 口向 TPS61165 发送控制字，配置芯片寄存器的数字位，从而改变反馈端的电压值。MSP430 单片机 P2.0 引脚与 TPS61165 CTRL 引脚相连，其具有定时器的功能，可以发送不同占空比 PWM。

② MSP430 单片机与 INA213 的输出引脚 Output 相连，实现对 INA213 输出电压的采样，从而计算 LED 串上的电流。

下面对相关程序进行简要介绍。

（1）MSP430 单片机产生 PWM 波形

单片机发出 PWM 波形程序如下：

```
unsigned const PWMPeriod = 80;
P2DIR |= BIT0;                          // 选择P2.0
P2SEL |= BIT0;                          // 选择P2.0的第二功能
TA1CTL = TASSEL_2 + MC_1 + TACLR;       // 选择SMCLK，增计数模式，清TAR寄存器
TA1CCR0 = PWMPeriod;                    // 设定PWM波形周期
TA1CCR1 = 40;                           // 设定PWM波形占空比
TA1CCTL1 = OUTMOD_7;                    // 工作在模式 7
```

上述程序配置了 MSP430 定时器 TA1 的配置，将 TA1 的 CCR1 配置成 PWM 输出状态。程序运行后，在 P2.0 端口将输出频率为 50kHz、占空比为 50%的 PWM 波形，如图 9.3.14 所示。

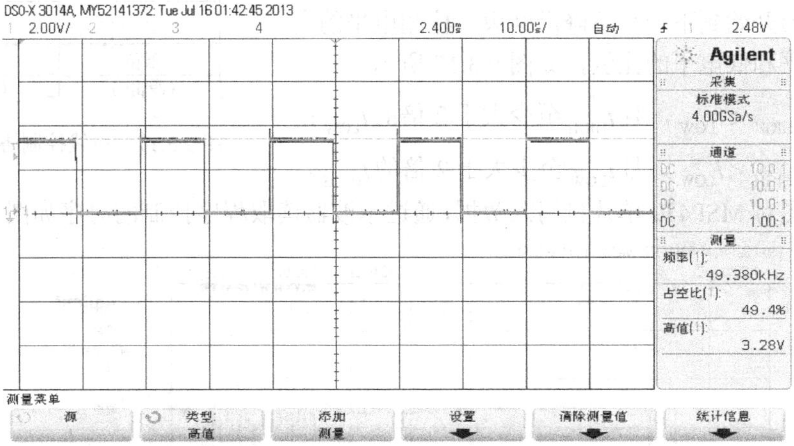

图 9.3.14　MSP430 单片机输出 PWM 波形

（2）MSP430 单片机实现 TPS61165 单线数字控制

利用单线数字位控制时，MSP430 单片机对开关电源传送数据的时序图如图 9.3.15 所示。

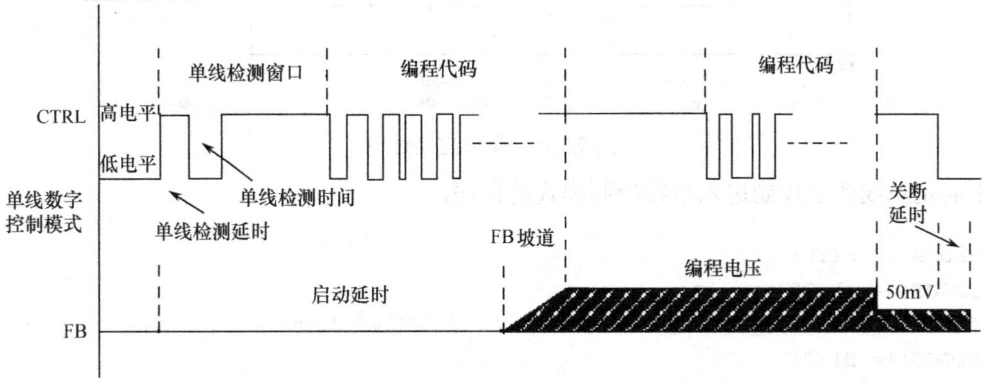

图 9.3.15　单线数字控制时序图

如图 9.3.15 所示，启用单线数字控制模式前，应首先将 CTRL 拉低 2.5ms，使 TPS61165 进入关断模式。之后在满足以下 3 个条件，芯片就可进入单线数字控制模式：

① 拉高 CTRL，启用 TPS61165，进入单线检测窗口；

② 保持 CTRL 为高电平的时间超过单线检测延时（T_{es_delay} =100μs），之后拉低 CTRL，保

持 CTRL 为低电平的时间超过单线检测时间（T_{es_delay}=260μs）；

③ 最后，再次拉高 CTRL，保证单线检测窗口时间小于 1ms。

在进入单线控制模式下之后，开始对芯片的寄存器传输数据。寄存器有两个字节，一个是地址，一个为数字，如图 9.3.16 所示。

	设备地址										数据字符								
Start	DA7 0	DA6 1	DA5 1	DA4 1	DA3 0	DA2 0	DA1 1	DA0 0	EOS	Start	RFA	A1	A0	D4	D3	D2	D1	D0	EOS

图 9.3.16 单线控制协议

在两个字节传送之前要有一个启动条件：CTRL 引脚至少要被拉高 2μs，即 $t_{start}\geqslant 2\mu s$。每个位传送完之后，需要拉低 CTRL 引脚至少 2μs，表示数据传送完毕，$t_{eos}\geqslant 2\mu s$。检测是从一个下降沿开始到下一个下降沿结束。检测电平的高低取决于高电平和低电平的比例，如图 9.3.17 所示。

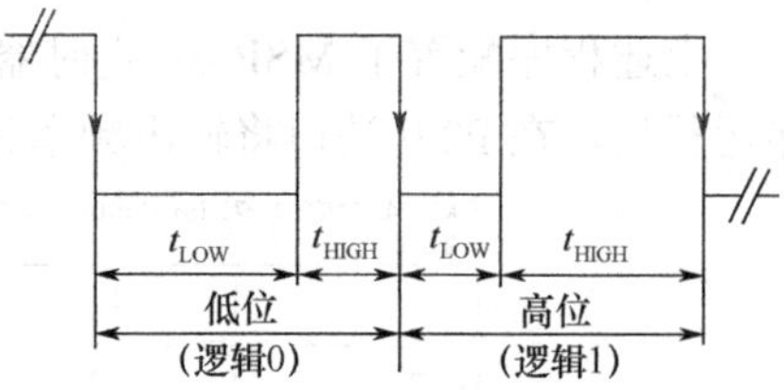

图 9.3.17 单线控制协议中位定义

高电平：$t_{HIGH}<t_{LOW}$，且 t_{HIGH} 至少大于 2 倍的 t_{LOW}；

低电平：$t_{HIGH}<t_{LOW}$，且 t_{LOW} 至少大于 2 倍的 t_{HIGH}。

通过时序图对 MSP430 单片机写入数据，通过示波器读取程序控制的时序如图 9.3.18 所示。

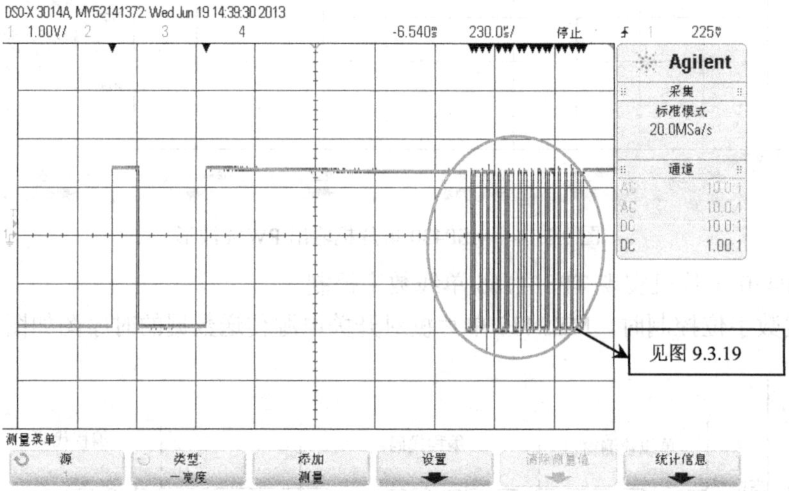

图 9.3.18 单线控制时序

下面是单线数字控制进入单线控制模式的程序：

```
P2DIR |= BIT0;
P2OUT &= ~BIT0;
for(i=0;i<1000;i++);                    // 将CTRL拉低2.5ms
P2OUT |= BIT0;
for(i=0;i<40;i++);                      // ES detect delay时间100us
P2OUT &= ~BIT0;
for(i=0;i<104;i++);                     // ES detect time时间260us
P2OUT |= BIT0;
for(i=0;i<400;i++);                     // ES mode Timing window时间1ms
```

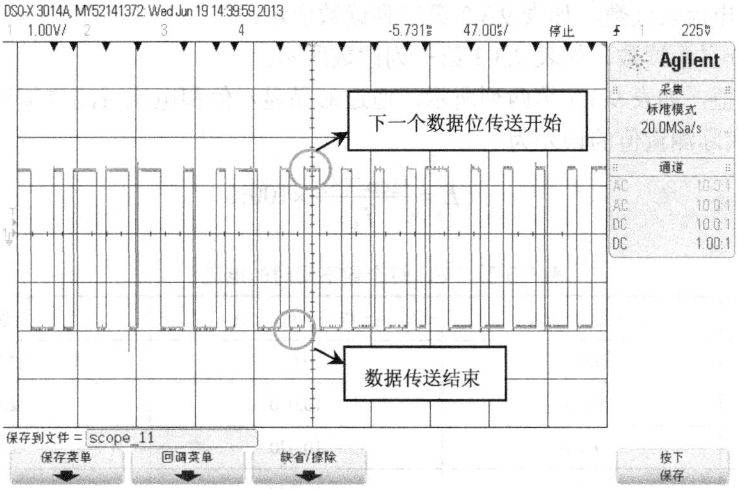

图 9.3.19　数据位的传送

（3）MSP430 单片机采样 INA213 输出电压

MSP430 单片机上的 ADC 是逐次比较型的，模拟输入信号为非负单极性，电压范围为 0～AVREF，AVREF 是单片机的工作电压值。ADC 输入端的等效电路如图 9.3.20 所示。图中，R_{in} 为输入模拟信号内阻，V_s 为输入模拟电压信号，R_{sh} 为模拟多路开关与采样开关的等效电阻，V_{sh} 为采样电容的充电电压。采样过程是采样电容充电、跟踪输入模拟信号电压的过程。由等效电路可以看出，输入模拟信号内阻越大，则采样电容充电时间越长，因此，对于采样频率要求越高的场合，要求模拟输入信号内阻必须越小。在应用时，首先要估算在规定的采样频率下对模拟输入信号内阻的要求。如果信号源内阻达不到要求，则需使用一个输出阻抗很小的缓冲器，使输出阻抗变小，有利于提高采样的准确度。对 INA213 采样，直接将芯片的输出端接入 MSP430 单片机，完成采样过程。

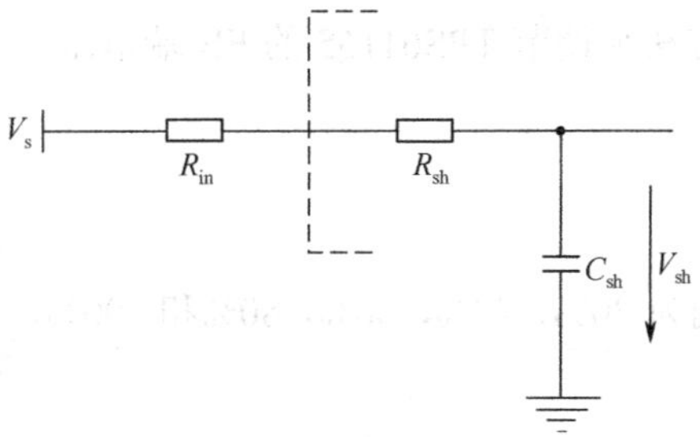

图 9.3.20　单片机 ADC 原理

首先配置 MSP430 单片机的 ADC 采样模块，设置其系统时钟：4MHz，采样通道：A8；采样方式：多通道循环采样；参考源：$V_{R-}=V_{SS}$，$V_{R+}=V_{CC}$；采样频率：3857.28 Hz。

ADC 的初始化程序如下：

```
ADC12CTL0 = ADC12ON+ADC12MSC+ADC12SHT0_15;  // 开启ADC12,设置采样时间
ADC12CTL1 = ADC12SHP+ADC12CONSEQ_3;         // 多通道循环采样
ADC12MCTL0 = ADC12INCH_5;                   // 使用通道A5
ADC12MCTL1 =ADC12INCH_8+ADC12EOS;           // 使用通道A8
ADC12CTL0 |= ADC12ENC;                      // 使能采样
```

3. 测试结果

（1）电流恒定实验

在电路中串接不同个数的 LED 串（MSP430 单片机输出一个固定的 PWM 值，从而保证 FB 端电压值恒定），通过测试 LED 串上的电流，测试恒流特性。

① 外部串接不同个数的 LED 灯，分别为 2、3、4、5、6，并串接电流表；

② MSP430 单片机 P2.0 端口输出 PWM 波，占空比为 50%，频率为 50kHz；

③ 读取串接电流表读数，如表 9.3.3 第二列读数所示；

④ 读取 LCD 显示读数，如表 9.3.3 第三列读数所示；

⑤ 计算误差值，如表 9.3.3 第四列所示，通过液晶显示值和电流表测量值进行相减，得到程序测量结果和实际测量值的误差为

$$E=\frac{I_{\mathrm{LCD}}-I_{\mathrm{A}}}{I_{\mathrm{A}}}\times 100\% \tag{9.3.5}$$

表 9.3.3 LED 灯个数不同时的电流

LED 灯个数	电流表值（mA）	LCD 显示值（mA）	误差
2	9.860	10.070	2.13%
3	9.860	10.070	2.13%
4	9.860	10.070	2.13%
5	9.860	10.080	2.13%
6	9.860	10.080	2.13%

通过实验测量数据发现：电流表测量值和 LCD 液晶显示的值之间的误差为一个固定数值，因此，对于这个固定的值是可以视为系统误差，用软件进行消除。例如，对于占空比为 50%的 PWM 波形，可以在软件中通过对采样值减去 0.21，就能得到比较准确的数值。

（2）电流控制实验

该实验分别通过 PWM 控制和单线数字位控制这两种方法来调节 TPS61165 的 FB 端电压，从而达到调节电流的目的。

① PWM 控制 CTRL 法调节电流。

（a）外部串接 LED 灯 6 个，并串接电流表。

（b）利用 MSP430 单片机发出不同占空比的方波，分别为 20%，40%，60%，80%和 100%，方波频率保持不变，为 50 kHz。

（c）读取串接电流表读数，如表 9.3.4 第二列读数所示。

（d）由 LCD 读取相应电流值，如表 9.3.4 第三列所示。

（e）计算误差值，如表 9.3.4 第四列所示，通过 LCD 显示值和电流表测量值进行相减，得到程序测量结果和实际测量值的误差为

$$E=(I_{\mathrm{LCD}}-I_{\mathrm{A}})/I_{\mathrm{A}} \tag{9.3.6}$$

表 9.3.4 PWM 波控制电流

PWM 占空比	电流测量值（mA）	LCD 显示值（mA）	误差
0.2	3.945	4.040	2.40%
0.4	7.886	8.070	2.33%
0.6	11.832	12.095	2.22%
0.8	15.782	16.117	2.12%
1	19.955	20.330	1.88%

产生这种误差的原因可能是：①因为采样的电压值太小。对于电阻为 1Ω 的检流电阻 R_3，流过其电流在 20mA 以下，即使经过检流芯片，输出值最大也为 1V。而对于单片机的 ADC，要保证输入采样值尽量接近 ADC 的满度。②与单片机的参考基准和线性度有关。不同的单片

机的电压参考基准和 ADC 的线性度不能保证完全一致。③与检流电阻有关。检流电阻的精度为 5%，电阻可能会在 1Ω 上下浮动 0.05Ω，最大能对电流产生±1mA 的影响。④在程序中对采样的处理。有效位数保留也会对 LCD 显示的值产生影响。

对以上可能的原因进行验证，对于原因①，为了不使单片机的 ADC 出现饱和的情况，将检流电阻 R_3 的阻值换成 3Ω。重新做电流控制实验，得到数据如表 9.3.5 所示。通过实验数据可以发现：在增大检流电阻之后，采样的结果和电表测量的差值变小了。对于原因②，在原因①的基础上，换了一块核心板，重新进行实验，得到数据如表 9.3.6 所示。通过实验数据可以发现：采样结果的值和电流表之间的更接近了，说明与核心板的 ADC 基准电压和线性度是有关系的。对于原因③，用小型校验仪测量电阻，发现电阻值为 1.005Ω，虽然误差较小，但是对电流的影响最大可接近 0.1mA。

图 9.3.5 增大检流电阻后电流控制实验

PWM 占空比	电流表测量值（mA）	LCD 显示值（mA）	绝对误差（mA）	误差
0.2	3.945	4.012	0.067	1.70%
0.4	7.886	7.983	0.097	1.23%
0.6	11.832	11.951	0.119	1.00%
0.8	15.782	15.931	0.149	0.94%
1	19.955	20.135	0.180	0.90%

图 9.3.6 变换核心板电流控制实验

PWM 占空比	电流表测量值（mA）	LCD 显示值（mA）	绝对误差（mA）	误差
0.2	3.945	3.997	0.052	1.31%
0.4	7.886	7.950	0.064	0.81%
0.6	11.832	11.910	0.078	0.66%
0.8	15.782	15.872	0.090	0.57%
1	19.955	20.052	0.097	0.49%

② 单线数字位控制法调节电流

实验步骤如下：

（a）外部串接 LED 灯 6 个；

（b）利用 MSP430 单片机 GPIO 端口，配置 TPS61165 的寄存器的数字位 D4、D3、D2、D1 和 D0，从而调节反馈端电压；

（c）用万用表测试 TPS61165 反馈端 FB 的电压，如表 9.3.7 第二列，根据反馈端电阻值为 10Ω, 计算出相应电流值，如表 9.3.7 第三列所示；

（d）由 MSP430 单片机测量并通过 LCD 显示的电流值，如表 9.3.7 第四列所示。

表 9.3.7 单线数字位控制电流

D4 D3 D2 D1 D0	反馈端电压值（mV）	计算值	LCD 显示值（mA）
0 0 0 0 1	5.2	0.52	0.580
0 0 0 1 0	8.2	0.82	0.886
0 0 1 0 0	14.2	1.42	1.499
0 1 0 0 0	26.0	2.60	2.701
1 0 0 0 0	62.1	6.21	6.372

③ 恒流输出情况

对恒流输出的输入电压、输入电流、输出电压、输出电流、输出电压纹波、反馈电压和检流输出电压纹波进行测试，如表 9.3.8 所示。具体实验步骤为：

（a）外部分别接入 6 个 LED 灯，并在 LED 串上接入电流表，在输入电路上也接入电流表，在这里使用小型校验仪作为电流表使用。

（b）通过实验板上的 3.3V 电源供电，利用核心板发出占空比为 1 的 PWM 波形。

（c）用万用表测量输入电压，如表 9.3.8 第二列所示；读出电流表显示的输入电流，如表 9.3.8 第三列所示；用万用表测量输出电压，如表 9.3.8 第四列所示；读出电流表的输出电流，如表 9.3.8 第五列所示；用安捷伦示波器测试输出电压纹波，耦合方式调为交流耦合方式，调节 Y 轴灵敏度，能看清纹波波形，利用示波器的测量功能读出纹波的峰峰值，如表 9.3.8 第六列所示；用万用表测量反馈端电压，如表 9.3.8 第七列所示；用万用表测量检流输出电压，如表 9.3.8 第八列所示。

（d）分别使负载为 2、3、4、5 个 LED 灯，重复上述步骤。

表 9.3.8　恒流输出测试

负载	输入电压（V）	输入电流（mA）	输出电压（V）	输出电流（mA）	输出电压纹波（mV）	反馈电压（mV）	检流输出电压（V）
2	3.293	29.5	4.124	19.95	30	199.5	0.999
3	3.290	43.6	6.123	19.95	44	199.5	0.999
4	3.287	58.1	8.074	19.95	60	199.5	0.999
5	3.283	76.7	10.080	19.95	74	199.5	0.999
6	3.279	94.1	12.019	19.95	98	199.5	0.999

4. 思考题

在实验中当负载为一个 LED 时，电流会发生变化，想一想这是什么原因导致的？

9.3.3　恒压源输出

1. 工作原理

通过改变图 9.3.2 跳线帽的接法，实现恒压源输出。在恒压源模式下，需要使用的插针功能及接法如表 9.3.9 所示。

表 9.3.9　恒压源模式下插针功能及接法

功　能	插针接法
为实验板提供 3.3V 电压	短路块短接 J9 的“2”和“3”插针
把单片机输出的 PWM 波送给 61165	短路块短接 J10 的“2”和“3”插针
选择恒压源输出模式	短路块短接 J4 的“1”和“2”插针
接入功率电阻	在 J6 的“1”和“2”接入功率电阻
测试输出电流时可以串接电流表	可以在 J6 的“3”和“4”接入电流表
地测试点	TP1
检流电压输出测试点	TP3
电压跟随前电压值测试点	TP5
电压跟随后电压值测试点	TP4

如图 9.3.21 所示为在恒压源输出模式下插针的接法，阴影部分为短路块，其余的没有标记的表示不做任何连接。

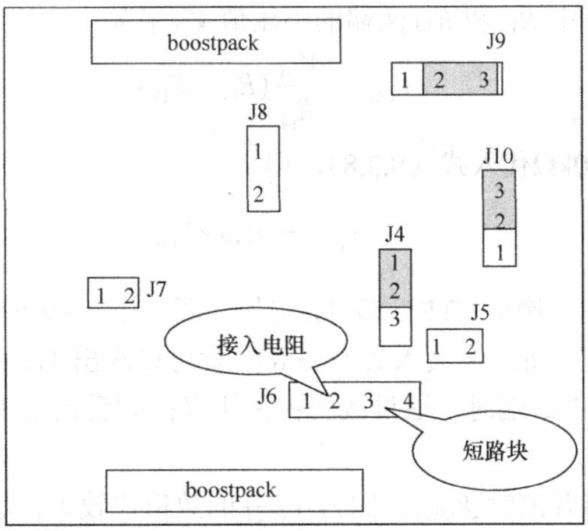

图 9.3.21 恒压模式下插针接法图

完成后的等效电路原理图如图 9.3.22 所示。

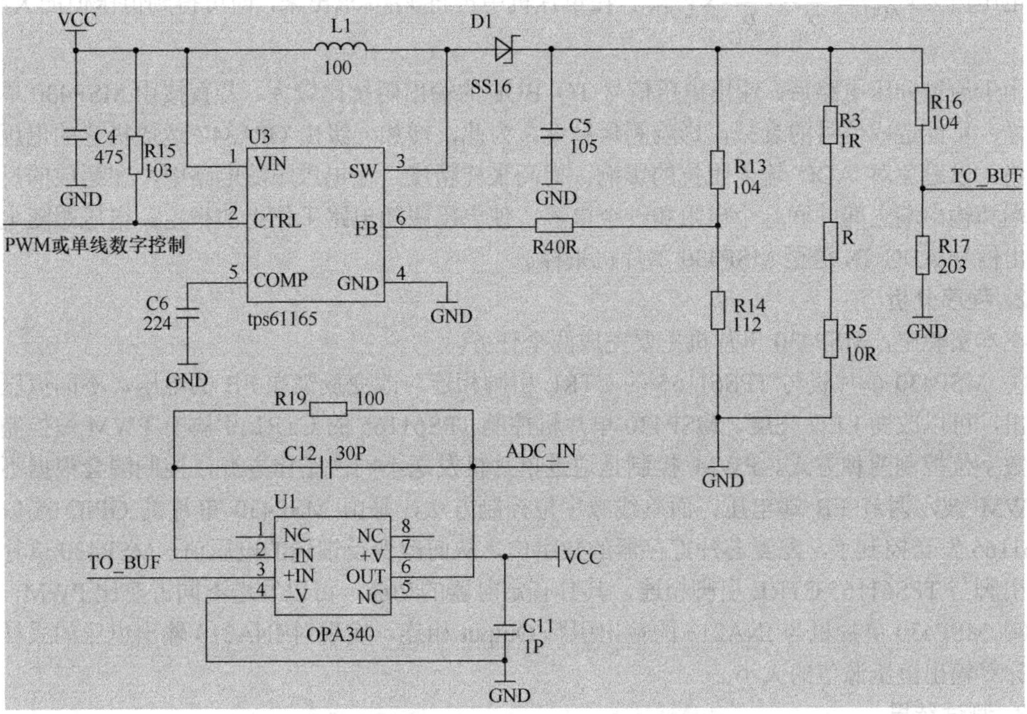

图 9.3.22 LED 恒压控制电路原理图

恒压源输出是开关电源能输出稳定的电压，且电压不会随着负载的变化而变化。需要注意的是，在恒流控制点亮 LED 时，负载是 LED 串。但是，在恒压源输出时负载不能仅仅是 LED 串，这是因为二极管 LED 会使输出的电压发生钳位，导致电源芯片偏离了正常工作的轨道。因此，用功率电阻作为负载进行试验，测试恒压源的输出和调节恒压输出的大小。

恒压输出的实现是：在反馈端 FB 和地之间接入电阻 R_{14}，则 R_{14} 两端的电压被控制在一个设定值。由于 FB 端是运放的反相输入端，故其输入/输出电流几乎为零，这样，流过 R_{14} 的电流就可以计算出来。在 R_{14} 与 R_1 之间接入电阻 R_{13}，把电压抬高。因为 FB 端的电压恒定，流过

R_{13}和R_{14}的电流就恒定，所以，在R_{13}和R_{14}两端产生电压也恒定，从而实现了恒压源V_{OUT}的输出。

在恒压源输出时，电路中R_{13}和R_{14}两端的电压值V_{OUT}为

$$V_{OUT}=\frac{V_{FB}}{R_{14}}(R_{14}+R_{13}) \tag{9.3.7}$$

将R_{14}=1.1kΩ和R_{13}=100kΩ代入式（9.3.8），得

$$V_{OUT}=91.9\times V_{FB} \tag{9.3.8}$$

当将一个固定电平的电压接至 CTRL 端时，例如电源电压 3.3V 或 5V，此时，反馈电压V_{FB}为一个恒定的值，即 200mV。将此值代入式（9.3.8），就可以求出V_{OUT}的大小，即V_{OUT}=18.4V。

当将 PWM 波接至 CTRL 端时，通过改变占空比来控制反馈电压的大小，从而调节V_{OUT}的大小。

为了检验控制效果，需要测量V_{OUT}。因为V_{OUT}的数值比较大，超出了 MSP430 单片机采样的数值范围，所以，用R_{16}和R_{17}分压，通过测量R_{17}两端的电压来间接反映V_{OUT}。输入单片机的电压值为$V_{ADC}=\dfrac{R_{17}}{R_{16}+R_{17}}\times V_{OUT}$，在单片机中再将$V_{OUT}$求出来，即可得到恒压值的大小。

由于通过分压电路后，输出电压信号 TO_BUF 的输出阻抗比较大，若直接由 MSP430 单片机采样，可能造成信号的衰减，影响测量精度。为此，增加一级由 OPA347 运放搭建的电压跟随电路，以避免对 ADC 输入阻抗的影响，提高采样精度。在电压跟随电路中，在运放的反相输入端和输出端之间并联一个电阻和一个电容，使电压跟随电路工作更加稳定。电压跟随电路的输出信号 ADC_IN 送至 MSP430 单片机采样。

2. 程序分析

在本实验中，MSP430 单片机主要完成两个任务。

① MSP430 单片机与 TPS61165 的 CTRL 引脚相连，改变反馈端 FB 的电压，不同恒压值的输出，可以改变 LED 亮度。MSP430 单片机控制 TPS61165 的 CTRL 引脚有 PWM 波控制和单线数字位控制两种方式。PWM 控制是通过单片机发送不同占空比方波，控制端会根据不同的 PWM 波，调节 FB 端电压；而单线数字位控制方法，是由 MSP430 单片机 GPIO 端口向 TPS61165 发送控制字，配置芯片寄存器的数字位，从而改变反馈端的电压值。MSP430 单片机 P2.0 引脚与 TPS61165 CTRL 引脚相连，其具有定时器的功能，可以发送不同占空比 PWM。

② MSP430 单片机与 INA213 的输出引脚 Output 相连，实现对 INA213 输出电压的采样，从而计算输出恒压源值的大小。

3. 测试结果

按照图 9.3.2 的电路原理图，用短路块把电路连接成恒压源输出电路，如图 9.3.22 所示。

（1）恒压输出实验

该实验中通过改变负载电阻 R 的大小（MSP430 单片机输出一个固定的 PWM 值，占空比为 1，从而保证 FB 端电压值恒定）通过测试V_{OUT}点的电压值，测试恒压输出特性。具体测试步骤为：

① 改变负载电阻 R 值的大小，分别为 1kΩ、10kΩ、51kΩ、100kΩ、1MΩ，在V_{OUT}和地之间并联电压表；

② MSP430 单片机 P2.0 端口输出占空比为 1 的 PWM 波；

③ 读取电压表的读数，如表 9.3.10 第二列读数所示；

④ 读取 LCD 显示读数，如表 9.3.10 第三列读数所示；

⑤ 计算绝对误差和相对误差，如表 9.3.10 的第四列和第五列所示。

表 9.3.10 负载不同时恒压输出值

负载(Ω)	电压表数值（V）	LCD 显示值（V）	绝对误差（V）	误 差
1k	18.18	18.40	0.22	1.21%
10k	18.16	18.40	0.24	1.32%
51k	18.16	18.40	0.24	1.32%
100k	18.16	18.40	0.24	1.32%
1M	18.16	18.40	0.24	1.32%

利用与测量电流值时同样的修正方法，可以将相对误差控制在 5‰以内。

（2）恒压源控制测试

该实验分别通过 PWM 控制和单线数字位控制这两种方法来调节 TPS61165 的 FB 端电压，从而达到调节恒压源输出值的目的。

① PWM 控制 CTRL 法调节电压

实验步骤：

（a）如图 9.3.23 所示，使用电阻 R 为 51kΩ的负载；

（b）利用 MSP430 单片机发出不同占空比的方波，分别为 20%，40%，60%，80%和 100%，方波频率保持不变，为 50kHz；

（c）用万用表测试恒压输出值 V_{OUT} 随着占空比变化的情况，如表 9.3.11 第二列所示；

（d）由 LCD 读出相应电压值，如表 9.3.11 第三列所示；

（e）利用 LCD 显示的采样值减去电压表的测量值，计算出绝对误差，如表 9.3.11 第四列所示；计算出相对误差如表 9.3.11 所示。

表 9.3.11 PWM 波形控制电压

PWM 占空比	电压表数值（V）	LCD 液晶显示值（V）	绝对误差（V）	相 对 误 差
0.2	3.510	3.555	0.045	1.28%
0.4	7.117	7.215	0.098	1.37%
0.6	10.726	10.87	0.144	1.34%
0.8	14.344	14.545	0.206	1.43%
1	18.160	18.400	0.240	1.32%

对采样的值乘以一个系数 0.987，对采样值进行修正，可以将相对误差控制在千分之一以内。

② 单线数字位控制法调节恒压值

（a）如图 9.3.23 所示，使负载电阻 R 的值为 51 kΩ;

（b）利用 MSP430 单片机 GPIO 端口，配置 TPS61165 的寄存器的数字位 D4、D3、D2、D1 和 D0，从而调节反馈端电压；

（c）用万用表测试 TPS61165 反馈端 FB 的电压，如表 9.3.12 第二列所示，根据式（9.3.9）计算出相应的恒压输出值，如表 9.3.12 第三列所示；

（e）由 LCD 读出相应电压值，如表 9.3.12 第四列所示；

（f）计算出相对误差，如表 9.3.12 第五列所示。

表 9.3.12　单线数字位控制电压

D4 D3 D2 D1 D0	反馈端电压值（mV）	计算值（V）	恒压输出（V）	相 对 误 差
0 0 0 0 1	5.2	0.478	0.487	0.62%
0 0 0 1 0	8.2	0.753	0.758	0.66%
0 0 1 0 0	14.2	1.304	1.309	0.38%
0 1 0 0 0	26.0	2.389	2.395	0.25%
1 0 0 0 0	62.1	5.706	5.712	0.11%

利用式（9.3.9）通过反馈端的电压值计算出 LED 高端的电压，并与实际的电压表测量的电压比较，可以发现通过选择电阻实现比较准确的配置恒压控制模式时的电压值的大小。

（3）反馈端调节电压

在恒压输出模式下，将 J10 的“2”和“3”连接变成“1”和“2”连接；利用短路块把 J5 短接，负载使用功率电阻，就为反馈端调节电压输出搭建好了电路，电路等效原理图如图 9.3.23 所示。

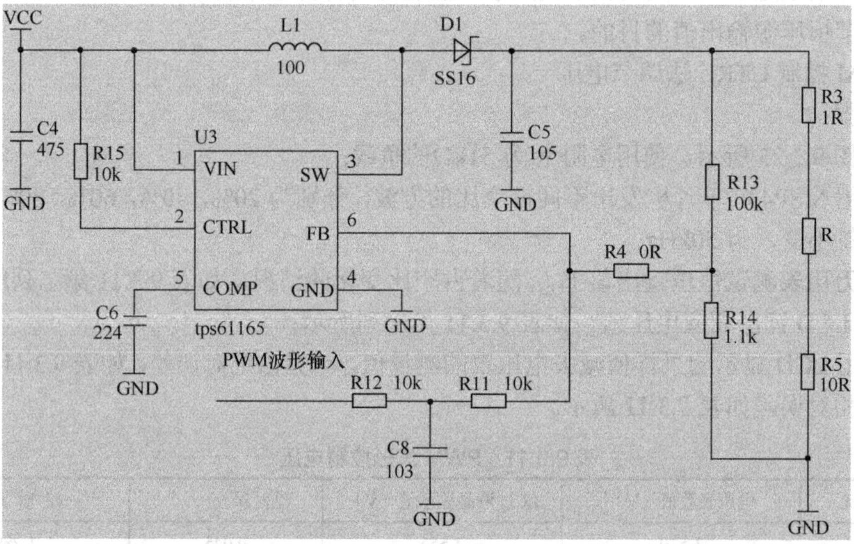

图 9.3.23　反馈端通过低通滤波器调节输出电压

TPS61165 芯片有控制端和反馈端，把 PWM 波形经过低通后控制反馈端 FB，也可以对输出电压的大小控制。因为控制端 CTRL 和反馈端 FB 分别是芯片内部运放的正向输入端和反相输入端，因此，在对反馈端控制时，也能调节输出电压大小。反馈端控制是 PWM 波形通过外部的低通滤波器送至 FB 口，在内部误差放大器的反相端形成一近似直流电压，实现控制电压输出。PWM 波频率越高，在通过滤波器时，直流特性越好。在 R_{11} 为 10kΩ、R_{12} 为 10kΩ时，分别送入 5kHz 和 50kHz 的 PWM 波形，效果如图 9.3.24 所示。改变电阻 R_{11} 和 R_{12} 的值，可以改变滤波器的截止频率，滤波器的截止频率越低，滤波之后的直流特性也越好。当在 R_{11} 为 100kΩ、R_{12} 为 10kΩ时，分别送入 5kHz 和 50kHz 的 PWM 波形，效果如图 9.3.25 所示。

（4）电压纹波测试

开关电源的纹波与电容的 ESR（等效串联电阻）、电感的选取及 PCB 布线都有关系。在滤波电路中，具有较高 ESR 的电容会产生较大的纹波。电感的好坏直接影响电流的纹波的大小，也会导致一定的电压纹波。在 PCB 布线时，要使充放电回路的面积尽可能地小，减小外界电磁干扰引起的纹波。因此，为了使电源的纹波变得更小，可以使用 ESR 较小的电容；电感要选用

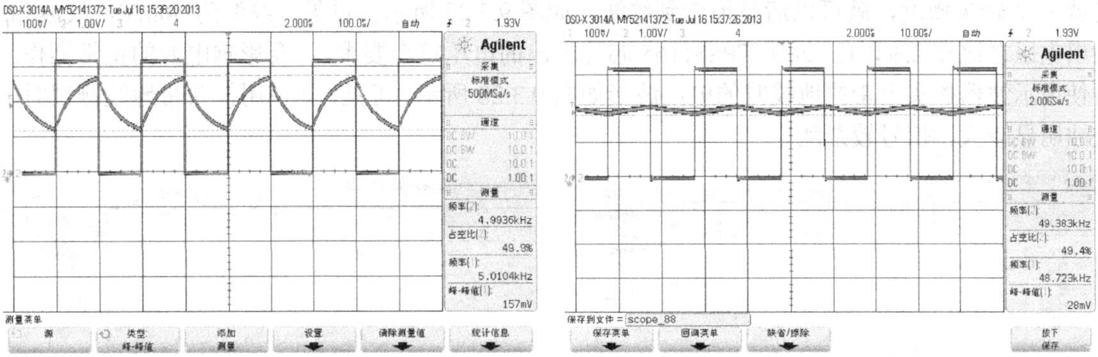

（a）PWM 波形频率为 5kHz　　　　（b）PWM 波形频率为 50kHz

图 9.3.24　R_{11}=R_{12}=10kΩ时不同频率的 PWM 波形通过滤波器的波形

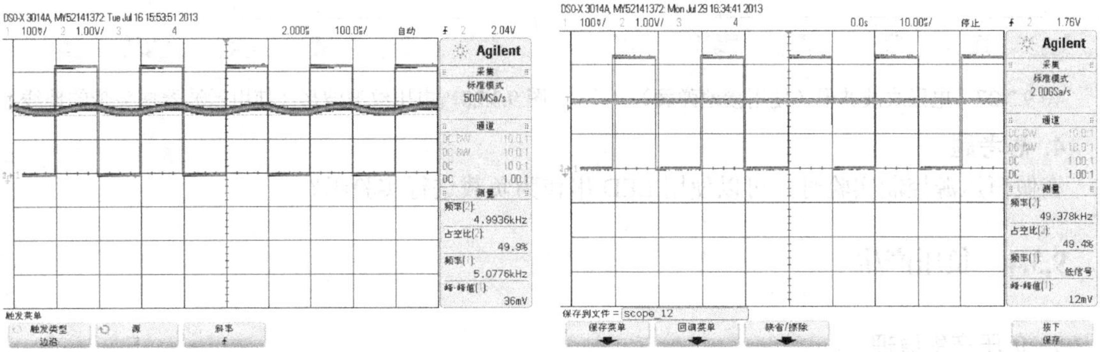

（a）PWM 波形频率为 5kHz　　　　（b）PWM 波形频率为 50kHz

图 9.3.25　R_{11}=100kΩ，R_{12}=10kΩ时不同频率的 PWM 波形通过滤波器的波形

容差小一点的电感；PCB 走线时要考虑外界电磁干扰的影响。

利用示波器观察在恒压源时输出值为 18.4V 时电压纹波的大小，该电路纹波是测试电容 C_5 上的电压的纹波的大小。在测试电压的纹波时，要采用正确的测量方法。为了不把外部的干扰耦合进示波器，避免测量结果不稳定，最好使用探头附件的接地弹簧代替带鳄鱼夹的地线。接地弹簧的探头如图 9.3.26 所示。将数字示波器的耦合方式设为交流耦合，以滤出直流信号。通

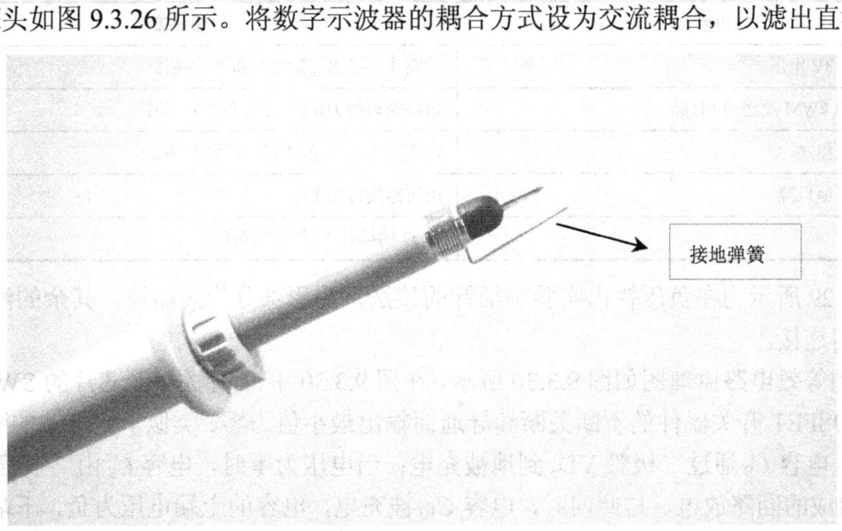

图 9.3.26　接地弹簧示波器探头

过调节 Y 轴灵敏度，就可以清楚地看到纹波，如图 9.3.27 所示。可见，纹波为 50mV，纹波和输出电压之比在 2‰以内，说明 TPS61165 芯片输出的电压符合要求，不会影响电源的正常操作。而使用示波器探头上带的地线时的电压波形如图 9.3.28 所示。可见，在使用探头带地线测试时，纹波明显较大，信号较杂乱。

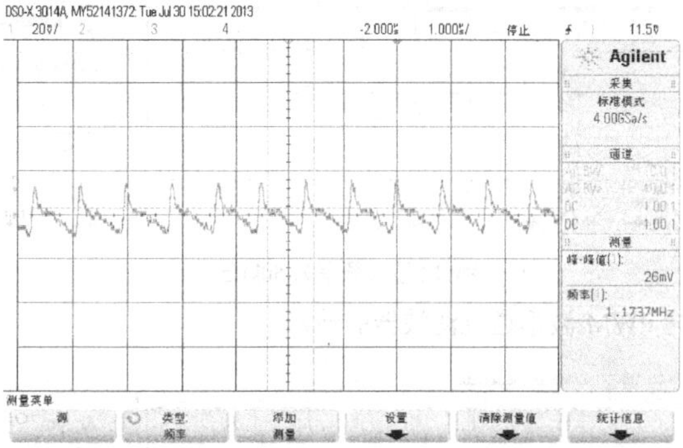

图 9.3.27　电压纹波波形（使用接地弹簧）

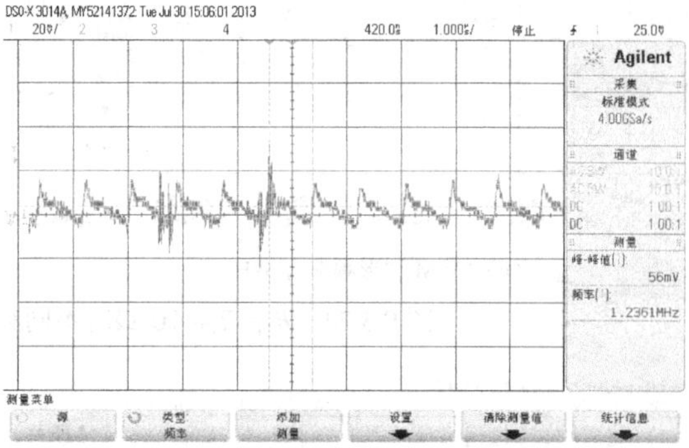

图 9.3.28　电压纹波波形（使用示波器探头带的地线）

4. 思考题

在做恒压源控制实验时，可以使用 LED 串作为负载进行实验吗？

9.3.4　负压产生

1. 负压产生原理

以 TPS61165 为核心，通过外扩电路实现负压产生的条件是：利用该芯片搭建开关电源电路要形成闭环回馈电路。因此，在恒流控制电路和恒压源输出电路时均能产生负压。由于恒压时电路接法简单，下面按照恒压源输出电路的接法研究负压产生电路。通过改变图 9.3.2 跳线帽的接法，实现负压产生电路原理图。表 9.3.13 为在恒压模式下输出负压的插接功能及接线表。

表 9.3.13　负压实验插针功能及接法表

功能	插针接法
为实验板提供 3.3V 电压	短路块短接 J9 的“2”和“3”插针
把单片机输出的 PWM 波送给 61165	短路块短接 J10 的“2”和“3”插针
选择恒压源输出模式	短路块短接 J4 的“1”和“2”插针
为负压电路提供信号源	用短路块短接 J8
输出负压	在 J7 的插针“1”输出负压

如图 9.3.29 所示为在负压输出实验中插针的接法，阴影部分为短路块，其余的没有标记的表示不做任何连接。

完成后的等效电路原理图如图 9.3.30 所示。在图 9.3.30 中， 开关电源芯片的 SW 引脚会由于内部的 MOSFET 开关器件的不断关断和导通而输出最小值为零、类似于矩形波的脉冲。在电压大于零时，电容 C_9 通过二极管 VD_3 到地被充电；当电压为零时，电容 C_9 由二极管 VD_2 和电容 C_{10} 到地组成的回路放电。与此同时，电容 C_{10} 被充电，电容的上端电压为负，下端为正。由于电容的正电压端接地，因此，在 J7 的 1 端产生负压。

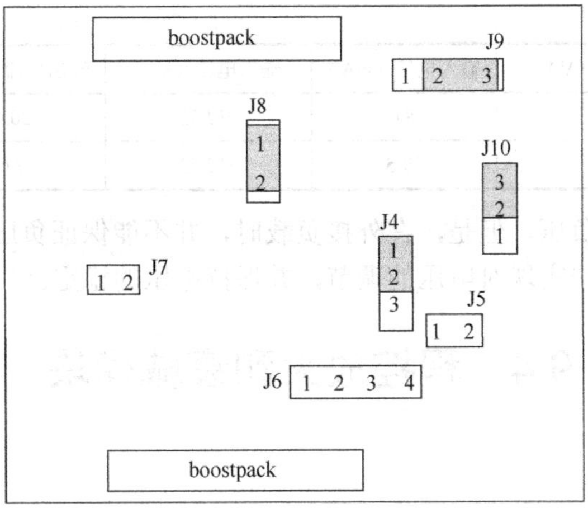

图 9.3.29　负压实验插针接法图

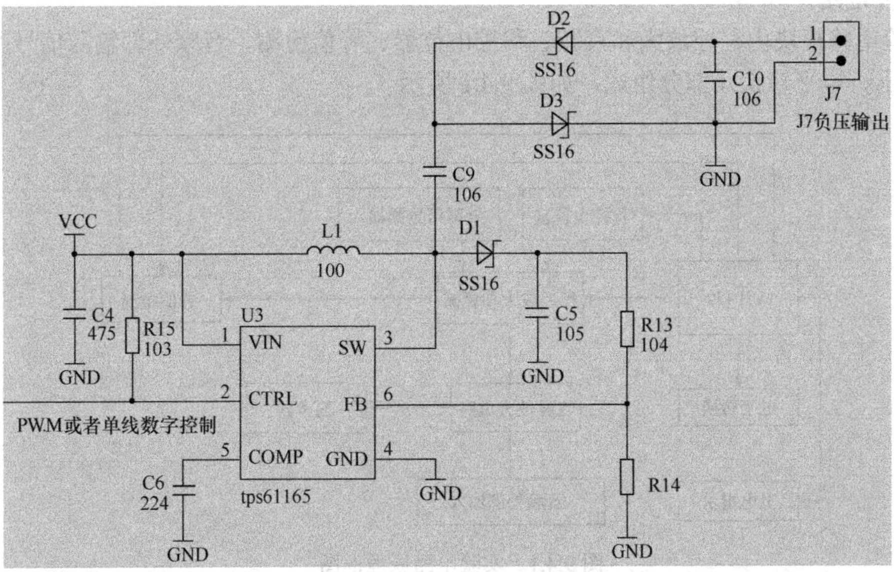

图 9.3.30　负压产生电路原理图

2. 测试结果

对于产生负压的电路进行负载实验，观察电路带负载的能力。其具体测试步骤为：

① 在输入电路接入电流表，实验板上电后用万用表测试空载时的输入电压，如表 9.3.14 第二列所示；电流表测试输入电流，如表 9.3.14 第三列所示；输出电压如表 9.3.14 第四列所示；输出电压纹波使用安捷伦示波器测试，如表 9.3.14 第六列所示。

② 分别在 J7 的“1”和“2”插针之间接入 1kΩ、10kΩ、100kΩ、1MΩ的电阻，并同时串入电流表，重复步骤①所述的过程，记录实验数据，并测量输出电流的大小，如表 9.3.14 第五列所示。

表 9.3.14　负压输出随负载的变化情况

负载（Ω）	输入电压（V）	输入电流（mA）	输出电压（V）	输出电流（mA）	输出电压纹波（mV）
空载	4.98	5.50	−18.93	0	10
76.5	4.98	727	−15.26	191.9	62
166	4.98	397	−16.93	100.0	40

续表

负载（Ω）	输入电压（V）	输入电流（mA）	输出电压（V）	输出电流（mA）	输出电压纹波（mV）
880	4.98	84	−17.53	20.4	24
1k	4.98	79.5	−17.72	17.60	20

可见，虽然能够产生负压，但是，在外接负载时，并不能保证负压的稳定。这是因为电路中电压没有形成反馈，无法实现对电压的调节，并保持电压的稳定。

9.4 程控放大和衰减模块

9.4.1 概述

1. 硬件电路

该实验电路模块由程控放大和衰减、程控电位器、峰值检测、音频外部输入信号产生、音频输入/输出、电平转换几部分组成，如图 9.4.1 所示。

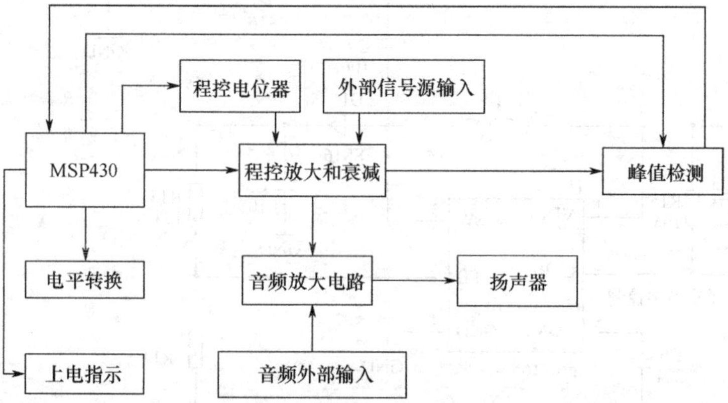

图 9.4.1 实验电路原理框图

该模块的核心部分为由 DAC7811 芯片组成的程控放大和衰减部分，这部分中 DAC7811 芯片通过 SPI 总线与 MSP430 单片机实现通信，由 MSP430 单片机传输的 CODE 值决定放大/衰减幅值。由程控放大和衰减部分得到的电压值进入峰值检测部分，检测得到峰值进入 MSP430 单片机进行采样，并由 MSP430 单片机控制充放电频率以保证采样的实时性。

除了以上核心功能之外，程控电位器部分中的 TPL0401 芯片通过 I^2C 总线与 MSP430 单片机进行通信，产生可变电压值，以此电压值作为程控放大衰减部分的参考电压值。

另外，音频放大电路部分可选择地将外部信号或程控放大衰减获得的信号作为输入，经过 TPA2005D1 芯片得到音频输出信号，送至扬声器。

音频外部输入部分产生音频放大电路外部信号。

上电指示部分利用了 MSP430 单片机给的+3.3V 作为供电，当小模块与母板连接正常时，指示灯点亮。

以上模块中所有的+5V，+3.3V 电压都由 MSP430 单片机 LaunchPad 提供。电平转换部分则利用 TPS60400 芯片产生−5V 电压，为整个模块中的−5V 供电。

2. 软件部分

程控放大衰减模块的整体软件流程如图 9.4.2 所示。首先，通过对滚轮采样得到 I^2C 和 SPI 需要的码值，然后，程控电位器和程控放大衰减部分分别通过 I^2C 总线和 SPI 总线与 MSP430F5529 单片机通信。通过对调理后的峰值电压输出端口及音频外部输入部分的输出端口进行采样得到数据，并由 MSP430 单片机对这些数据进行处理，最后在液晶上显示。显示完成后，继续进行采样、处理和显示。

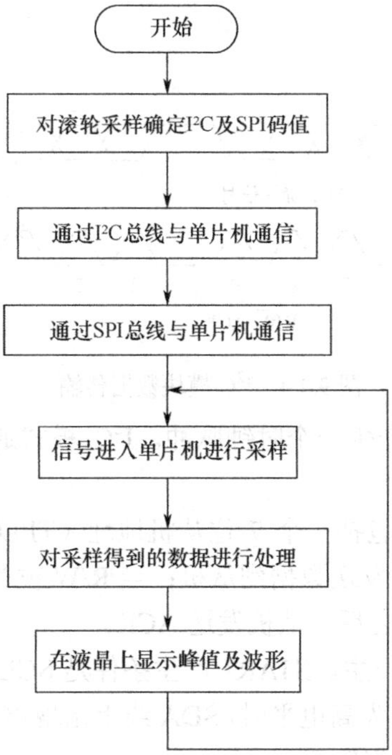

图 9.4.2　软件流程图

9.4.2　程控电位器

1. 工作原理

程控电位器部分主要由一片 TPL0401 芯片及一个 LMV842 放大器组成，如图 9.4.3 所示。TPL0401 芯片通过引脚 3（SCL）和引脚 4（SDA）与 MSP430 单片机进行 I^2C 通信，MSP430 单片机给芯片发送码值 CODE。该码值决定了最终输出电压值 V_{ref} 的大小。连接适当短路块之后，此 V_{ref} 值可被选择作为 DAC7811 芯片的参考电压值。

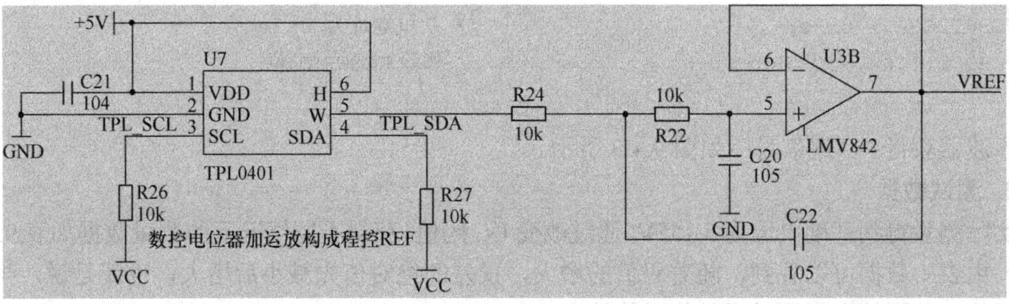

图 9.4.3　程控电位器电路原理图

在图 9.4.4 电路中，引脚 6（H）与引脚 5（W）的电压差为

$$V_{hw}=(V_h-V_l)\times(1-(D/128)) \tag{9.4.1}$$

式中，D 为 MSP430 单片机发送的码值 CODE，V_h 为引脚 6（H）处的电压值，V_l 为 GND。

于是，可得电压值 V_{ref} 为

$$V_{ref}=5-V_{hw}(V) \tag{9.4.2}$$

2. MSP430 单片机程序分析

I^2C 时序如图 9.4.4 所示。

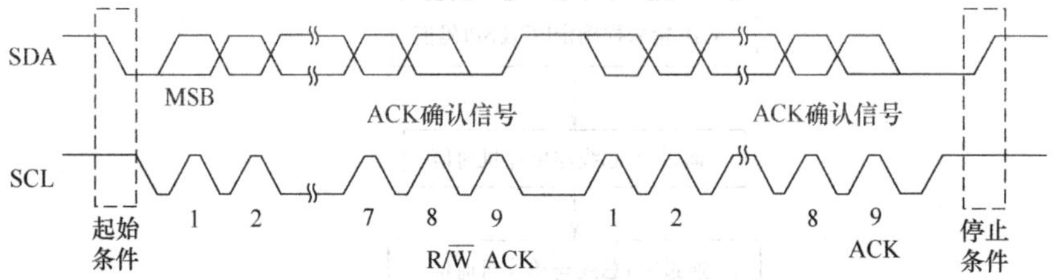

图 9.4.4　I^2C 模块数据传输

每位数据传送时都由主设备产生一个时钟脉冲。I^2C 模式通过字节数据工作，其中，MSB 位首先被传输。

START 条件后的第一个字节包括一个 7 位从机地址（TPL0401 芯片为 7 位寻址方式）和 $R/\overline{W}$ 位。当 $R/\overline{W}$ 位为 0 时，主机发送数据到从机；当 $R/\overline{W}$ 位为 1 时，主机从从机接收数据。在每个字节（第 9 个 SCL 时钟）之后，从机发送 ACK。

START 和 STOP 条件由主机产生。START 产生条件是 SCL 为高电平时，SDA 线上出现电平下降沿。STOP 产生条件是 SCL 为高电平时，SDA 线上出现电平上升沿。总线忙位 UCBBUSY 在 START 之后置位，STOP 之后清零。

另外，SDA 线上的数据在 SCL 为高电平时必须保持稳定，即只有在 SCL 为低电平时，SDA 的高低电平才能转换；否则，将会产生 START 和 STOP 条件。

I^2C 初始化程序如下：

```
P3SEL |= BIT0+BIT1;                          // 设置 P3.0，P3.1 端口为 I2C 引脚
UCB0CTL1 |= UCSWRST;                         // 保证在 UCSWRST 为 1 的情况下初始化
UCB0CTL0 = UCMST + UCMODE_3 + UCSYNC;        // I2C 主机模式
UCB0CTL1 = UCSSEL_2 + UCSWRST;               // 选择 SMCLK 作为时钟
UCB0BR0 = 0x70;                              // fSCL = SMCLK/112
UCB0BR1 = 0;
UCB0I2CSA = 0x2e;                            // 从机地址为 0x2e
UCB0CTL1 &= ~UCSWRST;                        // 清除 UCSWRST 位
```

示波器获得 I^2C 通信时序如图 9.4.5 所示。

3. 测试数据

实际测量得到基准电压为 5.155V。通过改变 I^2C 码值，获得不同情况下的测量数据如表 9.4.1 所示。由表中数据可以看到，随着码值的增大，误差的绝对值先减小后增大，也就是说，当所取的码值在范围的中间段时误差绝对值较小。

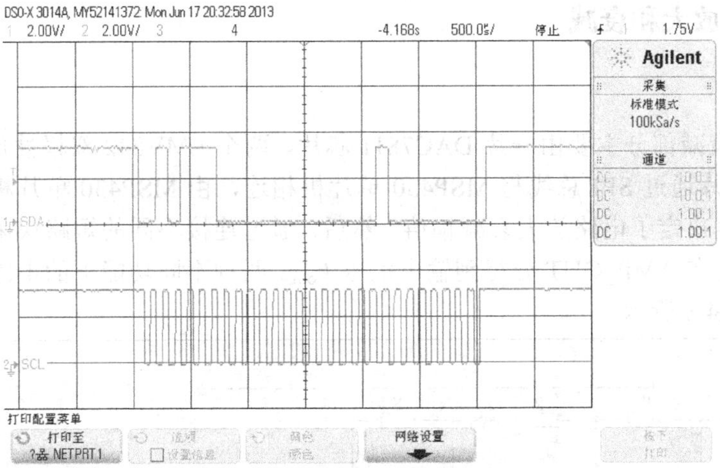

图 9.4.5　示波器获得的 I^2C 通信时序图

表 9.4.1　程控参考电位精度测试

码值	理论值(V)	实测值（V）	误差（绝对值）	误差百分比
0	0	0.018	0.018	—
8	0.322	0.340	0.017	5.528
16	0.644	0.658	0.013	2.114
32	1.288	1.290	0.001	0.097
64	2.577	2.572	0.005	0.213
82	3.302	3.289	0.013	0.406
96	3.866	3.849	0.017	0.446
124	4.993	4.964	0.029	0.599

在码值为 16 时，截得的示波器波形如图 9.4.6 所示。由图可知，输出电压纹波的峰峰值为 52mV。

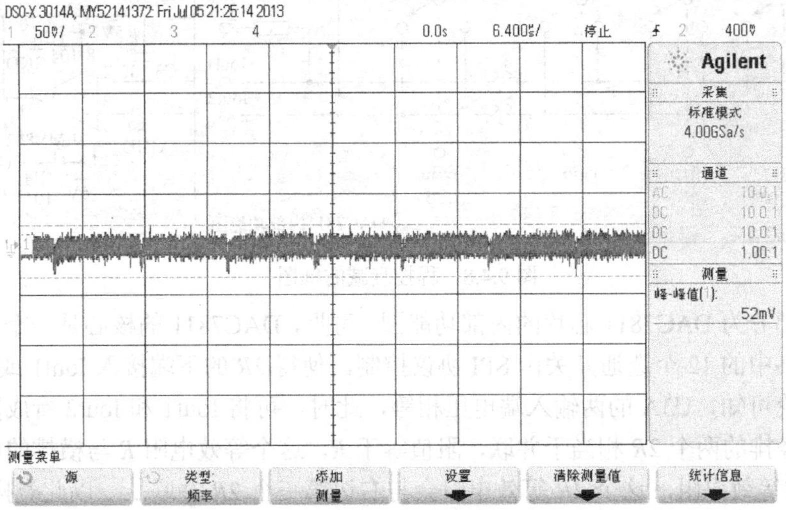

图 9.4.6　输出电压的纹波波形

9.4.3 程控放大和衰减

1. 工作原理

程控放大和衰减部分主要由一片 DAC7811 芯片、两个 LMV842 双极性放大器组成。其中，DAC7811 芯片通过 SPI 总线与 MSP430 单片机相连，由 MSP430 单片机给芯片发送码值 CODE，该码值决定了电路放大衰减幅值。然后，通过连接不同的短路块来实现放大和衰减功能的选择，并在 AMP_OUT 处得到输出电压 V_{out}。两种不同功能下的电路连接方式分别如图 9.4.7 和图 9.4.8 所示。

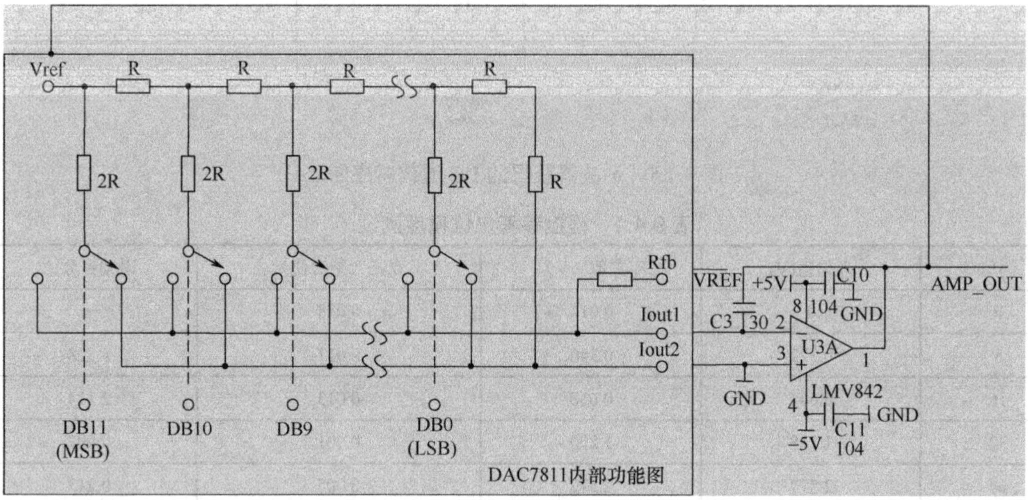

图 9.4.7 程控放大的框图

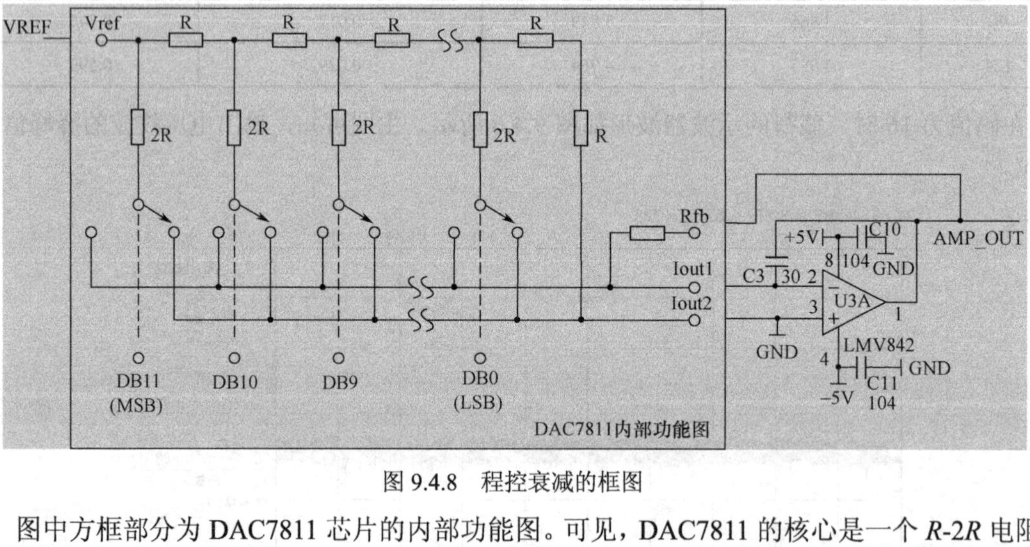

图 9.4.8 程控衰减的框图

图中方框部分为 DAC7811 芯片的内部功能图。可见，DAC7811 的核心是一个 R-$2R$ 电阻网络。此电阻网络中的 12 个选通开关由 SPI 协议控制，使得 $2R$ 的下端接入 Iout1 或 Iout2。由运放“虚地”理论可知，U3A 的两输入端电压相等，此时，可将 Iout1 和 Iout2 看成同一条线路。那么，最右边竖排的两个 $2R$ 相当于并联，阻值等于 R，这个等效电阻 R 与横排的电阻 R 串联，形成一个 $2R$ 的等效电阻，这个 $2R$ 等效电阻会与右边第三个 $2R$ 并联……以此类推，最后，从 V_{REF} 端看进去，整个 R-$2R$ 电阻网络的阻值为恒定的 R。于是，可以得到这样的结论，流入 V_{REF} 端的恒定总电流为 $I=V_{ref}/R$。每一路 $2R$ 上的电流都由选通开关决定是流入 U3A 的正输入端或负

输入端，流入负输入端的电流总和为

$$I\times \text{CODE}/4096 = (V_{\text{ref}}/R)\times(\text{CODE}/4096) \tag{9.4.3}$$

其中，CODE 值是由 MSP430 单片机发送给芯片的码值。

由于 U3A 的正输入端接地，流入其中的电流对输出信号没有贡献。根据运放的虚断理论可知，流入 U3A 正输入端的电流将等于运放的输出端电流，由此可得以下公式。

按图 9.4.7 方式连接（程控放大）时，有

$$V_{\text{out}}/R = -(V_{\text{in}}/R_{\text{fb}})\times(4096/\text{CODE}) \tag{9.4.4}$$

按图 9.4.8 方式连接（程控衰减）时，有

$$V_{\text{out}}/R_{\text{fb}} = -(V_{\text{ref}}/R)\times(\text{CODE}/4096) \tag{9.4.5}$$

再由以上公式可以推导出：

在使用放大功能时，AMP_OUT 处输出电压 V_{out} 为

$$V_{\text{out}} = -VR_{\text{fb}} \times 4096/\ \text{CODE} \tag{9.4.6}$$

在使用衰减功能时，AMP_OUT 处输出电压 V_{out} 为

$$V_{\text{out}} = -V_{\text{ref}} \times \text{CODE}/4096 \tag{9.4.7}$$

2. 程序分析

DAC7811 中 SPI 总线串行写操作时序如图 9.4.9 所示。

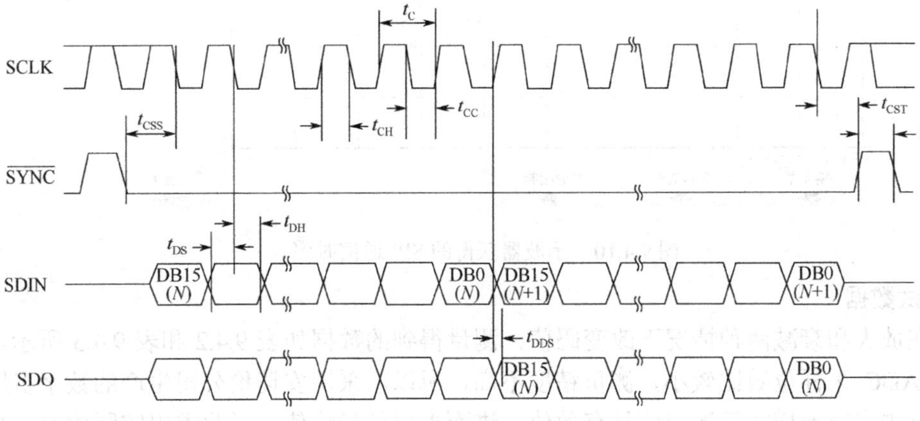

图 9.4.9　DAC7811 中 SPI 总线串行写操作时序图

AC7811 有一个 3 线串行接口（$\overline{\text{SYNC}}$，SCLK 和 SDIN），它与 SPI，QSPI，MICROWIRE 接口标准及大多数数字信号处理器（DSP）器件兼容。串行写操作的时序如图 9.4.9 所示。写操作在 SYNC 线拉低之后开始，在 DIN 线上传输的数据在 SCLK 下降沿时刻移入 16 位移位寄存器。串行时钟频率可高达 50MHz，这使得 DAC7811 兼容高速 DSP。在 $\overline{\text{SYNC}}$ 为高时，SDIN 和 SCLK 输入缓冲器门控关闭，这使数字接口的功耗降至最低。在 $\overline{\text{SYNC}}$ 变低之后，数字接口将给 SDIN 和 SCLK 输入信号响应，之后数据可以被移入设备。如果在 $\overline{\text{SYNC}}$ 为低但首个有效时钟沿还没出现的情况下出现一个无效时钟沿，它将被忽略。如果 SDO 引脚正在使用，则需要保持 $\overline{\text{SYNC}}$ 为低电平直到 16 个有效时钟沿之后的无效时钟沿出现。

SPI 初始化程序：3 线，8 位，主机模式下 SPI 通信模式的配置。

```
P3DIR |= BIT2;
P3OUT&=~BIT2;
P3SEL |= BIT3+BIT4;                    //设置P3.3，P3.4，P2.7端口为SPI引脚
P2SEL |= BIT7;
UCA0CTL1 |= UCSWRST;                   //保证在UCSWRST为1的情况下初始化
UCA0CTL0 |= UCMST+UCSYNC+UCCKPH+UCMSB;
UCA0CTL1 |= UCSSEL_2;                  //选择SMCLK作为时钟
UCA0BR0 = 0x70;                        //对SMCLK进行分频，频率除以112
UCA0BR1 = 0;
UCA0MCTL = 0;
UCA0CTL1 &= ~UCSWRST;                  //清除UCSWRST位
```

示波器采集的 SPI 通信时序如图 9.4.10 所示。

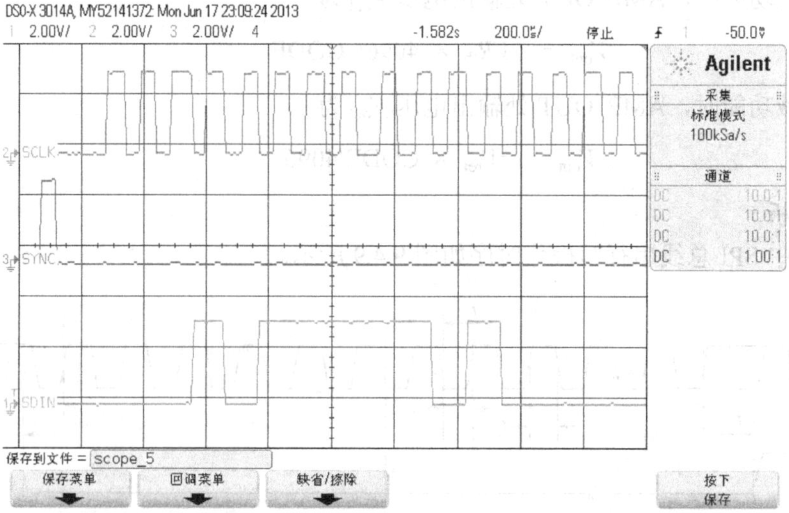

图 9.4.10 示波器获得的 SPI 通信时序

3. 测试数据

分别在放大和衰减两种情况下改变码值，测量得到的数据如表 9.4.2 和表 9.4.3 所示。由于示波器的 ADC 采样位数比较小，测量精度不高，所以，采用安捷伦公司生产的数字多用表测量幅值。首先在交流模式下测得信号有效值，进而求出信号峰值，以此求出实际增益。衰减时的输入信号是有效值为 2.858V 的正弦波，放大时的输入信号是有效值为 0.3568 的正弦波。

表 9.4.2 程控衰减增益测试表

设置的衰减倍数	对应码值	实测输出值（V_{eff}，V）	实际增益	误差（绝对值）	误差百分比
0.125	512	0.355	0.124	0.001	0.800
0.250	1024	0.711	0.249	0.001	0.400
0.500	2048	1.421	0.497	0.003	0.600
0.750	3072	2.132	0.746	0.004	0.533
0.999	4095	2.842	0.994	0.005	0.501

表 9.4.3　程控放大增益测试表

设置的放大倍数	对应码值	实测输出值（V_{eff}，V）	实际增益	误差（绝对值）	误差百分比
8.000	512	2.8415	7.964	0.036	0.450
4.000	1024	1.4207	3.982	0.018	0.450
2.000	2048	0.7102	1.990	0.010	0.500
1.333	3072	0.4735	1.327	0.006	0.450
1.000	4095	0.3552	0.996	0.004	0.400

图 9.4.11 为某一码值下程控放大衰减部分的输入和输出信号。

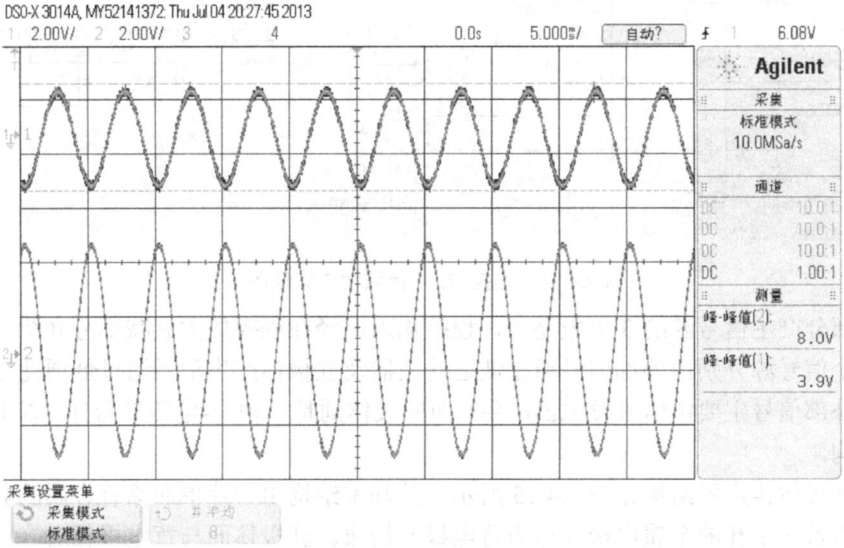

图 9.4.11　程控放大衰减部分的输入和输出信号

9.4.4　音频放大电路

1. 工作原理

图 9.4.12、图 9.4.13 和图 9.4.14 分别为不同输入信号源情况下的音频放大电路原理图。在后半部分的音频功放电路中，TPA2005D1 芯片为单声道 D 类音频功率放大器，可将输入的交流信号转换成 PWM 波输出。又因为接在 IN+和 IN−上的两个电阻都为 300kΩ，根据放大倍数公式

$$\text{Gain} = 2\times 150\text{k}\Omega/R \qquad (9.4.8)$$

可以得到此时的放大倍数为 1。

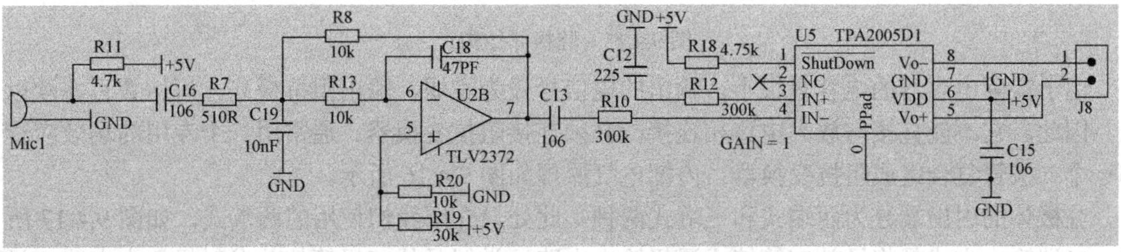

图 9.4.12　驻极体输入+音频功放原理图

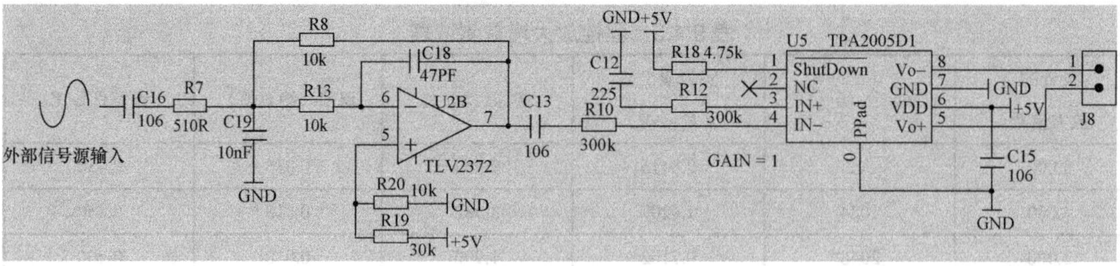

图 9.4.13　信号源+音频功放原理图

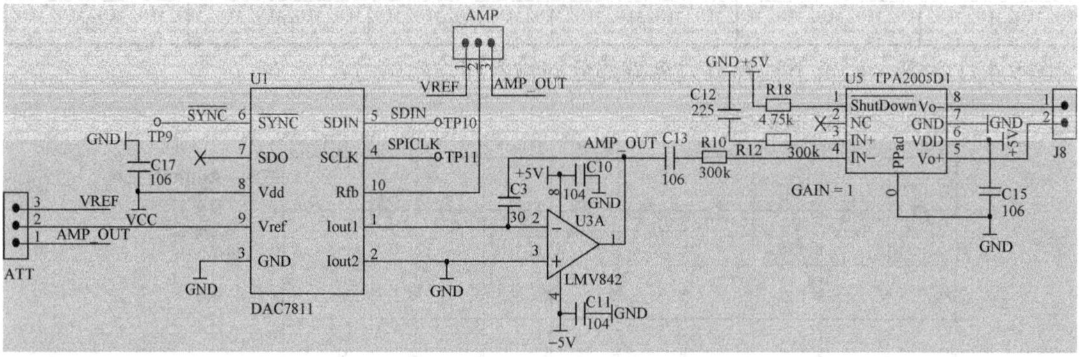

图 9.4.14　程控输入+音频功放原理图

在前半部分产生信号源的 3 个电路中，程控输入已经在程控放大衰减部分介绍，此处不赘述。另外两个信号源分别由外部信号通过低通滤波器及驻极体产生信号通过低通滤波器产生，这里提到的外部信号主要由信号发生器产生，而驻极体则是一种声-电转换器件。以下介绍驻极体的内部结构。

振膜式驻极体传声器结构如图 9.4.15 所示。其基本结构由一片单面涂有金属的驻极体薄膜与一个上面有若干小孔的金属电极（称为背电极）构成。驻极体面与背电极相对，中间有一个极小的空气隙，形成一个以空气隙和驻极体作为绝缘介质、以背电极和驻极体上的金属层作为两个电极的平板电容器。电容的两极之间有输出电极。

由于驻极体薄膜上分布有自由电荷，当声波引起驻极体薄膜振动而产生位移时，改变了电容两极板之间的距离，从而引起电容的容量发生变化。由于驻极体上的电荷数始终保持恒定，根据公式 $Q=CU$，所以当 C 变化时必然引起电容器两端电压 U 的变化，从而输出电信号，实现声-电的变换。

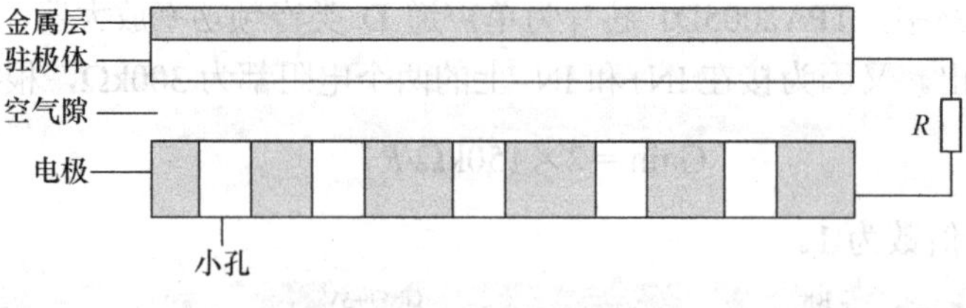

图 9.4.15　驻极体结构

由于实际电容器的电容量很小，输出的电信号极为微弱，输出阻抗极高，可达数百兆欧以上。因此，它不能直接与放大电路相连接，必须连接阻抗变换器。通常用一个专用的场效应管和一个二极管复合组成阻抗变换器。内部电气原理如图 9.4.16 所示。

驻极体的引出端分为两端式和三端式两种。此处只介绍我们使用的两端式，如图 9.4.17 所示。二端输出方式是将场效应管接成漏极输出电路，类似晶体三极管的共发射极放大电路。只需两根引出线，漏极 D 与电源正极之间接一漏极电阻 R，信号由漏极经一隔直电容输出，并有一定的电压增益，因而话筒的灵敏度比较高，但是，动态范围比较小。

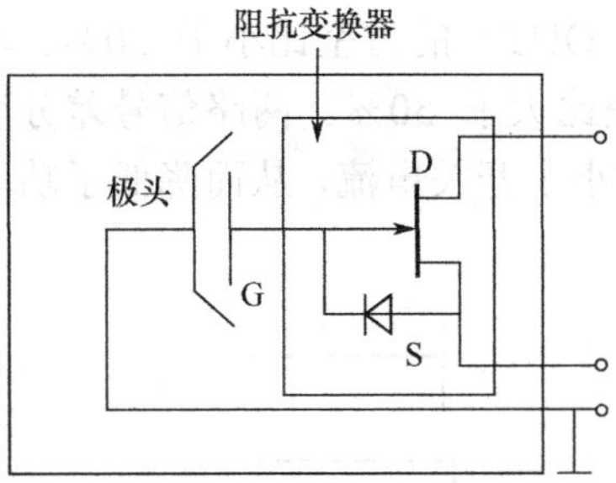

图 9.4.16　驻极体内部电气原理

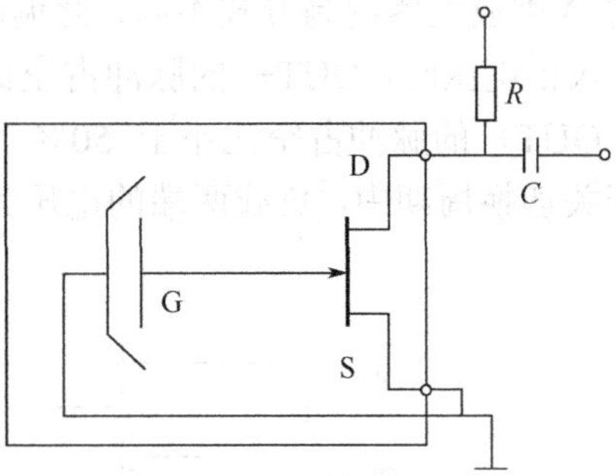

图 9.4.17　驻极体两端式连接方式

在由驻极体或外部信号源经过低通滤波器获得音频外部输入信号之后，使用 MSP430 单片机内部 ADC 对其进行采样，并在采集到一定点数的数据之后，通过液晶屏进行显示。因为外部输入信号的频率是变化的，根据奈奎斯特采样定理可知，采样频率必须大于信号频率的 2 倍才能实现信号的还原，这里通过调节滚轮来实现内部 ADC 采样频率的调节。

2. 实验步骤及测试数据

（1）测试音频初级放大的倍数和初级的低通带宽

不断改变输入信号频率，测得不同条件下信号输出振幅并计算出此时的放大倍数。具体数值如表 9.4.4 所示，根据表中数据做出相应的折线图如图 9.4.18 所示。

表 9.4.4　不同频率信号经过低通滤波器的输出

信 号 频 率（Hz）	信号源振幅（V）	输 出 振 幅（V）	放 大 倍 数
1k	0.0717	1.141	15.914
2k	0.0717	1.149	16.025
5k	0.0717	1.157	16.136
15k	0.0717	1.091	15.216
20k	0.0717	0.971	13.543
25k	0.0717	0.795	11.088
30k	0.0717	0.624	8.703

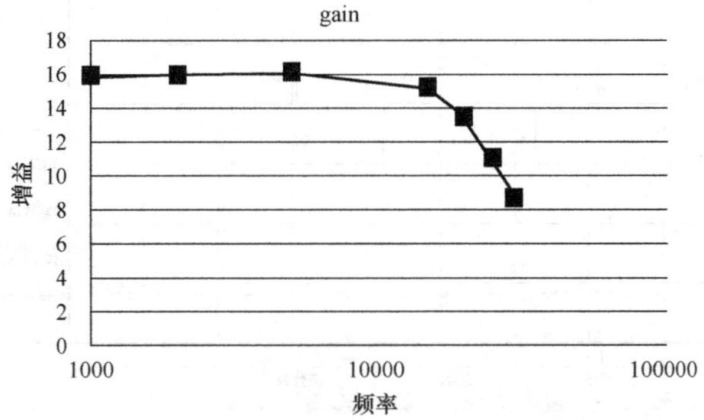

图 9.4.18　增益随频率改变折线图

（2）测试D类放大器的输出

TPA2005D1使用的调制方案如图9.4.19所示，两路输出脉冲是从0V至V_{dd}电压之间切换。与传统的D类放大器调制方式不同，此调制方案中，输入信号为零时，OUT+和OUT–输出同相。在输入正电压时，OUT+ 的脉冲占空比大于 50%， OUT– 的占空比小于 50%；输入负电压时，OUT+ 的脉冲占空比小于 50%，OUT– 的占空比大于 50%。两路信号差分后，在大部分开关切换周期中，负载两端的电压为 0V，大大减小了开关电流，从而降低了功率管的损耗。

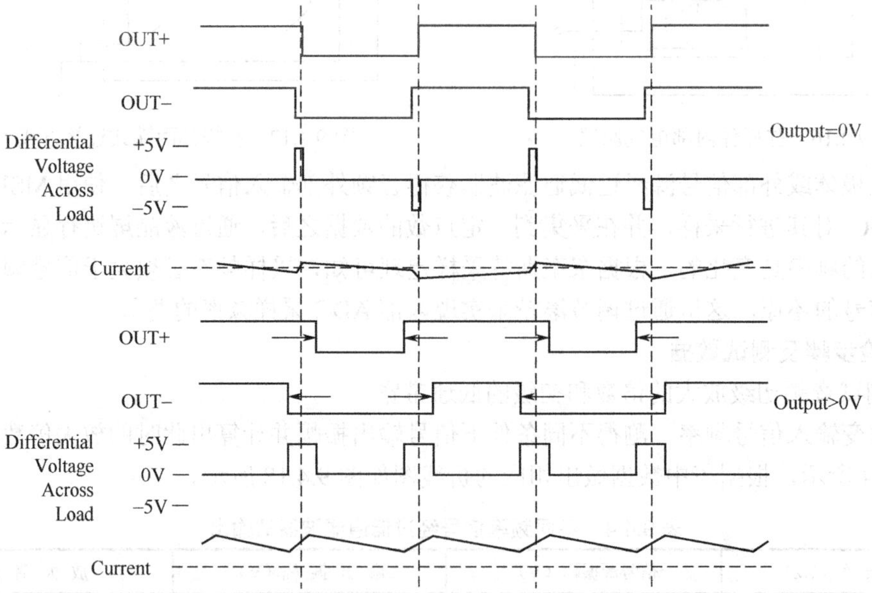

图9.4.19　TPA2005D1中采用的调制方案

由图9.4.19中输出大于0的情况可知，当输入信号幅值增大，OUT+和OUT–两者占空比差距越大，差分之后加在负载上的信号占空比越大。图9.4.20为某一输入信号情况下获得的OUT+和OUT–信号波形及差分后的波形，可由图中数据读出PWM波基波频率为246.43 kHz。

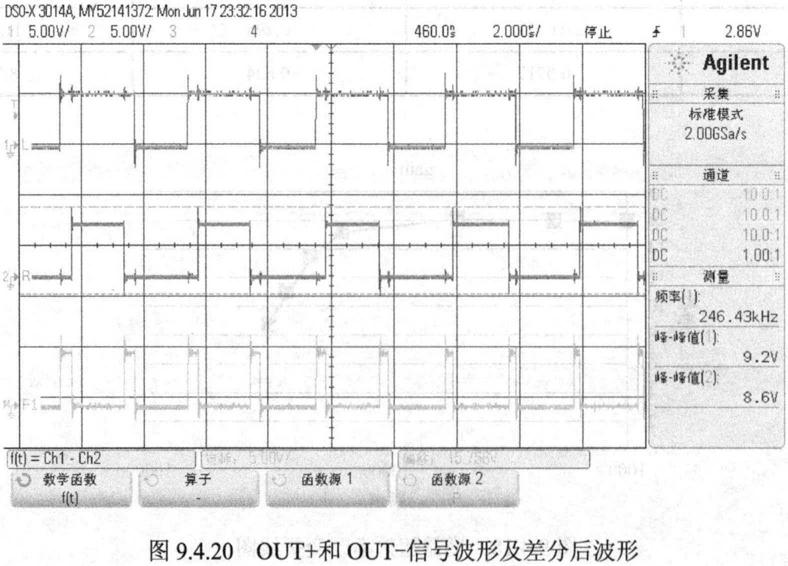

图9.4.20　OUT+和OUT–信号波形及差分后波形

9.4.5　峰值检测

1. 工作原理

峰值检测电路如图 9.4.21 所示，其工作分为跟踪模式和保持模式。在跟踪模式期间，VD_2相当于一个单向开关。当一个新的峰值到达时，U6A 的输出为正，VD_1截止，VD_2导通，U6A 利用反馈通路 VD2-U6B-R_{15}使输入端之间保持虚短路。由于没有电流流过 R_{15}，V_o会跟踪 V_i，U6A 流出的电流经过 VD_2对 C_4充电。在经历了峰值以后，进入保持模式，V_i开始下降，这也使 U6A 的输出开始下降。此时 VD_2截止，VD_1导通，这就给 U6A 提供了另一条反馈通路。

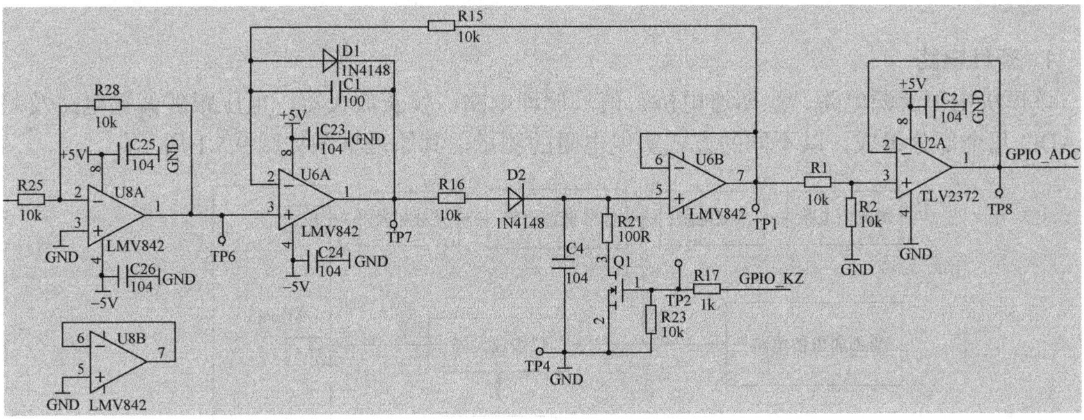

图 9.4.21　峰值检测原理图

由以上工作过程可知，该电路只能求取正电压的峰值，又因为程控放大和衰减电路输出的电压与参考电压反向，为此在峰值检测电路之前加入一个反向电路。另外，由于此时峰值检测输出的最大值为 5V，超出了 MSP430 单片机的测量范围，为此在峰值检测电路之后加入一个分压电路，分压电路之后的跟随电路实现了与 MSP430 单片机的电阻匹配。

为了保证峰值的实时性，需要用 Q1 对 C_4进行放电使峰值清零。单片机通过发送 PWM 波到 GPIO_KZ 口来控制 Q1 的开关，从而控制 C_4的充放电。

2. 实验步骤和测试结果

采用不同信号作为峰值检测电路的输入信号，将信号的准确峰值与测量值相比较，具体数据如表 9.4.5 所示。

表 9.4.5　峰值检测精度测试表

输入信号有效值（V）	输入信号峰值（V）	台表测试 TP1 电压（V）	台表测试 GPIO_ADC 电压（V）	峰值检测实测值（V）	误差（%）
0.6984	0.987686752	1	0.503	1.001	1.347
1.2042	1.702995972	1.726	0.868	1.728	1.468
1.3754	1.945109334	1.972	0.992	1.967	1.125
1.8977	2.683753077	2.757	1.387	2.743	2.207
2.5928	3.666772925	3.767	1.895	3.754	2.378

3. 思考题

（1）试将现有 I^2C 程序改写成模拟 I^2C 程序，并使输出的参考电压值 V_{ref} 为正弦函数。

（2）试通过修改现有 SPI 程序，使得参考电压为直流电压时 DAC7811 输出为正弦波。

（3）试改进采样程序（可以通过改变充放电的频率或改变数据处理方法），提高采样精度。

9.5 电阻测量模块

9.5.1 概述

1. 硬件电路

该模块由恒流源电路、惠斯通电桥、信号调理电路、仪表放大器、电压跟随偏置电路及差分 ADC 几个部分组成，以不同的方式实现电阻的测量，其原理框图如图 9.5.1 所示。

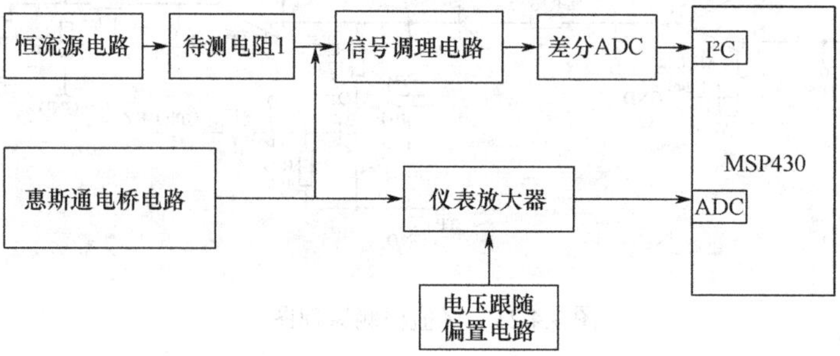

图 9.5.1 电阻测量模块原理框图

（1）恒流源法测量电阻

恒流源电路输出 1mA 电流，通过待测电阻 1，在待测电阻 1 的两端产生一个电压。此电压由信号调理电路滤波、差分放大后，进入差分 ADC。由 ADC 转换后，通过 I^2C 总线通信，进入 MSP430 单片机。由 MSP430 单片机计算出电阻值，在液晶上显示。

（2）惠斯通电桥测量电阻

待测电阻 2 接在惠斯通电桥桥臂上，使得惠斯通电桥不再平衡，电桥输出一个差分电压信号。将此差分电压接至差分放大电路，或者接至仪表放大器，进行差分放大并转换为单端电压后，送至 MSP430 单片机。经过 MSP430 单片机采样、计算后，由液晶显示出待测电阻 2 的阻值。

该模块中的+5V 和+3.3V 电压都由 MSP430 单片机提供。

该模块的电路原理图如图 9.5.2 所示，由恒流源电路、电桥电路和 BoosterPack 组成。

2. 软件部分

该实验模块的软件框图如图 9.5.3 所示。

电阻测量模块主监控程序流程图如图 9.5.4 所示。

9.5.2 恒流源法测电阻

1. 工作原理

恒流源法测量电阻电路主要由恒流源电路、差分放大电路、采样电路组成，其电路原理图如图 9.5.5 所示。

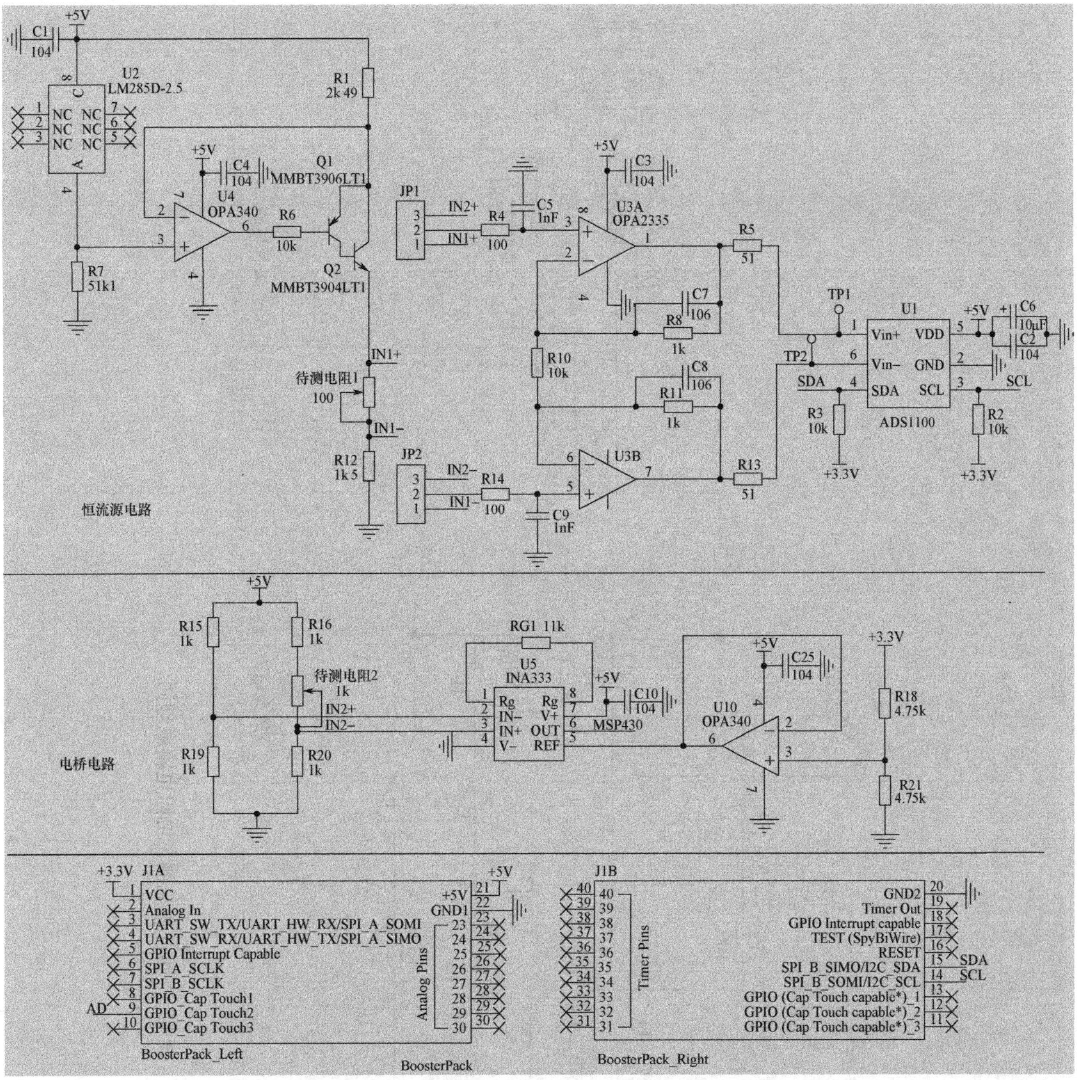

图 9.5.2　电路原理图

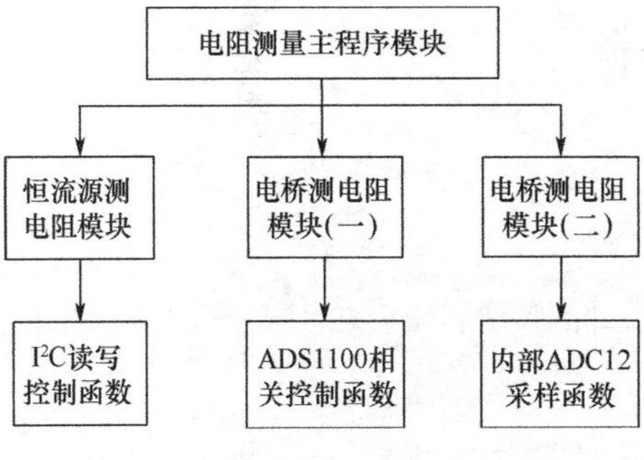

图 9.5.3　电阻测量软件框图

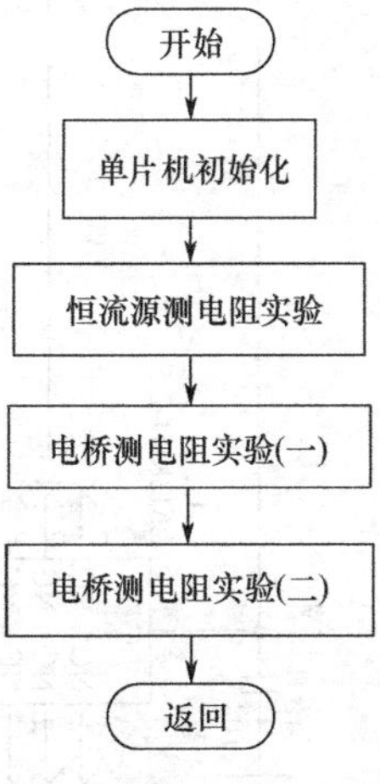

图 9.5.4　电阻测量主监控程序流程图

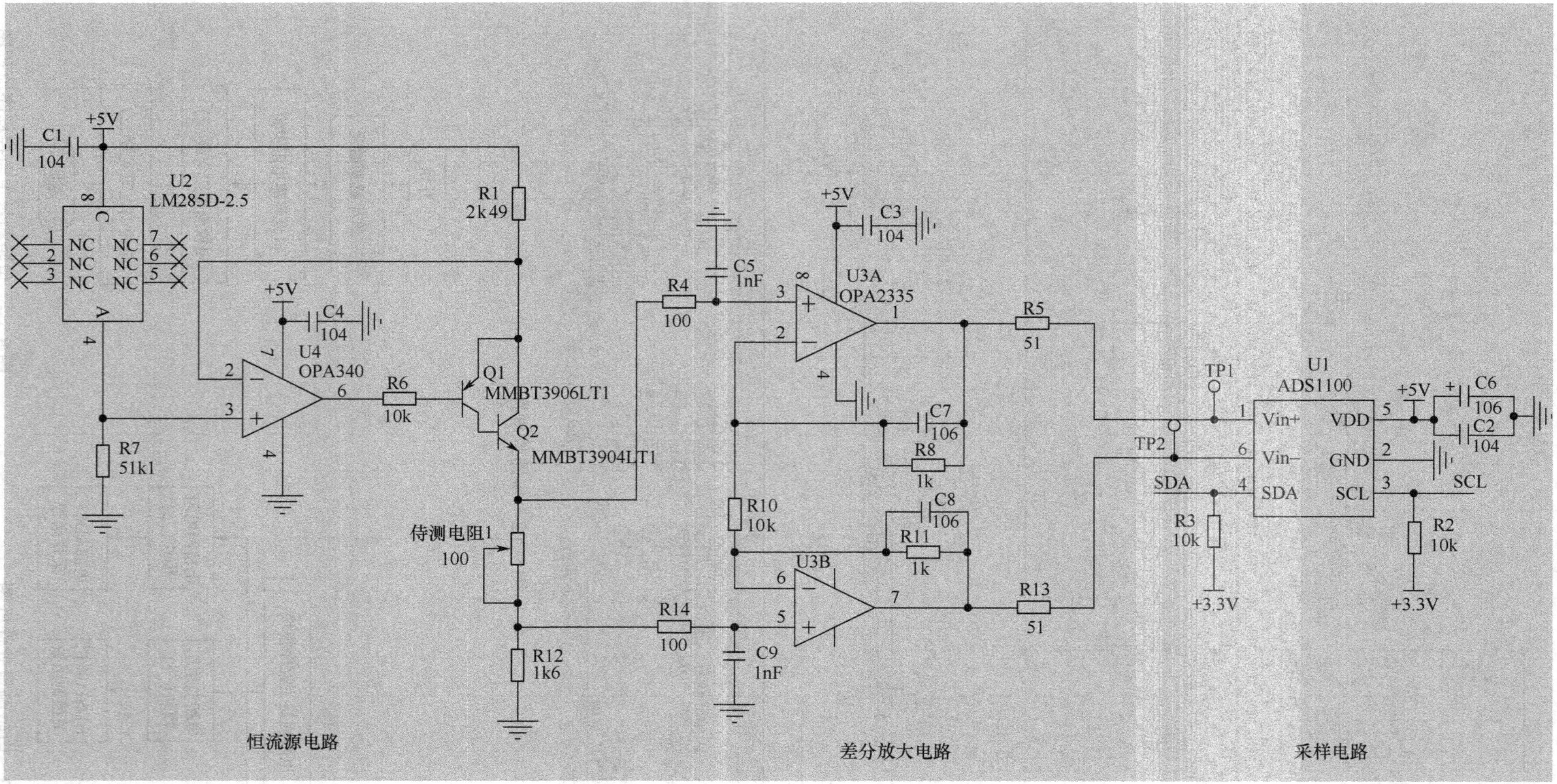

图9.5.5 恒流源法测量电阻电路原理图

在恒流源法测量电阻电路中，利用电压参考芯片LM285D-2.5来提供一个2.5V的基准电压。LM285D-2.5 工作原理和稳压二极管相同，其主要优点是输出电压噪声低、稳定性好、芯片功耗非常低。由图9.5.5可知，通过在LM285D-2.5的引脚8上加入5V电压，运放OPA340(U4)的“2”与“3”引脚之间为“虚短”，电压差为零。这样LM285 D-2.5输出的2.5V基准电压就加至电流调整电阻 R_1 的两端。根据需要选择不同阻值的电阻，可以得到不同的恒定电流 I。在本实验中，选择 R_1 为2.49kΩ，则流过电阻 R_1 的电流 I 为1mA，此电流也即为三极管Q2的集电极电流。采用由两个三极管Q1和Q2组成的达林顿结构，使得电流放大倍数 β 值为三极管Q1和Q2放大倍数的乘积，β 值得到很大提高。三极管集电极电流 I_C 和基极电流 I_B 的关系为

$$I_C=\beta I_B \tag{9.5.1}$$

这样减小了三极管Q1的基极电流，所以，流过待测电阻1上的电流也近似为1mA，这样就在待测电阻1的两端产生了电压差。该电压差送至差分放大电路。差分放大电路由两个运放OPA335（本电路中，这两个OPA335集成封装在一片OPA2335芯片中）、RC低通滤波电路及增益控制电阻等组成。电压差先由信号调理电路中的RC低通滤波电路滤波，再进行差分放大，其放大倍数 G_1 由电阻 R_8、R_{10}、R_{11} 决定。设待测电阻两端电压分别为 V_+、V_-，测试点TP1、TP2处的电压分别为 V_+'、V_-'，则根据理想运放的“虚短”、“虚断”条件可列出等式，即

$$\frac{V_+'-V_+'}{R_8}=\frac{V_+-V_-}{R_{10}}=\frac{V_--V_-'}{R_{11}} \tag{9.5.2}$$

从而可得差分放大电路的放大倍数 G_1 为

$$G_1=\frac{V_+'-V_-'}{V_+-V_-}=\frac{R_8+R_{10}+R_{11}}{R_{10}} \tag{9.5.3}$$

式中，待测电阻两端电压 V_+、V_-均含有共模电压，但是，经过此差分放大电路放大的信号是 V_+、V_-之间的差模电压信号，抑制了共模电压信号。在实际应用中，电路中不可避免地会耦合共模噪声电压，利用差分电路的这一特性，可以很好地抑制噪声。

经放大后的信号进入采样电路，采样电路使用ADS1100芯片。ADS1100内部集成了自校准电路，其转换精度高、功率消耗低。该芯片内部集成仪表放大器，输入阻抗高，输入为差分形式（$V_{IN+}-V_{IN-}$），可抑制共模噪声；以电源电压5V为基准电压 V_{DD}。单片机通过I²C总线与该芯片通信，配置其状态寄存器中的增益控制位和采样率控制位，从而选择1、2、4、8倍的增益，以及每秒8、16、32、128次的采样率。该芯片的转换结果OutCode1为16位二进制码值

$$\text{OutCode1}=32768*\text{PGA}*\frac{V_{IN+}-V_{IN-}}{V_{DD}} \tag{9.5.4}$$

2. 程序分析

（1）ADS1100读/写原理

ADS1100内部有输出寄存器和配置寄存器。关于寄存器的详细描述请查阅ADS1100数据手册，下面仅介绍ADS1100的读/写操作。

ADS1100 的读操作：从 ADS1100 中读出输出寄存器和配置寄存器的内容，为此要对ADS1100寻址并从器件中读出3字节。前面的2个字节是输出寄存器的内容，第3个字节是配

置寄存器的内容。从 ADS1100 中读取多于 3 字节的值是无效的，从第 4 个字节开始的所有字节将为 FFH。ADS1100 的读操作时序图如图 9.5.6 所示。

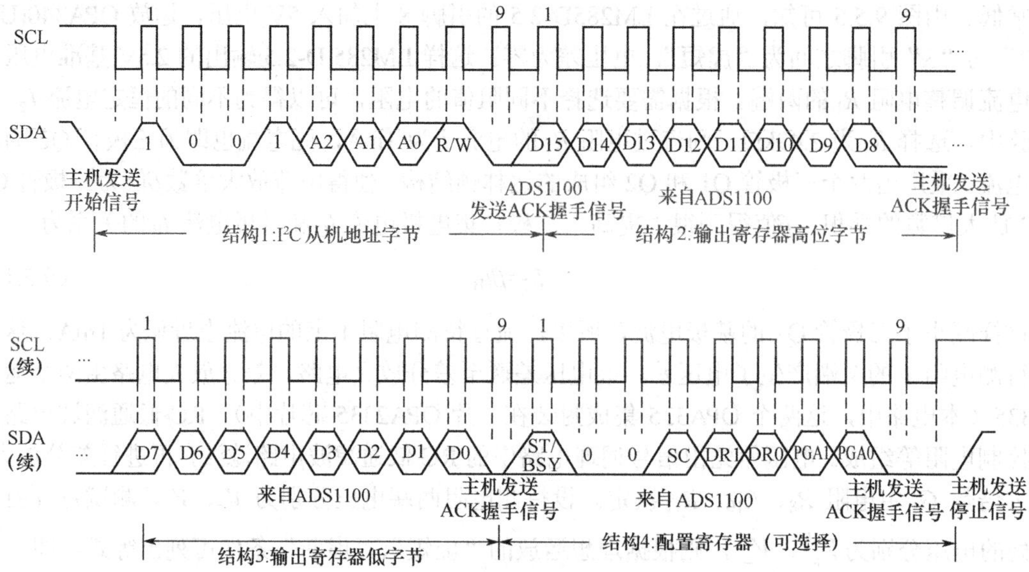

图 9.5.6　ADS1100 的读操作时序图

ADS1100 的写操作：写新的内容至配置寄存器（但不能更改输出寄存器的内容），要对 ADS1100 寻址并对其配置寄存器写入 1 字节。对 ADS1100 的写操作时序图如图 9.5.7 所示。

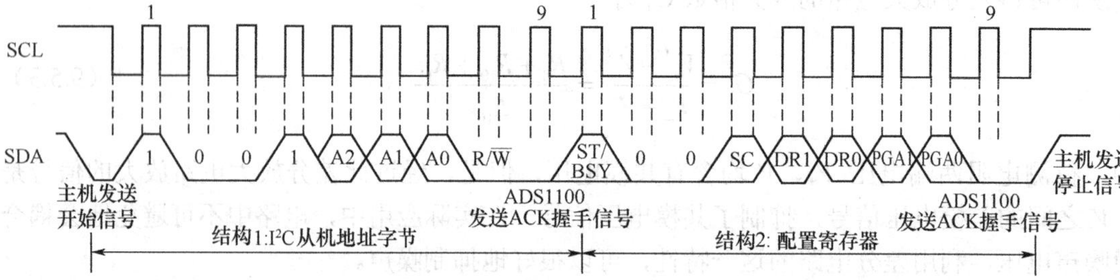

图 9.5.7　ADS1100 的写操作时序图

（2）C 语言程序实现

① 恒流源法测电阻模块主程序函数

恒流源法测电阻模块主程序函数 Current_R()流程图如图 9.5.8 所示。在该程序中，首先进行初始化，包括 MSP430F5529 的 P3.1 和 P3.2 的引脚初始化以及 I2C 模块的初始化。其次，以初始状态启动 ADS1100，使其工作在连续模式，采样率为 8sps，初始增益设为 1 倍。接着，通过 MSP430F5529 的 I^2C 模块和 ADS1100 的 I^2C 接口进行通信，读取 ADS1100 以初始状态工作时得到的转换结果。然后，根据该转换结果，自动调节 ADS1100 的增益，以期得到最佳的转换结果。之后，按照转换公式计算出电阻值，并显示。最后，判断是否退出该实验。若退出，则返回；若不退出，则继续以恒流源方式测量电阻。

ADC 基准电压 V_{DD} 对应的码值为 32768，被采样电压为 $I*R_{x1}*G_1$，对应的码值为 OutCode1，所以，有

$$\frac{\text{OutCode1}}{\text{PGA}*I*R_{x1}*G_1}=\frac{32768}{V_{DD}} \tag{9.5.5}$$

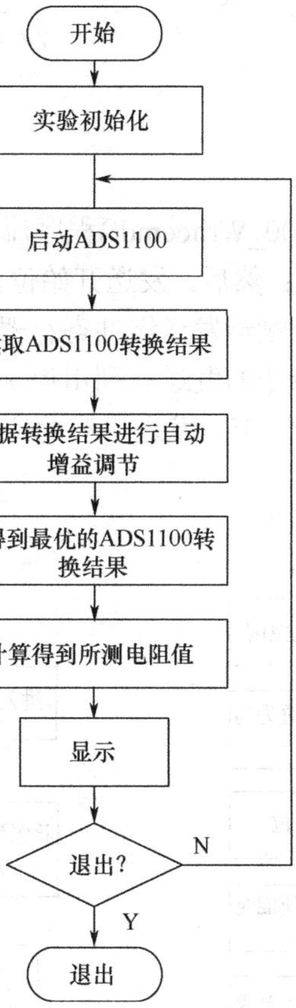

图 9.5.8　主函数 Current_R()流程图

对式（9.5.5）进行变换，得到测量电阻为

$$R_{x1} = \frac{V_{DD}*\text{OutCode1}}{32768*\text{PGA}*I*G_1} \quad (9.5.6)$$

式中，OutCode1 为 ADS1100 最终转换的结果，PGA 为 ADS1100 最终转换时所用的增益放大倍数。

② I^2C 初始化函数

I^2C 初始化程序代码如下：

```
/**********************************************************************
 * 名    称：I2C_Init()
 * 功    能：I2C初始化函数定义
 * 入口参数：无
 * 出口参数：无
**********************************************************************/
void I2C_Init(void)
{
  UCB0CTL1 |= UCSWRST;                      // 使能SW复位以进行I2C配置
  UCB0CTL0 = UCMST + UCMODE_3 + UCSYNC;  // I2C主机模式，同步方式
  UCB0CTL1 = UCSSEL_2 + UCSWRST;          // 参考时钟选择SMCLK
  UCB0BR0 = 16;                             // fSCL = SMCLK/16 = ~65kHz
  UCB0BR1 = 0;
  UCB0I2CSA = ADDR_ADS1100;                // 配置ADS1100从机地址，宏定义为0x48
```

```
    UCB0CTL1 &= ~UCSWRST;                          // 清除UCSWRST，完成寄存器配置
    UCB0IE |= UCRXIE;                              // 使能接收中断
}
```

③ 向 ADS1100 写命令函数

向 ADS1100 写命令函数 ADS1100_Writecmd()程序流程图如图 9.5.9 所示。首先，等待 I^2C 总线空闲并将 I^2C 模块配置为写模式；然后，发送开始位，进入低功耗模式，并使能全局中断。在中断服务程序中，将需发送的命令赋给发送缓冲寄存器。退出低功耗模式后，等待命令的发送完成。之后，发送停止位，停止命令的发送。利用该函数及相应的中断服务程序，可以向外部具有 I^2C 接口的模块发送多个数据字节。发送字节的位数可通过 PtrTransmit 变量进行控制，读者可以通过实验进行验证。

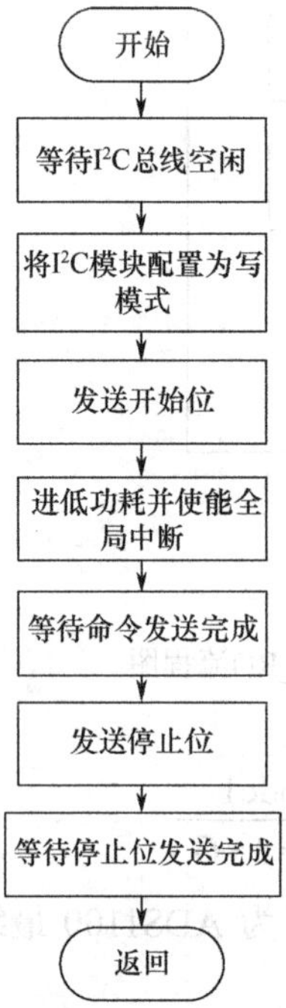

(a) ADS1100_Writecmd()函数

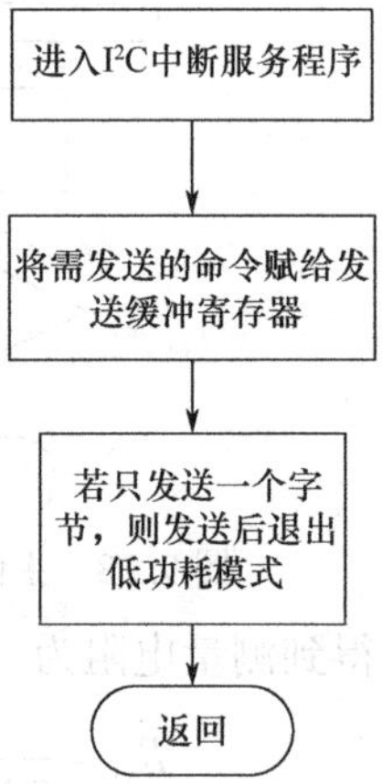

(b) I^2C发送中断流程图

图 9.5.9 向 ADS1100 写命令函数程序流程图

ADS1100_Writecmd()函数程序代码如下：

```
/*************************************************************
 * 名    称：ADS1100_Writecmd()
 * 功    能：向ADS1100写命令函数定义
 * 入口参数：Cmd：需写入的命令
 * 出口参数：无
*************************************************************/
void ADS1100_Writecmd(unsigned char Cmd)
{
  while (UCB0STAT&UCBBUSY);                    // 等待I2C总线空闲
  I2CBufferArray[0] = Cmd;
  PtrTransmit = 0;
```

```
    I2C_WriteMod();
    UCB0CTL1 |= UCTXSTT;                    // 发送开始标志位
    __bis_SR_register(LPM0_bits + GIE);
    while((UCB0IFG & UCTXIFG)==0);          // 等待命令发送完成
    UCB0CTL1 |= UCTXSTP;                    // 发送停止标志位
    while(UCB0CTL1 & UCTXSTP);              // 等待停止状态发送完成
}
```

I²C 发送中断服务程序代码如下：

```
UCB0TXBUF = I2CBufferArray[PtrTransmit]; // 发送Buff中的数据
PtrTransmit--;
if (PtrTransmit < 0) // PtrTransmit为发送数据个数的自减计数器，减完表示发送结束
{
   UCB0IE &= ~UCTXIE;                   // 关闭I2C发送中断
   __bic_SR_register_on_exit(LPM0_bits);
}
```

④ 读取 ADS1100 转换结果函数

读取 ADS1100 转换结果函数 ADS1100_Resualt()程序流程图如图 9.5.10（a）所示。首先等待 I²C 总线空闲并将需要读取的字节设为 2，表示需要从 ADS1100 的输出寄存器中读取 2 字节的数据。若读者需要读取多个字节，可更改接收计数器 RXByteCtr 的值。然后发送开始位，进入低功耗模式并使能全局中断。当开始状态发送完成，即可接收数据。当接收完成即响应 I²C 接收中断，其中断服务程序如图 9.5.10（b）所示。进入 I²C 中断服务程序后，首先将接收计数器减 1，然后判断接收计数器是否为 0。若不为 0，表示还需要接收至少 2 字节数据，在本实验中只接收 2 字节数据。因此，只进入两次中断服务程序，第一次进入时，接收计数器的值变为 1，之后即将所接收的第一个缓冲区的数据赋给接收字节的高位，然后判断接收计数器是否等于 1。若等于 1，则需要发送停止位，表示之后只需接收 1 字节即可。当第二次进入该中断服务程序时，接收计数器的值即变为 0，表示只需接收 1 字节数据即可，因此程序中将接收的第二个缓冲区的数据赋给接收字节的低位，并退出低功耗模式。当回到 ADS1100_Resualt()函数后，等待停止位发送完成，然后将从 ADS1100 读取的 2 字节的数据进行整合成 16 位的采样数据并返回。

ADS1100_Resualt()函数程序代码如下：

```
/***************************************************************
 * 名    称：ADS1100_Resualt()
 * 功    能：读取ADS1100转换后的数据函数定义
 * 入口参数：无
 * 出口参数：合成后的16位ADS1100转换结果
***************************************************************/
unsigned int ADS1100_Resualt(void)
{
   while (UCB0STAT&UCBBUSY);
  I2C_ReadMod();
```

```
    RXByteCtr = 2;                                    // 读取2字节
    UCB0CTL1 |= UCTXSTT;                          // 发送开始标志位，开始接收ADS1100的数据
    _ _bis_SR_register(LPM0_bits + GIE);          // 进入LPM0，并使能全局中断
    while(UCB0CTL1 & UCTXSTP);                    // 等待停止位发送完毕
    return(((unsigned int)byteHight)<<8)+byteLow);// 合成数据，并返回
}
```

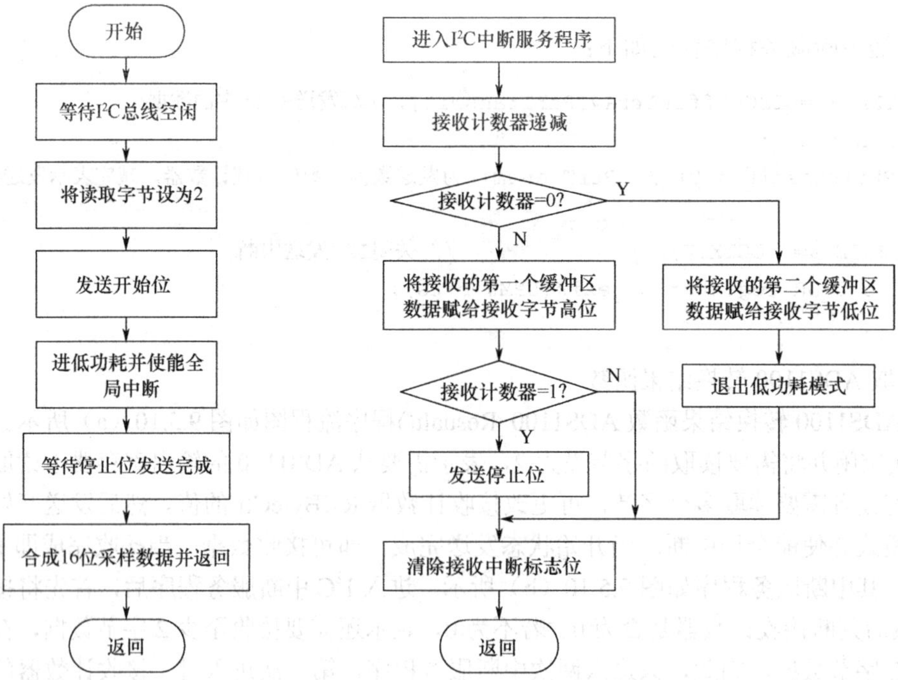

(a) ADS1100_Resualt()函数　　(b) I²C接收中断服务程序

图 9.5.10　读取 ADS1100 转换结果函数程序流程图

I²C 接收中断服务程序代码如下：

```
RXByteCtr--;                                     // 接收计数器递减
if (RXByteCtr)
{
  byteHight= UCB0RXBUF;                          // 将第一个UCB0RXBUF的值赋给接收字节高位
  if (RXByteCtr == 1)                            // 仅剩一个字节？
    UCB0CTL1 |= UCTXSTP;                         // 发送停止条件
}
else
{
  byteLow = UCB0RXBUF;                           // 将第二个UCB0RXBUF的值赋给接收字节的低位
  _ _bic_SR_register_on_exit(LPM0_bits);       // 退出低功耗模式0
}
UCB0IFG &= ~UCRXIFG;                             // 清除接收中断标志位
```

⑤ ADS1100 自动增益调节程序

ADS1100 自动增益调节程序流程图如图 9.5.11 所示。在该程序中，首先利用 ADS1100 以初始增益 1 读取采样转换结果，之后计算增益判断变量 Gain_Judga 为

$$\text{Gain\_Juaga} = \frac{\text{Rslt}*5}{32768*\text{PGA}} \tag{9.5.7}$$

式中，Rslt 为 ADS1100 采样转换后的结果，PGA 为所用的增益倍数。在该实验中，PGA=1。然后，根据 Gain_Judga 的数值进行自动增益调节。ADS1100 具有 4 种增益，分别为 1 倍、2 倍、4 倍和 8 倍。调整不同的增益值，可提高 ADS1100 采样转换的准确度，进而可提高电阻测量的精度。由 ADS1100 输出码转换公式可知 Gain_Judga 其实即为 ADS1100 输入电压值，由于 ADS1100 输入电压的取值范围为 0～5V，所以 Gain_Judga 的取值范围为 0～5。所以可根据 Gain_Judga 判断调节输入 ADC 内核的电压，注意输入 ADC 内核的电压不得超过 5V，否则 ADC 转换会产生溢出。因此，当 Gain_Judga 小于 0.625(5/8)时，表示 ADS1100 输入电压小于 0.625V，可放大 8 倍后输入 ADC 内核（放大 8 倍后仍小于 5V，增益最大可设为 8）。当 Gain_Judga 在 0.625～1.25(5/4)之间时，表示 ADS1100 输入电压在 0.625～1.25V 之间，只可放大 4 倍后输入 ADC 内核（放大 8 倍后输出会溢出，增益最大可设为 4）。当 Gain_Judga 在 1.25～2.5(5/2)之间时，表示 ADS1100 输入电压在 1.25～2.5V 之间，只可放大 2 倍后输入 ADC 内核（放大 4 倍后输出会溢出，增益最大可设为 2）。当 Gain_Judga 大于 2.5，表示 ADS1100 输入电压大于 2.5V，只可将原信号输入 ADC 内核（放大 2 倍后输出会溢出，增益只可设为 1）。增益调整好之后，再次读取 ADS1100 的转换数据，作为 ADS1100 最优的转换数据。

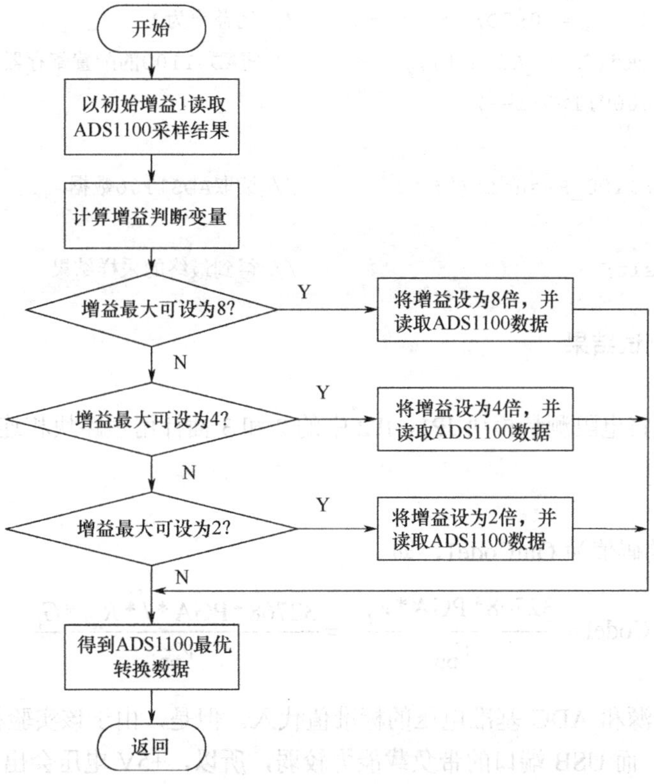

图 9.5.11　ADS1100 自动增益调节程序流程图

ADS1100 自动增益调节程序代码如下：

```
ADS1100_Start();                              // 以初始状态启动ADS1100
Rslt=ADS1100_Resualt();                       // 读取ADS1100转换的数据
Gain_Judge = ((float)Rslt*5)/32768;           // 计算用于增益判断的变量
if(Gain_Judge < 0.625)
{
    Gain_Adjust = 0x8F;                       // 增益设为8
 ADS1100_Writecmd(Gain_Adjust);               // 将ADS1100的配置寄存器值设置为0x8F
    for(i=50000;i>0;i--)
    {}
    Rslt=ADS1100_Resualt();                   // 读取ADS1100数据
}
else if(Gain_Judge >= 0.625 & Gain_Judge < 1.25)
{
    Gain_Adjust = 0x8E;                       // 增益设为4
 ADS1100_Writecmd(Gain_Adjust);               // 将ADS1100的配置寄存器值设置为0x8E
    for(i=50000;i>0;i--)
    {}
    Rslt=ADS1100_Resualt();                   // 读取ADS1100数据
}
else if(Gain_Judge >= 1.25 & Gain_Judge < 2.5)
{
     Gain_Adjust = 0x8D;                      // 增益设为2
ADS1100_Writecmd(Gain_Adjust);                // 将ADS1100的配置寄存器值设置为0x8D
    for(i=50000;i>0;i--)
    {}
    Rslt=ADS1100_Resualt();                   // 读取ADS1100数据
 }
 Rslt_Final=Rslt;                             // 得到最终的采样结果
```

3. 实验步骤及测试结果

（1）实验步骤

① 根据图 9.5.2 将电阻测量模块 JP1、JP2 中的 2 和 3 插针用短路块相连，其等效电路图如图 9.5.5 所示。

② 系统校准

ADC 采样得到的码值为 OutCode1，即

$$\text{OutCode1} = \frac{32768 * \text{PGA} * V_{R_{X1}}}{V_{\text{DD}}} = \frac{32768 * \text{PGA} * I * R_{X1} * G_1}{V_{\text{DD}}} \tag{9.5.8}$$

在这里，将恒流源和 ADC 基准电压的标准值代入。但是，由于该实验模块所有的+5V 均通过 USB 端口提供，而 USB 端口的带负载能力较弱，所以，+5V 电压会出现偏差，即不是正好等于+5V，导致 ADC 采样基准电压 V_{DD} 发生偏差，变为 V'_{DD}，即

$$V'_{\text{DD}} = K_1 V_{\text{DD}} \tag{9.5.9}$$

式中，K_1 为 ADC 基准电压的偏差系数。

此外，恒流源电路中电流调整电阻 R_1 的阻值可能有偏差，导致恒流源产生的电流 I 发生偏差，变为 I'，即

$$I' = K_2 I \tag{9.5.10}$$

在差分放大电路中，由于电阻 R_8、R_{10}、R_{11} 标称值的误差，使得增益 G_1 可能有偏差，增益变为 G_1'，即

$$G_1' = K_3 G_1 \tag{9.5.11}$$

所以，要对 ADC 采样的码值进行修正，修正为 OutCode1′，即

$$\begin{aligned}\text{OutCode1}' &= \frac{32768*\text{PGA}*V'_{R_{X1}}}{V'_{\text{DD}}} = \frac{32768*\text{PGA}*I'*R_{X1}*G_1}{V'_{\text{DD}}} \\ &= \frac{32768*\text{PGA}*K_2 I*R_{X1}*K_3 G_1}{K_1 V_{\text{DD}}} = \frac{K_2 K_3}{K_1}*\text{OutCode1} = K*\text{OutCode}\end{aligned} \tag{9.5.12}$$

式中，K 为修正系数，$K = \dfrac{K_2 K_3}{K_1}$。

再结合式(9.5.4)，可以得到待测电阻 1 为

$$R'_{X1} = KR_{X1} \tag{9.5.13}$$

即实际值是测量值的 K 倍。为此，需要先测量一组数据，计算出修正系数 K。其步骤如下：用多用表测量待测电阻 1（电位器）的电阻值，记作 R_1；将待测电阻 1 接入电路中，进行测量，由液晶显示得到电阻值，记作 R_1'。由 R_1 / R_1' 就可以得到修正系数。将此修正系数写入程序中，即可进行较为准确的测量。

③ 调节电位器，改变被测电阻 1 的阻值，用多用表测量电位器 2、3 两端的电阻作为待测电阻的标准值。将电位器插入待测电阻 1 处，通过液晶观察并记录测量的电阻值。调节电位器，重复 5 次，测量 5 组实验数据。

（2）测试结果

将液晶显示的电阻阻值与多用表测得的电阻阻值（作为标准值）进行对比，获得测量的相对误差，如表 9.5.2 所示。

表 9.5.2　恒流源测电阻实验数据

待测电阻 1 测量值（Ω）	待测电阻 1 标准值（Ω）	相对误差（%）
17.259	17.393	0.770
35.836	35.975	0.386
54.048	54.113	0.120
75.352	75.121	-0.308
97.34	96.61	-0.756

（3）误差分析

调节电位器阻值在 0～100Ω 范围内，从实验数据可以看出，电阻的测量误差在±1%以内。

其误差来源于电位器本身的非线性误差及测试电阻过程中的表笔接触等造成的误差。

9.5.3 电桥测电阻（一）

1. 实验原理

电桥测量电阻（一）的电路图如图 9.5.12 所示。

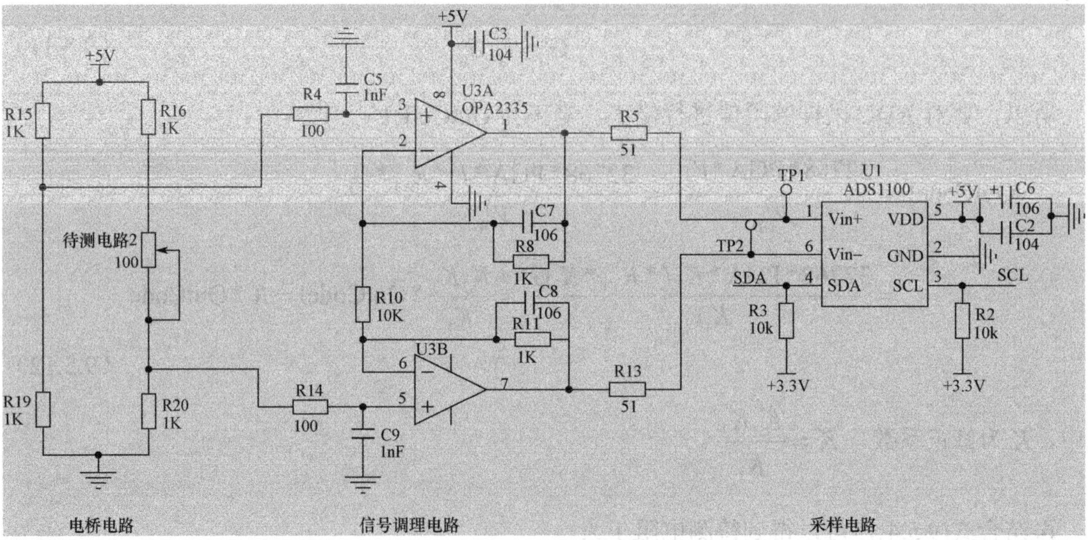

图 9.5.12　电桥测电阻（一）电路原理图

电桥法测量电阻是一种很重要的测量技术，电阻电桥可以用电流源驱动，也可以用电压源驱动。当桥臂电阻发生变化时，电桥的平衡被打破，电桥输出一个电压。该电压反映了电阻的大小。该电路主要由电桥电路、信号调理电路及采样电路组成。当电桥的 4 个桥臂电阻都相同，即电桥平衡时，电桥输出电压为 0V。当调节待测电阻 2 的阻值在 0～1kΩ 变化时（实际应用中，电阻阻值变化非常小），电桥不再平衡，电桥输出电压为

$$U_{R_{X2}}=\left(\frac{1}{2}-\frac{R_{20}}{R_{16}+R_{20}+R_{X2}}\right)\times V_{\mathrm{DD}} \tag{9.5.14}$$

该电压经过信号调理电路和采样电路进入 MSP430 单片机。

2. 程序分析

此部分程序和恒流源程序相同，只是测量电阻的公式不同。因为

$$\frac{\mathrm{OutCode2}}{\mathrm{PGA}*U_{R_{X2}}*G_1}=\frac{32768}{V_{\mathrm{DD}}} \tag{9.5.15}$$

将式（9.5.14）代入式（9.5.15），得

$$R_{X2}=\frac{\mathrm{OutCode2}}{81920*\mathrm{PGA}-\mathrm{OutCode2}} \tag{9.5.16}$$

3. 实验步骤及测试数据

（1）实验步骤

① 根据图 9.5.2 将电阻测量模块 JP1、JP2 中的 2 和 1 插针用短路块相连，其等效电路图如图 9.5.12 所示。

② 系统校准。电桥测电阻的系统校准包括调节电桥平衡和修正测量系数。

如果电桥桥臂电阻不匹配，就会导致电桥不平衡，此时测量电阻的误差是不确定的，无法进行修正。其步骤如下：调节待测电阻 2（电位器）阻值为 0，测试电阻 R_{19} 和 R_{20} 之间的电压是否为零。如果不为零，需要更改电桥桥臂电阻。对于电桥测电阻，4 个桥臂电阻最好使用精密电阻，以实现良好的匹配。

由恒流源测电阻的步骤中分析可知，差分放大电路增益有偏差，使得系统测量电阻有误差，这里需要进行校正。其校正步骤如下：用多用表测量待测电阻 2（电位器）的电阻值，记作 R_2；将待测电阻 1 接入电路中，进行测量，由液晶显示得到电阻值，记作 R_2'。由 R_2 / R_2' 就可以得到修正系数，将此修正系数写入程序中，即可进行较为准确的测量。

③ 改变被测电阻 2 的阻值，即调节电位器，用多用表测量电位器 1、2 两端的电阻作为待测电阻的标准值。将电位器插入待测电阻 2 处，通过液晶观察并记录测量的电阻值。调节电位器，重复 5 次，测量 5 组实验数据。

（2）测试结果

将测量结果与多用表测得的电阻阻值（作为标准值）进行对比，获得测量的相对误差，如表 9.5.3 所示。

表 9.5.3　电桥测电阻(一)实验数据

待测电阻 1 的测量值（Ω）	待测电阻 1 的标准值（Ω）	相对误差（%）
125.740	125.36	0.302
328.441	326.53	0.582
537.445	533.90	0.640
738.058	732.61	0.738
967.120	960.31	0.704

（3）误差分析

这部分的误差分析作为思考题，请读者通过实验来体会和认识。

9.5.4　电桥测电阻（二）

1. 实验原理

（1）电路原理图

电桥测量电阻（二）的电路原理图如图 9.5.13 所示。

该电路由电桥电路、仪表放大器电路和电压跟随偏置电路组成。电桥电路原理与电桥测电阻（一）相同。前面已经提到，在电桥的实际应用中，桥臂电阻的变化非常小，输出的差分电压也非常小，通常都在 20mV 以下，而共模电压通常在 2.5V 以上。如果直接对信号放大，共模信号会引起电路饱和。因此，首先需要进行共模抑制，提取出差模信号。

这里的信号调理电路采用仪表放大器 INA333，其结构框图如图 9.5.14 所示。

INA333 是微功耗零漂移轨到轨精密仪表放大器，内部由两级放大的 3 个放大器及 RF 滤波电路组成。前面两个输入缓冲放大器作为第一级来提高放大器的输入阻抗，并在第一级的外部通过电阻 R_G 提供差分信号的增益（保持共模信号不变），在第二级（即差动放大器）提供第二次差分信号的增益，并抑制共模信号。这样差分信号可以被两级放大，因此仪表放大器的放大倍数可以相当大，可以设定在 1～1000 之间。本实验中，取增益调整电阻 R_G 为 5.23kΩ，这样

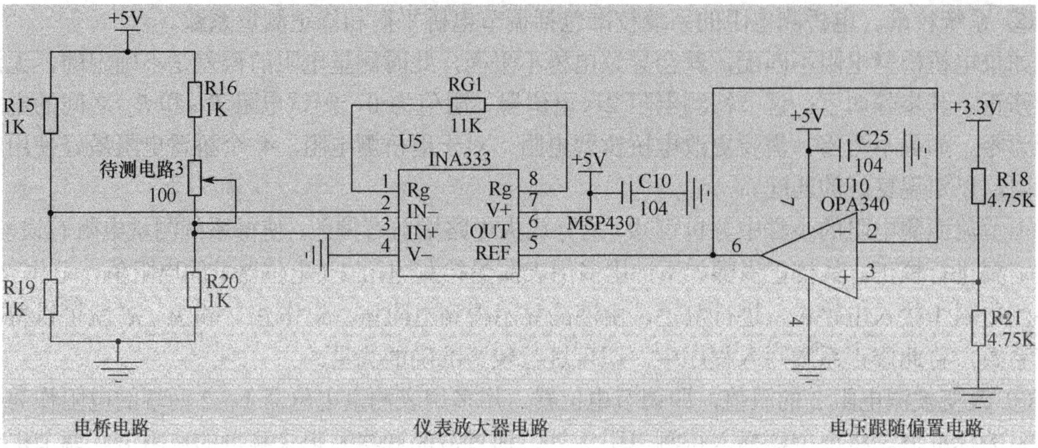

图 9.5.13　电桥测电阻(二)电路原理图

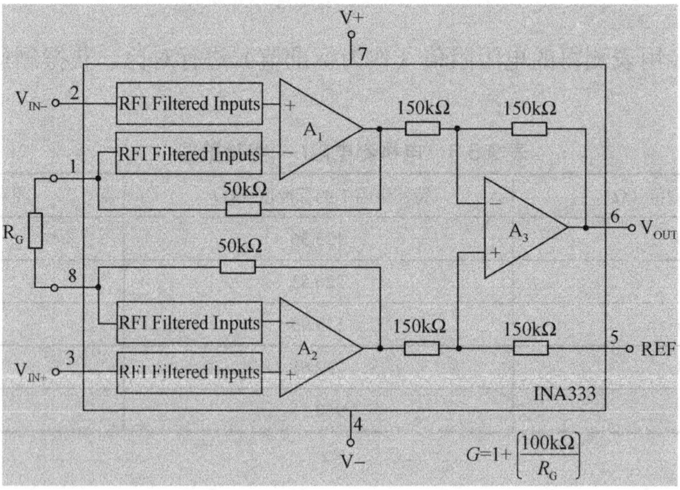

图 9.5.14　INA333 结构框图

仪表放大器的放大倍数 G_2 为 20。这里，还可以把 R_G 换成数字电位器，这样就可以实现程控增益调节。

在实际应用中，电桥电路可能输出负电压。而仪表放大器工作电压为+5V，只能输出正电压。为此，在仪表放大器的 REF 端加直流偏置电压，以使放大器输出能够反映电桥的电压变化情况。可以根据需要来选择电阻 R_{18}、R_{21} 的阻值，以实现不同的偏置电压。偏置电压的计算公式为

$$V_{REF}=\frac{R_{18}}{R_{18}+R_{21}}+V_{CC} \tag{9.5.17}$$

在本实验中，采用 MSP430 单片机内部 ADC 对电压进行采样，其参考电压为 V_{CC}。这样，ADC 采样电压 $U_{R_{X3}}$ 为：

$$U_{R_{X3}}=\left(\frac{1000}{2000+R_{X3}}-\frac{1}{2}\right)*V_{DD}*G_2+V_{CC} \tag{9.5.18}$$

读者在应用此仪表放大器时，需要注意到仪表放大器 INA333 对输入端电压的要求。

2. 程序分析

此部分程序和 DC-DC 模块采样程序相同。此时 ADC 输出的二进制码值为

$$\text{OutCode3} = \frac{4095 * U_{R_{X3}}}{V_{\text{CC}}} \tag{9.5.19}$$

则电阻 R_{X3} 的计算公式为

$$R_{X3} = \frac{(16380000 - 4000 * \text{OutCode3}) * V_{\text{CC}}}{(2 * \text{OutCode3} - 8190) * V_{\text{CC}} + 7059 * G_2 * V_{\text{DD}}} \tag{9.5.20}$$

3. 实验步骤及测试数据

（1）实验步骤

① 根据图 9.5.2，此时不需要使用跳线 JP1、JP2，其等效电路图如图 9.5.13 所示。

② 系统校准，与电桥测电阻（一）实验中的基本相同，这里需要调节电桥平衡。

③ 由于不同电路板中 V_{DD} 和 V_{CC} 有偏差，而对于小电阻测量，这些偏差必须考虑。因此，需要首先测量 V_{DD} 和 V_{CC}，然后修改程序中的 V_{DD} 和 V_{CC}，以得到准确的测量公式。

④ 改变被测电阻 3 的阻值，即调节电位器，用多用表测量电位器 1、2 两端的电阻作为待测电阻的标准值。将电位器插入待测电阻 2 处，通过观察液晶并记录下测量的电阻值。调节电位器，重复 5 次，测量 5 组实验数据。这里测量电阻阻值的范围是 0～100Ω。

（2）测试结果

将测量结果与多用表测得的电阻阻值（作为标准值）进行对比，获得测量的相对误差，如表 9.5.4 所示。

表 9.5.4　电桥测电阻（二）实验数据

待测电阻 3 测量值（Ω）	待测电阻 3 标准值（Ω）	相对误差（%）
1.556	1.429	-8.887
3.235	3.165	-2.212
5.738	5.637	-1.792
7.72	7.625	-1.246
9.134	9.095	-0.4289
25.37	25.199	-0.171
46.562	46.389	-0.173
62.468	62.325	-0.143
81.004	80.779	-0.225
93.608	93.423	-0.185

（3）误差分析

从实验结果看出，电桥测量小电阻时，相对误差较大。其原因有两个方面：从计算公式方面考虑，是计算相对误差公式的分母较小，致使相对误差较大；从电路方面考虑，是电位器的接触电阻的影响，致使测量精度不高。如果需要利用电桥的方法测量小电阻，可以采用三线制接法去测量。

本 章 小 结

本章详细介绍作者实验室自行研制的基于 MSP430F5529 单片机的学生创新套件。该套件由 MSP430F5529 LaunchPad（最小系统）、频率测量与相位跟踪模块、LED 串点亮模块、程控放大与衰减模块、电阻测量模块等组成。本章对各个模块的实验原理及操作进行了详细的讲解。通过本章的学习，读者可以进一步深入理解 MSP430 单片机的结构和片内外设，熟练掌握 MSP430 单片机的常用软件及相应硬件电路原理，为开发基于 MSP430 单片机的应用系统做必要的准备。

第 10 章　MSP-EXP430F5529 实验板简介

MSP-EXP430F5529 实验板为德州仪器半导体技术（上海）有限公司大学计划部大力推广的一款 MSP430 单片机实验板，截止目前，在全国高校中，至少发放了 18000 套该套实验板。该实验板资源丰富，功能强大，具有内置板载仿真器，软件编程方便，特别适合大学中 MSP430 单片机的教学、实验及 MSP430 单片机爱好者的学习。本书编者开发了基于 MSP-EXP430F5529 实验板的教学套件，该套件包括实验程序、实验指导书、实验教学视频和教学 PPT，并且本书中的大多数例程都可在 MSP-EXP430F5529 实验板上实现。因此，编者建议读者采用 MSP-EXP430F5529 实验板并配合本教材进行 MSP430 单片机的学习及开发。

10.1　MSP-EXP430F5529 实验板概述

MSP-EXP430F5529 实验板是 MSP430F5529 单片机的实验开发平台，为最新一代的具有集成 USB2.0 模块的 MSP430 器件。该实验板与 CC2520EMK 等众多 TI 低功耗射频无线评估模块兼容。该实验板能帮助设计者快速使用 MSP430F5529 单片机进行学习和开发，其中 MSP430F5529 单片机为能量收集、无线传感及自动抄表基础设施（AMI）等应用，提供了业界最低工作功耗的集成 USB、更大的内存和领先的集成技术。MSP-EXP430F5529 实验板的实物如图 10.1.1 所示。

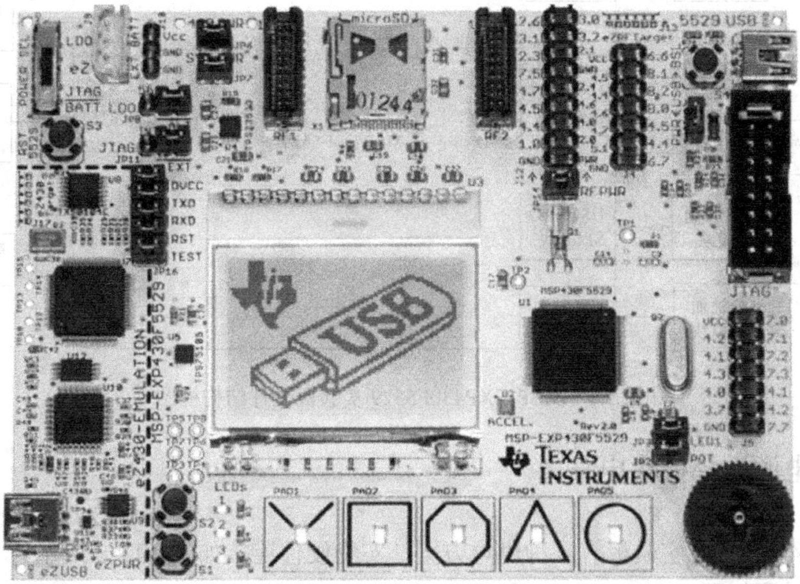

图 10.1.1　MSP-EXP430F5529 实验板实物图

MSP-EXP430F5529 实验板具有如下特点：

① 硬件资源丰富。实验板外围硬件模块不仅包含点阵液晶 LCD、按键、LED、齿轮电位计等基础硬件资源模块，也包含电容触摸按键、SD 卡、RF 射频、三坐标轴加速度计和 USB 通信等具有较强应用背景的硬件资源模块。

② 实验编程方便。实验板自带 EZ-FET 内置仿真器，无须专用仿真器或编程器，只需准备一条 USB 下载线就可以进行 MSP430 单片机的实验和开发，方便快捷。

③ 易于开发拓展。实验板将部分单片机 GPIO 引脚接出来，读者可以很方便地将开发板进行拓展，用于毕业设计、课程设计或参加单片机设计比赛。

④ 供电方式多样。实验板有 4 种供电方式，可以通过 EZ-FET 内置仿真器、USB 通信接口、JTAG 仿真接口或电池等对开发板进行供电，保证了开发板的正常供电需求。

10.2 MSP-EXP430F5529 实验板的硬件结构

MSP-EXP430F5529 实验板的硬件结构框图如图 10.2.1 所示，由电源选择模块电路、Mini-USB 接口模块电路、SD 卡插槽模块电路、点阵液晶显示模块电路、RF 射频接口模块电路、三坐标轴加速度计模块电路、电容触摸按键模块电路、齿轮电位计采样模块电路、LED 指示模块电路和按键输入模块电路等组成，下面对各模块电路进行介绍。

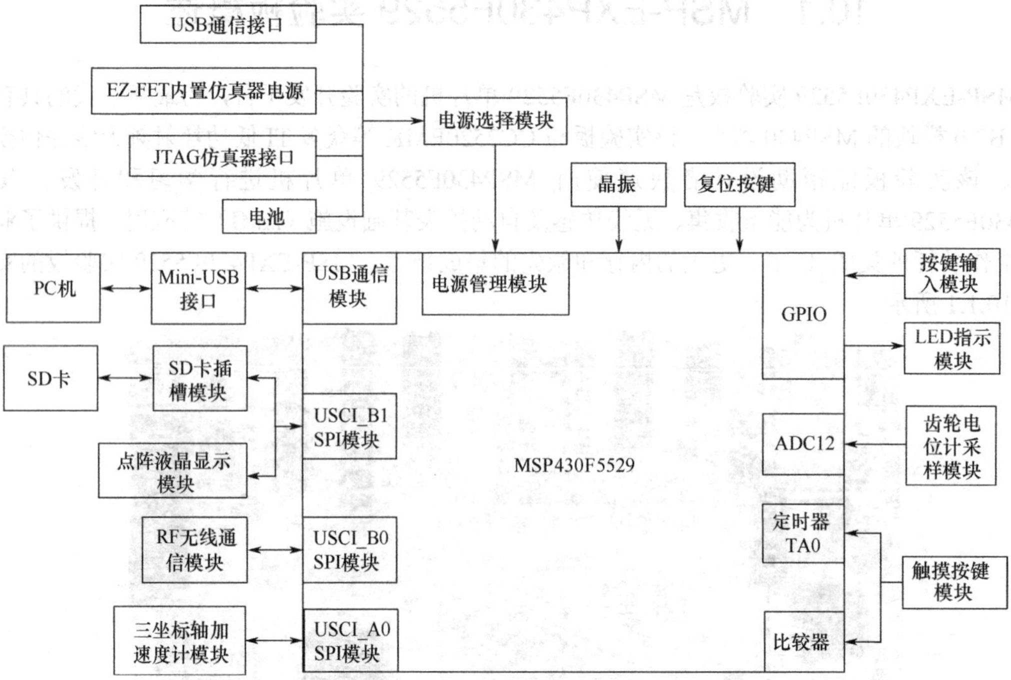

图 10.2.1 MSP-EXP430F5529 实验板硬件结构框图

10.2.1 电源选择模块电路

MSP-EXP430F5529 实验板有 4 种供电方案，实物硬件连接如图 10.2.2 所示。

供电方案设置如下：

方案 1：实验板由 MSP-EXP430F5529USB（开发板右上角）供电，将电源拨码开关打到 LDO 挡位，电源选择短路块保持原始位置不变。

方案 2：实验板由 EZ-FET USB（开发板左下角）供电，将电源拨码开关打到 eZ 挡位，电源选择短路块保持原始位置不变。

方案 3：实验板由 JTAG 仿真接口供电，将电源拨码开关打到 JTAG/BATT 挡位，注意：将 JP11

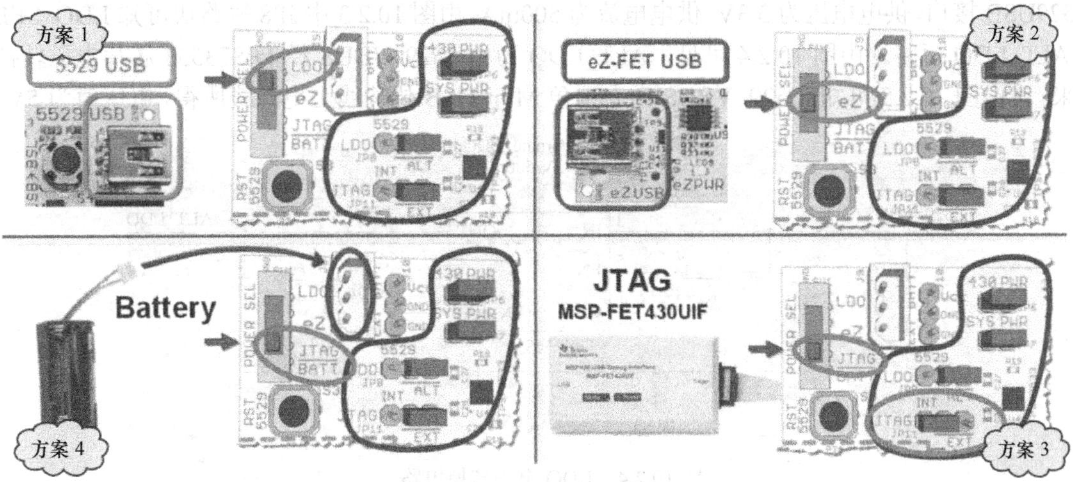

图 10.2.2　MSP-EXP430F5529 实验板供电方案连接图

短路块由左边两个端口短接变为右边两个端口短接，其他电源选择短路块保持原始位置不变。

方案 4：实验板由两节电池供电，将电源拨码开关打到 JTAG/BATT 挡位，电源选择短路块保持原始位置不变，并将电池连线接口插入电池或外部电源选择插槽中。

MSP-EXP430F5529 实验板的 4 种电源选择模块电路如图 10.2.3 所示。

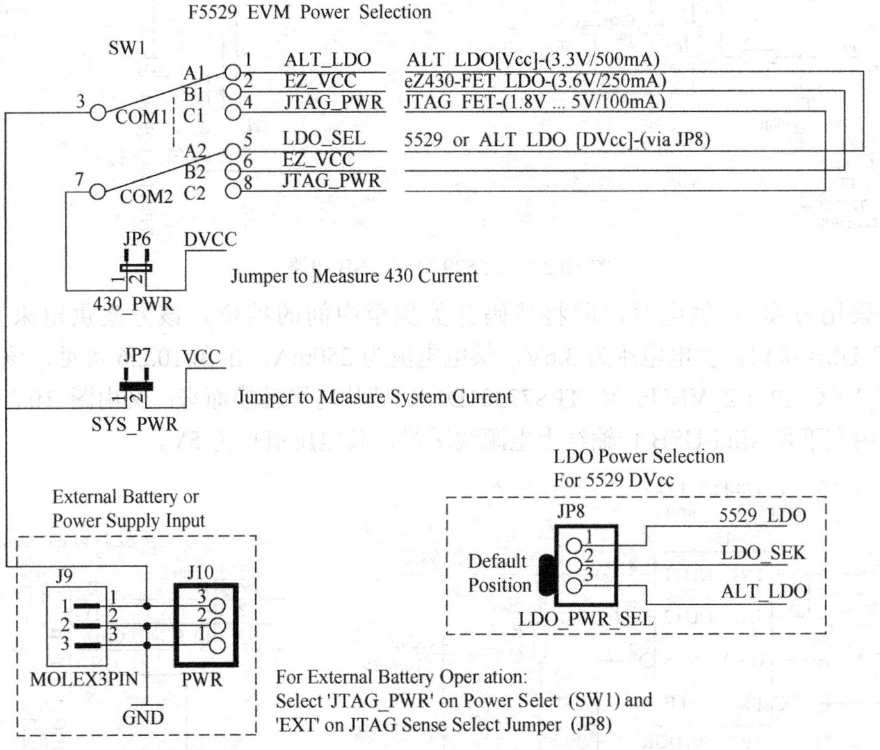

图 10.2.3　MSP-EXP430F5529 开发板电源选择电路图

图 10.2.3 中，SW1 代表电源选择拨码开关；DVCC 电源为 MSP430F5529 单片机供电，测试该路电流，即可得到 MSP430F5529 单片机的功耗；VCC 电源为除 MSP430F5529 单片机外其他模块供电，测试该路电流，即可得到系统的功耗。

① 当采用方案 1 供电时，即将拨码开关拨至最上面的挡位。该方案供电来自右上角

F5529USB 接口，供电电压为 3.3V，供电电流为 500mA。由图 10.2.3 中 JP8 短路块可知 LDO_SEL 和 ALT_LDO 短路。由图 10.2.4 可见，ALT_LDO 为由 5529_VBUS 经 TPS73533 芯片电压转换而来；又由图 10.2.5 可知，5529_VBUS 由右上角 Mini-USB 传输线上电源线所得，电压值为 5V。

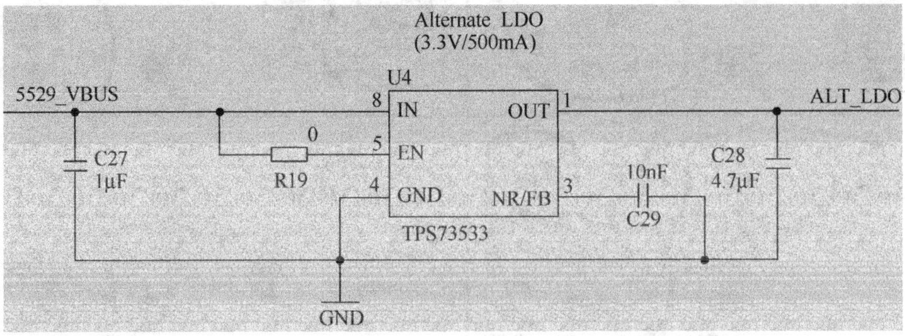

图 10.2.4　LDO 电平转换电路

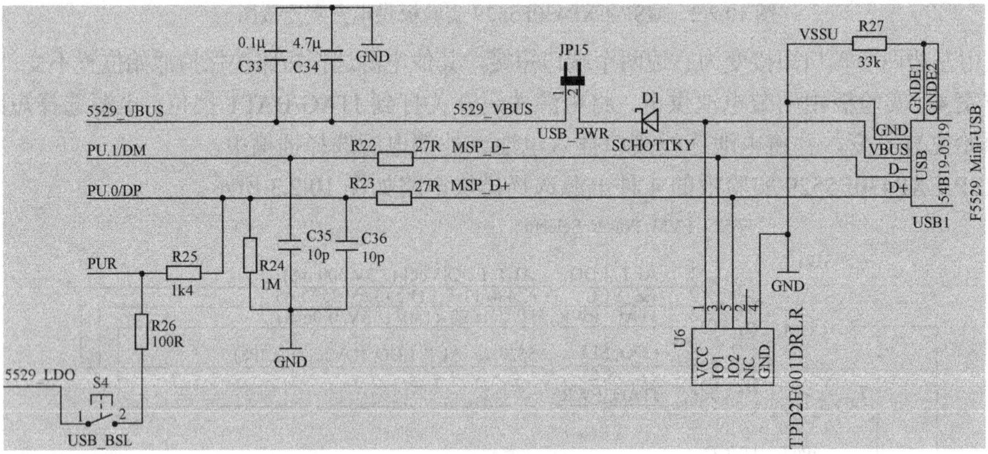

图 10.2.5　F5529 Mini-USB 电路

② 当采用方案 2 供电时，即将拨码开关拨至中间的挡位。该方案供电来自左下角 EZ430-FET USB 接口，供电电压为 3.6V，供电电流为 250mA。由图 10.2.6 可见，该方案的供电电源 EZ_VCC 由 EZ_VBUS 经 TPS77301DGK 芯片电平转换而来；又由图 10.2.7 可见，EZ_VBUS 由左下角 Mini-USB 传输线上电源线所得，其电压值也为 5V。

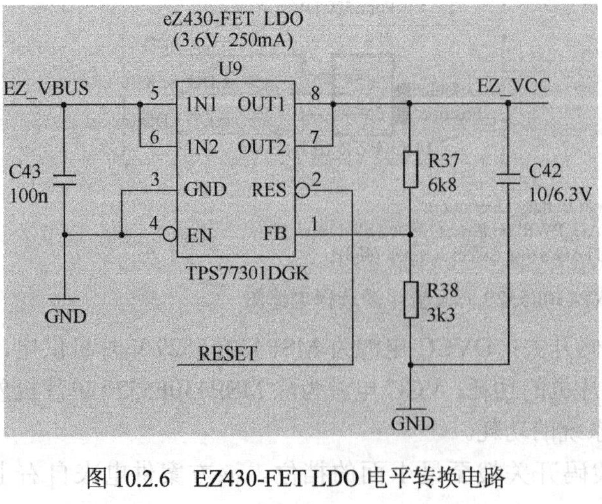

图 10.2.6　EZ430-FET LDO 电平转换电路

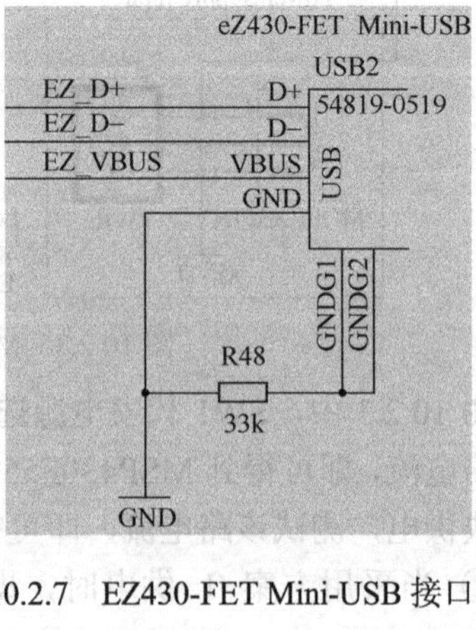

图 10.2.7　EZ430-FET Mini-USB 接口电路

③ 当采用方案 3 供电时，即将拨码开关拨至最下面的挡位。该方案的供电来自 JTAG 仿真接口，供电电压为 1.8～5V，供电电流为 100mA。由图 10.2.8 可知，该方案的供电电源 JTAG_PWR 来自 JTAG 接口电路上的电源引脚。

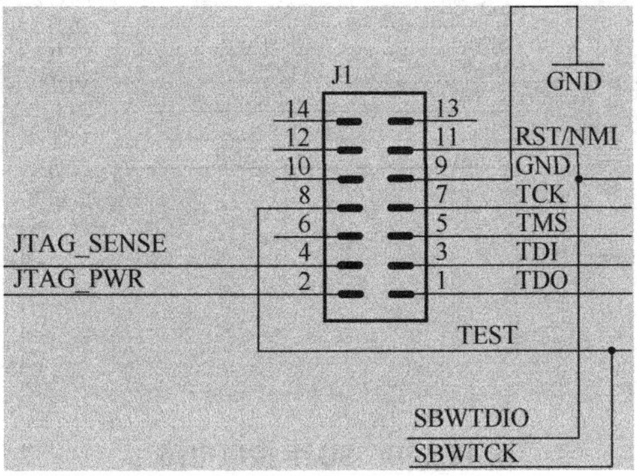

图 10.2.8　JTAG 接口电路

④ 当采用方案 4 供电时，也将拨码开关拨至最下面的挡位，但是，该方案的供电电源来自外部电池或其他的外部电源输入。由图 10.2.3 可见，若将两节干电池的连线插入 J9 的插槽中，即可为整个系统供电；或者利用 J10 的插针引入外部适当电源，也可为整个系统供电。

10.2.2　Mini-USB 接口模块电路

Mini-USB 接口模块电路如图 10.2.9 所示，利用该电路可实现 MSP430F5529 单片机与 PC 的通信，其引脚连接为：5529_VBUS（VBUS）；PU.1/DM（PU.1/DM）；PU.0/DP（PU.0/DP）；PUR（PUR）；5529_LDO（VUSB）。在①部分电路中，利用 PUR 完成 D+信号的上拉，使主机能够识别当前设备为全速 USB 设备；在②部分电路中，利用 TPD2E001DRLR 芯片提供电流过载保护。

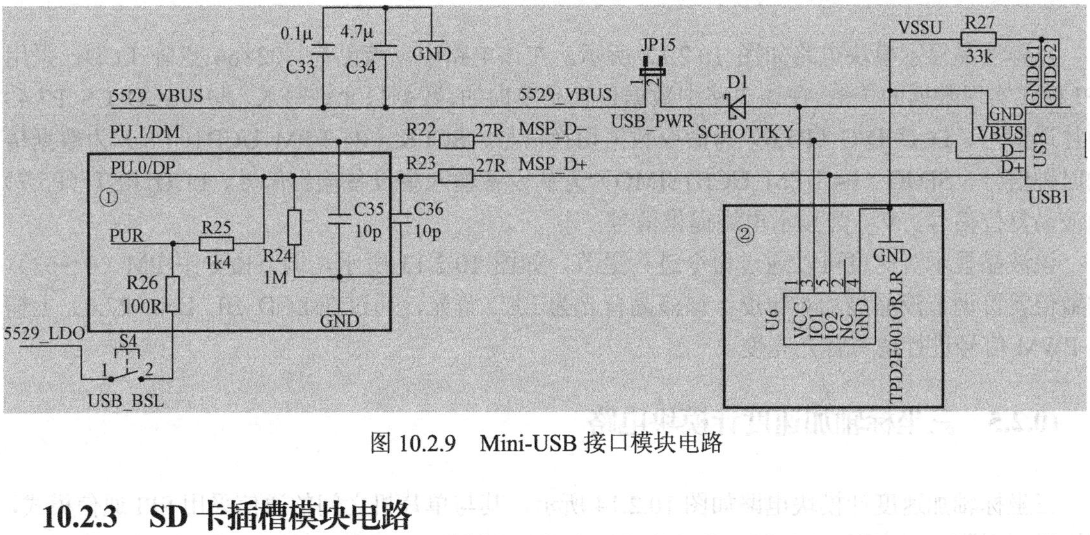

图 10.2.9　Mini-USB 接口模块电路

10.2.3　SD 卡插槽模块电路

SD 卡插槽模块电路如图 10.2.10 所示。该电路采用 SPI 通信模式实现 SD 卡与单片机之间的数据通信，其引脚连接如下：SD_CS（P3.7），SIMO（P4.1/PM_UCB1SIMO），SCLK（P4.3/PM_UCB1CLK），SOMI（P4.2/PM_UCB1SOMI）。图 10.2.11 为 SD 卡实物及引脚描述。

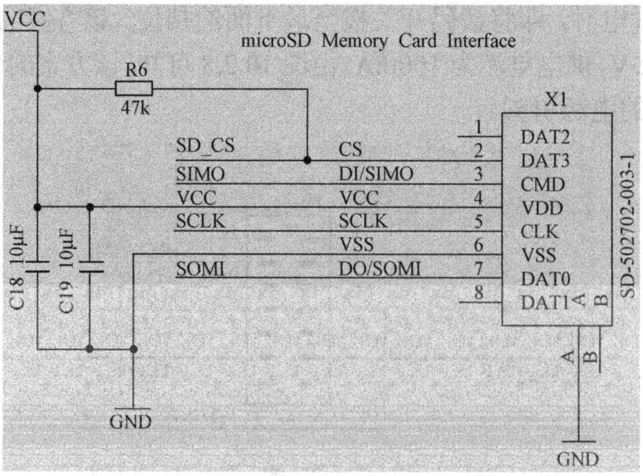

图 10.2.10　SD 卡接口电路

编号	名称	描述
8	—	保留
7	DO	数据输出
6	VSS	电源地
5	SCLK	时钟
4	VCC	电源
3	DI	数据输入
2	CS	片选
1	—	保留

图 10.2.11　SD 卡实物及引脚描述

10.2.4　点阵液晶显示模块电路

点阵液晶显示模块电路如图 10.2.12 所示。在该电路中，液晶为 102×64 点阵 LCD，采用 SPI 模式实现数据的传输。在该电路中数据传输是单向的，数据只允许写入，其中 LCD_CS（P7.4）为片选信号、LCD_D/C（P5.6）为命令数据切换信号、SCLK（P4.3/PM_UCB1CLK）为数据传输时钟信号、SIMO（P4.1/PM_UCB1SIMO）为从设备输入主设备输出信号、LCD_RST（P5.7）为液晶复位信号、V_{CC} 为显示电源提供信号。

该液晶显示对比度可以通过命令进行更改，如图 10.2.13 所示，调节命令中 PM（0～63）的数值就可调节液晶显示对比度；该液晶背光为 LED 背光，通过在 LCD_BL_EN（P7.6）上输出 PWM 信号进行调节背光亮度。

10.2.5　三坐标轴加速度计模块电路

三坐标轴加速度计模块电路如图 10.2.14 所示，其与单片机之间的通信采用 SPI 通信模式，利用以下引脚进行实现：ACCEL_SOMI (P3.4/UCA0SOMI)，ACCEL_SIMO (P3.3/UCA0SIMO)，ACCEL_SCK (P2.3/UCA0CLK) 和 ACCEL_CS (P3.5)。由该电路图可知，该加速度计由 ACCEL_PWR (P3.6)进行供电，所以单片机能够控制该加速度计的活动状态。根据 ACCEL_INT (P2.5)引脚能够获得以下事件中断：

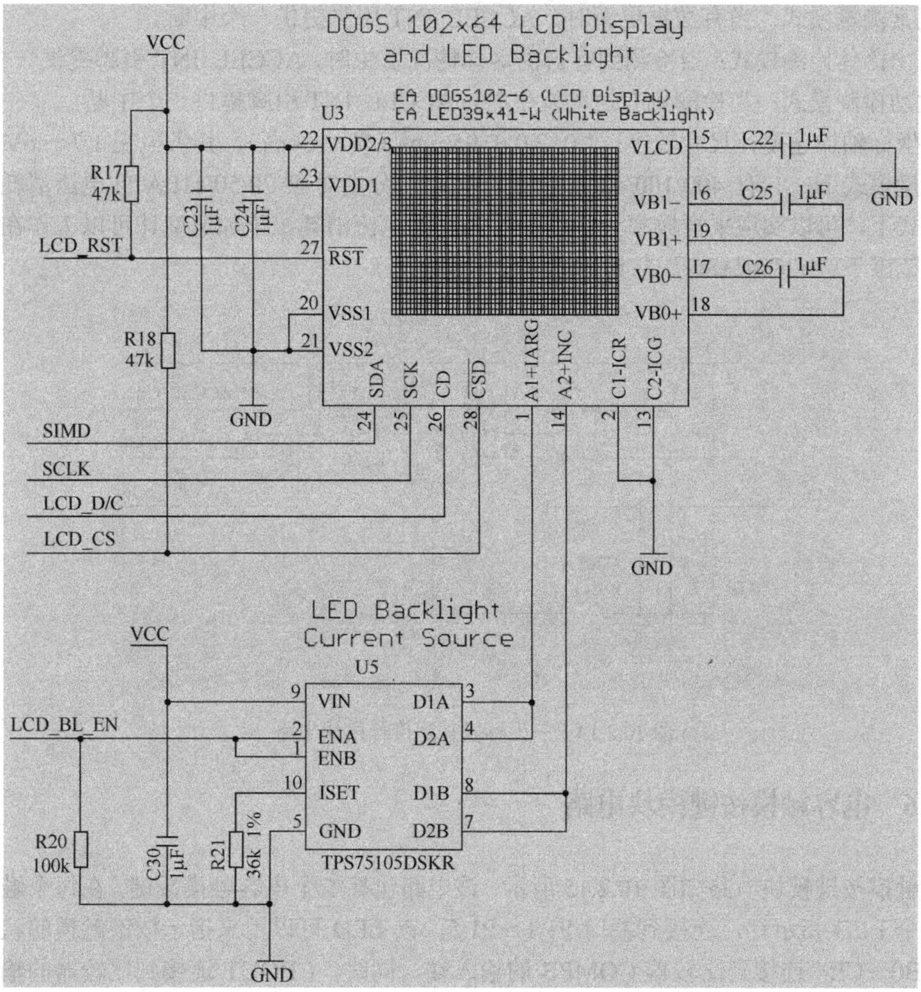

图 10.2.12　LCD 液晶显示电路

Command		Command Code									Function
		CD	D7	D6	D5	D4	D3	D2	D1	D0	
(1)	Write Data Byte	1	data bit D[7..0]								Write one byte to memory
(4)	Set Column Address LSB	0	0	0	0	0	CA[3..0]				Set the SRAM column address CA=0..131
	Set Column Address MSB		0	0	0	1	CA[7..4]				
(5)	Set Power Control	0	0	0	1	0	1	PC[2..0]			PC0: 0=Booster OFF; 1=Booster ON PC1: 0=Regulator OFF; 1=Regulator ON PC2: 0=Follower OFF; 1=Follower ON
(6)	Set Scroll Line	0	0	1	SL[5..0]						Set the display startline number SL=0..63
(7)	Set Page Address	0	1	0	1	1	PA[3..0]				Set the SRAM page address PA=0..7
(8)	Set VLCD Resistor Ratio	0	0	0	1	0	0	PC[5..3]			Configure internal resistor ratio PC=0..7
(9)	Set Electronic Volume	0	1	0	0	0	0	0	0	1	Adjust contrast of LCD panel PM=0..63
			0	0	PM[5..0]						
(10)	Set All Pixel On	0	1	0	1	0	0	1	0	C1	C1=0: show SRAM content C1=1: Set all SEG-Drivers to ON

图 10.2.13　部分液晶显示命令

● 正常测量模式：当有数据更新时，ACCEL_INT 引脚提供一个中断。

● 自由落体检测模式：当检测到有自由落体情况发生时，ACCEL_INT 引脚提供一个中断。

● 运动检测模式：当检测到有运动发生时，ACCEL_INT 引脚提供一个中断。

该三坐标轴加速度计尺寸较小：$1.0\times2.0\times0.95mm^3$（宽×长×高），其供电在 1.7～.6V 之间。在正常测量模式下，它有 400/100/40Hz 的采样频率，分别对应 70/50/11μA 的电流消耗。在运动检测模式下，可以实现采样频率为 10Hz 的 7μA 的电流消耗。该加速度计可以工作在两个不同的测量范围下：±2G 或±8G，并具有 8 位分辨率。

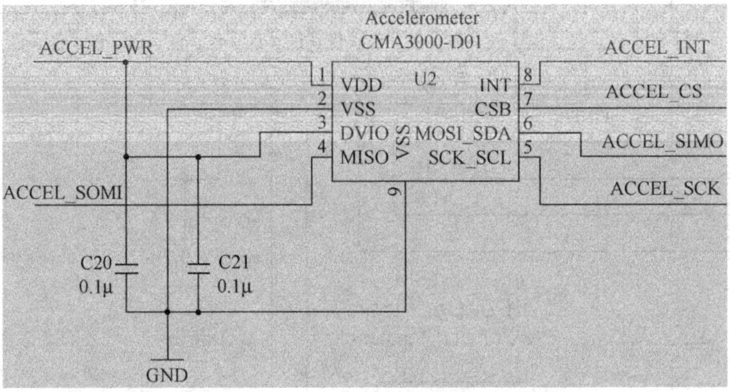

图 10.2.14　三坐标轴加速度计模块电路

10.2.6　电容触摸按键模块电路

电容触摸按键模块电路如图 10.2.15 所示，该电路包括 5 个电容触摸按键，在每个触摸按键中包含一个 LED 指示灯，连接到端口 P1.1～P1.5，该 LED 可以用来指示按键触摸的状态。每个输入 CB0～CB4 连接到比较器 COMPB 的输入端，同时，CBOUT 连接到比较器的输出端。电容触摸资料可以参考以下链接 http://www.ti.com/tool/capsenselibrary。

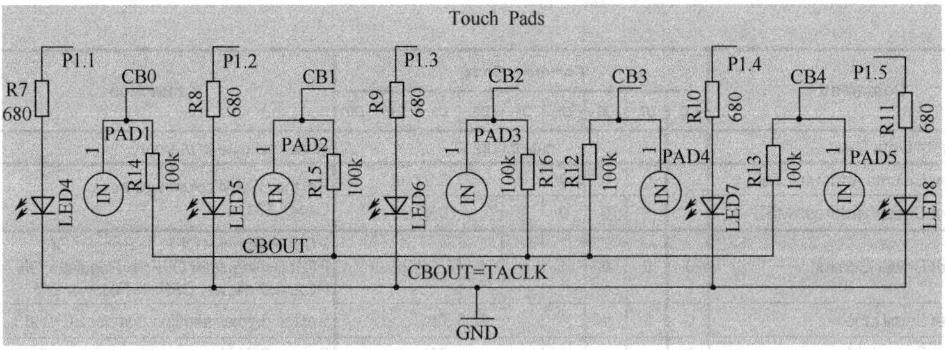

图 10.2.15　电容触摸按键模块电路

10.2.7　齿轮电位计采样模块电路

齿轮电位计采样模块电路如图 10.2.16 所示，在该电路中，齿轮电位计的中间引脚与单片机 ADC 的通道 A5 相连，通过对其进行采样确定齿轮电位计的位置。通过短路块 JP2，可以断开与 P8.0 口的连接。

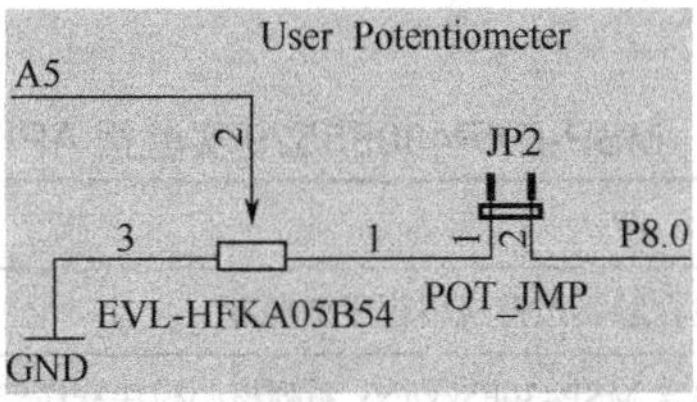

图 10.2.16　齿轮电位计采样电路

10.2.8　LED 指示模块电路

除电容触摸按键电路中的 5 个 LED 外，MSP-EXP430F5529 开发板还有 1 个 LED 用于内置仿真器连接的指示和 3 个 LED 用于一般用途，其连接电路如图 10.2.17 所示。注意：通过短路块 JP3 可以断开 LED1 与 P1.0 口的连接。

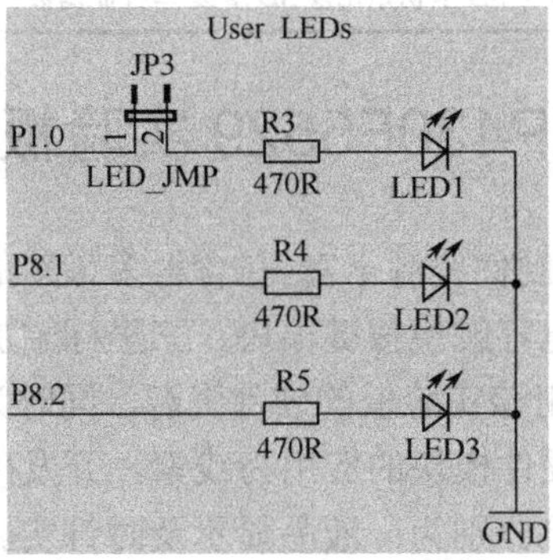

图 10.2.17　LED 连接电路

10.2.9　按键输入模块电路

按键输入模块电路如图 10.2.18 所示，该电路中有两个按键 S1（P1.7）和 S2（P2.2）。注意，在该电路中按键无上拉电阻，应在程序中，利用 PxREN 使上拉电阻使能。另外，还有两个具有特殊功能的按键 S3 和 S4，按键 S3 使系统复位，按键 S4 通过 USB 端口触发 BSL 过程。

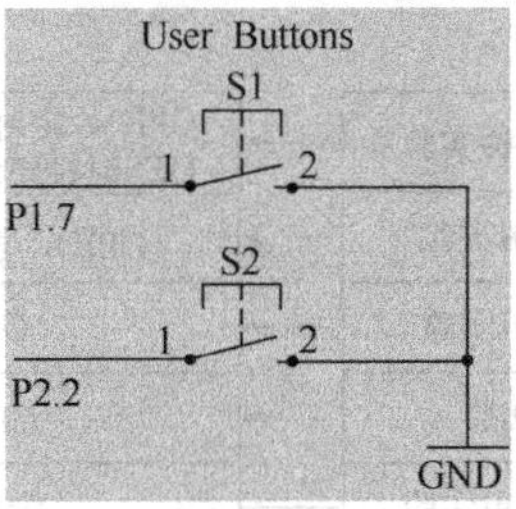

图 10.2.18　按键输入电路

10.3　MSP-EXP430F5529 实验板 API 资源库

TI 公司针对 MSP-EXP430F5529 实验板的各个硬件模块资源开发了 API（应用程序编程接口）资源库。API 资源库提供了一些预定的函数，实验者无须访问源码，只需调用 API 资源库中的函数即可实现对相应硬件模块的操作及控制，实验方便且入门简单。该 API 资源库内容及描述如表 10.3.1 所示。

表 10.3.1　MSP-EXP430F5529 实验板 API 资源库

API 资源库文件名称	描　　述
CTS	包含触摸按键应用程序资源库
F5xx_F6xx_Core_Lib	包含 MSP430F5xx/6xx 系列核心模块程序资源库
USB	包含 USB 应用程序资源库
HAL_Board.h/.c	包含 MSP-EXP430F5529 实验板引脚初始化和 LED 指示灯控制函数程序资源库
HAL_Buttons.h/.c	包含按键初始化和功能实现函数程序资源库
HAL_Dogs102x6.h/.c	包含液晶初始化及显示控制函数程序资源库
HAL_Wheel.h/.c	包含齿轮电位计初始化及采样函数程序资源库
HAL_Cma3000.h/.c	包含三坐标轴加速度计初始化和加速度传感器数据读/写控制函数程序资源库
HAL_SDCard.h/.c	包含 SD 卡初始化及 SD 卡读/写控制函数程序资源库

10.4　MSP-EXP430F5529 实验板实验内容介绍

MSP-EXP430F5529 实验板的硬件资源丰富，包含很多最新的且具有很强实际应用背景的硬件模块，例如，液晶显示模块、电容触摸按键模块、三坐标轴加速度计模块、USB 通信模块、Micro SD 卡模块等。为了充分利用该实验板的硬件资源，同时为了更清晰的教学和学习，我们参考原板载程序资源，以各主要硬件模块的应用为线索，开发出 7 个实验，每个实验均具有一个独立的程序软件工程。7 个实验分别为：液晶显示及时钟实验、触摸按键应用实验、加速度计应用实验、USB 通信实验、Micro SD 卡应用实验、功耗测试实验和综合实验。前 5 个实验是对实验板上各个独立硬件模块的开发，可以让实验者学习各个硬件模块的原理与应用。第 7 个实验是对各硬件模块的综合而形成的综合实验，体现了整个实验板作为一个整体系统的思想。由于 MSP430 单片机为超低功耗单片机，因此，开发了第 6 个实验对 MSP430 单片机的功耗进行测试。每个实验均具有多个 MSP430 单片机基础知识点，实验者可在实验的过程中进行深入学习。通过这 7 个实验，实验者不仅可以掌握 MSP430 单片机的原理与应用，而且可以掌握很多实用的技术和原理。MSP-EXP430F5529 实验板的实验项目与硬件模块和基础知识点的对应关系如图 10.4.1 所示。

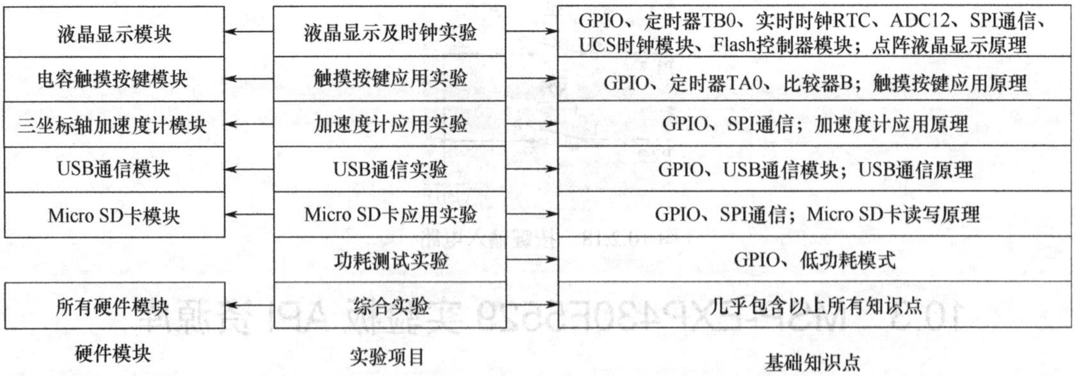

图 10.4.1　MSP-EXP430F5529 实验板的实验项目与硬件模块和基础知识点的对应关系图

各实验内容介绍如下：

（1）液晶显示及时钟实验

在单片机控制系统中，液晶显示器是一个非常重要的输出设备，用来显示单片机的输入值、中间信息和运算结果等。由于其具有体积小、质量轻、功耗低、寿命长、无电磁辐射等优点，应用范围越来越广。实验板上所用液晶显示器为带 LED 背光 102×64 点阵 LCD。

本实验包括 5 个小实验：①对比度调节实验，通过齿轮电位计调节液晶 LCD 的显示对比度。②背光调节实验，通过齿轮电位计调节液晶 LCD 的背光亮度。③数字时钟实验，在液晶 LCD 上显示一个实时更新的数字时钟。④模拟时钟实验，在液晶 LCD 上显示一个实时更新的模拟时钟。⑤时钟设置实验，通过齿轮电位计和按键对当前时间进行设置并保存。

（2）触摸按键应用实验

与传统机械式按键相比，电容触摸按键美观、功耗低、寿命长，广泛适用于抽油烟机、MP3、电视液晶屏等产品中。开发板上的电容式触摸感应按键实际上只是 PCB 上的一小块“覆铜焊盘”，与四周的“地信号”构成感应电容。本实验采用基于 MSP430 单片机内部比较器和感应电容的张弛振荡器检测方法，实现对触摸按键的感应。

本实验包括 3 个小实验：①触摸滑块演示实验，通过手指在触摸按键上的滑动，来控制嵌在触摸按键内的蓝色 LED 亮灭。②触摸按键柱形图演示实验，通过触摸按键来控制 LCD 上的柱形图显示高度。③simon 游戏实验，首先，触摸板上的 LED 会按照一定序列显示，之后实验者需按照同一序列按下正确的触摸按键。游戏开始为一个单一数字的序列，游戏每成功一次，会得到开发板的响应并使序列中数字个数加 1，直至实验者输入错误的序列，游戏结束，最后系统显示成功的次数。

（3）加速度计应用实验

实验板集成了 CMA3000-D0X 系列三坐标轴微加速度计，该加速度计通过 SPI 通信方式，实现与单片机的数据通信。微加速度计具有体积小、重量轻、成本低、功耗低、可靠性好等优点，可以广泛地运用于航空航天、汽车工业、工业自动化及机器人等领域，具有广阔的应用前景。

本实验包括 3 个小实验：①加速度计校准实验，可以完成对加速度计的校准和保存。②动态立方体演示实验。可以实现利用加速度计控制 3D 立方体的旋转速度。③数字拼图游戏实验，通过倾斜开发板，利用加速度计使一个 3×3 表格中的数字上下左右移动，若最终使每一行和每一列的数字之和都等于 12，则表示游戏成功。

（4）USB 通信实验

串口、并口是计算机与单片机进行数据传输的常用接口，但对于大量数据的高速传输来说，它们还不能满足要求，即使是增强型并口，最高传输速率也只能达到 2Mbps，而采用 USB 接口，在全速模式下，传输速率可达到 12Mbps，并且 USB 具有热插拔功能，方便简单。MSP430F5529 单片机内部集成了全速 USB2.0 模块，不再需要 USB 转换芯片，可直接实现与 PC 的通信。

在本实验中，PC 通过超级终端软件向 MSP430 单片机发送数据，MSP430 单片机将收到的数据在 LCD 液晶上显示。本实验提供了 USB 的开发资源库，该开发资源库支持 3 种最常见的设备类型：①通信设备类(CDC)，②人机接口设备类(HID)，③大容量存储类(MSC)，利用该 USB 开发资源库，实验者即使不具有很丰富的 USB 开发经验，也可以容易地完成 USB 工程的开发。

（5）Micro SD 卡应用实验

Micro SD 卡是一种多功能存储卡，具有传输速度快、存储容量大、体积小、功耗低的优点，广泛用于手机、MP3、PDA 等多种数字设备中。

本实验包括以下两个小实验：①USB 型 SD 卡读/写实验，开发板作为读卡器，通过 USB 通信方式实现 PC 对 SD 卡内存的读/写。②SD 卡读取显示实验。MSP430 单片机通过 SPI 通信方式读取 SD 卡内存，并在液晶 LCD 上进行显示。

（6）功耗测试实验

目前，在嵌入式系统应用中，系统的功耗越来越受到人们的重视，这一点对于需要电池供电的便携式系统尤其明显。降低系统功耗，延长电池的寿命，就是降低系统的运行成本。因此，在嵌入式系统的设计过程中，对系统功耗的测试必不可少。

MSP430 单片机是具有业内最低工作功耗的超低功耗单片机，在 LPM4 下，单片机功耗可低至 1μA。在本实验中，利用万用表测量 MSP430 单片机在活动模式或低功耗模式下的功耗。实验所测 MSP430F5529 单片机在各低功耗模式下的功耗如表 10.4.1 所示（测试环境温度 30℃）。

表 10.4.1　低功耗模式下 MSP430F5529 单片机功耗列表

参数	LPM0	LPM3-REF0	LPM3-LFXT1	LPM3-VLO	LPM4
I_{LPM}	96.2μA	5.0μA	2.6μA	1.5μA	1.3μA

（7）综合实验

为了更好地利用和学习 MSP-EXP430F5529 实验板，综合实验融合了以上大部分的实验，并应用了开发板上的大部分硬件资源，能够让学习者更深刻地认识到各模块之间的关系及应用方法。

本实验包括两个小实验：①飞船避障游戏实验，在游戏的过程中，利用按键和齿轮电位计使飞船躲避障碍，提高分数，按键能使飞船发射子弹，齿轮电位计能使飞船上下移动。当飞船撞到障碍或者隧道，游戏结束，液晶 LCD 会显示游戏得分。②USB 鼠标实验，通过倾斜开发板，移动鼠标在 PC 桌面上的位置，按下 S1 键可以实现鼠标单击的功能。

本 章 小 结

本章重点介绍 MSP-EXP430F5529 实验板的硬件结构、API 资源库及实验内容。MSP-EXP430F5529 实验板硬件资源强大，软件资源丰富。针对不同的硬件资源模块，都有相应的 API 资源库与之对应，通过编写相应的实验程序，可方便地实现对实验板的控制，直观地展示控制现象。该实验板可用于产品开发、毕业设计、课程设计、学科竞赛等，有助于培养学生的创新实践和动手能力。

参 考 文 献

[1] Texas Instruments Inc. MSP430x5xx/MSP430x6xx Family User's Guide[Z]. http://www.ti.com/lit/ug/slau208m/slau208m.pdf, February 2013.

[2] Texas Instruments Inc. MSP430F551x/2x Datasheet[Z]. http://www.ti.com/lit/ds/slas590l/slas590l.pdf, MAY 2013.

[3] Texas Instruments Inc.MSP430单片机产品手册[Z]. http://www.ti.com/lit/sg/slab034w/slab034w.pdf, 2013.

[4] Texas Instruments Inc. Capacitive Touch Software Library[Z]. http://www.ti.com/lit/ug/slaa490b/slaa490b.pdf, April 2013.

[5] Texas Instruments Inc. Programmer's Guide: MSP430 USB API & Descriptor Tool[Z]. http://www.ti.com/tool/msp430usbdevpack, August 2013.

[6] Texas Instruments Inc. USB Field Firmware Updates on MSP430™ MCUs[Z]. http://www.ti.com/lit/an/slaa452b/slaa452b.pdf, May 2011.

[7] 沈建华，杨艳琴.MSP430 系列 16 位超低功耗单片机原理与实践[M].北京：航空航天大学出版社，2008.

[8] 谢楷，赵建.MSP430 系列单片机系统工程设计与实践[M].北京：机械工业出版社，2011.

[9] 胡大可.MSP430 系列单片机 C 语言程序设计与开发[M].北京：航空航天大学出版社，2003.

[10] 洪利，章扬，李世宝.MSP430 单片机原理与应用实例详解[M].北京：航空航天大学出版社，2010.

[11] 合肥工业大学 DSP 及 MSP430 实验室，德州仪器半导体技术（上海）有限公司大学计划部.MSP-EXP430F5529 实验指导书[Z].2012.

[12] 雷奥.MSP430 微控制器系列讲座（+）软件编程方法及技巧[J].电子世界杂志，2007(10): 18～20.

反侵权盗版声明